暖通空调设计与施工数据图表手册

徐鑫 主编

NUANTONG KONGTIAO SHEJI YU
SHIGONG SHUJU TUBIAO SHOUCE

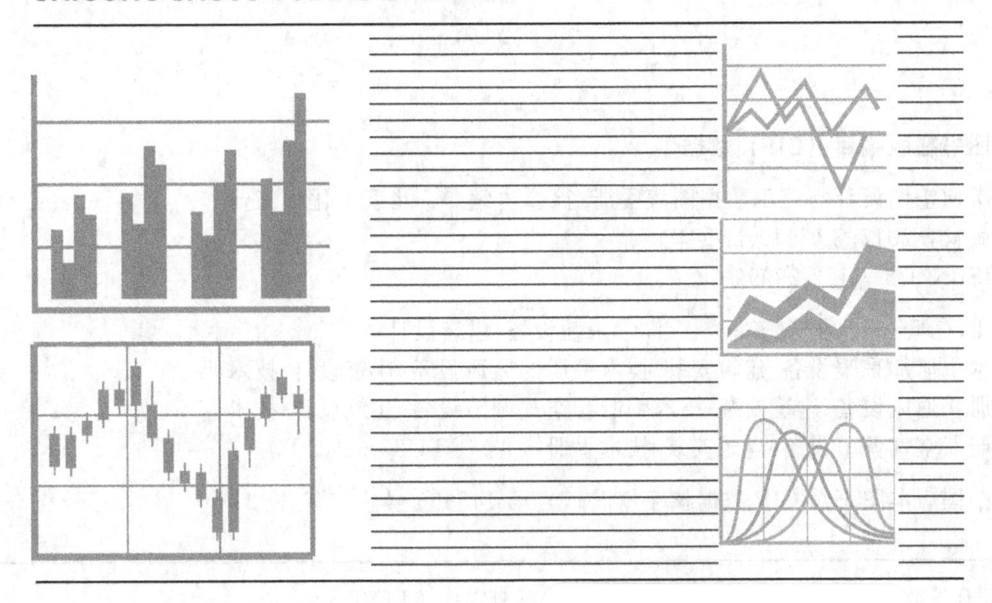

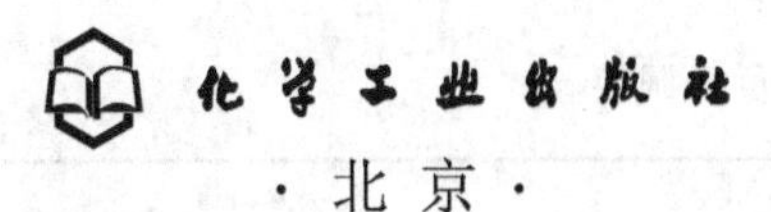

·北京·

《暖通空调设计与施工数据图表手册》根据《通风与空调工程施工质量验收规范》（GB 50243—2016）、《民用建筑热工设计规范》（GB 50176—2016）、《公共建筑节能设计标准》（GB 50189—2015）、《民用建筑供暖通风与空气调节设计规范》（GB 50736—2012）、《辐射供暖供冷技术规程》（JGJ 142—2012）、《通风与空调工程施工规范》（GB 50738—2011）及《严寒和寒冷地区居住建筑节能设计标准》（JGJ 26—2010）等国家现行标准、规范编写。主要介绍了暖通空调设计与施工的常用数据和图表资料，具有很强的实用性。主要内容包括：常用计算公式速查、暖通空调设计数据与常用图表、暖通空调施工数据与常用图表。并配有索引表，方便读者查询。

本书可作为暖通空调工程设计、施工和管理人员的参考资料，也可作为相关专业师生的参考用书。

图书在版编目（CIP）数据

暖通空调设计与施工数据图表手册/徐鑫主编. —北京：化学工业出版社，2017.8（2019.11重印）

ISBN 978-7-122-29999-4

Ⅰ.①暖… Ⅱ.①徐… Ⅲ.①采暖设备-建筑设计-技术手册②采暖设备-建筑安装-技术手册③通风设备-建筑设计-技术手册④通风设备-建筑安装-技术手册⑤空气调节设备-建筑设计-技术手册⑥空气调节设备-建筑安装-技术手册 Ⅳ.①TU83-62

中国版本图书馆 CIP 数据核字（2017）第 145366 号

责任编辑：袁海燕　　装帧设计：王晓宇

责任校对：王素芹

出版发行：化学工业出版社（北京市东城区青年湖南街 13 号　邮政编码 100011）

印　　装：北京虎彩文化传播有限公司

787mm×1092mm　1/16　印张 24½　字数 660 千字　2019 年11月北京第 1 版第 2 次印刷

购书咨询：010-64518888　　售后服务：010-64518899

网　　址：http://www.cip.com.cn

凡购买本书，如有缺损质量问题，本社销售中心负责调换。

定　　价：88.00 元

《暖通空调设计与施工数据图表手册》编写人员

主　　编：徐　鑫

参编人员：

王红微　白雅君　邢丽娟　齐丽丽

刘艳君　孙石春　孙丽娜　李　瑞

何　影　张黎黎　董　慧　于　涛

李　东　王媛媛　齐丽娜　吕德龙

FOREWORD

前 言

暖通空调工程在建筑业中具有相当重要的地位，对国民经济各部门的发展和人民物质文化生活水平的提高具有重要作用。随着国民经济的发展和人民生活水平的不断提高，暖通空调工程的应用更加广泛，发展前景更为广阔，因此，提高暖通空调工程设计、施工人员的专业技能和素质是建筑业良性发展的重要前提。为了满足暖通空调工程相关工作人员的需求，作者以简明、实用、速查为原则，结合暖通空调工程最新的规范、标准，编写此手册。

本书根据《通风与空调工程施工质量验收规范》(GB 50243—2016)、《民用建筑热工设计规范》(GB 50176—2016)、《公共建筑节能设计标准》(GB 50189—2015)、《民用建筑供暖通风与空气调节设计规范》(GB 50736—2012)、《辐射供暖供冷技术规程》(JGJ 142—2012)、《通风与空调工程施工规范》(GB 50738—2011)及《严寒和寒冷地区居住建筑节能设计标准》(JGJ 26—2010)等国家现行标准、规范编写。主要介绍了暖通空调设计与施工的常用数据和图表资料，具有很强的实用性。主要内容包括：常用计算公式速查、暖通空调设计数据与常用图表、暖通空调施工数据与常用图表。并配有索引表，方便读者查询。本书最后附有暖通空调设计数据方案模板、暖通空调施工数据方案模板，对初入本行的技术人员有较好的借鉴和参考价值。本书可作为暖通空调工程设计、施工和管理人员的参考资料，也可作为相关专业师生的参考用书。

由于编者的经验和学识有限，尽管编者尽心尽力、反复推敲核实，仍不免有疏漏之处，恳请广大读者提出宝贵意见，以便做进一步修改和完善。

编者

2017 年 5 月

CONTENTS

目 录

1 常用计算公式速查

2 暖通空调设计数据与常用图表

Chapter 01

1 常用计算公式速查

1.1 建筑供暖常用公式

1.1.1 外墙平均传热系数计算

对于一般建筑，外墙平均传热系数可按下式计算：

$$K=\varphi K_{p} \tag{1-1}$$

式中 K——外墙平均传热系数，$W/(m^2 \cdot K)$；

K_p——外墙主体部位传热系数，$W/(m^2 \cdot K)$；

φ——外墙主体部位传热系数的修正系数，见表1-1。

表1-1 外墙主体部位传热系数的修正系数 φ

气候分区	外保温	夹心保温(自保温)	内保温
严寒地区	1.30	—	—
寒冷地区	1.20	1.25	—
夏热冬冷地区	1.10	1.20	1.20
夏热冬暖地区	1.00	1.05	1.05

1.1.2 供暖室外计算温度

供暖室外计算温度，可按下式确定（化为整数）：

$$t_{wn}=0.57t_{lp}+0.43t_{p,min} \tag{1-2}$$

式中 t_{wn}——供暖室外计算温度，℃；

t_{lp}——累年最冷月平均温度，℃；

$t_{p,min}$——累年最低日平均温度，℃。

1.1.3 围护结构传热系数计算

围护结构的传热系数应按下式计算：

$$K=\frac{1}{\dfrac{1}{\alpha_n}+\sum\dfrac{\delta}{\alpha_\lambda \lambda}+R_k+\dfrac{1}{\alpha_w}} \tag{1-3}$$

式中 K——围护结构的传热系数，$W/(m^2 \cdot K)$；

α_n——围护结构内表面换热系数，W/(m² · K)，按表 1-2 采用；

α_w——围护结构外表面换热系数，W/(m² · K)，按表 1-3 采用；

δ——围护结构各层材料厚度，m；

λ——围护结构各层材料热导率，W/(m · K)；

α_λ——材料热导率修正系数，按表 1-4 采用；

R_k——封闭空气间层的热阻，m² · K/W，按表 1-5 采用。

表 1-2　围护结构内表面换热系数 α_n

围护结构内表面特征	α_n/[W/(m² · K)]
墙、地面、表面平整或有肋状突出物的顶棚，当 $h/s \leqslant 0.3$ 时	8.7
有肋、井状突出物的顶棚，当 $0.2 < h/s \leqslant 0.3$ 时	7.1
有肋状突出物的顶棚，当 $h/s > 0.3$ 时	7.6
有井状突出物的顶棚，当 $h/s > 0.3$ 时	7.0

注：h—肋高，m；s—肋间净距，m。

表 1-3　围护结构外表面换热系数 α_w

围护结构外表面特征	α_w/[W/(m² · K)]
外墙和屋顶	23
与室外空气相通的非采暖地下室上面的楼板	17
闷顶和外墙上有窗的非采暖地下室上面的楼板	12
外墙上无窗的非采暖地下室上面的楼板	6

表 1-4　材料热导率修正系数 α_λ

材料、构造、施工、地区及说明	修正系数 α_λ
作为夹心层浇筑在混凝土墙体及屋面构件中的块状多孔保温材料（如加气混凝土、泡沫混凝土及水泥膨胀珍珠岩），因干燥缓慢及灰缝影响	1.6
铺设在密闭屋面中的多孔保温材料（如加气混凝土、泡沫混凝土、水泥膨胀珍珠岩、石灰炉渣等），因干燥缓慢	1.5
铺设在密闭屋面中及作为夹心层浇筑在混凝土构件中的半硬质矿棉、岩棉、玻璃棉板等，因压缩及吸湿	1.2
作为夹心层浇筑在混凝土构件中的泡沫塑料等，因压缩	1.2
开孔型保温材料（如水泥刨花板、木丝板、稻草板等），表面抹灰或混凝土浇筑在一起，因灰浆渗入	1.3
加气混凝土、泡沫混凝土砌块墙体及加气混凝土条板墙体、屋面，因灰缝影响	1.25
填充在空心墙体及屋面构件中的松散保温材料（如稻壳、木、矿棉、岩棉等），因下沉	1.2
矿渣混凝土、炉渣混凝土、浮石混凝土、粉煤灰陶粒混凝土、加气混凝土等实心墙体及屋面构件，在严寒地区，且在室内平均相对湿度超过65%的供暖房间内使用，因干燥缓慢	1.15

表 1-5　封闭空气间层热阻 R_k　　单位：m² · K/W

位置、热流状态及材料特性		间层厚度/mm						
		5	10	20	30	40	50	60
一般空气间层	热流向下（水平、倾斜）	0.10	0.14	0.17	0.18	0.19	0.20	0.20
	热流向上（水平、倾斜）	0.10	0.14	0.15	0.16	0.17	0.17	0.17
	垂直空气间层	0.10	0.14	0.16	0.17	0.18	0.18	0.18

续表

位置、热流状态及材料特性		间层厚度/mm						
		5	10	20	30	40	50	60
单面铝箔空气间层	热流向下(水平、倾斜)	0.16	0.28	0.43	0.51	0.57	0.60	0.64
	热流向上(水平、倾斜)	0.16	0.26	0.35	0.40	0.42	0.42	0.43
	垂直空气间层	0.16	0.26	0.39	0.44	0.47	0.49	0.50
双面铝箔空气间层	热流向下(水平、倾斜)	0.18	0.34	0.56	0.71	0.84	0.94	1.01
	热流向上(水平、倾斜)	0.17	0.29	0.45	0.52	0.55	0.56	0.57
	垂直空气间层	0.18	0.31	0.49	0.59	0.65	0.69	0.71

注：本表为冬季状况值。

1.1.4 围护结构基本耗热量计算

围护结构的基本耗热量应按下式计算：

$$Q=\alpha FK(t_n-t_{wn}) \tag{1-4}$$

式中 Q——围护结构的基本耗热量，W；

α——围护结构温差修正系数，按表1-6采用；

F——围护结构的面积，m^2；

K——围护结构的传热系数，$W/(m^2 \cdot ℃)$；

t_n——供暖室内设计温度，℃；

t_{wn}——供暖室外计算温度，℃。

表1-6 温差修正系数α

围护结构特征	α
外墙、屋顶、地面以及与室外相通的楼板等	1.00
闷顶和与室外空气相通的非供暖地下室上面的楼板等	0.90
与有外门窗的不供暖楼梯间相邻的隔墙(1～6层建筑)	0.60
与有外门窗的不供暖楼梯间相邻的隔墙(7～30层建筑)	0.50
非供暖地下室上面的楼板,外墙上有窗时	0.75
非供暖地下室上面的楼板,外墙上无窗且位于室外地坪以上时	0.60
非供暖地下室上面的楼板,外墙上无窗且位于室外地坪以下时	0.40
与有外门窗的非供暖房间相邻的隔墙	0.70
与无外门窗的非供暖房间相邻的隔墙	0.40
伸缩缝墙、沉降缝墙	0.30
防震缝墙	0.70

1.1.5 屋面和顶棚综合传热系数计算

对于有顶棚的坡屋面，当用顶棚面积计算其传热量时，屋面和顶棚的综合传热系数，可按下式计算：

$$K=\frac{K_1 \times K_2}{K_1 \times \cos\alpha + K_2} \tag{1-5}$$

式中　K——屋面和顶棚的综合传热系数，W/(m²·℃)；

K_1——顶棚的传热系数，W/(m²·℃)；

K_2——屋面的传热系数，W/(m²·℃)；

α——屋面和顶棚的夹角。

1.1.6　散热器散热面积计算

散热器的散热面积计算式如下：

$$F=\{Q/[K(t_{pj}-t_n)]\}\rho_1\rho_2\rho_3 \tag{1-6}$$

式中　F——散热器的散热面积，m²；

Q——散热器的散热量，W；

t_{pj}——散热器内热媒的平均温度，℃；

t_n——采暖室内计算温度，℃；

K——散热器的传热系数，W/(m²·℃)；

ρ_1——散热器组装片数修正系数，见表1-7；

ρ_2——散热器连接形式修正系数，见表1-8；

ρ_3——散热器安装形式修正系数，见表1-9。

表1-7　散热器组装片数修正系数 ρ_1

组装片数	≤5	6～8	9～10	11～15	16～20	≥21
修正系数	0.94	0.98	1.00	1.02	1.03	1.04

注：1. 因测试时是以10片为一组进行的，故大于或小于10片需进行修正。

2. 本表仅适用片式散热器，翼形散热器不修正。

表1-8　散热器连接形式修正系数 ρ_2

散热器类型	连接形式			
	同侧上进下出	同侧下进上出	异侧上进下出	异侧上进上出
铸铁柱形	1.00	1.42	1.00	1.20
铸铁长翼形	1.00	1.40	0.99	1.29
钢制柱形	1.00	1.19	0.99	1.18
钢制板形	1.00	1.69	1.00	2.17
闭式串片形	1.00	1.14	—	—

注：表中未列出的散热器类型，可按近似散热器类型套用。

表1-9　散热器安装形式修正系数 ρ_3

安装形式	修正系数 ρ_3
装在墙的凹槽内(半暗装)散热器上部距离为100mm	1.06
明装,散热器上部有窗台板覆盖,散热器距窗台板高度为150mm	1.02
装在罩内,上部敞开,下部距地150mm	0.95
装在罩内,上部、下部开口,开口高度均为150mm	1.04

1.2 建筑通风空调常用公式

1.2.1 全面通风量计算

（1）消除余热所需要的全面通风量：

$$G_1=3600\frac{Q}{c(t_p-t_j)} \tag{1-7}$$

（2）消除余湿所需要的全面通风量：

$$G_2=\frac{G_{sh}}{d_p-d_j} \tag{1-8}$$

（3）稀释有害物质所需要的全面通风量：

$$G_3=\frac{\rho M}{c_y-c_j} \tag{1-9}$$

式中 G_1——消除余热所需要的全面通风量，kg/h；
t_p——排出空气的温度，℃；
t_j——进入空气的温度，℃；
Q——总余热量，kW；
c——空气的比热容，取 1.01kJ/(kg·K)；
G_2——消除余湿所需要的全面通风量，kg/h；
G_{sh}——余湿量，g/h；
d_p——排出空气的含湿量，g/kg；
d_j——进入空气的含湿量，g/kg；
G_3——稀释有害污染物所需要的全面通风量，kg/h；
ρ——空气密度，kg/m^3；
M——室内有害物质的散发强度，mg/h；
c_y——室内空气中有害物质的最高允许浓度，mg/m^3；
c_j——进入的空气中有害物质的浓度，mg/m^3。

1.2.2 风帽排风量计算

圆筒形风帽风量（m^3/h）：

$$L=3600\frac{\pi}{4}d^2\frac{A}{\sqrt{1.2+\sum\zeta+0.021l/d}} \tag{1-10}$$

方筒形风帽风量（m^3/h）：

$$L=3600\cdot a^2\frac{B}{\sqrt{2.2+\sum\zeta+0.02l/a}} \tag{1-11}$$

式中 l——竖风道或风帽连接管高度，m；
d——风帽的直径，m；
a——方筒形风帽一边长，m；
$\sum\zeta$——风帽前的风管局部阻力系数之和，无风管时仅为风帽入口的局部阻力系数可取 $\zeta=0.5$；
A、B——压差修正系数，见表 1-10、表 1-11。

表 1-10　压差修正系数 *A* 值

$A=\sqrt{0.4v_{\omega}^2+1.63(\Delta P_q+\Delta P_{ch})}$												
v_{ω} /(m/s)	$\Delta P_q+\Delta P_{ch}$/Pa											
	0	5	10	15	20	25	30	40	50	60	70	80
0	0	2.8	4.0	4.9	5.7	6.4	7.0	8.1	9.0	9.9	10.7	11.4
1	0.6	2.9	4.1	5.0	5.7	6.4	7.0	8.1	9.0	9.9	10.7	11.4
2	1.3	3.1	4.2	5.1	5.8	6.5	7.1	8.2	9.1	10.0	10.8	11.5
3	1.9	3.4	4.5	5.3	6.0	6.7	7.2	8.3	9.2	10.1	10.8	11.6
4	2.5	3.8	4.8	5.6	6.2	6.9	7.4	8.5	9.4	10.2	11.0	11.7
5	3.2	4.3	5.1	5.9	6.5	7.1	7.7	8.7	9.6	10.4	11.1	11.8

注：表中 v_{ω}—室外计算风速，m/s；ΔP_q—车间内的热压，Pa；ΔP_{ch}—由于室内排风或通风所形成与室外之间的压差，Pa。

表 1-11　压差修正系数 *B* 值

$B=\sqrt{0.19v_{\omega}^2+1.63(\Delta P_q+\Delta P_{ch})}$												
v_{ω}/(m/s)	$\Delta P_q+\Delta P_{ch}$/Pa											
	0	5	10	15	20	25	30	40	50	60	70	80
0	0	2.9	4.0	4.9	5.7	6.4	7.0	8.1	9.0	9.9	10.7	11.4
1	0.4	2.9	4.1	5.0	5.7	6.4	7.0	8.1	9.0	9.9	10.7	11.4
2	0.9	3.0	4.1	5.0	5.8	6.4	7.0	8.1	9.1	9.9	10.7	11.5
3	1.3	3.1	4.2	5.1	5.9	6.5	7.1	8.2	9.1	10.0	10.8	11.5
4	1.7	3.3	4.4	5.2	6.0	6.6	7.2	8.3	9.2	10.0	10.8	11.6
5	2.2	3.6	4.6	5.4	6.1	6.7	7.3	8.4	9.3	10.1	10.9	11.6

1.2.3　冬季空气调节室外计算温度

冬季空气调节室外计算温度，可按下式确定（化为整数）：

$$t_{wk}=0.30t_{lp}+0.70t_{p\cdot min} \tag{1-12}$$

式中　t_{wk}——冬季空气调节室外计算温度，℃；

t_{lp}——累年最冷月平均温度，℃；

$t_{p\cdot min}$——累年最低日平均温度，℃。

1.2.4　夏季通风室外计算温度

夏季通风室外计算温度，可按下式确定（化为整数）：

$$t_{wf}=0.71t_{rp}+0.29t_{max} \tag{1-13}$$

式中　t_{wf}——夏季通风室外计算温度，℃；

t_{rp}——累年最热月平均温度，℃；

t_{max}——累年极端最高温度 ，℃。

1.2.5　夏季空气调节室外计算干球温度

夏季空气调节室外计算干球温度，可按下式确定：

$$t_{wg}=0.71t_{rp}+0.29t_{max} \tag{1-14}$$

式中　t_{wg}——夏季空气调节室外计算温度，℃；

t_{rp}——累年最热月平均温度，℃；

t_{max}——累年极端最高温度，℃。

1.2.6　夏季空气调节室外计算湿球温度

夏季空气调节室外计算湿球温度，可按下列公式确定：

$$t_{ws}=0.72t_{s\cdot rp}+0.28t_{s\cdot max} \tag{1-15}$$

$$t_{ws}=0.75t_{s\cdot rp}+0.25t_{s\cdot max} \tag{1-16}$$

$$t_{ws}=0.80t_{s\cdot rp}+0.20t_{s\cdot max} \tag{1-17}$$

式中　t_{ws}——夏季空气调节室外计算湿球温度，℃；

$t_{s\cdot rp}$——与累年最热平均温度和平均相对湿度相对应的湿球温度，℃，可在当地大气压力下的焓湿图上查得；

$t_{s\cdot max}$——与累年极端最高温度和最热月平均相对湿度相对应的湿球温度，℃，可在当地大气压力下的焓湿图上查得。

1.2.7　夏季空气调节室外日平均温度计算

夏季空气调节室外计算日平均温度，可按下式确定：

$$t_{wp}=0.80t_{rp}+0.20t_{max} \tag{1-18}$$

式中　t_{wp}——夏季空气调节室外计算日平均温度，℃；

t_{rp}——累年最热月平均温度，℃；

t_{max}——累年极端最高温度，℃。

1.2.8　夏季空气调节室外逐时温度计算

夏季空气调节室外计算逐时温度，按下式确定：

$$t_{sh}=t_{wp}+\beta\Delta t_{r} \tag{1-19}$$

$$\Delta t_{r}=\frac{t_{wg}-t_{wp}}{0.52} \tag{1-20}$$

式中　t_{sh}——室外计算逐时温度，℃；

t_{wp}——夏季空调室外计算日平均温度，℃；

β——室外空气温度逐时变化系数，按表1-12采用；

Δt_{r}——夏季室外计算平均日较差；

t_{wg}——夏季空调室外计算干球温度，℃。

表 1-12　室外空气温度逐时变化系数 β

时刻	β
1	−0.35
2	−0.38
3	−0.42
4	−0.45
5	−0.47
6	−0.41

续表

时刻	β
7	−0.28
8	−0.12
9	0.03
10	0.16
11	0.29
12	0.40
13	0.48
14	0.52
15	0.51
16	0.43
17	0.39
18	0.28
19	0.14
20	0.00
21	−0.10
22	−0.17
23	−0.23
24	−0.26

1.2.9 空调冷负荷稳态计算

按稳态方法计算的空调区夏季冷负荷，宜按下列方法计算：

(1) 室温允许波动范围大于或等于±1.0℃的空调区，其非轻型外墙传热形成的冷负荷，可近似按下式计算：

$$CL_{\mathrm{Wq}}=KF(t_{\mathrm{zp}}-t_{\mathrm{n}}) \tag{1-21}$$

$$t_{\mathrm{zp}}=t_{\mathrm{wp}}+\frac{\rho J_{\mathrm{p}}}{\alpha_{\mathrm{w}}} \tag{1-22}$$

式中 CL_{Wq}——外墙传热形成的逐时冷负荷，W；

K——外墙、屋面或外窗传热系数，W/(m²·K)；

F——外墙、屋面或外窗传热面积，m²；

t_{zp}——夏季空调室外计算日平均综合温度，℃；

t_{n}——夏季空调区设计温度，℃；

t_{wp}——夏季空调室外计算日平均温度，℃，应采用历年平均不保证5天的日平均温度；

ρ——围护结构外表面对于太阳辐射热的吸收系数；

J_{p}——围护结构所在朝向太阳总辐射照度的日平均值，W/m²；

α_{w}——围护结构外表面换热系数，W/(m²·K)。

（2）空调区与邻室的夏季温差大于3℃时，其通过隔墙、楼板等内围护结构传热形成的冷负荷可按下式计算：

$$CL_{Wn}=KF(t_{wp}+\Delta t_{ls}-t_{n}) \tag{1-23}$$

式中 CL_{Wn}——内围护结构传热形成的冷负荷，W；

K——外墙、屋面或外窗传热系数，W/(m^2·K)；

F——外墙、屋面或外窗传热面积，m^2；

t_{wp}——夏季空调室外计算日平均温度，℃，应采用历年平均不保证5天的日平均温度；

Δt_{ls}——邻室计算平均温度与夏季空调室外计算日平均温度的差值，℃；

t_{n}——夏季空调区设计温度，℃。

1.2.10 空调冷负荷非稳态计算

空调区的夏季冷负荷宜采用计算软件进行计算；采用简化计算方法时，按非稳态方法计算的各项逐时冷负荷，宜按下列方法计算。

（1）通过围护结构传入的非稳态传热形成的逐时冷负荷，按下式计算：

$$CL_{wq}=KF(t_{wlq}-t_{n}) \tag{1-24}$$

$$CL_{wm}=KF(t_{wlm}-t_{n}) \tag{1-25}$$

$$CL_{wc}=KF(t_{wlc}-t_{n}) \tag{1-26}$$

式中 CL_{wq}——外墙传热形成的逐时冷负荷，W；

CL_{wm}——屋面传热形成的逐时冷负荷，W；

CL_{wc}——外墙传热形成的逐时冷负荷，W；

K——外墙、屋面或外窗传热系数，W/(m^2·K)；

F——外墙、屋面或外窗传热面积，m^2；

t_{wlq}——外墙的逐时冷负荷计算温度，℃，可按表1-13～表1-16确定；

t_{wlm}——屋面的逐时冷负荷计算温度，℃，可按表1-13～表1-16确定；

t_{wlc}——外窗的逐时冷负荷计算温度，℃，可按表1-17确定；

t_{n}——夏季空调区设计温度，℃。

（2）透过玻璃窗进入的太阳辐射得热形成的逐时冷负荷，按下式计算：

$$CL_{C}=C_{clC}C_{z}D_{Jmax}F_{C} \tag{1-27}$$

$$C_{z}=C_{w}C_{n}C_{s} \tag{1-28}$$

式中 CL_{C}——透过玻璃窗进入的太阳辐射得热形成的逐时冷负荷，W；

C_{clC}——透过无遮阳标准玻璃太阳辐射冷负荷系数，可按表1-18确定；

C_{z}——外窗综合遮挡系数；

C_{w}——外遮阳修正系数；

C_{n}——内遮阳修正系数；

C_{s}——玻璃修正系数；

D_{Jmax}——夏季日射得热因数最大值，可按表1-19确定；

F_{C}——窗玻璃净面积，m^2。

（3）人体、照明和设备等散热形成的逐时冷负荷，可按下式计算：

$$CL_{rt}=C_{cl_{rt}}\phi Q_{rt} \tag{1-29}$$

$$CL_{zm}=C_{cl_{zm}}C_{zm}Q_{zm} \tag{1-30}$$

$$CL_{sb}=C_{cl_{sb}}C_{sb}Q_{sb} \tag{1-31}$$

表 1-13　北京市外墙、屋面逐时冷负荷计算温度

单位：℃

类别	编号	朝向	1	2	3	4	5	6	7	8	9	10	11	12	13	14	15	16	17	18	19	20	21	22	23	24
墙体 t_{wlq}	1	东	36.0	35.6	35.1	34.7	34.4	34.0	33.7	33.6	33.7	34.2	34.8	35.4	36.0	36.5	36.8	37.0	37.2	37.3	37.4	37.3	37.3	37.1	36.9	36.5
		南	34.7	34.2	33.9	33.6	33.2	32.9	32.6	32.4	32.2	32.1	32.1	32.3	32.7	33.1	33.7	34.2	34.7	35.1	35.4	35.5	35.5	35.5	35.3	35.0
		西	37.4	36.9	36.5	36.1	35.7	35.3	34.9	34.6	34.3	34.1	33.9	33.9	33.9	34.1	34.3	34.7	35.3	36.1	36.9	37.6	38.0	38.2	38.1	37.8
		北	32.6	32.3	32.0	31.8	31.5	31.3	31.1	30.9	30.9	30.9	31.0	31.1	31.2	31.4	31.7	32.0	32.2	32.5	32.7	33.0	33.1	33.1	33.1	32.9
	2	东	36.1	35.7	35.2	34.9	34.5	34.2	33.9	33.8	34.0	34.4	35.0	35.7	36.2	36.6	36.9	37.1	37.3	37.4	37.4	37.4	37.3	37.1	36.9	36.6
		南	34.7	34.3	34.0	33.7	33.3	33.0	32.8	32.5	32.4	32.3	32.3	32.5	32.9	33.3	33.9	34.4	34.9	35.2	35.5	35.6	35.6	35.5	35.4	35.1
		西	37.4	37.0	36.6	36.2	35.8	35.4	35.0	34.7	34.4	34.2	34.1	34.1	34.1	34.2	34.5	34.9	35.6	36.3	37.1	37.7	38.1	38.2	38.1	37.9
		北	32.7	32.4	32.1	31.9	31.6	31.4	31.2	31.1	31.0	31.1	31.1	31.2	31.4	31.6	31.9	32.1	32.4	32.6	32.8	33.1	33.2	33.2	33.2	33.0
	3	东	36.5	35.4	34.4	33.5	32.7	32.0	31.5	31.1	31.1	31.7	32.7	34.1	35.5	36.8	37.8	38.5	38.9	39.2	39.3	39.2	39.0	38.7	38.2	37.5
		南	35.8	34.8	33.8	33.0	32.3	31.7	31.1	30.7	30.3	30.1	30.1	30.3	30.9	31.8	32.9	34.1	35.2	36.3	37.1	37.5	37.7	37.6	37.3	36.6
		西	39.8	38.6	37.4	36.4	35.4	34.5	33.7	33.0	32.5	32.0	31.8	31.7	31.8	32.1	32.5	33.2	34.2	35.6	37.2	38.8	40.2	41.0	41.2	40.7
		北	33.6	32.8	32.0	31.3	30.8	30.3	29.9	29.6	29.4	29.5	29.6	29.8	30.2	30.7	31.2	31.8	32.4	33.0	33.5	33.9	34.3	34.5	34.5	34.2
	4	东	35.3	33.9	32.7	31.7	31.0	30.4	29.9	29.8	30.4	31.8	33.7	35.8	37.7	39.1	40.0	40.5	40.6	40.6	40.4	40.0	39.4	38.7	37.9	36.7
		南	35.1	33.7	32.6	31.7	30.9	30.3	29.8	29.3	29.1	29.1	29.5	30.2	31.3	32.8	34.5	36.1	37.5	38.5	39.0	39.2	38.9	38.4	37.6	36.5
		西	39.8	37.9	36.4	35.0	33.8	32.9	32.0	31.3	30.8	30.6	30.6	30.8	31.3	31.9	32.8	34.1	35.8	37.8	40.0	41.9	43.1	43.3	42.8	41.5
		北	33.3	32.1	31.2	30.4	29.9	29.4	29.0	28.8	28.8	29.0	29.4	29.9	30.5	31.3	32.0	32.8	33.6	34.2	34.7	35.2	35.4	35.4	35.1	34.4
	5	东	35.8	35.8	35.8	35.8	35.6	35.5	35.3	35.2	35.0	34.8	34.6	34.5	34.4	34.4	34.5	34.6	34.7	34.9	35.0	35.2	35.4	35.5	35.6	35.7
		南	33.7	33.8	33.8	33.8	33.8	33.7	33.6	33.5	33.4	33.2	33.1	32.9	32.8	32.7	32.6	32.6	32.6	32.7	32.8	32.9	33.1	33.3	33.4	33.6
		西	35.5	35.7	35.8	35.8	35.9	35.8	35.8	35.7	35.6	35.4	35.3	35.1	34.9	34.8	34.6	34.5	34.5	34.4	34.4	34.5	34.6	34.8	35.0	35.3
		北	31.6	31.7	31.7	31.7	31.7	31.7	31.6	31.5	31.4	31.3	31.2	31.1	31.0	31.0	30.9	30.9	30.9	30.9	31.0	31.1	31.2	31.3	31.4	31.5
	6	东	33.9	32.4	31.3	30.5	29.9	29.4	29.1	29.4	30.7	32.9	35.5	37.9	39.8	40.9	41.4	41.4	41.3	40.9	40.5	39.9	39.1	38.1	37.1	35.6
		南	33.9	32.4	31.3	30.5	29.9	29.3	28.9	28.7	28.6	28.9	29.5	30.7	32.3	34.2	36.2	37.9	39.2	39.9	40.1	39.7	39.1	38.2	37.1	35.6
		西	38.5	36.4	34.7	33.5	32.4	31.6	30.8	30.3	30.0	30.0	30.3	30.8	31.5	32.4	33.6	35.3	37.5	40.0	42.4	44.2	44.8	44.2	42.9	40.8
		北	32.4	31.1	30.2	29.6	29.1	28.7	28.4	28.3	28.6	29.1	29.6	30.3	31.1	32.0	32.9	33.7	34.5	35.1	35.5	35.9	35.9	35.6	35.0	33.9

续表

类别	编号	朝向	1	2	3	4	5	6	7	8	9	10	11	12	13	14	15	16	17	18	19	20	21	22	23	24
墙体 t_{wlq}	7	东	36.1	35.4	34.9	34.3	33.8	33.4	32.9	32.7	32.8	33.3	34.2	35.1	35.9	36.6	37.1	37.4	37.6	37.8	37.9	37.8	37.7	37.5	37.2	36.7
		南	34.9	34.4	33.9	33.4	33.0	32.5	32.1	31.8	31.5	31.4	31.3	31.6	32.0	32.6	33.4	34.2	34.9	35.5	35.8	36.1	36.1	36.0	35.8	35.4
		西	38.0	37.4	36.8	36.2	35.6	35.1	34.5	34.0	33.6	33.4	33.2	33.1	33.2	33.3	33.6	34.1	34.9	35.9	37.0	38.0	38.7	39.0	39.0	38.6
		北	32.8	32.4	32.0	31.6	31.3	31.0	30.7	30.5	30.4	30.4	30.5	30.6	30.8	31.1	31.5	31.9	32.2	32.6	32.9	33.2	33.4	33.5	33.5	33.2
	8	东	34.2	33.2	32.3	31.6	31.0	30.5	30.3	31.0	32.5	34.6	36.6	38.3	39.4	39.8	39.9	39.9	39.7	39.5	39.2	38.7	38.0	37.2	36.4	35.4
		南	33.8	32.8	32.0	31.3	30.7	30.3	29.8	29.6	29.6	29.9	30.7	31.8	33.3	34.9	36.4	37.6	38.3	38.6	38.5	38.1	37.5	36.7	36.0	34.9
		西	37.5	36.1	34.9	33.9	33.1	32.4	31.7	31.3	31.1	31.2	31.5	31.9	32.5	33.2	34.4	36.1	38.1	40.2	42.0	42.9	42.6	41.7	40.5	39.0
		北	32.2	31.4	30.7	30.2	29.7	29.3	29.1	29.1	29.4	29.8	30.3	30.8	31.5	32.2	32.9	33.5	34.1	34.5	34.8	35.1	34.9	34.5	34.0	33.2
	9	东	35.8	35.2	34.7	34.2	33.7	33.2	32.9	32.9	33.4	34.2	35.2	36.1	36.9	37.4	37.7	37.9	38.0	38.1	38.0	37.9	37.7	37.3	36.9	36.4
		南	34.7	34.2	33.7	33.3	32.8	32.4	32.1	31.7	31.5	31.5	31.7	32.1	32.7	33.5	34.3	35.1	35.7	36.1	36.3	36.3	36.2	36.0	35.7	35.2
		西	37.8	37.1	36.5	35.9	35.3	34.8	34.3	33.9	33.6	33.4	33.3	33.3	33.5	33.7	34.2	34.9	35.9	37.1	38.2	39.0	39.4	39.3	39.0	38.4
		北	32.7	32.3	31.9	31.6	31.3	31.0	30.7	30.6	30.6	30.6	30.8	31.0	31.3	31.6	32.0	32.4	32.7	33.0	33.3	33.6	33.7	33.6	33.5	33.1
	10	东	36.7	36.3	35.9	35.5	35.1	34.7	34.3	34.0	33.6	33.5	33.5	33.8	34.2	34.7	35.2	35.7	36.1	36.4	36.7	36.9	37.0	37.1	37.1	36.9
		南	35.1	34.8	34.5	34.2	33.8	33.5	33.2	32.8	32.5	32.2	32.0	31.9	31.9	32.0	32.2	32.6	33.0	33.5	34.0	34.4	34.8	35.0	35.2	35.2
		西	37.6	37.5	37.2	36.9	36.5	36.1	35.7	35.3	34.9	34.6	34.2	34.0	33.8	33.7	33.7	33.7	33.9	34.3	34.8	35.4	36.1	36.7	37.2	37.5
		北	32.7	32.6	32.4	32.1	31.9	31.6	31.4	31.1	30.9	30.8	30.7	30.6	30.6	30.7	30.8	31.0	31.3	31.5	31.8	32.0	32.3	32.5	32.7	32.8
	11	东	36.5	36.2	35.9	35.5	35.1	34.7	34.4	34.0	33.7	33.4	33.4	33.5	33.7	34.1	34.6	35.0	35.4	35.8	36.1	36.4	36.5	36.6	36.7	36.7
		南	34.7	34.6	34.3	34.1	33.8	33.4	33.1	32.8	32.5	32.3	32.0	31.8	31.7	31.7	31.9	32.1	32.5	32.9	33.4	33.8	34.2	34.5	34.7	34.8
		西	37.0	37.1	36.9	36.7	36.4	36.0	35.7	35.3	34.9	34.6	34.3	34.0	33.8	33.6	33.5	33.5	33.6	33.8	34.2	34.7	35.3	35.9	36.5	36.8
		北	32.4	32.3	32.2	32.0	31.7	31.5	31.2	31.0	30.8	30.6	30.5	30.4	30.4	30.4	30.5	30.7	30.8	31.0	31.3	31.5	31.8	32.0	32.2	32.4
	12	东	36.6	36.0	35.5	34.9	34.4	34.0	33.5	33.2	33.0	33.2	33.6	34.3	35.0	35.7	36.3	36.8	37.2	37.4	37.5	37.6	37.7	37.5	37.4	37.0
		南	35.2	34.8	34.3	33.9	33.4	33.0	32.6	32.3	31.9	31.7	31.6	31.6	31.8	32.2	32.7	33.4	34.0	34.7	35.2	35.6	35.8	35.9	35.8	35.6
		西	38.2	37.8	37.2	36.7	36.1	35.6	35.1	34.6	34.2	33.9	33.6	33.4	33.4	33.4	33.5	33.8	34.3	35.0	35.9	36.8	37.7	38.3	38.6	38.5
		北	33.0	32.7	32.3	32.0	31.6	31.3	31.1	30.8	30.6	30.5	30.5	30.6	30.7	30.9	31.2	31.5	31.8	32.1	32.5	32.8	33.1	33.3	33.3	33.2

续表

类别	编号	朝向	1	2	3	4	5	6	7	8	9	10	11	12	13	14	15	16	17	18	19	20	21	22	23	24
墙体 t_{wlq}	13	东	36.5	36.1	35.7	35.3	34.8	34.4	34.1	33.7	33.5	33.5	33.8	34.3	34.8	35.4	35.9	36.3	36.6	36.9	37.1	37.2	37.2	37.2	37.1	36.9
		南	35.0	34.7	34.3	34.0	33.6	33.3	33.0	32.7	32.3	32.1	32.0	31.9	32.0	32.3	32.7	33.2	33.7	34.2	34.7	35.0	35.2	35.3	35.4	35.3
		西	37.7	37.4	37.1	36.7	36.3	35.8	35.4	35.0	34.6	34.3	34.1	33.9	33.8	33.7	33.8	34.0	34.3	34.8	35.5	36.3	37.0	37.5	37.8	37.9
		北	32.8	32.6	32.3	32.0	31.8	31.5	31.3	31.0	30.9	30.8	30.7	30.8	30.8	30.9	31.1	31.4	31.6	31.9	32.2	32.4	32.7	32.9	33.0	33.0
屋面 t_{wlm}	1		44.7	44.6	44.4	44.0	43.5	43.0	42.3	41.7	41.0	40.4	39.8	39.4	39.1	39.1	39.2	39.6	40.1	40.8	41.6	42.3	43.1	43.7	44.2	44.5
	2		44.5	43.5	42.4	41.4	40.5	39.5	38.6	37.9	37.3	37.0	37.1	37.6	38.4	39.6	40.9	42.3	43.7	44.9	45.8	46.5	46.7	46.6	46.2	45.5
	3		44.3	43.9	43.4	42.8	42.3	41.6	41.0	40.4	39.8	39.3	39.0	38.9	38.9	39.2	39.7	40.3	41.1	41.9	42.6	43.3	43.9	44.3	44.5	44.5
	4		43.0	42.1	41.3	40.5	39.7	38.9	38.3	37.8	37.6	37.9	38.5	39.4	40.6	41.9	43.2	44.4	45.4	46.1	46.5	46.4	46.1	45.6	44.9	44.0
	5		44.4	44.1	43.7	43.2	42.6	42.0	41.4	40.8	40.1	39.6	39.2	38.9	38.9	39.1	39.5	40.0	40.7	41.4	42.2	42.9	43.5	44.0	44.4	44.4
	6		45.4	44.7	43.9	42.9	42.0	41.1	40.2	39.2	38.4	37.8	37.4	37.3	37.5	38.1	38.9	40.0	41.2	42.5	43.7	44.7	45.5	45.9	46.1	45.9
	7		42.9	42.9	42.9	42.7	42.5	42.3	42.0	41.6	41.2	40.8	40.5	40.2	39.9	39.8	39.8	39.9	40.1	40.4	40.8	41.2	41.7	42.1	42.4	42.7
	8		45.9	44.7	43.4	42.0	40.8	39.5	38.4	37.4	36.5	36.0	35.8	36.0	36.7	37.9	39.3	41.0	42.7	44.4	45.8	46.9	47.6	47.8	47.6	47.0

注：其他城市的地点修正值可按下表采用；

地点	石家庄、乌鲁木齐	天津	沈阳	哈尔滨、长春、呼和浩特、银川、太原、大连
修正值	+1	0	−2	−3

表 1-14　西安市外墙、屋面逐时冷负荷计算温度　　单位：℃

类别	编号	朝向	1	2	3	4	5	6	7	8	9	10	11	12	13	14	15	16	17	18	19	20	21	22	23	24
墙体 t_{wlq}	1	东	36.9	36.4	35.9	35.6	35.2	34.8	34.5	34.3	34.3	34.7	35.2	35.8	36.4	36.9	37.2	37.5	37.7	37.9	38.0	38.1	38.0	37.9	37.7	37.3
		南	34.9	34.5	34.2	33.9	33.6	33.3	33.0	32.8	32.6	32.5	32.5	32.7	32.9	33.3	33.8	34.3	34.8	35.2	35.5	35.6	35.7	35.6	35.5	35.3
		西	38.0	37.5	37.1	36.7	36.3	35.9	35.5	35.2	34.9	34.7	34.6	34.6	34.6	34.8	35.0	35.5	36.1	36.8	37.6	38.2	38.6	38.8	38.7	38.4
		北	33.9	33.6	33.3	33.0	32.7	32.5	32.2	32.1	32.0	32.0	32.0	32.2	32.3	32.6	32.9	33.2	33.5	33.8	34.0	34.3	34.4	34.4	34.4	34.2

续表

类别	编号	朝向	1	2	3	4	5	6	7	8	9	10	11	12	13	14	15	16	17	18	19	20	21	22	23	24
墙体 t_{wlq}	2	东	36.9	36.5	36.1	35.7	35.3	35.0	34.6	34.5	34.6	34.9	35.4	36.1	36.6	37.0	37.4	37.6	37.9	38.0	38.1	38.1	38.1	37.9	37.7	37.4
		南	35.0	34.6	34.3	34.0	33.7	33.4	33.2	32.9	32.8	32.7	32.7	32.8	33.2	33.6	34.0	34.5	35.0	35.3	35.6	35.7	35.7	35.7	35.6	35.3
		西	38.0	37.6	37.2	36.8	36.4	36.0	35.7	35.3	35.1	34.9	34.8	34.8	34.8	35.0	35.2	35.7	36.3	37.0	37.8	38.4	38.7	38.8	38.7	38.4
		北	34.0	33.6	33.4	33.1	32.9	32.6	32.4	32.2	32.1	32.1	32.2	32.3	32.5	32.8	33.0	33.3	33.6	33.9	34.2	34.4	34.5	34.5	34.5	34.3
	3	东	37.5	36.4	35.4	34.4	33.7	33.0	32.4	31.9	31.8	32.1	32.9	34.1	35.5	36.9	38.0	38.8	39.3	39.7	39.9	40.0	39.9	39.6	39.2	38.5
		南	36.0	35.1	34.2	33.4	32.7	32.1	31.6	31.2	30.8	30.6	30.6	30.8	31.3	32.0	33.0	34.1	35.2	36.1	36.9	37.4	37.6	37.6	37.4	36.9
		西	40.3	39.1	38.0	36.9	35.9	35.1	34.3	33.6	33.0	32.6	32.4	32.4	32.5	32.9	33.4	34.1	35.1	36.5	38.0	39.5	40.8	41.5	41.7	41.2
		北	34.9	34.1	33.3	32.6	32.0	31.5	31.1	30.7	30.4	30.4	30.5	30.8	31.2	31.7	32.3	32.9	33.6	34.3	34.9	35.3	35.8	36.0	36.0	35.6
	4	东	36.4	35.0	33.7	32.8	32.0	31.3	30.7	30.5	30.8	31.9	33.6	35.6	37.5	39.1	40.1	40.8	41.1	41.3	41.2	41.0	40.5	39.8	39.0	37.8
		南	35.5	34.2	33.1	32.2	31.5	30.9	30.4	29.9	29.7	29.7	30.0	30.6	31.6	32.9	34.4	35.9	37.2	38.2	38.8	39.0	38.9	38.5	37.9	36.8
		西	40.2	38.4	36.9	35.5	34.4	33.5	32.6	31.9	31.5	31.2	31.2	31.6	32.1	32.8	33.7	35.0	36.7	38.7	40.8	42.5	43.6	43.7	43.2	41.9
		北	34.6	33.5	32.4	31.6	31.0	30.4	30.0	29.7	29.6	29.8	30.2	30.8	31.5	32.3	33.2	34.1	34.9	35.6	36.3	36.7	37.0	36.9	36.6	35.8
	5	东	36.4	36.5	36.4	36.4	36.3	36.2	36.0	35.9	35.7	35.5	35.3	35.2	35.1	35.1	35.1	35.2	35.3	35.4	35.6	35.8	35.9	36.1	36.2	36.3
		南	33.9	34.0	34.0	34.0	34.0	33.9	33.8	33.7	33.6	33.5	33.3	33.2	33.1	33.0	32.9	32.9	32.9	32.9	33.0	33.1	33.3	33.5	33.6	33.8
		西	36.1	36.3	36.4	36.5	36.5	36.4	36.4	36.3	36.2	36.0	35.9	35.7	35.5	35.4	35.2	35.1	35.1	35.1	35.0	35.1	35.3	35.5	35.7	35.9
		北	32.8	32.9	33.0	32.9	32.9	32.9	32.8	32.7	32.6	32.5	32.4	32.3	32.2	32.1	32.1	32.1	32.1	32.1	32.2	32.3	32.4	32.5	32.6	32.7
	6	东	35.0	33.5	32.3	31.5	30.9	30.3	29.9	29.9	30.8	32.6	35.0	37.5	39.6	41.0	41.7	42.0	42.0	41.9	41.5	41.0	40.3	39.4	38.3	36.8
		南	34.4	32.9	31.9	31.1	30.5	30.0	29.6	29.3	29.2	29.4	30.1	31.0	32.5	34.1	35.9	37.5	38.7	39.5	39.8	39.6	39.2	38.4	37.5	36.1
		西	39.0	36.9	35.3	34.0	33.0	32.2	31.5	30.9	30.6	30.7	31.0	31.6	32.4	33.4	34.6	36.3	38.4	40.9	43.1	44.7	45.2	44.6	43.3	41.2
		北	33.7	32.4	31.4	30.7	30.1	29.7	29.3	29.2	29.4	29.8	30.5	31.3	32.2	33.1	34.1	35.1	35.9	36.6	37.1	37.5	37.5	37.1	36.5	35.2
	7	东	37.0	36.3	35.8	35.2	34.7	34.2	33.8	33.4	33.5	33.8	34.5	35.3	36.2	36.9	37.5	37.8	38.1	38.4	38.5	38.6	38.5	38.3	38.0	37.5
		南	35.2	34.7	34.2	33.7	33.3	32.9	32.5	32.2	32.0	31.8	31.8	32.0	32.3	32.9	33.6	34.2	34.9	35.4	35.8	36.1	36.2	36.1	36.0	35.6
		西	38.6	38.0	37.3	36.7	36.2	35.6	35.1	34.6	34.2	34.0	33.8	33.8	33.9	34.1	34.4	34.9	35.7	36.7	37.8	38.7	39.3	39.6	39.5	39.1
		北	34.1	33.7	33.3	32.9	32.5	32.2	31.8	31.6	31.4	31.4	31.5	31.7	31.9	32.2	32.6	33.0	33.5	33.8	34.2	34.5	34.8	34.8	34.8	34.5

续表

类别	编号	朝向	1	2	3	4	5	6	7	8	9	10	11	12	13	14	15	16	17	18	19	20	21	22	23	24
墙体 t_{wlq}	8	东	35.2	34.2	33.3	32.6	32.0	31.4	31.1	31.4	32.7	34.5	36.4	38.2	39.4	40.1	40.3	40.5	40.5	40.4	40.1	39.7	39.1	38.3	37.5	36.4
		南	34.3	33.3	32.5	31.9	31.3	30.8	30.4	30.2	30.2	30.5	31.1	32.1	33.4	34.8	36.1	37.2	38.0	38.3	38.4	38.1	37.6	37.0	36.3	35.3
		西	37.9	36.6	35.5	34.5	33.7	33.0	32.4	31.9	31.8	31.9	32.2	32.7	33.4	34.2	35.4	37.1	39.0	41.0	42.5	43.2	43.0	42.0	40.9	39.5
		北	33.5	32.6	31.9	31.3	30.8	30.4	30.1	30.0	30.3	30.7	31.2	31.9	32.6	33.4	34.2	34.9	35.5	36.0	36.3	36.5	36.4	35.9	35.4	34.5
	9	东	36.7	36.1	35.5	35.0	34.5	34.1	33.7	33.6	33.9	34.6	35.5	36.4	37.2	37.7	38.1	38.4	38.6	38.7	38.8	38.7	38.5	38.2	37.8	37.3
		南	35.0	34.5	34.0	33.6	33.2	32.9	32.5	32.2	32.0	32.0	32.1	32.4	33.0	33.7	34.4	35.1	35.7	36.1	36.3	36.4	36.3	36.2	35.9	35.5
		西	38.3	37.7	37.0	36.5	36.0	35.4	34.9	34.5	34.2	34.0	34.0	34.0	34.2	34.5	35.0	35.7	36.8	37.9	38.9	39.7	39.9	39.8	39.5	39.0
		北	34.0	33.6	33.2	32.8	32.5	32.1	31.8	31.7	31.6	31.7	31.8	32.1	32.4	32.8	33.2	33.6	34.0	34.4	34.7	35.0	35.1	35.0	34.8	34.5
	10	东	37.5	37.1	36.8	36.4	35.9	35.5	35.1	34.7	34.4	34.2	34.2	34.3	34.7	35.1	35.6	36.1	36.5	36.9	37.2	37.5	37.6	37.7	37.8	37.7
		南	35.2	35.0	34.7	34.4	34.1	33.8	33.5	33.2	32.9	32.6	32.4	32.3	32.2	32.3	32.5	32.8	33.2	33.7	34.1	34.5	34.9	35.1	35.3	35.3
		西	38.2	38.1	37.8	37.5	37.1	36.7	36.3	35.9	35.5	35.1	34.8	34.6	34.4	34.3	34.3	34.4	34.6	35.0	35.5	36.1	36.8	37.4	37.9	38.1
		北	34.0	33.9	33.7	33.4	33.1	32.9	32.6	32.3	32.1	31.9	31.8	31.7	31.7	31.8	31.9	32.1	32.4	32.6	33.0	33.3	33.6	33.8	34.0	34.1
	11	东	37.2	37.0	36.7	36.3	35.9	35.5	35.2	34.8	34.5	34.2	34.1	34.1	34.3	34.6	35.0	35.4	35.9	36.3	36.6	36.9	37.1	37.3	37.4	37.3
		南	34.9	34.7	34.5	34.3	34.0	33.7	33.4	33.1	32.9	32.6	32.4	32.2	32.1	32.1	32.2	32.4	32.7	33.1	33.5	33.9	34.3	34.5	34.8	34.9
		西	37.6	37.6	37.5	37.2	36.9	36.6	36.3	35.9	35.5	35.2	34.9	34.6	34.4	34.3	34.2	34.2	34.3	34.6	34.9	35.4	36.0	36.6	37.1	37.5
		北	33.7	33.6	33.4	33.2	33.0	32.7	32.5	32.2	32.0	31.8	31.6	31.6	31.5	31.5	31.6	31.8	32.0	32.2	32.5	32.7	33.0	33.3	33.5	33.6
	12	东	37.4	36.9	36.3	35.8	35.3	34.8	34.4	34.0	33.8	33.8	34.1	34.7	35.4	36.1	36.7	37.2	37.6	37.9	38.2	38.3	38.4	38.3	38.2	37.9
		南	35.4	35.0	34.6	34.1	33.7	33.4	33.0	32.7	32.4	32.1	32.0	32.0	32.2	32.5	33.0	33.5	34.1	34.7	35.2	35.6	35.8	36.0	35.9	35.8
		西	38.8	38.3	37.8	37.2	36.7	36.2	35.7	35.3	34.8	34.5	34.2	34.0	34.0	34.1	34.3	34.6	35.1	35.8	36.7	37.6	38.3	38.9	39.2	39.1
		北	34.3	33.9	33.6	33.2	32.9	32.5	32.2	31.9	31.7	31.6	31.5	31.6	31.8	32.0	32.3	32.6	33.0	33.4	33.7	34.1	34.4	34.6	34.7	34.6
	13	东	37.3	36.9	36.5	36.1	35.7	35.3	34.9	34.5	34.3	34.2	34.4	34.7	35.3	35.8	36.3	36.8	37.1	37.4	37.6	37.8	37.9	37.9	37.8	37.6
		南	35.2	34.9	34.6	34.3	33.9	33.6	33.3	33.0	32.7	32.5	32.4	32.3	32.4	32.6	32.9	33.4	33.8	34.3	34.7	35.1	35.3	35.5	35.5	35.4
		西	38.3	38.0	37.7	37.2	36.8	36.4	36.0	35.6	35.2	34.9	34.7	34.5	34.4	34.4	34.5	34.7	35.1	35.6	36.3	37.0	37.6	38.1	38.4	38.5
		北	34.1	33.9	33.6	33.3	33.0	32.7	32.5	32.2	32.0	31.9	31.8	31.8	31.9	32.1	32.3	32.5	32.8	33.1	33.4	33.7	34.0	34.2	34.3	34.2

续表

类别	编号	朝向	1	2	3	4	5	6	7	8	9	10	11	12	13	14	15	16	17	18	19	20	21	22	23	24
屋面 t_{wlm}	1		45.4	45.3	45.1	44.8	44.3	43.7	43.1	42.5	41.8	41.1	40.5	40.1	39.8	39.7	39.8	40.1	40.6	41.3	42.1	42.9	43.7	44.3	44.8	45.2
	2		45.3	44.3	43.3	42.3	41.3	40.3	39.4	38.6	38.0	37.6	37.7	38.1	38.8	40.0	41.3	42.7	44.2	45.5	46.5	47.2	47.4	47.3	47.0	46.3
	3		45.0	44.6	44.2	43.6	43.0	42.4	41.8	41.2	40.6	40.1	39.7	39.5	39.5	39.7	40.2	40.8	41.6	42.4	43.2	43.9	44.6	45.0	45.2	45.2
	4		43.8	43.0	42.1	41.3	40.5	39.7	39.0	38.5	38.2	38.4	39.0	39.9	41.0	42.4	43.7	45.0	46.1	46.8	47.2	47.2	46.9	46.4	45.7	44.8
	5		45.1	44.8	44.4	44.0	43.4	42.8	42.2	41.6	40.9	40.3	39.9	39.6	39.5	39.6	40.0	40.5	41.2	42.0	42.8	43.5	44.2	44.7	45.0	45.2
	6		46.2	45.5	44.6	43.7	42.8	41.9	41.0	40.0	39.2	38.5	38.0	37.8	38.0	38.5	39.4	40.5	41.7	13.0	44.3	45.4	46.2	46.7	46.8	46.7
	7		43.5	43.6	43.6	43.4	43.3	43.0	42.7	42.4	42.0	41.6	41.2	40.9	40.6	40.4	40.4	40.5	40.7	41.0	41.4	41.8	42.3	42.7	43.1	43.4
	8		46.8	45.5	44.2	42.9	41.6	40.4	39.3	38.2	37.3	36.6	36.3	36.5	37.1	38.2	39.6	41.3	43.1	44.9	46.4	47.6	48.3	48.6	48.4	47.8

注：其他城市的地点修正值可按下表采用；

地点	济南	郑州	兰州、青岛	西宁
修正值	+1	−1	−3	−9

表 1-15　上海市外墙、屋面逐时冷负荷计算温度

单位：℃

类别	编号	朝向	1	2	3	4	5	6	7	8	9	10	11	12	13	14	15	16	17	18	19	20	21	22	23	24
墙体 t_{wlq}	1	东	36.8	36.4	36.0	35.6	35.2	34.9	34.6	34.5	34.6	35.0	35.6	36.2	36.8	37.2	37.5	37.8	37.9	38.1	38.1	38.1	38.0	37.9	37.7	37.3
		南	34.4	34.0	33.7	33.5	33.2	32.9	32.7	32.5	32.4	32.3	32.3	32.5	32.8	33.1	33.6	34.0	34.4	34.7	34.9	35.1	35.1	35.1	35.0	36.4
		西	38.0	37.6	37.2	36.8	36.4	36.0	35.7	35.4	35.1	34.9	34.8	34.8	34.8	35.0	35.3	35.7	36.3	37.1	37.8	38.4	38.8	38.9	38.8	35.4
		北	34.0	33.6	33.3	33.1	32.8	32.6	32.4	32.2	32.2	32.2	32.3	32.5	32.6	32.9	33.1	33.4	33.7	33.9	34.2	34.4	34.5	34.5	34.5	34.7
	2	东	36.9	36.5	36.1	35.7	35.4	35.0	34.8	34.7	34.9	35.3	35.8	36.4	37.0	37.4	37.7	37.9	38.1	38.2	38.2	38.2	38.1	37.9	37.7	37.4
		南	34.5	34.1	33.8	33.6	33.3	33.1	32.9	32.7	32.5	32.5	32.5	32.7	33.0	33.4	33.8	34.2	34.5	34.8	35.0	35.1	35.2	35.1	35.0	34.8
		西	38.1	37.7	37.3	36.9	36.5	36.1	35.8	35.5	35.3	35.1	35.0	35.0	35.0	35.2	35.4	35.9	36.5	37.3	38.0	38.5	38.8	38.9	38.8	38.5
		北	34.0	33.7	33.5	33.2	32.9	32.7	32.5	32.4	32.4	32.4	32.5	32.6	32.8	33.0	33.3	33.5	33.8	34.0	34.3	34.5	34.6	34.6	34.5	34.3

续表

类别	编号	朝向	1	2	3	4	5	6	7	8	9	10	11	12	13	14	15	16	17	18	19	20	21	22	23	24
墙体 t_{wlq}	3	东	37.3	36.2	35.2	34.4	33.6	33.0	32.5	32.1	32.1	32.5	33.5	34.8	36.2	37.5	38.5	39.2	39.6	39.9	40.0	40.0	39.8	39.5	39.0	38.3
		南	35.3	34.5	33.6	32.9	32.3	31.8	31.4	31.0	30.7	30.6	30.7	30.9	31.4	32.1	32.9	33.9	34.8	35.6	36.2	36.6	36.8	36.8	36.6	36.1
		西	40.2	39.1	37.9	36.8	35.9	35.1	34.4	33.8	33.2	32.9	32.7	32.7	32.8	33.1	33.6	34.4	35.4	36.8	38.3	39.8	40.9	41.6	41.7	41.2
		北	34.9	34.1	33.3	32.6	32.0	31.6	31.2	30.9	30.7	30.7	30.9	31.2	31.6	32.1	32.7	33.3	33.9	34.4	35.0	35.4	35.8	35.9	35.9	35.6
	4	东	36.1	34.8	33.6	32.7	32.0	31.4	31.0	30.8	31.4	32.6	34.5	36.5	38.3	39.7	40.6	41.1	41.3	41.3	41.1	40.8	40.2	39.5	38.7	37.5
		南	34.8	33.6	32.6	31.8	31.2	30.7	30.3	30.0	29.9	29.9	30.2	30.9	31.8	32.9	34.2	35.5	36.5	37.4	37.8	38.0	37.9	37.5	36.9	36.0
		西	40.0	38.3	36.8	35.5	34.4	33.5	32.8	32.2	31.7	31.6	31.6	31.9	32.1	33.1	34.0	35.4	37.1	39.1	41.1	42.7	43.6	43.6	43.0	41.7
		北	34.5	33.4	32.4	31.6	31.0	30.6	30.2	30.0	30.0	30.3	30.8	31.4	32.0	32.8	33.6	34.3	35.0	35.7	36.3	36.7	36.9	36.8	36.4	35.6
	5	东	36.6	36.6	36.6	36.5	36.4	36.3	36.1	36.0	35.8	35.6	35.5	35.3	35.2	35.2	35.3	35.4	35.5	35.7	35.8	36.0	36.1	36.3	36.4	36.5
		南	33.5	33.5	33.6	33.6	33.5	33.5	33.4	33.3	33.2	33.0	32.9	32.8	32.7	32.6	32.5	32.5	32.6	32.6	32.7	32.8	33.0	33.1	33.3	33.4
		西	36.3	36.5	36.6	36.6	36.6	36.6	36.5	36.4	36.3	36.2	36.0	35.8	35.7	35.5	35.4	35.3	35.2	35.2	35.2	35.3	35.5	35.7	35.9	36.1
		北	33.0	33.1	33.1	33.1	33.0	33.0	32.9	32.8	32.7	32.6	32.5	32.4	32.3	32.3	32.2	32.2	32.3	32.3	32.4	32.5	32.5	32.7	32.8	32.9
	6	东	34.8	33.3	32.2	31.5	30.9	30.5	30.2	30.5	31.6	33.6	36.0	38.4	40.3	41.5	42.0	42.1	42.0	41.7	41.3	40.7	39.9	39.0	37.9	36.5
		南	33.8	32.5	31.5	30.9	30.4	30.0	29.7	29.5	29.5	29.8	30.4	31.3	32.6	34.1	35.6	36.9	37.9	38.5	38.7	38.5	38.1	37.4	36.6	35.3
		西	38.8	36.7	35.2	34.0	33.1	32.3	31.7	31.2	31.0	31.1	31.4	32.0	32.8	33.7	34.9	36.6	38.8	41.2	43.4	44.8	45.1	44.3	43.0	41.0
		北	33.6	32.3	31.4	30.7	30.3	29.9	29.6	29.6	29.9	30.4	31.1	31.9	32.7	33.6	34.4	35.3	36.0	36.6	37.1	37.4	37.3	36.9	36.3	35.1
	7	东	36.9	36.3	35.7	35.2	34.7	34.3	33.9	33.6	33.7	34.2	34.9	35.8	36.6	37.3	37.8	38.1	38.4	38.5	38.6	38.6	38.5	38.3	38.0	37.5
		南	34.6	34.1	33.7	33.3	32.9	32.6	32.3	32.0	31.8	31.7	31.7	31.9	32.2	32.7	33.3	33.9	34.5	34.9	35.3	35.4	35.5	35.5	35.3	35.0
		西	38.6	38.0	37.4	36.8	36.3	35.8	35.2	34.8	34.4	34.2	34.0	34.0	34.1	34.3	34.6	35.2	36.0	37.0	38.0	38.9	39.4	39.7	39.6	39.2
		北	34.2	33.7	33.3	32.9	32.6	32.3	32.0	31.8	31.7	31.7	31.8	32.0	32.2	32.5	32.9	33.3	33.6	34.0	34.3	34.6	34.8	34.9	34.8	34.5
	8	东	35.1	34.1	33.3	32.7	32.1	31.6	31.3	31.8	33.2	35.1	37.1	38.9	40.0	40.5	40.6	40.6	40.6	40.4	40.0	39.5	38.8	38.1	37.3	36.2
		南	33.7	32.8	32.2	31.6	31.1	30.7	30.4	30.3	30.3	30.6	31.2	32.1	33.3	34.5	35.7	36.6	37.2	37.5	37.5	37.2	36.8	36.2	35.6	34.7
		西	37.9	36.6	35.5	34.6	33.9	33.2	32.6	32.2	32.1	32.2	32.5	33.0	33.6	34.4	35.6	37.3	39.3	41.2	42.7	43.3	42.9	42.0	40.8	39.4
		北	33.5	32.6	32.0	31.4	31.0	30.6	30.3	30.4	30.7	31.2	31.7	32.3	33.0	33.7	34.4	35.0	35.5	36.0	36.3	36.5	36.3	35.8	35.3	34.5

续表

类别	编号	朝向	1	2	3	4	5	6	7	8	9	10	11	12	13	14	15	16	17	18	19	20	21	22	23	24
墙体 t_{wlq}	9	东	36.6	36.0	35.5	35.0	34.6	34.2	33.8	33.8	34.2	35.0	35.9	36.9	37.6	38.1	38.4	38.6	38.8	38.8	38.8	38.7	38.5	38.1	37.8	37.2
		南	34.5	34.0	33.6	33.3	32.9	32.6	32.3	32.0	31.9	31.9	32.0	32.4	32.8	33.4	34.1	34.7	35.2	35.5	35.7	35.8	35.7	35.6	35.3	34.9
		西	38.4	37.7	37.1	36.6	36.1	35.6	35.1	34.7	34.4	34.2	34.2	34.3	34.4	34.7	35.2	35.9	37.0	38.1	39.1	39.8	40.0	39.9	39.6	39.0
		北	34.1	33.6	33.3	32.9	32.6	32.3	32.0	31.9	31.9	32.0	32.2	32.4	32.7	33.1	33.4	33.8	34.2	34.5	34.8	35.0	35.1	35.0	34.9	34.5
	10	东	37.5	37.1	36.8	36.3	35.9	35.5	35.2	34.8	34.5	34.4	34.4	34.6	35.0	35.5	36.0	36.4	36.8	37.2	37.4	37.6	37.8	37.8	37.8	37.7
		南	34.7	34.5	34.2	33.9	33.6	33.3	33.1	32.8	32.5	32.3	32.2	32.1	32.1	32.1	32.4	32.6	33.0	33.4	33.8	34.1	34.4	34.6	34.7	34.8
		西	38.3	38.1	37.9	37.5	37.1	36.8	36.4	36.0	35.6	35.3	35.0	34.8	34.6	34.5	34.5	34.6	34.9	35.2	35.7	36.4	37.0	37.6	38.0	38.3
		北	34.1	33.9	33.7	33.4	33.2	32.9	32.7	32.4	32.2	32.1	32.0	31.9	32.0	32.1	32.2	32.4	32.6	32.9	33.1	33.4	33.7	33.9	34.1	34.2
	11	东	37.3	37.0	36.7	36.3	35.9	35.6	35.2	34.9	34.5	34.3	34.2	34.3	34.5	34.9	35.3	35.8	36.2	36.5	36.8	37.1	37.3	37.4	37.5	37.4
		南	34.3	34.2	34.0	33.7	33.5	33.2	33.0	32.7	32.5	32.2	32.1	31.9	31.9	31.9	32.0	32.2	32.5	32.8	33.2	33.5	33.8	34.1	34.3	34.4
		西	37.8	37.8	37.6	37.3	37.0	36.7	36.3	36.0	35.7	35.3	35.0	34.7	34.6	34.4	34.4	34.4	34.5	34.8	35.2	35.7	36.2	36.8	37.3	37.6
		北	33.8	33.7	33.5	33.3	33.0	32.8	32.6	32.3	32.1	31.9	31.8	31.7	31.7	31.8	31.9	32.0	32.2	32.4	32.7	32.9	33.2	33.4	33.6	33.7
	12	东	37.4	36.8	36.3	35.8	35.3	34.8	34.5	34.1	33.9	34.1	34.4	35.0	35.8	36.5	37.1	37.5	37.9	38.2	38.3	38.4	38.4	38.3	38.2	37.8
		南	34.8	34.5	34.0	33.7	33.3	33.0	32.7	32.4	32.1	32.0	31.9	31.9	32.1	32.4	32.8	33.3	33.8	34.3	34.7	35.1	35.2	35.3	35.3	35.1
		西	38.8	38.3	37.8	37.3	36.8	36.3	35.8	35.4	35.0	34.7	34.4	34.3	34.2	34.3	34.5	34.8	35.3	36.0	36.9	37.8	38.5	39.0	39.2	39.2
		北	34.3	34.0	33.6	33.3	32.9	32.6	32.3	32.1	31.9	31.8	31.8	31.9	32.1	32.3	32.6	32.9	33.2	33.6	33.9	34.2	34.5	34.7	34.7	34.6
	13	东	37.3	36.9	36.5	36.1	35.7	35.3	34.9	34.6	34.4	34.4	34.7	35.1	35.6	36.2	36.7	37.1	37.4	37.6	37.8	37.9	38.0	38.0	37.9	37.7
		南	34.7	34.4	34.1	33.8	33.5	33.2	32.9	32.7	32.5	32.3	32.2	32.1	32.2	32.4	32.7	33.1	33.5	33.9	34.3	34.6	34.8	34.9	35.0	34.9
		西	38.4	38.1	37.7	37.3	36.9	36.5	36.1	35.7	35.4	35.1	34.9	34.7	34.6	34.6	34.7	34.9	35.3	35.8	36.5	37.2	37.8	38.3	38.6	38.6
		北	34.2	33.9	33.6	33.4	33.1	32.8	32.6	32.3	32.2	32.1	32.0	32.1	32.2	32.3	32.5	32.8	33.0	33.3	33.6	33.9	34.1	34.3	34.4	34.3

续表

类别	编号	朝向	1	2	3	4	5	6	7	8	9	10	11	12	13	14	15	16	17	18	19	20	21	22	23	24
屋面 t_{wlm}	1		45.7	45.6	45.3	44.9	44.4	43.9	43.3	42.6	42.0	41.3	40.8	40.4	40.1	40.1	40.2	40.6	41.2	41.9	42.7	43.4	44.1	44.8	45.3	45.6
	2		45.4	44.4	43.3	42.3	41.4	40.5	39.6	38.8	38.3	38.1	38.2	38.7	39.5	40.7	42.1	43.5	44.9	46.0	47.0	47.5	47.7	47.5	47.1	46.4
	3		45.2	44.8	44.3	43.8	43.2	42.6	42.0	41.4	40.8	40.3	40.0	39.9	39.9	40.3	40.7	41.4	42.2	43.0	43.7	44.4	44.9	45.3	45.5	45.4
	4		44.0	43.0	42.2	41.4	40.7	39.9	39.3	38.8	38.7	38.9	39.6	40.5	41.7	43.1	44.4	45.6	46.6	47.2	47.5	47.4	47.0	46.5	45.8	44.9
	5		45.3	45.0	44.6	44.1	43.5	42.9	42.3	41.7	41.1	40.6	40.2	40.0	39.9	40.1	40.5	41.1	41.8	42.5	43.3	44.0	44.6	45.0	45.3	45.4
	6		46.3	45.6	44.7	43.8	42.9	42.0	41.1	40.2	39.4	38.8	38.4	38.3	38.5	39.1	40.0	41.1	42.4	43.7	44.8	45.8	46.6	47.0	47.1	46.8
	7		43.8	43.9	43.8	43.7	43.5	43.2	42.9	42.6	42.2	41.8	41.5	41.1	40.9	40.8	40.8	40.9	41.1	41.4	41.8	42.3	42.7	43.1	43.4	43.7
	8		46.8	45.5	44.2	42.9	41.6	40.4	39.3	38.3	37.5	37.0	36.8	37.1	37.8	39.0	40.5	42.2	43.9	45.6	47.0	48.0	48.6	48.7	48.5	47.8

注：其他城市的地点修正值可按下表采用：

地点	重庆、武汉、长沙、南昌、合肥、杭州	南京、宁波	成都	拉萨
修正值	+1	0	−3	−11

表 1-16　广州市外墙、屋面逐时冷负荷计算温度　　单位：℃

类别	编号	朝向	1	2	3	4	5	6	7	8	9	10	11	12	13	14	15	16	17	18	19	20	21	22	23	24
墙体 t_{wlq}	1	东	36.4	36.0	35.6	35.2	34.9	34.6	34.3	34.1	34.1	34.4	34.9	35.5	36.1	36.6	36.9	37.2	37.4	37.6	37.7	37.7	37.6	37.4	37.2	36.9
		南	33.2	32.9	32.6	32.4	32.2	31.9	31.7	31.6	31.5	31.4	31.5	31.6	31.8	32.1	32.4	32.7	33.0	33.3	33.5	33.7	33.7	33.8	33.7	33.5
		西	34.5	34.1	33.8	33.6	33.3	33.0	32.8	32.6	32.4	32.4	32.4	32.4	32.6	32.9	33.2	33.5	33.9	34.4	34.7	34.9	35.1	35.1	35.0	34.8
		北	36.5	36.1	35.7	35.4	35.0	34.7	34.4	34.2	33.9	33.8	33.8	33.8	33.9	34.1	34.3	34.7	35.2	35.8	36.5	36.9	37.2	37.3	37.2	36.9
	2	东	36.5	36.1	35.7	35.4	35.0	34.7	34.4	34.2	34.3	34.7	35.2	35.8	36.3	36.8	37.1	37.3	37.5	37.7	37.7	37.7	37.7	37.5	37.3	37.0
		南	33.3	33.0	32.7	32.5	32.3	32.1	31.9	31.7	31.6	31.6	31.6	31.8	32.0	32.2	32.6	32.9	33.2	33.4	33.6	33.8	33.8	33.8	33.8	33.6
		西	34.5	34.2	33.9	33.7	33.4	33.2	32.9	32.7	32.6	32.5	32.5	32.6	32.8	33.0	33.4	33.7	34.1	34.5	34.8	35.0	35.2	35.1	35.1	34.9
		北	36.6	36.2	35.8	35.5	35.1	34.8	34.6	34.3	34.1	34.0	33.9	34.0	34.1	34.3	34.5	34.9	35.4	36.0	36.6	37.1	37.3	37.3	37.3	37.0

续表

类别	编号	朝向	1	2	3	4	5	6	7	8	9	10	11	12	13	14	15	16	17	18	19	20	21	22	23	24
墙体 t_{wlq}	3	东	37.0	36.0	35.0	34.1	33.4	32.8	32.2	31.8	31.6	32.0	32.8	34.0	35.3	36.6	37.7	38.5	39.0	39.3	39.5	39.5	39.4	39.1	38.6	37.9
		南	34.0	33.3	32.5	31.9	31.4	31.0	30.6	30.3	30.1	30.0	30.0	30.2	30.6	31.2	31.8	32.5	33.3	33.9	34.5	34.9	35.1	35.2	35.1	34.7
		西	35.6	34.8	33.9	33.2	32.6	32.1	31.6	31.2	30.9	30.7	30.7	30.9	31.2	31.7	32.3	33.0	33.9	34.8	35.6	36.3	36.7	36.9	36.8	36.4
		北	38.3	37.2	36.2	35.3	34.5	33.8	33.2	32.7	32.2	32.0	31.9	32.0	32.2	32.6	33.1	33.8	34.7	35.8	37.0	38.2	39.1	39.6	39.6	39.2
	4	东	35.9	34.5	33.4	32.5	31.8	31.2	30.7	30.5	30.8	31.8	33.4	35.4	37.3	38.8	39.8	40.4	40.7	40.8	40.7	40.4	39.9	39.2	38.4	37.3
		南	33.7	32.6	31.7	31.0	30.5	30.1	29.8	29.5	29.3	29.4	29.7	30.2	31.0	31.8	32.8	33.8	34.6	35.3	35.8	36.1	36.1	35.9	35.5	34.7
		西	35.3	34.1	33.0	32.2	31.5	31.0	30.6	30.2	30.0	30.0	30.2	30.7	31.3	32.1	33.1	34.2	35.4	36.5	37.4	38.0	38.1	37.9	37.4	36.5
		北	38.1	36.5	35.2	34.1	33.2	32.4	31.8	31.3	31.0	30.9	31.1	31.5	32.1	32.8	33.7	34.7	36.1	37.7	39.3	40.6	41.3	41.3	40.7	39.6
	5	东	36.1	36.1	36.1	36.0	36.0	35.8	35.7	35.5	35.4	35.2	35.0	34.9	34.8	34.8	34.8	34.9	35.0	35.2	35.3	35.5	35.6	35.8	35.9	36.0
		南	32.3	32.3	32.4	32.4	32.3	32.3	32.2	32.1	32.0	31.9	31.8	31.7	31.6	31.6	31.5	31.5	31.5	31.5	31.6	31.7	31.8	32.0	32.1	32.2
		西	33.3	33.4	33.5	33.5	33.5	33.4	33.3	33.3	33.1	33.1	32.9	32.8	32.7	32.6	32.6	32.5	32.5	32.5	32.6	32.7	32.8	33.0	33.1	33.3
		北	35.0	35.2	35.3	35.3	35.3	35.2	35.2	35.1	35.0	34.8	34.7	34.5	34.4	34.3	34.2	34.1	34.1	34.1	34.1	34.2	34.3	34.5	34.7	34.9
	6	东	34.6	33.1	32.1	31.4	30.8	30.3	30.0	30.0	30.8	32.5	34.8	37.2	39.3	40.6	41.3	41.5	41.5	41.3	41.0	40.4	39.6	38.7	37.7	36.2
		南	32.8	31.6	30.8	30.2	29.8	29.5	29.2	29.0	29.1	29.3	29.9	30.7	31.6	32.7	33.8	34.8	35.7	36.3	36.6	36.7	36.4	35.9	35.3	34.2
		西	34.3	32.9	31.9	31.2	30.7	30.3	29.9	29.6	29.6	29.8	30.2	31.0	31.9	32.9	34.1	35.4	36.7	37.8	38.6	38.9	38.7	38.1	37.3	35.9
		北	36.9	35.1	33.8	32.8	32.0	31.4	30.8	30.5	30.4	30.6	31.1	31.8	32.6	33.5	34.5	35.9	37.6	39.5	41.2	42.3	42.4	41.8	40.7	38.9
	7	东	36.5	35.9	35.4	34.9	34.4	34.0	33.6	33.3	33.3	33.6	34.3	35.1	35.9	36.6	37.1	37.5	37.8	38.0	38.1	38.1	38.0	37.8	37.5	37.1
		南	33.4	33.0	32.6	32.3	32.0	31.7	31.4	31.2	31.0	30.9	30.9	31.1	31.4	31.7	32.2	32.6	33.0	33.4	33.8	34.0	34.1	34.1	34.0	33.8
		西	34.7	34.3	33.8	33.5	33.1	32.8	32.5	32.2	31.9	31.8	31.8	31.9	32.2	32.5	32.9	33.4	33.9	34.4	34.9	35.2	35.4	35.4	35.4	35.1
		北	37.0	36.4	35.9	35.4	34.9	34.4	34.0	33.6	33.3	33.1	33.0	33.1	33.2	33.5	33.8	34.3	35.0	33.8	36.7	37.4	37.9	38.0	37.9	37.5
	8	东	34.8	33.9	33.1	32.4	31.9	31.4	31.1	31.3	32.5	34.2	36.2	37.9	39.1	39.7	40.0	40.1	40.1	39.9	39.6	39.1	38.5	37.7	37.0	36.0
		南	32.8	32.0	31.4	30.9	30.5	30.1	29.8	29.7	29.8	30.1	30.6	31.3	32.1	33.0	33.9	34.6	35.2	35.5	35.7	35.6	35.3	34.9	34.4	33.7
		西	34.2	33.3	32.6	32.1	31.6	31.1	30.8	30.6	30.6	30.8	31.2	31.9	32.7	33.5	34.4	35.3	36.1	36.7	37.2	37.2	37.0	36.6	36.0	35.2
		北	36.2	35.0	34.1	33.3	32.6	32.0	31.6	31.2	31.2	31.4	31.8	32.4	33.1	33.9	35.0	36.5	38.2	39.8	41.0	41.3	40.8	39.9	38.8	37.6

续表

类别	编号	朝向	1	2	3	4	5	6	7	8	9	10	11	12	13	14	15	16	17	18	19	20	21	22	23	24
墙体 t_{wlq}	9	东	36.3	35.7	35.2	34.7	34.3	33.9	33.5	33.4	33.7	34.3	35.2	36.1	36.9	37.5	37.8	38.1	38.2	38.4	38.4	38.2	38.0	37.7	37.4	36.8
		南	33.3	32.9	32.6	32.3	32.0	31.7	31.5	31.2	31.1	31.1	31.3	31.5	31.9	32.3	32.8	33.2	33.6	33.9	34.2	34.3	34.3	34.2	34.0	33.7
		西	34.6	34.1	33.8	33.4	33.1	32.8	32.5	32.2	32.1	32.1	32.2	32.4	32.7	33.1	33.6	34.1	34.6	35.0	35.4	35.6	35.6	35.5	35.4	35.0
		北	36.8	36.2	35.7	35.2	34.7	34.3	33.9	33.5	33.3	33.2	33.2	33.4	33.6	33.9	34.3	35.0	35.9	36.8	37.7	38.2	38.4	38.2	37.9	37.4
	10	东	37.0	36.7	36.4	35.9	35.6	35.2	34.8	34.5	34.2	34.0	33.9	34.1	34.4	34.9	35.3	35.8	36.2	36.6	36.9	37.1	37.3	37.4	37.3	37.2
		南	33.4	33.2	33.0	32.7	32.5	32.2	32.0	31.8	31.6	31.4	31.2	31.2	31.2	31.3	31.4	31.6	31.9	32.2	32.5	32.8	33.0	33.3	33.4	33.4
		西	34.6	34.4	34.2	34.0	33.7	33.4	33.2	32.9	32.6	32.4	32.3	32.2	32.1	32.2	32.3	32.4	32.7	33.1	33.4	33.8	34.1	34.4	34.6	34.7
		北	36.8	36.6	36.4	36.0	35.7	35.3	35.0	34.7	34.3	34.0	33.8	33.6	33.5	33.5	33.5	33.7	33.9	34.2	34.6	35.2	35.7	36.2	36.6	36.8
	11	东	36.8	36.6	36.2	35.9	35.5	35.2	34.8	34.5	34.2	33.9	33.8	33.8	34.0	34.3	34.8	35.2	35.6	36.0	36.3	36.5	36.8	36.9	37.0	36.9
		南	33.0	32.9	32.7	32.5	32.3	32.1	31.9	31.6	31.4	31.3	31.1	31.0	31.0	31.0	31.1	31.2	31.5	31.7	32.0	32.3	32.5	32.7	32.9	33.0
		西	34.3	34.2	34.0	33.8	33.5	33.3	33.0	32.8	32.5	32.3	32.1	32.0	31.9	31.9	32.0	32.1	32.3	32.6	32.9	33.2	33.6	33.9	34.1	34.2
		北	36.3	36.3	36.1	35.8	35.6	35.2	34.9	34.6	34.3	34.0	33.8	33.6	33.4	33.4	33.3	33.4	33.5	33.8	34.1	34.5	35.0	35.5	35.9	36.2
	12	东	37.0	36.5	35.9	35.4	35.0	34.5	34.1	33.8	33.5	33.6	33.9	34.4	35.1	35.8	36.4	36.9	37.3	37.6	37.8	37.9	38.0	37.9	37.7	37.4
		南	33.6	33.2	32.9	32.5	32.3	32.0	31.7	31.5	31.3	31.1	31.0	31.1	31.2	31.4	31.8	32.1	32.5	32.9	33.3	33.6	33.8	33.9	33.9	33.8
		西	34.9	34.5	34.1	33.8	33.4	33.1	32.8	32.5	32.3	32.1	32.0	32.0	32.1	32.2	32.5	32.9	33.3	33.8	34.3	34.7	35.0	35.2	35.3	35.2
		北	37.2	36.8	36.3	35.8	35.4	34.9	34.5	34.1	33.8	33.5	33.3	33.3	33.3	33.4	33.6	33.9	34.4	35.0	35.7	36.5	37.1	37.5	37.6	37.5
	13	东	36.9	36.5	36.1	35.7	35.3	34.9	34.6	34.3	34.0	34.0	34.1	34.5	35.0	35.5	36.0	36.4	36.8	37.1	37.3	37.4	37.5	37.5	37.4	37.2
		南	33.4	33.2	32.9	32.6	32.4	32.1	31.9	31.7	31.5	31.3	31.3	31.3	31.3	31.5	31.7	32.0	32.3	32.6	32.9	33.2	33.4	33.5	33.6	33.5
		西	34.7	34.4	34.2	33.9	33.6	33.3	33.0	32.8	32.6	32.4	32.3	32.2	32.3	32.4	32.6	32.8	33.2	33.5	33.9	34.3	34.6	34.8	34.9	34.8
		北	36.9	36.6	36.2	35.8	35.5	35.1	34.8	34.4	34.1	33.9	33.7	33.6	33.6	33.6	33.7	34.0	34.3	34.8	35.3	35.9	36.5	36.9	37.0	37.1

续表

类别	编号	朝向	1	2	3	4	5	6	7	8	9	10	11	12	13	14	15	16	17	18	19	20	21	22	23	24
屋面 t_{wlm}	1		45.1	45.0	44.8	44.4	44.0	43.4	42.8	42.1	41.5	40.8	40.3	39.8	39.5	39.5	39.6	40.0	40.5	41.2	42.0	42.8	43.5	44.2	44.6	45.0
	2		44.9	43.9	42.8	41.9	41.0	40.1	39.2	38.4	37.8	37.4	37.5	37.9	38.7	39.9	41.3	42.7	44.2	45.4	46.4	46.9	47.1	47.0	46.6	45.9
	3		44.7	44.3	43.8	43.2	42.7	42.1	41.5	40.9	40.3	39.8	39.5	39.3	39.3	39.6	40.0	40.7	41.5	42.3	43.1	43.8	44.4	44.7	44.9	44.9
	4		43.5	42.6	41.8	41.0	40.2	39.5	38.8	38.3	38.1	38.2	38.8	39.7	41.0	42.3	43.7	44.9	46.0	46.7	46.9	46.9	46.5	46.0	45.3	44.4
	5		44.8	44.5	44.1	43.6	43.1	42.5	41.9	41.2	40.6	40.1	39.6	3g.4	39.3	39.5	39.8	40.4	41.1	41.9	42.7	43.4	44.0	44.5	44.8	44.9
	6		45.8	45.1	44.2	43.3	42.4	41.5	40.6	39.8	38.9	38.3	37.8	37.7	37.8	38.4	39.3	40.4	41.7	43.0	44.2	45.2	46.0	46.4	46.5	46.3
	7		43.3	43.3	43.3	43.2	42.9	42.7	42.4	42.1	41.7	41.3	40.9	40.6	40.4	40.2	40.2	40.3	40.5	40.8	41.2	41.6	42.1	42.5	42.9	43.1
	8		46.3	45.1	43.7	42.4	41.2	40.0	39.0	37.9	37.1	36.4	36.2	36.4	37.0	38.1	39.6	41.4	43.1	44.9	46.4	47.5	48.1	48.2	48.0	47.3

注：其他城市的地点修正值可按下表采用；

地点	福州、南宁、海口、深圳	贵阳	厦门	昆明
修正值	0	−3	−1	−7

表 1-17　典型城市外窗传热逐时冷负荷计算温度 t_{wlc}

单位：℃

地点	1	2	3	4	5	6	7	8	9	10	11	12	13	14	15	16	17	18	19	20	21	22	23	24
北京	27.8	27.5	27.2	26.9	26.8	27.1	27.7	28.5	29.3	30.0	30.8	31.5	32.1	32.4	32.4	32.3	32.0	31.5	30.8	30.1	29.6	29.1	28.7	28.3
天津	27.4	27.0	26.6	26.3	26.2	26.5	27.2	28.1	29.0	29.9	30.8	31.6	32.2	32.6	32.7	32.5	32.2	31.6	30.8	30.0	29.4	28.8	28.3	27.9
石家庄	27.7	27.2	26.8	26.5	26.4	26.7	27.5	28.5	29.6	30.6	31.6	32.5	33.2	33.6	33.7	33.5	33.2	32.5	31.6	30.7	30.0	29.3	28.8	28.3
太原	23.7	23.2	22.7	22.4	22.3	22.6	23.4	24.5	25.6	26.7	27.8	28.7	29.5	30.0	30.0	29.8	29.5	28.8	27.8	26.8	26.1	25.4	24.8	24.3
呼和浩特	23.8	23.4	23.0	22.7	22.5	22.9	23.6	24.5	25.5	26.4	27.3	28.2	28.9	29.3	29.3	29.1	28.8	28.2	27.4	26.6	25.9	25.3	24.8	24.3
沈阳	25.7	25.3	25.0	24.7	24.6	24.9	25.5	26.3	27.2	27.9	28.7	29.4	30.0	30.4	30.4	30.2	30.0	29.5	28.8	28.0	27.5	27.0	26.6	26.2
大连	25.4	25.2	24.9	24.8	24.7	24.9	25.3	25.8	26.3	26.8	27.3	27.7	28.1	28.3	28.3	28.2	28.1	27.7	27.3	26.8	26.5	26.2	25.9	25.7
长春	24.4	24.0	23.7	23.4	23.3	23.6	24.2	25.1	25.9	26.8	27.6	28.3	28.9	29.3	29.3	29.2	28.9	28.4	27.6	26.9	26.3	25.8	25.3	24.9

续表

地点	1	2	3	4	5	6	7	8	9	10	11	12	13	14	15	16	17	18	19	20	21	22	23	24
哈尔滨	24.3	23.9	23.6	23.3	23.2	23.5	24.1	25.0	25.9	26.8	27.7	28.4	29.1	29.4	29.5	29.3	29.1	28.5	27.7	26.9	26.3	25.7	25.3	24.8
上海	29.2	28.9	28.6	28.3	28.2	28.5	29.0	29.7	30.5	31.2	31.9	32.5	33.1	33.4	33.4	33.3	33.1	32.6	31.9	31.3	30.8	30.3	30.0	29.6
南京	29.6	29.3	29.0	28.7	28.6	28.9	29.4	30.1	30.9	31.6	32.3	32.9	33.5	33.8	33.8	33.7	33.5	33.0	32.3	31.7	31.2	30.7	30.4	30.0
杭州	29.8	29.4	29.1	28.8	28.7	29.0	29.6	30.4	31.3	32.0	32.8	33.5	34.1	34.5	34.5	34.3	34.1	33.6	32.9	32.1	31.6	31.1	30.7	30.3
宁波	28.6	28.2	27.8	27.5	27.4	27.7	28.4	29.3	30.2	31.1	32.0	32.8	33.4	33.8	33.9	33.7	33.4	32.8	32.0	31.2	30.6	30.0	29.5	29.1
合肥	30.2	29.9	29.6	29.4	29.3	29.6	30.1	30.7	31.4	32.1	32.7	33.3	33.8	34.1	34.1	33.9	33.8	33.3	32.7	32.2	31.7	31.3	30.9	30.6
福州	28.5	28.0	27.6	27.3	27.2	27.5	28.3	29.3	30.4	31.4	32.4	33.3	34.0	34.4	34.5	34.3	34.0	33.3	32.4	31.5	30.8	30.1	29.6	29.1
厦门	28.0	27.6	27.3	27.1	27.0	27.2	27.8	28.6	29.4	30.1	30.9	31.5	32.1	32.4	32.5	32.3	32.1	31.6	30.9	30.2	29.7	29.2	28.8	28.4
南昌	30.6	30.3	30.0	29.8	29.7	29.9	30.4	31.1	31.8	32.5	33.1	33.8	34.2	34.5	34.6	34.4	34.2	33.8	33.2	32.6	32.1	31.7	31.3	31.0
济南	29.8	29.5	29.2	29.0	28.9	29.1	29.6	30.3	31.0	31.7	32.3	33.0	33.4	33.7	33.8	33.6	33.4	33.0	32.4	31.8	31.3	30.9	30.5	30.2
青岛	26.3	26.2	26.0	25.8	25.8	25.9	26.3	26.7	27.1	27.5	27.9	28.3	28.6	28.8	28.8	28.7	28.6	28.3	28.0	27.6	27.3	27.0	26.8	26.6
郑州	28.1	27.7	27.3	27.0	26.8	27.2	27.9	28.8	29.8	30.7	31.6	32.5	33.2	33.6	33.6	33.4	33.1	32.5	31.7	30.9	30.2	29.6	29.1	28.6
武汉	30.6	30.3	30.0	29.8	29.7	29.9	30.4	31.1	31.7	32.3	33.0	33.6	34.0	34.3	34.3	34.2	34.0	33.6	33.0	32.4	32.0	31.6	31.2	30.9
长沙	29.7	29.3	29.0	28.7	28.6	28.9	29.5	30.4	31.2	32.1	32.9	33.6	34.2	34.6	34.6	34.5	34.2	33.7	32.9	32.2	31.6	31.1	30.6	30.2
广州	29.1	28.8	28.5	28.2	28.2	28.4	28.9	29.6	30.4	31.1	31.8	32.4	32.9	33.2	33.2	33.1	32.9	32.4	31.8	31.1	30.6	30.2	29.8	29.5
深圳	29.1	28.8	28.5	28.3	28.2	28.4	28.9	29.6	30.2	30.8	31.5	32.1	32.5	32.8	32.8	32.7	32.5	32.1	31.5	30.9	30.5	30.1	29.7	29.4
南宁	29.0	28.6	28.3	28.1	28.0	28.2	28.8	29.6	30.4	31.1	31.9	32.5	33.1	33.4	33.5	33.3	33.1	32.6	31.9	31.2	30.7	30.2	29.8	29.4
海口	28.4	28.0	27.6	27.3	27.2	27.5	28.2	29.2	30.1	31.0	31.9	32.7	33.4	33.8	33.8	33.6	33.4	32.8	31.9	31.1	30.5	29.9	29.4	29.0
重庆	30.9	30.6	30.3	30.1	30.0	30.2	30.7	31.4	32.0	32.6	33.3	33.9	34.3	34.6	34.6	34.5	34.3	33.9	33.3	32.7	32.3	31.9	31.5	31.2
成都	26.1	25.8	25.5	25.2	25.1	25.4	26.0	26.8	27.6	28.3	29.1	29.8	30.4	30.7	30.7	30.6	30.3	29.8	29.1	28.4	27.9	27.4	27.0	26.6
贵阳	24.9	24.6	24.3	24.0	23.9	24.2	24.7	25.4	26.2	26.9	27.6	28.2	28.8	29.1	29.1	29.0	28.8	28.3	27.6	27.0	26.5	26.0	25.7	25.3
昆明	20.7	20.3	20.0	19.8	19.7	19.9	20.5	21.3	22.1	22.8	23.6	24.2	24.8	25.1	25.2	25.0	24.8	24.3	23.6	22.9	22.4	21.9	21.5	21.1
拉萨	17.0	16.6	16.1	15.8	15.7	16.0	16.8	17.8	18.8	19.7	20.7	21.6	22.3	22.7	22.8	22.5	22.3	21.6	20.7	19.9	19.2	18.6	18.0	17.6
西安	28.8	28.4	28.0	27.7	27.6	27.9	28.6	29.4	30.3	31.2	32.0	32.8	33.4	33.8	33.8	33.6	33.4	32.8	32.0	31.3	30.7	30.1	29.7	29.3

续表

地点	1	2	3	4	5	6	7	8	9	10	11	12	13	14	15	16	17	18	19	20	21	22	23	24
兰州	23.6	23.2	22.8	22.4	22.3	22.6	23.4	24.5	25.6	26.6	27.6	28.5	29.3	29.7	29.8	29.5	29.3	28.6	27.6	26.7	26.0	25.3	24.8	24.3
西宁	18.2	17.7	17.2	16.9	16.7	17.1	18.0	19.1	20.3	21.4	22.5	23.6	24.4	24.9	24.9	24.7	24.4	23.6	22.6	21.6	20.8	20.1	19.5	18.9
银川	23.9	23.5	23.1	22.7	22.6	23.0	23.7	24.7	25.8	26.7	27.7	28.6	29.4	29.8	29.8	29.6	29.3	28.7	27.8	26.9	26.2	25.5	25.0	24.5
乌鲁木齐	25.9	25.5	25.1	24.7	24.6	24.9	25.7	26.8	27.9	28.9	29.9	30.8	31.6	32.0	32.1	31.8	31.6	30.9	29.9	29.0	28.3	27.6	27.1	26.6

表 1-18　透过无遮阳标准玻璃太阳辐射冷负荷系数值 C_{clC}

地点	房间类型	朝向	1	2	3	4	5	6	7	8	9	10	11	12	13	14	15	16	17	18	19	20	21	22	23	24
北京	轻	东	0.03	0.02	0.02	0.01	0.01	0.13	0.30	0.43	0.55	0.58	0.56	0.17	0.18	0.19	0.19	0.17	0.15	0.13	0.09	0.07	0.06	0.04	0.04	0.03
		南	0.05	0.03	0.03	0.02	0.02	0.06	0.11	0.16	0.24	0.34	0.46	0.44	0.63	0.65	0.62	0.54	0.28	0.24	0.17	0.13	0.11	0.08	0.07	0.05
		西	0.03	0.02	0.02	0.01	0.01	0.03	0.06	0.09	0.12	0.14	0.16	0.17	0.22	0.31	0.42	0.52	0.59	0.60	0.48	0.07	0.06	0.04	0.04	0.03
		北	0.11	0.08	0.07	0.05	0.05	0.23	0.38	0.37	0.50	0.60	0.69	0.75	0.79	0.80	0.80	0.74	0.70	0.67	0.50	0.29	0.25	0.19	0.17	0.13
	重	东	0.07	0.06	0.05	0.05	0.06	0.18	0.32	0.41	0.48	0.49	0.45	0.21	0.21	0.21	0.21	0.20	0.18	0.16	0.13	0.11	0.10	0.09	0.08	0.07
		南	0.10	0.09	0.08	0.08	0.07	0.10	0.13	0.18	0.24	0.33	0.43	0.42	0.55	0.55	0.52	0.46	0.30	0.26	0.21	0.17	0.16	0.14	0.13	0.11
		西	0.08	0.07	0.07	0.06	0.06	0.07	0.09	0.10	0.13	0.14	0.16	0.17	0.22	0.30	0.40	0.48	0.52	0.52	0.40	0.13	0.12	0.11	0.10	0.09
		北	0.20	0.18	0.16	0.15	0.14	0.31	0.40	0.38	0.47	0.55	0.61	0.66	0.69	0.71	0.71	0.68	0.65	0.66	0.53	0.36	0.32	0.28	0.25	0.23
西安	轻	东	0.03	0.02	0.02	0.01	0.01	0.11	0.27	0.42	0.54	0.59	0.57	0.20	0.22	0.22	0.22	0.20	0.18	0.14	0.10	0.08	0.07	0.05	0.04	0.03
		南	0.06	0.05	0.04	0.03	0.03	0.07	0.14	0.21	0.30	0.40	0.51	0.53	0.67	0.68	0.65	0.44	0.39	0.32	0.22	0.17	0.14	0.11	0.09	0.07
		西	0.03	0.02	0.02	0.01	0.01	0.03	0.07	0.10	0.13	0.16	0.19	0.20	0.25	0.34	0.46	0.55	0.60	0.58	0.10	0.08	0.07	0.05	0.04	0.03
		北	0.10	0.08	0.07	0.05	0.04	0.18	0.34	0.43	0.48	0.59	0.68	0.74	0.79	0.80	0.79	0.75	0.69	0.63	0.37	0.29	0.24	0.19	0.16	0.12
	重	东	0.07	0.06	0.06	0.05	0.05	0.18	0.31	0.41	0.48	0.48	0.45	0.22	0.23	0.23	0.23	0.21	0.19	0.17	0.13	0.12	0.11	0.09	0.08	0.07
		南	0.12	0.11	0.10	0.09	0.08	0.12	0.17	0.22	0.30	0.39	0.47	0.48	0.58	0.57	0.54	0.41	0.37	0.32	0.25	0.21	0.19	0.17	0.15	0.13
		西	0.08	0.08	0.07	0.06	0.05	0.07	0.10	0.12	0.14	0.16	0.18	0.19	0.26	0.35	0.44	0.51	0.52	0.48	0.16	0.14	0.12	0.11	0.10	0.09
		北	0.19	0.17	0.15	0.14	0.13	0.27	0.36	0.41	0.46	0.54	0.61	0.65	0.69	0.70	0.70	0.67	0.65	0.61	0.40	0.34	0.30	0.27	0.24	0.21

续表

地点	房间类型	朝向	1	2	3	4	5	6	7	8	9	10	11	12	13	14	15	16	17	18	19	20	21	22	23	24
上海	轻	东	0.03	0.02	0.02	0.01	0.01	0.11	0.27	0.42	0.53	0.58	0.56	0.19	0.20	0.21	0.20	0.19	0.17	0.13	0.09	0.07	0.06	0.05	0.04	0.03
		南	0.07	0.06	0.05	0.04	0.03	0.08	0.16	0.24	0.34	0.43	0.54	0.57	0.69	0.70	0.67	0.50	0.44	0.36	0.26	0.20	0.16	0.13	0.11	0.09
		西	0.03	0.02	0.02	0.01	0.01	0.03	0.06	0.09	0.12	0.15	0.18	0.19	0.24	0.33	0.44	0.54	0.60	0.58	0.09	0.07	0.06	0.05	0.04	0.03
		北	0.10	0.08	0.07	0.05	0.04	0.20	0.36	0.45	0.48	0.59	0.68	0.75	0.79	0.81	0.80	0.76	0.70	0.66	0.37	0.29	0.24	0.19	0.16	0.12
	重	东	0.06	0.06	0.05	0.05	0.09	0.20	0.32	0.41	0.47	0.46	0.44	0.21	0.22	0.22	0.21	0.20	0.18	0.15	0.12	0.11	0.10	0.09	0.08	0.07
		南	0.13	0.12	0.10	0.09	0.10	0.14	0.20	0.26	0.35	0.43	0.50	0.52	0.59	0.58	0.55	0.45	0.40	0.34	0.27	0.23	0.21	0.18	0.16	0.15
		西	0.08	0.07	0.06	0.06	0.06	0.07	0.10	0.12	0.14	0.16	0.17	0.20	0.28	0.36	0.44	0.49	0.49	0.43	0.15	0.13	0.11	0.10	0.09	0.06
		北	0.18	0.17	0.15	0.14	0.17	0.29	0.38	0.44	0.48	0.55	0.62	0.67	0.70	0.71	0.69	0.69	0.65	0.58	0.39	0.34	0.30	0.26	0.24	0.21
广州	轻	东	0.03	0.02	0.02	0.01	0.01	0.08	0.23	0.39	0.52	0.58	0.57	0.21	0.22	0.23	0.22	0.20	0.18	0.14	0.10	0.08	0.06	0.05	0.04	0.03
		南	0.09	0.08	0.06	0.05	0.04	0.08	0.20	0.32	0.45	0.56	0.65	0.72	0.77	0.78	0.76	0.70	0.61	0.47	0.34	0.27	0.22	0.18	0.14	0.12
		西	0.03	0.02	0.02	0.01	0.01	0.02	0.06	0.09	0.13	0.16	0.19	0.21	0.26	0.35	0.47	0.56	0.60	0.55	0.10	0.08	0.06	0.05	0.04	0.03
		北	0.10	0.08	0.06	0.05	0.04	0.14	0.32	0.47	0.58	0.63	0.67	0.74	0.79	0.82	0.82	0.79	0.75	0.64	0.15	0.28	0.22	0.18	0.15	0.12
	重	东	0.07	0.06	0.05	0.05	0.05	0.05	0.28	0.39	0.46	0.47	0.44	0.22	0.23	0.23	0.22	0.21	0.19	0.16	0.13	0.11	0.10	0.09	0.08	0.07
		南	0.17	0.15	0.13	0.12	0.11	0.15	0.24	0.34	0.43	0.51	0.58	0.63	0.67	0.68	0.66	0.61	0.54	0.44	0.35	0.30	0.27	0.24	0.21	0.19
		西	0.08	0.07	0.06	0.06	0.05	0.06	0.09	0.11	0.14	0.16	0.18	0.20	0.27	0.36	0.45	0.50	0.51	0.42	0.15	0.13	0.12	0.11	0.10	0.09
		北	0.19	0.17	0.15	0.13	0.13	0.25	0.37	0.46	0.53	0.58	0.61	0.66	0.69	0.72	0.73	0.72	0.69	0.58	0.38	0.33	0.30	0.26	0.24	0.21

注：其他城市可按下表采用：

代表城市	适用城市
北京	哈尔滨、长春、乌鲁木齐、沈阳、呼和浩特、天津、银川、石家庄、太原、大连
西安	济南、西宁、兰州、郑州、青岛
上海	南京、合肥、成都、武汉、杭州、拉萨、重庆、南昌、长沙、宁波
广州	贵阳、福州、台北、昆明、南宁、海口、厦门、深圳

表 1-19 夏季透过标准玻璃窗的太阳总辐射照度最大值 D_{Jmax}

城市	东	南	西	北
北京	579	312	579	133
天津	534	299	534	143
上海	529	210	529	145
福州	574	158	574	139
长沙	575	174	575	138
昆明	572	149	572	138
长春	577	362	577	130
贵阳	574	161	574	139
武汉	577	198	577	137
成都	480	208	480	157
乌鲁木齐	639	372	639	121
大连	534	297	534	143
太原	579	287	579	136
石家庄	579	290	579	136
南京	533	216	533	136
厦门	525	156	525	146
广州	534	152	524	147
拉萨	736	186	736	147
沈阳	533	330	533	140
合肥	533	215	533	146
青岛	534	265	534	146
海口	521	149	521	150
西宁	691	254	691	127
呼和浩特	641	331	641	123
哈尔滨	575	384	575	128
郑州	534	248	534	146
重庆	480	202	480	157
银川	579	295	579	135
杭州	532	198	532	145
南昌	576	177	576	138
济南	534	272	534	145
南宁	523	151	523	148
兰州	640	251	640	128
深圳	525	159	525	147
西安	534	243	534	146

表 1-20　人体冷负荷系数 $C_{cl_{rt}}$

工作小时数/h	从开始工作时刻算起到计算时刻的持续时间																							
	1	2	3	4	5	6	7	8	9	10	11	12	13	14	15	16	17	18	19	20	21	22	23	24
1	0.44	0.32	0.05	0.03	0.02	0.02	0.02	0.01	0.01	0.01	0.01	0.01	0.01	0.01	0.01	0.00	0.00	0.00	0.00	0.00	0.00	0.00	0.00	0.00
2	0.44	0.77	0.38	0.08	0.05	0.04	0.03	0.03	0.03	0.02	0.02	0.02	0.01	0.01	0.01	0.01	0.01	0.01	0.01	0.01	0.01	0.00	0.00	0.00
3	0.44	0.77	0.82	0.41	0.10	0.07	0.06	0.05	0.04	0.04	0.03	0.03	0.02	0.02	0.02	0.02	0.01	0.01	0.01	0.01	0.01	0.01	0.01	0.01
4	0.45	0.77	0.82	0.85	0.43	0.12	0.08	0.07	0.06	0.05	0.04	0.04	0.03	0.03	0.03	0.02	0.02	0.02	0.02	0.01	0.01	0.01	0.01	0.01
5	0.45	0.77	0.82	0.85	0.87	0.45	0.14	0.10	0.08	0.07	0.06	0.05	0.04	0.04	0.03	0.03	0.03	0.02	0.02	0.02	0.02	0.01	0.01	0.01
6	0.45	0.77	0.83	0.85	0.87	0.89	0.46	0.15	0.11	0.09	0.08	0.07	0.06	0.05	0.04	0.04	0.03	0.02	0.03	0.02	0.02	0.02	0.02	0.01
7	0.46	0.78	0.83	0.85	0.87	0.89	0.90	0.48	0.16	0.12	0.10	0.09	0.07	0.06	0.06	0.05	0.04	0.04	0.03	0.03	0.03	0.02	0.02	0.02
8	0.46	0.78	0.83	0.86	0.88	0.89	0.91	0.92	0.49	0.17	0.13	0.11	0.09	0.08	0.07	0.06	0.05	0.05	0.04	0.04	0.03	0.03	0.02	0.02
9	0.46	0.78	0.83	0.86	0.88	0.89	0.91	0.92	0.93	0.50	0.18	0.14	0.11	0.10	0.09	0.07	0.06	0.06	0.05	0.04	0.04	0.03	0.03	0.03
10	0.47	0.79	0.84	0.86	0.88	0.90	0.91	0.92	0.93	0.94	0.51	0.19	0.14	0.12	0.10	0.09	0.08	0.07	0.06	0.05	0.05	0.04	0.04	0.03
11	0.47	0.79	0.84	0.87	0.88	0.90	0.91	0.92	0.93	0.94	0.95	0.51	0.20	0.15	0.12	0.11	0.09	0.08	0.07	0.06	0.05	0.05	0.04	0.04
12	0.48	0.80	0.85	0.87	0.89	0.90	0.92	0.93	0.93	0.94	0.95	0.96	0.52	0.20	0.15	0.13	0.11	0.10	0.08	0.07	0.07	0.06	0.05	0.04
13	0.49	0.80	0.85	0.88	0.89	0.91	0.92	0.93	0.94	0.95	0.95	0.96	0.96	0.53	0.21	0.16	0.13	0.12	0.10	0.09	0.08	0.07	0.06	0.05
14	0.49	0.81	0.86	0.88	0.90	0.91	0.92	0.93	0.94	0.95	0.95	0.96	0.96	0.97	0.53	0.21	0.16	0.14	0.12	0.10	0.09	0.08	0.07	0.06
15	0.50	0.82	0.86	0.89	0.90	0.91	0.93	0.94	0.94	0.95	0.96	0.96	0.97	0.97	0.97	0.54	0.22	0.17	0.14	0.12	0.11	0.09	0.08	0.07
16	0.51	0.83	0.87	0.89	0.91	0.92	0.93	0.94	0.95	0.95	0.96	0.96	0.97	0.97	0.98	0.98	0.54	0.22	0.17	0.14	0.12	0.11	0.09	0.08
17	0.52	0.84	0.88	0.90	0.91	0.93	0.94	0.94	0.95	0.96	0.96	0.97	0.97	0.97	0.98	0.98	0.98	0.54	0.22	0.17	0.15	0.13	0.11	0.10
18	0.54	0.85	0.89	0.91	0.92	0.93	0.94	0.95	0.96	0.96	0.97	0.97	0.97	0.98	0.98	0.98	0.98	0.99	0.55	0.23	0.17	0.15	0.13	0.11
19	0.55	0.86	0.90	0.92	0.93	0.94	0.95	0.96	0.96	0.97	0.97	0.97	0.96	0.98	0.98	0.98	0.99	0.99	0.99	0.55	0.23	0.18	0.15	0.13
20	0.57	0.88	0.92	0.93	0.94	0.95	0.96	0.96	0.97	0.97	0.97	0.98	0.98	0.98	0.98	0.99	0.99	0.99	0.99	0.99	0.55	0.23	0.18	0.15
21	0.59	0.90	0.93	0.94	0.95	0.96	0.96	0.97	0.97	0.98	0.98	0.98	0.98	0.99	0.99	0.99	0.99	0.99	0.99	0.99	0.99	0.56	0.23	0.18
22	0.62	0.92	0.95	0.96	0.97	0.97	0.97	0.98	0.98	0.98	0.99	0.99	0.99	0.99	0.99	0.99	0.99	0.99	0.99	1.00	1.00	1.00	0.56	0.23
23	0.68	0.95	0.97	0.98	0.98	0.98	0.99	0.99	0.99	0.99	0.99	0.99	0.99	0.99	1.00	1.00	1.00	1.00	1.00	1.00	1.00	1.00	1.00	0.56
24	1.00	1.00	1.00	1.00	1.00	1.00	1.00	1.00	1.00	1.00	1.00	1.00	1.00	1.00	1.00	1.00	1.00	1.00	1.00	1.00	1.00	1.00	1.00	1.00

表 1-21　照明冷负荷系数 $C_{cl_{zm}}$

工作小时数/h	从开灯时刻算起到计算时刻的持续时间																							
	1	2	3	4	5	6	7	8	9	10	11	12	13	14	15	16	17	18	19	20	21	22	23	24
1	0.37	0.33	0.06	0.04	0.03	0.03	0.02	0.02	0.02	0.01	0.01	0.01	0.01	0.01	0.01	0.01	0.01	0.00	0.00	0.00	0.37	0.33	0.06	0.04
2	0.37	0.69	0.38	0.09	0.07	0.06	0.05	0.04	0.04	0.03	0.03	0.02	0.02	0.02	0.02	0.01	0.01	0.01	0.01	0.01	0.37	0.69	0.38	0.09
3	0.37	0.70	0.75	0.42	0.13	0.09	0.08	0.07	0.06	0.05	0.04	0.04	0.03	0.03	0.02	0.02	0.02	0.02	0.01	0.01	0.37	0.70	0.75	0.42
4	0.38	0.70	0.75	0.79	0.45	0.15	0.12	0.10	0.08	0.07	0.06	0.05	0.05	0.04	0.04	0.03	0.03	0.02	0.02	0.02	0.38	0.70	0.75	0.79
5	0.38	0.70	0.76	0.79	0.82	0.48	0.17	0.13	0.11	0.10	0.08	0.07	0.06	0.05	0.05	0.04	0.04	0.03	0.03	0.02	0.38	0.70	0.76	0.79
6	0.38	0.70	0.76	0.79	0.82	0.84	0.50	0.19	0.15	0.13	0.11	0.09	0.08	0.07	0.06	0.05	0.05	0.04	0.04	0.03	0.38	0.70	0.76	0.79
7	0.39	0.71	0.76	0.80	0.82	0.85	0.87	0.52	0.21	0.17	0.14	0.12	0.10	0.09	0.08	0.07	0.06	0.05	0.05	0.04	0.39	0.71	0.76	0.80
8	0.39	0.71	0.77	0.80	0.83	0.85	0.87	0.89	0.53	0.22	0.18	0.15	0.13	0.11	0.10	0.08	0.07	0.06	0.06	0.05	0.39	0.71	0.77	0.80
9	0.40	0.72	0.77	0.80	0.83	0.85	0.87	0.89	0.90	0.55	0.23	0.19	0.16	0.14	0.12	0.10	0.09	0.08	0.07	0.06	0.40	0.72	0.77	0.80
10	0.40	0.72	0.78	0.81	0.83	0.86	0.87	0.89	0.90	0.92	0.56	0.25	0.20	0.17	0.14	0.13	0.11	0.09	0.08	0.07	0.40	0.72	0.78	0.81
11	0.41	0.73	0.78	0.81	0.84	0.86	0.88	0.89	0.91	0.92	0.93	0.57	0.25	0.21	0.18	0.15	0.13	0.11	0.10	0.09	0.41	0.73	0.78	0.81
12	0.42	0.74	0.79	0.82	0.84	0.86	0.88	0.90	0.91	0.92	0.93	0.94	0.58	0.26	0.21	0.18	0.16	0.14	0.12	0.10	0.42	0.74	0.79	0.82
13	0.43	0.75	0.79	0.82	0.85	0.87	0.89	0.90	0.91	0.92	0.93	0.94	0.95	0.59	0.27	0.22	0.19	0.16	0.14	0.12	0.43	0.75	0.79	0.82
14	0.44	0.75	0.80	0.83	0.86	0.87	0.89	0.91	0.92	0.93	0.94	0.94	0.95	0.96	0.60	0.28	0.22	0.19	0.17	0.14	0.44	0.75	0.80	0.83
15	0.45	0.77	0.81	0.84	0.86	0.88	0.90	0.91	0.92	0.93	0.94	0.95	0.95	0.96	0.96	0.60	0.28	0.23	0.20	0.17	0.45	0.77	0.81	0.84
16	0.47	0.78	0.82	0.85	0.87	0.89	0.90	0.92	0.93	0.94	0.94	0.95	0.96	0.96	0.97	0.97	0.61	0.29	0.23	0.20	0.47	0.78	0.82	0.85
17	0.48	0.79	0.83	0.86	0.88	0.90	0.91	0.92	0.93	0.94	0.95	0.95	0.96	0.96	0.97	0.97	0.98	0.61	0.29	0.24	0.48	0.79	0.83	0.86
18	0.50	0.81	0.85	0.87	0.89	0.91	0.92	0.93	0.94	0.95	0.95	0.96	0.96	0.97	0.97	0.97	0.98	0.98	0.62	0.29	0.50	0.81	0.85	0.87
19	0.52	0.83	0.87	0.89	0.90	0.92	0.93	0.94	0.95	0.95	0.96	0.96	0.97	0.97	0.98	0.98	0.98	0.98	0.98	0.62	0.52	0.83	0.87	0.89
20	0.55	0.85	0.88	0.90	0.92	0.93	0.94	0.95	0.95	0.96	0.96	0.97	0.97	0.98	0.98	0.98	0.98	0.99	0.99	0.99	0.55	0.85	0.88	0.90
21	0.58	0.87	0.91	0.92	0.93	0.94	0.95	0.96	0.96	0.97	0.97	0.98	0.98	0.98	0.98	0.99	0.99	0.99	0.99	0.99	0.58	0.87	0.91	0.92
22	0.62	0.90	0.93	0.94	0.95	0.96	0.96	0.97	0.97	0.98	0.98	0.98	0.98	0.99	0.99	0.99	0.99	0.99	0.99	0.99	0.62	0.90	0.93	0.94
23	0.67	0.94	0.96	0.97	0.97	0.98	0.98	0.98	0.99	0.99	0.99	0.99	0.99	0.99	0.99	0.99	1.00	1.00	1.00	1.00	0.67	0.94	0.96	0.97
24	1.00	1.00	1.00	1.00	1.00	1.00	1.00	1.00	1.00	1.00	1.00	1.00	1.00	1.00	1.00	1.00	1.00	1.00	1.00	1.00	1.00	1.00	1.00	1.00

表 1-22 设备冷负荷系数 $C_{cl_{sb}}$

工作小时数/h	从开机时刻算起到计算时刻的持续时间																							
	1	2	3	4	5	6	7	8	9	10	11	12	13	14	15	16	17	18	19	20	21	22	23	24
1	0.77	0.14	0.02	0.01	0.01	0.01	0.01	0.01	0.00	0.00	0.00	0.00	0.00	0.00	0.00	0.00	0.00	0.00	0.00	0.00	0.00	0.00	0.00	0.00
2	0.77	0.90	0.16	0.03	0.02	0.02	0.01	0.01	0.01	0.01	0.01	0.01	0.01	0.01	0.00	0.00	0.00	0.00	0.00	0.00	0.00	0.00	0.00	0.00
3	0.77	0.90	0.93	0.17	0.04	0.03	0.02	0.02	0.02	0.01	0.01	0.01	0.01	0.01	0.01	0.01	0.01	0.01	0.00	0.00	0.00	0.00	0.00	0.00
4	0.77	0.90	0.93	0.94	0.18	0.05	0.03	0.03	0.02	0.02	0.02	0.02	0.01	0.01	0.01	0.01	0.01	0.01	0.01	0.01	0.01	0.00	0.00	0.00
5	0.77	0.90	0.93	0.94	0.95	0.19	0.06	0.04	0.03	0.03	0.02	0.02	0.02	0.02	0.01	0.01	0.01	0.01	0.01	0.01	0.01	0.01	0.01	0.00
6	0.77	0.91	0.93	0.94	0.95	0.95	0.19	0.06	0.05	0.04	0.03	0.03	0.02	0.02	0.02	0.02	0.01	0.01	0.01	0.01	0.01	0.01	0.01	0.01
7	0.77	0.91	0.93	0.94	0.95	0.95	0.96	0.20	0.07	0.05	0.04	0.04	0.03	0.03	0.02	0.02	0.02	0.02	0.01	0.01	0.01	0.01	0.01	0.01
8	0.77	0.91	0.93	0.94	0.95	0.96	0.96	0.97	0.20	0.07	0.05	0.04	0.04	0.03	0.03	0.03	0.02	0.02	0.02	0.01	0.01	0.01	0.01	0.01
9	0.78	0.91	0.93	0.94	0.95	0.96	0.96	0.97	0.97	0.21	0.08	0.06	0.05	0.04	0.04	0.03	0.03	0.02	0.02	0.02	0.02	0.01	0.01	0.01
10	0.78	0.91	0.93	0.94	0.95	0.96	0.96	0.97	0.97	0.97	0.21	0.08	0.06	0.05	0.04	0.04	0.03	0.03	0.02	0.02	0.02	0.02	0.01	0.01
11	0.78	0.91	0.93	0.94	0.95	0.96	0.96	0.97	0.97	0.98	0.98	0.21	0.08	0.06	0.05	0.04	0.04	0.03	0.03	0.03	0.02	0.02	0.02	0.02
12	0.78	0.92	0.94	0.95	0.95	0.96	0.96	0.97	0.97	0.98	0.98	0.98	0.22	0.08	0.06	0.05	0.05	0.04	0.04	0.03	0.03	0.02	0.02	0.02
13	0.79	0.92	0.94	0.95	0.96	0.96	0.97	0.97	0.97	0.98	0.98	0.98	0.98	0.22	0.09	0.07	0.06	0.05	0.04	0.04	0.03	0.03	0.02	0.02
14	0.79	0.92	0.94	0.95	0.96	0.96	0.97	0.97	0.98	0.98	0.98	0.98	0.99	0.99	0.22	0.09	0.07	0.06	0.05	0.04	0.04	0.03	0.03	0.03
15	0.79	0.92	0.94	0.95	0.96	0.96	0.97	0.97	0.98	0.98	0.98	0.98	0.99	0.99	0.99	0.22	0.09	0.07	0.06	0.05	0.04	0.04	0.03	0.03
16	0.80	0.93	0.95	0.96	0.96	0.97	0.97	0.97	0.98	0.98	0.98	0.99	0.99	0.99	0.99	0.99	0.23	0.09	0.07	0.06	0.05	0.04	0.04	0.03
17	0.80	0.93	0.95	0.96	0.96	0.97	0.97	0.98	0.98	0.98	0.98	0.99	0.99	0.99	0.99	0.99	0.99	0.23	0.09	0.07	0.06	0.05	0.05	0.04
18	0.81	0.94	0.95	0.96	0.97	0.97	0.98	0.98	0.98	0.98	0.99	0.99	0.99	0.99	0.99	0.99	0.99	0.99	0.23	0.09	0.07	0.06	0.05	0.05
19	0.81	0.94	0.96	0.97	0.97	0.98	0.98	0.98	0.98	0.99	0.99	0.99	0.99	0.99	0.99	0.99	0.99	0.99	1.00	0.23	0.09	0.07	0.06	0.05
20	0.82	0.95	0.97	0.97	0.98	0.98	0.98	0.98	0.99	0.99	0.99	0.99	0.99	0.99	0.99	0.99	0.99	1.00	1.00	1.00	0.23	0.10	0.07	0.06
21	0.83	0.96	0.97	0.98	0.98	0.98	0.99	0.99	0.99	0.99	0.99	0.99	0.99	0.99	0.99	1.00	1.00	1.00	1.00	1.00	1.00	0.23	0.10	0.07
22	0.84	0.97	0.98	0.98	0.99	0.99	0.99	0.99	0.99	0.99	0.99	0.99	1.00	1.00	1.00	1.00	1.00	1.00	1.00	1.00	1.00	1.00	0.23	0.10
23	0.86	0.98	0.99	0.99	0.99	0.99	0.99	1.00	1.00	1.00	1.00	1.00	1.00	1.00	1.00	1.00	1.00	1.00	1.00	1.00	1.00	1.00	1.00	0.23
24	1.00	1.00	1.00	1.00	1.00	1.00	1.00	1.00	1.00	1.00	1.00	1.00	1.00	1.00	1.00	1.00	1.00	1.00	1.00	1.00	1.00	1.00	1.00	1.00

式中　CL_{rt}——人体散热形成的逐时冷负荷，W；

$C_{cl_{rt}}$——人体冷负荷系数，可按表1-20确定；

ϕ——群集系数；

Q_{rt}——人体散热量，W；

CL_{zm}——照明散热形成的逐时冷负荷，W；

$C_{cl_{zm}}$——照明冷负荷系数，可按表1-21确定；

C_{zm}——照明修正系数；

Q_{zm}——照明散热量，W；

CL_{sb}——设备散热形成的逐时冷负荷，W；

$C_{cl_{sb}}$——设备冷负荷系数，可按表1-22确定；

C_{sb}——设备修正系数；

Q_{sb}——设备散热量，W。

1.2.11　循环水泵耗电输热比计算

在选配集中供暖系统的循环水泵时，应计算循环水泵的耗电输热比（EHR），并应标注在施工图的设计说明中。循环泵耗电输热比应符合下式要求：

$$EHR=0.003096\sum(G\cdot H/\eta_b)/Q\leqslant A(B+\alpha\sum L)/\Delta T \tag{1-32}$$

式中　EHR——循环水泵的耗电输热比；

G——每台运行水泵的设计流量，m^3/h；

H——每台运行水泵对应的设计扬程，mH_2O；

η_b——每台运行水泵对应设计工作点的效率；

Q——设计热负荷，kW；

ΔT——规定的计算供回水温差；

A——与水泵流量有关的计算系数，按表1-23选取；

B——与机房及用户的水阻力有关的计算系数，一级泵系统时$B=20.4$，二级泵系统时$B=24.4$；

$\sum L$——室外主干线（包括供回水管）总长度，m；

α——与$\sum L$有关的计算系数，当$\sum L\leqslant 400m$时，$\alpha=0.0015$；当$400m<\sum L<1000m$时，$\alpha=0.003833+3.067/\sum L$；当$\sum L\geqslant 1000m$时，$\alpha=0.0069$。

表1-23　与水泵流量有关的计算系数A值

设计水泵流量G	$G\leqslant 60m^3/h$	$60m^3/h<G\leqslant 200m^3/h$	$G>200m^3/h$
A值	0.004225	0.003858	0.003749

注：多台水泵并联运行时，流量按较大流量选取。

1.2.12　循环水泵耗电输冷（热）比计算

在选配空调冷热水系统的循环水泵时，应计算循环水泵的耗电输冷（热）比$EC(H)R$，并应标注在施工图的设计说明中。耗电输冷（热）比应符合下式要求：

$$EC(H)R=0.003096\sum(G\cdot H/\eta_b)/\sum Q\leqslant A(B+\alpha\sum L)/\Delta T \tag{1-33}$$

式中　$EC(H)R$——循环水泵的耗电输冷（热）比；

G——每台运行水泵的设计流量，m^3/h；

H——每台运行水泵对应的设计扬程，m；

η_b——每台运行水泵对应设计工作点的效率；

Q——设计冷（热）负荷，kW；

A——与水泵流量有关的计算系数，按表 1-23 选取；

B——与机房及用户的水阻力有关的计算系数，按表 1-24 选取；

α——与$\sum L$ 有关的计算系数，按表 1-25 或表 1-26 选取；

$\sum L$——从冷执业机房至该系统最远用户的供回水管道的总输送长度，m；当管道设于大面积单层或多层建筑时，可按机房出口至最远端空调末端的管道长度减去 100m 确定；

ΔT——规定的计算供回水温差，℃，按表 1-27 选取。

表 1-24　与机房及用户的水阻力有关的计算系数 *B* 值

系统组成		四管制　单冷、单热管道 B 值	二管制　热水管道 B 值
一级泵	冷水系统	28	—
	热水系统	22	21
二级泵	冷水系统①	33	—
	热水系统②	27	25

① 多级泵冷水系统，每增加一级泵，B 值可增加 5。

② 多级泵热水系统，每增加一级泵，B 值可增加 4。

表 1-25　四管制冷、热水管道系统的 *α* 值

系统	管道长度$\sum L$ 范围/mm		
	$\sum L \leqslant 400$m	400m$<\sum L<$1000m	$\sum L \geqslant 1000$m
冷水	$\alpha=0.02$	$\alpha=0.016+1.6/\sum L$	$\alpha=0.013+4.6/\sum L$
热水	$\alpha=0.014$	$\alpha=0.0125+0.6/\sum L$	$\alpha=0.009+4.1/\sum L$

表 1-26　两管制热水管道系统的 *α* 值

系统	地区	管道长度$\sum L$ 范围/mm		
		$\sum L \leqslant 400$m	400m$<\sum L<$1000m	$\sum L \geqslant 1000$m
热水	严寒	$\alpha=0.009$	$\alpha=0.0075+0.72/\sum L$	$\alpha=0.0059+2.02/\sum L$
	寒冷	$\alpha=0.0024$	$\alpha=0.002+0.16/\sum L$	$\alpha=0.0016+0.56/\sum L$
	夏热冬冷			
	夏热冬暖	$\alpha=0.0032$	$\alpha=0.0026+0.24/\sum L$	$\alpha=0.0021+0.74/\sum L$

注：两管制冷水系统 α 计算式与表 1-25 四管制冷水系统相同。

表 1-27　供回水温差 Δ*T* 值　　单位：℃

冷水系统	热水系统			
	严寒	寒冷	夏热冬冷	夏热冬暖
5	15	15	10	5

注：1. 对空气源热泵、溴化锂机组、水源热泵等机组的热水供回水温差按机组实际参数确定。

2. 对直接提供高温冷水的机组，冷水供回水温差按机组实际参数确定。

1.2.13 空气净化器净化能效计算

空气净化器的净化能效按下式计算：

$$\eta=\frac{Q}{P} \tag{1-34}$$

式中 η——净化能效，$m^3/(h\cdot W)$；

Q——洁净空气量试验值，m^3/h；

P——输入功率实测值，W。

（注：净化器若具有可分离的其他功能，则净化能效计算时的输入功率 P，只考虑实现净化功能所消耗的功率值。）

Chapter 02

2 暖通空调设计数据与常用图表

2.1 建筑供暖系统设计

2.1.1 基本数据

2.1.1.1 围护结构

根据建筑物所处城市的气候分区区属不同，严寒、寒冷地区建筑围护结构的传热系数不应大于表 2-1～表 2-4 规定的限值。

表 2-1 严寒（A）区围护结构热工性能参数限值

围护结构部位		传热系数 $K/[W/(m^2 \cdot K)]$		
		≤3 层建筑	4～8 层的建筑	≥9 层建筑
屋面		0.20	0.25	0.25
外墙		0.25	0.40	0.50
架空或外挑楼板		0.30	0.40	0.40
非采暖地下室顶板		0.35	0.45	0.45
分隔采暖与非采暖空间的隔墙		1.2	1.2	1.2
分隔采暖非采暖空间的户门		1.5	1.5	1.5
阳台门下部门芯板		1.2	1.2	1.2
外窗	窗墙面积比≤0.2	2.0	2.5	2.5
	0.2<窗墙面积比≤0.3	1.8	2.0	2.2
	0.3<窗墙面积比≤0.4	1.6	1.8	2.0
	0.4<窗墙面积比≤0.5	1.5	1.6	1.8
围护结构部位		保温材料层热阻 $R/[(m^2 \cdot K)/W]$		
周边地面		1.70	1.40	1.10
地下室外墙(与土壤接触的外墙)		1.80	1.50	1.20

表 2-2 严寒（B）区围护结构热工性能参数限值

围护结构部位		传热系数 K/[W/(m²·K)]		
		≤3 层建筑	4～8 层的建筑	≥9 层建筑
屋面		0.25	0.30	0.30
外墙		0.30	0.45	0.55
架空或外挑楼板		0.30	0.45	0.45
非采暖地下室顶板		0.35	0.50	0.50
分隔采暖与非采暖空间的隔墙		1.2	1.2	1.2
分隔采暖非采暖空间的户门		1.5	1.5	1.5
阳台门下部门芯板		1.2	1.2	1.2
外窗	窗墙面积比≤0.2	2.0	2.5	2.5
	0.2＜窗墙面积比≤0.3	1.8	2.2	2.2
	0.3＜窗墙面积比≤0.4	1.6	1.9	2.0
	0.4＜窗墙面积比≤0.5	1.5	1.7	1.8
围护结构部位		保温材料层热阻 R/[(m²·K)/W]		
周边地面		1.40	1.10	0.83
地下室外墙(与土壤接触的外墙)		1.50	1.20	0.91

表 2-3 严寒（C）区围护结构热工性能参数限值

围护结构部位		传热系数 K/[W/(m²·K)]		
		≤3 层建筑	4～8 层的建筑	≥9 层建筑
屋面		0.30	0.40	0.40
外墙		0.35	0.50	0.60
架空或外挑楼板		0.35	0.50	0.50
非采暖地下室顶板		0.50	0.60	0.60
分隔采暖与非采暖空间的隔墙		1.5	1.5	1.5
分隔采暖非采暖空间的户门		1.5	1.5	1.5
阳台门下部门芯板		1.2	1.2	1.2
外窗	窗墙面积比≤0.2	2.0	2.5	2.5
	0.2＜窗墙面积比≤0.3	1.8	2.2	2.2
	0.3＜窗墙面积比≤0.4	1.6	2.0	2.0
	0.4＜窗墙面积比≤0.5	1.5	1.8	1.8
围护结构部位		保温材料层热阻 R/[(m²·K)/W]		
周边地面		1.10	0.83	0.56
地下室外墙(与土壤接触的外墙)		1.20	0.91	0.61

表 2-4　寒冷（A、B）区围护结构热工性能参数限值

围护结构部位		传热系数 K/[W/(m²·K)]		
		≤3层建筑	4~8层的建筑	≥9层建筑
屋面		0.35	0.45	0.45
外墙		0.45	0.60	0.70
架空或外挑楼板		0.45	0.60	0.60
非采暖地下室顶板		0.50	0.65	0.65
分隔采暖与非采暖空间的隔墙		1.5	1.5	1.5
分隔采暖非采暖空间的户门		2.0	2.0	2.0
阳台门下部门芯板		1.7	1.7	1.7
外窗	窗墙面积比≤0.2	2.8	3.1	3.1
	0.2<窗墙面积比≤0.3	2.5	2.8	2.8
	0.3<窗墙面积比≤0.4	2.0	2.5	2.5
	0.4<窗墙面积比≤0.5	1.8	2.0	2.3
围护结构部位		保温材料层热阻 R/[(m²·K)/W]		
周边地面		0.83	0.56	—
地下室外墙(与土壤接触的外墙)		0.91	0.61	—

在建筑外围护结构中，墙角、窗间墙、凸窗、阳台、屋顶、楼板、地板等处形成的热桥称为结构性热桥，如图 2-1 所示。

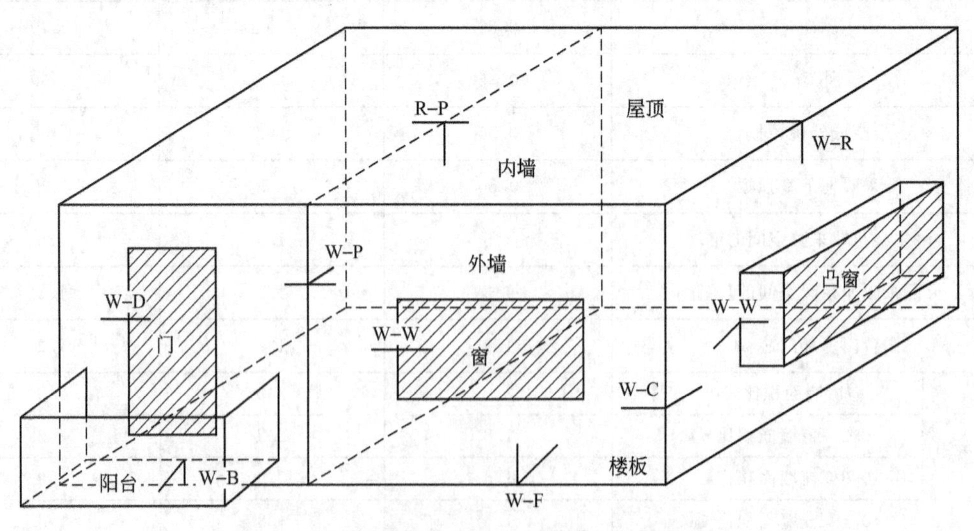

图 2-1　建筑外围护结构的结构性热桥示意图

W-D—墙外-门；W-B—外墙-阳台板；W-P—墙外-内墙；W-W—外墙-窗；
W-F—外墙-楼板；W-C—外墙角；W-R—外墙-屋顶；R-P—屋顶-内墙

典型地面（图 2-2）的传热系数可按表 2-5～表 2-8 确定。

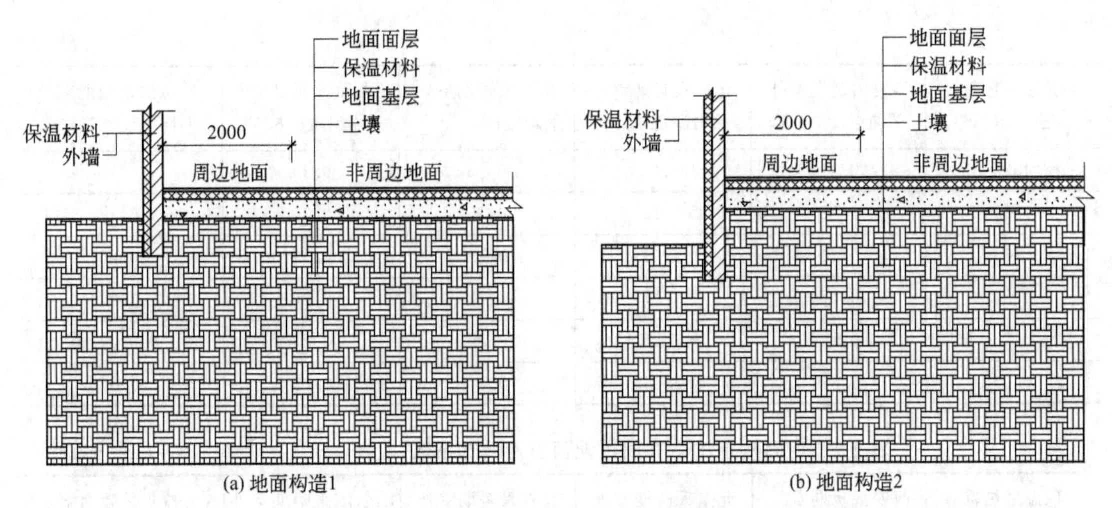

图 2-2　典型地面构造示意图（单位：mm）

表 2-5　地面构造 1 中周边地面当量传热系数（K_d）　单位：W/(m²·K)

保温层热阻 /(m²·K/W)	西安采暖期室外平均温度 2.1℃	北京采暖期室外平均温度 0.1℃	长春采暖期室外平均温度－6.7℃	哈尔滨采暖期室外平均温度－8.5℃	海拉尔采暖期室外平均温度－12.0℃
3.00	0.05	0.06	0.08	0.08	0.08
2.75	0.05	0.07	0.09	0.08	0.09
2.50	0.06	0.07	0.10	0.09	0.11
2.25	0.8	0.07	0.11	0.10	0.11
2.00	0.9	0.08	0.12	0.11	0.12
1.75	0.10	0.09	0.14	0.13	0.14
1.50	0.11	0.11	0.15	0.14	0.15
1.25	0.12	0.12	0.16	0.15	0.17
1.00	0.14	0.14	0.19	0.17	0.20
0.75	0.17	0.17	0.22	0.20	0.22
0.50	0.20	0.20	0.26	0.24	0.26
0.25	0.27	0.26	0.32	0.29	0.31
0.00	0.34	0.38	0.38	0.40	0.41

表 2-6　地面构造 2 中周边地面当量传热系数（K_d）　单位：W/(m²·K)

保温层热阻 /(m²·K/W)	西安采暖期室外平均温度 2.1℃	北京采暖期室外平均温度 0.1℃	长春采暖期室外平均温度－6.7℃	哈尔滨采暖期室外平均温度－8.5℃	海拉尔采暖期室外平均温度－12.0℃
3.00	0.05	0.06	0.08	0.08	0.08
2.75	0.05	0.07	0.09	0.08	0.09
2.50	0.06	0.07	0.10	0.09	0.11
2.25	0.08	0.07	0.11	0.10	0.11
2.00	0.08	0.07	0.11	0.11	0.12
1.75	0.09	0.08	0.12	0.11	0.12
1.50	0.10	0.09	0.14	0.13	0.14

续表

保温层热阻/(m²·K/W)	西安采暖期室外平均温度2.1℃	北京采暖期室外平均温度0.1℃	长春采暖期室外平均温度−6.7℃	哈尔滨采暖期室外平均温度−8.5℃	海拉尔采暖期室外平均温度−12.0℃
1.25	0.11	0.11	0.15	0.14	0.15
1.00	0.12	0.12	0.16	0.15	0.17
0.75	0.14	0.14	0.19	0.17	0.20
0.50	0.17	0.17	0.22	0.20	0.22
0.25	0.24	0.23	0.29	0.25	0.27
0.00	0.31	0.34	0.34	0.36	0.37

表 2-7 地面构造 1 中非周边地面当量传热系数（K_d） 单位：W/(m²·K)

保温层热阻/(m²·K/W)	西安采暖期室外平均温度2.1℃	北京采暖期室外平均温度0.1℃	长春采暖期室外平均温度−6.7℃	哈尔滨采暖期室外平均温度−8.5℃	海拉尔采暖期室外平均温度−12.0℃
3.00	0.02	0.03	0.08	0.06	0.07
2.75	0.02	0.03	0.08	0.06	0.07
2.50	0.03	0.03	0.09	0.06	0.08
2.25	0.03	0.04	0.09	0.07	0.07
2.00	0.03	0.04	0.10	0.07	0.08
1.75	0.03	0.04	0.10	0.07	0.08
1.50	0.03	0.04	0.11	0.07	0.09
1.25	0.04	0.05	0.11	0.08	0.09
1.00	0.04	0.05	0.12	0.08	0.10
0.75	0.04	0.06	0.13	0.09	0.10
0.50	0.05	0.06	0.14	0.09	0.11
0.25	0.06	0.07	0.15	0.10	0.11
0.00	0.08	0.10	0.17	0.19	0.21

表 2-8 地面构造 2 中非周边地面当量传热系数（K_d） 单位：W/(m²·K)

保温层热阻/(m²·K/W)	西安采暖期室外平均温度2.1℃	北京采暖期室外平均温度0.1℃	长春采暖期室外平均温度−6.7℃	哈尔滨采暖期室外平均温度−8.5℃	海拉尔采暖期室外平均温度−12.0℃
3.00	0.02	0.03	0.08	0.06	0.07
2.75	0.02	0.03	0.08	0.06	0.07
2.50	0.03	0.03	0.09	0.06	0.08
2.25	0.03	0.04	0.09	0.07	0.07
2.00	0.03	0.04	0.10	0.07	0.08
1.75	0.03	0.04	0.10	0.07	0.08
1.50	0.03	0.04	0.11	0.07	0.09
1.25	0.04	0.05	0.11	0.08	0.09
1.00	0.04	0.05	0.12	0.08	0.10
0.75	0.04	0.06	0.13	0.09	0.10

续表

保温层热阻/(m^2·K/W)	西安采暖期室外平均温度2.1℃	北京采暖期室外平均温度0.1℃	长春采暖期室外平均温度-6.7℃	哈尔滨采暖期室外平均温度-8.5℃	海拉尔采暖期室外平均温度-12.0℃
0.50	0.05	0.06	0.14	0.09	0.11
0.25	0.06	0.07	0.15	0.10	0.11
0.00	0.08	0.10	0.17	0.19	0.21

2.1.1.2 门、窗性能参数

(1) 外门、外窗传热系数 K 值分为10级，见表2-9。

表2-9 外门、外窗传热系数分级 单位：W/(m^2·K)

分级	分级指标值
1	$K \geqslant 5.0$
2	$5.0 > K \geqslant 4.0$
3	$4.0 > K \geqslant 3.5$
4	$3.5 > K \geqslant 3.0$
5	$3.0 > K \geqslant 2.5$
6	$2.5 > K \geqslant 2.0$
7	$2.0 > K \geqslant 1.6$
8	$1.6 > K \geqslant 1.3$
9	$1.3 > K \geqslant 1.1$
10	$K < 1.1$

(2) 严寒和寒冷地区居住建筑的窗墙面积比不应大于表2-10规定的限值。

表2-10 严寒和寒冷地区居住建筑的窗墙面积比限值

朝向	窗墙面积比	
	严寒地区	寒冷地区
北	0.25	0.30
东、西	0.30	0.35
南	0.45	0.50

注：1. 敞开式阳台的阳台门上部透明部分应计入窗户面积，下部不透明部分不应计入窗户面积。

2. 表中的窗墙面积比应按开间计算。表中的“北”代表从北偏东小于60°至北偏西小于60°的范围；“东、西”代表从东或西偏北小于等于30°至偏南小于60°的范围；“南”代表从南偏东小于等于30°至偏西小于等于30°的范围。

(3) 在没有精确计算的情况下，典型窗的传热系数可采用表2-11和表2-12近似计算。

表2-11 窗框面积占整樘窗面积30%的窗户传热系数

玻璃传热系数 U_g/[W/(m^2·K)]	窗框面积占整樘窗整窗面积30% U_f/[W/(m^2·K)]								
	1.0	1.4	1.8	2.2	2.6	3.0	3.4	3.8	7.0
5.7	4.3	4.4	4.5	4.6	4.8	4.9	5.0	5.1	6.1
3.3	2.7	2.8	2.9	3.1	3.2	3.4	3.5	3.6	4.4
3.1	2.6	2.7	2.8	2.9	3.1	3.2	3.3	3.5	4.3

续表

玻璃传热系数 U_g/[W/(m² · K)]	窗框面积占整樘窗整窗面积 30%U_f/[W/(m² · K)]								
	1.0	1.4	1.8	2.2	2.6	3.0	3.4	3.8	7.0
2.9	2.4	2.5	2.7	2.8	3.0	3.1	3.2	3.3	4.1
2.7	2.3	2.4	2.5	2.6	2.8	2.9	3.1	3.2	4.0
2.5	2.2	2.3	2.4	2.6	2.7	2.8	3.0	3.1	3.9
2.3	2.1	2.2	2.3	2.4	2.6	2.7	2.8	2.9	3.8
2.1	1.9	2.0	2.2	2.3	2.4	2.6	2.7	2.8	3.6
1.9	1.8	1.9	2.0	2.1	2.3	2.4	2.5	2.7	3.5
1.7	1.6	1.8	1.9	2.0	2.2	2.3	2.4	2.5	3.3
1.5	1.5	1.6	1.7	1.9	2.0	2.1	2.3	2.4	3.2
1.3	1.4	1.5	1.6	1.7	1.9	2.0	2.1	2.2	3.1
1.1	1.2	1.3	1.5	1.6	1.7	1.9	2.0	2.1	2.9
2.3	2.0	2.1	2.2	2.4	2.5	2.7	2.8	2.9	3.7
2.1	1.9	2.0	2.1	2.2	2.4	2.5	2.6	2.8	3.6
1.9	1.7	1.8	2.0	2.1	2.3	2.4	2.5	2.6	3.4
1.7	1.6	1.7	1.8	1.9	2.1	2.2	2.4	2.5	3.3
1.5	1.5	1.6	1.7	1.9	2.0	2.1	2.3	2.4	3.2
1.3	1.4	1.5	1.6	1.7	1.9	2.0	2.1	2.2	3.1
1.1	1.2	1.3	1.5	1.6	1.7	1.9	2.0	2.1	2.9
0.9	1.1	1.2	1.3	1.4	1.6	1.7	1.8	2.0	2.8
0.7	0.9	1.1	1.2	13.3	1.5	1.6	1.7	1.8	2.6
0.5	0.8	0.9	1.0	1.2	1.3	1.4	1.6	1.7	2.5

表 2-12　窗框面积占整窗面积 20%的窗户传热系数

玻璃传热系数 U_g/[W/(m² · K)]	窗框面积占整樘窗整窗面积 20%U_f/[W/(m² · K)]								
	1.0	1.4	1.8	2.2	2.6	3.0	3.4	3.8	7.0
5.7	4.8	4.8	4.9	5.0	5.1	5.2	5.2	5.3	5.9
3.3	2.9	3.0	3.1	3.2	3.3	3.4	3.4	3.5	4.0
3.1	2.8	2.8	2.9	3.0	3.1	3.2	3.3	3.4	3.9
2.9	2.6	2.7	2.8	2.8	3.0	3.0	3.1	3.2	3.7
2.7	2.4	2.5	2.6	2.7	2.8	2.9	3.0	3.0	3.6
2.5	2.3	2.4	2.5	2.6	2.7	2.7	2.8	2.9	3.4
2.3	2.1	2.2	2.3	2.4	2.5	2.6	2.7	2.7	3.3
2.1	2.0	2.1	2.2	2.2	2.3	2.4	2.5	2.6	3.1
1.9	1.8	1.9	2.0	2.1	2.2	2.3	2.3	2.4	3.0
1.7	1.7	1.8	1.8	1.9	2.0	2.1	2.2	2.3	2.8
1.5	1.5	1.6	1.7	1.8	1.9	1.9	2.0	2.1	2.6
1.3	1.4	1.4	1.5	1.6	1.7	1.8	1.9	2.0	2.5

续表

玻璃传热系数 U_g/[W/(m²·K)]	窗框面积占整樘窗整窗面积 20% U_f/[W/(m²·K)]								
	1.0	1.4	1.8	2.2	2.6	3.0	3.4	3.8	7.0
1.1	1.2	1.3	1.4	1.4	1.5	1.6	1.7	1.8	2.3
2.3	2.1	2.2	2.3	2.4	2.5	2.6	2.6	2.7	3.2
2.1	2.0	2.0	2.1	2.2	2.3	2.4	2.5	2.6	3.1
1.9	1.8	1.9	2.0	2.0	2.2	2.2	2.3	2.4	2.9
1.7	1.6	1.7	1.8	1.9	2.0	2.1	2.2	2.2	2.8
1.5	1.5	1.6	1.7	1.8	1.9	1.9	2.0	2.1	2.6
1.3	1.4	1.4	1.5	1.6	1.7	1.8	1.9	2.0	2.5
1.1	1.2	1.3	1.4	1.4	1.5	1.6	1.7	1.8	2.3
0.9	1.0	1.1	1.2	1.3	1.4	1.5	1.6	1.6	2.2
0.7	0.9	1.0	1.0	1.1	1.2	1.3	1.4	1.5	2.0
0.5	0.7	0.8	0.9	1.0	1.1	1.2	1.2	1.3	1.8

玻璃和框结合处的线传热系数对应的边缘长度 l_ϕ 应为框与玻璃接缝长度，并应取室内、室外值中的较大值，如图 2-3 所示。

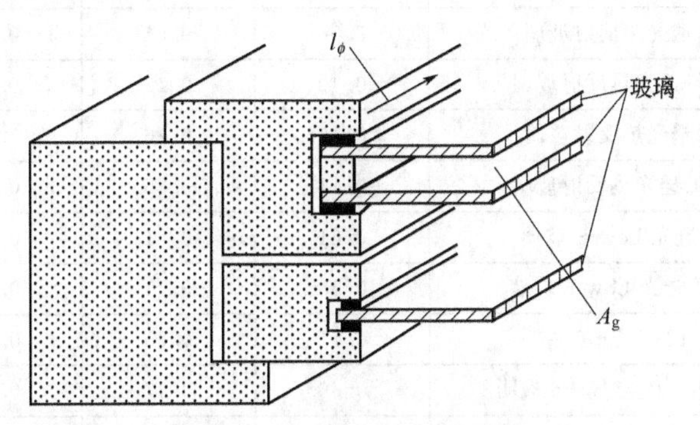

图 2-3　玻璃区域周长示意图

A_g—窗玻璃面积；l_ϕ—玻璃区域的边缘长度

(4) 带有金属钢衬的塑料窗框的传热系数见表 2-13。

表 2-13　带有金属钢衬的塑料窗框的传热系数

窗框材料	窗框种类	U_f/[W/(m²·K)]
聚氨酯	带有金属加强筋，型材壁厚的净厚度≥5mm	2.8
PVC 腔体截面	从室内到室外为两腔结构，无金属加强筋	2.2
	从室内到室外为两腔结构，带金属加强筋	2.7
	从室内到室外为三腔结构，无金属加强筋	2.0

(5) 窗框与玻璃结合处的线传热系数在没有精确计算的情况下，可采用表 2-14 中的估算值。

(6) 在没有精确计算的情况下，表 2-15 中的数值可作为玻璃系数光学热工参数的近似值。

表 2-14　铝合金、钢（不包括不锈钢）中空玻璃的线性传导系数 ψ

窗框材料	双层或者三层未镀膜中空玻璃 ψ/[W/(m·K)]	双层 Low-E 镀膜或三层(其中两片 Low-E 镀膜)中空玻璃 ψ/[W/(m·K)]
木窗框和塑料窗框	0.04	0.06
带热断桥的金属窗框	0.06	0.08
没有断桥的金属窗框	0	0.02

表 2-15　典型玻璃系统的光学热工参数

玻璃品种		可见光透射比 τ_v	太阳光总透射比 g_g	遮阳系数 SC	传热系数 U_g /[W/(m²·K)]
透明玻璃	3mm 透明玻璃	0.83	0.87	1.00	5.8
	6mm 透明玻璃	0.77	0.82	0.93	5.7
	12mm 透明玻璃	0.65	0.74	0.84	5.5
吸热玻璃	5mm 绿色吸热玻璃	0.77	0.64	0.76	5.7
	6mm 蓝色吸热玻璃	0.54	0.62	0.72	5.7
	5mm 茶色吸热玻璃	0.50	0.62	0.72	5.7
	5mm 灰色吸热玻璃	0.42	0.60	0.69	5.7
热反射玻璃	6mm 高透光热反射玻璃	0.56	0.56	0.64	5.7
	6mm 中等透光热反射玻璃	0.40	0.43	0.49	5.4
	6mm 低透光热反射玻璃	0.15	0.26	0.30	4.6
	6mm 特低透光热反射玻璃	0.11	0.25	0.29	4.6
单片 Low-E	6mm 高透光 Low-E 玻璃	0.61	0.51	0.58	3.6
	6mm 中等透光 Low-E 玻璃	0.55	0.44	0.51	3.5
中空玻璃	6 透明+12 空气+6 透明	0.71	0.75	0.86	2.8
	6 绿色吸热+12 空气+6 透明	0.66	0.47	0.54	2.8
	6 灰色吸热+12 空气+6 透明	0.38	0.45	0.51	2.8
	6 中等透光热反射+12 空气+6 透明	0.28	0.29	0.34	2.4
	6 低透光反射+12 空气+6 透明	0.16	0.16	0.18	2.3
	6 高透光 Low-E+12 空气+6 透明	0.72	0.47	0.62	1.9
	6 中透光 Low-E+12 空气+6 透明	0.62	0.37	0.50	1.8
	6 较低透光 Low-E+12 空气+6 透明	0.48	0.28	0.38	1.8
	6 低透光 Low-E+12 空气+6 透明	0.35	0.20	0.30	1.8
	6 高透光 Low-E+12 氩气+6 透明	0.72	0.47	0.62	1.5
	6 中透光 Low-E+12 氩气+6 透明	0.62	0.37	0.50	1.4

（7）表 2-16 按波长给出了 D65 标准光源、视见函数、光谱间隔三者的乘积，可用于材料的有关可见光反射、透射、吸收等性能的计算。

（8）表 2-17 按波长给出了太阳辐射、光谱间隔的乘积，可用于材料的有关太阳反射、透射、吸收等性能的计算。

表 2-16　D65 标准光源、视见函数、光谱间隔乘积

λ/nm	$D_{\lambda}V(\lambda)\Delta\lambda\times10^{2}$
380	0.0000
390	0.0005
400	0.0030
410	0.0103
420	0.0352
430	0.0948
440	0.2274
450	0.4192
460	0.6663
470	0.9850
480	1.5189
490	2.1336
500	3.3491
510	5.1393
520	7.0523
530	8.7990
540	9.4457
550	9.8077
560	9.4306
570	8.6891
580	7.8994
590	6.3306
600	5.3542
610	4.2491
620	3.1502
630	2.0812
640	1.3810
650	0.8070
660	0.4612
670	0.2485
680	0.1255
690	0.0536
700	0.0276
710	0.0146
720	0.0057
730	0.0035
740	0.0021
750	0.0008
760	0.0001
770	0.0000
780	0.0000

注：表中的数据为 D65 光源标准的相对光谱分布 D_{λ}乘以视见函数 V（λ）以及波长间隔 $\Delta\lambda$。

表 2-17　地面上标准的太阳光相对光谱分布

λ/nm	$S_\lambda \Delta\lambda$
300	0
305	0.000057
310	0.000236
315	0.000554
320	0.000916
325	0.001309
330	0.001914
335	0.002018
340	0.002189
345	0.002260
350	0.002445
355	0.002555
360	0.002683
365	0.003020
370	0.003359
375	0.003509
380	0.003600
385	0.003529
390	0.003551
395	0.004294
400	0.007812
410	0.011638
420	0.011877
430	0.011347
440	0.013246
450	0.015343
580	0.014745
590	0.014330
600	0.014663
610	0.015030
620	0.014859
630	0.014622
640	0.014526
650	0.014445
660	0.014313
670	0.014023
680	0.012838
690	0.011788
700	0.012453
710	0.012798
720	0.010589
730	0.011233

续表

λ/nm	$S_{\lambda}\Delta\lambda$
740	0.012175
750	0.012181
760	0.009515
770	0.010479
780	0.011381
790	0.011262
800	0.028718
850	0.048240
900	0.040297
950	0.021384
1000	0.036097
1050	0.034110
1100	0.018861
1150	0.013228
1200	0.022551
1250	0.023376
1300	0.017756
1350	0.003743
1400	0.000741
1450	0.003792
1500	0.009693
1550	0.013693
1600	0.012203
1650	0.010615
1700	0.007256
1750	0.007183
1800	0.002157
1850	0.000398
1900	0.000082
1950	0.001087
2000	0.003024
2050	0.003988
2100	0.004229
2150	0.004142
2200	0.003690
2250	0.003592
2300	0.003436
2350	0.003163
2400	0.002233
2450	0.001202
2500	0.000475

注：空气质量为1.5时地面上标准的太阳光（直射＋散射）相对光谱分布出自ISO 9845-1:1992。表中数据为标准的相对光谱乘以波长间隔。

(9) 表 2-18 按波长给出了太阳光紫外线辐射、光谱间隔的乘积，可用于材料的有关太阳光紫外线的反射、透射、吸收等性能的计算。

表 2-18　地面上太阳光紫外线部分的标准相对光谱分布

λ/nm	$S_\lambda\Delta\lambda$
300	0
305	0.001859
310	0.007665
315	0.017961
320	0.029732
325	0.042466
330	0.0262108
335	0.065462
340	0.071020
345	0.073326
350	0.079330
355	0.082894
360	0.087039
365	0.097963
370	0.108987
375	0.113837
380	0.058351

注：空气质量为 1.5 时地面上太阳光紫外线部分（直射＋散射）的标准相对光谱分布出自 ISO 9845-1:1992。表中数据为标准的相对光谱乘以波长间隔。

(10) 门窗、玻璃幕墙常用材料的人工计算参数可采用表 2-19 中的数值。

表 2-19　常用材料的热工计算参数

<table>
<tr><th>用途</th><th>材料</th><th>密度/(kg/m³)</th><th>热导率/[W/(m·K)]</th><th colspan="2">表面发射率</th></tr>
<tr><td rowspan="15">框</td><td rowspan="2">铝</td><td rowspan="2">2700</td><td rowspan="2">237.00</td><td>涂漆</td><td>0.90</td></tr>
<tr><td>阳极氧化</td><td>0.20～0.80</td></tr>
<tr><td rowspan="2">铝合金</td><td rowspan="2">2800</td><td rowspan="2">160.00</td><td>涂漆</td><td>0.90</td></tr>
<tr><td>阳极氧化</td><td>0.20～0.80</td></tr>
<tr><td rowspan="2">铁</td><td rowspan="2">7800</td><td rowspan="2">50.00</td><td>镀锌</td><td>0.20</td></tr>
<tr><td>氧化</td><td>0.80</td></tr>
<tr><td rowspan="2">不锈钢</td><td rowspan="2">7900</td><td rowspan="2">17.00</td><td>浅黄</td><td>0.20</td></tr>
<tr><td>氧化</td><td>0.80</td></tr>
<tr><td rowspan="3">建筑钢材</td><td rowspan="3">7850</td><td rowspan="3">58.20</td><td>镀锌</td><td>0.20</td></tr>
<tr><td>氧化</td><td>0.80</td></tr>
<tr><td>涂漆</td><td>0.90</td></tr>
<tr><td>PVC</td><td>1390</td><td>0.17</td><td colspan="2">0.90</td></tr>
<tr><td>硬木</td><td>700</td><td>0.18</td><td colspan="2">0.90</td></tr>
<tr><td>软木(常用于建筑构件中)</td><td>500</td><td>0.13</td><td colspan="2">0.90</td></tr>
<tr><td>玻璃钢(PU 树脂)</td><td>1900</td><td>0.40</td><td colspan="2">0.90</td></tr>
</table>

续表

用途	材料	密度/(kg/m³)	热导率/[W/(m·K)]	表面发射率	
透明材料	建筑玻璃	2500	1.00	玻璃棉	0.84
				镀膜面	0.30～0.80
	丙烯酸(树脂玻璃)	1050	0.20	0.90	
	PMMA(有机玻璃)	1180	0.18	0.90	
	聚碳酸酯	1200	0.20	0.90	
隔热	聚酰胺(尼龙)	1150	0.25	0.90	
	尼龙 6.6+25%玻璃纤维	1450	0.30	0.90	
	高密度聚乙烯 HD	980	0.52	0.90	
	低密度聚乙烯 LD	920	0.33	0.90	
	固体聚丙烯	910	0.22	0.90	
	带有 25%玻璃纤维的聚丙烯	1200	0.25	0.90	
	PU(聚氨酯树脂)	1200	0.25	0.90	
	刚性 PVC	1390	0.17	0.90	
防水密封条	氯丁橡胶(PCP)	1240	0.23	0.90	
	EPDM(三元乙丙橡胶)	1150	0.25	0.90	
	纯硅胶	1200	0.35	0.90	
	柔性 PVC	1200	0.14	0.90	
	聚酯马海毛	—	0.14	0.90	
	柔性人造橡胶泡沫	60～80	0.05	0.90	
密封剂	PU(刚性聚氨酯)	1200	0.25	0.90	
	固体/热熔异丁烯	1200	0.24	0.90	
	聚硫胶	1700	0.40	0.90	
	纯硅胶	1200	0.35	0.90	
	聚异丁烯	930	0.20	0.90	
	聚酯树脂	1400	0.19	0.90	
	硅胶(干燥剂)	720	0.13	0.90	
	分子筛	650～750	0.10	0.90	
	低密度硅胶泡沫	750	0.12	0.90	
	中密度硅胶泡沫	820	0.17	0.90	

2.1.2 热水供暖系统设计

热水供暖系统常见形式见表 2-20。

表 2-20　热水供暖系统常见形式

形式		图示	备注
重力循环系统	单管上供下回式	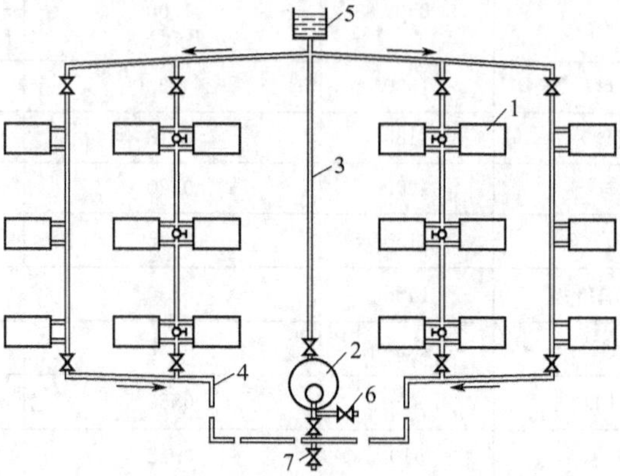 1—散热器；2—锅炉；3—供水管；4—回水管；5—膨胀水箱；6—上水箱；7—排水管	左侧为常规单管跨越式，即流向三层和二层散热器的热水水流分成两部分，一部分直接进入该层散热器，而另一部分则通过跨越管与本层散热器回水混合后再流向下层散热器，这样顺序经过各层散热器的热水，逐渐地被冷却，最后流回锅炉被再次加热 右侧部分为单管串联式，亦称单管顺序式。即流经立管的热水，由上而下顺序通过各层散热器，逐层被冷却，最后经回水总管流回锅炉
	双管上供下回式	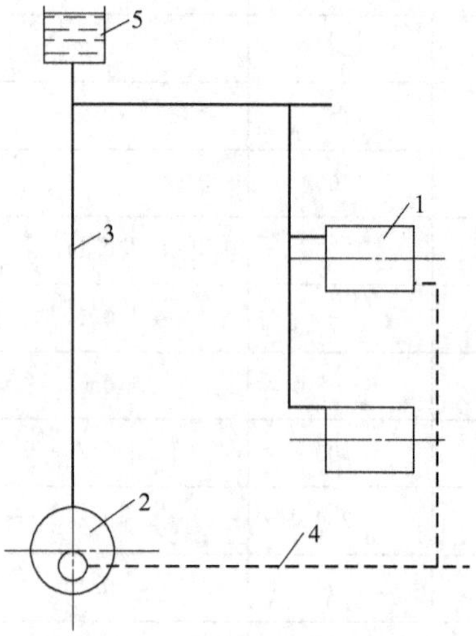 1—散热器；2—锅炉；3—供水管；4—回水管；5—膨胀水箱	各层的散热器都并联在供回水立管间，使热水直接被分配到各层散热器，而冷却后的水，则由回水支管经立管、干管流回锅炉
	单户式系统	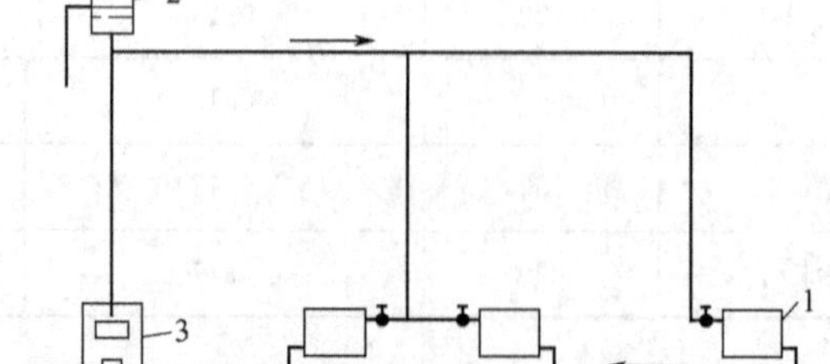 1—散热器；2—膨胀水箱；3—小型锅炉	用来作为单层房屋单户（或若干户）使用的采暖装置。供水干管敷设在顶棚下或阁楼内，回水干管可置于地沟内或地板上。热源一般采用小型锅炉，它一般处于散热器同一层，膨胀水箱则设置在阁楼内

续表

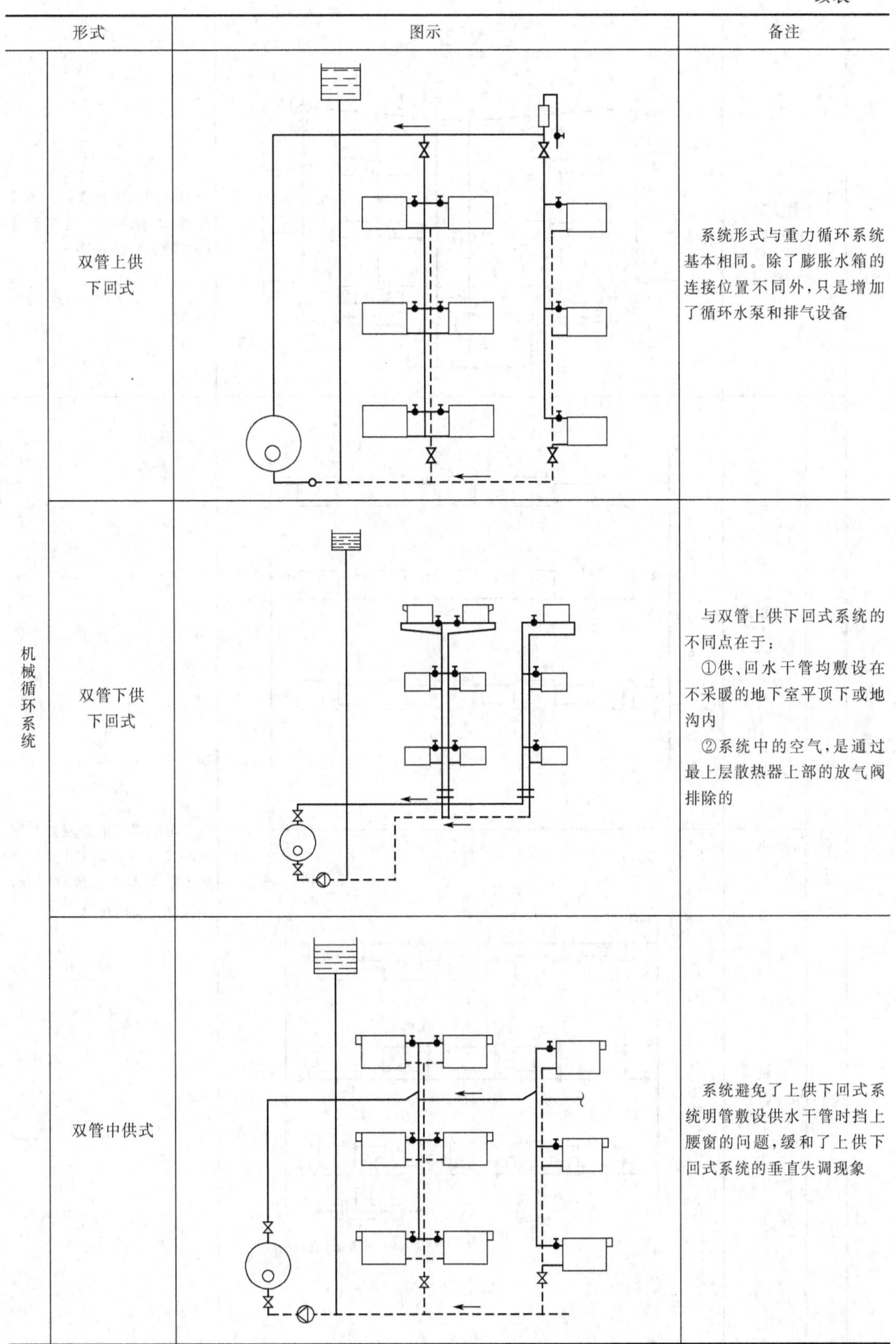

形式		图示	备注
机械循环系统	双管上供下回式		系统形式与重力循环系统基本相同。除了膨胀水箱的连接位置不同外，只是增加了循环水泵和排气设备
	双管下供下回式		与双管上供下回式系统的不同点在于： ①供、回水干管均敷设在不采暖的地下室平顶下或地沟内 ②系统中的空气，是通过最上层散热器上部的放气阀排除的
	双管中供式		系统避免了上供下回式系统明管敷设供水干管时挡上腰窗的问题，缓和了上供下回式系统的垂直失调现象

续表

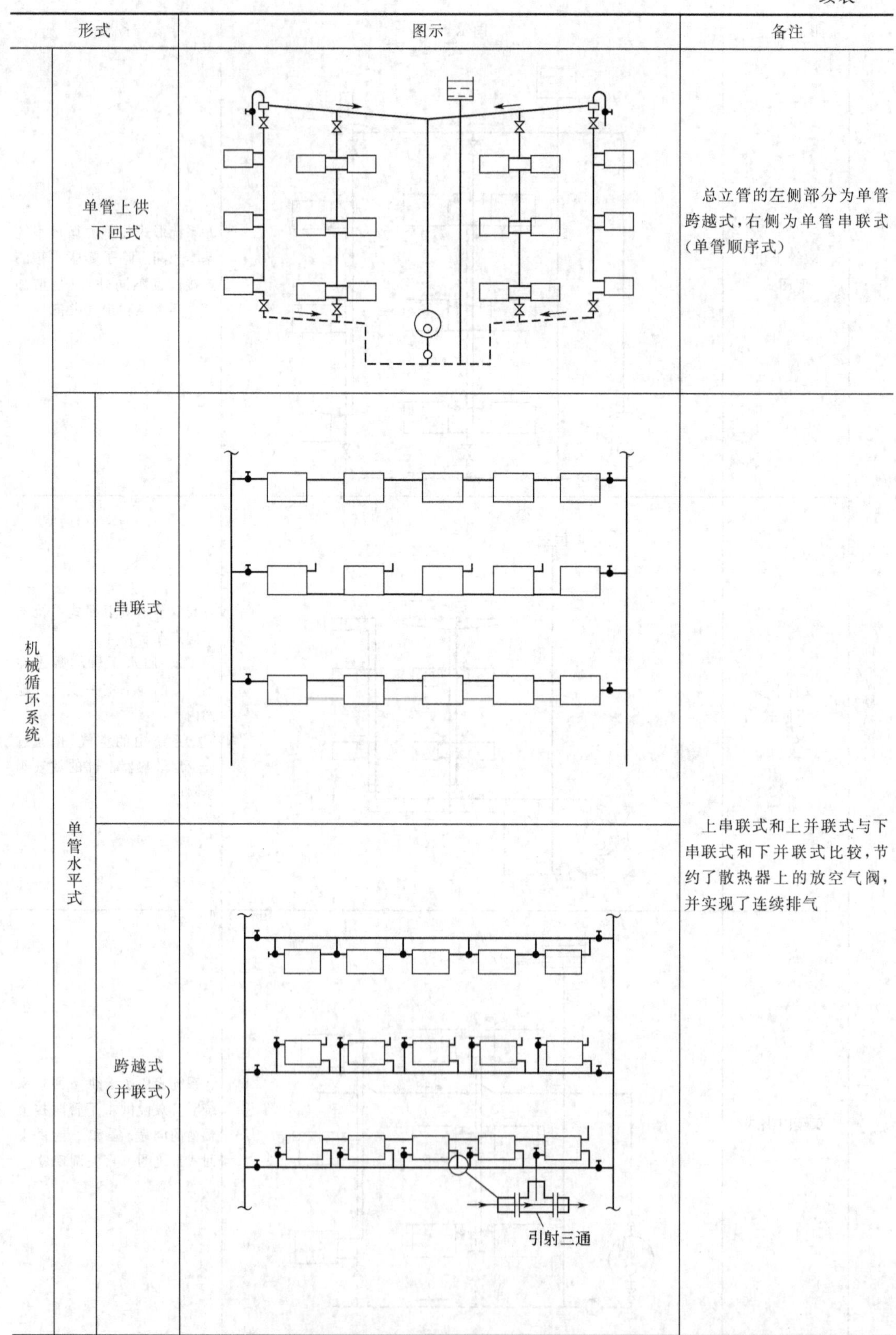

形式			图示	备注
机械循环系统	单管上供下回式			总立管的左侧部分为单管跨越式，右侧为单管串联式（单管顺序式）
	单管水平式	串联式		上串联式和上并联式与下串联式和下并联式比较，节约了散热器上的放空气阀，并实现了连续排气
		跨越式（并联式）		

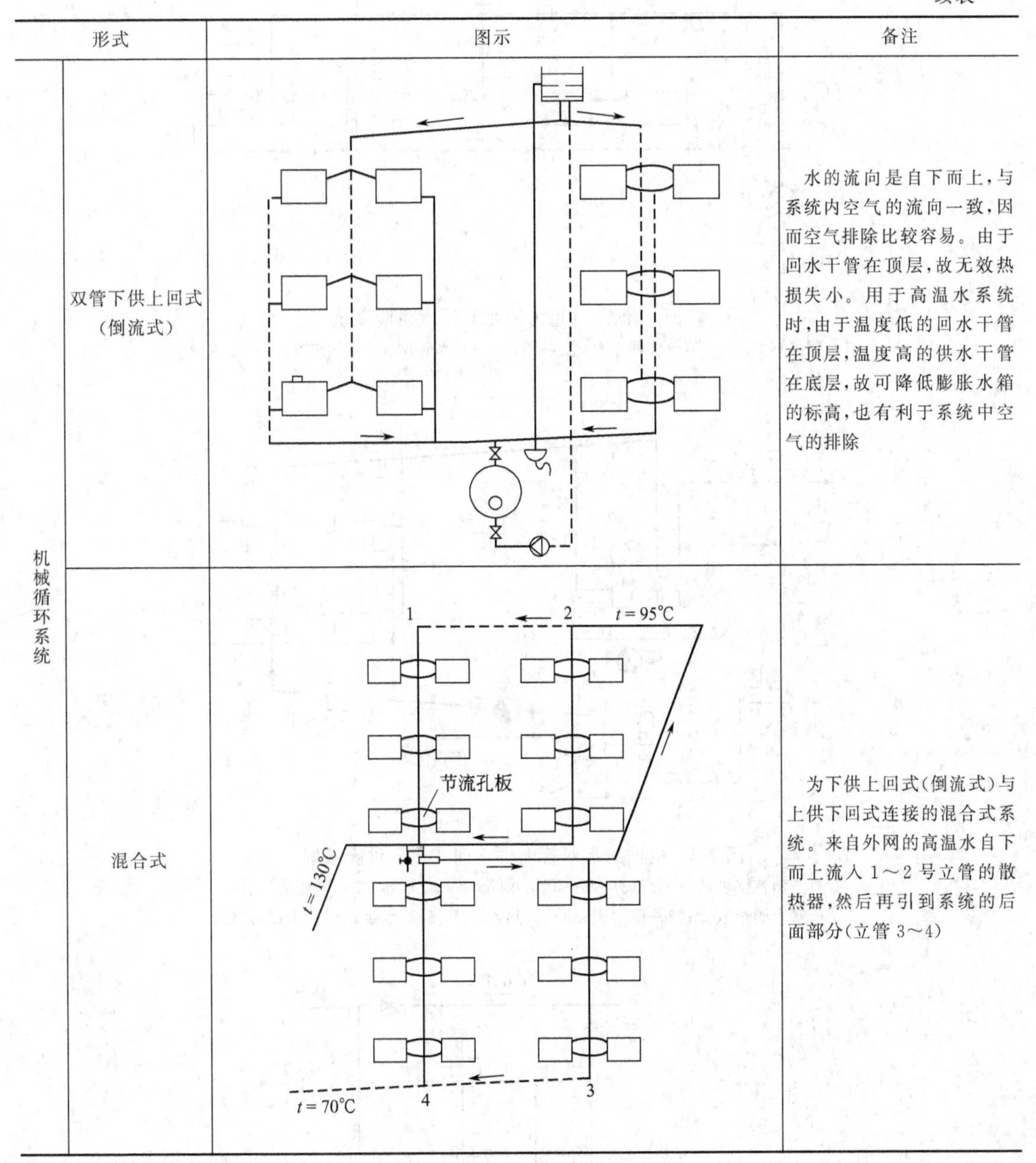

续表

形式		图示	备注
机械循环系统	双管下供上回式（倒流式）		水的流向是自下而上，与系统内空气的流向一致，因而空气排除比较容易。由于回水干管在顶层，故无效热损失小。用于高温水系统时，由于温度低的回水干管在顶层，温度高的供水干管在底层，故可降低膨胀水箱的标高，也有利于系统中空气的排除
	混合式		为下供上回式（倒流式）与上供下回式连接的混合式系统。来自外网的高温水自下而上流入1～2号立管的散热器，然后再引到系统的后面部分（立管3～4）

2.1.3 蒸汽供暖系统设计

2.1.3.1 低压蒸汽供暖系统

如图 2-4 所示为低压（重力回水）蒸汽供暖系统。

如图 2-5 所示为机械回水双管上供下回式蒸汽供暖系统。如图 2-6 所示为低压蒸汽供暖系统。

如图 2-7 所示为机械回水蒸气供暖系统。

2.1.3.2 高压蒸汽供暖系统

如图 2-8 所示为高压蒸汽供暖系统。

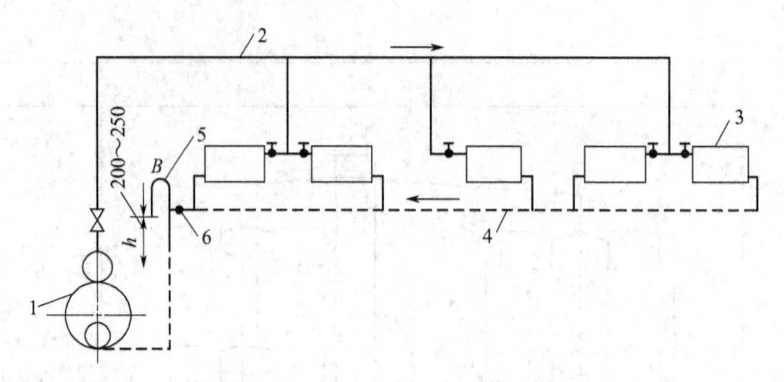

图 2-4 低压（重力回水）蒸汽供暖系统

1—蒸汽锅炉；2—蒸汽管网；3—散热器；4—回水管网；5—空气管；6—疏水器

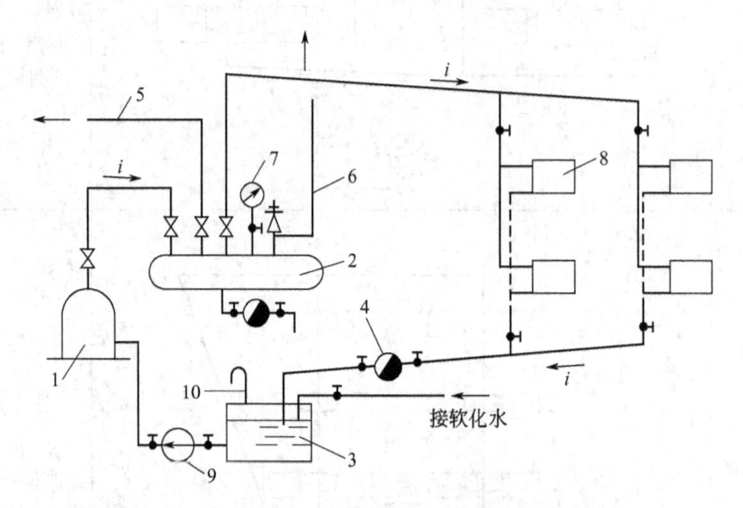

图 2-5 机械回水双管上供下回式蒸汽供暖系统

1—蒸汽锅炉；2—分汽缸；3—凝结水箱；4—疏水器；5—紧急放空管；6—安全阀排放管；7—压力表；8—散热器；9—凝结水泵；10—水箱排汽管

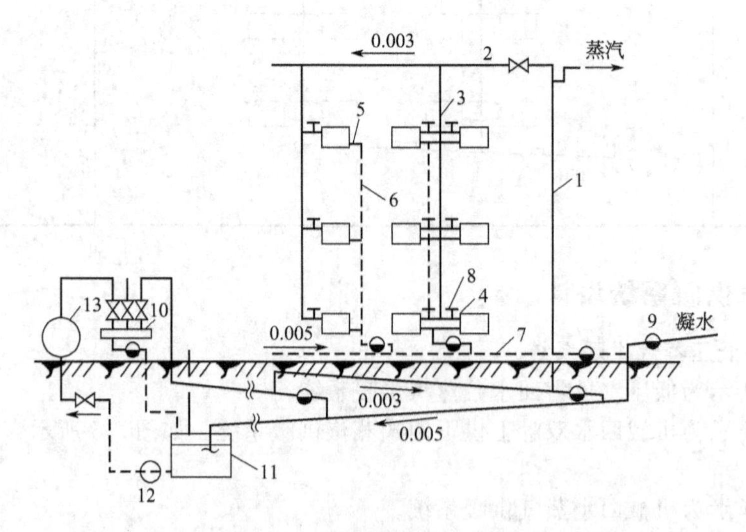

图 2-6 低压蒸汽供暖系统

1—总立管；2—蒸汽干管；3—蒸汽立管；4—蒸汽支管；5—凝水支管；6—凝水立管；7—凝水干管；8—调节阀；9—疏水器；10—分汽缸；11—凝结水箱；12—凝结水泵；13—锅炉

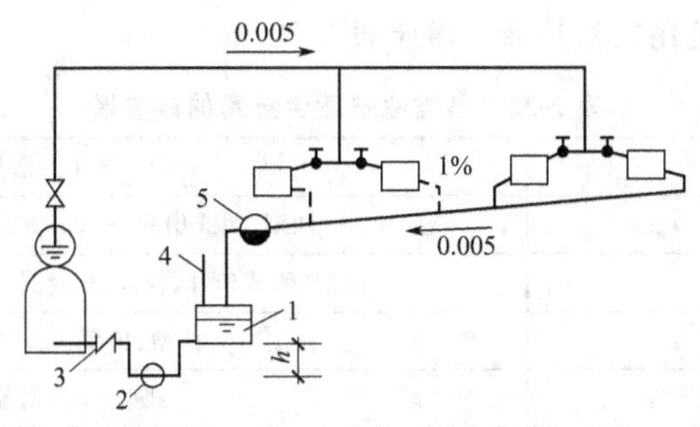

图 2-7　机械回水蒸气供暖系统

1—凝结水箱；2—凝水泵；3—止回阀；4—空气管；5—疏水器

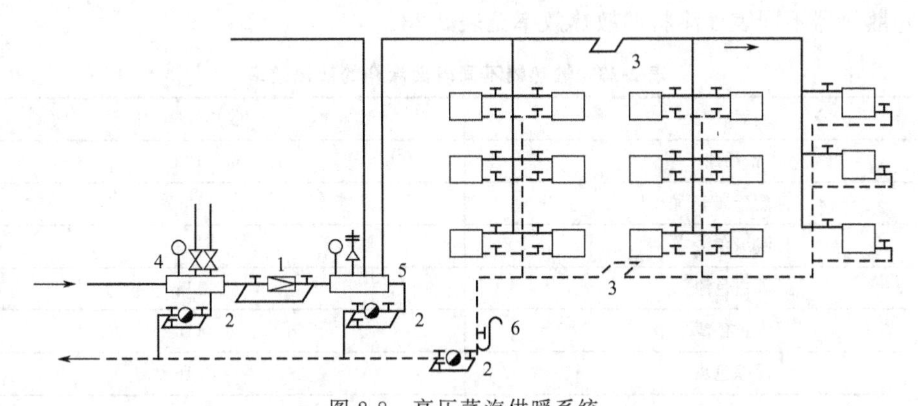

图 2-8　高压蒸汽供暖系统

1—减压阀；2—疏水器；3—补偿器；4—生产用分汽缸；5—采暖用分汽缸；6—放气管

2.1.4　散热器供暖系统设计

（1）采暖系统热媒的选择，可参考表 2-21 确定。

表 2-21　采暖系统热媒的选择

建筑种类		适宜采用	允许采用
民用及公共建筑	居住建筑、医院、幼儿园、托儿所等	不超过 95℃的热水	不超过 110℃的热水
	办公楼、学校、展览馆等	不超过 95℃的热水	不超过 110℃的热水
	车站、食堂、商业建筑等	不超过 110℃的热水	—
	一般俱乐部、影剧院等	不超过 110℃的热水	不超过 130℃的热水
工业建筑	不散发粉尘或散发非燃烧性和非爆炸性粉尘的生产车间	低压蒸汽或高压蒸汽 不超过 110℃的热水	不超过 130℃的热水
	散发非燃烧和非爆炸性有机无毒升华粉尘的生产车间	低压蒸汽 不超过 110℃的热水	不超过 130℃的热水
	散发非燃烧性和非爆炸性的易升华有毒粉尘、气体及蒸汽的生产车间	与卫生部门协商确定	—
	散发燃烧性或爆炸性有毒气体、蒸汽及粉尘的生产车间	根据各部及主管部门的专门指示确定	—
	任何容积的辅助建筑	不超过 110℃的热水 低压蒸汽	高压蒸汽
	设在单独建筑内的门诊所、药房、托儿所及保健站等	不超过 95℃的热水	低压蒸汽 不超过 110℃的热水

注：1. 低压蒸汽系指压力≤70kPa 的蒸汽。

2. 采用蒸汽为热媒时，必须经技术论证认为合理，并在经济上经分析认为经济时才允许。

（2）各类建筑适合选用的散热器可参照表 2-22。

表 2-22　各类建筑适合选用的散热器

建筑性质	适合选用的散热器
居住建筑	柱型、闭式串片、板式、扁管式、辐射对流式
公用建筑	柱型、闭式串片、板式、扁管式、屏壁型、辐射对流式
工业企业辅助建筑	柱型、翼型、辐射对流式
散发小量粉尘的车间及仓库	柱型、辐射对流式
散发大量粉尘的车间及仓库	柱型、光面排管

（3）散热器不同表面涂料的散热效率见表 2-23。

表 2-23　散热器不同表面涂料的散热效率

表面状况	散热效率/%
银粉漆	100
自然金属表面	109
浅绿色漆	113
乳白色漆	114
米黄色漆	116
深棕色漆	116
浅蓝色漆	117

注：非金属涂料颜色和种类很多，可配合建筑装修选择协调一致的颜色，以增加室内的美观。

（4）根据已选定的管径可按表 2 24 查出各立管的计算流量 G'。

表 2-24　垂直单管同程式管压降 2kPa（层高 3m）时流量　　单位：kg/h

层数	单侧连接立管管径/mm				双侧连接立管管径/mm							
					15	20		25			32	
					散热管支管管径/mm							
	15	20	25	32	15	15	20	15	20	25	20	25
1	257.5	527.2	954.3	1776	308.6	459.3	642.0	521.4	855.9	1126	1003	1578
2	195.2	397.8	727.5	1365	241.8	341.1	498.4	376.7	641.8	884.3	727.5	1144
3	163.8	332.1	609.0	1150	205.8	283.3	423.6	309.8	535.4	749.6	599.4	954.1
4	143.7	291.1	535.4	1010	181.9	247.4	374.3	269.3	468.8	664.0	521.2	836.1
5	129.6	262.3	482.8	914.6	164.7	222.4	338.6	241.4	422.1	300.3	467.3	752.9
6	118.9	240.0	443.6	841.8	151.8	201.9	312.1	220.7	387.3	554.7	427.4	690.6
7	110.5	223.6	412.4	782.6	141.5	189.2	290.5	204.5	359.7	516.8	397.2	641.4
8	103.7	209.6	387.1	734.8	133.0	177.3	272.9	191.5	337.4	486.0	371.9	601.6
9	98.0	198.2	365.8	694.8	125.8	167.5	258.1	180.6	318.6	459.9	350.9	568.8
10	95.3	188.3	347.8	660.4	119.8	159.1	245.8	171.4	302.6	437.1	332.9	540.0
11	89.0	179.7	332.1	631.4	114.5	151.8	234.9	163.5	389.0	418.5	317.8	515.5
12	85.3	172.4	318.5	605.2	109.8	145.2	225.3	156.6	277.0	401.7	304.4	494.1

2.1.5 辐射供暖系统设计

各类低温辐射供暖系统的特点见表 2-25。

表 2-25 低温辐射供暖系统分类表

分类根据	名称	特点
辐射板构造	埋管式	直径 15～32mm 的管道埋设于建筑表面内构成辐射表面
	风管式	利用建筑物构件的空腔使热空气循环流动其间构成辐射表面
	组合式	利用金属板焊以金属管组成辐射板
辐射板位置	顶面式	以顶棚作为辐射表面，辐射热占 70%左右
	墙面式	以墙壁作为辐射表面，辐射热占 65%左右
	地面式	以地面作为辐射表面，辐射热占 55%左右
	楼板式	以楼板作为辐射表面，辐射热占 55%左右

图 2-9 给出不同供暖方式下沿房间高度方向室内温度的变化。某毛细管的供热量与传热温差、外表覆盖材料的关系如图 2-10 所示。

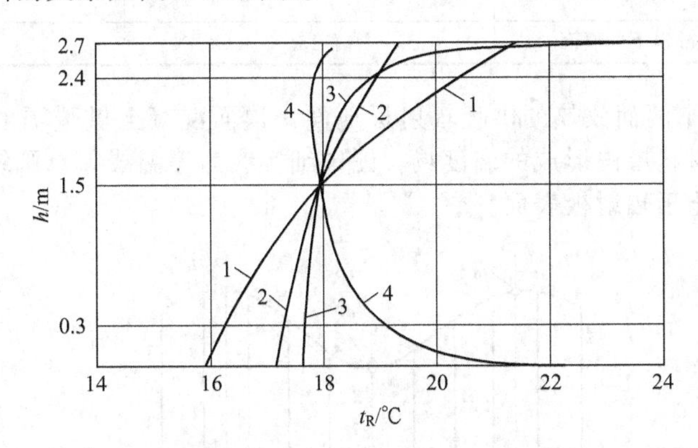

图 2-9 不同供暖方式下沿房间高度方向室内温度的变化

1—热风供暖；2—窗下散热器供暖；3—顶面辐射供暖；4—地面辐射供暖

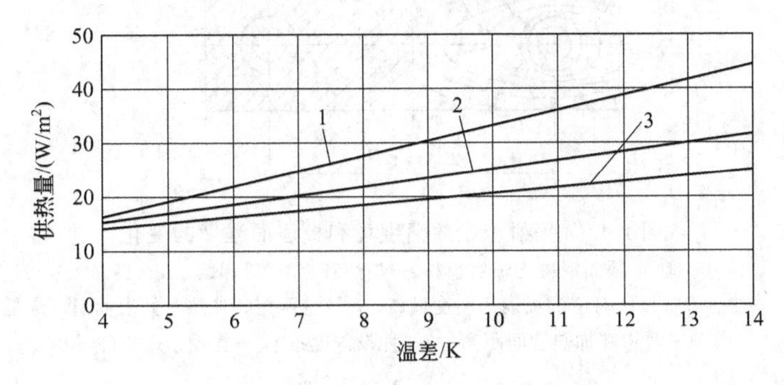

图 2-10 毛细管辐射装置的供热量曲线

1—覆盖材料热导率较大、厚度较小时；2—覆盖材料热导率较小、厚度较小时；
3—覆盖材料热导率较大、厚度较大时

热水地面辐射供暖系统供水温度宜采用 35～45℃，不应大于 60℃，供回水温差不宜大于 10℃，且不宜小于 5℃；毛细管网辐射供暖系统供水温度宜满足表 2-26 的规定，供回水温差宜采用 3～6℃。

表 2-26　毛细管网供水温度　　单位：℃

设置位置	宜采用温度
顶棚	25～35
墙面	25～35
地面	30～40

热水地面辐射供暖系统辐射体的表面平均温度值宜符合表 2-27 的规定。

表 2-27　热水地面辐射体表面平均温度　　单位：℃

设置位置	宜采用的温度	温度上限值
人员经常停留的地面	25～27	29
人员短期停留的地面	28～30	32
无人停留的地面	35～40	42
房间高度 2.5～3.0m 的顶棚	28～30	—
房间高度 3.1～4.0m 的顶棚	33～36	—
距地面 1m 以下的墙面	35	—
距地面 1m 以上 3.5m 以下的墙面	45	—

图 2-11 中给出了两面放热的供暖辐射板地面一顶面混凝土供暖辐射板中每一加热管周围的混凝土块地面材料层内形成的温度场，图中细实线为等温线，点画线表示热流。热流线起始于加热管，终止于辐射板表面。

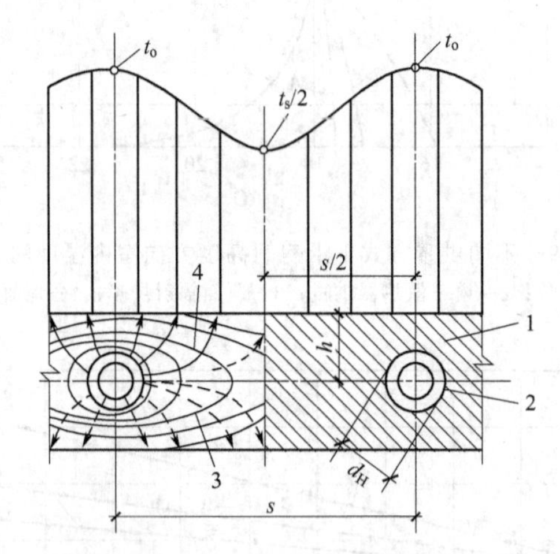

图 2-11　辐射板中的温度场和板表面温度的变化

1—地面-顶面混凝土辐射板；2—加热管；3—等温线；4—热流线

t_o—加热管管顶所对应的板表面温度最高；$t_s/2$—两相邻加热管间表面温度最低；

$s/2$—两相邻加热管间距离；h—埋设深度；d_H—管径；s—管间距

图 2-12(a)、(b)、(c) 分别表示采用平行排管式、蛇形排管式和蛇形盘管式地面供暖辐射板沿房间进深表面温度的变化情况。

2.1.6　锅炉供暖系统设计

2.1.6.1　锅炉参数

热水锅炉的额定参数应选用表 2-28 中所列的参数。

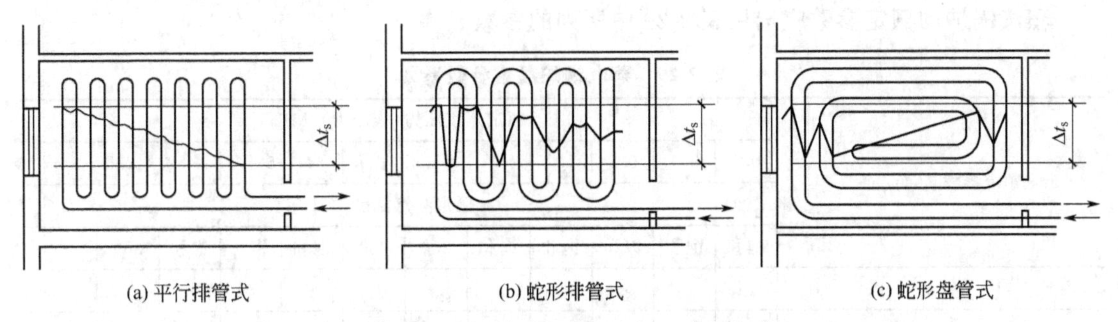

(a) 平行排管式　　(b) 蛇形排管式　　(c) 蛇形盘管式

图 2-12　地面供暖辐射板表面温度的变化

Δt_s—地面表面平均温度的变化范围

表 2-28　热水锅炉额定参数系列

额定热功率/MW	额定出水压力(表压力)/MPa											
	0.4	0.7	1.0	1.25	0.7	1.0	1.25	1.0	1.25	1.25	1.6	1.25
	额定出水温度/进水温度/℃											
	95/70				115/70			130/70		150/90		180/110
0.05	△											
0.1	△											
0.2	△											
0.35	△	△										
0.5	△	△										
0.7	△	△	△	△	△							
1.05	△	△	△	△	△							
1.4	△	△	△	△	△							
2.1	△	△	△	△	△							
2.8	△	△	△	△	△	△	△	△	△	△		
4.2		△	△	△	△	△	△	△	△	△		
5.6		△	△	△	△	△	△	△	△	△		
7.0		△	△	△	△	△	△	△	△	△		
8.4				△		△	△	△	△	△		
10.5				△		△	△	△	△	△		
14.0				△		△	△	△	△	△	△	
17.5						△	△	△	△	△	△	
29.0						△	△	△	△	△	△	△
46.0						△	△	△	△	△	△	△
58.0						△	△	△	△	△	△	△
116.0									△	△	△	△
174.0											△	△

注：表中有符号“△”处所对应的参数宜优先选用。

蒸汽锅炉的额定参数应选用表 2-29 中所列的参数。

表 2-29　蒸汽锅炉额定参数系列

额定蒸发量/(t/h)	额定蒸汽压力(表压力)/MPa											
	0.1	0.4	0.7	1.0	1.25			1.6		2.5		
	额定蒸汽温度/℃											
	饱和	饱和	饱和	饱和	饱和	250	350	饱和	350	饱和	350	400
0.1	△	△										
0.2	△	△	△									
0.35	△	△	△									
0.5	△	△	△	△								
0.7		△	△	△								
1		△	△	△								
1.5			△	△								
2			△	△	△			△				
3			△	△	△			△				
4			△	△	△			△		△		
6				△	△	△	△	△	△	△		
8				△	△	△	△	△	△	△		
10				△	△	△	△	△	△	△	△	△
12					△	△	△	△	△	△	△	△
15					△	△	△	△	△	△	△	△
20					△	△	△	△	△	△	△	△
25					△		△	△	△	△	△	△
35					△		△	△	△	△	△	△
65											△	△

注：1. 表中有符号“△”处所对应的参数宜优先选用。

2. 锅炉设计时的给水温度分 20℃、40℃、104℃三档，由设计单位结合具体情况确定。考核时如实测给水温度与设计值不符，应对实测蒸发量进行折算。

链条炉排锅炉用块煤和混煤的技术要求见表 2-30、表 2-31。

表 2-30　链条炉排锅炉用块煤的技术要求

项目	符号	单位	技术要求
粒度	—	mm	6～25
限下率	—	%	＜30.00
全水分	M_t	%	≤12.0
挥发分	V_{daf}	%	≥22.00
灰分	A_d	%	≤25.00
发热量	$Q_{net,ar}$	MJ/kg	≥21.00
全硫	$S_{t,d}$	%	≤0.75 ＞0.75～1.00 ＞1.00～1.50

续表

项目	符号	单位	技术要求
煤灰熔融性 软化温度	ST	℃	≥1250 ≥1150(A_d≤18.00%时)
焦渣特征	CRC	—	≤5

表 2-31　链条炉排锅炉用混煤的技术要求

项目	符号	单位	技术要求
粒度	—	mm	<50(<6mm 的不大于 30%) <30(<3mm 的不大于 25%)
挥发分	V_{daf}	%	>20.00 >8.00～20.00($Q_{net,ar}$>18.50MJ/kg)
灰分	A_d	%	≤30.00
发热量	$Q_{net,ar}$	MJ/kg	>21.50 >20.00～21.50 >16.50～20.00
全硫①	$S_{t,d}$	%	≤0.75 >0.75～1.00 >1.00～1.50
煤灰熔融性 软化温度	ST	℃	≥1250 ≥1150(A_d≤18.00%时)
焦渣特征	CRC	—	≤5

① 全硫（$S_{t,d}$）大于 1.5%时，应添加固硫剂或有脱硫装置。

2.1.6.2　锅炉的热效率

新出厂锅炉的最低热效率值应符合表 2-32、表 2-33 的规定。

表 2-32　燃煤生活锅炉应保证的最低热效率值　　单位：%

锅炉额定蒸发量 $D/(t/h)$ 或锅炉额定热功率 N/MW	褐煤	烟煤			贫煤	无烟煤	
		Ⅰ	Ⅱ	Ⅲ		Ⅱ	Ⅲ
	锅炉热效率						
$D≤0.143$ $N≤0.1$	65	62	65	68	65	58	63
$0.143<D<0.5$ $0.1<N<0.35$	67	65	68	72	69		
$0.5≤D<1$ $0.35≤N<0.7$	71	68	72	74	71	60	65
$0.7≤N≤1.4$	73	70	74	76	73	63	70
$N>1.4$	75	72	76	78	75	66	74

注：表中所列为锅炉达到额定蒸发量或额定热功率时的热效率。

表 2-33　燃油、燃气及电加热生活锅炉应保证的最低热效率值　　单位：%

锅炉额定蒸发量 D/(t/h)或额定热功率 N/MW	燃油①	燃气②	电加热
$D<1$、$N<0.7$	86	86	
$0.7\leqslant N\leqslant 1.4$	88	88	97
$N>1.4$	90	90	

① 燃油应符合《普通柴油》(GB 252—2011）或《燃料油》(SH/T 0356—1996）的规定。

② 燃气指城市煤气、天然气、液化石油气。

生活锅炉排烟温度控制值见表 2-34，生活锅炉过量空气系数控制值见表 2-35，燃煤生活锅炉灰渣含碳量控制值见表 2-36，生活锅炉炉体外表面温度控制值见表 2-37。

表 2-34　生活锅炉排烟温度控制值　　单位：℃

锅炉类型	蒸汽锅炉		热水锅炉	
燃料种类	燃煤	油、气	燃煤	油、气
排烟温度	<230	<210	<200	<180

注：表中所列规定值为锅炉在额定负荷下运行时的排烟温度值。

表 2-35　生活锅炉过量空气系数控制值　　单位：%

使用燃料	散煤		型煤		油、气
通风方式	自然通风	机械通风	自然通风	机械通风	—
过量空气系数	<2.0	<1.75	<2.2	<2.0	<1.3

注：燃用无烟煤的锅炉，不受表内数值限制。

表 2-36　燃煤生活锅炉灰渣含碳量控制值　　单位：%

锅炉额定蒸发量 D/(t/h) 或锅炉额定热功率 N/MW	褐煤	烟煤			贫煤	无烟煤	
		Ⅰ	Ⅱ	Ⅲ		Ⅱ	Ⅲ
	锅炉热效率						
$D<1$ $N<0.7$	≤18	≤20	≤18	≤17	≤18	≤24	≤21
$0.7\leqslant N\leqslant 1.4$	≤18	≤19	≤18	≤16	≤18	≤21	≤18
$N>1.4$	≤16	≤18	≤16	≤14	≤16	≤18	≤15

表 2-37　生活锅炉炉体外表面温度控制值　　单位：℃

炉体部位	侧面	炉顶
炉体外表面距门、孔 300mm 以外的温度	≤50	≤70

2.1.6.3　锅炉房的设计

锅炉房建筑形式示意图如图 2-13 所示。

锅炉房楼面、地面和屋面的活荷载，应根据工艺设备安装和检修的荷载要求确定，亦可按表 2-38 的规定确定。

锅炉与建筑物的净距，不应小于表 2-39 的规定。

架空热力管道与建筑物、构筑物、道路、铁路和架空导线之间的最小净距宜符合表2-40 的规定。

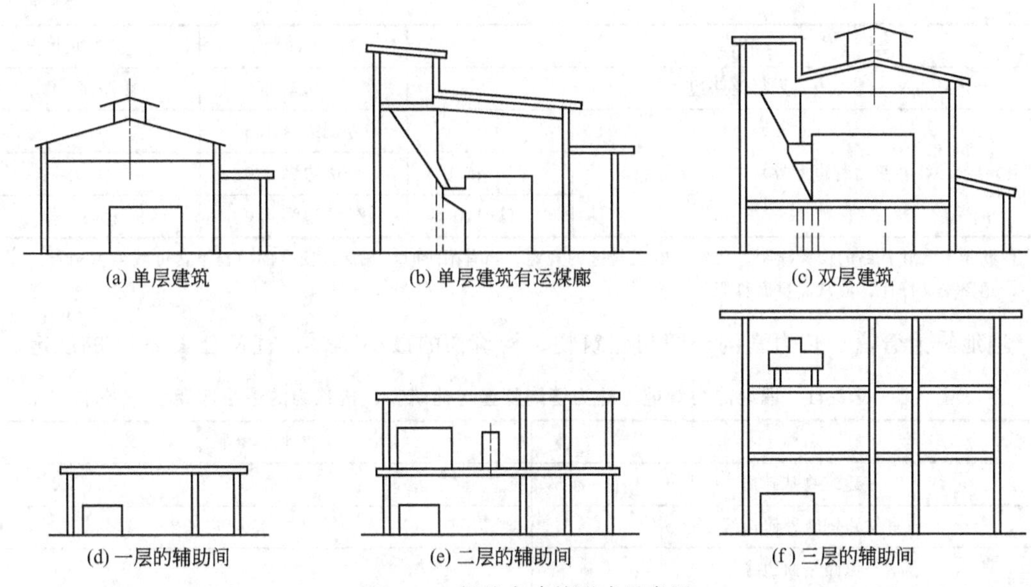

图 2-13　锅炉房建筑形式示意图

表 2-38　楼面、地面和屋面的活荷载

名称	活荷载/(kN/m²)
锅炉间楼面	6～12
辅助间楼面	4～8
运煤层楼面	4
除氧层楼面	4
锅炉间及辅助间屋面	0.5～1
锅炉间地面	10

注：1. 表中未列的其他荷载应按现行国家标准《建筑结构荷载规范》(GB 50009—2012) 的规定选用。
2. 表中不包括设备的集中荷载。
3. 运煤层楼面有皮带头部装置的部分应由工艺提供荷载或可按 10kN/m² 计算。
4. 锅炉间地面没有运输通道时，通道部分的地坪和地沟盖板可按 20kN/m² 计算。

表 2-39　锅炉与建筑物的净距

单台锅炉容量		炉前/m		锅炉两侧和后部通道/m
蒸汽锅炉/(t/h)	热水锅炉/MW	燃煤锅炉	燃气(油)锅炉	
1～4	0.7～2.8	3.00	2.50	0.80
6～20	4.2～14	4.00	3.00	1.50
≥35	≥29	5.00	4.00	1.80

表 2-40　架空热力管道与建筑物、构筑物、道路、铁路和架空导线之间的最小净距

单位：m

名称	水平净距	交叉净距
一、二级耐火等级的建筑物	允许沿外墙	—
铁路钢轨	外侧边缘 3.0	跨铁路钢轨面[①]
道路路面边缘、排水沟边缘或路堤坡脚	1.0	距路面 5.0[②]

续表

名称			水平净距	交叉净距
人行道路边			0.5	距路面 2.5
架空导线(导线在热力管道上方)	电压等级/kV	<1	外侧边缘 1.5	1.5
		1～10	外侧边缘 2.0	1.0
		35～110	外侧边缘 4.0	3.0

① 跨越电气化铁路的交叉净距，应符合有关规范的规定。当有困难时，在保证安全的前提下，可减至 4.5m。
② 道路交叉净距，应从路拱面算起。

埋地热力管道、热力管沟外壁与建筑物、构筑物的最小净距，宜符合表 2-41 的规定。

表 2-41　埋地热力管道、热力管沟外壁与建筑物、构筑物的最小净距　　单位：m

名称	水平净距
建筑物基础边	1.5
铁路钢轨外侧边缘	3.0
道路路面边缘	0.8
铁路、道路的边沟或单独的雨水明沟边	0.8
照明、通信电杆中心	1.0
架空管架基础边缘	0.8
围墙篱栅基础边缘	1.0
乔木或灌木丛中心	2.0

注：1. 当管线埋深大于邻近建筑物、构筑物基础深度时，应用土壤内摩擦角校正表中数值。
2. 管线与铁路、道路间的水平净距除应符合表中规定外，当管线埋深大于 1.5m 时，管线外壁至路基坡脚净距不应小于管线埋深。
3. 本表不适用于湿陷性黄土地区。

埋地热力管道、热力管沟外壁与其他各种地下管线之间的最小净距，宜符合表 2-42 的规定。

表 2-42　埋地热力管道、热力管沟外壁与其他各种地下管线之间的最小净距　　单位：m

名称			水平净距	交叉净距
给水管			1.5	0.15
排水管			1.5	0.15
燃气管道	压力/kPa	≤400	1.0	0.15
		400<～≤800	1.5	0.15
		800<～≤1600	2.0	0.15
乙炔、氧气管			1.5	0.25
压缩空气或二氧化碳管			1.0	0.15
电力电缆			2.0	0.50
电信电缆	直埋电缆		1.0	0.50
	电缆管道		1.0	0.25
排水暗渠			1.5	0.50
铁路轨面			—	1.20

续表

名称	水平净距	交叉净距
道路路面	—	0.50

注：1. 热力管道与电力电缆间不能保持2.0m水平净距时，应采取隔热措施。

2. 表中数值为1m而相邻两管线间埋设标高差大于0.5m以及表中数值为1.5m而相邻两管线间埋设标高差大于1m时，表中数值应适当增加。

3. 当压缩空气管道平行敷设在热力管沟基础上时，其净距可减少至0.15m。

设置集中采暖的锅炉房，各生产房间生产时间的冬季室内计算温度，宜符合表2-43的规定。在非生产时间的冬季室内计算温度宜为5℃。

表2-43 各生产房间生产时间的冬季室内计算温度

房间名称		温度/℃
燃煤、燃油、燃气锅炉间	经常有人操作时	12
	设有控制室，经常无操作人员时	5
控制室、化验室、办公室		16～18
水处理间、值班室		15
燃气调压间、油泵房、化学品库、出渣间、风机间、水箱间、运煤走廊		5
水泵房	在单独房间内经常有人操作时	15
	在单独房间内经常无操作人员时	5
碎煤间及单独的煤粉制备装置间		12
更衣室		23
浴室		25～27

锅炉房设备简图如图2-14所示。

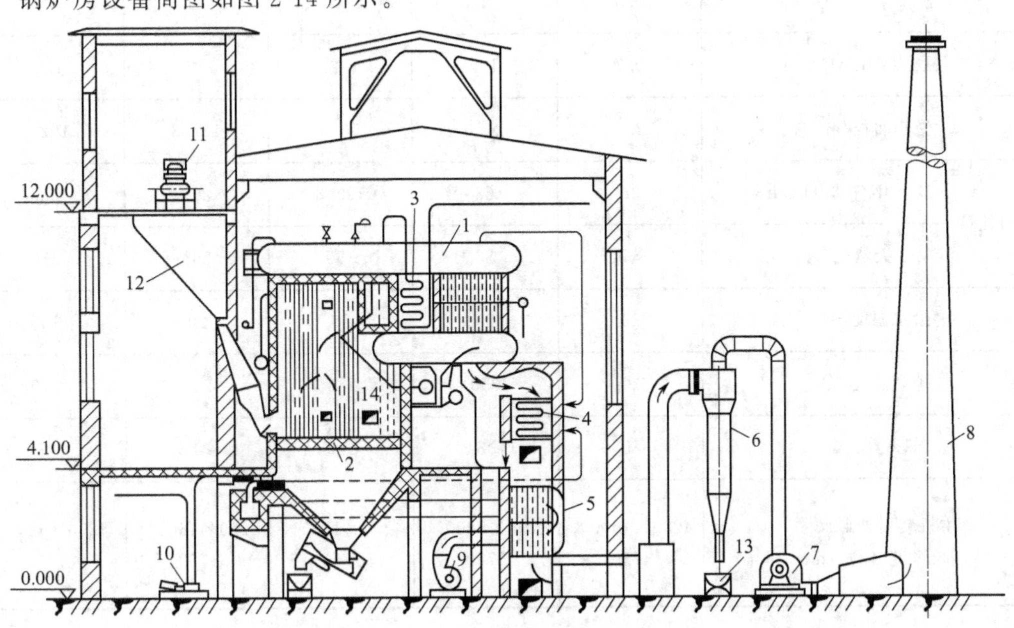

图2-14 锅炉房设备简图

1—汽锅；2—翻转炉排；3—蒸汽过热器；4—省煤器；5—空气预热器；6—除尘器；7—引风机；8—烟囱；9—送风机；10—给水泵；11—皮带运输机；12—煤斗；13—灰车；14—水冷壁

2.1.6.4 常用锅炉类型及参数

(1) WNS型系列燃油(气)锅炉(表2-44)

表2-44 WNS型系列燃油(气)锅炉主要技术参数

型号		WNS0.5-0.7-YQ	WNS1-1.0-YQ	WNS2-1.25-YQ	WNS4-1.25-YQ	WNS6-1.25-YQ
蒸发量/(t/h)		0.5	1	2	4	6
额定压力/MPa		0.7	1.0	1.25	1.25	1.25
受热面积/m^2		12.34	21.0	50.8	107.3	152.0
燃料耗量	燃料油/(kg/h)	36	63	139.3	265	385
	天然气/(m^3/h)	47	80	150	265	350
给水温度/℃		20	20	20	20	105
排烟温度/℃		235	250	240	240	210
热效率/%		≥85.6	≥81	≥85	≥88	≥88
主机装后外形尺寸(长×宽×高)/mm		4200×1600×1750	4200×1600×1750	4200×1600×1750	4200×1600×1750	4200×1600×1750

(2) SZS系列水煤浆锅炉(表2-45)

(3) SZS系列燃油气饱和蒸汽锅炉(表2-46)

表 2-45 SZS 系列水煤浆锅炉技术参数

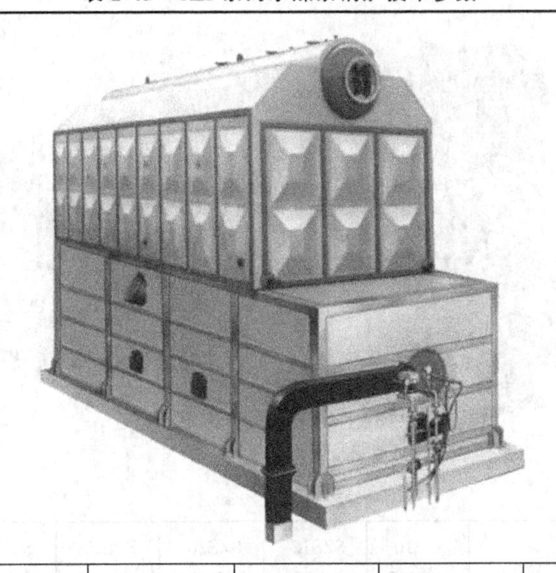

名称		SZS4-1.25J SZS4-1.6J SZS4-2.5J	SZS6-1.25J SZS6-1.6J SZS6-2.5J	SZS10-1.25J SZS10-1.6J SZS10-2.5J	SZS15-1.25J SZS15-1.6J SZS15-2.5J	SZS20-1.25J SZS20-1.6J SZS20-2.5J
额定蒸发量/(t/h)		4	6	10	15	20
额定工作压力/MPa		1.25/1.6/2.5	1.25/1.6/2.5	1.25/1.6/2.5	1.25/1.6/2.5	1.25/1.6/2.5
额定蒸汽温度/℃		193/204/226	193/204/226	193/204/226	193/204/226	193/204/226
给水温度/℃		20	60	60	104	104
锅炉效率/%		>84	>86	>86	>86	>86
适用燃料		水煤浆				
燃料耗量/(kg/h)		618	905.5	1459.5	2045.7	2871.1
引风机	型号	YX9-35 No.8C 右 0°	YX6-1 右 0°	YX10-15 右 0°	YX5-47 12D 右 0°	YX5-47 12.4D 右 0°
	风量/(m³/h)	8868～19342	14000～20000	26321～32138	33318～50356	36762～55561
	风压/Pa	2805～3041	3220～3060	3714～3802	3628～3393	3874～3619
	电机功率/kW	22	30	55	75	90
鼓风机	型号	T4-72 4.5A 右 225°	T4-75 5A 右 225°	GG10-1 右 225°	G4-73 9D 右 225°	G4-73 9D 右 225°
	风量/(m³/h)	5360～10288	7352～10249	10000～22500	23003～32079	23003～44128
	风压/Pa	2582～1616	3195～2954	2690～1620	2668～2559	2668～1775
	电机功率/kW	7.5	11	15	30	37
给水泵	型号	DG6-25×7	DG6-25×8	DG12-25×7	DG25-30×5	DG25-30×6
		DG6-25×8	DG6-25×9	DG12-25×5	DG25-30×6	DG25-30×7
		DG6-25×12	DG6-25×12	DG12-25×12	DG25-30×10	DG25-30×10
	风量/(m³/h)	3.75～7.5	3.75～7.5	7.5～15	15～30	15～30
	扬程/m	175/200/300	200/225/300	175/200/300	150/180/300	180/210/300
	电机功率/kW	7.5/11/15	11/15/18.5	15/15/22	22/30/45	30/30/45

表 2-46　SZS 系列燃油气饱和蒸汽锅炉技术参数

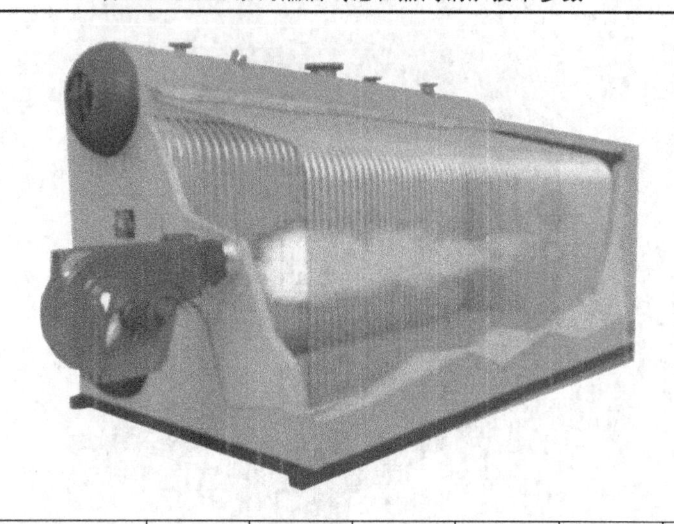

名称			SZS10-1.6-YQ	SZS15-1.6-YQ	SZS20-1.6-YQ	SZS25-1.6-YQ	SZS30-1.6-YQ	SZS35-1.6-YQ	SZS40-1.6-YQ
额定蒸发量/(t/h)			10	15	20	25	30	35	40
额定蒸汽压力/MPa			1.6						
204 额定饱和蒸汽温度/℃			204						
给水温度/℃			104	104	104	104	104	104	104
锅炉设计热效率/%			92.1	92.1	92.2	92.1	92.6	92.8	92.8
排烟温度/℃			160	160	160	160	160	160	160
计算换热面积/m^2	本体辐射面积		44	46	55.8	57.9	60.3	71.8	98.85
	本体对流面积		106.6	214.2	285.7	295	364.8	437	434
	省煤器面积		47	77.7	74	89	140	143	145
供气压力	天然气	mmH_2O	1500～3000	2000～3000	2000～3000	3000～20000	3000～20000	15000～20000	15000～20000
	液化石油气		1500～3000	2000～3000	2000～3000	3000～20000	3000～20000	15000～20000	15000～20000
	城市煤气		2000～3000	3000～4000	3000～4000	5000～20000	5000～20000	15000～20000	15000～20000
燃烧方式			微正压室燃						
燃烧调节方式			全自动比例调节						
使用电源			380V/50Hz						
给水泵电功率		kW	18.5	30	37	45	55	55	55
风机电功率		kW	22	37	55	75	90	90	110
油泵电功率		kW	4	4	4	11	2.2	3.0	3.0
最大运输重量		t	30.6	40	44	46	53.8	60.5	65.7
最大运输尺寸		mm	7700×2750×3750	9250×3400×3770	9720×3655×4370	9700×3680×4350	10425×3910×4397	11460×3920×4380	11940×4020×4390
安装后最大外形尺寸（长×宽×高）		mm	9200×4478×4365	11430×8210×4620	12050×7790×4810	12170×7440×5180	12430×8840×4555	13608×8048×5020	14050×8410×5250

注：$1mmH_2O=9.80665Pa$。

(4) LSS系列燃油蒸汽锅炉（表2-47）

表2-47 LSS系列燃油蒸汽锅炉技术参数

名称	LSS0.3-0.7-Y(Q)	LSS0.5-0.7-Y(Q)	LSS0.5-1.0-Y(Q)	LSS0.75-0.7-Y(Q)	LSS1.0-1.0-Y(Q)
额定蒸发量/(t/h)	0.3	0.5	0.5	0.75	1.0
额定蒸汽压力/MPa	0.7	0.7	1.0	0.7	1.0
额定蒸汽温度/℃	170	170	184	170	184
适用燃料	轻柴油、天然气、煤气	轻柴油、天然气、煤气	轻柴油、天然气、煤气	轻柴油、天然气、煤气	轻柴油、天然气、煤气
轻柴油耗量/(kg/h)	21.34	35.56	35.77	53.34	72.12
天然气耗量/(Nm^3/h)	24.5	40.9	41.1	61.3	82.9
设计效率/%	≥86	≥86	≥86	≥86	≥86
锅炉尺寸(长×宽×高)/mm	1150×1150×2185	1460×1355×2358	1460×1355×2358	1600×1600×2820	1600×1600×3020
锅炉重量/kg	1000	1395	1474	2680	2726
正常水容量/kg	213	320	320	420	490
烟囱口径/mm	ϕ250	ϕ300	ϕ300	ϕ300	ϕ300

2.1.7 热风供暖系统设计

2.1.7.1 热水型暖风机

热水型暖风机以热水为热媒，热水温度宜为不低于90℃的热水。热水流量应使其散热排管中水流速在0.2m/s以上，以保证散热效果，如图2-15～图2-17所示。

(1) GS型热水暖风机 GS型热水暖风机由轴流风机、热交换器、百叶风口、壳体等组成，其热交换器为4排管，等边三角形叉排。体积小，重量轻，耗电量低，尺寸及技术性能见表2-48、表2-49。

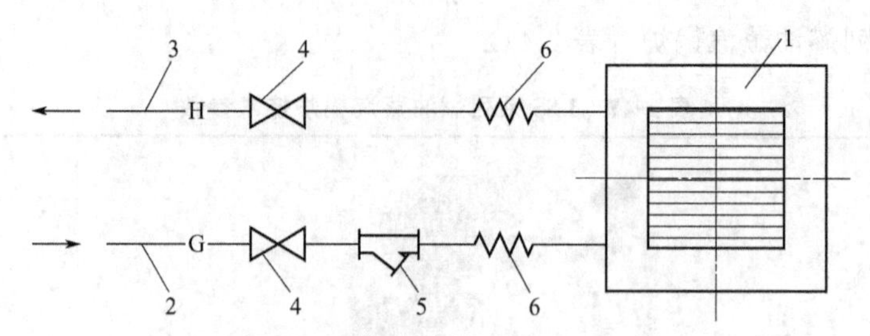

图 2-15　热水型暖风机配管及附件示意图（不带电动调节阀）

1—热水型暖风机；2—热水供水管；3—热水回水管；4—截止阀；5—过滤器；6—金属软管

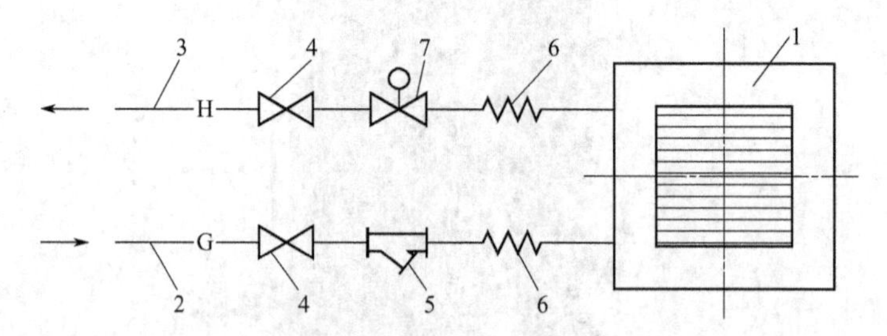

图 2-16　热水型暖风机配管及附件示意图（带电动二通调节阀）

1—热水型暖风机；2—热水供水管；3—热水回水管；4—截止阀；5—过滤器；6—金属软管；7—电动二通调节阀

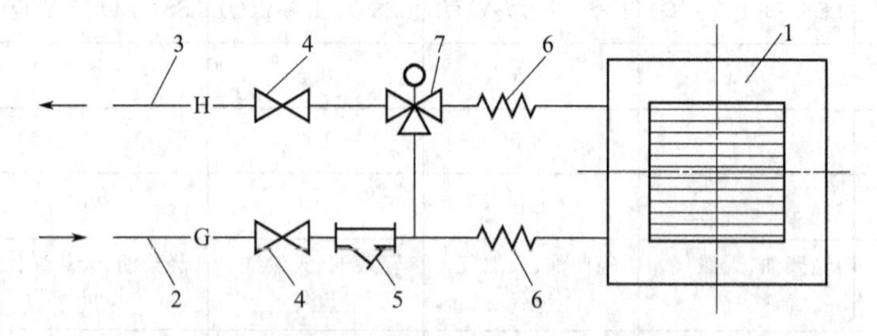

图 2-17　热水型暖风机配管及附件示意图（不带电动调节阀）

1—热水型暖风机；2—热水供水管；3—热水回水管；4—截止阀；5—过滤器；6—金属软管；7—电动三通调节阀

表 2-48　GS 型热水暖风机尺寸表　　单位：mm

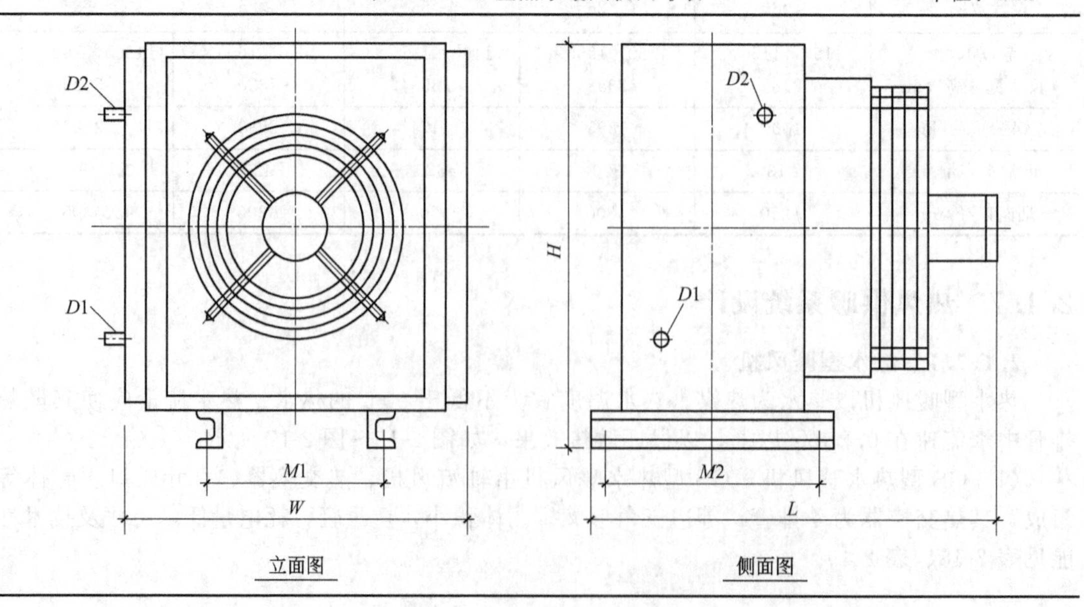

续表

型号	L	W	H	$M1$	$M2$	$D1$	$D2$
4GS	607	500	532	340	280	DN32	DN32
5GS	623	670	702	466	388	DN32	DN32
7GS	738	840	872	520	458	DN40	DN40
8GS	769	1000	1032	700	500	DN40	DN40

注：L、W、H—设备长、宽、高；$M1$、$M2$—设备安装螺孔的相对距离尺寸；$D1$—蒸汽进气管；$D2$—热水回水管。

表 2-49　GS 型热水暖风机技术性能表

型号	风量/(m^3/h)	供回水温度/℃	供热量/kW	出口空气温度/℃	电机功率/kW	电机电压/V	噪声/dB(A)≤	重量/kg
4GS	1500	80～65	17	48	0.25	220	64	82
		90～75	19	52				
5GS	3180	80～65	28	41	0.55	380	68	139
		90～75	32	44				
		110～80	40	52				
		130～90	43	54				
7GS	6600	80～65	59	41	0.75	380	74	229
		90～75	68	45				
		110～80	77	49				
		130～90	90	55				
8GS	8500	80～65	74	40	1.10	380	78	312
		90～75	89	46				
		110～80	108	52				
		130～90	117	55				

注：供热量和出口空气温度随热媒和室内空气参数的不同而变化。

(2) NC 型热水暖风机　NC 型热水暖风机由轴流风机、热交换器、百叶风口、壳体等组成，其热交换器有钢管绕钢带、钢带绕铝带螺旋翅片管或铜管穿铝片等几种形式，尺寸及技术性能见表 2-50、表 2-51。

(3) R 型热水暖风机　R 型热水暖风机由双曲鸟翼型轴流风机、热交换器、百叶风口、壳体等组成。其热交换器由多流程式无缝钢管螺旋镶嵌铝片组成。传热效果好，热阻小，耐腐蚀，尺寸及技术性能见表 2-52、表 2-53。

(4) NZS 型热水暖风机　NZS 型热水暖风机由轴流风机、热交换器、百叶风口、壳体等组成，其热交换器由钢带或铝带绕在 $\phi 22 \times 3$ 的无缝钢管上，传热性能好。外形有网罩式、圆管式供用户选择，NZS 型热水暖风机尺寸及技术性能应符合表 2-54、表 2-55。

表 2-50　NC 型热水暖风机尺寸表　　单位：mm

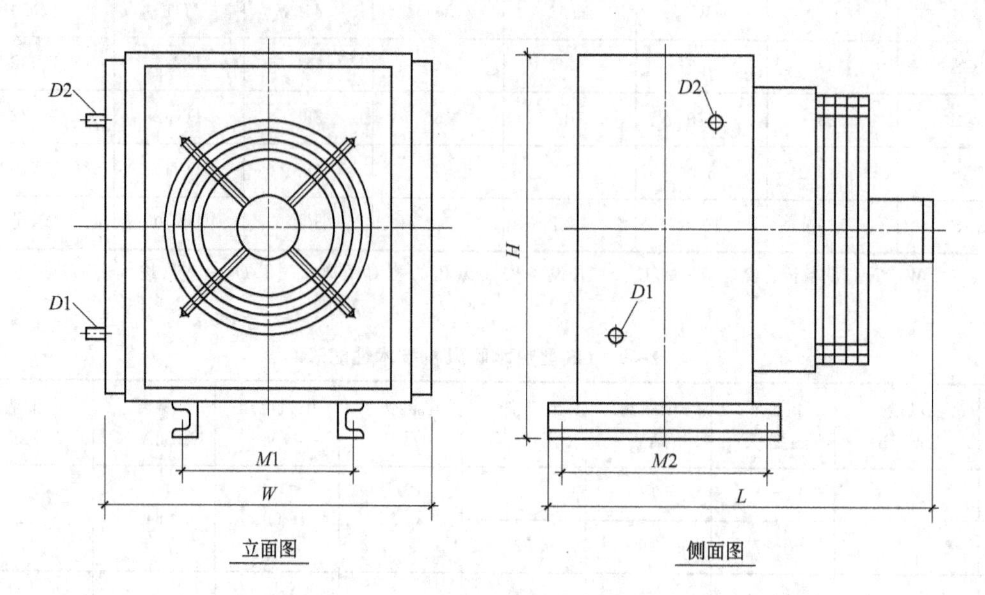

型号	L	W	H	M1	M2	D1	D2
NC-30、NC-30/B	568	533	680	340	280	DN40	DN40
NC-60、NC-60/B	715	689	836	466	388	DN70	DN70
NC-90、NC-90/B	690	845	992	520	458	DN70	DN70
NC-125、NC-125/B	750	1020	1150	700	500	DN70	DN70

注：L、W、H—设备长、宽、高；M1、M2—设备安装螺孔的相对距离尺寸；D1—蒸汽进气管；D2—热水回水管。

表 2-51　NC 型热水暖风机技术性能表

型号	风量/(m^3/h)	供回水温度/℃	供热量/kW	出口空气温度/℃	电机功率/kW	电机电压/V	噪声/≤dB(A)	重量/kg
NC-30	2500	130～70	17	35	0.18	380	66	85
NC/B-30	2500	130～70	21	40	0.18	380	66	85
NC-60	6100	130～70	41	35	0.75	380	70	142
NC/B-60	6100	130～70	49	38	0.75	380	70	142
NC-90	8600	130～70	60	35	0.75	380	73	202
NC/B-90	8600	130～70	71	39	0.75	380	73	202
NC-125	12500	130～70	88	36	1.10	380	78	352
NC/B-125	12500	130～70	101	39	1.10	380	78	352

注：1. NC 型的热交换器为 SRZ 型，NC/B 型的热交换器为 SRL 型。
2. 供热量和出口空气温度随热媒和室内空气参数的不同而变化。

表 2-52　R 型热水暖风机尺寸表　　　　单位：mm

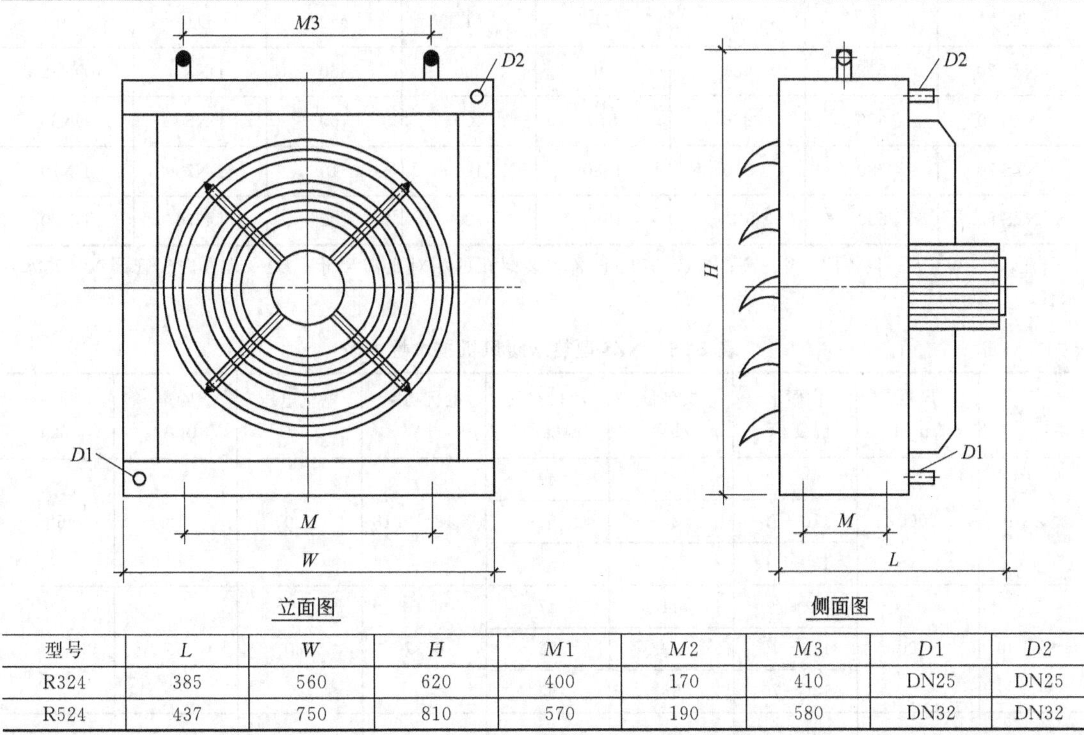

型号	L	W	H	M1	M2	M3	D1	D2
R324	385	560	620	400	170	410	DN25	DN25
R524	437	750	810	570	190	580	DN32	DN32

注：L、W、H—设备长、宽、高；M1、M2、M3—设备安装螺孔的相对距离尺寸；D1—蒸汽进气管；D2—热水回水管。

表 2-53　R 型热水暖风机技术性能表

型号	风量/(m^3/h)	供回水温度/℃	供热量/kW	出口空气温度/℃	电机功率/kW	电机电压/V	噪声/dB(A)≤	重量/kg
R324	2850	130～70	25	41	0.12	380	61	63
		90～70	21	37				
R524	4300	90～70	35	39	0.37	380	66	90

注：供热量和出口空气温度随热媒和室内空气参数的不同而变化。

表 2-54　NZS 型热水暖风机尺寸表　　　　单位：mm

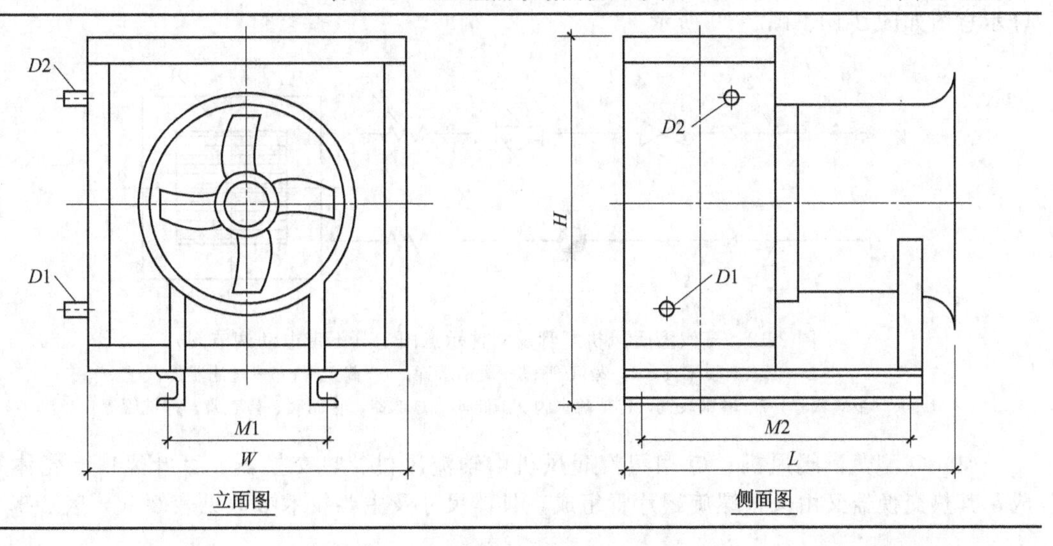

续表

型号	L	W	H	$M1$	$M2$	$D1$	$D2$
NZS-20	578	680	740	360	360	DN32	DN32
NZS-40	630	826	870	400	450	DN50	DN50
NZS-70	680	910	1080	460	510	DN70	DN70
NZS-95	580	1030	1080	720	400	DN70	DN70

注：L、W、H—设备长、宽、高；$M1$、$M2$—设备安装螺孔的相对距离尺寸；$D1$—蒸汽进气管；$D2$—热水回水管。

表 2-55　NZS 型热水暖风机技术性能表

型号	风量/(m^3/h)	供回水温度/℃	供热量/kW	出口空气温度/℃	电机功率/kW	电机电压/V	噪声/dB(A)≤	重量/kg
NZS-20	2000	90～70	22	47	0.12～0.18	220	58	68
		110～70	25	52				
		130～70	28	55				
NZS-40	4000	90～70	44	47	0.37	380	65	86
		110～70	50	52				
		130～70	56	55				
NZS-70	7000	90～70	60	40	0.37	380	72	102
		110～70	69	44				
		130～70	79	48				
NZS-95	9500	90～70	88	42	0.55	380	78	106
		110～70	102	46				
		130～70	115	50				

注：供热量和出口空气温度随热媒和室内空气参数的不同而变化。

2.1.7.2　蒸汽型暖风机

蒸汽型暖风机以蒸汽为热媒，蒸汽压力宜采用 0.07～0.4MPa。蒸汽型暖风机配管及附件示意图如图 2-18、图 2-19 所示。

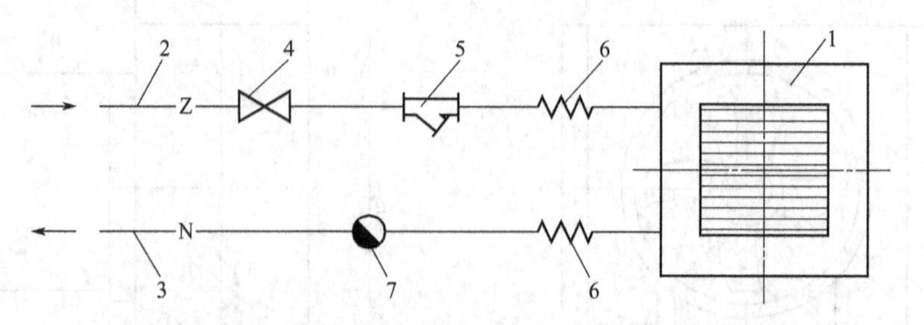

图 2-18　蒸汽型暖风机配管及附件示意图 Ⅰ（不带电动调节阀）

1—蒸汽型暖风机；2—蒸汽管；3—凝结水管；4—截止阀；5—过滤器；6—金属软管；7—输水装置（包括疏水阀、截止阀、过滤器、止回阀、检查管、冲洗管等）

（1）Q 型蒸汽暖风机　Q 型蒸汽暖风机由轴流风机、热交换器、百叶风口、壳体等组成，其热交换器又由叉排螺旋翅片管组成，具体尺寸及主要技术参数见表 2-56、表 2-57。

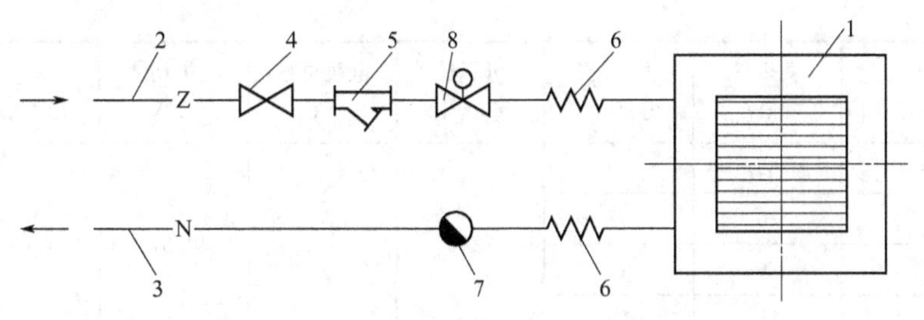

图 2-19 蒸汽型暖风机配管及附件示意图Ⅱ（带电动二调节阀）

1—蒸汽型暖风机；2—蒸汽管；3—凝结水管；4—截止阀；5—过滤器；6—金属软管；7—输水装置（包括疏水阀、截止阀、过滤器、止回阀、检查管、冲洗管等）；8—电动二通调节阀

表 2-56 Q 型蒸汽暖风机尺寸表 单位：mm

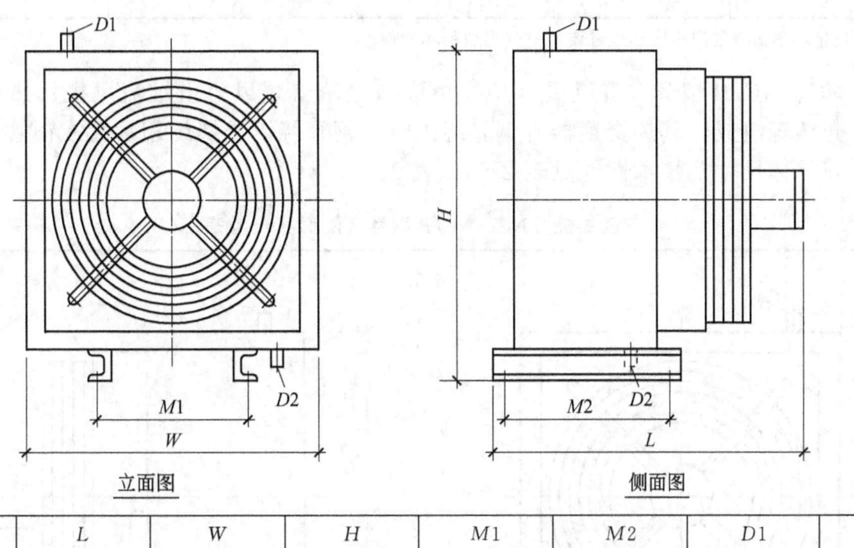

型号	*L*	*W*	*H*	*M*1	*M*2	*D*1	*D*2
4Q	530	500	560	340	280	DN32	DN25
5Q	550	660	705	420	280	DN32	DN25
7Q	550	780	825	500	280	DN50	DN32
8Q	570	900	945	600	280	DN70	DN40

注：*L*、*W*、*H*—设备长、宽、高；*M*1、*M*2—设备安装螺孔的相对距离尺寸；*D*1—蒸汽进气管；*D*2—凝结水排水管。

表 2-57 Q 型暖风机主要技术参数

参数型号	蒸汽/MPa	供热量/kW	出口空气温度/℃	风量/(m^3/h)	电机电压/V	电机功率/kW	噪声/dB(A)≤	重量/kg
4Q	0.1	23	47	2100	220/380	0.12	58	60
	0.2	25	50					
	0.3	27	53					
	0.4	29	55					
5Q	0.1	41	44	4200	380	0.25	60	70
	0.2	44	46					
	0.3	48	48					
	0.4	51	50					

续表

参数型号	蒸汽/MPa	供热量/kW	出口空气温度/℃	风量/(m^3/h)	电机电压/V	电机功率/kW	噪声/dB(A)≤	重量/kg
7Q	0.1	62	40	7280	380	0.37	65	85
	0.2	70	43					
	0.3	76	45					
	0.4	88	50					
8Q	0.1	107	46	10157	380	0.55	75	120
	0.2	120	50					
	0.3	130	52					
	0.4	140	55					

注：供热量和出口空气温度随热媒和室内空气参数的不同而变化。

(2) NC、NC/B型蒸汽暖风机　NC、NC/B型蒸汽暖风机由轴流风机、热交换器、百叶风口、壳体等组成，其热交换器有钢管绕钢带、钢管绕铝带螺旋翅片管或铜管穿铝片等几种形式，其具体尺寸及技术性能见表2-58、表2-59。

表 2-58　NC、NC/B型蒸汽暖风机尺寸表　单位：mm

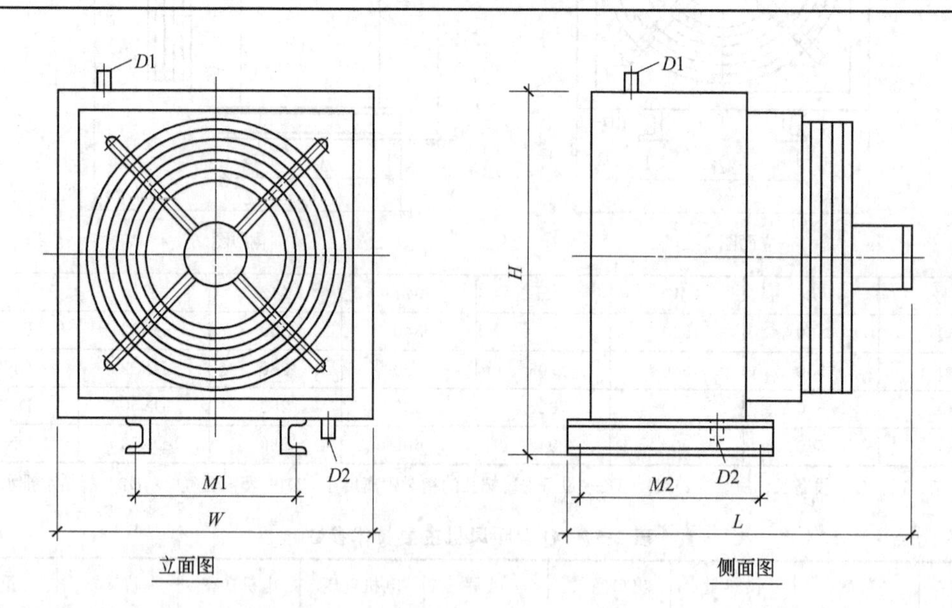

型号	*L*	*W*	*H*	*M*1	*M*2	*D*1	*D*2
NC-30、NC/B-30	568	533	680	340	280	DN40	DN40
NC-60、NC/B-60	715	689	836	466	388	DN70	DN70
NC-90、NC/B-90	690	845	992	520	458	DN70	DN70
NC-125、NC/B-125	795	1020	1150	700	500	DN70	DN70
NC-85	625	775	918	520	458	DN50	DN50

注：1. *L*、*W*、*H*—设备长、宽、高；*M*1、*M*2—设备安装螺孔的相对距离尺寸；*D*1—蒸汽进气管；*D*2—凝结水排水管。

2. NC型的热交换器为SRZ型，NC/B型的热交换器为SRL型。

表 2-59　NC、NC/B 型蒸汽暖风机技术性能表

型号	风量 /(m³/h)	蒸汽压力 /MPa	供热量 /kW	出口空气 温度/℃	电机功率 /kW	电机电压 /V	噪声 /dB(A)≤	重量 /kg
NC-30	2500	0.1	28	48	0.18	380	66	85
NC/B-30	2500	0.1	32	52	0.18	380	66	78
NC-60	6100	0.1	60	44	0.75	380	70	142
NC/B-60	6100	0.1	67	47	0.75	380	70	131
NC-90	8600	0.1	84	44	0.75	380	73	202
NC/B-90	8600	0.1	92	46	0.75	380	73	183
NC-125	12500	0.1	145	49	1.10	380	78	352
NC/B-125	12500	0.1	172	55	1.10	380	78	324
NC-85	8280	0.1	70	40	0.75	380	72	160
	8280	0.2	76	42	0.75	380	72	160
	8280	0.3	81	44	0.75	380	72	160

注：1. NC 型的 NC 型的热交换器为 SRZ 型，NC/B 型的热交换器为 SRL 型。

2. 供热量和出口空气温度随热媒和室内空气参数的不同而变化。

（3）Z 型蒸汽暖风机　Z 型蒸汽暖风机由双曲鸟翼型轴流风机、热交换器、百叶风口、壳体等组成。其热交换器由直通式无缝钢管螺旋镶嵌铝片组成，尺寸及技术性能见表 2-60、表 2-61。

表 2-60　Z 型蒸汽暖风机尺寸表　　单位：mm

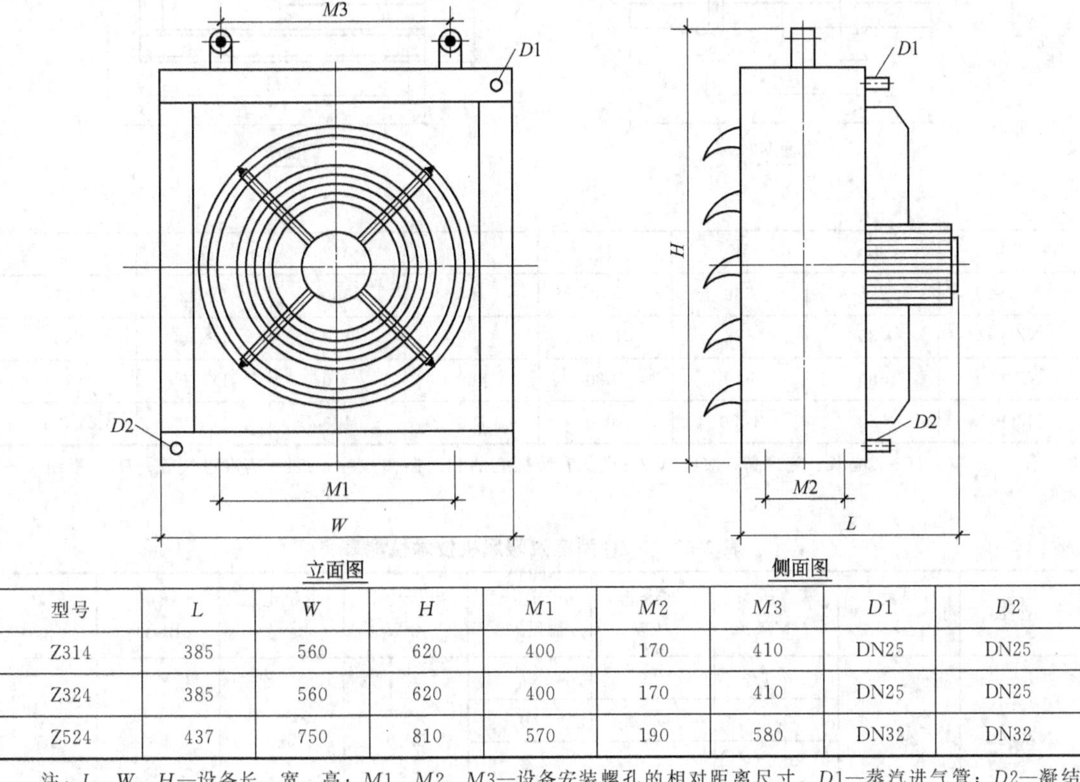

型号	L	W	H	M1	M2	M3	D1	D2
Z314	385	560	620	400	170	410	DN25	DN25
Z324	385	560	620	400	170	410	DN25	DN25
Z524	437	750	810	570	190	580	DN32	DN32

注：*L*、*W*、*H*—设备长、宽、高；*M*1、*M*2、*M*3—设备安装螺孔的相对距离尺寸。*D*1—蒸汽进气管；*D*2—凝结水排水管。

表 2-61　Z 型蒸汽暖风机技术性能表

型号	风量/(m^3/h)	蒸汽压力/MPa	供热量/kW	出口空气温度/℃	电机功率/kW	电机电压/V	噪声/dB(A)≤	重量/kg
Z314	3010	0.1	29	43	0.12	380	61	56
Z324	2850	0.1	33	49	0.12	380	61	62
Z524	4300	0.1	48	48	0.37	380	66	87

注：供热量和出口空气温度随热媒和室内空气参数的不同而变化。

(4) NZQ 型蒸汽暖风机　NZQ 型蒸汽暖风机由轴流风机、热交换器、百叶风口、壳体等组成，其热交换器由钢带或铝带绕在 $\Phi22\times3$ 的无缝钢管上，传热性能好。外形有网罩式、圆管式供用户选择，尺寸及技术性能见表 2-62、表 2-63。

表 2-62　NZQ 型蒸汽暖风机尺寸表　　单位：mm

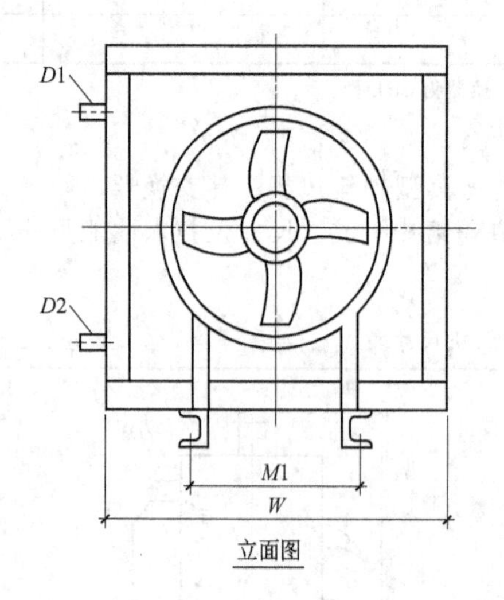

立面图

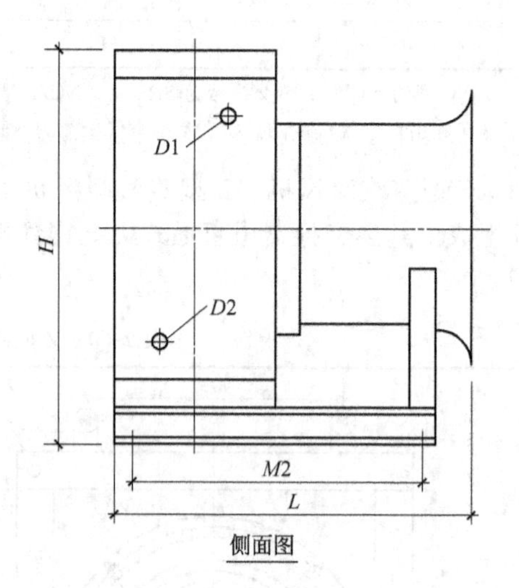

侧面图

型号	L	W	H	M1	M2	D1	D2
NZQ-20	578	680	740	360	360	DN32	DN32
NZQ-40	630	826	870	400	450	DN50	DN50
NZQ-70	680	910	1080	460	510	DN70	DN70
NZQ-95	580	1030	1080	720	400	DN70	DN70

注：L、W、H—设备长、宽、高；M1、M2—设备安装螺孔的相对距离尺寸；D1—蒸汽进气管；D2—凝结水排水管。

表 2-63　NZQ 型蒸汽暖风机技术性能表

型号	风量/(m^3/h)	蒸汽压力/MPa	供热量/kW	出口空气温度/℃	电机功率/kW	电机电压/V	噪声/dB(A)≤	重量/kg
NZQ-20	2000	0.1	23	47	0.16	220	58	66
		0.2	25	50				
		0.3	27	52				
		0.4	29	55				

续表

型号	风量/(m^3/h)	蒸汽压力/MPa	供热量/kW	出口空气温度/℃	电机功率/kW	电机电压/V	噪声/dB(A)≤	重量/kg
NZQ-40	4000	0.1	48	50	0.37	380	65	78
		0.2	51	52				
		0.3	53	54				
		0.4	55	55				
NZQ-70	7000	0.1	89	50	0.37	380	72	92
		0.2	89	52				
		0.3	93	54				
		0.4	97	55				
NZQ-95	9500	0.1	110	49	0.55	380	78	110
		0.2	119	52				
		0.3	126	54				
		0.4	131	55				

注：供热量和出口空气温度随热媒和室内空气参数的不同而变化。

(5) GNL型蒸汽暖风机　GNL型蒸汽暖风机由低噪声离心机、高效热交换机、百叶风口、壳体等组成。加热能力大，控制范围广，温度场均匀，技术性及尺寸能见表2-64、表2-65。

表2-64　GNL型蒸汽暖风机尺寸表　　单位：mm

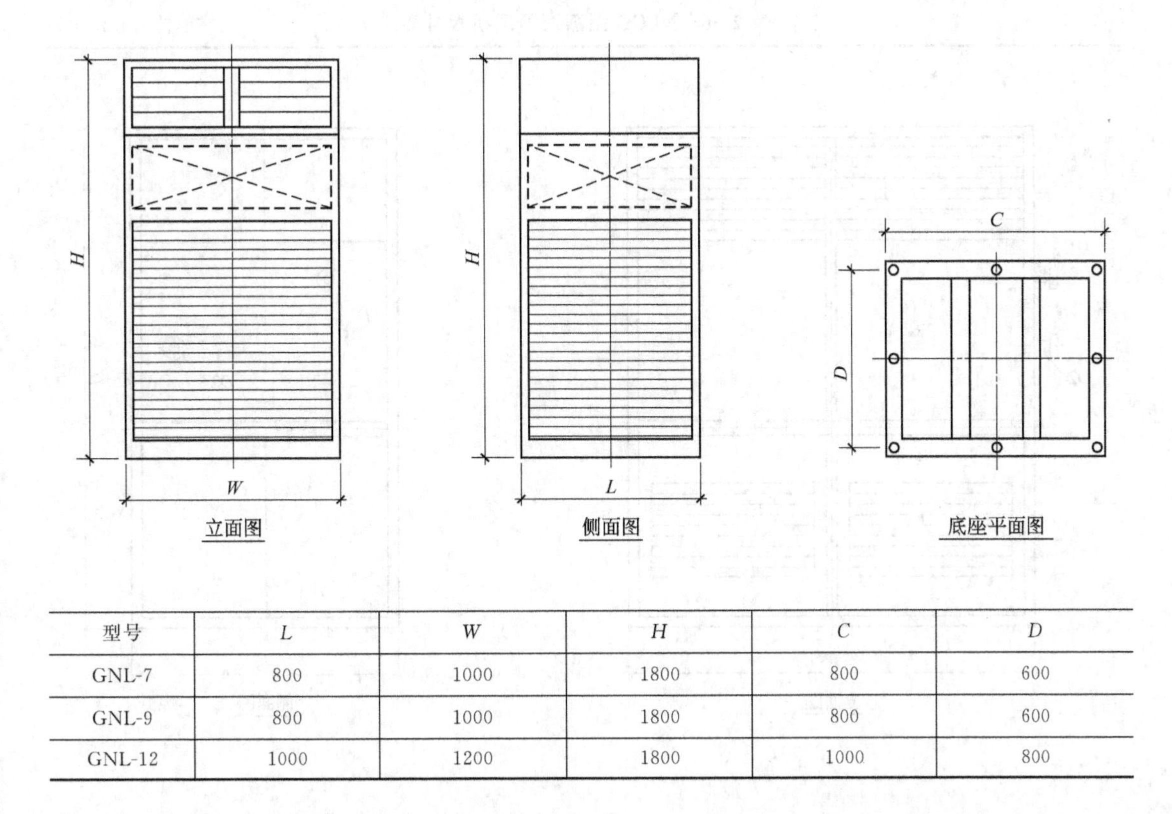

型号	L	W	H	C	D
GNL-7	800	1000	1800	800	600
GNL-9	800	1000	1800	800	600
GNL-12	1000	1200	1800	1000	800

续表

型号	L	W	H	C	D
GNL-15	1000	1400	1800	1200	800
GNL-20	1200	1800	2000	1600	1000
GNL-30	1200	2200	2200	2100	1100
GNL-40	1200	2200	2300	2100	1100

注：L、W、H—设备长、宽、高；C、D—底座平面尺寸，落地式安装。

表 2-65　GNL 型蒸汽暖风机技术性能表

型号	风量 /(m³/h)	蒸汽压力 /MPa	供热量 /kW	出口空气温度/℃	电机功率 /kW	电机电压 /V	噪声 /dB(A)≤	重量 /kg
GNL-7	7000	0.6	70	44	2.2	380	77	97
GNL-9	9000	0.6	90	44	3.0	380	75	145
GNL-12	12000	0.6	120	44	4.0	380	77	194
GNL-15	15000	0.6	150	44	5.5	380	78	242
GNL-20	20000	0.6	200	44	7.5	380	80	323
GNL-30	30000	0.6	300	44	2×5.5	380	78	484
GNL-40	40000	0.6	400	44	2×7.5	380	80	646

注：供热量和出口空气温度随热媒和室内空气参数的不同而变化。

(6) NLGQ 型蒸汽暖风机　NLGQ 型蒸汽暖风机由外转子低噪声离心机、高效热交换器、百叶风口、壳体等组成。送风量大，加热量大，温度场均匀，能耗低，尺寸及技术性能见表 2-66、表 2-67。

表 2-66　NLGQ 型蒸汽暖风机尺寸表　　单位：mm

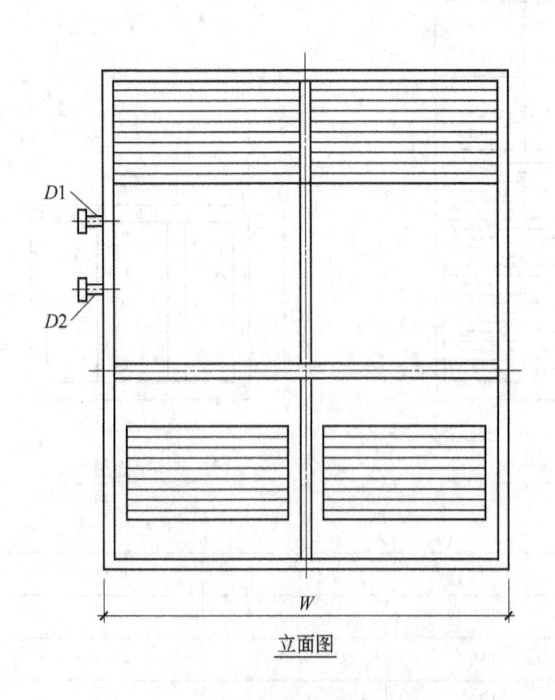

立面图

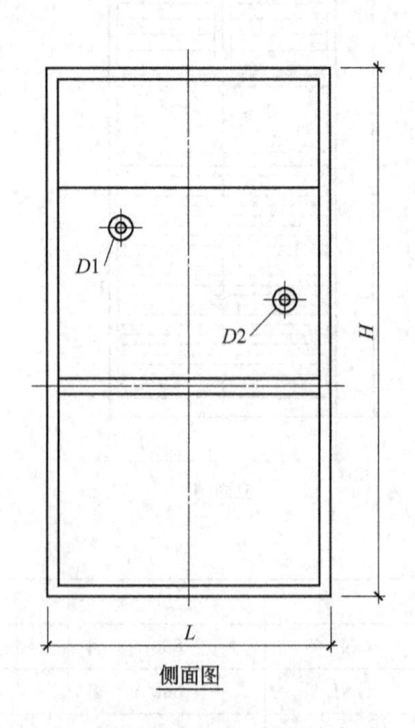

侧面图

续表

型号	L	W	H	$D1$	$D2$
NLGQ-200	1070	1650	1950	DN65	DN65
NLGQ-300	1070	1750	2300	DN65	DN65
NLGQ-400	1070	1850	2700	DN65	DN65

注：L、W、H—设备长、宽、高；$D1$—蒸汽进气管；$D2$—凝结水排水管。落地式安装。

表 2-67　NLGQ 型蒸汽暖风机技术性能表

型号	风量 /(m^3/h)	蒸汽压力 /MPa	供热量 /kW	出口空气温度/℃	电机功率 /kW	电机电压 /V	噪声 /dB(A)≤
NLGQ-200	20000	0.1～0.4	209～277	46～55	2×4.5	380	76
NLGQ-300	30000	0.1～0.4	314～415	46～55	2×5.5	380	79
NLGQ-400	40000	0.1～0.4	418～554	46～55	2×7.5	380	80

注：供热量和出口空气温度随热媒和室内空气参数的不同而变化。

(7) NF-QD 顶送式蒸汽暖风机　NF-QD 顶送式蒸汽暖风机由轴流风机、圆环形热交换器、多叶导流百叶风口、壳体等组成。热交换器采用特殊工艺成型胀管热阻小、换热效率高，多叶导流送风叶片可有效调整出风方向及扩散效果，送风范围大，温度场均匀，尺寸及技术性能见表 2-68、表 2-69。

表 2-68　NF-QD 顶送式蒸汽暖风机尺寸表　单位：mm

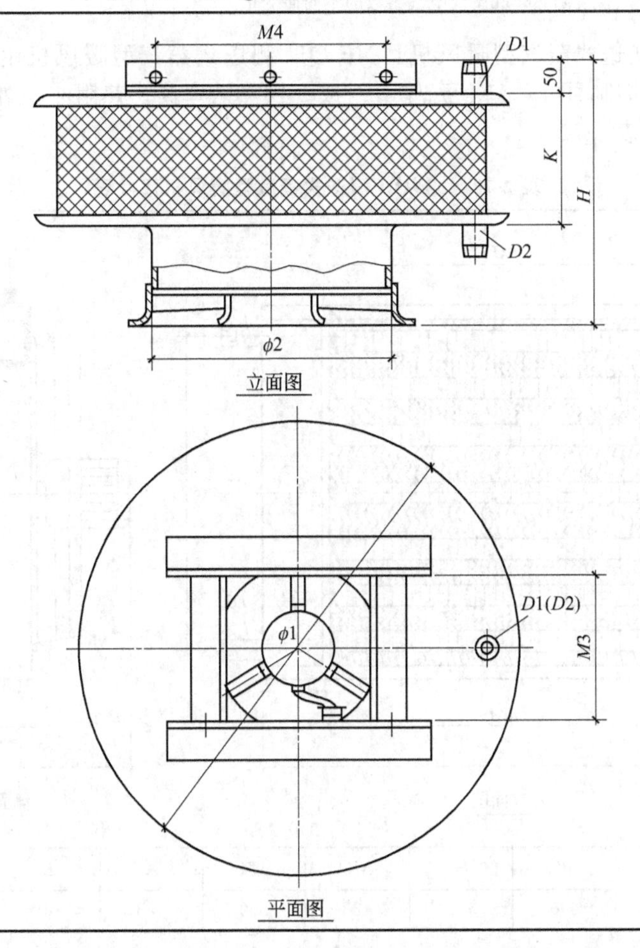

续表

型号	$\phi1$	$\phi2$	$M3$	$M4$	H	K	$D1$	$D2$
NF2QD	640	329	210	340	360	165	DN40	DN40
NF3QD	740	414	300	430	380	165	DN40	DN40
NF4QD	740	414	300	430	456	241	DN40	DN40
NF5QD	840	514	390	520	476	241	DN40	DN40
NF6QD	840	514	390	520	552	317	DN40	DN40

注：$\phi1$—机组外径；$\phi2$—送风口内径；H—机组高；$M3$、$M4$—设备吊装螺孔相对距离尺寸；$D1$—蒸汽进气管；$D2$—凝结水排水管；K—散热器高度。

表 2-69 NF-QD 顶送式蒸汽暖风机技术性能表

型号	风量/(m³/h)	蒸汽压力/MPa	供热量/kW	出口空气温度/℃	电机功率/kW	电机电压/V	噪声/dB(A)≤	重量/kg
NF2QD	2000	0.1	24	50	0.12	380	67	31
NF3QD	3000	0.1	33	47	0.12	380	67	37
NF4QD	4000	0.1	46	49	0.25	380	73	44
NF5QD	5000	0.1	57	48	0.25	380	73	51
NF6QD	6000	0.1	71	50	0.37	380	73	57

注：供热量和出口空气温度随热媒和室内空气参数的不同而变化。

（8）NF-QH 侧送式蒸汽型暖风机　NF-QH 侧送式蒸汽型暖风机由轴流风机、直波纹型热交换器、菱形铝制百叶风口、壳体等组成。换热效率高、热阻小、外形美观，尺寸及技术性能见表 2-70、表 2-71。

表 2-70 NF-QH 侧送式蒸汽型暖风机尺寸表　　单位：mm

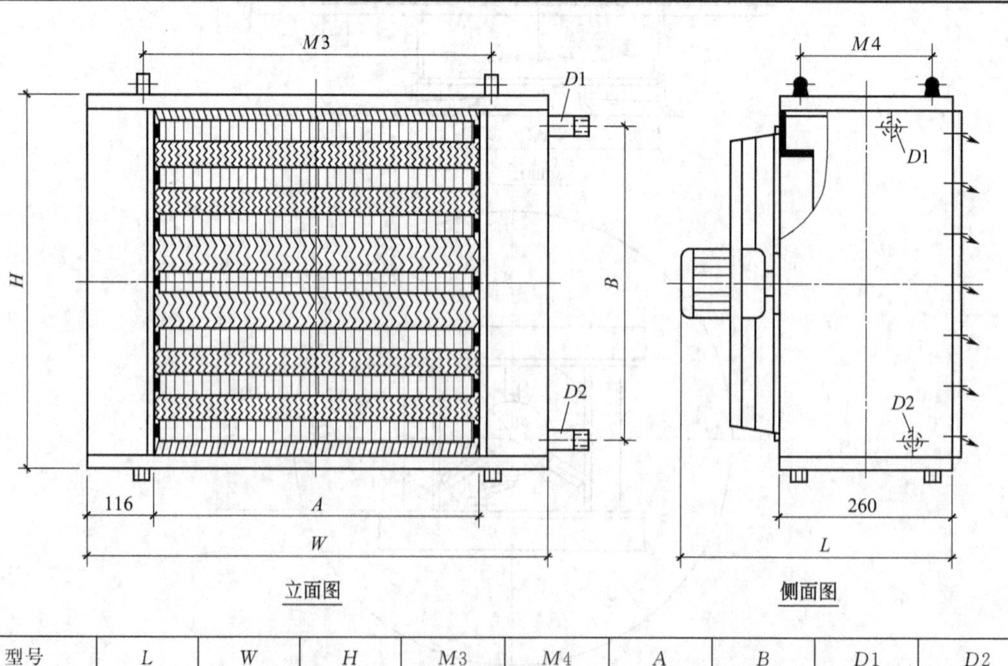

型号	L	W	H	$M3$	$M4$	A	B	$D1$	$D2$
NF2ZQH	470	690	521	488	200	458	408	DN25	DN25

续表

型号	L	W	H	$M3$	$M4$	A	B	$D1$	$D2$
NF3ZQH	485	766	597	564	200	534	484	DN25	DN25
NF4ZQH	485	842	673	640	200	610	560	DN25	DN25
NF5ZQH	490	918	749	716	200	686	636	DN25	DN25
NF6ZQH	490	994	825	792	200	762	712	DN25	DN25

注：L、W、H—设备长、宽、高；$M3$、$M4$—设备安装螺孔相对距离尺寸；$D1$—蒸汽进气管；$D2$—凝结水排水管；A、B—风口宽度、高度。

表 2-71　NF-QH 侧送式蒸汽型暖风机技术性能表

型号	风量 /(m^3/h)	蒸汽压力 /MPa	供热量 /kW	出口空气温度/℃	电机功率 /kW	电机电压 /V	噪声 /≤dB(A)	重量 /kg
NF2ZQH	2000	0.1	24	50	0.33	380	62	42
NF3ZQH	3000	0.1	35	49	0.49	380	64	51
NF4ZQH	4000	0.1	47	49	0.49	380	66	59
NF5ZQH	5000	0.1	59	49	0.57	380	68	69
NF6ZQH	6000	0.1	72	50	0.57	380	68	79

注：供热量和出口空气温度随热媒和室内空气参数的不同而变化。

2.1.7.3　电热型暖风机

(1) NFZD 型电热暖风机　NFZD 型电热暖风机由轴流风机、翅片式电热管加热器、百叶风口、外壳、配电箱等组成。风量范围大，加热量大，重量轻，具有安全保护功能，尺寸及技术性能见表 2-72、表 2-73。

表 2-72　NFZD 型电热暖风机尺寸表　　单位：mm

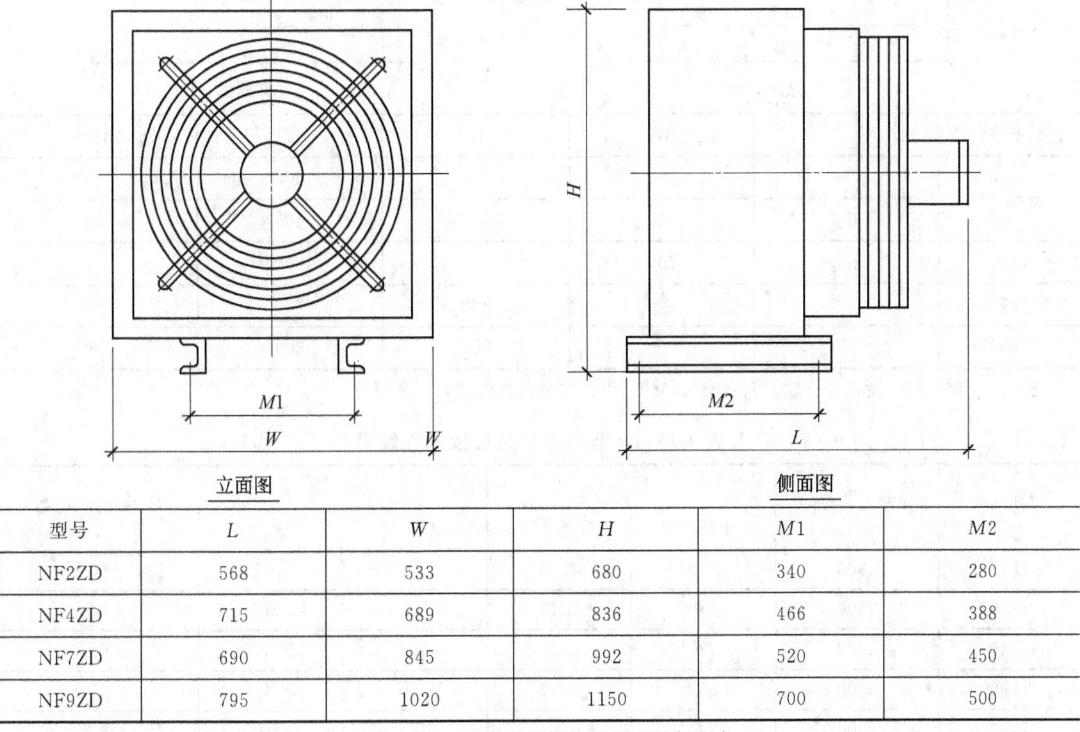

型号	L	W	H	$M1$	$M2$
NF2ZD	568	533	680	340	280
NF4ZD	715	689	836	466	388
NF7ZD	690	845	992	520	450
NF9ZD	795	1020	1150	700	500

注：L、W、H—设备长、宽、高；$M1$、$M2$—设备安装螺孔的相对距离尺寸。

表 2-73 NFZD 型电热暖风机技术性能表

型号	风量/(m³/h)	风机		加热器		噪声/dB(A)≤	重量/kg
		电压/V	功率/kW	电压/V	功率/kW		
NF2ZD	2000	220	0.12	380	10～30	66	38
NF4ZD	4000	220	0.25	380	15～40	70	60
NF7ZD	7000	380	0.37	380	30～70	72	80
NF9ZD	9000	380	0.37～0.55	380	50～100	73	100

(2) D 型电热暖风机 D 型电热暖风机由轴流通风机、管式电加热器、百叶风口、外壳、配电盒等组成。风量范围大，加热能力大，安全保护功能齐全，安装方便，尺寸及技术性能见表 2-74、表 2-75。

表 2-74 D 型电热暖风机尺寸表 单位：mm

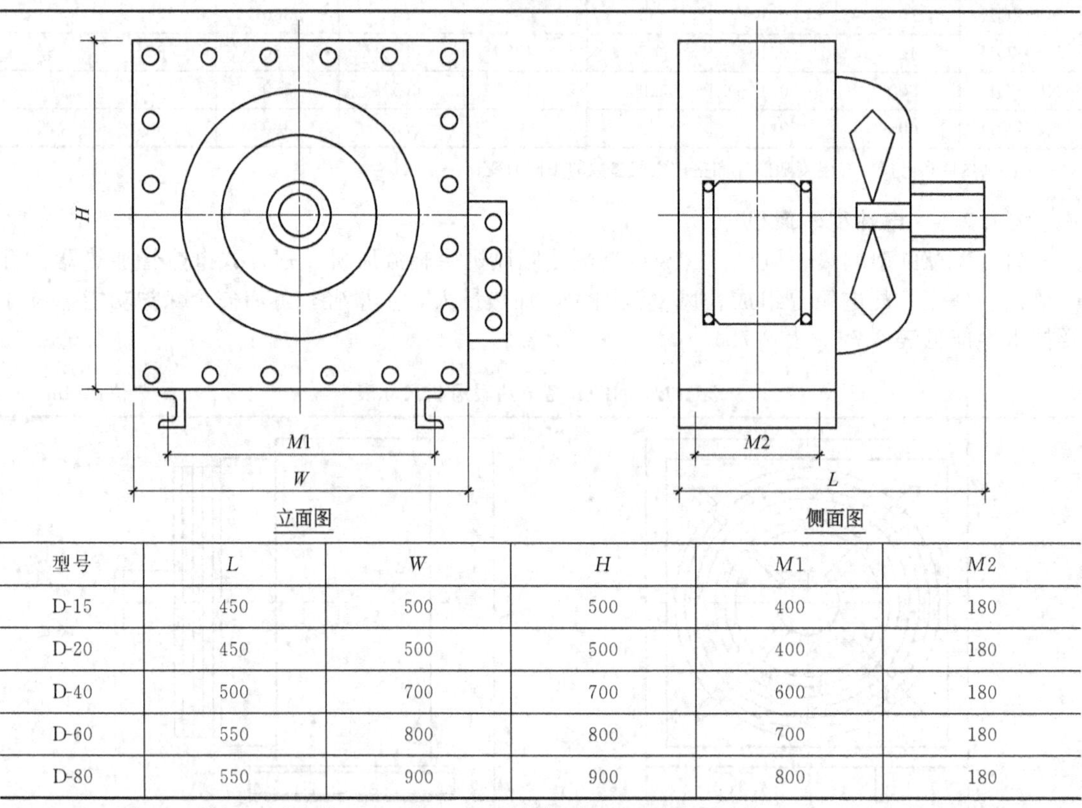

型号	L	W	H	$M1$	$M2$
D-15	450	500	500	400	180
D-20	450	500	500	400	180
D-40	500	700	700	600	180
D-60	550	800	800	700	180
D-80	550	900	900	800	180

注：L、W、H—设备长、宽、高；$M1$、$M2$—设备安装螺孔的相对距离尺寸。

表 2-75 D 型电热暖风机技术性能表

型号	风量/(m³/h)	风机		加热器		噪声/dB(A)≤
		电压/V	功率/kW	电压/V	功率/kW	
D-15	1500	380	0.06	220/380	150	60
D-20	2000	380	0.12	220/380	20	60
D-40	4000	380	0.18	380	40	62
D-60	6000	380	0.37	380	60	65
D-80	8000	380	0.55	380	80	65

2.1.8 高层建筑供暖系统设计

2.1.8.1 双线式供暖系统

如图 2-20 所示为垂直双线式单管热水供暖系统。

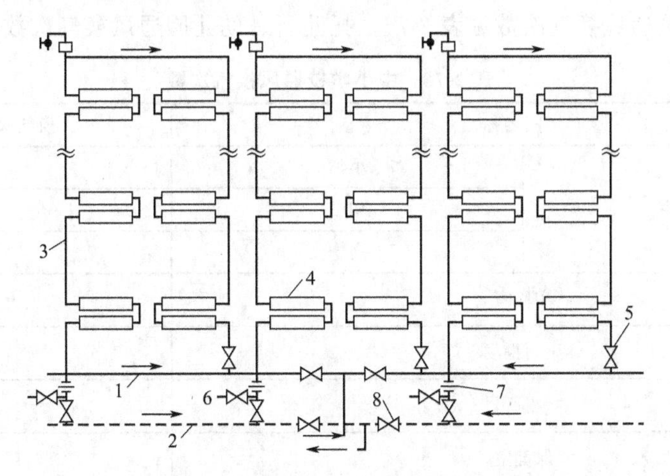

图 2-20 垂直双线式单管热水供暖系统

1—供水干管；2—回水干管；3—双线立管；4—散热器；5—截止阀；6—排水阀；7—节流孔板；8—调节阀

2.1.8.2 分层式供暖系统

分层式供暖系统是在垂直方向上分成两个或两个以上相互独立的系统，如图 2-21 所示。

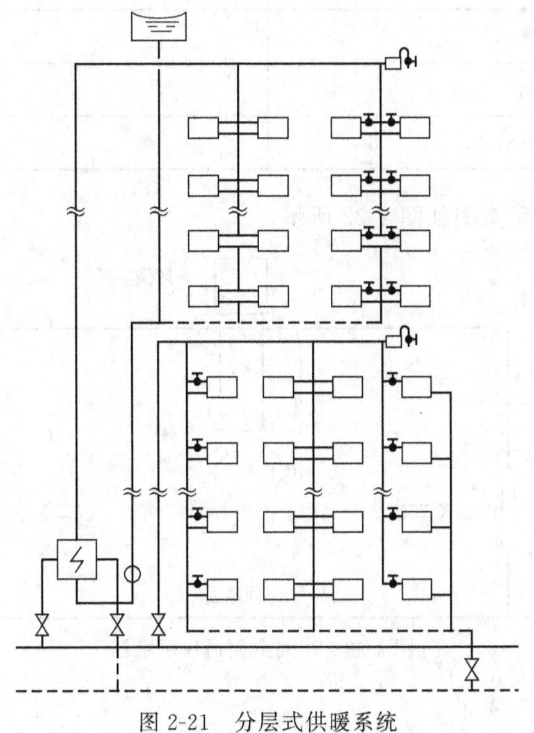

图 2-21 分层式供暖系统

2.2 建筑通风系统设计

2.2.1 全面通风设计

（1）中小学校通风换气次数见表 2-76，托儿所、幼儿园通风换气次数见表 2-77。

表 2-76　中小学校通风换气次数

房间名称		换气次数/(次/h)
普通教室	小学	2.5
	初中	3.5
	高中	4.5
实验室		3.0
风雨操场		3.0
厕所		10.0
保健室		2.0
学生宿舍		2.5

表 2-77　托儿所、幼儿园通风换气次数

房间名称	换气次数/(次/h)
活动室	3
寝室	3
厕所	10
多功能活动室	3

（2）车间全面通风示意图如图 2-22 所示。

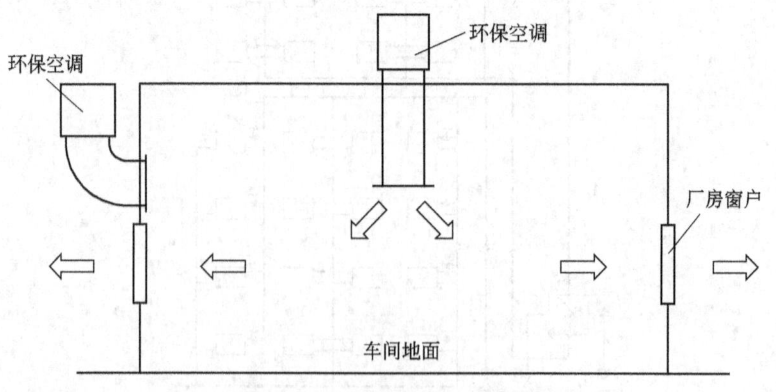

图 2-22　车间全面通风示意图

（3）气流组织方式

① 下送上回，如图 2-23～图 2-26 所示。

② 上送上回，如图 2-27 所示。

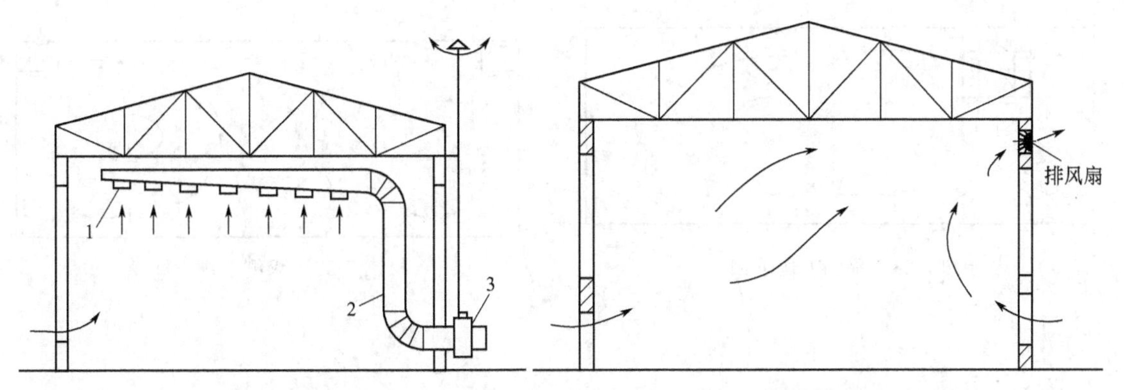

图 2-23　均匀排风系统图

1—吸风口；2—风管；3—风机

图 2-24　排风扇全面排风

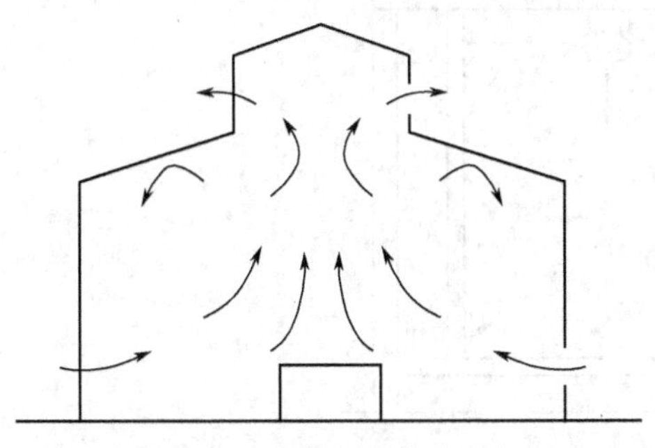

图 2-25　热车间的气流组织

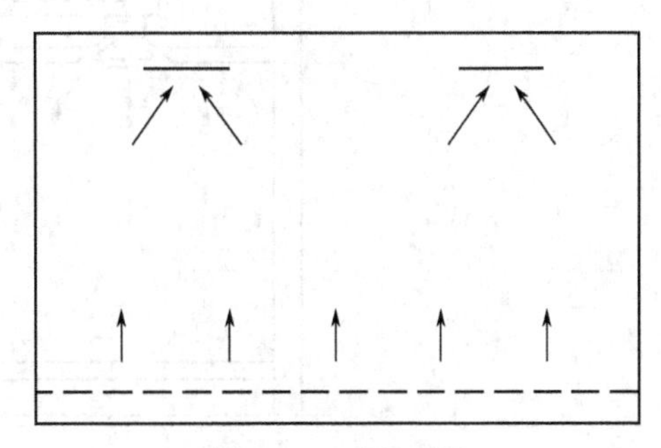

图 2-26　下送上回

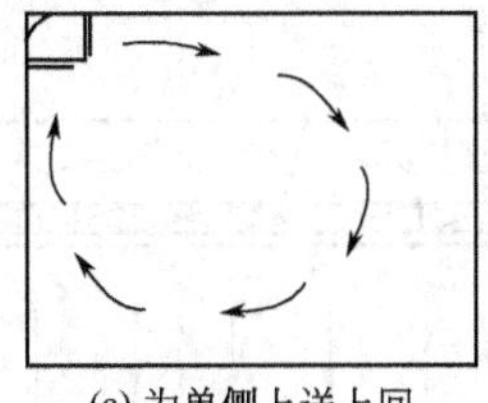

(a) 为单侧上送上回

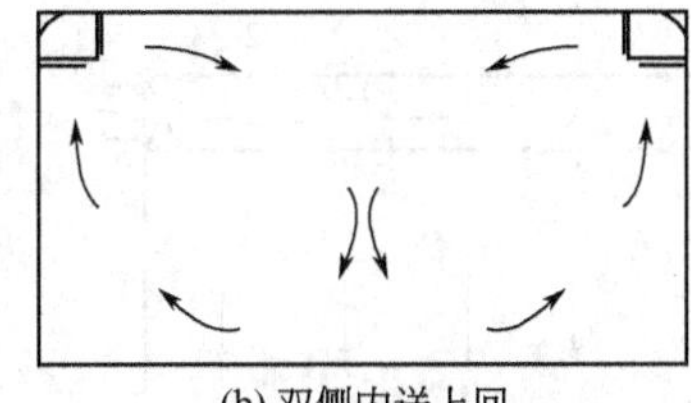

(b) 双侧内送上回

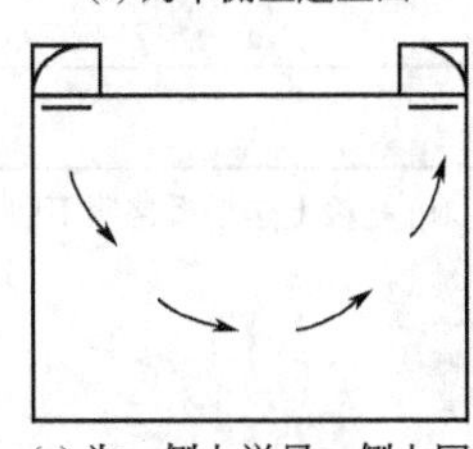

(c) 为一侧上送另一侧上回

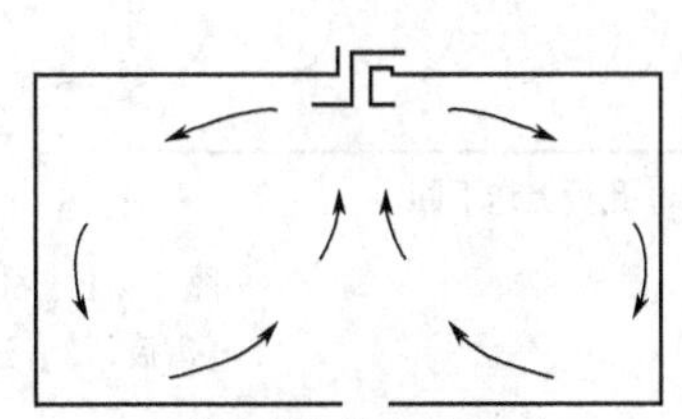

(d) 送吸散流器的侧送上回

图 2-27　上送上回

③ 上送下回，如图 2-28～图 2-31 所示。

④ 中间送上下回，如图 2-32 所示。

(4) 送风口　侧送送风口示意图如图 2-33 所示；散流器型式如图 2-34 所示。

2.2.2　局部通风设计

2.2.2.1　排风罩

(1) 密闭罩

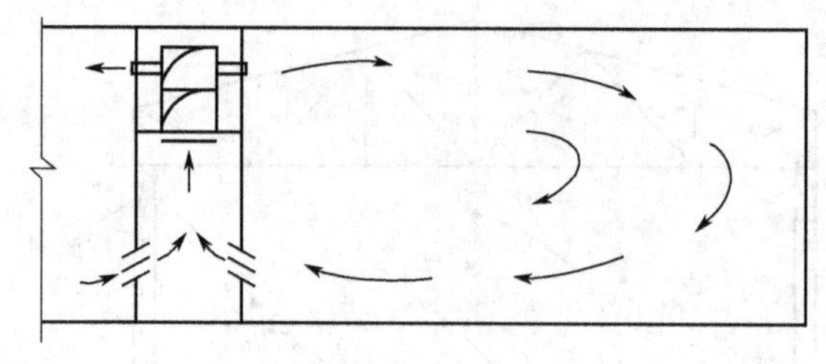

图 2-28　单侧上送下回

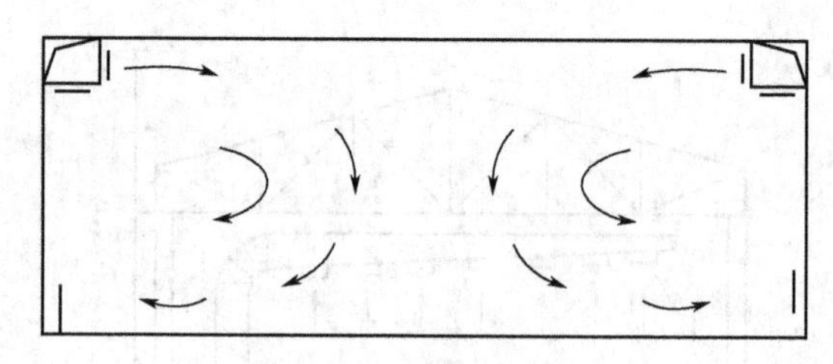

图 2-29　双侧上送下回

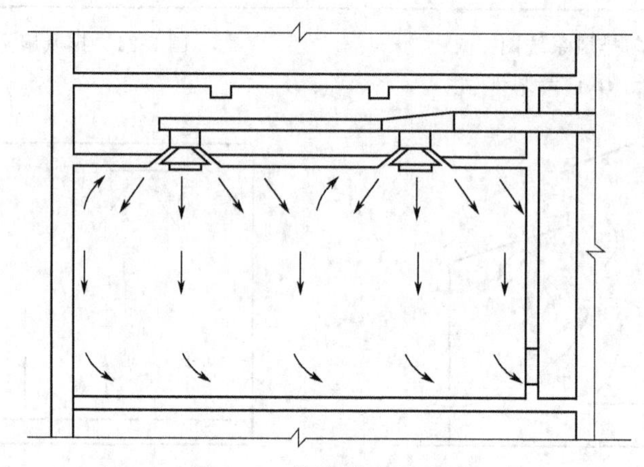

图 2-30　散流器上送下回

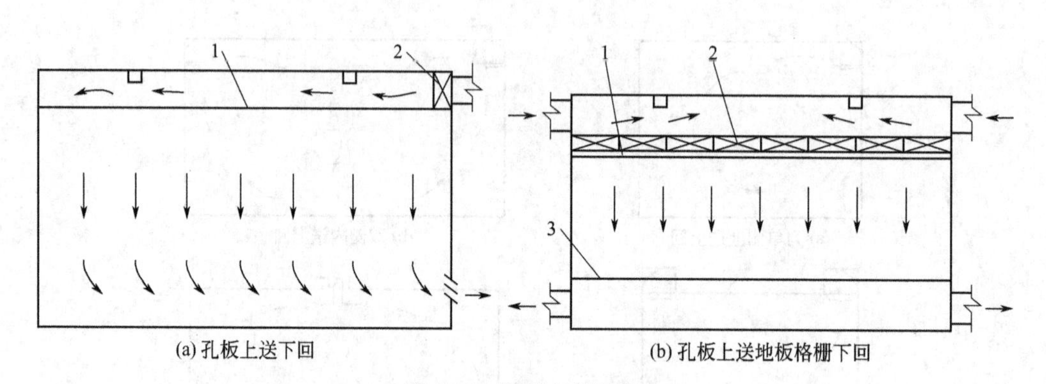

(a) 孔板上送下回　　(b) 孔板上送地板格栅下回

图 2-31　孔板上送下回

1—孔板；2—过滤器；3—格栅

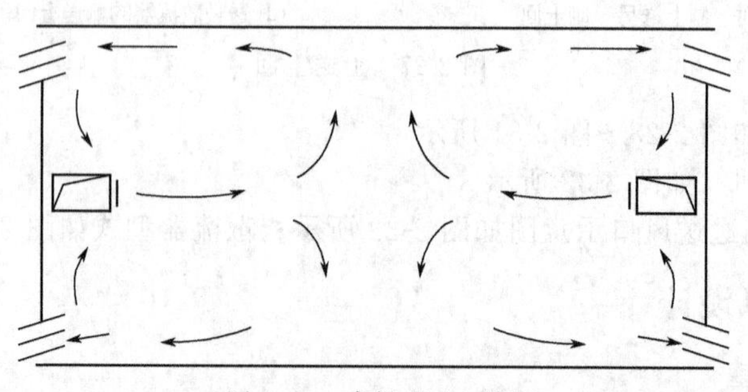

图 2-32　中间送上下回

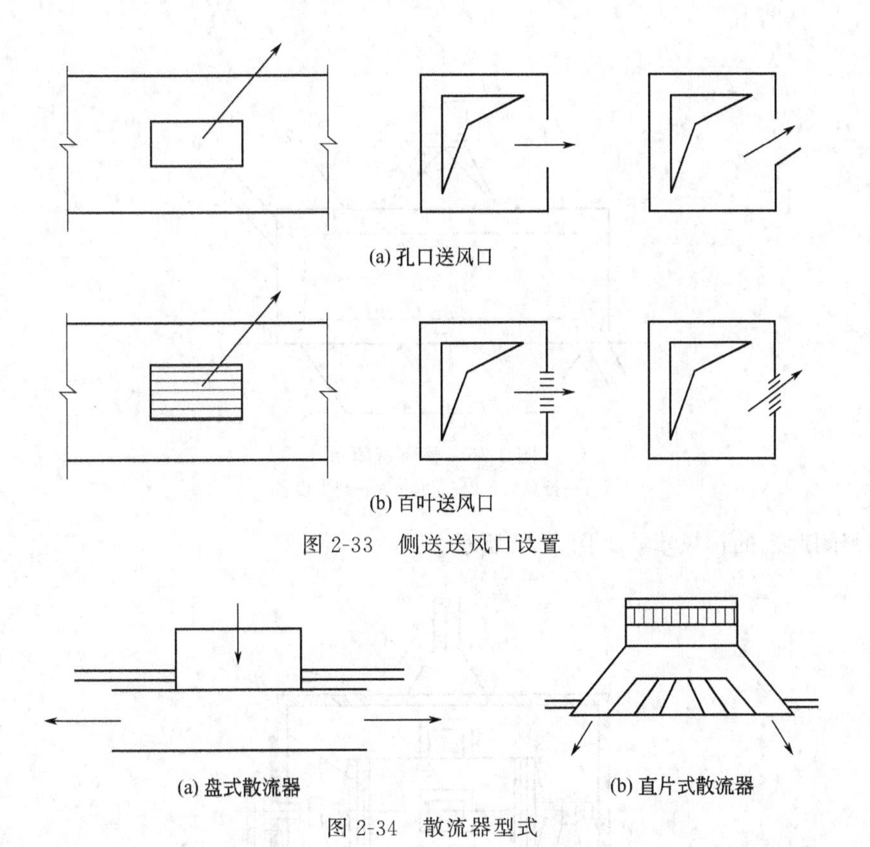

(a) 孔口送风口

(b) 百叶送风口

图 2-33　侧送送风口设置

(a) 盘式散流器

(b) 直片式散流器

图 2-34　散流器型式

① 局部密闭罩。局部密闭罩是指只将工艺设备放散有害物的部分加以密闭的排风罩，如图 2-35 所示。

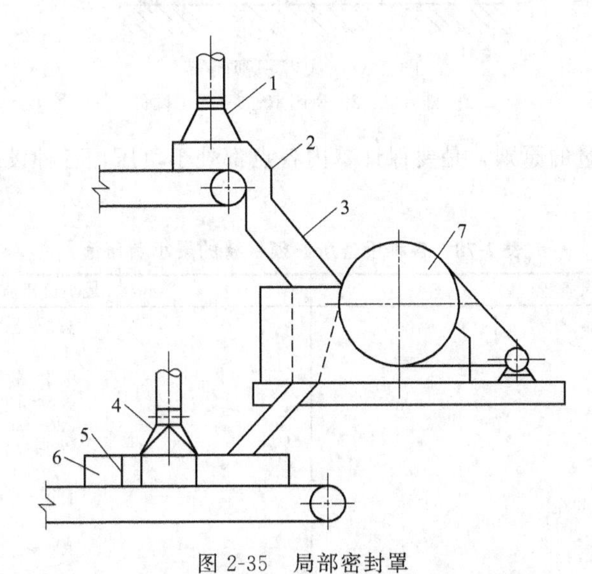

图 2-35　局部密封罩

1—排风口；2—罩体；3—观察口；4—排风口；5—遮尘帘；6—罩体；7—产尘设备

② 整体密闭罩。整体密闭罩是指将放散有害物质的设备大部分或全部密闭的排风罩，如图 2-36 所示。

③ 大容积密闭罩。大容积密闭罩是指在较大范围内将散放有害物质的设备或有关工艺

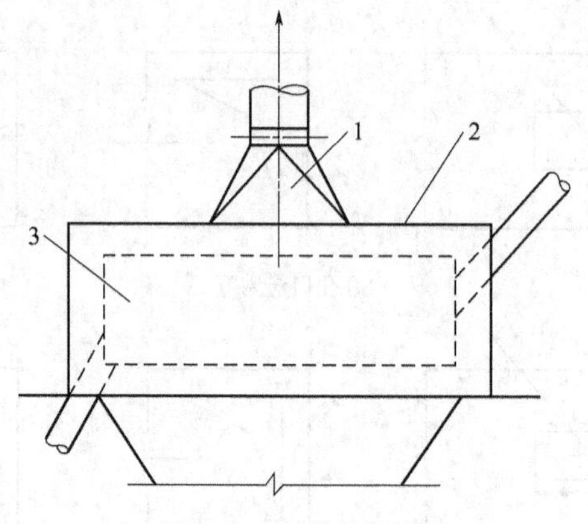

图 2-36　整体密闭罩

1—排风口；2—罩体；3—产尘设备

过程全部密闭起来的排风罩，如图 2-37 所示。

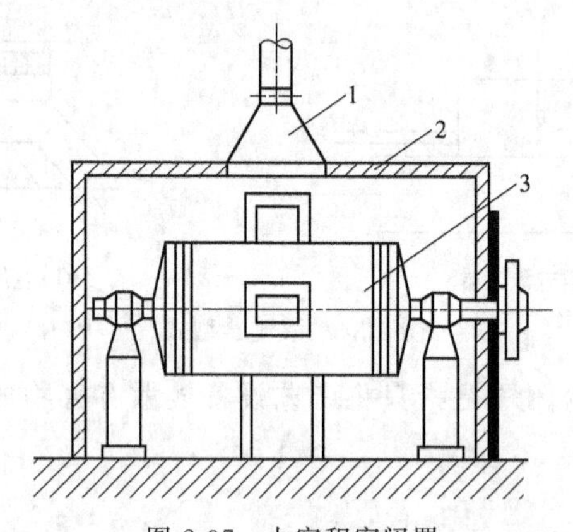

图 2-37　大容积密闭罩

1—排风口；2—密闭室；3—产尘设备

确定密闭罩抽风量的原则，是要保证罩内各点都处于负压，各种设备所须负压大小可参考表 2-78。

表 2-78　各种设备所必须保持的最小负压值

设备	最小负压值/Pa
干碾机和混碾机	1.5～2.0
破碎机：颚式	1.0
圆锥式	0.8～1.0
棍式	0.8～1.0
锤式	20～30
磨机：笼磨机	60～70
球磨机	2.0
筒磨机	1.0～2.6
双轴搅拌机	1.0
筛子：条筛	1.0～2.0
多角转筛	1.0
振动筛	1.0～1.5
盘式加料器	0.8～1.0
摆式加料器	1.0
储料槽	10～15
皮带机转运点	2.0
提升机	2.0
螺旋运输机	1.0

密闭罩孔口或缝隙处最小吸入速度见表 2-79。

表 2-79　密闭罩孔口或缝隙处最小吸入速度　　　　单位：m/s

工艺设备	罩子形式	最小吸入速度 v_0
斗式提升机	整体密闭罩	0.75～1.0
颚式、辊式破碎机(人工加料口)	局部密闭罩	1.0
混砂机	整体密闭罩	0.75
落砂机	移动式密闭罩、 盖顶移动式半密闭罩	5.0(缝隙处) 0.75～0.8(开口处)
清理液筒(由空心轴进风)	整体密闭罩	18.5～21.0(在空心轴处)
固定砂轮机	局部密闭罩	3.0
皮带机转运点	局部密闭罩	1.5
拆包机	局部密闭罩	0.8
小零件喷砂柜	通风柜	1.0～1.5

④ 排风柜。排风柜是指三面围挡一面敞开或者装有操作拉门工作孔的柜式排风罩，如图 2-38 所示。

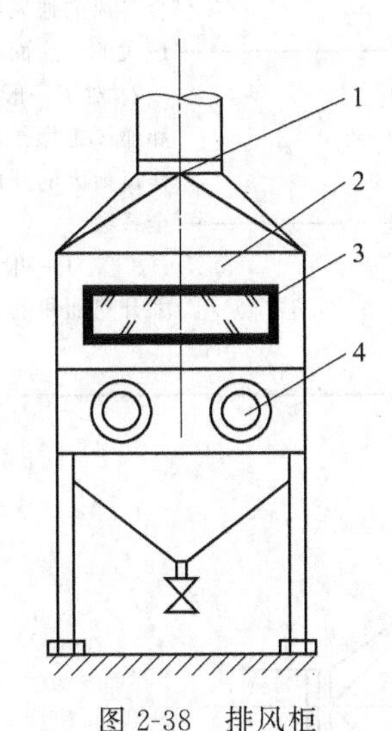

图 2-38　排风柜

1—排风口；2—罩体；3—观察窗；4—工作孔

排风柜排风量的计算如下：

$$L=3600Av\beta \tag{2-1}$$

式中　L——排风柜排风量，m^3/h；

A——操作口或缝隙实际开启面积，m^2；

v——操作口或缝隙处的空气吸入速度，m/s，见表 2-80；

β——安全系数，一般 $\beta=1.05\sim1.1$。

(2) 外部罩

① 上吸罩（顶吸罩）。设置在有害物质源上部的外罩，如图 2-39 所示。

② 下吸罩（底吸罩）。设置在有害物源下部的外部罩，如图 2-40 所示。

③ 侧吸罩。设置在有害物源侧面的外部罩（图 2-41），如设置在散发有害物质的工业槽（电镀槽、酸洗槽等）边的外部罩，如图 2-42 所示。

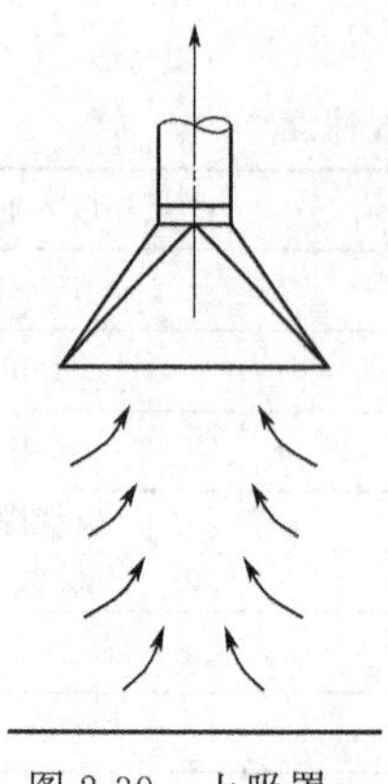

图 2-39　上吸罩

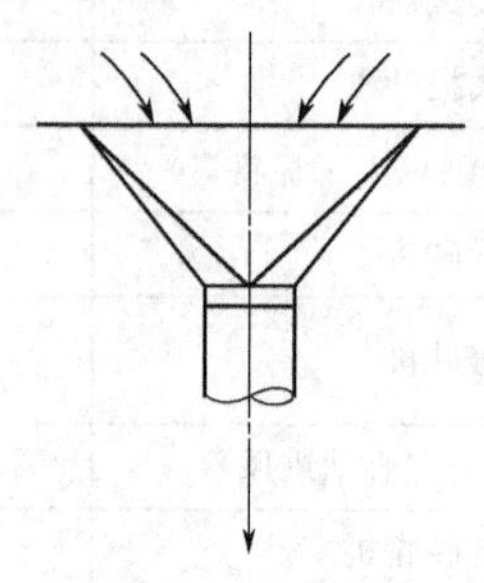

图 2-40　下吸罩

表 2-80　通风柜操作口或缝隙处推荐的空气吸入速度

通风柜内散发有害物的种类	吸入速度/(m/s)	附注
无毒有害物	0.25～0.375	1. 对于空调房间的通风柜，为节省冷量，宜采用上下联合排风的通风柜或供气式通风柜。这时开启面积取操作口最大的开启面积 2. 对于一般试验室的通风柜，当考虑房间内的干扰气流和通风柜操作口上吸风速度的不均匀性，开启面积应取操作口最大的开启面积，吸风速度按本表选取后乘以 1.2 安全系数 3. 对于一般试验室的通风柜，开启面积一般取操作口最大开启面积的 1/2
有毒或有危险的有害物	0.4～0.5	
极毒物或少量放射性有害物	0.5～0.6	

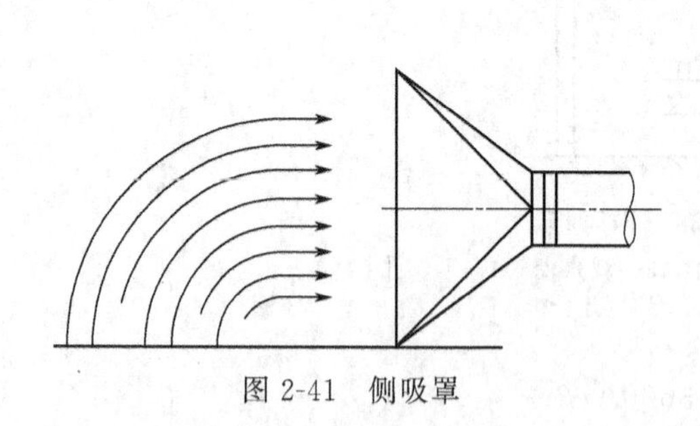

图 2-41　侧吸罩

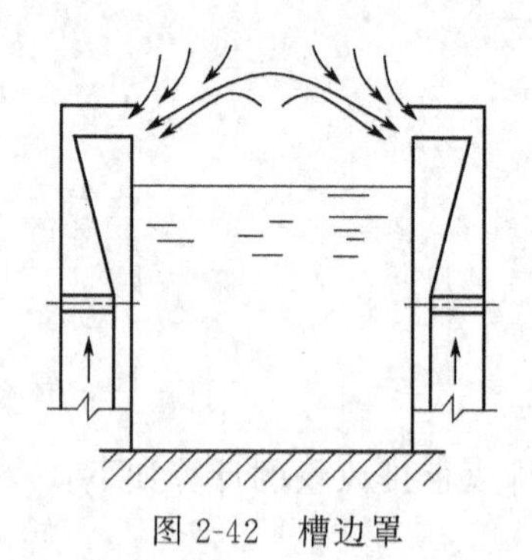

图 2-42　槽边罩

a. 条缝式槽边排风罩的条缝高度：

$$h=\frac{L}{v_0 l\times 3600} \tag{2-2}$$

式中　L——条缝口的排风量，m^3/h；

v_0——条缝口的风速，m/s（一般取 7～10m/s）；

l——条缝口的长度，m。

条缝口的高一般可取 $h\leqslant 500mm$。

条缝相对高度见表 2-81。

表 2-81　条缝相对高度 h/h_0

x/l	a/A_1值下的h/h_0			
	0.5	1.0	1.5	3.0
0.1	0.70	0.60	0.45	0.35
0.2	0.80	0.64	0.50	0.37
0.3	0.85	0.70	0.55	0.40
0.4	0.90	0.80	0.60	0.45
0.5	0.97	0.90	0.70	0.50
0	1.00	1.00	0.85	0.60
0.6	1.10	1.20	1.10	0.80
0.7	1.15	1.25	1.35	1.10
0.8	1.20	1.30	1.60	1.60
0.9	1.25	1.40	1.80	2.50
1.0	1.30	1.40	1.90	3.00

注：a—条缝口面积，m^2；A_1—罩子断面面积，m^2；h_0—条缝平均高度，m，$h_0=a/l_0$；x—条缝口距控制点距离，m。

b. 吹吸式槽边罩的吸气高度，如图 2-43 所示。

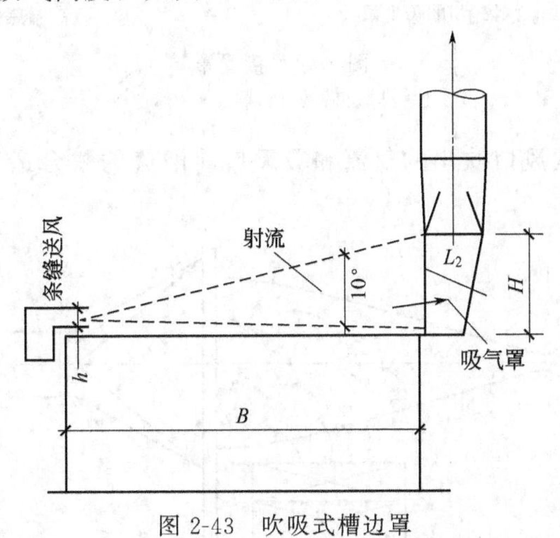

图 2-43　吹吸式槽边罩

$$H=B\times\tan10°=1.18B \tag{2-3}$$

式中　H——吸气口高度，m；

　　　B——槽面宽度，m。

吹吸式槽边罩的抽风量：

$$L=1800\sim2700\text{m}^3/(\text{h}\cdot\text{m}^2) \tag{2-4}$$

吹吸式槽边罩的送风量计算：

$$L_0=\frac{1}{B\times E}\times L \tag{2-5}$$

式中　E——槽宽修正系数，见表 2-82。

表 2-82　槽宽修正系数

槽宽 B/m	0～2.4	2.4～4.9	4.9～7.3	7.3 以上
系数 E	6.6	4.6	3.3	2.3

（3）接受罩　被动的接受生产过程（如热过程、机械运动过程等）产生或诱导的有害气

流的排风罩，如砂轮机的吸尘罩、高温热源上部的伞形罩等，如图 2-44 所示。

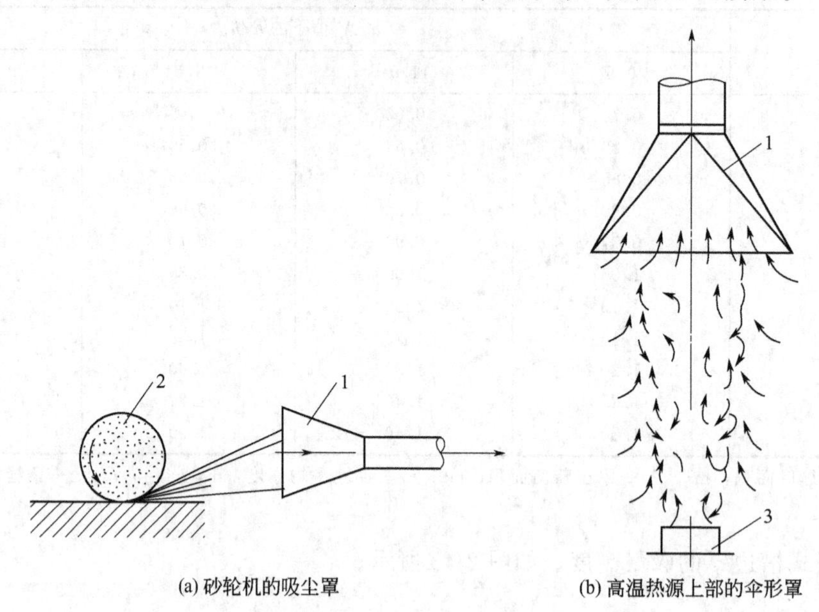

图 2-44　接受罩

1—排风口；2—砂轮；3—热源

（4）吹吸罩　利用吹风口吹出的射流和吸风口前汇流的联合最用捕集有害物的排风罩，如图 2-45 所示。

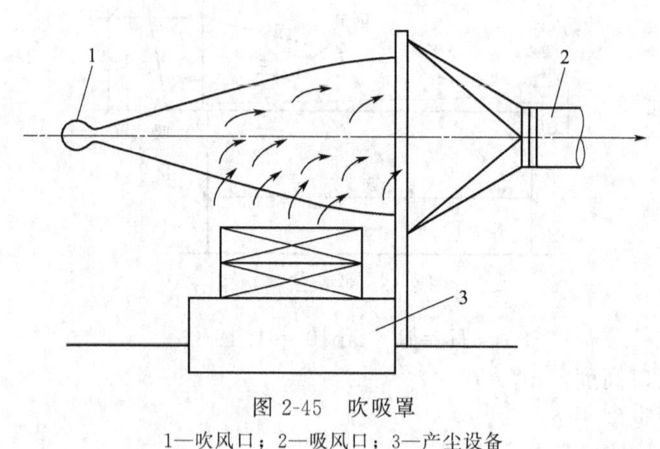

图 2-45　吹吸罩

1—吹风口；2—吸风口；3—产尘设备

（5）气幕隔离罩　利用气幕将含有害物质的气流与洁净空气隔离的排风罩，如图 2-46 所示。

（6）补风罩　利用补风装置将室外空气直接送到排风口处的排风罩，如补风型排风柜等，如图 2-47 所示。

2.2.2.2　伞形罩

冷气流上部伞形罩的外形尺寸，如图 2-48 所示，设有活动挡板的伞形罩，如图 2-49 所示。

（1）流量计算　伞形罩的流量计算（图 2-50）：

$$Q=kPHV_x \tag{2-6}$$

式中　P——罩口周长，m；

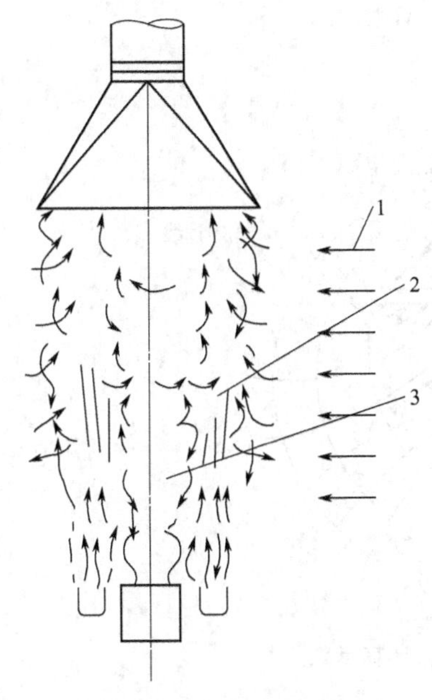

图 2-46　气幕隔离罩

1—干扰气流；2—空气幕；3—污染气流

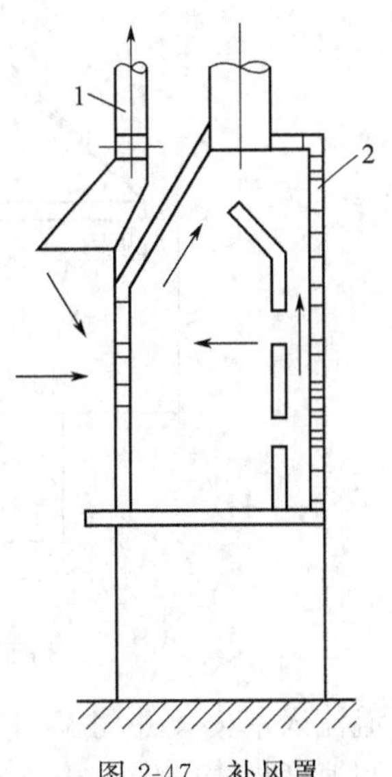

图 2-47　补风罩

1—补风管道；2—排风罩

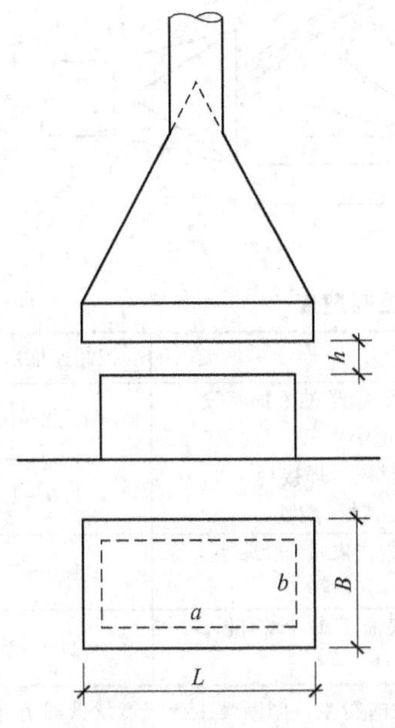

图 2-48　冷气流上部伞形罩的外形尺寸

h—罩口距产尘源的距离；L—罩口长；B—罩口宽；a—产尘源长；b—产尘源宽

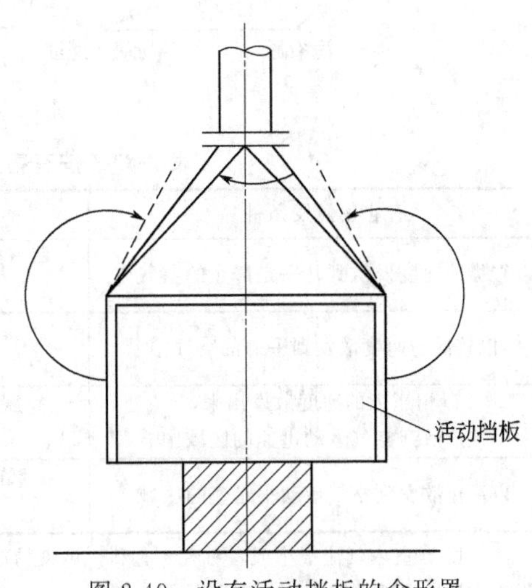

图 2-49　设有活动挡板的伞形罩

H——罩口至污染源距离，m；

V_x——污染源控制速度，m/s；

k——考虑沿高度速度分布不均匀的安全系数，通常取 1.4。

（2）污染源的控制速度　控制速度是指罩口前污染物扩散方向的任意点上，均能使污染

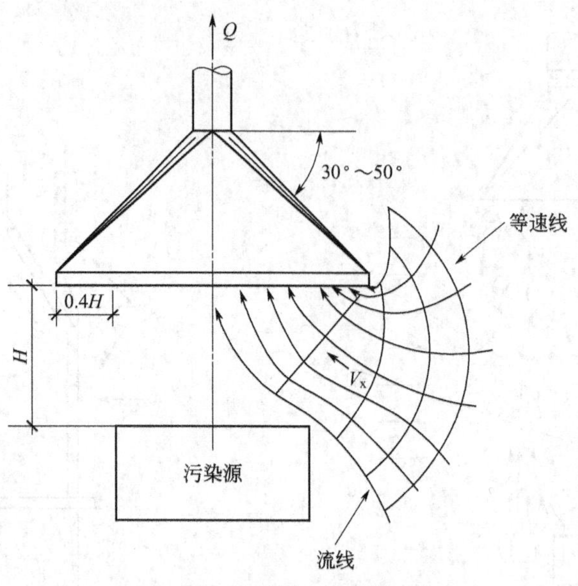

图 2-50　伞形罩流量计算示意

物随吸入气流流入罩内，并将其捕集所必需的最小吸气速度。其控制方法如图 2-51 所示，污染源的控制速度见表 2-83、表 2-84。

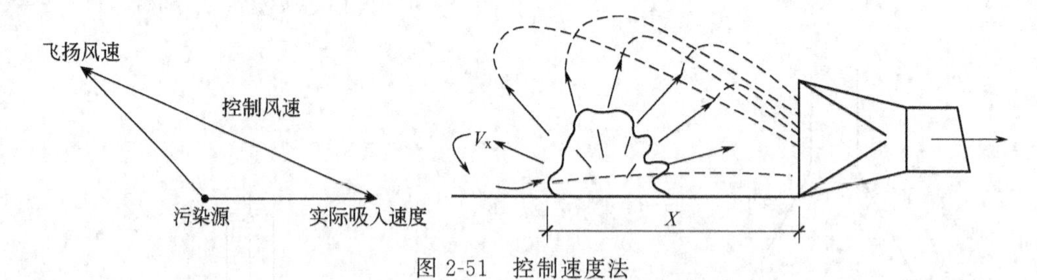

图 2-51　控制速度法

表 2-83　按有害物散发条件选择的控制速度

有害物散发条件	举例	控制速度/(m/s)
以轻微的速度发散到几乎是静止的空气中	蒸汽或烟从敞口容器中外逸，槽子的液面蒸发，如脱油槽浸槽等	0.25～0.5
以较低的速度散发到平静的空气中	喷漆室内喷漆，间断粉料袋，焊接台，低速皮带机运输，电镀槽，酸洗	0.5～1.0
以相当大的速度散发出来，或放散到空气运动迅速的区域中	高压喷漆，快速装袋或装桶，往皮带机上装料，破碎机破碎，冷落砂机	1.0～2.5
以高速散发到空气运动很迅速的区域	磨床，重破碎机，在岩石表面工作，砂轮机，喷砂热落砂机	2.5～10

注：1. 当室内气流很小或者对吸入有利，污染物毒性很低或者仅是一般的粉尘，间断性生产或产量低的情况，大型罩吸入大量气流的情况，按上表取下限。

2. 当室内气流搅动很大，污染物的毒性高，连续性生产或产量高，小型罩——仅局部控制等情况下，取表中上限。

表 2-84　按周围气流情况及有害气体的危害性选择控制速度

周围气流情况	控制速度/(m/s)	
	危害性小时	危害性大时
无气流或者容易安装挡板的地方	0.20～0.25	0.25～0.30
中等程度气流的地方	0.25～0.30	0.30～0.35

续表

周围气流情况	控制速度/(m/s)	
	危害性小时	危害性大时
较强气流的地方或者不安挡板的地方	0.30～0.40	0.38～0.50
强气流的地方	0.5	1.0
非常强气流的地方	0.5	2.5

(3) 罩口气流分布均匀的措施　罩口气流分布均匀的措施如图 2-52 所示。

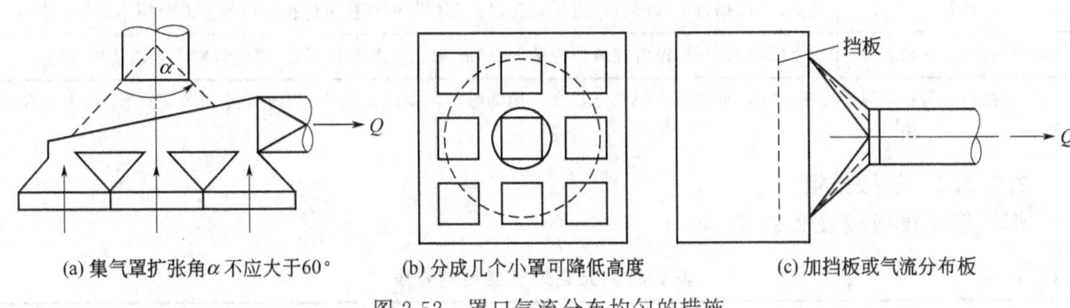

图 2-52　罩口气流分布均匀的措施

2.2.3　防排烟

2.2.3.1　自然排烟

前室或合用前室可开向室外的窗的标准见表 2-85。

表 2-85　前室或合用前室可开向室外的窗的标准

项目名称	防烟楼梯间前室	消防电梯前室	合用前室
窗的面积(有效开口)	$2m^2$以上	$2m^2$以上	$3m^2$以上
安装高度	顶棚或者墙壁上部,室内高度为 1/2 以上		
操作	手动开启装置,距地面高度 $0.8m \leqslant h \leqslant 1.5m$,已明显易懂的标志表示使用方法		
材质	与烟气接触部分用不燃材料		
出入口门	与烟感器连动的甲级防火门或者平时闭锁的门		

利用竖井自然排烟，如图 2-53 所示。

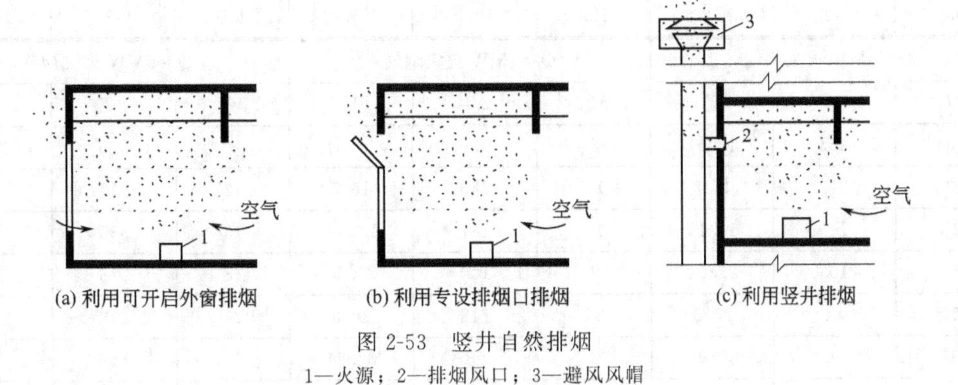

图 2-53　竖井自然排烟

1—火源；2—排烟风口；3—避风风帽

自然排烟风道、进风风道的标准见表 2-86。

表 2-86　排烟风道、进风风道的标准

项目名称	防烟楼梯间前室	消防电梯前室	合用前室
进风口	$1m^2$以上	$1m^2$以上	$1.5m^2$以上
进风风道的断面积	$2m^2$以上	$2m^2$以上	$3m^2$以上
排烟口的开口面积	$4m^2$以上	$4m^2$以上	$6m^2$以上
排烟竖井的断面积	$6m^2$以上	$6m^2$以上	$9m^2$以上
材质	排烟口，排烟风道，进风口，进风风道以及其他与烟气接触的排烟设备的部分用不燃材料制作		
排烟口的手动开启装置	用手操作的部分，设置在墙面距地面 0.8m 以上，1.5m 以下处，并设置标志表示使用方法		

注：排烟口与排烟风道直接连接，平时为关闭状态，在采用烟感器联动或遥控方式开启的同时，必须设置手动开启装置。

2.2.3.2　机械排烟

烟气层温度应按表 2-87 查取。

表 2-87　火灾烟气温度速查表

Q=1MW 火灾烟气			Q=1.5MW 火灾烟气			Q=2.5MW 火灾烟气		
M_p	ΔT	V	M_p	ΔT	V	M_p	ΔT	V
4	175	5.32	4	263	6.32	6	292	9.98
6	117	6.98	6	175	7.99	10	175	13.31
8	88	6.66	10	105	11.32	15	117	17.49
10	70	10.31	15	70	15.48	20	88	21.68
12	58	11.96	20	53	19.68	25	70	25.8
15	47	14.51	25	42	24.53	30	58	29.94
20	35	18.64	30	35	27.96	35	50	34.16
25	28	22.8	35	30	32.16	40	44	38.32
30	23	26.9	40	26	36.28	50	35	46.6
35	20	31.15	50	21	44.65	60	29	54.96
40	18	35.32	60	18	53.1	75	23	67.43
50	14	43.6	75	14	65.48	100	18	88.5
60	12	52	100	10.5	86.0	120	15	105.1
Q=3MW 火灾烟气			Q=4MW 火灾烟气			Q=5MW 火灾烟气		
M_p	ΔT	V	M_p	ΔT	V	M_p	ΔT	V
8	263	12.64	8	350	14.64	9	525	21.5
10	210	14.3	10	280	16.3	12	417	24
15	140	18.45	15	187	20.48	15	333	26
20	105	22.64	20	140	24.64	18	278	29
25	84	26.8	25	112	28.8	24	208	34
30	70	30.96	30	93	32.94	30	167	39
35	60	35.14	35	80	37.14	36	139	43

续表

Q=3MW 火灾烟气			Q=4MW 火灾烟气			Q=5MW 火灾烟气		
M_p	ΔT	V	M_p	ΔT	V	M_p	ΔT	V
40	53	39.32	40	70	41.28	50	100	55
50	42	49.05	50	56	49.65	65	77	67
60	35	55.92	60	47	58.02	80	63	79
75	28	68.48	75	37	70.35	95	53	91.5
100	21	89.3	100	28	91.3	110	45	103.5
120	18	106.2	120	23	107.88	130	38	120
140	15	122.6	140	20	124.6	150	33	136
Q=6MW 火灾烟气			Q=8MW 火灾烟气			Q=20MW 火灾烟气		
M_p	ΔT	V	M_p	ΔT	V	M_p	ΔT	V
8	263	12.64	8	350	14.64	9	525	21.5
10	210	14.3	10	280	16.3	12	417	24
15	140	18.45	15	187	20.48	15	333	26
20	105	22.64	20	140	24.64	18	278	29
25	84	26.8	25	112	28.8	24	208	34
30	70	30.96	30	93	32.94	30	167	39
35	60	35.14	35	80	37.14	36	139	43
40	53	39.32	40	70	41.28	50	100	55
50	42	49.05	50	56	49.65	65	77	67
60	35	55.92	60	47	58.02	80	63	79
75	28	68.48	75	37	70.35	95	53	91.5
100	21	89.3	100	28	91.3	110	45	103.5
120	18	106.2	120	23	107.88	130	38	120
140	15	122.6	140	20	124.6	150	33	136

注：M_p—烟缕质量流量，kg/s；ΔT—烟气平均温度与环境温度的差，℃；V—排烟量，m^3/s。

多个房间（或防烟分区）的机械排烟系统，如图 2-54 所示。

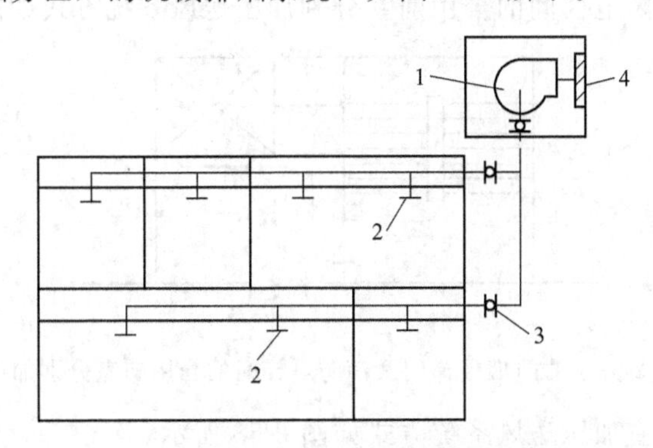

图 2-54　多个房间的机械排烟系统

1—风机；2—排烟风口；3—排烟防火阀；4—金属百叶风口

封闭楼梯间、防烟楼梯间的机械加压送风的风量可按表 2-88、表 2-89 规定确定。

表 2-88　封闭楼梯间、防烟楼梯间（前室不送风）的加压送风量

系统负担层数/层	加压送风量/(m^3/h)
<20	25000～30000
20～32	35000～40000

表 2-89　封闭楼梯间、防烟楼梯间（前室送风）的加压送风量

系统负担层数/层	送风部位	加压送风量/(m^3/h)
<20	防烟楼梯间	16000～20000
20～32	防烟楼梯间	20000～25000

注：1. 表 2-84 与表 2-85 的风量按开启 2.00m×1.60m 的双扇门确定。当采用单扇门时，其风量可乘以 0.75 系数；当有两个或两个以上出入口时，其风量应乘以 1.50～1.75 系数。开启门时，通过门风速不宜小于 0.7m/s。

2. 风量上下限选取应按层数、风道材料、防火门漏风量等因素综合比较确定。

仅对防烟楼梯间加压送风（前室不送风）系统方式如图 2-55 所示。

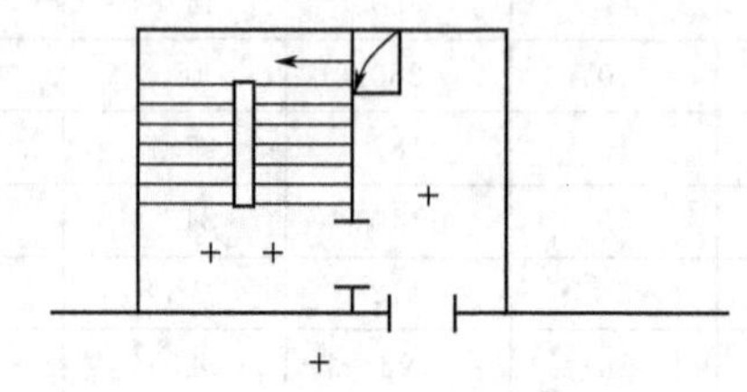

图 2-55　仅对防烟楼梯间加压送风（前室不送风）

对防烟楼梯间及其前室分别加压送风系统方式如图 2-56 所示。

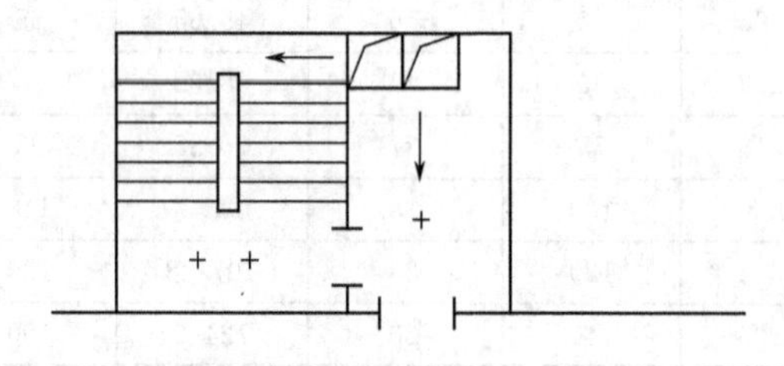

图 2-56　对防烟楼梯间及其前室分别加压

对防烟楼梯间及消防电梯间的合用前室分别加压送风系统方式如图 2-57 所示。

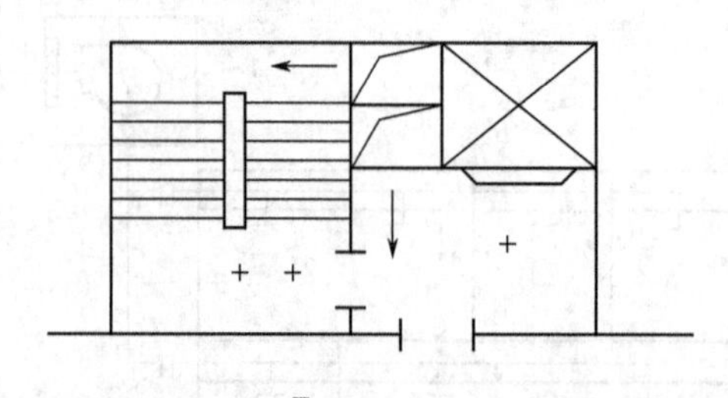

图 2-57　对防烟楼梯间及消防电梯间的合用前室分别加压

仅对消防电梯间前室加压送风系统方式如图 2-58 所示。

防烟楼梯间具有自然排烟条件，仅对前室或合用前室加压送风系统方式如图 2-59 所示。

内走道每层的位置相同，因此宜采用垂直布置的系统，如图 2-60 所示。

金属送风、排烟管道的最小壁厚应按表 2-90 选用。

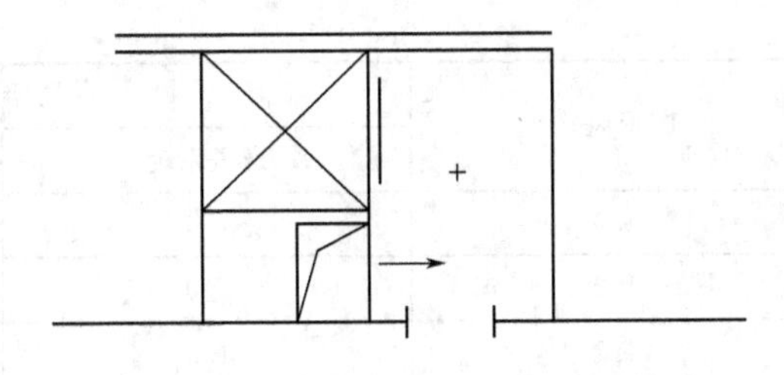

图 2-58　仅对消防电梯间前室加压

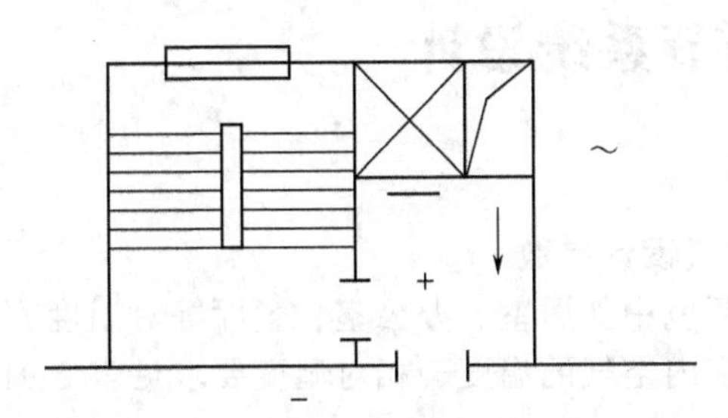

图 2-59　防烟楼梯间具有自然排烟条件，仅对前室或合用前室加压

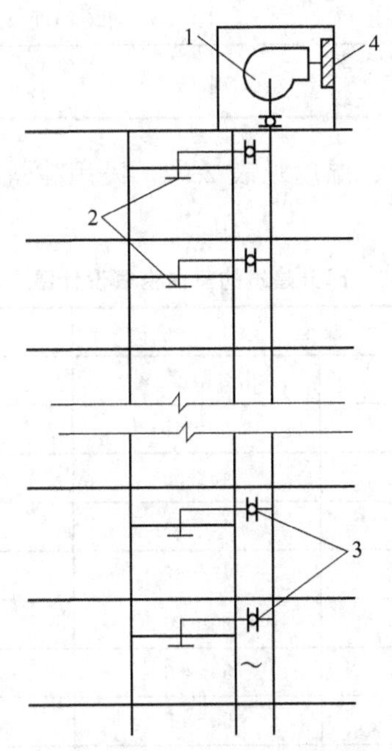

图 2-60　内走道机械排烟系统

1—风机；2—排烟风口；3—排烟防火阀；4—百叶风

表 2-90　金属送风、排烟管道的最小壁厚　　单位：mm

风管直径或长边尺寸	圆形风管	矩形风管	
		送风系统	排烟系统
80～320	0.5	0.5	0.8
340～450	0.6	0.6	0.8
480～630	0.8	0.6	0.8
670～1000	0.8	0.8	0.8

续表

风管直径或长边尺寸	圆形风管	矩形风管	
		送风系统	排烟系统
1120～1250	1.0	1.0	1.0
1320～2000	1.2	1.0	1.2
2500～4000	1.2	1.2	1.2

2.3 建筑空气调节系统设计

2.3.1 空气常用参数

2.3.1.1 室内外内空气设计参数

舒适性空调泛指生活环境中如居室、办公室、餐厅等对温度、湿度没有太高的精度要求的空调方式。舒适性空调室内空气的温度、相对湿度要求见表2-91。

表2-91 舒适性空调室内设计温湿度及风速

季节	温度/℃	相对湿度/%	风速/(m/s)
夏季	24～28	40～65	<0.3
冬季	18～22	40～60	<0.2

部分建筑的室内空气设计温、湿度见表2-92。民用建筑空气调节房间室内计算温度见表2-93。

表2-92 部分建筑的室内空气设计温、湿度

建筑名称	夏季		冬季	
	温度/℃	相对湿度/%	温度/℃	相对湿度/%
剧场	26～28	50～65	20～22	40～65
病房	26～27	45～65	22～23	40～60
诊室	26～27	46～65	21～22	40～60
候诊室	26～27	45～65	20～21	40～60
手术室	23～26	50～60	24～26	50～60
产房	24～27	50～60	22～24	50～60
婴儿房	25～27	55～65	25～27	50～65
药房	26～27	45～50	21～22	40～50
饭店:客房部分	24～26	50～65	22～25	40～55
公用部分	24～26	50～65	22～25	40～55
百货商店	25～27	55～65	20～22	40～50

表2-93 民用建筑空气调节房间室内计算温度

建筑物名称	室内计算温度 t_n/℃	
	夏季	冬季
广播室、录音室、摄影棚	26～27	18～22

续表

建筑物名称	室内计算温度 t_n/℃	
	夏季	冬季
电视台演播室	26～27	18～22
音乐厅、剧院	27～28	18～20
电影院、会堂	27～28	16～18
宾馆、饭店(客房)	26～28	16～18
体育馆(观众席)	27～29	14～18
展览馆、博物馆	27～28	16～18
百货大楼	27～29	16～18
飞机场候机厅	27～28	16～18
车站候车厅	27～29	16～18
办公大楼	26～28	18～20
病房	26～28	20～22
手术室	26～27	22～25
餐厅	26～28	16～18
会议室	26～28	16～18
门厅	28～30	14～16

我国若干城市的空调室外空气设计参数见表2-94。该表是根据暖通设计规范所确定的室外空气设计参数原则而进行计算求出的。

表2-94　空调室外空气设计参数

地名	台站位置			大气压/mmHg		室外计算干球温度/℃		夏季室外计算湿球温度/℃	冬季室外计算相对湿度/%	室外平均风速/(m/s)	
	北纬	东经	海拔/m	冬季	夏季	冬季	夏季			冬季	夏季
齐齐哈尔	47°23′	123°55′	145.9	100391 (753)	98792 (741)	−28	30.6	22.9	71	2.8	3.2
哈尔滨	45°41′	126°37′	171.7	100123 (751)	98392 (738)	−29	30.3	23.4	74	3.8	3.5
长春	43°54′	125°13′	236.8	99458 (746)	97725 (733)	−26	30.5	24.2	68	4.2	3.5
沈阳	41°46′	123°26′	41.6	102125 (766)	99992 (750)	−22	31.4	25.4	64	3.1	2.9
大连	38°54′	121°38′	93.5	101325 (760)	99458 (746)	−74	28.4	25.0	53	5.8	4.3
乌鲁木齐	43°54′	37°28′	653.5	95192 (714)	93459 (701)	−27	34.1	18.5	80	1.7	3.1
西宁	36°35′	101°55′	2261.2	77460 (581)	77327 (580)	−15	25.9	16.4	48	1.7	1.9
兰州	36°03′	103°53′	1517.2	85095 (638)	84260 (632)	−13	30.5	20.2	53	0.5	1.3
银川	38°29′	106°13′	1111.5	89859 (674)	88392 (663)	−18	30.6	22.0	53	1.7	1.7

续表

地名	台站位置			大气压/mmHg		室外计算干球温度/℃		夏季室外计算湿球温度/℃	冬季室外计算相对湿度/%	室外平均风速/(m/s)	
	北纬	东经	海拔/m	冬季	夏季	冬季	夏季			冬季	夏季
西安	34°18′	108°56′	396.9	97858 (734)	95859 (719)	-8	35.2	26.0	67	1.8	2.2
呼和浩特	40°49′	111°41′	1063.0	90126 (676)	88926 (667)	-22	29.9	20.8	53	1.5	1.5
包头	40°35′	109°50′	1044.2	90392 (678)	89059 (668)	-22	30.9	21.0	55	3.2	3.2
太原	37°47′	112°33′	777.9	93325 (700)	91895 (689)	-15	31.2	23.4	51	2.6	2.1
北京	39°48′	116°28′	31.2	102391 (768)	100125 (751)	-12	33.2	26.4	45	2.8	1.9
天津	39°06′	117°10′	3.3	102658 (770)	100525 (754)	-11	33.4	26.9	53	3.1	2.6
石家庄	39°04′	114°26′	81.8	101725 (763)	99592 (747)	-11	35.1	26.6	52	1.8	1.5
济南	36°41′	116°59′	51.6	101991 (765)	99858 (749)	-10	34.8	26.7	54	3.2	2.8
青岛	36°09′	120°25′	16.8	102525 (769)	100391 (753)	-9	29.0	26.0	64	5.7	4.9
上海	31°10′	121°26′	4.5	102658 (770)	100525 (754)	-4	34.0	28.2	75	3.1	3.2
徐州	34°17′	117°18′	43.0	102258 (767)	100125 (751)	-8	34.8	27.4	64	2.8	2.6
南京	32°00′	117°48′	8.9	102525 (769)	100391 (753)	-6	35.0	28.3	73	2.6	2.6
无锡	31°35′	120°19′	5.6	102791 (771)	100391 (753)	1～4	33.4	28.4	74	4.1	3.8
合肥	31°51′	117°17′	23.6	102391 (768)	100285 (752)	-7	35.0	28.2	75	2.5	2.6
杭州	30°19′	120°12′	7.2	102525 (769)	100285 (752)	-4	35.7	28.5	77	2.3	2.2
宁波	29°55′	121°35′	4.2	101325 (760)	99992 (750)	-3	34.5	28.5	78	2.9	2.9
南昌	28°40′	115°58′	46.7	101858 (764)	99858 (749)	-3	35.6	27.9	74	3.8	2.7
福州	26°05′	119°17′	48.0	10132 (760)	99592 (747)	4	35.2	28.0	74	2.7	2.9
厦门	24°27′	118°04′	63.2	101458 (761)	99992 (750)	6	33.4	27.6	73	3.5	3.0
郑州	34°43′	113°39′	110.4	101325 (760)	99192 (744)	-7	35.8	27.4	60	3.4	2.6
洛阳	34°40′	112°25′	154.3	100925 (757)	98792 (741)	-7	35.9	27.5	57	2.5	2.1
武汉	30°38′	114°04′	23.3	102391 (763)	100125 (751)	-5	35.2	28.2	76	2.7	2.6
长沙	28°12′	113°04′	44.9	101591 (762)	99458 (746)	-3	35.8	27.7	81	2.8	2.6

续表

地名	台站位置			大气压/mmHg		室外计算干球温度/℃		夏季室外计算湿球温度/℃	冬季室外计算相对湿度/%	室外平均风速/(m/s)	
	北纬	东经	海拔/m	冬季	夏季	冬季	夏季			冬季	夏季
汕头	23°24′	116°41′	1.2	101858 (764)	100525 (754)	6	32.8	27.7	79	2.9	2.5
广州	23°08′	113°19′	9.3	101325 (760)	99592 (750)	5	33.5	27.8	70	2.4	1.8
海口	20°02′	110°21′	14.1	101591 (762)	100258 (752)	10	34.5	27.9	85	3.4	2.8
桂林	25°20′	110°18′	166.7	100258 (752)	98525 (739)	0	33.9	27.0	71	3.2	1.5
南宁	22°49′	108°21′	72.2	101191 (759)	99592 (747)	5	34.2	27.5	75	1.8	1.6
成都	30°40′	104°04′	5505.9	96392 (723)	94792 (711)	1	31.6	26.7	80	0.9	1.1
重庆	29°31′	106°29′	351.1	97992 (735)	96392 (723)	2	36.5	27.3	82	1.2	1.4
贵阳	26°35′	106°43′	1071.2	102658 (770)	88792 (666)	−3	30.0	23.0	78	2.2	2.0
昆明	05°01′	102°41′	1891.4	81193 (609)	80793 (606)	1	25.8	19.9	68	2.5	1.8
拉萨	29°42′	91°08′	3658.0	65061 (448)	65194 (489)	−8	22.8	13.5	28	2.2	1.8

注：1mmHg=133.322Pa。

2.3.1.2 换气次数与新风量

公共建筑主要房间每人所需最小新风量应符合表2-95规定。

表2-95 公共建筑主要房间每人所需最小新风量

建筑房间类型	新风量/[m^3/(h·人)]
办公室	30
客房	30
大堂、四季厅	10

居住建筑、医院建筑的换气次数可参照表2-96。

表2-96 居住建筑和医院建筑换气次数

建筑类型		每小时换气次数
居住建筑	人均居住面积≤10m^2	0.70
	10m^2<人均居住面积≤20m^2	0.60
	20m^2<人均居住面积≤50m^2	0.50
	人均居住面积>50m^2	0.45

续表

建筑类型		每小时换气次数
医院建筑	门诊室	2
	急诊室	2
	配药室	5
	放射室	2
	病房	2

高密人群建筑每人所需最小新风量应按人员密度确定，且应符合表 2-97 的规定。

表 2-97 高密人群建筑每人所需最小新风量 单位：$m^3/(h \cdot 人)$

建筑对象	人员密度 $P_F/(人/m^2)$		
	$P_F \leq 0.4$	$0.4 < P_F \leq 1.0$	$P_F > 1.0$
影剧院、音乐厅、大会厅、多功能厅、会议室	14	12	11
商场、超市	19	16	15
博物馆、展览厅	19	16	15
公共交通等候室	19	16	15
歌厅	23	20	19
酒吧、咖啡厅、宴会厅、餐厅	30	25	23
游艺厅、保龄球房	30	25	23
体育馆	19	16	15
健身房	40	38	37
教室	28	24	22
图书馆	20	17	16
幼儿园	30	25	23

回风口的吸风速度见表 2-98。

表 2-98 回风口的吸风速度

回风口的位置		最大吸风速度/(m/s)
房间上部		≤4.0
房间下部	不靠近人经常停留的地点时	≤3.0
	靠近人经常停留的地点时	≤1.5

2.3.1.3 空气净化标准

洁净室的温、湿度范围应符合表 2-99 的规定。为保证空气洁净度等级的送风量，按表 2-100 中有关数据进行计算或按室内发尘量进行计算。

表 2-99 洁净室的温、湿度范围

房间性质	温度/℃		湿度/%	
	冬季	夏季	冬季	夏季
生产工艺有温湿度要求的洁净室	按生产工艺要求确定			
生产工艺无温湿度要求的洁净室	20～22	24～26	30～50	50～70
人员净化及生活用室	16～20	26～30	—	—

表 2-100　气流流型和送风量

空气洁净度等级	气流流型	平均风速/(m/s)	换气次数/(次/h)
1～3	单向流	0.3～0.5	—
4、5	单向流	0.2～0.4	—
6	非单向流	—	50～60
7	非单向流	—	15～25
8、9	非单向流	—	10～15

注：1. 换气次数适用于层高小于 4.0m 的洁净室。

2. 应根据室内人员少、工艺设备的布置以及物料传输等情况采用上、下限值。

医药洁净室（区）的空气洁净度等级应按表 2-101 划分。

表 2-101　医药洁净室（区）的空气洁净度等级

空气洁净度等级	悬浮粒子最大允许数/(个/m²)		微生物最大允许数	
	≥0.5μm	≥5μm	浮游菌/(cfu/m²)	沉降菌/(cfu/皿)
100	3500	0	5	1
10000	35000	2000	100	3
100000	3500000	20000	500	10
300000	10500000	60000	—	15

注：1. 在静态条件下医药洁净室（区）检测的悬浮粒子数、浮游菌数或沉降菌数必须符合规定。测试方法应符合现行国家标准《医药工业洁净室（区）悬浮粒子的测试方法》(GB/T 16292—2010)、《医药工业洁净室（区）浮游菌的测试方法》(GB/T 16293—2010) 和《医药工业洁净室（区）沉降菌的测试方法》(GB/T 16294—2010) 的有关规定。

2. 空气洁净度 100 级的医药工程洁净室（区），应对大于等于 5μm 尘粒的计数多次采样，当大于等于 5μm 尘粒多次出现时，可认为该测试数值是可靠的。

洁净工作台构造示意图如图 2-61 所示。

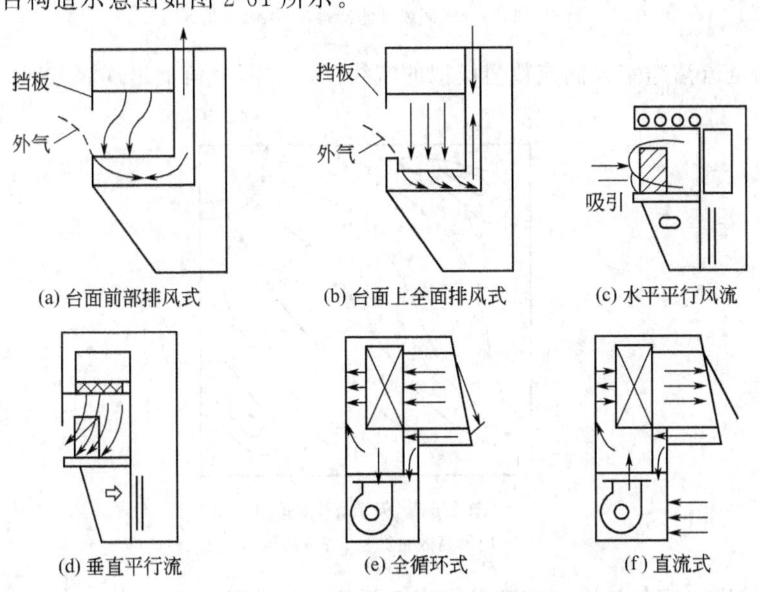

图 2-61　洁净工作台构造示意图

图 2-62 为几种典型的非单向流洁净室。

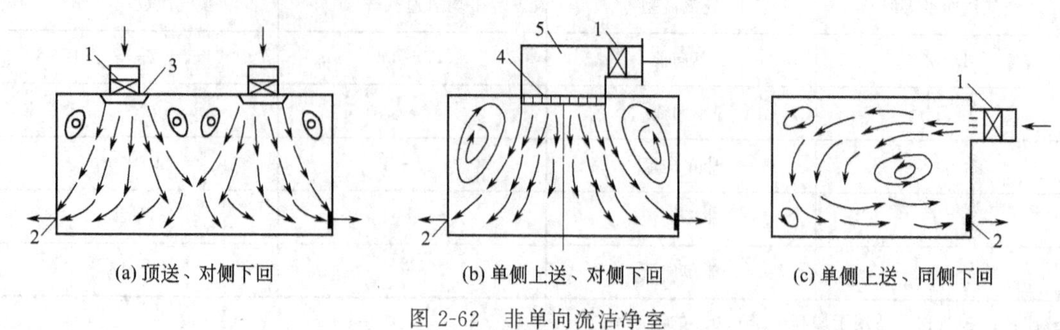

图 2-62　非单向流洁净室

1—高效过滤器；2—回风口；3—扩散风口；4—送风孔板；5—静压箱

图 2-63(a) 为一垂直单向流洁净室，图 2-63(b) 是准垂直单向流，图 2-63(c) 是水平单向流洁净室。

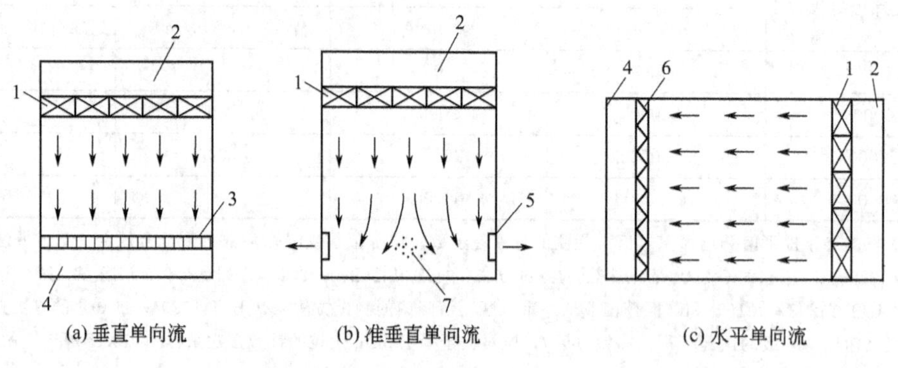

图 2-63　单向流洁净室

1—高效过滤器；2—送风静压箱；3—格栅地板；4—回风静压箱；5—回风口；6—回风过滤器；7—涡流三角区

图 2-64 为全流洁净室大涡流数值模拟的流线图，在两个角上出现涡流区。

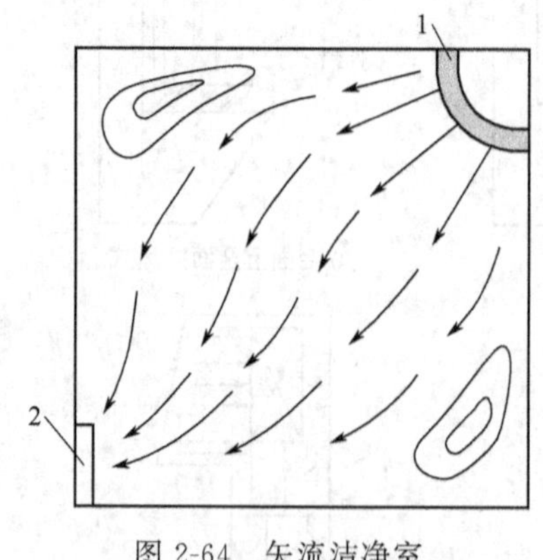

图 2-64　矢流洁净室

1—扇形高效过滤器；2—回风口

洁净室及洁净区空气洁净度整数等级应按表 2-102 确定。

表 2-102　洁净室及洁净区空气洁净度整数等级

空气洁净度等级 N	大于或等于要求粒径的最大浓度限值/(pc/m³)					
	0.1μm	0.2μm	0.3μm	0.5μm	1μm	5μm
1	10	2	—	—	—	—
2	100	24	10	4	—	—
3	1000	237	102	35	8	—
4	10000	2370	1020	352	83	—
5	100000	23700	10200	3520	832	29
6	1000000	237000	102000	35200	8320	293
7	—	—	—	352000	83200	2930
8	—	—	—	3520000	832000	29300
9	—	—	—	35200000	8320000	293000

注：按不同的测量方法，各等级水平的浓度数据的有效数字不应超过 3 位。

各种房间（洁净室）对洁净度级别的要求见表 2-103。

表 2-103　各种房间（洁净室）对洁净度级别的要求

洁净室类别	行业类别	房间名称	洁净度等级			
			100	1000	10000	100000
工业洁净室	精密工业	精密陀螺、人造卫星	○	○		
		微型轴承清洗检查	○		○	
		微型轴承测试		○	○	
		微型轴承润滑油充填			○	
		电算机精密测定			○	○
		电算机精密部件			○	○
		电算机磁鼓磁带			○	○
		微型接点	○	○		
	电子工业	光刻、照相制版	○	○		○
		焊接、扩散	○	○	○	
		蒸发	○		○	○
		点焊		○		
		清洗、加工			○	
		组装		○	○	
		印刷制版、复印			○	○
		烧结、测定				○
		扩散炉进料口	○			
		暗室、显影室	○	○		
	胶片工业	制膜			○	○
		涂布		○	○	
		微型胶片	○	○		
		录像带涂效压光切带检验	○		○	

续表

洁净室类别	行业类别	房间名称	洁净度等级			
			100	1000	10000	100000
生物洁净室	医疗	一般手术室			○	○
		无菌手术室	○	○		
		无菌试验细菌试验	○	○		
		无菌病室(烧伤、器官移植、争性白血病)	○		○	
	动物试验	无菌动物饲养室(GF)	○			
		无特定病原体动物饲养室(SPF)			○	
		普通动物饲养室(CV)				○
	制药工业	更衣、填充封品			○	○
		干燥、充填、装药			○	
		蒸馏水、锭剂、滴眼药制造	○	○	○	
		抗生素培养、充填、检查			○	
		安瓿瓶贮存			○	
	食品、养殖	肉食加工、乳制品			○	○
		蚕、鱼养殖			○	○
		酿造工业			○	○

注：○—选取的洁净度等级。

2.3.2 空调系统的消声

2.3.2.1 民用建筑噪声限值

(1) 住宅建筑　卧室、起居室（厅）内的噪声级，应符合表 2-104 的规定。

表 2-104　卧室、起居室（厅）内的噪声级

房间名称	允许噪声级(A 声级)/dB	
	昼间	夜间
卧室	≤45	≤37
起居室(厅)	≤45	

高要求住宅的卧室、起居室（厅）内的噪声级，应符合表 2-105 的规定。

表 2-105　高要求住宅的卧室、起居室（厅）内的噪声级

房间名称	允许噪声级(A 声级)/dB	
	昼间	夜间
卧室	≤40	≤30
起居室(厅)	≤40	

(2) 学校建筑　学校建筑中各种教学用房内的噪声级，应符合表 2-106 的规定。学校建筑中教学辅助用房内的噪声级，应符合表 2-107 的规定。

(3) 医院建筑　医院主要房间内的噪声级，应符合表 2-108 的规定。

表 2-106　学校建筑中各种教学用房内的噪声级

房间名称	允许噪声级(A声级)/dB
语言教室、阅览室	≤40
普通教室、实验室、计算机房	≤45
音乐教室、琴房	≤45
舞蹈教室	≤50

表 2-107　学校建筑中教学辅助用房内的噪声级

房间名称	允许噪声级(A声级)/dB
教师办公室、休息室、会议室	≤45
健身房	≤50
教学楼中封闭的走廊、楼梯间	≤50

表 2-108　医院主要房间内的噪声级

房间名称	允许噪声级(A声级)/dB			
	高要求标准		低限标准	
	昼间	夜间	昼间	夜间
病房、医护人员休息室	≤40	≤35①	≤45	≤40
各类重症监护室	≤40	≤35	≤45	≤40
诊室	≤40		≤45	
手术室、分娩室	≤40		≤45	
洁净手术室	—		≤50	
人工生殖中心净化室	—		≤40	
听力测听室	—		≤25②	
化验室、分析实验室	—		≤40	
入口大厅、候诊室	≤50		≤55	

① 对特殊要求的病房，室内允许噪声级应小于或等于 30dB。

② 表中听力测听室允许噪声级的数值，适用于采用纯音气导和骨导阈测听法的听力测听室。采用声场测听法的听力测听室的允许噪声级另有规定。

（4）旅馆建筑　旅馆建筑各房间内的噪声级，应符合表 2-109 的规定。

表 2-109　旅馆建筑各房间内的噪声级

房间名称	允许噪声级(A声级)/dB					
	特级		一级		二级	
	昼间	夜间	昼间	夜间	昼间	夜间
客房	≤35	≤30	≤40	≤35	≤45	≤40
办公室、会议室	≤40		≤45		≤45	
多用途厅	≤40		≤45		≤50	
餐厅、宴会厅	≤45		≤50		≤55	

（5）办公建筑　办公室、会议室内的噪声级，应符合表 2-110 的规定。

表 2-110　办公室、会议室内的噪声级

房间名称	允许噪声级(A 声级)/dB	
	高要求标准	低限标准
单人办公室	≤35	≤40
多人办公室	≤40	≤45
电视电话会议室	≤35	≤40
普通会议室	≤40	≤45

（6）商业建筑　商业建筑各房间内空场时的噪声级，应符合表 2-111 的规定。

表 2-111　商业建筑各房间内空场时的噪声级

房间名称	允许噪声级(A 声级)/dB	
	高要求标准	低限标准
商场、商店、购物中心、会展中心	≤50	≤55
餐厅	≤45	≤55
员工休息室	≤40	≤45
走廊	≤50	≤60

2.3.2.2　厂房噪声限值

各类声环境功能区适用表 2-112 规定的环境噪声等效声级限值。

表 2-112　环境噪声限值　　单位：dB(A)

声环境功能区类别 \ 时段		昼间	夜间
0 类		50	40
1 类		55	45
2 类		60	50
3 类		65	55
4 类	4a 类	70	55
	4b 类	70	60

当固定设备排放的噪声通过建筑物结构传播至噪声敏感建筑物室内时，噪声敏感建筑物室内等效声级不得超过表 2-113 和表 2-114 规定的限值。

表 2-113　结构传播固定设备室内噪声排放限值（等效声级）　　单位：dB(A)

噪声敏感建筑物环境所处功能区类别 \ 时段 \ 房间类型	A 类房间		B 类房间	
	昼间	夜间	昼间	夜间
0	40	30	40	30
1	40	30	45	35
2、3、4	45	35	50	40

注：A 类房间是指以睡眠为主要目的，需要保证夜间安静的房间。包括住宅卧室、医院病房、宾馆客房等。

B 类房间是指主要在昼间使用，需要保证思考与精神集中、正常讲话不被干扰的房间包括学校教师、办公室、住宅中卧室以外的其他房间等。

表 2-114 结构传播固定设备室内噪声排放限值（倍频带声压级） 单位：dB

噪声敏感建筑所处声环境动能区类别	时段	房间类别	室内噪声倍频带声压级限值				
			31.5	63	125	250	500
0	昼间	A、B类房间	76	59	48	39	34
	夜间	A、B类房间	69	51	39	30	24
1	昼间	A类房间	76	59	48	39	34
		B类房间	79	63	52	44	38
	夜间	A类房间	69	51	39	30	24
		B类房间	72	55	43	35	29
2、3、4	昼间	A类房间	79	63	52	44	38
		B类房间	82	67	56	49	34
	夜间	A类房间	72	55	43	35	29
		B类房间	76	59	48	39	34

2.3.2.3 消声器

(1) 消声器的类型 常用消声器的类型和特点见表 2-115，吸声障板式进气口如图 2-65 所示，共振腔衬里的类型如图 2-66 所示。

表 2-115 常用消声器的类型和特点

类型		图示	特点
阻性消声器	简易型阻性消声器	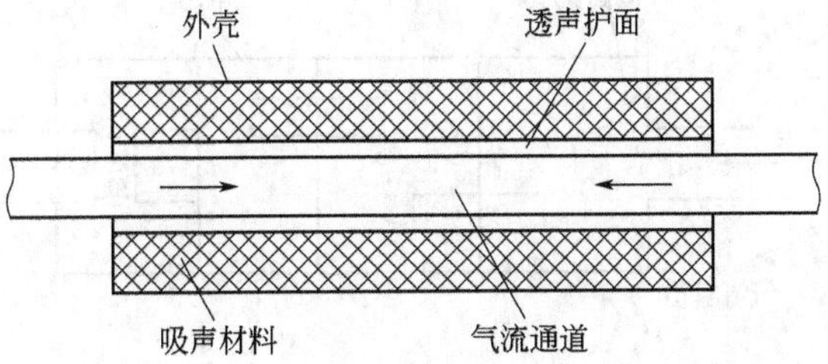 外壳 透声护面 吸声材料 气流通道	是一个具有吸声内衬套，截面为原形或矩形，并不加任何装置的直管。结构简单、气流直通、阻力损失小、适用于流量小的管道消声
	片式消声器	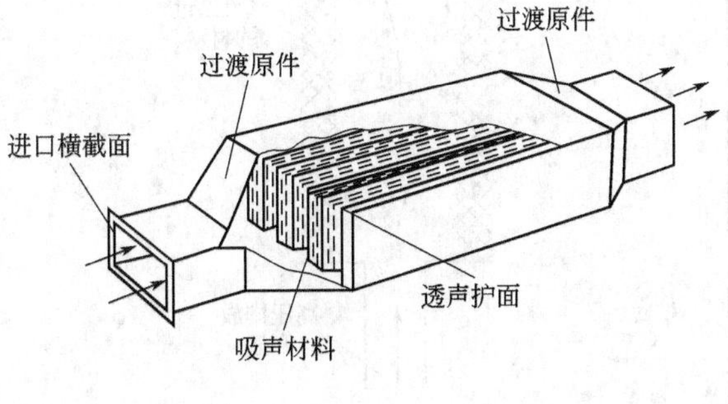 过渡原件 过渡原件 进口横截面 透声护面 吸声材料	由于把通道分成若干个小通道，每个小通道截面小了，就能提高上限失效频率；同时，因为增加了吸声材料饰面表面积，则消声量也会相应增加

续表

类型		图示	特点
阻性消声器	弯头式消声器	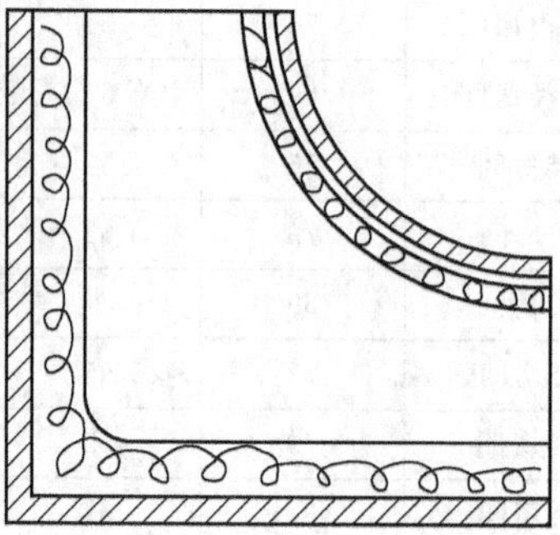	是在管道内衬贴吸声材料构成的，弯头出现在进气口（如吸声障板式进气口）或排气放空的开口处和长管道系统中（拐角处）。弯头消声器在低频段消声效果差，在高频段消声效果好
抗性消声器	共振型消声器	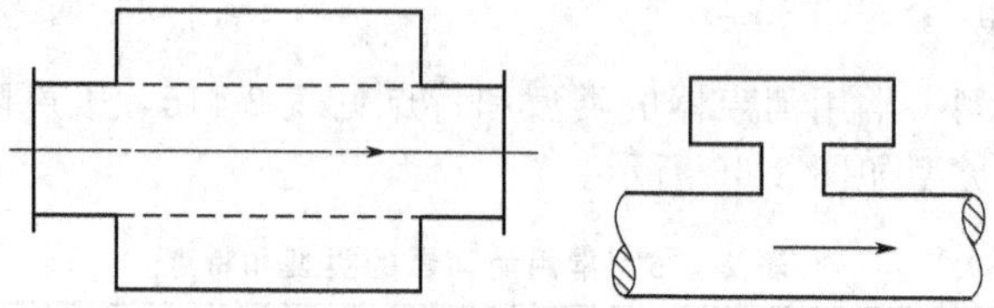	小孔和空腔组成一个弹性振动系统，管壁的孔颈中空气柱类似活塞，当声波传至颈口时，在声压作用下，空气柱做往复运动，便与孔壁产生摩擦；使声能转变成热能而消耗掉
	反射型消声器	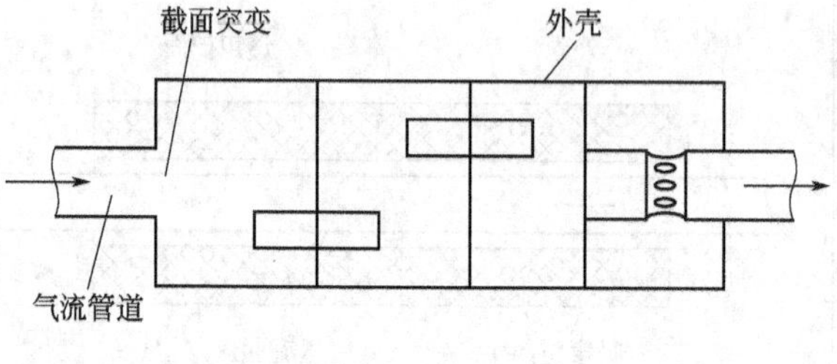 截面突变 外壳 气流管道	一个反射型消声器包括一个壳体，几个法兰可连接到噪声源和管道的进口或出口，还包括装在壳体内的一些原件。这些原件形成横截面的变化、分支或末端
排气放空消声器		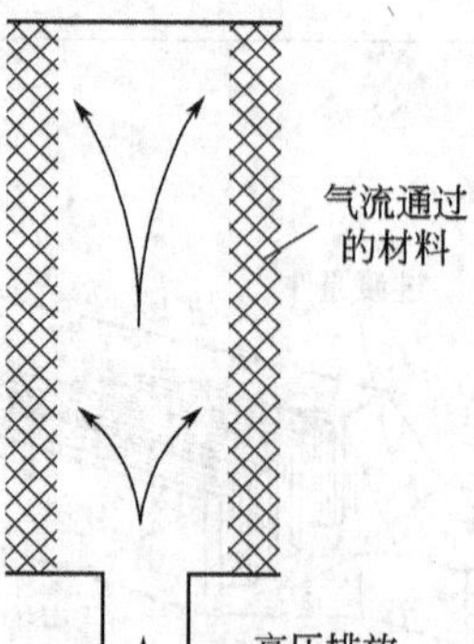 气流通过的材料 高压排放介质	包括一个与管道横截面相比大得多的圆形柱部件并能够允许气流通过

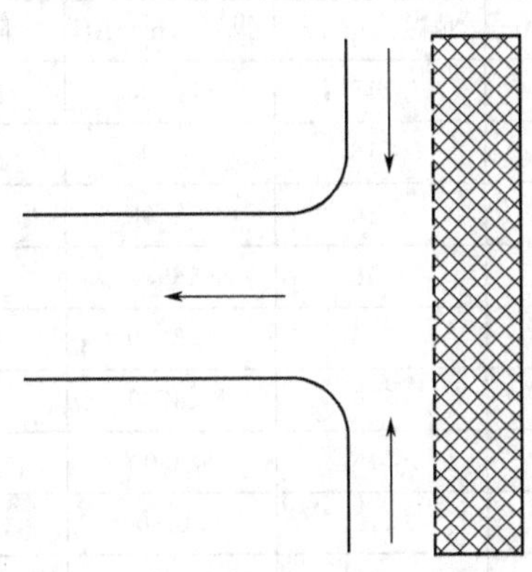

图 2-65　吸声障板式进气口示意图

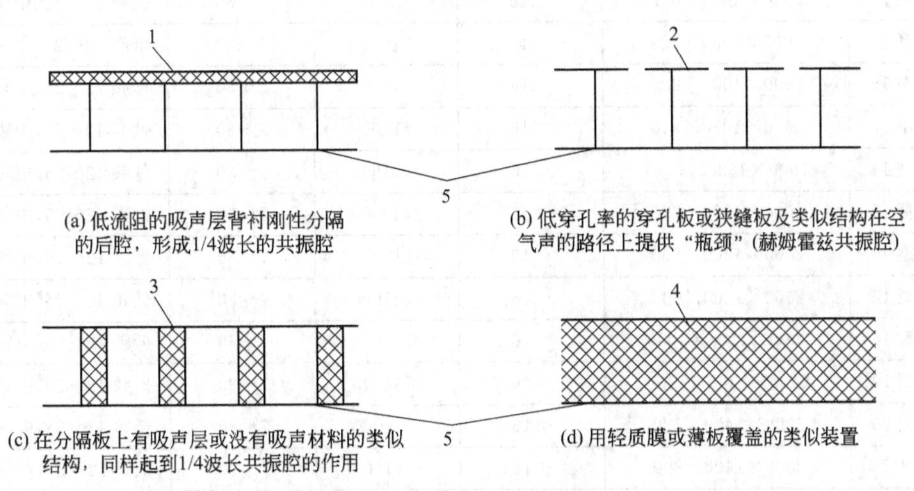

图 2-66　共振腔衬里的类型

1—阻性层；2—穿孔板或狭缝板；3—吸声层；4—膜或板；5—刚性背板或对称平面

(2) 消声器的性能参数　消声器的消声性能 A 声级插入损失（消声量）和空气动力性能阻力系数应符合表 2-116 的要求。

表 2-116　消声性能 A 声级插入损失（消声量）和空气动力性能阻力系数

消声器类型	插入损失/[dB(A)/m]	阻力系数
直管式	≥15	≤1.2
复合式	≥15	≤1.2
片式	≥16	≤1.2
折板式	≥18	≤1.4
盘式	≥10	≤1.4
弯头	≥5	—

WX 型微穿孔板消声器的性能参数见表 2-117。

表 2-117 WX 型微穿孔板消声器的性能参数

型号	外形尺寸长×宽×高/mm	风速/(m/s)	风量/(m³/h)	阻力/Pa	消声量/dB(A)
WX-1 型 1	2000×720×650	<16	<4300	7～30	低频 12～25,中频 20～25
WX-1 型 2	2000×720×720	<16	<5500	7～30	低频 12～25,中频 20～25
WX-1 型 3	2000×800×650	<16	<5400	7～30	低频 12～25,中频 20～25
WX-1 型 4	2000×800×720	<16	<6900	7～30	低频 12～25,中频 20～25
WX-1 型 5	2000×800×800	<16	<8300	7～30	低频 12～25,中频 20～25
WX-1 型 6	2000×900×650	<16	<6700	7～30	低频 12～25,中频 20～25
WX-1 型 7	2000×900×720	<16	<8600	7～30	低频 12～25,中频 20～25
WX-1 型 8	2000×900×800	<16	<10800	7～30	低频 12～25,中频 20～25
WX-1 型 9	2000×900×900	<16	<13000	7～30	低频 12～25,中频 20～25
WX-1 型 10	2000×1030×650	<16	<8500	7～30	低频 12～25,中频 20～25
WX-1 型 11	2000×1030×720	<16	<10000	7～30	低频 12～25,中频 20～25
WX-1 型 12	2000×1030×800	<16	<13000	7～30	低频 12～25,中频 20～25
WX-1 型 13	2000×1030×900	<16	<17000	7～30	低频 12～25,中频 20～25
WX-1 型 14	2000×1030×1030	<16	<21000	7～30	低频 12～25,中频 20～25
WX-1 型 15	2000×1200×720	<16	<13000	7～30	低频 12～25,中频 20～25
WX-1 型 16	2000×1200×800	<16	<17000	7～30	低频 12～25,中频 20～25
WX-1 型 17	2000×1200×900	<16	<21000	7～30	低频 12～25,中频 20～25
WX-1 型 18	2000×1200×1030	<16	<27000	7～30	低频 12～25,中频 20～25
WX-1 型 19	2000×1200×1200	<16	<34000	7～30	低频 12～25,中频 20～25
WX-1 型 20	2000×1400×720	<16	<17000	7～30	低频 12～25,中频 20～25
WX-1 型 21	2000×1400×800	<16	<21000	7～30	低频 12～25,中频 20～25
WX-1 型 22	2000×1400×900	<16	<27000	7～30	低频 12～25,中频 20～25
WX-1 型 23	2000×1400×1030	<16	<34000	7～30	低频 12～25,中频 20～25
WX-1 型 24	2000×1400×1200	<16	<43000	7～30	低频 12～25,中频 20～25
WX-1 型 25	2000×1400×1400	<16	<54000	7～30	低频 12～25,中频 20～25
WX-2 型 26	2000×1650×800	<16	<27000	7～30	低频 12～25,中频 20～25
WX-2 型 27	2000×1650×900	<16	<33000	7～30	低频 12～25,中频 20～25
WX-2 型 28	2000×1650×1030	<16	<42000	7～30	低频 12～25,中频 20～25
WX-2 型 29	2000×1650×1200	<16	<54000	7～30	低频 12～25,中频 20～25
WX-2 型 30	2000×1650×1400	<16	<67000	7～30	低频 12～25,中频 20～25
WX-2 型 31	2000×1650×1650	<16	<84000	7～30	低频 12～25,中频 20～25
WX-2 型 32	2000×2000×900	<16	<43000	7～30	低频 12～25,中频 20～25
WX-2 型 33	2000×2000×1030	<16	<54000	7～30	低频 12～25,中频 20～25
WX-2 型 34	2000×2000×1200	<16	<69000	7～30	低频 12～25,中频 20～25
WX-2 型 35	2000×2000×1400	<16	<86000	7～30	低频 12～25,中频 20～25
WX-2 型 36	2000×2000×1650	<16	<108000	7～30	低频 12～25,中频 20～25
WX-3 型 37	2000×2400×1200	<16	<86000	7～30	低频 12～25,中频 20～25

续表

型号	外形尺寸长×宽×高/mm	风速/(m/s)	风量/(m^3/h)	阻力/Pa	消声量/dB(A)
WX-3 型 38	2000×2400×1400	＜16	＜108000	7～30	低频 12～25,中频 20～25
WX-3 型 39	2000×2400×1650	＜16	＜135000	7～30	低频 12～25,中频 20～25

注：1. 接管尺寸较宽、高分别少 400mm，例如 WX-1 型 1 尺寸 320mm×250mm，有效长度均为 180mm。
2. 消声器为双微孔板，用镀锌钢板或铝合金制成，为片式或蜂窝式消声器。

XJW 型微穿孔板复合消声弯头的性能参数见表 2-118。

表 2-118　XJW 型微穿孔板复合消声弯头的性能参数

型号	外形尺寸长×宽×高/mm	风量/(m^3/h)	阻力/Pa	消声量/dB(A)
XJW-1	570×120×120	300～400	19.6	12
XJW-2	570×160×120	400～530	19.6	12
XJW-3	630×160×160	540～720	19.6	12
XJW-4	570×200×120	505～670	19.6	12
XJW-5	630×200×160	680～900	19.6	12
XJW-6	690×200×200	850～1130	19.6	12
XJW-7	570×250×120	630～840	19.6	12
XJW-8	630×250×160	840～1120	19.6	12
XJW-9	690×250×200	1060～1410	19.6	12
XJW-10	765×250×250	1320～1760	19.6	12
XJW-11	630×320×160	1080～1440	19.6	12
XJW-12	690×320×200	1360～1810	19.6	12
XJW-13	765×320×250	1700～2260	19.6	12
XJW-14	870×320×320	2180～2900	19.6	14
XJW-15	690×400×200	1700～2260	24.5	12
XJW-16	765×400×250	2125～2830	24.5	12
XJW-17	870×400×320	2730～3635	24.5	14
XJW-18	990×400×320	3410～4550	29.4	15
XJW-19	690×500×200	2120～2830	24.5	12
XJW-20	765×500×200	2660～3350	24.5	12
XJW-21	870×500×320	3410～4550	24.5	14
XJW-22	990×500×400	4270～5695	29.4	15
XJW-23	1140×500×500	5350～7130	29.4	15
XJW-24	765×630×250	3340～4460	24.5	12
XJW-25	870×630×320	4295～5725	29.4	14
XJW-26	990×630×400	5380～7170	29.4	15
XJW-27	1140×630×500	6730～9090	29.4	15
XJW-28	1335×630×630	8490～11320	29.4	16
XJW-29	870×800×320	5460～7360	29.4	14
XJW-30	990×800×400	6830～9110	29.4	15

续表

型号	外形尺寸长×宽×高/mm	风量/(m^3/h)	阻力/Pa	消声量/dB(A)
XJW-31	1140×800×500	8560～11550	29.4	15
XJW-32	1395×800×630	10790～14390	29.4	16
XJW-33	1650×800×800	13720～18290	29.4	18
XJW-34	870×1000×320	6827～9100	29.4	14
XJW-35	990×1000×400	8550～11400	29.4	15
XJW-36	1140×1000×500	10700～14450	29.4	15
XJW-37	1395×1000×630	13500～18000	29.4	16
XJW-38	1650×1000×800	17160～22880	29.4	18
XJW-39	1950×1000×1000	24170～28630	29.4	20
XJW-40	1140×1250×400	10680～14240	29.4	15
XJW-41	1140×1250×500	13370～17830	29.4	15
XJW-42	1395×1250×630	16870～22500	29.4	16
XJW-43	1650×1250×800	21450～28600	29.4	18
XJW-44	1950×1250×1000	26840～35780	29.4	20
XJW-45	1140×1600×500	17130～22830	34.3	15
XJW-46	1395×1600×630	21610～22810	34.3	16
XJW-47	1650×1600×800	27470～36630	34.3	18
XJW-48	2100×1600×1000	34370～45830	34.3	20
XJW-49	2475×1600×1250	42990～57720	34.3	22
XJW-50	1800×2000×800	34350～45810	34.3	18
XJW-51	2100×2000×1000	42980～57310	34.3	20
XJW-52	2475×2000×1250	53760～71680	34.3	22

注：外形尺寸中的宽与高为与消声弯头相接风管的宽与高，长为消声弯头一边的长度。

JNZP系列消声器的性能参数见表2-119。

表2-119 JNZP系列消声器的性能参数

型号	适用风量/(m^3/h)	断面(宽×长)/mm	净通面积/m^2	节长/mm
JNZP-1	6000	750×500	0.225	900
JNZP-2	9000	1050×500	0.3	900
JNZP-3	13500	1050×800	0.48	900
JNZP-4	18000	1200×1000	0.78	900
JNZP-5	24000	1500×1000	0.90	900
JNZP-6	30000	1900×1000	1.05	900
JNZP-7	45000	1900×1300	1.56	900
JNZP-8	60000	1900×1700	2.04	900

2.3.3 空气设备的性能

2.3.3.1 空气过滤器

(1) 人工尘性能　人工尘中三种成分所占的质量百分比、主要原料及性能特征见表 2-120。

表 2-120　人工尘性能特征

成分	质量比/%	原料规格	粒径分布		原料特征化学组成如下
			粒径范围/μm	比例/%	
粗粒	72	道路尘	0～5 5～10 10～20 20～40 40～80	36±5 20±5 17±5 18±3 9±3	SiO_2 Al_2O_3 Fe_2O_3 CaO MgO TiO_2 C
细粒	23	炭黑	0.08～0.13μm		吸碘量 10～25mg/g 吸油值 0.4～0.7mg/g
纤维	5	短棉绒	—		经过处理的棉质纤维落尘

(2) 空气过滤器的类型　空气过滤器的分类见表 2-121。

表 2-121　空气过滤器的分类

分类标准	类型	特点
按性能分类	粗效过滤器,分成粗效 1 型、粗效 2 型、粗效 3 型、粗效 4 型	不满足中效及以上级别要求的过滤器。其中粗效 1 型过滤器计数效率大于或等于 50%,粗效 2 型过滤器计数效率大于或等于 20%而小于 50%,粗效 3 型过滤器标准人工尘计重效率大于或等于 50%,粗效 4 型过滤器标准人工尘计重效率大于或等于 10%而小于 50%
	中效过滤器,分成中效 1 型、中效 2 型、中效 3 型	对粒径大于等于 0.5μm 微粒的计数效率小于 70%的过滤器。其中中效 1 型过滤器计数效率大于或等于 60%、中效 2 型过滤器计数效率大于或等于 40%而小于 60%,中效 3 型过滤器计数效率大于或等于 20%而小于 40%
按性能分类	高中效过滤器	对粒径大于等于 0.5μm 微粒的计数效率大于或等于 70%而小于 95%的过滤器
	亚高效过滤器	对粒径大于等于 0.5μm 微粒的计数效率大于或等于 95%而小于 99.9%的过滤器
按规格分类	过滤器的基本规格按额定风量表示。小于 1000m^3/h 的规格代号为 0,1000m^3/h 规格代号为 1.0,每增加 100m^3/h 即递增 0.1,增加不足 100m^3/h 的规格代号不变,见表 2-32	

过滤器外形尺寸表示原则为：以气流通过方向为深度，以气流通过方向的垂直截面正确的安装时的垂直长度为高度，水平长度为宽度。规格型号表示方法如图 2-67 所示，代号含义见表 2-122。

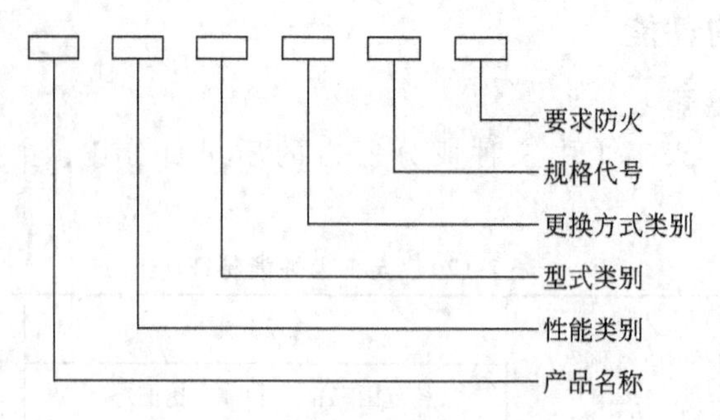

图 2-67 过滤器型号规格表示方法

表 2-122 过滤器型号规格代号

序号	项目名称	含义	代号
1	产品名称	空气过滤器	K
2	性能类别	粗效过滤器 中效过滤器 高中效过滤器 亚高效过滤器	C1、C2、C3、C4 Z1、Z2、Z3 GZ YZ
3	型式类别	平板式 折褶式 袋式 卷绕式 筒式 静电式	P Z D J T JD
4	更换方式类别	可清洗、可更换 一次性使用	K Y
5	规格代号	额定风量 800m^3/h 1000m^3/h 1100m^3/h 以下类推	0.8 1.0 1.1 以下类推
6	要求防火	有	H

过滤器外形尺寸允许偏差见表 2-123。过滤器的效率、阻力应在额定风量下应符合表 2-124的规定。

表 2-123 过滤器外形尺寸允许偏差 单位：mm

<table>
<tr><th colspan="2">类别
外形</th><th>粗效</th><th>中效</th><th>高中效</th><th>亚高效</th></tr>
<tr><td rowspan="2">端面</td><td>≤500</td><td colspan="4">$_{-1.6}^{0}$</td></tr>
<tr><td>>500</td><td colspan="4">$_{-3.2}^{0}$</td></tr>
<tr><td colspan="2">深度</td><td>—</td><td>—</td><td>—</td><td>$_{0}^{+1.6}$</td></tr>
<tr><td rowspan="2">每端面两对角线之差</td><td>≤700</td><td>—</td><td>—</td><td>—</td><td>≤2.3</td></tr>
<tr><td>>700</td><td>—</td><td>—</td><td>—</td><td>≤4.5</td></tr>
</table>

表 2-124　过滤器额定风量下的效率和阻力

性能指标 / 性能类别	代号	迎面风速 /(m/s)	额定风量下的效率 E/%		额定风量下的初阻力 ΔP_i/Pa	额定风量下的终阻力 ΔP_f/Pa
亚高效	YG	1.0	粒径≥0.5μm	99.9>E≥95	≤120	200
高中效	GZ	1.5		95>E≥70	≤100	160
中效 1	Z1	2.0		70>E≥60	≤80	160
中效 2	Z2			60>E≥40		
中效 3	Z3			40>E≥20		
粗效 1	C1	2.5	粒径≥2.0μm	E≥50	≤50	100
粗效 2	C2			50>E≥20		
粗效 3	C3		标准人工尘计重效率	E≥50		
粗效 4	C4			50>E≥10		

注：当效率测量结果同时满足表中两个类别时，按较高类别评定。

过滤器的标记示例：

KZ2-Z-Y-1.5 即中效 2 型空气过滤器，折褶式，一次性使用的，额定风量为 1500m^2/h，无防火要求。

KZ3-P-K-2.0-H 即中效 3 型空气过滤器，平板式，可清洗的，额定风量 2000m^2/h，有防火要求。

(3) 高效过滤器　按过滤器滤芯结构分类可分为有隔板高效过滤器和无隔板高效过滤器两类，如图 2-68 所示。

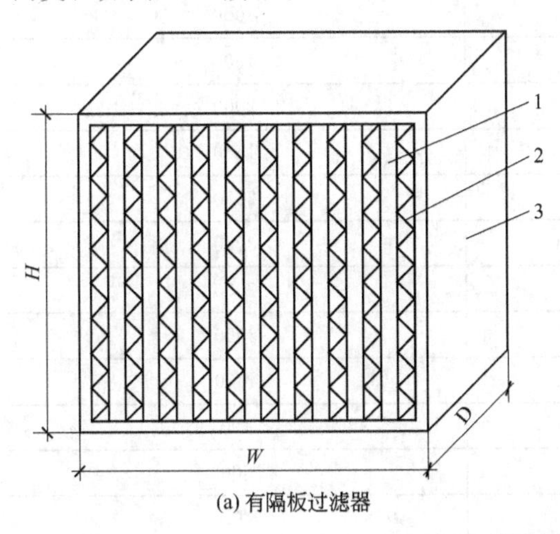

(a) 有隔板过滤器

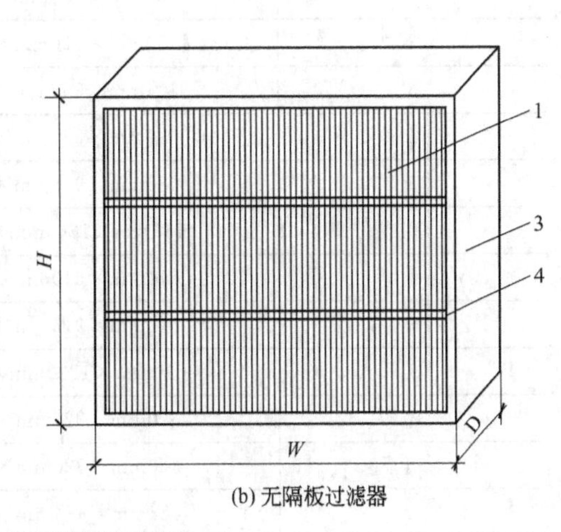

(b) 无隔板过滤器

图 2-68　有隔板过滤器和无隔板过滤器

1—滤料；2—分隔板；3—框架；4—分隔物

① 高效过滤器型号规格表示方法如图 2-69 所示，规格型号代码见表 2-125。

标记示例：GY-A-3-484×484×220-1000 表示有分隔板高效过滤器，性能类别为 A，额定风量下的效率≥99.9%，耐火级别为 3 级，外形尺寸为 484mm×484mm×220mm。

标记示例：CGW-D-2-610×1220×80-2400 表示无隔板超高效过滤器，性能类别为 D，额定风量下的效率≥99.999%，耐火级别为 2 级，外形尺寸为 610mm×1220mm×80mm。

② 高效常用型号规格见表 2-126、表 2-127。

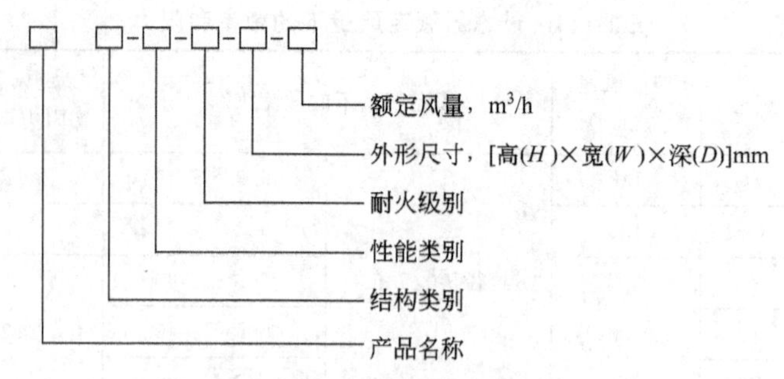

图 2-69　高效过滤器型号规格表示方法

表 2-125　高效过滤器规格型号代码

序号	项目名称	含义	代号
1	产品名称	高效空气过滤器	G
		超高效空气过滤器	CG
2	结构类别	有分隔板过滤器	Y
		无分隔板过滤器	W
3	性能类别	按效率、阻力高低分六类	A、B、C、D、E、F
4	耐火级别	按结构耐火级别分三类	1,2,3

表 2-126　有隔板高效空气过滤器常用规格表

序号	常用规格	额定风量/(m^3/h)
1	480mm×484mm×220mm	1000
2	480mm×726mm×220mm	1500
3	484mm×968mm×220mm	2000
4	630mm×630mm×220mm	1500
5	630mm×945mm×220mm	2250
6	630mm×1260mm×220mm	3000
7	610mm×610mm×292mm	2000
8	610mm×915mm×292mm	3000
9	610mm×1220mm×292mm	4000
10	320mm×320mm×220mm	400
11	320mm×320mm×150mm	300
12	484mm×484mm×150mm	700
13	484mm×726mm×150mm	1050
14	484mm×968mm×150mm	1400
15	630mm×630mm×150mm	1000
16	630mm×945mm×150mm	1500
17	630mm×1260mm×150mm	2000
18	610mm×610mm×150mm	1000
19	610mm×915mm×150mm	1500
20	610mm×1220mm×150mm	2000

表 2-127　无隔板高效过滤器空气过滤器常用规格表

序号	常用规格	额定风量/(m^3/h)
1	305mm×305mm×69mm	250
2	305mm×305mm×80mm	250
3	305mm×305mm×90mm	250
4	610mm×610mm×69mm	1000
5	610mm×610mm×80mm	1000
6	610mm×610mm×90mm	1000
7	610mm×915mm×69mm	1500
8	610mm×915mm×80mm	1500
9	610mm×915mm×90mm	1500
10	570mm×1170mm×69mm	1500
11	570mm×1170mm×80mm	1500
12	570mm×1170mm×90mm	1500
13	610mm×1220mm×69mm	2000
14	610mm×1220mm×80mm	2000
15	610mm×1220mm×90mm	2000

③ 定性及定量试验下的过滤器渗漏的不合格判定标准见表 2-128。

表 2-128　定性及定量试验下的过滤器渗漏的不合格判定标准

类别	额定风量下的效率/%	定性检漏试验下的局部渗漏限值粒/采样周期	定量试验下的局部透过率限值/%
A	99.9(钠焰法)	下游大于等于 0.5μm 的微粒采样计数超过 3 粒/min(上游对应粒径范围气溶胶浓度须不低于 3×10^4/L)	1
B	99.99(钠焰法)		0.1
C	99.999(钠焰法)		0.01
D	99.999(计数法)	下游大于等于 0.1μm 的微粒采样计数超过 3 粒/min(上游对应粒径范围气溶胶浓度须不低于 3×10^4/L)	0.01
E	99.9999(计数法)		0.001
F	99.99999(计数法)		0.0001

④ 应按《高效空气过滤器性能试验方法　效率和阻力》(GB/T 6165—2008) 的要求进行检验，高效及超高效过滤效率应符合表 2-129、表 2-130 的规定。

表 2-129　高效空气过滤器性能

类别	额定风量下的钠焰法效率/%	20%额定风量下的钠焰法效率/%	额定风量下的阻力/Pa
A	$99.99>E\geqslant99.9$	无要求	≤190
B	$99.999>E\geqslant99.99$	99.99	≤220
C	$E\geqslant99.999$	99.999	≤250

表 2-130　超高效空气过滤器性能

类别	额定风量下的计数法效率/%	额定风量下的初阻力/Pa	备注
D	99.999	≤250	扫描检漏
E	99.9999	≤250	扫描检漏
F	99.99999	≤250	扫描检漏

⑤ 各耐火级别过滤器所对应的滤料、分隔板及边框等材料的最低耐火级别见表 2-131。

表 2-131　过滤器的耐火级别

级别	滤料的最低耐火级别	框架、分隔板的最低耐火级别
1	A2	A2
2	A2	E
3	F	F

（4）各种空气过滤器性能参数（表 2-132～表 2-136）

表 2-132　粗效空气过滤器

名称	型号	外形尺寸（长×宽×高）/mm	滤料		阻力/Pa	
			材料	面积/m²	初	终
粗效过滤器	KTC 型	595×595×45	无纺布	0.8	≤180	—
	KTC 型	595×440×45	无纺布	0.5	≤180	—
	CWA-1	520×520×120	无纺布	—	40	100
	CWA-2	520×520×70	无纺布	—	70	150
	CWB-1	520×520×610	无纺布	—	35 75	100 150
	CWB-2	440×470×500	无纺布	—	35 75	100 150
框式粗效过滤器	KY-01	120×520×520	—	—	30	70
	KY-02	70×520×520	—	—	30	70
袋式粗效过滤器	HG-71	485×420×20	无纺布	—	≤30	—
	HG-73-1	520×520×500	无纺布	—	≤30	—
	HG-73-2	500×500×500	无纺布	—	≤30	—
	HG-73-3	500×500×120	无纺布	—	≤30	—
	HG-73-4	540×330×500	无纺布	—	≤30	—
	DY-01	610×520×520	无纺布	—	40	70
	DY-02	350×795×395	无纺布	—	40	70
	DY-03	500×330×590	无纺布	—	40	70
	DY-04	500×330×540	无纺布	—	40	70

续表

名称	型号	外形尺寸 (长×宽×高)/mm	滤料		阻力/Pa	
			材料	面积/m²	初	终
自动卷绕式空气过滤器	TJ-3-Ⅰ(排)	1700×1500(长×高)	化纤卷材	12.6	50～120	—
	TJ-3-Ⅰ(排)	1700×2000(长×高)	化纤卷材	—	—	—
	TJ-3-Ⅰ(排)	1700×2500(长×高)	化纤卷材	—	—	—
	TJ-3-Ⅰ(排)	1700×3000(长×高)	化纤卷材	—	—	—
	TJ-3-Ⅰ(排)	1700×3500(长×高)	化纤卷材	—	—	—
	TJ-3-Ⅰ(排)	1400×1500(长×高)	化纤卷材	—	—	—
	TJ-3-Ⅰ(排)	1400×2000(长×高)	化纤卷材	—	—	—
	TJ-3-Ⅰ(排)	1400×2500(长×高)	化纤卷材	—	—	—
	TJ-3-Ⅰ(排)	1400×3000(长×高)	化纤卷材	—	—	—
	TJ-3-Ⅰ(排)	1400×3500(长×高)	化纤卷材	—	—	—
	TJ-3-Ⅰ(排)	1000×1500(长×高)	化纤卷材	—	—	—
	TJ-3-Ⅰ(排)	1000×2000(长×高)	化纤卷材	—	—	—
	TJ-3-Ⅰ(排)	1000×2500(长×高)	化纤卷材	—	—	—
	TJ-3-Ⅰ(排)	1000×3000(长×高)	化纤卷材	—	—	—
	TJ-3-Ⅰ(排)	1000×3500(长×高)	化纤卷材	—	—	—
	TJ-3-Ⅱ(排)	1700×2000(长×高)	化纤卷材	—	50～120	—
	TJ-3-Ⅱ(排)	1700×2500(长×高)	化纤卷材	—	50～120	—
	TJ-3-Ⅱ(排)	1700×3000(长×高)	化纤卷材	—	—	—
	TJ-3-Ⅱ(排)	1700×3500(长×高)	化纤卷材	—	—	—
	TJ-3-Ⅱ(排)	1400×2000(长×高)	化纤卷材	—	—	—
	TJ-3-Ⅱ(排)	1400×2500(长×高)	化纤卷材	—	—	—
	TJ-3-Ⅱ(排)	1400×3000(长×高)	化纤卷材	—	—	—
	TJ-3-Ⅱ(排)	1400×3500(长×高)	化纤卷材	—	—	—
	TJ-3-Ⅱ(排)	1000×1500(长×高)	化纤卷材	—	—	—
	TJ-3-Ⅱ(排)	1000×2000(长×高)	化纤卷材	—	—	—
	TJ-3-Ⅱ(排)	1000×2500(长×高)	化纤卷材	—	—	—
	TJ-3-Ⅱ(排)	1000×3000(长×高)	化纤卷材	—	—	—
	TJ-3-Ⅱ(排)	1000×3500(长×高)	化纤卷材	—	—	—
	TJ-3-Ⅲ(排)	1700×2500(长×高)	化纤卷材	—	—	—
	TJ-3-Ⅲ(排)	1700×3000(长×高)	化纤卷材	—	—	—
	TJ-3-Ⅲ(排)	1700×3500(长×高)	化纤卷材	—	—	—
	TJ-3-Ⅲ(排)	1700×4000(长×高)	化纤卷材	—	—	—
	TJ-3-Ⅲ(排)	1400×2000(长×高)	化纤卷材	12.6	—	—
	TJ-3-Ⅲ(排)	1400×2500(长×高)	化纤卷材	—	—	—
人防空气过滤器	LD-300-1	530×530×771	活性炭	—	—	—
粗中效空气过滤机组	YJS_4型1台(一级) WGZ-1型10台(二级)	1250×1290×3200	化纤卷材 聚丙烯	3.65 42	140～210	—

续表

名称	型号	过滤器效率		风量 /(m³/h)	容尘量 /g	重量 /kg
		检测方法	/%			
粗效过滤器	KTC型	计数法 2～10μm	40～45	4000	—	—
	KTC型	计数法 2～10μm	40～45	2580	—	—
	CWA-1	计数法 0.5～5μm	5～63	1500	—	3.2
	CWA-2	计数法 0.5～5μm	6～73	1000	—	2.2
	CWB-1	计数法 0.5～5μm	7.5～56 5.5～75	2200 5000	—	—
	CWB-2	计数法 0.5～5μm	7.5～56 5.5～75	1500 3500	—	—
框式粗效过滤器	KY-01	—	40	1500	80	3.7
	KY-02	—	40	1000	60	3.4
袋式粗效过滤器	HG-71	计数法 10μm	70	—	—	—
	HG-73-1	计数法 10μm	70	2000	—	—
	HG-73-2	计数法 10μm	70	2000	—	—
	HG-73-3	计数法 10μm	70	1000	—	—
	HG-73-4	计数法 10μm	70	1500	—	—
	DY-01	—	20～25	3000	—	—
	DY-02	—	20～25	2200	—	—
	DY-03	—	20～25	1600	—	—
	DY-04	—	20～25	1500	—	—
自动卷绕式空气过滤器	TJ-3-Ⅰ(排)	计重法(人工尘)	71～72	18000	>1000	890
	TJ-3-Ⅰ(排)	计重法(人工尘)	71～72	25000	—	—
	TJ-3-Ⅰ(排)	计重法(人工尘)	71～72	31000	—	—
	TJ-3-Ⅰ(排)	计重法(人工尘)	71～72	37000	—	—
	TJ-3-Ⅰ(排)	计重法(人工尘)	71～72	43000	—	—
	TJ-3-Ⅰ(排)	计重法(人工尘)	71～72	15000	—	—
	TJ-3-Ⅰ(排)	计重法(人工尘)	71～72	20000	—	—
	TJ-3-Ⅰ(排)	计重法(人工尘)	71～72	25000	—	—
	TJ-3-Ⅰ(排)	计重法(人工尘)	71～72	30000	—	—
	TJ-3-Ⅰ(排)	计重法(人工尘)	71～72	35000	—	—
	TJ-3-Ⅰ(排)	计重法(人工尘)	71～72	11000	—	—
	TJ-3-Ⅰ(排)	计重法(人工尘)	71～72	14000	—	—
	TJ-3-Ⅰ(排)	计重法(人工尘)	71～72	18000	—	—
	TJ-3-Ⅰ(排)	计重法(人工尘)	71～72	22000	—	—
	TJ-3-Ⅰ(排)	计重法(人工尘)	71～72	25000	—	—
	TJ-3-Ⅱ(排)	计重法	71～72	49000	—	—
	TJ-3-Ⅱ(排)	计重法	71～72	51000	—	—
	TJ-3-Ⅱ(排)	计重法	71～72	74000	—	—

续表

名称	型号	过滤器效率		风量/(m³/h)	容尘量/g	重量/kg
		检测方法	/%			
自动卷绕式空气过滤器	TJ-3-Ⅱ(排)	计重法	71～72	86000	—	—
	TJ-3-Ⅱ(排)	计重法	71～72	44000	—	—
	TJ-3-Ⅱ(排)	计重法	71～72	50000	—	—
	TJ-3-Ⅱ(排)	计重法	71～72	60000	—	—
	TJ-3-Ⅱ(排)	计重法	71～72	70000	—	—
	TJ-3-Ⅱ(排)	计重法	71～72	22000	—	—
	TJ-3-Ⅱ(排)	计重法	71～72	28000	—	—
	TJ-3-Ⅱ(排)	计重法	71～72	36000	—	—
	TJ-3-Ⅱ(排)	计重法	71～72	44000	—	—
	TJ-3-Ⅱ(排)	计重法	71～72	50000	—	—
	TJ-3-Ⅲ(排)	计重法	71～72	92000	—	—
	TJ-3-Ⅲ(排)	计重法	71～72	110000	—	—
	TJ-3-Ⅲ(排)	计重法	71～72	130000	—	—
	TJ-3-Ⅲ(排)	计重法	71～72	150000	—	—
	TJ-3-Ⅲ(排)	计重法	71～72	60000	>1000	890
	TJ-3-Ⅲ(排)	计重法	71～72	76000	—	—
人防空气过滤器	LD-300-1	油雾法	≥99.999	—	—	—
粗中效空气过滤机组	YJS_4型1台(一级) WGZ-1型10台(二级)	滤膜法	97.5～99.6	—	—	328.6

表 2-133　中效空气过滤器

名称	型号	外形尺寸(长×宽×高)/mm	滤料		阻力/Pa	
			材料	面积/m²	初	终
中效空气过滤器	YP-X型	496×477×110	泡沫塑料	0.4	65	—
	YP-D型	496×807×110	泡沫塑料	0.7	50 90	—
	YB-X型	496×477×110	玻璃纤维	0.4	90	—
	YB-D型	496×807×110	玻璃纤维	0.7	60 10.5	—
	ZKD-20A	500×500×600	无纺布	3	34.33	—
	ZKD-20B	570×570×600	无纺布	3.5	32.37	—
	ZKD-20C	520×490×700	无纺布	3.5	32.37	—
	ZKC-2A	496×477×110	无纺布	0.4	63.37	—
	ZKC-2B	496×807×110	无纺布	0.7	49.03	—
	ZKV-20A	500×500×500	无纺布	2	35.31	—
	ZKR-4A	410×390×130	泡沫塑料	0.57	16.67	—
	ZKR-4B	410×415×130	泡沫塑料	0.95	13.73	—
	ZKR-4C	530×340×180	泡沫塑料	0.6	18.64	—

续表

名称	型号	外形尺寸(长×宽×高)/mm	滤料		阻力/Pa	
			材料	面积/m²	初	终
中效空气过滤器	ZKR-5A	300×300×300	泡沫塑料	0.9	41.2	—
	WM-A-D-1	520×520×120	无纺布 V_e-4	0.7	54	—
	WM-A-D-2	520×520×120	无纺布 V_e-5	0.7	54	—
	WM-A-X-1	520×520×70	DV_e-4	0.42	58	—
	WM-A-X-2	520×520×70	DV_e-5	0.42	58	—
	WL-01	420×780×28	DV-6	—	49	—
	WL-02	420×485×28	DV-6	—	49	—
	WL-03	420×585×28	DV-6	—	49	—
	WL-04	420×685×28	DV-6	—	49	—
	WL-05	486×508×28	DV-6	—	49	—
	WM-Ⅰ-1	520×520×500	DV_e-4	—	78	—
	WM-Ⅰ-2	520×520×500	DV_e-5	—	83	—
	WM-Ⅱ-1	440×470×500	DV_e-4	—	44	—
	WM-Ⅱ-2	440×470×500	DV_e-5	—	44	—
	WZ-Ⅰ	500×500×600	无纺布	3	—	—
	WZ-Ⅱ	570×570×600	无纺布	3.5	—	—
	WZ-Ⅲ	490×520×700	无纺布	3.5	—	—
	WZ-Ⅳ	500×500×500	无纺布	2.5	—	—
	V-1	610×610×490	钢丝 Z-CP-2	3.5	31	300
	V-2	610×264×490	钢丝 Z-CP-2	1.5	31	300
框式中效过滤器	KZⅠ-01	610×600×600	无纺布	—	120	250
	KZⅠ-02	610×600×600	无纺布	—	90	200
	KZⅠ-03	610×600×600	无纺布	—	70	180
	KZⅡ-01	305×600×600	无纺布	—	90	200
	KZⅡ-02	305×600×600	无纺布	—	70	180
	KZⅡ-03	305×600×600	无纺布	—	50	150
	KZⅢ-01	500×500×500	无纺布	—	110	250
	KZⅢ-02	500×500×500	无纺布	—	90	200
	KZⅢ-03	500×500×500	无纺布	—	70	180
	KZⅣ-01	305×500×500	无纺布	—	90	200
	KZⅣ-02	305×500×500	无纺布	—	70	180
	KZⅣ-03	305×500×500	无纺布	—	50	150

续表

名称	型号	外形尺寸（长×宽×高）/mm	滤料		阻力/Pa	
			材料	面积/m²	初	终
袋式中效过滤器	HG-72	485×420×20	无纺布	—	50	—
	HG-74-1	520×520×500	无纺布	—	40	—
	HG-74-2	500×500×500	无纺布	—	40	—
	HG-74-3	570×830×610	无纺布	—	50	—
	HG-74-4	540×330×610	无纺布	—	40	—
	DZ-01	610×520×520	无纺布	—	50	100
	DZ-02	350×395×755	无纺布	—	50	100
	DZ-03	500×590×330	无纺布	—	50	100
	DZ-04	500×540×330	无纺布	—	50	100
	DZ-05	700×470×440	无纺布	—	50	100

表 2-134　高中效空气过滤器

名称	型号	外形尺寸（长×宽×高）/mm	风量/(m³/h)	过滤器效率		阻力/Pa
				检测方法	/%	初
高中效过滤器	GZ-95a	520×520×900	1500	计数法 0.3～2μm	87～99.9	112
			2000	计数法 0.3～2μm	87～99.9	152
	GZ-95b	520×520×700	1150	计数法 0.3～2μm	87～99.9	112
			1500	计数法 0.3～2μm	87～99.9	152
	GZ-85	520×520×700	1500	计数法 0.3～2μm	60～99	106
			2000	计数法 0.3～2μm	63～99	146
	GZ-75	520×520×700	1500	计数法 0.3～2μm	50～98.5	84
			2000	计数法 0.3～2μm	50～98.5	114

表 2-135　亚高效空气过滤器

名称	型号	外形尺寸（长×宽×高）/mm	滤料		阻力/Pa	
			材料	面积/m²	初	终
亚高效过滤器	GZH-01	484×484×220	棉纤维 80% 超细玻璃棉 20%	～10	≤180	—
	GZH-03	630×630×220	棉纤维 80% 超细玻璃棉 20%	～18	≤180	—
低阻力亚高效空气过滤器	TKJ 单体	287×287×185	超细纤维聚丙烯	1.4	50	—
	TKJ-2×1	544×287×185	超细纤维聚丙烯	2.8	50	—
	TKJ-3×1	801×287×185	超细纤维聚丙烯	4.2	50	—
	TKJ-4×1	1058×287×185	超细纤维聚丙烯	5.6	50	—
	TKJ-5×1	1315×287×185	超细纤维聚丙烯	7.0	50	—
	TKJ-6×1	1572×287×185	超细纤维聚丙烯	8.4	50	—
	TKJ-2×2	544×551×185	超细纤维聚丙烯	5.6	50	—
	TKJ-3×2	801×551×185	超细纤维聚丙烯	8.2	50	—

续表

名称	型号	过滤器效率		风量/(m³/h)
		检测方法	/%	
亚高效过滤器	GZH-01	钠焰法	≥95	1000
	GZH-03	钠焰法	≥95	1500
低阻力亚高效空气过滤器	TKJ 单体	钠焰法	96	350
	TKJ-2×1	钠焰法	96	700
	TKJ-3×1	钠焰法	96	1050
	TKJ-4×1	钠焰法	96	1400
	TKJ-5×1	钠焰法	96	1750
	TKJ-6×1	钠焰法	96	2100
	TKJ-2×2	钠焰法	96	1400
	TKJ-3×2	钠焰法	96	2100

表 2-136 高效空气过滤器

名称	型号	外形尺寸（长×宽×高）/mm	滤料		阻力/Pa
			材料	面积/m²	初
高效空气过滤器	GB-01(木框)	484×484×220	超细玻璃纤维纸	≈11	≤250
	GB-01-2(木框)	484×484×220	超细玻璃纤维纸	≈9.5	≤300
	GB-02(木框)	320×320×260	超细玻璃纤维纸	≈6	≤250
	GB-02-2(木框)	320×320×260	超细玻璃纤维纸	≈4.5	≤300
	GB-03(木框)	630×630×220	超细玻璃纤维纸	≈18	≤200
	GBW-01(金属框)	484×484×220	超细玻璃纤维纸	≈9.5	≤300
	GBW-02(金属框)	320×320×260	超细玻璃纤维纸	≈4.5	≤300
	GBW-03(金属框)	630×630×220	超细玻璃纤维纸	≈16	≤250
	GBJ-01(金属框)	484×484×220	超细玻璃纤维纸	≈11	≤250
	GBJ-01-2(金属框)	484×484×220	超细玻璃纤维纸	≈9.5	≤300
	GBJ-02(金属框)	320×320×260	超细玻璃纤维纸	≈6	≤250
	GBJ-02-2	320×320×260	超细玻璃纤维纸	≈4.5	≤300
	GBJ-03	630×630×220	超细玻璃纤维纸	≈18	≤200
	GBJ-03-2	630×630×220	超细玻璃纤维纸	≈16	≤250
	GB-1-01	484×484×220	超细玻璃纤维滤纸	12	≤250
	GB-1.5-01	726×484×220	超细玻璃纤维滤纸	18	≤250
	GB-2-01	968×484×220	超细玻璃纤维滤纸	24	≤250
	GB-1-02	320×320×260	超细玻璃纤维滤纸	13	≤250
	GB-1-03	630×630×220	超细玻璃纤维滤纸	20	≤250

续表

名称	型号	外形尺寸 (长×宽×高)/mm	滤料		阻力/Pa
			材料	面积/m²	初
高效空气过滤器	GB-1.5-03	945×630×220	超细玻璃纤维滤纸	30	≤250
	GB-2-03	1260×630×220	超细玻璃纤维滤纸	40	≤250
	GB-1-04	610×610×150	超细玻璃纤维滤纸	14	≤250
	GB-1.5-04	915×610×150	超细玻璃纤维滤纸	21	≤250
	GB-2-04	1220×610×150	超细玻璃纤维滤纸	28	≤250
	GB-01	484×484×220	超细玻璃纤维滤纸	12	≤250
	GB-03	630×630×220	超细玻璃纤维滤纸	20	≤250
	GB-02F	600×420×200	超细玻璃纤维滤纸	12	≤250
	GB-01	484×484×220	超细玻璃纤维滤纸	—	≤240
	GB-02	320×320×220	超细玻璃纤维滤纸	—	≤250
	GB-03	630×630×220	超细玻璃纤维滤纸	—	≤230
	GK-8A	600×600×150	超细玻璃纤维滤纸	12	直隔板结构：≤235.44 斜隔板结构：≤196.2
	GK-10A	484×484×220	超细玻璃纤维滤纸	12	
	GK-10B	420×600×200	超细玻璃纤维滤纸	12	
	GK-10C	610×610×150	超细玻璃纤维滤纸	14	
	GK-10D	600×420×200	超细玻璃纤维滤纸	12	
	GK-12A	820×600×150	超细玻璃纤维滤纸	18	
	GK-12B	560×600×200	超细玻璃纤维滤纸	18	
	GK-13A	720×760×150	超细玻璃纤维滤纸	20	
	GK-15A	630×630×220	超细玻璃纤维滤纸	22	
	GK-15B	726×484×220	超细玻璃纤维滤纸	18	
	GK-15C	915×610×150	超细玻璃纤维滤纸	21	
	GK-15D	820×600×200	超细玻璃纤维滤纸	24	
	GK-20A	968×484×220	超细玻璃纤维滤纸	28	
	GK-20B	1220×610×150	超细玻璃纤维滤纸	28	
	GK-22A	945×630×220	超细玻璃纤维滤纸	35	
	GK-30A	1260×630×220	超细玻璃纤维滤纸	42	
普通型高效空气过滤器	GB-01	484×484×150/220	超细玻璃纤维滤纸	—	≤250
	1.5GB-01	726×484×150/220	超细玻璃纤维滤纸	—	≤250
	2GB-01	968×484×150/220	超细玻璃纤维滤纸	—	≤250
	GB-02	320×320×260	超细玻璃纤维滤纸	—	≤250

续表

名称	型号	外形尺寸(长×宽×高)/mm	滤料		阻力/Pa
			材料	面积/m²	初
普通型高效空气过滤器	GB-03	630×630×150/220	超细玻璃纤维滤纸	—	≤250
	1.5GB-03	945×630×150/220	超细玻璃纤维滤纸	—	≤250
	2GB-03	1260×630×150/220	超细玻璃纤维滤纸	—	≤250
	GB-04	610×610×292	超细玻璃纤维滤纸	—	≤250
	WG-01	484×484×80	超细玻璃纤维滤纸	—	≤250
	3GB-04	1850×1070×150	超细玻璃纤维滤纸	—	≤250
刀架式高效空气过滤器	GB-03-LD	630×630×330	超细玻璃纤维滤纸	18	≤220
	1.5GB-03-LD	945×630×330	超细玻璃纤维滤纸	27	≤220
	2GB-03-LD	1260×630×330	超细玻璃纤维滤纸	36	≤220
	GB-04-LD	630×630×260	超细玻璃纤维滤纸	10	≤220
	1.5GB-04-LD	945×630×260	超细玻璃纤维滤纸	15	≤220
	2GB-04-LD	1260×630×260	超细玻璃纤维滤纸	20	≤220
无隔板高效空气过滤器	WGP-01	484×484×80	超细玻璃纤维滤纸	—	≤252
	1.5WGP-01	726×484×80	超细玻璃纤维滤纸	—	≤252
	2WGP-01	968×484×80	超细玻璃纤维滤纸	—	≤252
	WGP-03	630×630×80	超细玻璃纤维滤纸	—	≤252
	1.5WGP-03	945×630×80	超细玻璃纤维滤纸	—	≤252
	2WGP-03	1260×630×80	超细玻璃纤维滤纸	—	≤252
高效空气过滤器(2分隔板为铜底板<分隔板·为铝箔)	GB—01—Z/L	484×484×220	超细玻璃纤维滤纸	—	≤220
	1.5GB—01—Z/L	726×484×220	超细玻璃纤维滤纸	—	≤220
	2GB—01—Z/L	968×630×220	超细玻璃纤维滤纸	—	≤220
	GB—03—Z/L	630×630×220	超细玻璃纤维滤纸	—	≤220
	1.5GB—03—Z/L	945×630×220	超细玻璃纤维滤纸	—	≤220
	2GB—03—Z/L	1260×630×220	超细玻璃纤维滤纸	—	≤220

续表

名称	型号	过滤器效率		风量/(m^3/h)	容尘量/g	重量/kg
		检测方法	/%			
高效空气过滤器	GB-01(木框)	油雾法	≥99.95	1000	>500	—
	GB-01-2(木框)	油雾法	≥99.99	1000	≈500	—
	GB-02(木框)	油雾法	≥99.95	500	≈300	—
	GB-02-2(木框)	油雾法	≥99.99	500	≈300	—
	GB-03(木框)	油雾法	≥99.95	1500	>750	—
	GBW-01(金属框)	油雾法	≥99.99	1000	≈500	—
	GBW-02(金属框)	油雾法	≥99.99	500	≈200	—
	GBW-03(金属框)	油雾法	≥99.99	1500	≈750	—
	GBJ-01(金属框)	油雾法	≥99.95	1000	≈500	—
	GBJ-01-2(金属框)	油雾法	≥99.99	1000	≈500	—
	GBJ-02(金属框)	油雾法	≥99.95	500	≈300	—
	GBJ-02-2	油雾法	≥99.99	500	≈300	—
	GBJ-03	油雾法	≥99.90	1500	≈750	—
	GBJ-03-2	油雾法	≥99.99	1500	≈750	—
	GB-1-01	钠焰法	≥99.99	1000	—	—
	GB-1.5-01	钠焰法	≥99.99	1500	—	—
	GB-2-01	钠焰法	≥99.99	2000	—	—
	GB-1-02	钠焰法	≥99.99	500	—	—
	GB-1-03	钠焰法	≥99.99	1500	—	—
	GB-1.5-03	钠焰法	≥99.99	2250	—	—
	GB-2-03	钠焰法	≥99.99	3000	—	—
	GB-1-04	钠焰法	≥99.99	850	—	—
	GB-1.5-04	钠焰法	≥99.99	1275	—	—
	GB-2-04	钠焰法	≥99.99	1700	—	—
	GB-01	钠焰法	≥99.93	1000	≥500	—
	GB-03	钠焰法	≥99.93	1500	≥750	—
	GB-02F	钠焰法	≥99.93	1000	≥500	—
	GB-01	钠焰法	≥99.97	1000	500	—
	GB-02	钠焰法	≥99.97	500	500	—
	GB-03	钠焰法	≥99.97	1500	500	—

续表

名称	型号	过滤器效率		风量/(m³/h)	容尘量/g	重量/kg
		检测方法	/%			
高效空气过滤器	GK-8A	钠焰法	Ⅰ类:≥99.998 Ⅱ类:≥99.995 一等品:≥99.99 二等品:99.95	800	500	≈8
	GK-10A	钠焰法		1000	500	≈8
	GK-10B	钠焰法		1000	500	≈8
	GK-10C	钠焰法		1000	600	≈9
	GK-10D	钠焰法		1000	500	≈8
	GK-12A	钠焰法		1200	750	≈12
	GK-12B	钠焰法		1200	750	≈12
	GK-13A	钠焰法		1300	800	≈13
	GK-15A	钠焰法		1500	900	≈15
	GK-15B	钠焰法		1500	750	≈15
	GK-15C	钠焰法		1500	850	≈15
	GK-15D	钠焰法		1500	1000	≈15
	GK-20A	钠焰法		2000	1200	≈16
	GK-20B	钠焰法		2000	1200	≈16
	GK-22A	钠焰法		2200	1400	≈18
	GK-30A	钠焰法		3000	1800	≈20
普通型高效空气过滤器	GB-01	钠焰法	≥99.99	1000	≥500	—
	1.5GB-01	钠焰法	≥99.99	1500	≥750	—
	2GB-01	钠焰法	≥99.99	2000	≥1000	—
	GB-02	钠焰法	≥99.99	500	≥300	—
	GB-03	钠焰法	≥99.99	1500	≥750	—
	1.5GB-03	钠焰法	≥99.99	2250	≥1200	—
	2GB-03	钠焰法	≥99.99	3000	≥1600	—
	GB-04	钠焰法	≥99.99	1700	≥700	—
	WG-01	钠焰法	≥99.99	800	≥226	—
	3GB-04	钠焰法	≥99.99	5000	≥2500	—
刀架式高效空气过滤器	GB-03-LD	钠焰法	≥99.99	1500	>800	17
	1.5GB-03-LD	钠焰法	≥99.99	2250	>1200	23
	2GB-03-LD	钠焰法	≥99.99	3000	>1600	29
	GB-04-LD	钠焰法	≥99.99	1000	>500	12
	1.5GB-04-LD	钠焰法	≥99.99	1500	>800	15.5
	2GB-04-LD	钠焰法	≥99.99	2000	>1000	20
无隔板高效空气过滤器	WGP-01	钠焰法	≥99.99	1000	≤226	—
	1.5WGP-01	钠焰法	≥99.99	1500	≤339	—
	2WGP-01	钠焰法	≥99.99	2000	≤432	—
	WGP-03	钠焰法	≥99.99	1500	≤283	—
	1.5WGP-03	钠焰法	≥99.99	2250	≤574	—
	2WGP-03	钠焰法	≥99.99	3000	≤766	—

续表

名称	型号	过滤器效率		风量/(m^3/h)	容尘量/g	重量/kg
		检测方法	/%			
高效空气过滤器(2分隔板为铜底板<分隔板为铝箔)	GB−01−Z/L	钠焰法	≥99.99	1000	>500	8.5 11.5
	1.5GB−01−Z/L	钠焰法	≥99.99	1500	>800	11.5 15.0
	2GB−01−Z/L	钠焰法	≥99.99	2000	>1000	15.0 18.5
	GB−03−Z/L	钠焰法	≥99.99	1500	>800	14.5 16.0
	1.5GB−03−Z/L	钠焰法	≥99.99	2250	>1200	20.0 22.0
	2GB−03−Z/L	钠焰法	≥99.99	3000	>1600	26.0 27.5

2.3.3.2 其他空气净化设备

（1）空气净化器　产品型号表示如图 2-70 所示。

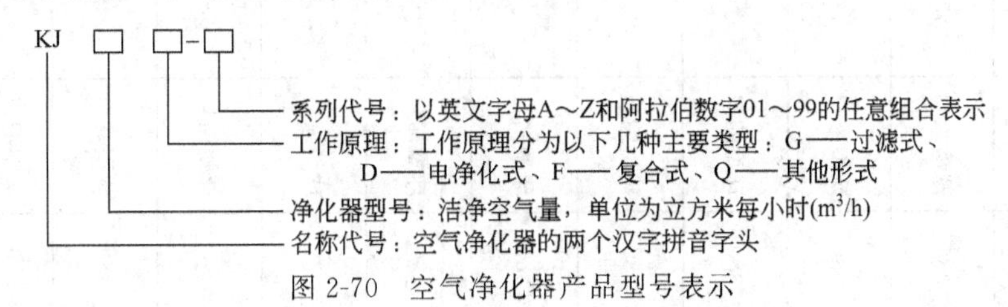

图 2-70　空气净化器产品型号表示

型号示例：

KJ600G-A01 表示洁净空气量为 $600m^2/h$、过滤式、A 系列，第 1 款净化器。

净化器工作时洁净空气量实测值对应的噪声值应符合表 2-137 的规定。

表 2-137　净化器洁净空气量实测值对应的噪声值

洁净空气量/(m^3/h)	声功率级/dB(A)	洁净空气量/(m^3/h)	声功率级/dB(A)
$Q \leqslant 150$	≤55	$300 < Q \leqslant 450$	≤66
$150 < Q \leqslant 300$	≤61	$Q > 450$	≤70

注：如果净化器可去除一种以上目标污染物，则按最大洁净空气量值确定表中对应的噪声值。

（2）净化能效分级　净化器对不同目标污染物的净化能效值为表 2-138、表 2-139 中的合格级。

① 净化器对颗粒物的净化能效分级见表 2-138。

表 2-138　净化器对颗粒物的净化能效分级

净化能效等级	净化能效 $\eta_{颗粒物}$/[m^3/(W·h)]
高效级	$\eta_{颗粒物} \geqslant 5.00$
合格级	$2.00 \leqslant \eta_{颗粒物} < 5.00$

② 净化器对气态污染物的净化能效分级见表 2-139。

表 2-139　净化器对气态污染物的净化能效分级

净化能效等级	净化能效 $\eta_{气态污染物}$/[m^3/(W·h)]
高效级	$\eta_{气态污染物} \geqslant 1.00$
合格级	$0.50 \leqslant \eta_{气态污染物} < 1.00$

（3）常用空气设备性能参数　空气吹淋室的性能参数见表 2-140。

表 2-140 空气吹淋室的性能参数

名称	型号	外形尺寸（长×深×高）/mm	吹淋区尺寸（长×深×高）/mm	风量/(m^3/h)	照明/W	设备功率/kW		电压/V	喷嘴						重量/kg
						风机	电加热器		型号	直径/mm	个数	风速/(m/s)	吹淋温度/℃	吹淋时间/s	
风淋室	FL-3	1570×910×2286	810×810×1860	—	20×2	1.1	9	380	球型缩口	ϕ38	10	23～30	25～35	20～60	—
旋转台风淋室	—	1600×910×2282	810×810×1860	—	20×2	1.1+0.25	6	380	球型缩口	ϕ38	10	23～30	25～35	20～60	—
风淋室	FL-2	1100×1600×2250	980×800×1990	3000	15×2	1.1	10.7	380	球型缩口	—	20	28～30	室温+10	任意	—
单人风淋室	FL-1	1550×900×2260	—	3000	—	2.2	8.0	380	球型缩口	—	—	≥26	25～36	30～60	—
吹淋室	JKC-1（单人）	1600×850×2340	800×850×2000	—	—	1.1	0.6+18	380	球型缩口	—	—	25±2	—	—	—
	JKC-2（双人）	1600×1200×2340	800×1200×2000	—	—	1.1	0.6+18	380	球型缩口	—	—	25±2	—	—	—
风淋室	FLS-1	1516×980×2130	740×860×1925	—	—	7	380		球型缩口	ϕ38	2	25～30	25～30	30～60	375
	FLS-1A	1840×800×2300	1000×640×2200	—	—	7	380		球型缩口	ϕ38	12	≥25	25～30	60	400
	—	1550×900×2260	—	—	15×2	1.1	9	380	球型缩口	—	—	>26	30～36	60	390
通道吹淋室	FL-1	6160×2720×2700	6000×800×2000	≥16000	—	10	—	380	球型缩口	ϕ38	120	20～30	—	—	—
条缝扫描式空气吹淋室	HG-8801	1500×1200×2650	900×900×2000	2260	—	1.5	—	380	条缝 800×1500×2			—	—	—	—

装配式洁净室的性能参数见表 2-141。

表 2-141 装配式洁净室的性能参数

名称	型号	外形尺寸（长×宽×高）/mm	室内净尺寸（长×宽×高）/mm	洁净度等级	断面风速/(m/s)	室内正压/Pa	振动/μm	噪声/dB(A)	照度/lx	用电量		温湿度
										功率/kW	电压/V	
垂直单向流洁净室	CJ6	3120×3120×3150	2080×3120×2400	100	0.3	10	—	＜65	＞200	—	—	(20±2)℃ (65±5)%
	CJ8	3120×4160×3150	2080×4160×2400	100	0.3	10	—	＜65	＞200	—	—	(20±2)℃ (65±5)%
	CJ9	4160×3120×3150	3120×3120×2400	100	0.3	10	—	＜65	＞200	—	—	(20±2)℃ (65±5)%
	CJ10	3120×5200×3150	2080×5200×2400	100	0.3	10	—	＜65	＞200	—	—	(20±2)℃ (65±5)%
	CJ12	3120×6240×3150	2080×6240×2400	100	0.3	10	—	＜65	＞200	—	—	(20±2)℃ (65±5)%
	CJ13	4160×4160×3150	3120×4160×2400	100	0.3	10	—	＜65	＞200	—	—	(20±2)℃ (65±5)%
	CJ15	3120×7280×3150	2080×7280×2400	100	0.3	10	—	＜65	＞200	—	—	(20±2)℃ (65±5)%
	CJ16	4160×5200×3150	3120×5200×2400	100	0.3	10	—	＜65	＞200	—	—	(20±2)℃ (65±5)%
	CJ19	4160×6240×3150	3120×6240×2400	100	0.3	10	—	＜65	＞200	—	—	(20±2)℃ (65±5)%
	CJ21	6240×5200×3150	4160×5200×2400	100	0.3	10	—	＜65	＞200	—	—	(20±2)℃ (65±5)%
	CJ22	4160×7280×3150	3120×7280×2400	100	0.3	10	—	＜65	＞200	—	—	(20±2)℃ (65±5)%
	CJ25	6240×6240×3150	4160×6240×2400	100	0.3	10	—	＜65	＞200	—	—	(20±2)℃ (65±5)%
	CJ30	6240×7280×3150	4160×7280×2400	100	0.3	10	—	＜65	＞200	—	—	(20±2)℃ (65±5)%
	JJS-8	2410×3660×2540	—	100	≥0.3	＞15	＜0.5	≤70	700	—	—	(20±1)℃ (55±10)%
	CJ-7	2410×1830×2540	2280×1700×2000	100	0.3	—	≯20	~70	—	1.22	—	—
	CJK 4.5/3	2840×2300×3040	2050×2300×2200	100	0.3	5~20	＜2	＜65	＞500	—	—	(18~25)℃±1℃ (45~70)%±10%
	CJK 5.1/3	3490×2300×3040	2400×2300×2200	100	0.3	5~20	＜2	＜65	＞500	—	—	(18~25)℃±1℃ (45~70)%±10%
	CJK 6.8/4	3490×3020×3040	2400×3020×2200	100	0.3	5~20	＜2	＜65	＞500	—	—	(18~25)℃±1℃ (45~70)%±10%
	CJK 8.5/5	3490×3740×3040	2400×3740×2200	100	0.3	5~20	＜2	＜65	＞500	—	—	(18~25)℃±1℃ (45~70)%±10%

续表

名称	型号	外形尺寸(长×宽×高)/mm	室内净尺寸(长×宽×高)/mm	洁净度等级	断面风速/(m/s)	室内正压/Pa	振动/μm	噪声/dB(A)	照度/lx	用电量		温湿度
										功率/kW	电压/V	
垂直单向流洁净室	CJK 10.2/6	3490×4460×3040	2400×4460×2200	100	0.3	5~20	<2	<65	>500	—	—	(18~25)℃±1℃ (45~70)%±10%
	CJK 11.9/7	3490×5180×3040	2400×5180×2200	100	0.3	5~20	<2	<65	>500	—	—	(18~25)℃±1℃ (45~70)%±10%
	CJK 13.6/8	3490×5900×3040	2400×5900×2200	100	0.3	5~20	<2	<65	>500	—	—	(18~25)℃±1℃ (45~70)%±10%
	CJK 17/10	6840×3740×3040	4800×3740×2200	100	0.3	5~20	<2	<65	>500	—	—	(18~25)℃±1℃ (45~70)%±10%
	CJK 20.4/12	6840×4460×3040	4800×4460×2200	100	0.3	5~20	<2	<65	>500	—	—	(18~25)℃±1℃ (45~70)%±10%
	CJK 23.8/14	6840×5180×3040	4800×5180×2200	100	0.3	5~20	<2	<65	>500	—	—	(18~25)℃±1℃ (45~70)%±10%
水平单向流洁净室	SJ10	5200×3120×2820	3200×3120×2400	100	0.3	10	—	≤65	>100	—	—	(20±2)℃ (65±5)%
	SJ 13-1	6240×3120×2820	4240×3120×2400	100	0.3	10	—	≤65	>100	—	—	(20±2)℃ (65±5)%
	SJ 13-2	5200×4160×2820	3200×4160×2400	100	0.3	10	—	≤65	>100	—	—	(20±2)℃ (65±5)%
	SJ-16	7280×3120×2820	5280×3120×2400	100	0.3	10	—	≤65	>100	—	—	(20±2)℃ (65±5)%
	SJ 17-1	5200×5200×2820	3200×5200×2400	100	0.3	10	—	≤65	>100	—	—	(20±2)℃ (65±5)%
	SJ 17-2	6240×4160×2820	4240×4160×2400	100	0.3	10	—	≤65	>100	—	—	(20±2)℃ (65±5)%
	SJ19	8320×3120×2820	6320×3120×2400	100	0.3	10	—	≤65	>100	—	—	(20±2)℃ (65±5)%
	SJ 22-1	6240×5200×2820	4240×5200×2400	100	0.3	10	—	≤65	≥100	—	—	(20±2)℃ (65±5)%
	SJ 22-2	7280×4160×2820	5280×4160×2400	100	0.3	10	—	≤65	≥100	—	—	(20±2)℃ (65±5)%
	SJ23	9360×3120×2820	7360×3120×2400	100	0.3	10	—	≤65	≥100	—	—	(20±2)℃ (65±5)%
	SJ 26-1	8320×4160×2820	6320×4160×2400	100	0.3	10	—	≤65	≥100	—	—	(20±2)℃ (65±5)%
	SJ 26-2	10400×5200×2820	8400×3120×2400	100	0.3	10	—	≤65	≥100	—	—	(20±2)℃ (65±5)%
	SJ27	7280×5200×2820	5280×5200×2400	100	0.3	10	—	≤65	≥100	—	—	(20±2)℃ (65±5)%

续表

名称	型号	外形尺寸(长×宽×高)/mm	室内净尺寸(长×宽×高)/mm	洁净度等级	断面风速/(m/s)	室内正压/Pa	振动/μm	噪声/dB(A)	照度/lx	用电量		温湿度
										功率/kW	电压/V	
水平单向流洁净室	SJ30	9360×4160×2820	7360×4160×2400	100	0.3	10	—	≤65	≥100	—	—	(20±2)℃ (65±5)%
	SJ33	8320×5200×2820	6320×5200×2400	100	0.3	10	—	≤65	≥100	—	—	(20±2)℃ (65±5)%
	SJ34	10400×4160×2820	8400×4160×2400	100	0.3	10	—	≤65	≥100	—	—	(20±2)℃ (65±5)%
	SJ38	9360×5200×2820	7360×5200×2400	100	0.3	10	—	≤65	≥100	—	—	(20±2)℃ (65±5)%
	SJ43	10400×5200×2820	8400×5200×2400	100	0.3	10	—	≤65	≥100	—	—	(20±2)℃ (65±5)%
	SLJ 20	5200×3120×2820	3200×3120×2400	100	0.3	5	—	≤65	≥100	—	—	(20±2)℃ (55±10)%
	SLJ 24	5200×4160×2820	3200×4160×2400	100	0.3	5	—	≤65	≥100	—	—	(20±2)℃ (55±10)%
	SLJ 26-1	5200×3120×2820	4240×3120×2400	100	0.3	5	—	≤65	≥100	—	—	(20±2)℃ (55±10)%
	SLJ 26-2	5200×3120×2800	3200×3120×2400	100	0.3	5	—	≤65	≥100	—	—	(20±2)℃ (55±10)%
	SLJ 27	5200×5200×2820	3200×5200×2400	100	0.3	5	—	≤65	≥100	—	—	(20±2)℃ (55±10)%
	SLJ 29	5200×4160×2820	3200×4160×2400	100	0.3	5	—	≤65	≥100	—	—	(20±2)℃ (55±10)%
	SLJ 30	6240×4160×2820	4240×4160×2400	100	0.3	5	—	≤65	≥100	—	—	(20±2)℃ (55±10)%
	SLJ 32-1	5200×5200×2820	3200×5200×2400	100	0.3	5	—	≤65	≥100	—	—	(20±2)℃ (55±10)%
	SLJ 32-2	6240×3120×2820	4240×3120×2400	100	0.3	5	—	≤65	≥100	—	—	(20±2)℃ (55±10)%

空气自净室的性能参数见表2-142。

表2-142 空气自净室的性能参数

名称	型号	外形尺寸(长×宽×高)/mm	出风口尺寸/mm	风量/(m³/h)	出风口速度/(m/s)	噪声/dB(A)	用电量		过滤网		重量/kg
							风机/kW	电压/V	规格	数量/个	
空气自净器	SZ-01	680×500×1600	—	—	1.2	60	0.25	380	GB-01	1	200
	SZ-01A	660×460×1700	450×450	—	1.2	<65	0.18	380	高效	1	92
净化箱	JHG-1	836×556×1751	780×500	1800～2000	—	<63	0.25	380	高效	1	170

续表

名称	型号	外形尺寸（长×宽×高）/mm	出风口尺寸/mm	风量/(m^3/h)	出风口速度/(m/s)	噪声/dB(A)	用电量		过滤网		重量/kg
							风机/kW	电压/V	规格	数量/个	
自净器（窗式）	ZJ-600C	685×685×510	600×600	600	0.46	≤65	0.4	220	GK-8A 600×600×150	1	55
	ZJ-800C	905×665×515	820×600	800	0.45	≤65	0.4	220	GK-12A 820×600×150	1	63
	ZJ-1000C	905×665×535	820×600	1000	0.56	≤65	0.4	220	GK-12A 820×600×150	1	65
自净器 T(风口式) X(下装式) S(散流式)	ZJ-600 T.X.S	780×780×510	600×600	600	0.46	≤65	0.4	220	GK-8A 600×600×150	1	55
	ZJ-800 T.X.S	1000×760×515	820×600	800	0.45	≤65	0.4	220	GK-12A 820×600×150	1	63
	ZJ-1000 T.X.S	1000×760×535	820×600	1000	0.56	≤65	0.4	220	GK-12A 820×600×150	1	65
新风净化机	M800（木机构）	500×500×890	500×500	800	—	65	0.4	220	亚高效	—	—
	T800（钢机构）	500×500×860	500×500	800	—	65	0.4	220	亚高效	—	—
	TT1000（钢结构可调速）	900×580×660	800×480	1000	—	65～58	0.4	220 220 180	亚高效	—	—

净化工作台见表2-143。

表 2-143 净化工作台

名称	型号	外形尺寸（宽×深×高）/mm	工作尺寸（宽×深×高）/mm	用途	平均风速/(m/s)
标准型净化工作台	SW-CJ-1B	900×850×1425	820×480×575	通用（水平层流）	0.4
标准型双人净化工作台	SW-CJ-1C	1765×890×1425	1680×480×600	通用（水平层流）	0.35～0.55
双管净化工作台	SW-CJ-2D	800×795×2150	740×584×860	通用（垂直层流）	0.35
	SW-CJ-ZF	730×900×2250	650×555×940	通用（垂直层流）	0.35
清洗净化工作台	SW-CJ-4D	890×773×1820	680×500×600	清洗（垂直层流）	0.3
光刻净化工作台	SW-CJ-7B	1435×1150×1930	1256×870×1530	光刻（垂直层流）	0.3

续表

名称	型号	外形尺寸 (宽×深×高)/mm	工作尺寸 (宽×深×高)/mm	用途	平均风速 /(m/s)
匀胶净化工作台	SW-CJ-9B	882×750×1725	600×490×500	匀胶 (垂直层流)	0.5
	SW-CJ-9C	825×700×1750	620×480×500	匀胶 (垂直层流)	0.5
	SW-CJ-9D	825×700×1750	620×480×500	匀胶 (垂直层流)	0.5
医用净化工作台	YJ-875S	1230×730×1600	875×700×460	无菌 (垂直层流)	0.32～0.48
	YJ-1450$^{D}_{S}$	2100×750×1600	1450×700×460	无菌 (垂直层流)	0.32～0.48
净化保管柜	JBG-1500	1520×800×1940	1400×400×1180	堆放 (水平层流)	0.53
净化实验工作台	SJC-740	750×700×1860	700×640×600	生物实验 (垂直层流)	0.35
净化工作台	SJ-201	1600×1000×1470	1540×600×640	通用 (水平层流)	0.4±0.1
	SZK-202	1600×800×1350	1560×450×450	通用 (水平层流)	0.4±0.1
	SXK-103	1200×800×1350	1160×450×448	通用 (水平层流)	0.4±0.1
生物安全工作台	Ⅱ型 A 型	1250×850×2130	1150×650×650	无菌无尘 (垂直层流)	0.4±0.1
单人净化工作台	CJ-SZ	—	920×450×450	通用 (水平层流)	0.4±0.1
双人净化工作台	CJ-SZ	—	1550×460×470	通用 (水平层流)	0.4±0.1
	CJ-SZS	1650×710×1750	980×710×580	通用 (垂直层流)	—
超净工作台	B16-20Ⅱ/GIM	870×980×1710	780×600×560	通用 (垂直层流)	0.45
洁净工作台	TJ-101	800×800×1760	750×560×565	扩散 (垂直层流)	0.3～0.5
	TJ-102	800×800×1760	750×560×565	光刻 (垂直层流)	0.3～0.5
	TJ-103	800×800×1760	750×560×565	清洗 (垂直层流)	0.3～0.5
	TJ-104	800×800×1760	750×560×565	涂胶 (垂直层流)	0.3～0.5
	TJ-105	800×800×1760	750×560×565	外延 (垂直层流)	0.3～0.5
	TJ-106	800×800×1760	750×560×565	普通 (垂直层流)	0.3～0.5

续表

名称	型号	外形尺寸（宽×深×高）/mm	工作尺寸（宽×深×高）/mm	用途	平均风速/(m/s)
洁净工作台	CJ-1	1044×900×1470	940×500	通用（水平层流）	0.35
	CJ-3A	1044×900×1470	1040×500	涂胶（水平层流）	≥0.25
	CJ-4	1040×980×1470	920×580	光刻（水平层流）	>0.25
	CJ-5A	600×710×1800	600×500	扩散（水平层流）	≥0.25
	CJ-6	1040×720×1700	1000×550	清洗（垂直层流）	≥0.25
双人洁净工作台	JJT-1A	900×1550×1380	—	通用（水平层流）	0.3～0.6
	JJT-2	1300×800×2000	—	通用（垂直层流）	0.3～0.6
	JJT-7	700×1400×1450	—	通用（水平层流）	0.3～0.6

名称	型号	噪声/dB(A)	振动/μm	用电量	
				功率/kW	电压/V
标准型净化工作台	SW-CJ-1B	≤60	≤1	0.32	220
标准型双人净化工作台	SW-CJ-1C	≤62	≤3	0.8	220
双管净化工作台	SW-CJ-2D	≤62	≤2	0.32	220
	SW-CJ-ZF	≤62	≤5	0.32	220
清洗净化工作台	SW-CJ-4D	≤62	≤3	0.3	220
光刻净化工作台	SW-CJ-7B	≤64	≤2	0.8	220
匀胶净化工作台	SW-CJ-9B	—	—	0.52	220
	SW-CJ-9C	—	—	0.55	220
	SW-CJ-9D	—	—	0.55	220
医用净化工作台	YJ-875S	≤62	≤3	0.3	220
	YJ-1450$\frac{D}{S}$	≤62	≤3	0.4	220
净化保管柜	JBG-1500	≤65	≤3	0.5	220
净化实验工作台	SJC-740	≤65	≤3	0.25	220
净化工作台	SJ-201	≤65	—	0.43	380
	SZK-202	≤62	≤2	0.35	380
	SXK-103	≤65	≤2	0.35	380
生物安全工作台	Ⅱ型 A 型	≤65	≤5	0.65	380
单人净化工作台	CJ-SZ	≤62	<2	0.25	—
双人净化工作台	CJ-SZ	≤62	<2	0.25	—
	CJ-SZS	≤62	≤2	0.25	—

续表

名称	型号	噪声/dB(A)	振动/μm	用电量	
				功率/kW	电压/V
超净工作台	B16-20Ⅱ/GIM	≤62	≤1	0.25	380
洁净工作台	TJ-101	<65	≤2	0.25	—
	TJ-102	<65	≤2	0.25	—
	TJ-103	<65	≤2	0.25	—
	TJ-104	<65	≤2	0.25	—
	TJ-105	<65	≤2	0.25	—
	TJ-106	<65	≤2	0.25	—
	CJ-1	<65	≤2	—	—
	CJ-3A	≤65	≤2	—	—
	CJ-4	≤65	≤2	—	—
	CJ-5A	≤65	≤2	—	—
	CJ-6	≤65	≤2	—	—
双人洁净工作台	JJT-1A	≤62	≤2	—	—
	JJT-2	≤65	≤2	—	—
	JJT-7	≤62	≤2	—	—

名称	型号	照明/W	高效过滤器规格/mm	重量/kg
标准型净化工作台	SW-CJ-1B	300	820×600×150	300
标准型双人净化工作台	SW-CJ-1C	300	820×600×150(2个)	500
双管净化工作台	SW-CJ-2D	—	600×480×200	400
	SW-CJ-ZF	—	420×600×200	400
清洗净化工作台	SW-CJ-4D	—	420×600×200	400
光刻净化工作台	SW-CJ-7B	—	820×600×150	500
匀胶净化工作台	SW-CJ-9B	—	420×600×200	400
	SW-CJ-9C	—	420×600×200	400
	SW-CJ-9D	—	420×600×200	400
医用净化工作台	YJ-875S	300	820×600×150	160
	YJ-1450$_{S}^{D}$	300	820×600×150 600×600×150	260
净化保管柜	JBG-1500	—	1180×600×150	250
净化实验工作台	SJC-740	—	420×600×200	250
净化工作台	SJ-201	—	—	—
	SZK-202	—	—	210
	SXK-103	—	—	170
生物安全工作台	Ⅱ型A型	60	—	—
单人净化工作台	CJ-SZ	—	—	—

续表

名称	型号	照明/W	高效过滤器规格/mm	重量/kg
双人净化工作台	CJ-SZ	—	—	—
	CJ-SZS	—	—	—
超净工作台	B16-20Ⅱ/GIM	—	—	—
洁净工作台	TJ-101	20	—	160
	TJ-102	20	—	150
	TJ-103	20	—	165
	TJ-104	20	—	160
	TJ-105	20	—	145
	TJ-106	20	—	155
	CJ-1	—	—	—
	CJ-3A	—	—	—
	CJ-4	—	—	—
	CJ-5A	—	—	—
	CJ-6	—	—	—
双人洁净工作台	JJT-1A	—	—	—
	JJT-2	—	—	—
	JJT-7	—	—	—

2.3.4 空调设备的性能

2.3.4.1 除湿机

(1) 除湿机

① 除湿机形式

a. 除湿机的结构类型按表 2-144 的规定。

表 2-144 除湿机的结构类型

结构类型			代号
整体式	不接风管	带风机	F
	接风管	带风机	GF
		不带风机	G
分体式	不接风管	带风机	WF
	接风管	带风机	WGF
		不带风机	WG

b. 除湿机的功能类型按表 2-145 的规定。

表 2-145 除湿机的功能类型

功能类型		代号
一般型	升温型(热回收型)	—
	降温型(空调型)	J
调温型		T

c. 除湿机的进风温度适用类型按表 2-146 的规定。

表 2-146 除湿机的进风温度适用类型

温度适用范围/℃	代号
18～32	A
5～32	B

d. 除湿机型号表示方法

除湿机型号的表示方法如图 2-71 所示。

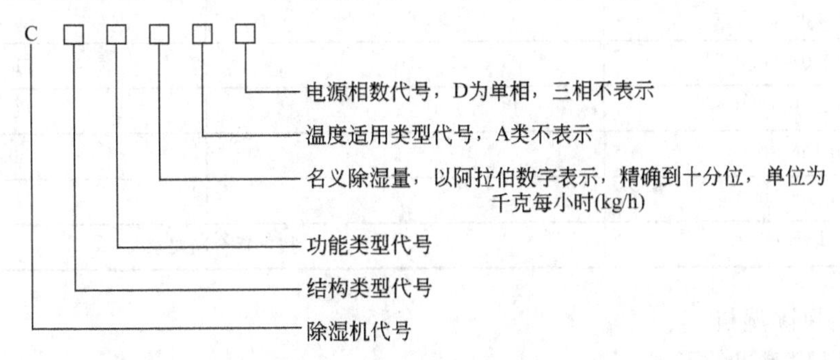

图 2-71 除湿机型号的表示方法

型号示例

名义除湿量为 0.40kg/h，整体不接风管式，带风机，一般升温型，进风温度为 5～32℃，单相电源的除湿机型号：CF0.4BD。

名义除湿量为 20kg/h，整体接风管式，不带风机，冷水调温型，进风温度为 18～32℃，三相电源的除湿机型号：CGTS20。

② 基本参数

除湿机的基本参数按表 2-147 的规定。

表 2-147 基本参数

名义除湿量/(kg/h)	单位输入功率除湿量/[kg/(h·kW)]	
		水冷降温型
≤0.5	1.35	—
>0.5～1.0	1.50	
>1.0～5.0	1.60	
>5.0～10.0	1.70	1.90
>10.0～20.0	1.75	1.95
>20.0～30.0	1.80	2.00
>30.0～40.0	1.85	2.10
>40.0～60.0	1.90	2.20
>60.0～80.0	1.95	2.30
>80.0	2.00	2.40

③ 噪声

除湿机的噪声值（声压级）应不大于表 2-148 的规定值，不带风机的除湿机不考核噪声。

表 2-148　除湿机的噪声值（声压级）

名义除湿量/(kg/h)	室内机组/dB(A)	室外机组/dB(A)
≤0.5	48	—
>0.5～1.0	55	—
>1.0～5.0	60	62
>5.0～10.0	64	68
>10.0～20.0	67	69
>20.0～30.0	70	71
>30.0～40.0	72	74
>40.0～60.0	74	76
>60.0～80.0	77	79
>80.0	按供货合同要求	

（2）全新风除湿机

① 全新风除湿机的形式

a. 全新风除湿机的结构类型按表 2-149 的规定。

表 2-149　全新风除湿机的结构类型

结构类型	代号
带风机	F
不带风机	—

b. 全新风除湿机的功能类型按表 2-150 的规定。

表 2-150　全新风除湿机的功能类型

功能类型	代号
调温	T
不调温	—

② 基本参数

a. 全新风除湿机的名义除湿量按表 2-151 规定的名义工况下确定，大气压 101.325kPa。

表 2-151　全新风除湿机的名义除湿量　　单位：℃

项目	进风干球温度	进风湿球温度	出风露点温度	进水温度	出水温度
名义工况	35	28	≤12	30	35
最大负荷工况	40	30	≤10	34	①
凝露工况	31	28	≤12	30	35
低温工况	10	8	—	—	12
最小负荷工况	16	14	≤10	25	①

① 采用名义工况下确定的水量。

b. 接风管的全新风除湿机的名义风量与带风机型的最小机外静压应符合表 2-152 的规定。

表 2-152　接风管的全新风除湿机的名义风量与带风机型的最小机外静压

名义风量/(m^3/h)	带风机机型的最小机外静压/Pa
≤6000	100
>6000～10000	150
>10000	200

③ 型号表示方式。全新风除湿机的型号表示方法如图 2-72 所示。

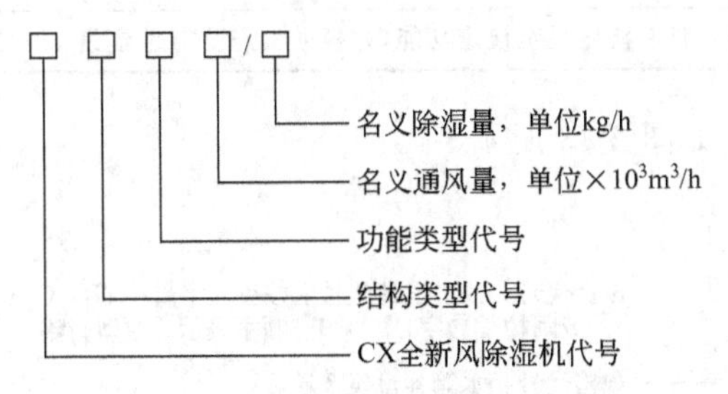

图 2-72　全新风除湿机型号的表示方法

全新风除湿机的型号示例：

名义通风量为 6000m^3/h，带风机，除湿量为 90kg/h，调温型全新风除湿机型号：CXFT6/90；

名义通风量为 8000m^3/h，不带风机，除湿量为 110kg/h，非调温型的全新风除湿机型号：CX8/110。

④ 单位输入功率除湿量。全新风除湿机的单位输入功率除湿量不小于表 2-153 的规定值。

表 2-153　全新风除湿机的单位输入功率除湿量

<table>
<tr><th rowspan="2">名义风量/(m³/h)</th><th colspan="2">单位输入功率除湿量/[kg/(h·kW)]</th></tr>
<tr><th>带风机</th><th>不带风机</th></tr>
<tr><td>≤6000</td><td>2.3</td><td>2.6</td></tr>
<tr><td>>6000～8000</td><td rowspan="3">2.5</td><td>2.7</td></tr>
<tr><td>>8000～10000</td><td rowspan="2">2.8</td></tr>
<tr><td>>10000</td></tr>
</table>

2.3.4.2　加湿器

(1) 分类　加湿器的分类型式见表 2-154。

表 2-154　加湿器的分类型式

分类型式		含义
按加湿方式分类	超声波式	通过超声波将水雾化，并将水雾分散到空气中达到加湿目的的器具
	直接蒸发式	使空气通过湿润的蒸发芯(器)，达到空气加湿目的的器具

续表

分类型式		含义
按加湿方式分类	电热式	通过电加热方式使水汽化，产生蒸汽对空气进行加湿的器具 包括下列两种形式： ① 电加热式加湿器：通过电加热器使水汽化，产生蒸汽对空气进行加湿的器具 ② 电极式加湿器：将电极对放入水中，在水中通过电流对水加热，水汽化产生蒸汽对空气进行加湿的器具
	光波式	以特定波长的光波照射水面，水吸收光波能量后汽化蒸发对空气进行加湿的器具
	离心式	通过离心力将水甩成微粒，并吹散在空气中达到加湿目的的器具
	复合式	同时使用上述任意两种或两种以上原理实现加湿功能的器具
按控制方式分类	普通型	无湿度显示设定功能，加湿工作状态需用手工转换的加湿器
	自动控制型	具有湿度显示设定功能，并根据预先设定的湿度，自动控制加湿工作状态的加湿器

加湿器的型号及含义如图 2-73 所示。

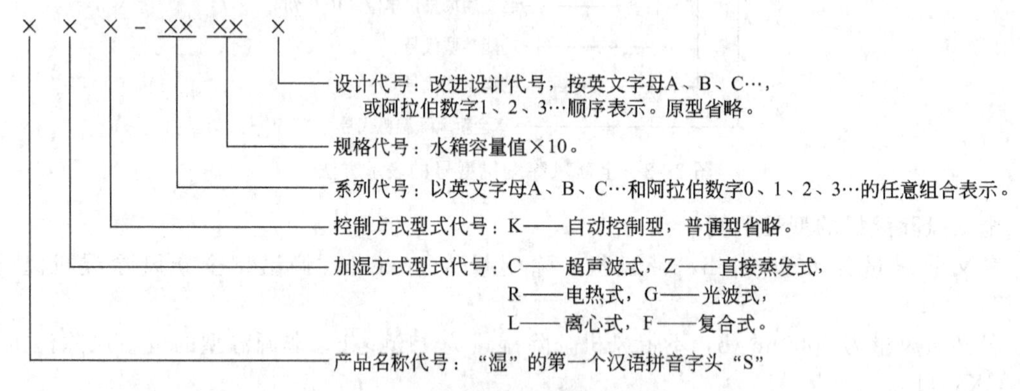

图 2-73　加湿器的型号及含义

型号示例：

SCK-0A20 即水箱容量为 2L 的 0A 系列自动控制型超声波式加湿器，原型设计。

SZ-2B30B 即水箱容量为 3L 的 2B 系列直接蒸发式加湿器，第二次改进设计。

SL-CB70C 即水箱容量为 7L 的 CB 系列离心式加湿器，第三次改进设计。

（2）加湿效率分级　各种类型加湿器加湿效率根据耗能由低到高分为 A、B、C、D 四级，具体指标见表 2-155～表 2-157。

① 超声波式加湿器加湿效率分级见表 2-155。

表 2-155　超声波式加湿器加湿效率分级

加湿效率等级	加湿效率 η 范围/[mL/(h·W)]
A	$\eta \geqslant 12.0$
B	$10.0 \leqslant \eta < 12.0$
C	$8.0 \leqslant \eta < 10.0$
D	$6.0 \leqslant \eta < 8.0$

② 直接蒸发式及离心式（含直接蒸发式及离心式的复合式）加湿器加湿效率分级见表 2-156。

表 2-156　加湿器加湿效率分级

加湿效率等级	加湿效率 η 范围/[mL/(h·W)]
A	$\eta \geqslant 13.0$
B	$11.0 \leqslant \eta < 13.0$
C	$9.0 \leqslant \eta < 11.0$
D	$7.0 \leqslant \eta < 9.0$

③ 电热式及光波式（含带电热元件的复合式）加湿器加湿效率分级见表 2-157。

表 2-157　加湿器加湿效率分级

加湿效率等级	加湿效率 η 范围/[mL/(h·W)]
A	$\eta \geqslant 2.5$
B	$2.0 \leqslant \eta < 2.5$
C	$1.5 \leqslant \eta < 2.0$
D	$1.0 \leqslant \eta < 1.5$

（3）噪声　加湿器的 A 计权声功率级噪声应符合表 2-158。

表 2-158　加湿器的 A 计权声功率级噪声

产品类型	加湿量/(mL/h)	噪声限值声功率级/dB(A)
超声波式	≤350	≤38
	>350	≤42
直接蒸发式及离心式（含直接蒸发式或离心式的复合式）	≤180	≤45
	>180 且≤500	≤50
	>500 且≤1000	≤55
	>1000	≤60
其他类型	≤350	≤40
	>350	≤45

注：1. 带有空气净化功能的加湿器噪声按《空气净化器》（GB/T 18801—2015）要求。

2. 为实现加湿功能以外功能所产生的噪声除外。

（4）超声波加湿器性能参数（表 2-159）。

表 2-159　超声波加湿器性能参数

名称	型号	额定加湿量/(kg/h)	额定功率/W	外形尺寸（长×宽×高）/mm	配用控制器（220V）	控制方式
暗装超声波加湿器	YC-E/0.5	0.5	25	110×115×180	YC-K/25	0,100%
	YC-E/2.0	2.0	100	320×115×180	YC-K/100	0,100%
	YC-E/5.0	5.0	250	620×115×180	YC-K/250	0,100%
	YC-E/8.0	8.0	400	920×115×180	YC-K/400	0,100%
	YC-E/12.0	12.0	600	1500×115×180	YC-K/600	0,50%,100%
	YC-E/20.0	20.0	1000	1250×230×180	YC-K/1000	0,50%,100%

2.3.4.3 空气调节机

（1）单元式空气调节机　空气调节机的效能比实测值应大于等于表 2-160 的规定值。

表 2-160　空气调节机能源效率限定值

类型		能效比(*EER*)/(W/W)
风冷式	不接风管	2.40
	接风管	2.10
水冷式	不接风管	2.80
	接风管	2.50

产品的效能比测试值和标注值应不小于表 2-161 中其额定能源效率等级所对应指标规定值。

表 2-161　空气调节机能源效率等级指标

类型		能效比(*EER*)/(W/W)				
		1	2	3	4	5
风冷式	不接风管	3.20	3.00	2.80	2.60	2.40
	接风管	2.90	2.70	2.50	2.30	2.10
水冷式	不接风管	3.60	3.40	3.20	3.00	2.80
	接风管	3.30	3.10	2.90	2.70	2.50

（2）屋顶式空气调节机型号编制　空气调节机的型号由大写汉语拼音字母和阿拉伯数字组成，具体表示方法如图 2-74 所示。

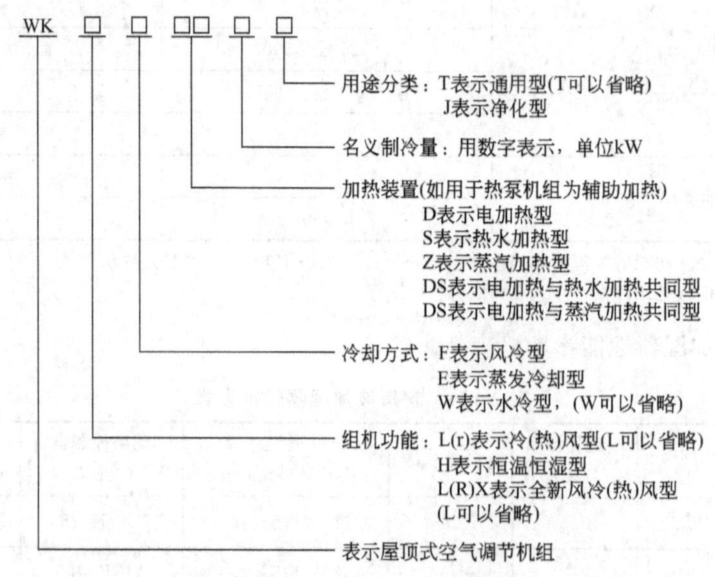

图 2-74　空气调节机的型号编制方法

型号示例：

名义制冷量为 56kW 的风冷冷风电加热净化型屋顶式空气调节机组表示为：WKFD56J。

名义制冷量为 385kW 的风冷热泵热水加热通用型屋顶式空气调节机组表示为：WKFS385。

(3) 基本参数

① 空气调节机的电源为额定电压 220V 单项或 380V 三相交电流，额定频率均为 50Hz。

② 空气调节机的正常工作环境温度见表 2-162。

表 2-162　空气调节机正常工作环境温度　　单位：℃

工作温度	风冷型			蒸发冷却性			水冷型		
	冷(热)风型	恒温恒湿型	全新风型	冷风型	恒温恒湿型	全新风型	冷风型	恒温恒湿型	全新风型
环境温度	-7～43			12.8～43			—		
进水温度	-1			—			12.8～35		

③ 空气调节机的名义制冷（热）量按表 2-163 的名义工况时的温度条件确定。

表 2-163　空气调节机试验工况　　单位：℃

项目			室内侧入口空气状态						室外侧状态						供水状态	供蒸汽状态
			冷(热)风型		恒温恒湿型③		全新风型		水冷型		风冷型		蒸发冷却型			
			干球温度	湿球温度	干球温度	湿球温度	干球温度	湿球温度	进水温度	出水温度	干球温度	湿球温度	干球温度	湿球温度	进水温度	表压力/kPa
制冷运行		名义工况	27	19	23	17	35	28	30	35	35	—	35	24	—	—
		最大负荷工况	32±1	23±0.5	30±1	18±0.5	43±1	30±0.8	35±0.5	①	43±1		43±1	27±0.5		
		低温工况	21±1	15±0.5	21±1	15±0.5	21±1	15±0.5	①	21±0.5	21±1		21±1	15±0.5		
		凝露工况	27±1	24±0.5	—	—	27±1	24±0.5		27±0.5	27±1		27±1	24±0.5		
制热运行	热泵制热	名义工况	20	—			7	—	—	—	7	6	—	—		
		最大负荷工况	27±1				21±1				21±1	15±0.5				
		低温工况	20±1	≤15±0.5			-7±1	-8±0.5			-7±1	-8±0.5				
		融霜工况					2±1	1±0.5			2±1	1±0.5				
	加热装置制热	电加热		—	20±1		7±1	—			—	—				
		热水盘管													90±5④	
		蒸汽盘管													—	70±5
风量静压②			20±2	16±1	20±2	16±1	20±2	16±1							—	—

① 采用制冷名义工况试验条件确定的冷却水量。

② 机外静压的波动应在测定时间内稳定在规定静压的±10%以内。

③ 恒温恒湿试验时相对湿度设定在 50%～70%。

④ 供水量由盘管内水流速 $w=1\text{m/s}$ 和通水面积计算出。

④ 空气调节机的名义制冷（热）量在克服表 2-164 规定的最小机外静压下确定。空调机的最小机外静压应符合表 2-164 的规定，该值为空调机克服初效过滤段、表冷段、送风机段三个功能段阻力后在出现风口处的静压值。空气调节机的回风进口处的静压不得是正压。

表 2-164　空气调节机最小外静压

名义工况制冷量 Q/kW	最小机外静压/Pa
$Q\leqslant 14$	20
$14<Q\leqslant 50$	75
$50<Q\leqslant 100$	150
$100<Q\leqslant 200$	250
$200<Q\leqslant 300$	350
$300<Q$	400

⑤ 能效比（*EER*）和性能系数（*COP*）

a. 风冷型机组能效比（*EER*）和性能系数（*COP*）应符合表 2-165 的规定。

表 2-165　风冷型机组能效比和性能系数

<table>
<tr><th rowspan="2">名义工况制冷量
Q/kW</th><th colspan="3">EER/(W/W)</th><th colspan="3">COP/(W/W)</th></tr>
<tr><th>冷(热)风型</th><th>恒温恒湿型</th><th>全新风型</th><th>冷(热)风型</th><th>恒温恒湿型</th><th>全新风型</th></tr>
<tr><td>$Q\leqslant 14$</td><td>2.5</td><td>2.3</td><td>2.7</td><td>2.5</td><td rowspan="6">—</td><td>2.3</td></tr>
<tr><td>$14<Q\leqslant 50$</td><td>2.45</td><td>2.25</td><td>2.65</td><td>2.45</td><td>2.25</td></tr>
<tr><td>$50<Q\leqslant 100$</td><td>2.4</td><td>2.2</td><td>2.6</td><td>2.4</td><td>2.2</td></tr>
<tr><td>$100<Q\leqslant 200$</td><td>2.35</td><td>2.15</td><td>2.55</td><td>2.35</td><td>2.15</td></tr>
<tr><td>$200<Q\leqslant 300$</td><td rowspan="2">2.3</td><td rowspan="2">2.1</td><td rowspan="2">2.5</td><td rowspan="2">2.3</td><td rowspan="2">2.1</td></tr>
<tr><td>$300<Q$</td></tr>
</table>

注：名义制热消耗功率不包括辅助电加热功率。

b. 蒸发冷却型机组的能效比（*EER*）应符合表 2-166 的规定。

表 2-166　蒸发冷却型机组能效比

<table>
<tr><th rowspan="2">名义工况制冷量 Q/kW</th><th colspan="3">EER/(W/W)</th></tr>
<tr><th>冷(热)风型</th><th>恒温恒湿型</th><th>全新风型</th></tr>
<tr><td>$Q\leqslant 14$</td><td>2.8</td><td>2.6</td><td>3.0</td></tr>
<tr><td>$14<Q\leqslant 50$</td><td>2.75</td><td>2.55</td><td>2.95</td></tr>
<tr><td>$50<Q\leqslant 100$</td><td>2.7</td><td>2.5</td><td>2.9</td></tr>
<tr><td>$100<Q\leqslant 200$</td><td>2.65</td><td>2.45</td><td>2.85</td></tr>
<tr><td>$200<Q\leqslant 300$</td><td rowspan="2">2.6</td><td rowspan="2">2.4</td><td rowspan="2">2.8</td></tr>
<tr><td>$300<Q$</td></tr>
</table>

c. 水冷型机组的能效比（*EER*）应符合表 2-167 的规定。

表 2-167　水冷型机组能效比

名义工况制冷量 Q/kW	*EER*/(W/W)		
	冷(热)风型	恒温恒湿型	全新风型
$Q\leqslant 14$	3.0	2.8	3.2
$14<Q\leqslant 50$	2.95	2.75	3.15

续表

名义工况制冷量 Q/kW	EER/(W/W)		
	冷(热)风型	恒温恒湿型	全新风型
50<Q≤100	2.9	2.7	3.1
100<Q≤200	2.85	2.65	3.05
200<Q≤300	2.8	2.6	3.0
300<Q			

⑥ 空气调节机噪声测定值不应超过表 2-168 的规定。

表 2-168　噪声限值（声压级）

名义工况制冷量 Q/kW	空调机噪声/dB(A)
Q≤14	63
14<Q≤50	69
50<Q≤100	79
100<Q≤200	82
200<Q≤300	按供货合同要求
300<Q	

(4) 屋顶式空气调节机组的安装　设备基座、设备支撑及穿越屋顶的结构件屋顶防水的典型方法如图 2-75～图 2-77 所示。

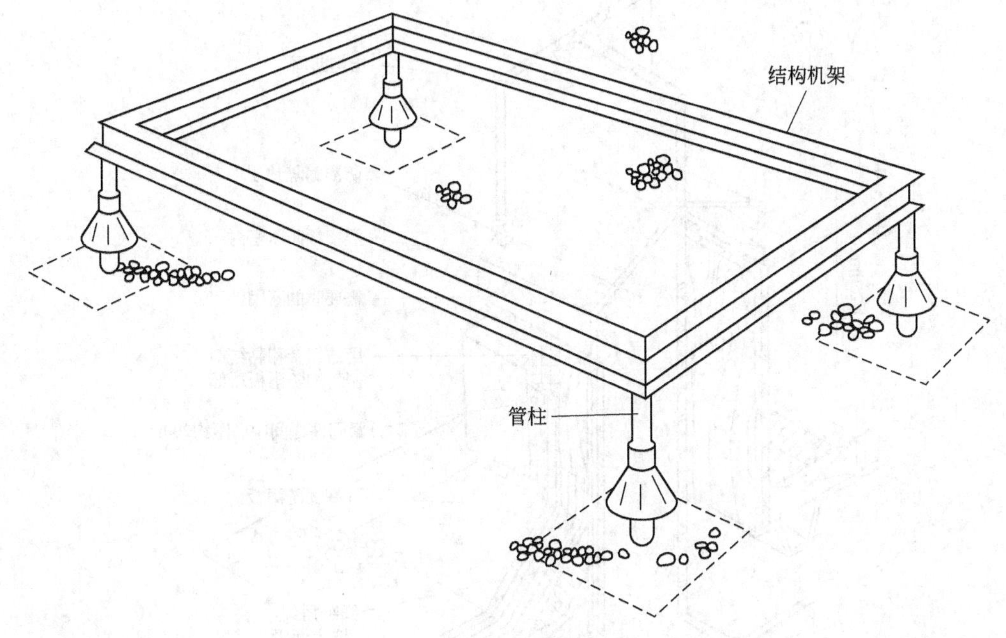

图 2-75　设备基座

基座安装：某些设备的安装要求在设备下面进行屋面材料的安装和维护，为此安装基座下面需留有必需的维修间距，应符合表 2-169 的数值。由侧面进入的机组可以减小该数值。

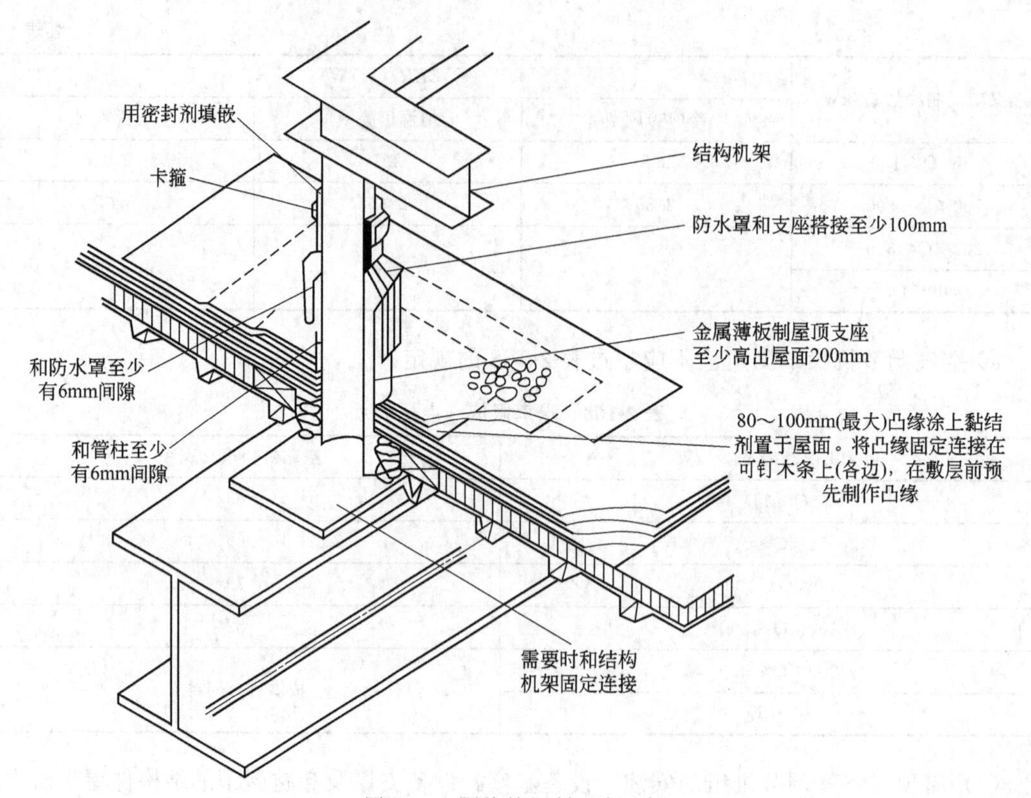

图 2-76　隔热的钢制平台机架

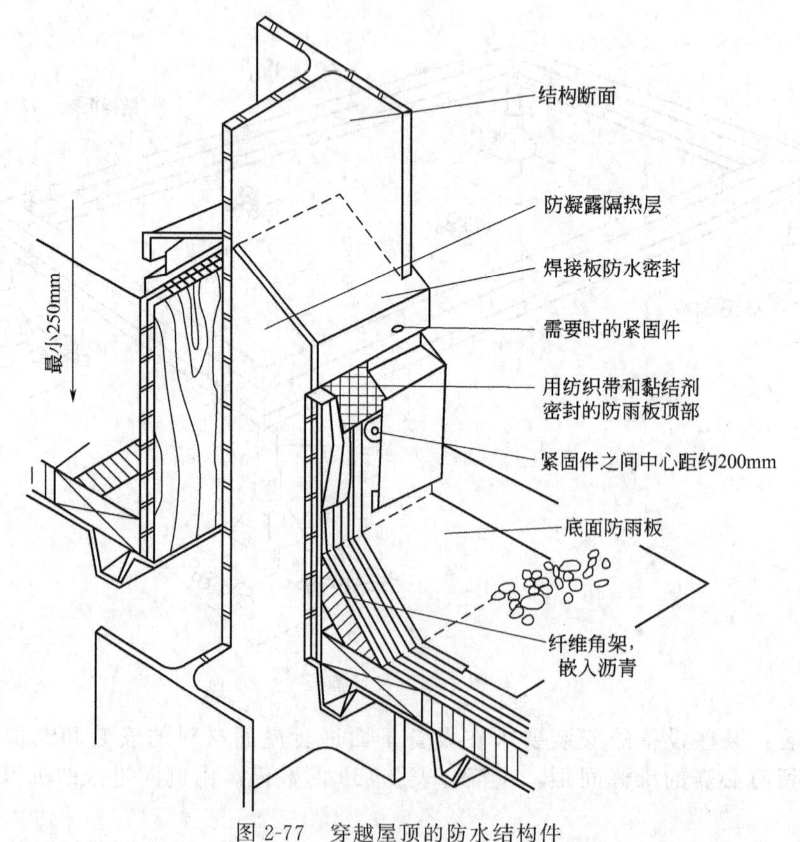

图 2-77　穿越屋顶的防水结构件

表 2-169　工作维修间距　　单位：mm

设备宽度	高于屋顶表面的高度
≤600	350
600～900	450
900～1200	600
1200～1500	750
≥1500	1200

2.3.4.4　多联式空气热泵机组

（1）工况参数

① 水冷式机组的工况参数除应符合表 2-170 的规定，还应符合表 2-172 的规定。

表 2-170　水冷式机组的工况参数

试验条件	室内侧入口空气状态		水环式冷凝器进水温度和流量状态		地下水式冷凝器进水温度和流量状态		地埋管(地表水)式冷凝器进水温度和流量状态	
	干球温度/℃	湿球温度/℃	进水温度/℃	单位名义制量流量/[m³/(h·kW)]	进水温度/℃	单位名义制量流量/[m³/(h·kW)]	进水温度/℃	单位名义制量流量/[m³/(h·kW)]
名义制冷①	27	19	30	0.215	18	0.103	25	0.215

① 机组名义工况时的冷凝器水侧污垢系数为 0.044m²·℃/kW。新冷凝器的水侧应被认为是清洁的，测试时污垢系数应考虑为 0。

② 风冷式机组的工况参数应符合表 2-171 的规定，还应符合表 2-172 的规定。

表 2-171　风冷式机组的工况参数　　单位：℃

试验条件	室内侧入口空气状态		室外侧入口空气状态	
	干球温度	湿球温度	干球温度	湿球温度
超低温制热	20	<15①	−7	−8

① 适应于湿球温度影响室内侧换热的装置。

③ 其他试验工况参数见表 2-172。

表 2-172　其他试验工况参数　　单位：℃

试验条件		室内侧入口空气状态		室外侧状态				
				风冷式(入口空气状态)		水冷式(进水温度/水流量状态)		
		干球温度	湿球温度	干球温度	湿球温度	水环式	地下水式	地埋管(地表水)式
制冷	最大运行	32	23	43	26①	40/-②	25/-④	40/-②
	最小运行	21	15	18	—	20/-②	10/-④	10/-②
	低温运行			21	—			
	凝露、凝结水排除	27	24	27	24①			
制热	最大运行		—	21	15	30/-②	25/-④	25/-②
	最小运行	20	15	−7	−8	15/-②	10/-④	5/-②
	融霜		≥15③	2	1	—	—	—

① 适应于湿球温度影响室外侧换热的装置。

② 采用名义制冷试验条件确定的水流量，按单位名义制冷量水流量 0.215m³/(h·kW) 计算得到。

③ 适应于湿球温度影响室内侧换热的装置。

④ 采用名义制试验条件确定的水流量，按单位名义制冷量水流量 0.103m³/(h·kW) 计算得到。

注：1. "—" 为不作要求的参数。"-" 为水流量参数。

2. 室内机风机转速挡与制造商要求一致。

3. 若室外机标称有机外静压的，按室外机标称的机外静压进行试验。

4. 试验时，若室外机风量可调，则按照制造商说明书的风机转速挡进行；若室外机风量不可调，则按照其名义风速挡进行试验。

(2) 噪声　机组的噪声测量值不应大于明示值＋3dB(A)，且不应超过表 2-173、表 2-174的规定。

表 2-173　室内机噪声限值（声压级）

名义制冷量/W	室内机噪声/dB(A)	
	不接风管	接风管
≤2500	40	42
＞2500～4500	43	45
＞4500～7000	50	52
＞7000～14000	57	59
＞14000	60	62

表 2-174　室外机噪声限值（声压级）

名义制冷量/W	室外机噪声/dB(A)
≤7000	60
＞7000～14000	62
＞14000～28000	65
＞28000～56000	67
＞56000～84000	69
＞84000	72

2.3.4.5　风管送风式空调机组

(1) 机组电源　机组的电源为额定电压 220V 单项或 380V 三星交流电，额定频率 50Hz。

(2) 机组工作环境　机组正常工作环境温度见表 2-175。

表 2-175　风管机组正常工作环境温度　　单位：℃

空调机型式	气候类型		
	T1	T2	T3
风冷冷风型	18～43	10～35	21～52
空气源热泵型	−7～43	−7～35	−7～52
风冷冷风电热型	～43	～35	～52
风冷冷风热水盘管型			
风冷冷风加电加热器与热水盘管装置型			
热泵辅助电热型			
热泵辅助热水盘管型			
热泵辅助电加热器与热水盘管装置型			

(3) 型号编制　空气调节机的型号由大写汉语拼音和阿拉伯数字组成，编制方法如图 2-78 所示。

空气调节机的型号示例：

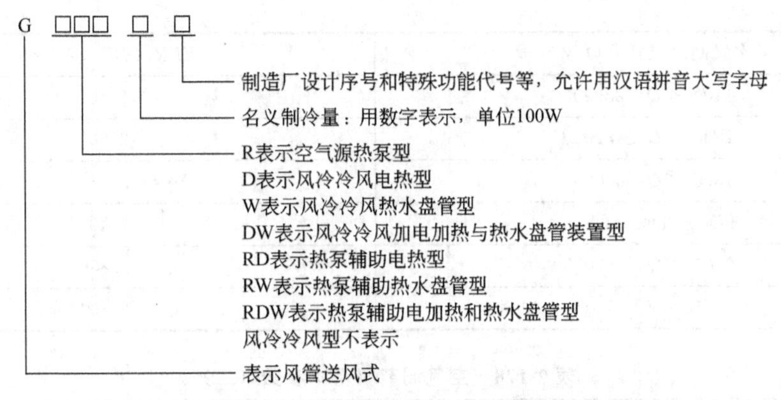

图 2-78　空气调节机的型号编制方法

名义制冷量为 3500W 的风冷冷风电热型风管送风式空调机组表示为：GD35。

名义制冷量为 12500W 的热泵辅助热水盘管送风式空调（热泵）机组表示为 GRW125。

（4）空气调节机的噪声　经测量，T1 型和 T2 型空调机在板消声室测定值（声压级）应符合表 2-176 的规定，全消声室测定值应与表 2-176 所示值减去 1dB(A)，T3 型空调机的噪声值可添加 2dB(A)。

表 2-176　空气调节机噪声限值（声压级）　　单位：dB(A)

名义制冷(热)量 Q/W	室内机组	室外机组
$Q\leqslant4500$	48	58
$4500<Q\leqslant7100$	53	59
$7100<Q\leqslant14000$	60	63
$14000<Q\leqslant28000$	66	68
$28000<Q\leqslant43000$	68	69
$43000<Q\leqslant80000$	71	74
$80000<Q\leqslant100000$	73	76
$100000<Q\leqslant150000$	76	79
$150000<Q\leqslant200000$	79	82
$200000<Q$	按供货合同要求	按供货合同要求

（5）效能比（*EER*）　风冷冷风型、空气源热泵型、风冷冷风电热型、热泵辅助电热型实测制冷量与实测功率的比值不应小于表 2-166 规定的 90%，风冷冷风热水盘管型、风冷冷风加电加热器与热水盘管装置型、热泵辅助热水盘管型、热泵辅助电加热器与热水盘管装置型实测制冷量与实物功率的比值不应小于表 2-167 规定值的 90%。

（6）性能系数（*COP*）　空气源热泵型、热泵辅助电热型实测热泵制热量与实测消耗功率的比值不应小于表 2-177 规定值的 90%，热泵辅助热水盘管型、热泵辅助电加热器与热水盘管装置型实测热泵制热量与实际消耗功率的比值不应小于表 2-178 规定值的 90%。

表 2-177　空气调节机基本参数（一）

名义制冷(热)量 Q/W	*EER*、*COP*/(W/W)
$Q\leqslant4500$	2.75
$4500<Q\leqslant7100$	2.65
$7100<Q\leqslant14000$	2.60

续表

名义制冷(热)量 Q/W	EER、COP/(W/W)
$14000<Q\leqslant28000$	2.55
$28000<Q\leqslant43000$	2.50
$43000<Q\leqslant80000$	2.45
$80000<Q\leqslant100000$	2.40
$100000<Q\leqslant150000$	2.35
$150000<Q$	2.30

表 2-178　空气调节机基本参数（二）

名义制冷(热)量 Q/W	EER、COP/(W/W)
$Q\leqslant4500$	2.70
$4500<Q\leqslant7100$	2.60
$7100<Q\leqslant14000$	2.50
$14000<Q\leqslant28000$	2.35
$28000<Q\leqslant43000$	2.40
$43000<Q\leqslant80000$	2.35
$80000<Q\leqslant100000$	2.30
$100000<Q$	2.25

（7）最小机外静压　空调机（室内机）最小机外静压按表 2-179 的规定。

表 2-179　空气调节机（室内机）最小外静压

名义制冷(热)量 Q/W	最小机外静压/Pa
$Q\leqslant4500$	20
$4500<Q\leqslant7100$	30
$7100<Q\leqslant14000$	80
$14000<Q\leqslant28000$	120
$28000<Q\leqslant43000$	150
$43000<Q\leqslant80000$	180
$80000<Q\leqslant100000$	220
$100000<Q$	250

2.3.4.6　风机盘管

风机盘管性能参数见表 2-180。

表 2-180　风机盘管性能参数

型号		002	003	004	006	008	010	012	014
额定风量/(m^3/h)	高速	410	550	750	1060	1500	1800	2110	2700
	中速	320	430	600	900	1050	1300	1550	1950
	低速	250	310	390	550	700	840	1000	1300

续表

型号		002	003	004	006	008	010	012	014
冷量/W	风量为高档时	1920	2790	3840	5230	7680	8720	10470	11510
热量/W		3260	4650	6400	8720	12790	14530	17450	19190
输入功率/W		27	28	50	87	100	160	174	260
噪声值/dB(A)		37	35	38	46	42	47	48	52
水量/(L/min)		5.5	8	11	15	22	25	30	33
水压降/kPa		8	17	18	27	36	45	22	37
风机	型式	离心式,前向多翼							
	数量	1	2	2	2	4	4	4	6
电机	型式	永久式电容电机							
	数量	1	1	1	1	2	2	2	3
盘管	型式	铜管,双曲波纹条缝制片							
	使用压力	1.5MPa							
接管	进回水	*DN*20mm 内螺纹							
	凝结水	*DN*20mm 外螺纹							
净重/kg		13	15	17.5	20	29	29	36	40
附件		选择开关,回风风帽							

注：1. 制冷量是冷水进水温度7℃、进出口温差5℃，空气干球温度27℃，湿球温度19.5℃时所测值。制热量是热水进水温度60℃、空气DB=21℃，与制冷同样水量时所测值。

2. 噪声是在消声室，离机组前方下方各1m位置所测值。

薄型风机盘管性能参数见表2-181。

表2-181　薄型风机盘管性能参数

型号		FP-5WA-Z	FP-6.3WA-Z	FP-7.1WA-Z	FP-8WA-Z	FP-10WA-Z
风量/(m^3/h)	高速	500	630	710	800	1000
	中速	420	500	550	716	850
	低速	310	390	430	622	762
工作能力	制冷能力/W	3035	3790	4350	4835	5709
	制热能力/W	5130	6425	6480	8210	9660
	水流量/(L/h)	530	653	740	850	1005
	水阻力/kPa	10.1	14.5	18.3	27.1	38
噪声值/dB(A)	高速	≤37	≤38	≤39	≤39	≤41
风量调节		线控器控制,风量3段变换				
风机	型式	离心前翼式双吸风轮				
	数量	1				2
电机	型式	三速、低噪声电容电机				
	数量	1				
	电源	AC 1Φ-220V-50Hz				
	输入功率/W	38	39	47	70	84

续表

型号		FP-5WA-Z	FP-6.3WA-Z	FP-7.1WA-Z	FP-8WA-Z	FP-10WA-Z
盘管	型式	紫铜管、冲缝铝鳍片				
	排数	2				
	工作压力	1.6MPa				
接管	进水	RC3/4″内螺纹				
	出水	RC3/4″内螺纹				
	排水	ZG3/4″外螺纹				
净重/kg	无回风箱	16	16	22	22	22
外形尺寸/mm	宽	808	808	1108	1108	1108
	高	240	240	240	240	240
	深	490	490	490	490	490

型号		FP-12.5WA-Z	FP-14WA-Z	FP-16WA-Z	FP-20WA-Z	FP-25WA-Z
风量/(m^3/h)	高速	1250	1400	1600	2000	2500
	中速	1069	1180	1400	1706	2110
	低速	890	1050	1185	1304	1602
工作能力	制冷能力/W	6985	7860	8910	11259	13956
	制热能力/W	11550	13640	15011	19065	22820
	水流量/(L/h)	1204	1382	1541	1928	2388
	水阻力/kPa	25.2	27	30	44	46
噪声值/dB(A)	高速	≤40	≤45	≤46	≤45	≤47
风量调节		线控器控制，风量3段变换				
风机	型式	离心前翼式双吸风轮				
	数量	3			4	
电机	型式	三速、低噪声电容电机				
	数量	1			2	
	电源	AC 1Φ-220V-50Hz				
	输入功率/W	108	137	142	201	250
盘管	型式	紫铜管、冲缝铝鳍片				
	排数	2				
	工作压力	1.6MPa				
接管	进水	RC3/4″内螺纹				
	出水	RC3/4″内螺纹				
	排水	ZG3/4″外螺纹				
净重/kg	无回风箱	27	27	27	32	32
外形尺寸/mm	宽	1308	1308	1308	1573	1573
	高	240	240	240	240	240
	深	490	490	490	490	490

注：1. 以上技术性能是当机外静压为0Pa时的值。

2. 制冷能力测试条件为入口空气27DB℃/19.8WB℃，入水温度7℃，水湿差5℃。

3. 制热能力测试条件为21DB℃，入水温度60℃，风量、水量与制冷时相同。

4. 噪声值于全消声室中测定。

普通风机盘管性能参数见表 2-182。

表 2-182　普通风机盘管性能参数

型号		FP-6.3WA	FP-8WA	FP-10WA	FP-14WA	FP-18WA	FP-21.5WA
风量/(m^3/h)	高速	610	810	1080	1410	1810	2150
	中速	500	650	850	1130	1450	1800
	低速	380	470	630	800	1050	1300
工作能力	制冷能力/W	3400	4600	6100	7700	10000	11900
	制热能力/W	5700	7700	10000	12700	16000	19200
	水流量/(L/h)	9.8	13.3	17.6	22.2	28.8	34.3
	水阻力/kPa	10.6	24.0	45.3	10.8	20.5	31.5
噪声值/dB(A)	高速	≤35	≤34.9	≤40.8	≤45.8	≤44	≤44.6
风量调节		三键式开关,风量 3 段变换					
风机	型式	离心前倾多翼式双吸风轮					
	数量	2				3	4
电机	型式	四速、永久式电容电机					
	数量	1				2	
	电源	AC 1Φ-220V-50Hz					
	输入功率/W	44/30	54/38	75/93	102/109	124/151	150/186
盘管	型式	紫铜管、百叶铝鳍片					
	排数	3					
	工作压力	经 14MPa 水压试验					
接管	进水	RC3/4″管螺纹					
	出水	RC3/4″管螺纹					
	排水	ZG3/4″管螺纹					
净重/kg	无回风箱	17	22.6	24.5	27	34.2	41.5
外形尺寸/mm	宽	1020	1260	1400	1590	1850	2060
	高	275	275	275	275	275	275
	深	525	525	525	525	525	525

注：1. 以上技术性能是当机外静压为 0Pa 时的值。

2. 制冷能力测试条件为入口空气 27DB℃/19.5WB℃，入水温度 7℃，水湿差 5℃。

3. 制热能力测试条件为 21DB℃，入水温度 60℃，风量、水量与制冷时相同。

4. 噪声值于全消声室中测定。

5. 可为客户定制比 FP-6.3WA 更小的风机盘管。

Chapter 03

3 暖通空调施工数据与常用图表

3.1 建筑供暖工程施工

3.1.1 散热器类型

3.1.1.1 钢制散热器

（1）钢管散热器　钢管散热器的型号标记如图 3-1 所示。

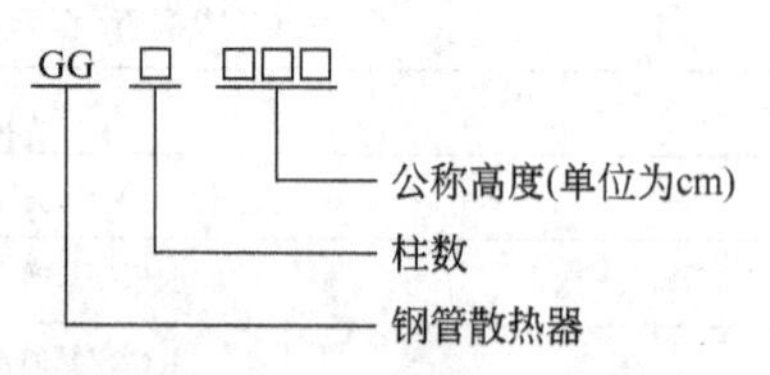

图 3-1　钢管散热器的型号标记

标记示例：2 柱 150cm 高钢管散热器用 GG 2150 表示；3 柱 60cm 高钢管散热器用 GG

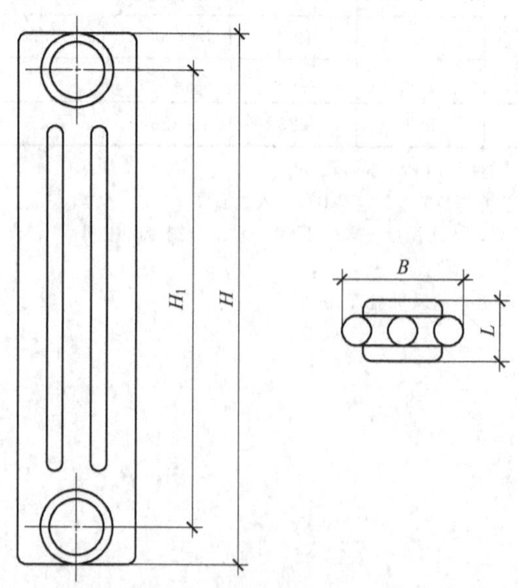

图 3-2　钢管散热器尺寸标注

3060 表示。

钢管散热器尺寸标注示意图如图 3-2 所示。

钢管散热器基本尺寸和极限偏差应符合表 3-1 的规定。

表 3-1 钢管散热器基本尺寸、极限偏差 单位：mm

型号	高度 H		同侧进出口距离 H_1		宽度 B		单片长度 L	
	基本尺寸	极限偏差	基本尺寸	极限偏差	基本尺寸	极限偏差	基本尺寸	极限偏差
GG2030	292	±2	234	±0.3	62	±2	46	±0.3
GG2040	392	±2	334	±0.3	62	±2	46	±0.3
GG2060	592	±2	534	±0.3	62	±2	46	±0.3
GG2150	1492	±2	1434	±0.3	62	±2	46	±0.3
GG2180	1479	±2	1734	±0.3	62	±2	46	±0.3
GG3040	400	±2	334	±0.3	100	±2	46	±0.3
GG3060	600	±2	534	±0.3	100	±2	46	±0.3
GG3067	666	±2	600	±0.3	100	±2	46	±0.3
GG3150	1500	±2	1434	±0.3	100	±2	46	±0.3
GG3180	1800	±2	1734	±0.3	100	±2	46	±0.3
GG4030	300	±2	234	±0.3	136	±2	46	±0.3
GG4040	400	±2	334	±0.3	136	±2	46	±0.3
GG4050	500	±2	434	±0.3	136	±2	46	±0.3
GG4060	600	±2	534	±0.3	136	±2	46	±0.3
GG4100	1000	±2	934	±0.3	136	±2	46	±0.3

钢管散热器的性能参数应符合表 3-2 的规定。

表 3-2 钢管散热器的性能参数

型号	散热面积/(m^2/片)	散热量/(W/片)		单片质量/(kg/片)	试验压力/MPa
		标准散热量	负偏差		
GG2030	0.04	29.2	≤3%	0.55	1.5
GG2040	0.06	39.0	≤3%	0.70	1.5
GG2060	0.09	59.9	≤3%	1.00	1.5
GG2150	0.23	146.2	≤3%	2.35	1.5
GG2180	0.28	172.7	≤3%	2.80	1.5
GG3040	0.09	57.1	≤3%	1.03	1.5
GG3060	0.14	83.5	≤3%	1.48	1.5
GG3067	0.15	93.3	≤3%	1.63	1.5
GG3150	0.35	199.1	≤3%	3.50	1.5
GG3180	0.42	236.7	≤3%	4.18	1.5
GG4030	0.09	55.7	≤3%	1.05	1.5
GG4040	0.12	72.4	≤3%	1.35	1.5
GG4050	0.15	90.5	≤3%	1.65	1.5
GG4060	0.19	107.2	≤3%	1.95	1.5
GG4100	0.31	172.7	≤3%	3.15	1.5

注：标准散热量是工作温度为 95℃/70℃/18℃时根据《采暖散热器散热量测定方法》（GB/T 13754—2008）中有关规定测得的散热量。

（2）钢制柱型散热器　散热器单片尺寸极限偏差应符合表 3-3 的规定，组合后形位公差应符合表 3-4 的规定。

表 3-3　钢制柱型散热器单片尺寸极限偏差　　单位：mm

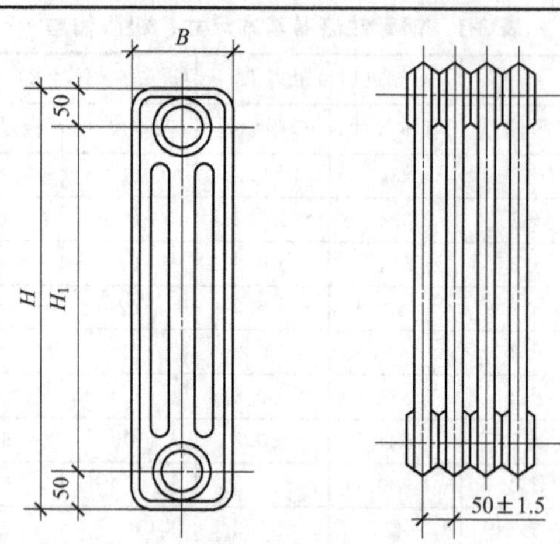

高度 H		同侧进出口距离 H_1		宽度 B	
基本尺寸	极限偏差	基本尺寸	基本尺寸	极限偏差	基本尺寸
400	±1.15	300	±0.28	120 140 160	±0.70 ±0.80 ±0.80
600	±1.40	500	±0.32	120 140 160	±0.70 ±0.80 ±0.80
700	±1.00	600	±0.35	120 140 160	±0.70 ±0.80 ±0.80
1000	±1.80	900	±0.45	120 160 200	±0.70 ±0.80 ±0.90

表 3-4　钢制柱型散热器组合后形状公差表

项目	单位	组合片数	
		3～12	13～20
水平面平面度公差	mm	4	6
正面平面度公差	mm	4	6

钢制柱形散热器尺寸及最小散热量参数表见表 3-5。

表 3-5　钢制柱形散热器尺寸及最小散热量参数表

项目	单位	参数值											
高度 H	mm	400			600			700			1000		
同侧进出口距离 H_1	mm	500			500			600			900		
宽度 B	mm	120	140	160	120	140	160	120	140	160	120	140	160
每片最小散热量 $Q(\Delta T=64.5℃)$	W	56	63	71	83	93	103	95	105	118	130	160	189

（3）钢制板型散热器　钢制板型散热器的型号标记如图 3-3 所示。

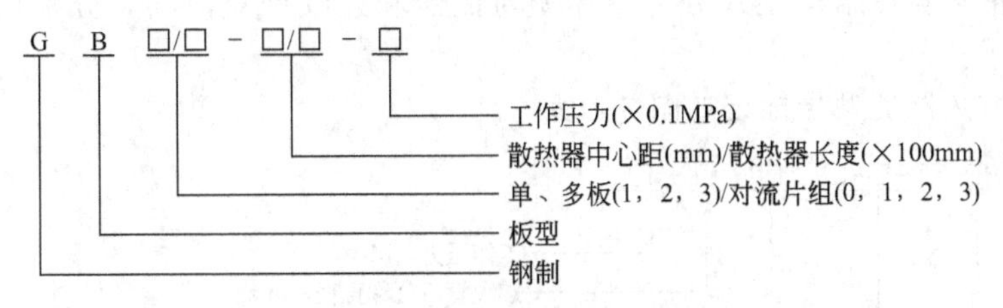

图 3-3　钢制板型散热器的型号标记

钢制板型散热器的标记示例：

GB 1/1-545/10-8：表示单板带一组对流片，散热器中心距 545mm，散热器长度 1000mm，工作压力为 0.8MPa 的钢制板型散热器。

钢制板型散热器由盖板、格栅上盖板、对流片、水道板、接及支架等部件组成。散热器不设置侧边盖板和隔栅上盖板时的外形尺寸极限偏差见表 3-6。

表 3-6　钢制板型散热器外形尺寸极限偏差　　单位：mm

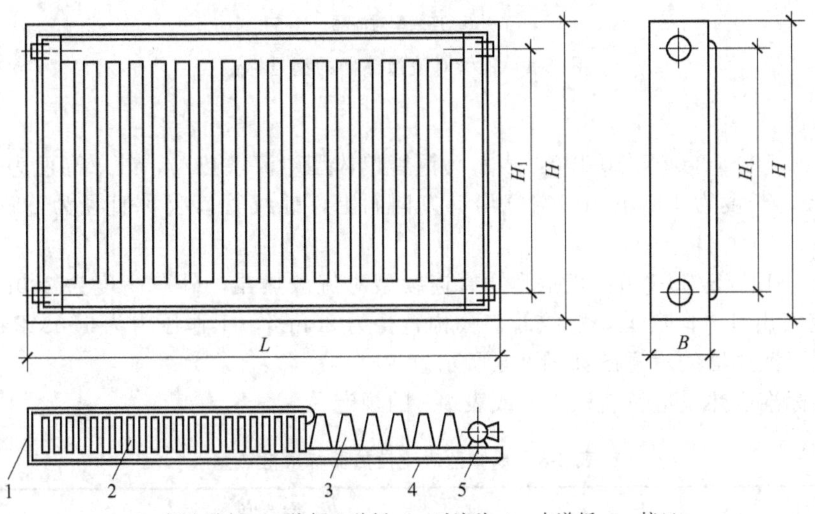

1—侧边盖板；2—格栅上盖板；3—对流片；4—水道板；5—接口

L—长度；H_1—同侧进出口中心距离；H—高度；B—宽度

高度 H		同侧进出口中心距 H_1		长度 L	
基本尺寸	极限偏差	基本尺寸	极限偏差	基本尺寸	极限偏差
200～600	±2	140～550	±1.5	≤1000	±4
700～980	±3	640～900	±2.0	>1000	±0.5%L

散热器不设置侧边盖板和隔栅上盖板时的形位公差见表 3-7。

表 3-7　钢制板型散热器形位公差　　单位：mm

项目	平面度		垂直度	
	L≤1000	L>1000	L≤1000	L>1000
形位公差	4	6	3	5

3.1.1.2 铜管对流散热器

铜管对流散热器按结构型式分为单体型对流器和连续型对流器，分别用 TDD 和 TLD 表示。

铜管对流散热器的型号标记如图 3-4 所示。

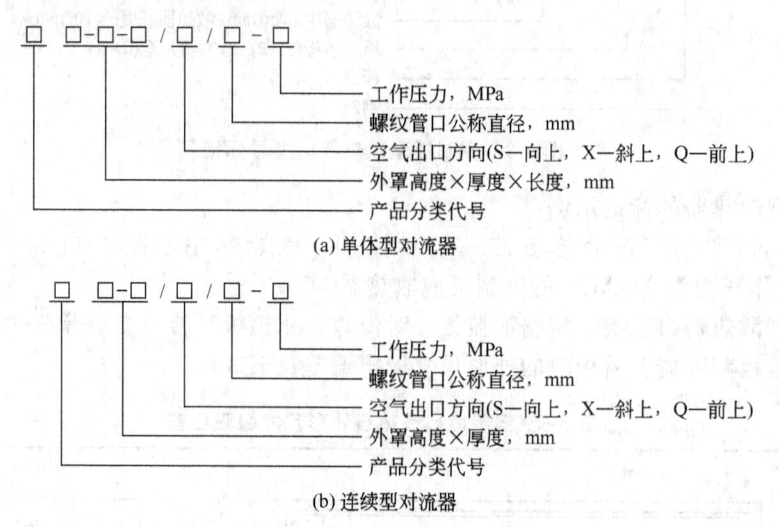

图 3-4 铜管对流散热器的型号标记

标记示例：

TDD 600-100-1000/X/20-1.0：表示为铜管单体型对流散热器，外罩高度为 600mm，厚度为 100mm，长度为 1000mm，空气出口方向斜上，螺纹管口公称直径为 20mm，工作压力为 1.0MPa。

TLD 300-120/S/20-1.0：表示为铜管连续型对流散热器，外罩高度为 300mm，厚度为 120mm，空气出口方向向上，螺纹管口公称直径为 20mm，工作压力为 1.0MPa。

铜管对流散热器的示意图如图 3-5 所示。

对流器标准散热量应符合表 3-8 或表 3-9 的规定。

表 3-8 单体型对流散热器标准散热量

项目	参数值		
厚度 B/mm	80≤B≤100	100<B≤120	B>120
高度 H/mm	500	600	700
长度 L/mm	400～1600		
标准散热量 Q/(W/m)	1100	1300	1650

表 3-9 连续型对流散热器标准散热量

项目	参数值			
厚度 B/mm	100	120	150	200
高度 H/mm	100～400			
标准散热量 Q/(W/m)	不应小于产品标称值的 95%			

对流器外形尺寸与允许偏差见表 3-10，对流器形位公差见表 3-11。

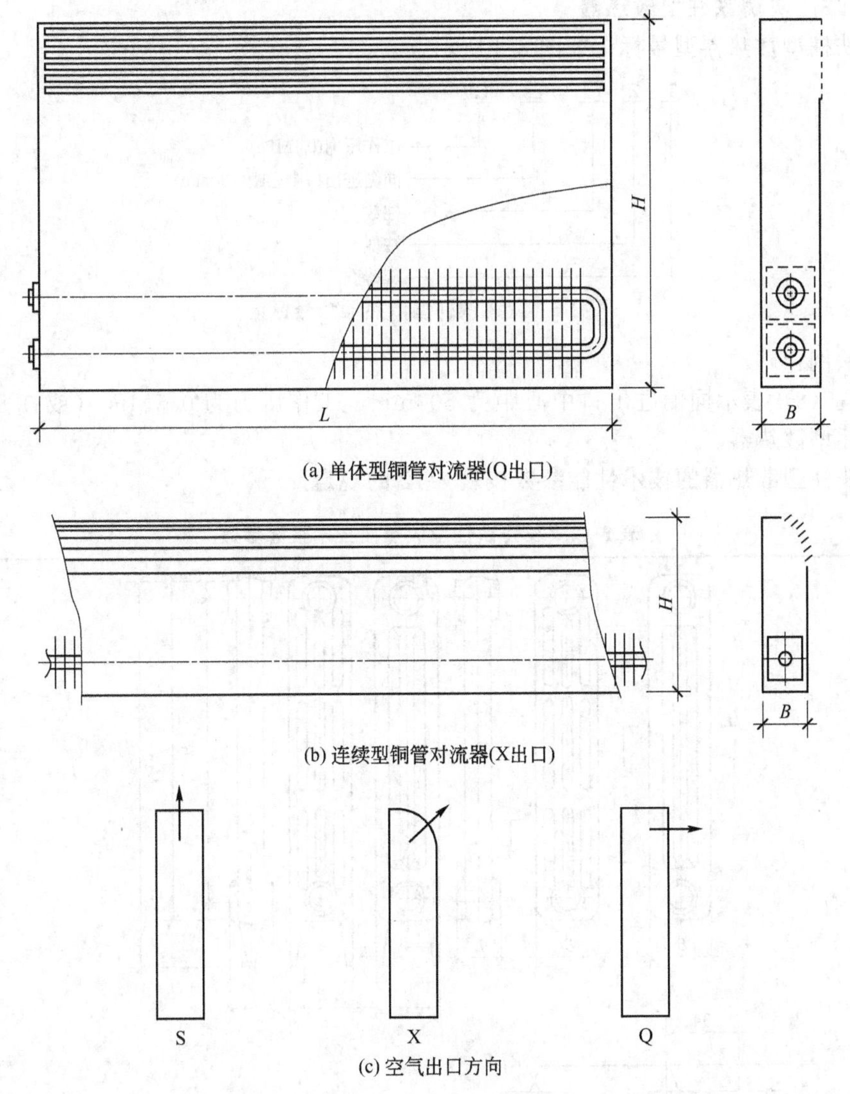

(a) 单体型铜管对流器(Q出口)

(b) 连续型铜管对流器(X出口)

(c) 空气出口方向

图 3-5　铜管对流散热器

L—长度；B—厚度；H—高度

S—空气出口方向向上；X—空气出口方向斜上；Q—空气出口方向前上

表 3-10　外形尺寸与允许偏差　　单位：mm

高度 H		厚度 B	
基本尺寸	允许偏差	基本尺寸	允许偏差
100～400	±3.0	<120	±2.0
500～700	±4.0	≥120	±3.0

表 3-11　形位公差　　单位：mm

项目	平面度		垂直度
	L≤1000	L>1000	
形位公差	≤4	≤6	≤4

3.1.1.3 灰铸铁柱型散热器

灰铸铁柱型散热器型号标记如图 3-6 所示。

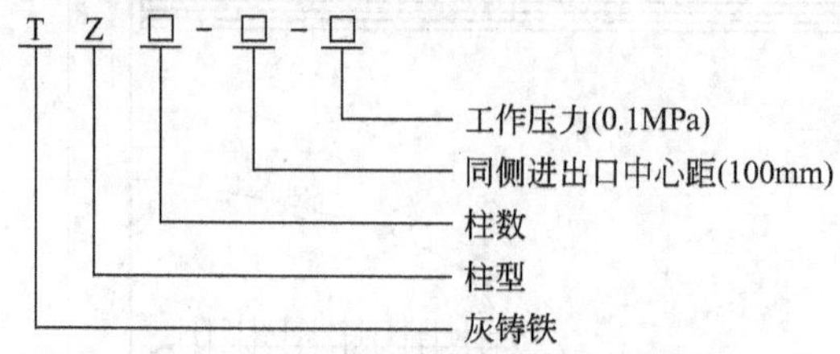

图 3-6 灰铸铁柱型散热器型号标记

型号示例：

TZ4-5-5(8) 表示同侧进出口中心距为 500mm，工作压力为 0.5MPa（或 0.8MPa）的灰铸铁四柱型散热器。

灰铸铁柱型散热器的技术性能参数按表 3-12 的规定。

表 3-12 灰铸铁柱型散热器技术性能参数

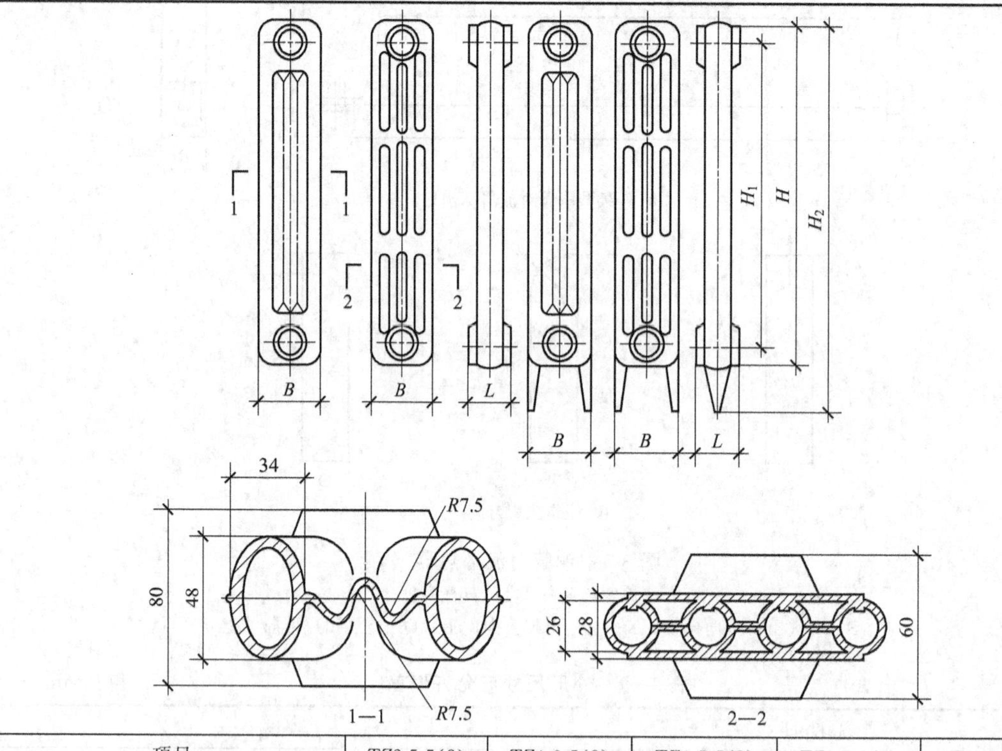

项目		TZ2-5-5(8)	TZ4-3-5(8)	TZ4-5-5(8)	TZ4-6-5(8)	TZ4-9-5(8)
中片高度 H/mm	基本尺寸	582	382	582	682	982
	极限偏差	±2.4	±2.2	±2.4	±2.8	±3.2
足片高度 H_2/mm	基本尺寸	660	460	660	760	1060
	极限偏差	±2.4	±2.2	±2.4	±2.8	±3.2
长度 L/mm	基本尺寸	80	60	60	60	60
	极限偏差	±0.6	±0.6	±0.6	±0.6	±0.6
宽度 B/mm	基本尺寸	132	143	143	143	163
	极限偏差	±1.3	±1.8	±1.8	±1.8	±2.0

续表

项目			TZ2-5-5(8)	TZ4-3-5(8)	TZ4-5-5(8)	TZ4-6-5(8)	TZ4-9-5(8)
同侧进出口中心距 H_1/mm		基本尺寸	500	300	500	600	900
		极限偏差	±0.36	±0.30	±0.36	±0.38	±0.38
散热面积/(m²/片)			0.24	0.13	0.20	0.235	0.44
工作压力/MPa	热水	≥HT100	0.5				
		≥HT150	0.8				
	蒸汽	≥HT100	0.2				
		≥HT150	0.2				
试验压力/MPa		≥HT100	0.75				
		≥HT150	1.2				
单片质量/kg		中片	6.2±0.3	3.4±0.2	4.9±0.3	6.0±0.3	11.5±0.5
		足片	6.7±0.3	4.1±0.2	5.6±0.3	6.7±0.3	12.2±0.5
每片散热量/W (热媒为热水 ΔT=64.5℃)			130	82	115	130	187

注：表中每片散热量为10片一组，不涂任何涂料测得结果的平均值。

3.1.1.4 灰铸铁翼型散热器

灰铸铁翼型散热器的型号标记如图3-7所示。

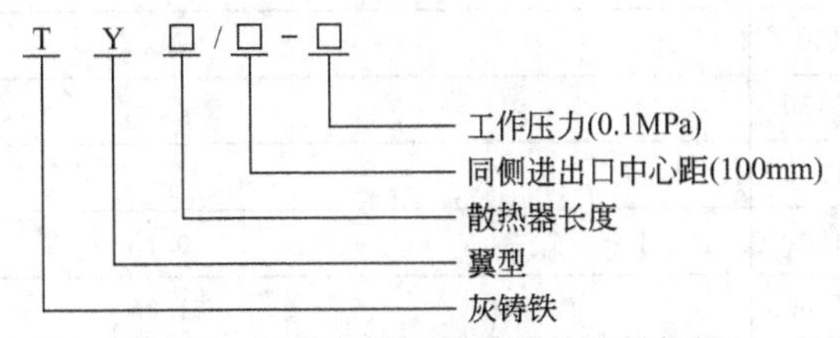

图3-7 灰铸铁翼型散热器的型号标记

型号示例：

TY 2.8/5-5(7) 表示灰铸铁异形散热器长度280mm，同侧进出口中心距为500mm，工作压力为0.5MPa（或0.7MPa）。

散热器的技术性能参数应符合表3-13的规定。

表3-13 灰铸铁翼型散热器技术性能参数

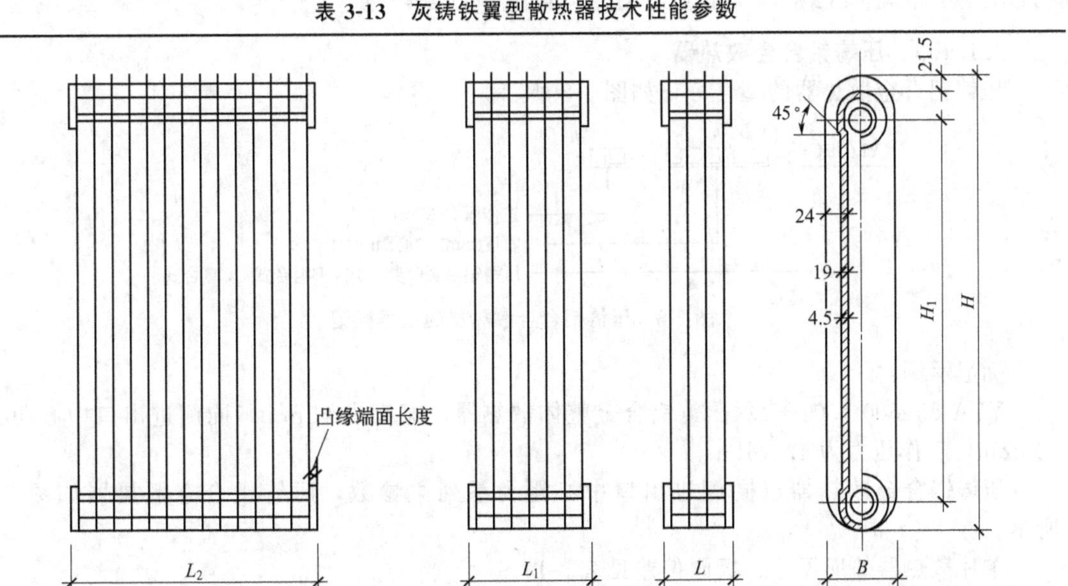

续表

项目			TY0.8/3-5(7)	TY1.4/3-5(7)	TY2.8/3-5(7)	TY0.8/5-5(7)	TY1.4/5-5(7)	TY2.8/5-5(7)
片高 H/mm	基本尺寸		388			588		
	极限偏差		±2.2			±2.4		
片长 L/mm	基本尺寸		80	140	280	80	140	280
	极限偏差		±0.6	±0.8	±1.0	±0.6	±0.8	±1.0
片宽 B/mm	基本尺寸		95					
	极限偏差		±1.8					
翼翅厚度	基本尺寸		3.0					
	极限偏差		±0.3					
凸缘端面长度	基本尺寸		8.2	7.9	7.2	8.2	7.9	7.2
	极限偏差		≤+2					
同侧进出口中心距 H_1/mm			300			500		
散热面积/(m²/片)			0.2	0.34	0.73	0.26	0.50	1.00
工作压力/MPa	热水	HT150	≤0.5					
		>HT150	≤0.7					
	蒸汽	≥HT150	≤0.2					
试验压力/MPa	HT150		0.75					
	>HT150		1.05					
单片质量/kg	标准质量		4.3	6.8	13.0	6.0	10.0	20.0
	最大质量		≤4.8	≤7.4	≤14.0	≤6.4	≤11.0	≤21.5
每片散热量/W(热媒为热水 $\Delta T=64.5$℃)			88	144	296	127	216	430

注：表中散热器 TY0.8/3 每 10 片一组，TY1.4/3 每 8 片一组，TY2.8/3 每 3 片一组，TY0.8/5 每 10 片一组，TY1.4/5 每 6 片一组，TY2.8/5 每 3 片一组，不涂任何涂料测得结果的平均值。

3.1.1.5 压铸铝合金散热器

压铸铝合金散热器的型号标记如图 3-8 所示。

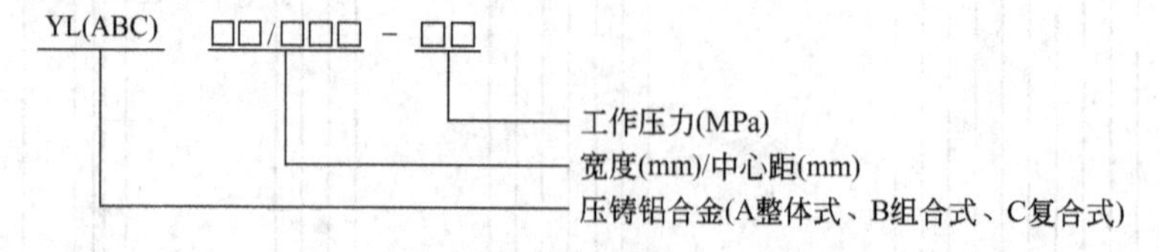

图 3-8 压铸铝合金散热器的型号标记

标记示例：

YLA 85/500-1.0：表示压铸铝合金整体散热器，宽度为 85mm，同侧进出口中心距为 500mm，工作压力为 1.0MPa。

压铸铝合金散热器以同侧进出口中心距为系列主参数，压铸铝合金散热器如图 3-9 所示。

单片散热器外形尺寸、极限偏差见表 3-14。

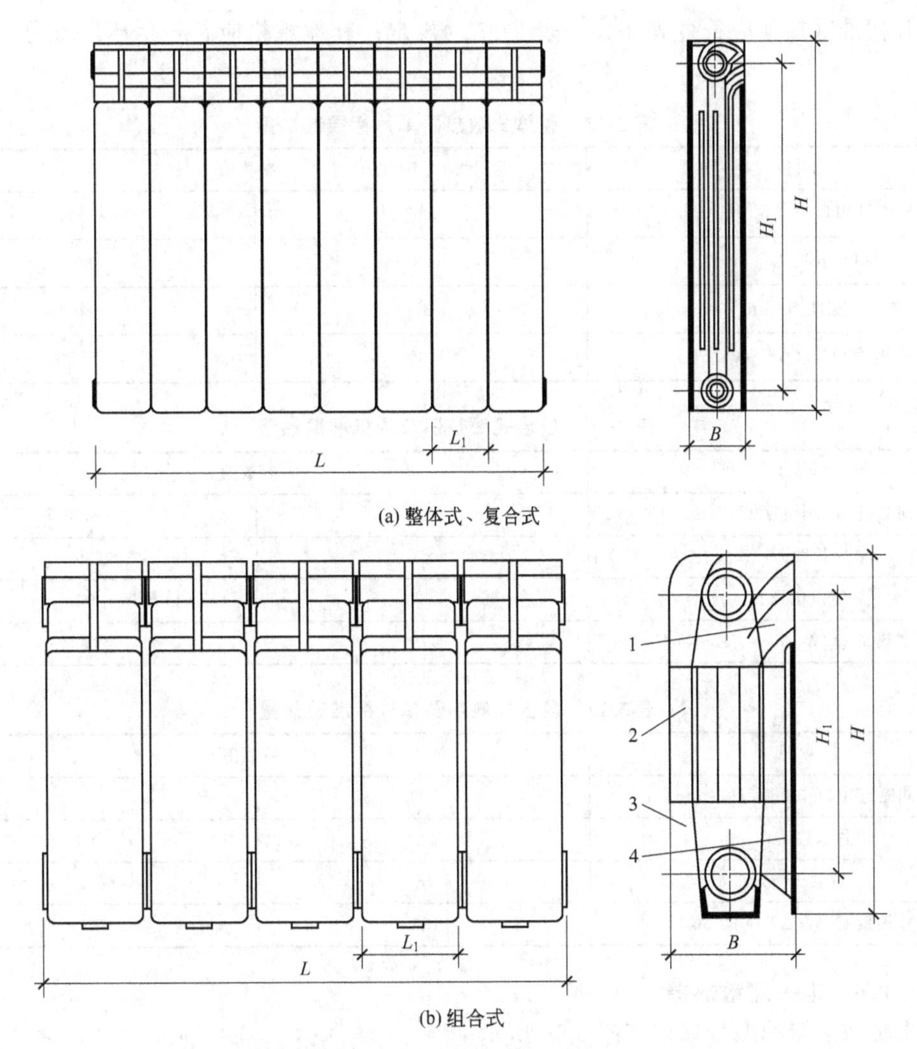

(a) 整体式、复合式

(b) 组合式

图 3-9 压铸铝合金散热器

1—上接体；2—主体；3—下接体；4—面板

L—长度；L_1—单片长度；H_1—同侧进出口距离；H—高度；B—宽度

表 3-14 压铸铝合金散热器外形尺寸、极限偏差 单位：mm

高度 H		同侧进出口距离 H_1		宽度 B	
基本尺寸	极限偏差	基本尺寸	基本尺寸	极限偏差	基本尺寸
300～500	±2.2	300	±0.32	60～100	±1.5
		400			
550～900	±3.0	500	±0.40		
		600			
		700		>100	±2.2
		800			
≥1000	±3.8	1000	±0.50		
		1200			
		1600			

单片标准散热量应符合表 3-15～表 3-17 的规定；其他规格应符合生产厂家明示的标准散热量。

表 3-15　整体式散热器单片标准散热量

项目	参数值	
同侧进出口中心距 H_1/mm	500	600
单片长度 L_1/mm	80	80
宽度 B/mm	85	85
散热量 Q/W(ΔT=64.5K)	160	185

表 3-16　组合式散热器单片标准散热量

项目	参数值	
同侧进出口中心距 H_1/mm	500	600
单片长度 L_1/mm	80	80
宽度 B/mm	96	96
散热量 Q/W(ΔT=64.5K)	170	195

表 3-17　复合式散热器单片标准散热量

项目	参数值	
同侧进出口中心距 H_1/mm	500	600
单片长度 L_1/mm	80	80
宽度 B/mm	78	85
散热量 Q/W(ΔT=64.5K)	135	175

3.1.1.6　电采暖散热器

电采暖散热器的型号标记如图 3-10 所示。

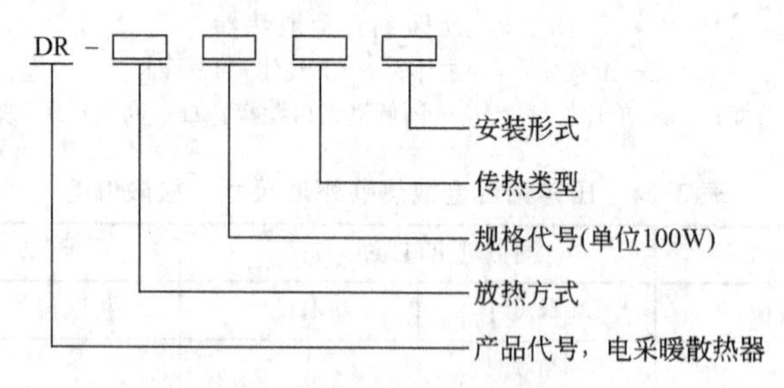

图 3-10　电采暖散热器的型号标记

标记示例：

DR-Z02CL：表示额定功率为 200W 的落地安装对流式直接作用式电采暖散热器。

不同器具类型的电采暖散热器所对应的泄漏电流见表 3-18，电气强度试验电压见表 3-19。

表 3-18　不同器具类型的电采暖散热器所对应的泄漏电流

器具类型	Ⅱ类	0类、0Ⅰ类和Ⅲ类	Ⅰ类驻立式
泄漏电流	0.25mA	0.5mA	0.75mA 或 0.75mA/kW(器具额定输入功率)，两者中选较大值，但最大为 5mA

表 3-19　电气强度试验电压

电气强度试验电压	试验电压/V(频率 50Hz)		
	基本绝缘	附加绝缘	加强绝缘
	1000	1750	3000

直接作用式电采暖散热器产品性能分级及要求见表 3-20。

表 3-20　直接作用式电采暖散热器产品性能分级及要求

性能等级	要求
Ⅰ级	(1)正常工作时,可接触部分的表面温度≤95℃;如有格栅,格栅温度≤115℃ (2)温度控制精度±2℃ (3)升温时间≤20min (4)防护等级达到 IP22 (5)运行状态控制为人工设定完成
Ⅱ级	(1)正常工作时,可接触部分的表面温度≤90℃;如有格栅,格栅温度≤110℃ (2)温度控制精度±1℃ (3)升温时间≤15min (4)防护等级达到 IP22 (5)运行状态控制为人工设定完成
Ⅲ级	(1)正常工作时,可接触部分的表面温度≤70℃;如有格栅,格栅温度≤100℃ (2)温度控制精度±0.5℃ (3)升温时间≤10min (4)防护等级达到 IP24 (5)运行状态可以编程序控制或自控同步完成

3.1.1.7　卫浴型散热器

卫浴型散热器的型号标记如图 3-11 所示。

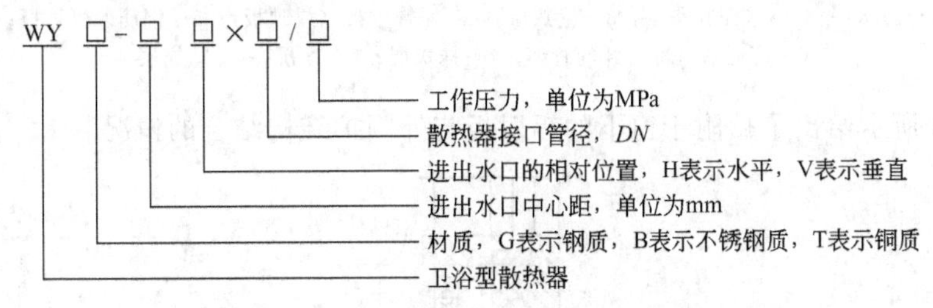

图 3-11　卫浴型散热器的型号标记

注：相关企业可在上述标记内容的基础上增加其他信息。

标记示例：

WYG-500H×20/1.0：表示进出水口水平中心距为 500mm，接口管径为 *DN*20，工作压力为 1.0MPa 的钢质卫浴型散热器。

卫浴型散热器进出水口中心距应符合表 3-21 的规定。

表 3-21　卫浴型散热器进出水口中心距　　单位：mm

项目	参数值														
进出水口中心距 *D*	50	80	100	200	300	400	450	500	550	600	800	1000	1200	1500	≥1800

注：1. 以上进出口中心距包含水平中心距和垂直中心距。
2. 上述参数为参考值。

卫浴型散热器最小金属热强度应符合表 3-22 的要求，散热器进出水口中心距极限偏差应符合表 3-23 的要求。

表 3-22 卫浴型散热器最小金属热强度 单位：W/(kg·℃)

材质	钢质	不锈钢质	钢质
最小金属热强度	0.80	0.75	1.0

表 3-23 散热器进出水口中心距极限偏差 单位：mm

基本尺寸	50≤D≤300	400≤D≤600	D≥800
极限偏差	±1.0	±1.5	±2.0

注：D 表示散热器进出水口中心距，包含水平中心距和垂直中心距。

3.1.2 辐射供暖用材料

3.1.2.1 辐射板

如图 3-12 所示为与建筑结构结合的整体式辐射板。其中图 3-12(a) 为顶面式整体辐射板，图 3-12(b) 为地面式整体辐射板。

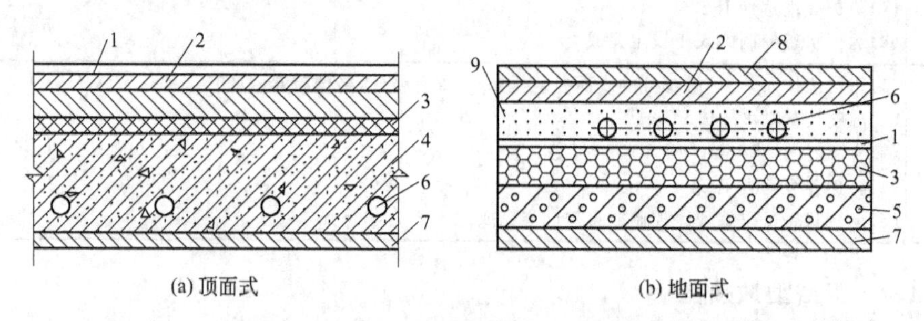

图 3-12 与建筑结构结合的辐射板（整体式）

1—防水层；2—水泥找平层；3—绝热层；4—埋管楼板（或顶板）；5—钢筋混凝土板；6—流通热（冷）媒的管道；7—抹灰层；8—面层；9—填充层

如图 3-13 所示给出了贴附于窗下的辐射板与外围护结构结合的情况。

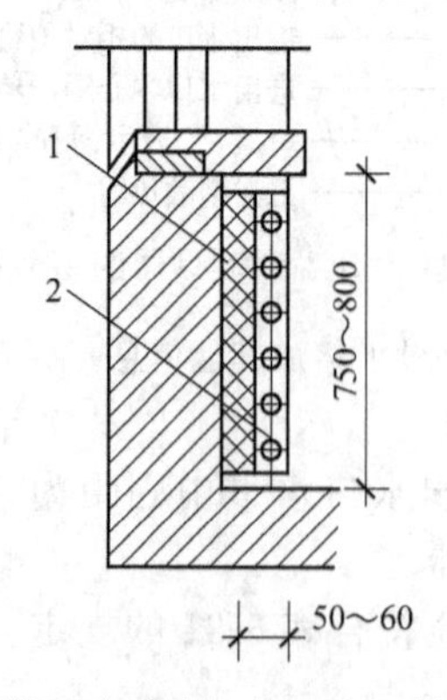

图 3-13 贴附于建筑结构表面的辐射板（贴附式）

1—绝热层；2—管道

悬挂式辐射板分为单体式和吊棚式。单体式（图 3-14）是由加热（供冷）管 1、挡板 2、辐射屏 3（或 5）和绝热层 4 制成的金属辐射板。其中图 3-14(a) 为波状辐射屏；图 3-14(b) 为平面辐射屏。

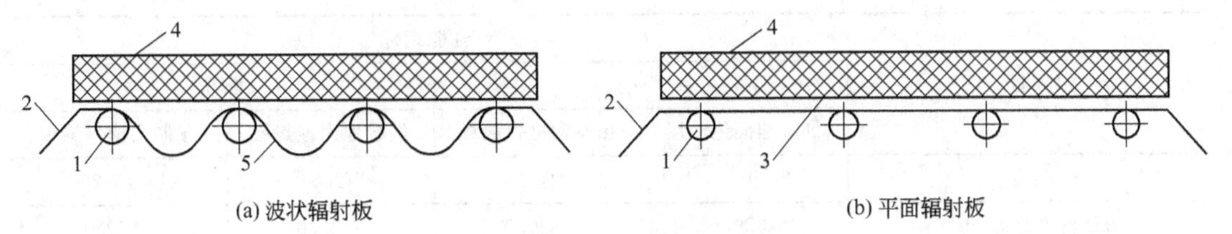

图 3-14 悬挂式辐射板（单体式）

1—加热（供冷）管；2—挡板；3—平面辐射屏；4—绝热层；5—波状辐射屏

吊棚式辐射板是将通热（冷）媒的管道 4、绝热层 3 和薄金属装饰孔板 5 构成的悬挂式辐射板，如图 3-15 所示。

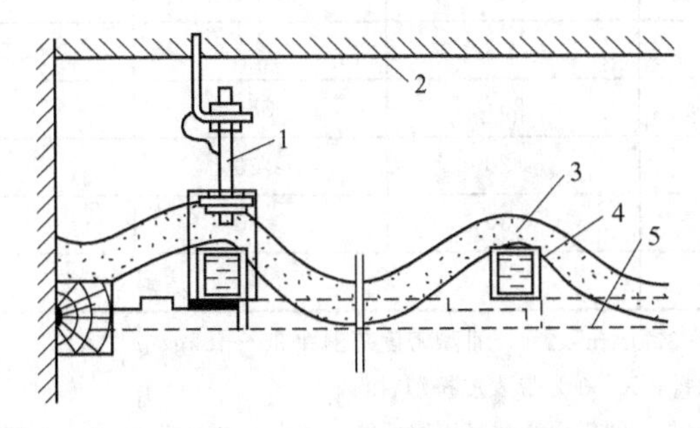

图 3-15 吊棚式辐射板

1—吊钩；2—顶板；3—绝热层；4—管道；5—装饰孔板

图 3-16 所示的窗下辐射板为双面有效散热。室内空气从辐射板 3 的底部进入其背部的对流通道 2，被加热后从上部孔口流入室内，如图 3-16 中箭头所示。

在图 3-17 中表示了各种辐射板在室内的位置。

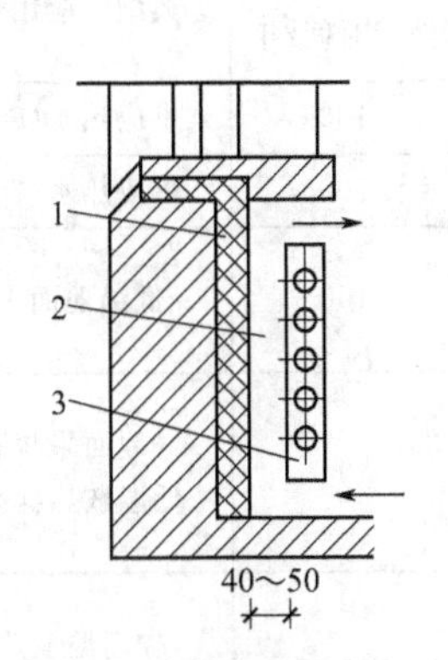

图 3-16 窗下辐射板双面散热

1—绝热层；2—对流通道；3—辐射板

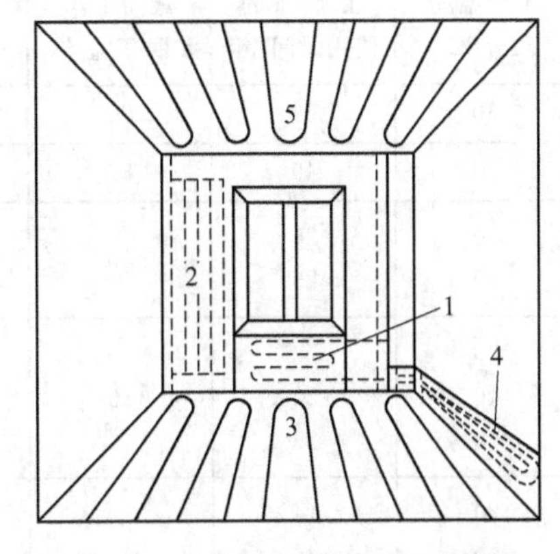

图 3-17 房间内不同位置的辐射板

1—窗下式；2—墙面式；3—地面式；4—踢脚板式；5—顶面式

3.1.2.2 聚苯乙烯泡沫塑料

辐射供暖供冷工程中采用的聚苯乙烯泡沫塑料板材主要技术指标应符合表 3-24 的规定。当采用其他绝热材料时，其技术指标应按表 3-24 的规定选用同等效果的绝热材料。

3.1.2.3 塑料管

塑料管管系列应按表 3-25 中使用条件 4 级以及设计压力选择；管系列值可按表 3-26 确定。

表 3-24　聚苯乙烯泡沫塑料板材主要技术指标

项目		性能指标			
		模塑		挤塑	
		供暖地面绝热层	预制沟槽保温板	供暖地面绝热层	预制沟槽保温板
类别		Ⅱ①	Ⅲ①	W200②	X150/W200②
表观密度/(kg/m^3)		≥20.0	≥30.0	≥20.0	≥30.0
压缩强度③/kPa		≥100	≥150	≥200	≥150/≥200
热导率④/[W/(m·K)]		≤0.041	≤0.039	≤0.035	≤0.030/≤0.035
尺寸稳定性/%		≤3	≤2	≤2	≤2
水蒸气透过系数/[ng/(Pa·m·s)]		≤4.5	≤4.5	≤3.5	≤3.5
吸水率(体积分数)/%		≤4.0	≤2.0	≤2.0	≤1.5/≤2.0
熔结性⑤	断裂弯曲负荷	25	35	—	—
	弯曲变形	≥20	≥20	—	—
燃烧性能	氧指数	≥30	≥30	—	—
	燃烧分级	达到 B2 级			

① 模塑Ⅱ型密度范围在 20～30kg/m^3之间，Ⅲ型密度范围在 30～40kg/m^3之间。

② W200 为不带表皮挤塑材料，X150 为带表皮挤塑材料。

③ 压缩强度是按现行国家标准《硬质泡沫塑料压缩性能的测定》(GB/T 8813—2008) 要求的试件尺寸和试验条件下相对形变为 10%的数值。

④ 热导率为 25℃时的数值。

⑤ 模塑断裂弯曲负荷或弯曲变形有一项能符合指标要求，熔结性即为合格。

表 3-25　塑料管使用条件级别

使用条件级别	工作温度 T_D/℃	在 T_D下的使用时间/年	最高工作温度 T_{max}/℃	在 T_{max}下的使用时间/年	故障温度 T_{mal}/℃	在 T_{mal}下的使用时间/年	典型的应用范围
1	60	49	80	1	95	100	供应热水(60℃)
2	70	49	80	1	95	100	供应热水(70℃)
3①	30 40	20 25	50	4.5	65	100	低温地面采暖
4	20 40 60	2.5 20 25	70	2.5	100	100	地面采暖和低温散热器采暖
5②	20 60 80	14 25 10	90	1	100	100	较高温散热器采暖

① 仅当 T_{mal}不超过 65℃时才可使用。

② 当 T_D、T_{max}和 T_{mal}超出本表所给出的值时，不能用本表。

注：1. 表中所列各使用条件级别的管道系统均应同时满足在 20℃和 1.0MPa 条件下输送冷水，达到 50 年使用寿命。

2. 所有加热系统的介质只能是水或者经处理的水。

管材公称壁厚应符合表 3-27 的要求，并应同时符合下列规定：对管径大于或等于 15mm 的管材，壁厚不应小于 2.0mm；需要进行热熔焊接的管材，其壁厚不得小于 1.9mm。

表 3-26 管系列（S）值

设计压力 P_D /MPa	管系列(S)值					
	PB 管 (σ_D=5.46MPa)	PB-R 管 (σ_D=4.34MPa)	PE-X 管 (σ_D=4.00MPa)	PE-RTⅡ型 (σ_D=3.60MPa)	PE-RTⅠ型 (σ_D=3.25MPa)	PP-R 管 (σ_D=3.30MPa)
0.4	10	6.3(10)	6.3	5	5	5
0.6	8	6.3	6.3	5	5	5
0.8	6.3	5	5	4	4	4
1.0	5	4	4	3.2	3.2	3.2

注：1. σ_D 指设计应力。

2. 括号内为理论值，实际选型时考虑到管材实际可行的壁厚因素，进行了圆整。

表 3-27 管材公称壁厚

单位：mm

系统工作压力 P_D=0.4MPa						
公称外径/mm	PB 管	PB-R 管	PE-X 管	PE-RTⅡ型	PE-RTⅠ型	PP-R 管
16	1.3	1.5	1.8	1.8	1.8	1.5
20	1.3	1.5	1.9	2.0	2.0	2.0
25	1.3	1.9	1.9	2.3	2.3	2.3
系统工作压力 P_D=0.6MPa						
公称外径/mm	PB 管	PB-R 管	PE-X 管	PE-RTⅡ型	PE-RTⅠ型	PP-R 管
16	1.3	1.5	1.8	1.8	1.8	1.5
20	1.3	1.5	1.9	2.0	2.0	2.0
25	1.3	1.9	1.9	2.3	2.3	2.3
系统工作压力 P_D=0.8MPa						
公称外径/mm	PB 管	PB-R 管	PE-X 管	PE-RTⅡ型	PE-RTⅠ型	PP-R 管
16	1.3	1.5	1.8	2.0	2.0	2.0
20	1.5	1.9	1.9	2.3	2.3	2.3
25	1.9	2.3	2.3	2.8	2.8	2.8
系统工作压力 P_D=1.0MPa						
公称外径/mm	PB 管	PB-R 管	PE-X 管	PE-RTⅡ型	PE-RTⅠ型	PP-R 管
16	1.5	1.8	1.8	2.2	2.2	2.2
20	1.9	2.3	2.3	2.8	2.8	2.8
25	2.3	2.8	2.8	3.5	3.5	3.5

塑料管的公称外径、最小与最大平均外径，应符合表 3-28 的规定。

表 3-28 塑料管公称外径、最小与最大平均外径

单位：mm

塑料管材	公称外径	最小平均外径	最大平均外径
PB、PB-R、PE-X、PE-RT、PP-R 管	16	16.0	16.3
	20	20.0	20.3
	25	25.0	25.3

塑料管的物理力学性能应符合表 3-29 的规定。

表 3-29　塑料管的物理力学性能

项目	PB	PB-R	PE-X	PE-RTⅡ型	PE-RTⅠ型	PP-R
20℃，1h 液压试验环应力/MPa	15.50	15.40	12.00	11.2	9.9	16.00
95℃，1h 液压试验环应力/MPa	—	—	4.80	—	—	—
95℃，22h 液压试验环应力/MPa	6.50	5.40	4.70	4.1	3.8	4.20
95℃，165h 液压试验环应力/MPa	6.20	5.10	4.60	4.0	3.6	3.80
95℃，1000h 液压试验环应力/MPa	6.00	4.90	4.40	3.8	3.4	3.50
110℃，8760h 热稳定性试验环应力/MPa	2.40	1.80	2.50	2.4	1.9	1.90
纵向尺寸收缩率/%	≤2	≤2	≤3	≤2	≤2	≤2
交联度/%	—	—	见注	—	—	—
0℃耐冲击/%	—	—	—	—	—	破损率<试样的 10%
管材与混配料熔体流动速率之差	≤0.3g/10min（190℃、5kg 条件下）	变化率≤原料的 20%（190℃、2.16kg 条件下）	—	与对原料测定值之差，不应超过±0.3g/10min 且不超过±20%（190℃、5kg 条件下）	与对原料测定值之差，不应超过±0.3g/10min 且不超过±20%（190℃、5kg 条件下）	变化率≤原料的 30%（190℃、2.16kg 条件下）

注：过氧化物交联（PE-Xa）交联度大于或等于 70%；硅烷交联（PE-Xb）交联度大于或等于 65%；辐照交联（PE-Xc）交联度大于或等于 60%。

3.1.2.4　铝塑复合管

搭接焊式铝塑复合管长期工作温度和允许工作压力应符合表 3-30 的规定。对接焊式铝塑复合管长期工作温度和允许工作压力应符合表 3-31 的规定。

表 3-30　搭接焊式铝塑复合管长期工作温度和允许工作压力

流体类型	铝塑管代号	长期工作温度 T_O/℃	允许工作压力 P_O/MPa
冷热水	PAP	60	1.00
		75[A]	0.82
		82[A]	0.69
	XPAP	75	1.00
		82	0.86

注：1. A 系指采用中密度聚乙烯（乙烯与辛烯特殊共聚物）材料生产的复合管。

2. PAP 为聚乙烯/铝合金/聚乙烯，XPAP 为交联聚乙烯/铝合金/交联聚乙烯。

表 3-31　对接焊式铝塑复合管长期工作温度和允许工作压力

流体类型	铝塑管代号	长期工作温度 T_O/℃	允许工作压力 P_O/MPa
冷热水	XPAP1、XPAP2、RPAP5	40	2.00
	PAP3、PAP4	60	1.00
	XPAP1、XPAP2、RPAP5	75	1.50
	XPAP1、XPAP2、RPAP5	95	1.25

注：1. XPAP1：一型铝塑管　聚乙烯/铝合金/交联聚乙烯。

2. XPAP2：二型铝塑管　交联聚乙烯/铝合金/交联聚乙烯。

3. PAP3：三型铝塑管　聚乙烯/铝/聚乙烯。

4. PAP4：四型铝塑管　聚乙烯/铝合金/聚乙烯。

5. RPAP5：五型铝塑管　耐热聚乙烯/铝合金/耐热聚乙烯。

铝塑复合管的公称外径、壁厚与偏差应符合表 3-32 的规定。

表 3-32　铝塑复合管公称外径、壁厚与偏差　　单位：mm

铝塑复合管	公称外径	公称外径公差	参考内径	管壁厚最小值	管壁厚公差
搭接焊	16	+0.3	12.1	1.7	+0.5
	20		15.7	1.9	
	25		19.9	2.3	
对接焊	16		10.9	2.3	
	20		14.5	2.5	
	25(26)		18.5(19.5)	3.0	

铝塑复合管的物理力学性能应符合表 3-33 的规定。

表 3-33　铝塑复合管的物理力学性能

公称直径/mm	管环径向拉伸力/N (HDPE、PEX)		静液压强度/MPa		爆破压力/MPa	
	搭接焊	对接焊	搭接焊 (82℃,10h)	对接焊 (95℃,10h)	搭接焊	对接焊
12	2100	—	2.72	—	7.0	—
16	2300	2400	2.72	2.42	6.0	8.0
20	2500	2600	2.72	2.42	5.0	7.0

注：1. 交联度要求：硅烷交联大于或等于 65%；辐照交联大于或等于 60%。

2. 热熔胶熔点大于或等于 120℃。

3. 搭接焊铝层拉伸强度大于或等于 100MPa，断裂伸长率大于或等于 20%；对接焊铝层拉伸强度大于或等于 80MPa，断裂伸长率应不小于 22%。

4. 铝塑复合管层间粘合强度，按规定方法试验，层间不得出现分离和缝隙。

3.1.2.5　无缝铜管

无缝铜管的公称外径、壁厚与偏差应符合表 3-34 的规定。

无缝铜管的最大工作压力应符合表 3-35 的规定。

铜管机械性能应符合表 3-36 的规定。

表 3-34　无缝铜管公称外径、壁厚与偏差　　单位：mm

公称外径	壁厚			平均外径公差	
	A	B	C	普通级	高精级
15	1.2	1.0	0.7	±0.06	±0.03
18	1.2	1.0	0.8	±0.06	±0.03
22	1.5	1.2	0.9	±0.08	±0.04
28	1.5	1.2	0.9	±0.08	±0.04

表 3-35　无缝铜管的最大工作压力　　单位：MPa

管材状态和类型		公称外径/mm			
		15	18	22	28
硬态(Y)	A	10.79	8.87	9.08	7.05
	B	8.87	7.31	7.19	5.59
	C	6.11	5.81	5.92	4.62
半硬态(Y_2)	A	8.56	7.04	7.21	5.60
	B	7.04	5.81	5.70	4.44
	C	4.85	4.61	4.23	3.30
软态(M)	A	7.04	5.80	5.94	4.61
	B	5.80	4.79	4.70	3.66
	C	3.99	3.80	3.48	2.72

表 3-36　铜管机械性能要求

状态	公称外径/mm	抗拉强度 σ_b/MPa	伸长率	
			δ_5/%	δ_{10}/%
硬态(Y)	≤100	≥315	—	—
	>100	≥295		
半硬态(Y_2)	≤54	≥250	≥30	≥25
软态(M)	≤35	≥205	≥40	≥35

3.1.2.6　加热电缆

加热电缆的电气和机械性能应符合表 3-37 的要求。

表 3-37　加热电缆的电气和机械性能要求

类别	检验项目	标准要求
标志	成品电缆表面标志 标志间距离(标志在护套上)	字迹清楚、容易辨认、耐擦 最大 500mm
电压试验 绝缘电阻	室温成品电缆电压试验(2.0kV/5min) 高温成品电缆电压试验(导体额定温度+20℃,1.5kV/15min) 绝缘电阻(导体额定温度+20℃)	不击穿 不击穿 最小 0.03MΩ·km
加热导体	导体电阻(20±1)℃ 电阻温度系数	在标定值(Ω/m)的+10%和-5%之间 不为负数

续表

类别	检验项目	标准要求
成品性能试验	变形试验(A类电缆300N、B类电缆600N、C类电缆2000N,均耐受1.5kV 30s) 拉力试验(最小拉力120N) 正反卷绕试验 低温冲击试验(−15±2)℃ 屏蔽的耐穿透性	不击穿 不断裂 不击穿 不开裂 试针推入绝缘需触及屏蔽
绝缘层	绝缘厚度 平均厚度 最薄处厚度与平均厚度差值	 最小0.80mm 不大于平均厚度的10%+0.1mm
	交货状态原始性能 老化前抗张强度最小中间值 老化前断裂伸长率最小中间值 空气烘箱老化后的性能(7×24h,135℃±2℃) 抗张强度最大变化率 断裂伸长率最大变化率 空气弹老化试验(40h,127℃±1℃) 抗张强度最大变化率 断裂伸长率最大变化率 非污染试验(7×24h,90℃±2℃) 抗张强度最大变化率 渐裂伸长率最大变化率	 4.2N/mm² 200% ±30% ±30% ±30% ±30% ±30% ±30%
	热延伸试验(载荷时间15min,机械压力0.2N/mm²、250℃±3℃) 伸长率最大中间值 永久伸长率最大中间值	 175% 15%
	耐臭氧试验(臭氧浓度0.025%~0.030%,24h)	不开裂
外护套	外护套厚度 厚度平均值 最薄处厚度与平均厚度差值不大于	 最小0.8mm 厚度平均值的15%+0.1mm
	交货状态原始性能老化前抗拉强度最小中间值 老化前断裂伸长率最小中间值 空气烘箱老化后的性能(10×24h,135℃±2℃) 抗张强度最小中间值 断裂伸长率最小中间值 抗张强度最大变化率 断裂伸长率最大变化率	 15.0N/mm² 15.0N/mm² 150% ±25% ±25%
	非污染试验(7×24h,80℃±2℃) 抗张强度最小中间值 断裂伸长率最小中间值 抗张强度最大变化率 断裂伸长率最大变化率	 15.0N/mm² 150% ±25% ±25%
	失重试验(10×24h,115℃±2℃) 失重最大值	 2.0mg/cm²
	热冲击试验(1h,150℃±2℃)	不开裂
	高温压力试验(90℃±2℃) 压痕深度最大中间值	 50%
	低温弯曲试验(−15℃±2℃)	不开裂
	热稳定性试验(200℃±0.5℃) 最小中间值	 180min

3.1.3 散热器的组装

为便于施工安装，铸铁散热器的组装片数，不宜超过表 3-38 的规定。

表 3-38 铸铁散热器组装片数

序号	类型	组装片数
1	粗柱型(包括柱翼型)	20
2	细柱型	25
3	长翼型	7

如图 3-18 所示为采暖散热器安装组对图。

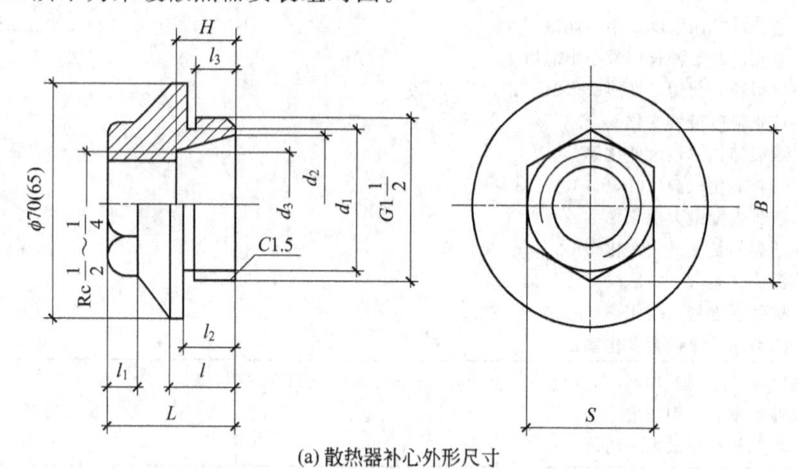

(a) 散热器补心外形尺寸

补心尺寸值

管螺纹 外螺纹×内螺纹	各部位尺寸/mm										
	L	l	l_1	l_2	l_3	H	d_1	d_2	d_3	S	B
$G1\frac{1}{2}\times ZG\frac{1}{2}$	34	17	11	15	12	18	44	34	28	36	40
$G1\frac{1}{2}\times ZG\frac{3}{4}$	34	17	11	15	12	18	44	34	30	36	40
$G1\frac{1}{2}\times ZG1$	34	17	11	15	12	18	44	34	32	44	50
$G1\frac{1}{2}\times ZG\frac{1}{4}$	46	17	20	15	12	18	44	34	32	52	59

注：丝堵和补心的技术要求：

1. 丝堵和补心外螺纹为 $G1\frac{1}{2}$ 柱管螺纹，尺寸应符合《采暖散热器系列数、螺纹及配件》(JG/T 6—1999) 的规定。
2. 丝堵和补心外螺纹轴线与螺纹端面垂直度的公差为 0.1mm。
3. 补心内螺纹轴线与六角帽内接圆中心线的同轴度公差为 2mm。
4. 补心内外螺纹轴线同轴度为 0.5mm。
5. 左旋丝堵和补心应铸出标志，字迹应清晰。

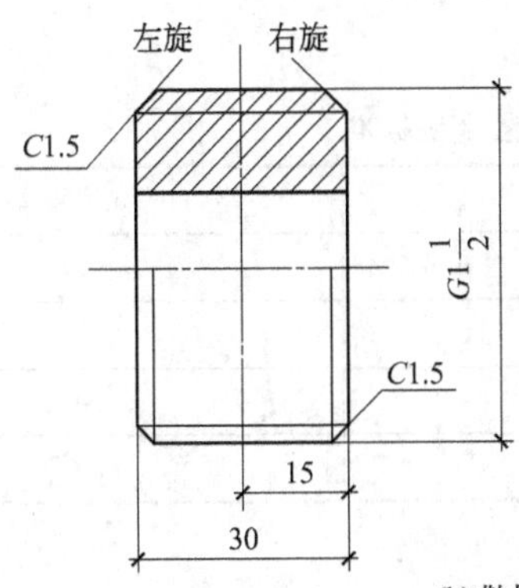

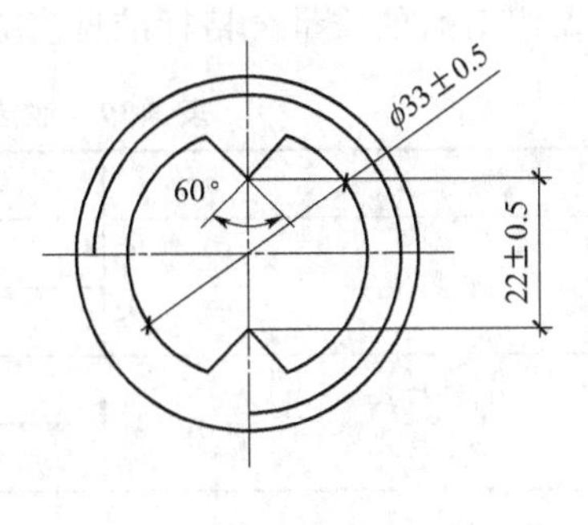

(b) 散热器组对(A型)对丝外形尺寸

注：对丝的左、右螺纹长度应均布，两端之差不得大于 3mm。

对丝螺纹尺寸

直径 基本尺寸	大径/mm	中径/mm	小径/mm
基本尺寸	47.803	46.324	44.845
最大极限尺寸	47.45	45.974	44.495
最小极限尺寸	47.093	45.614	43.135

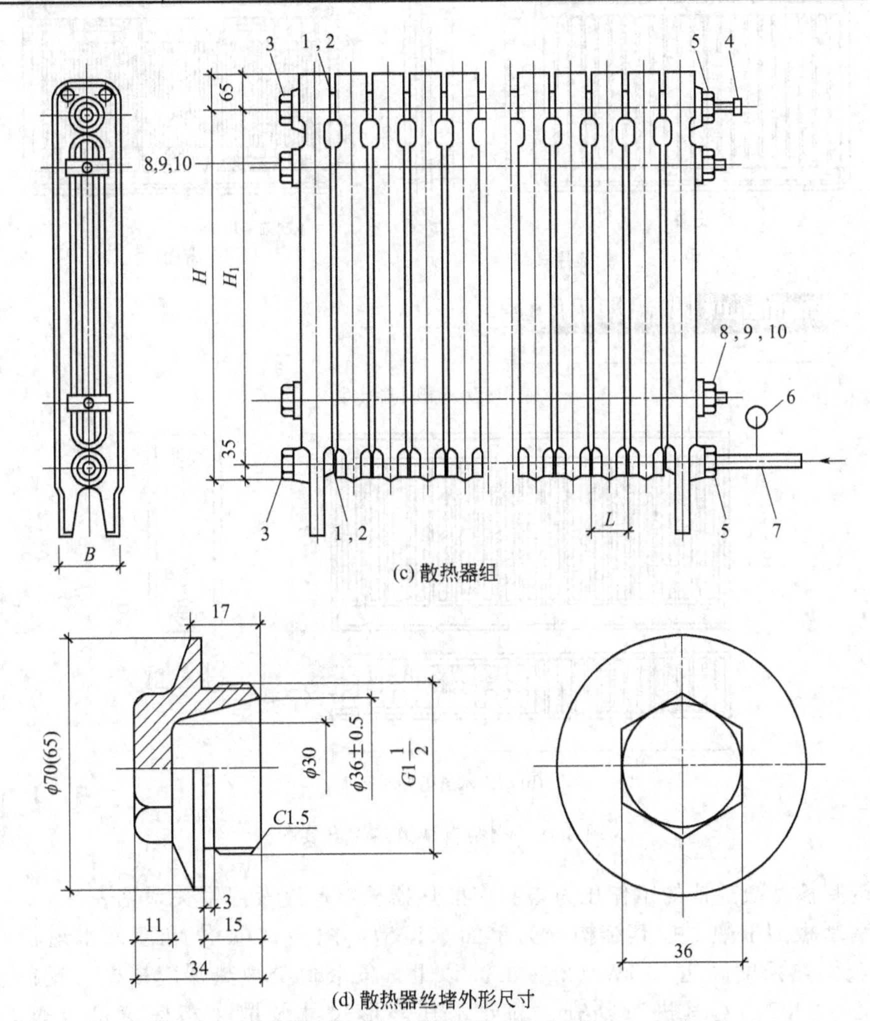

(c) 散热器组

(d) 散热器丝堵外形尺寸

图 3-18 采暖散热器安装组对图

1—对丝；2—垫片；3—丝堵；4—手动放气阀；5—补心；6—散热器试压压力表；7—组对后试压进水管；8—拉杆；9—螺母；10—垫板

散热器组对后的质量合格标准见表3-39。

表3-39　散热器组对后的质量合格标准

散热器类型	片数	允许偏差
长翼型	2～4	4
	5～7	6
铸铁片式 钢制片式	3～15	4
	16～25	6

3.1.4　散热器的安装

3.1.4.1　钢制板型散热器安装

如图3-19所示为钢制板型散热器安装图。

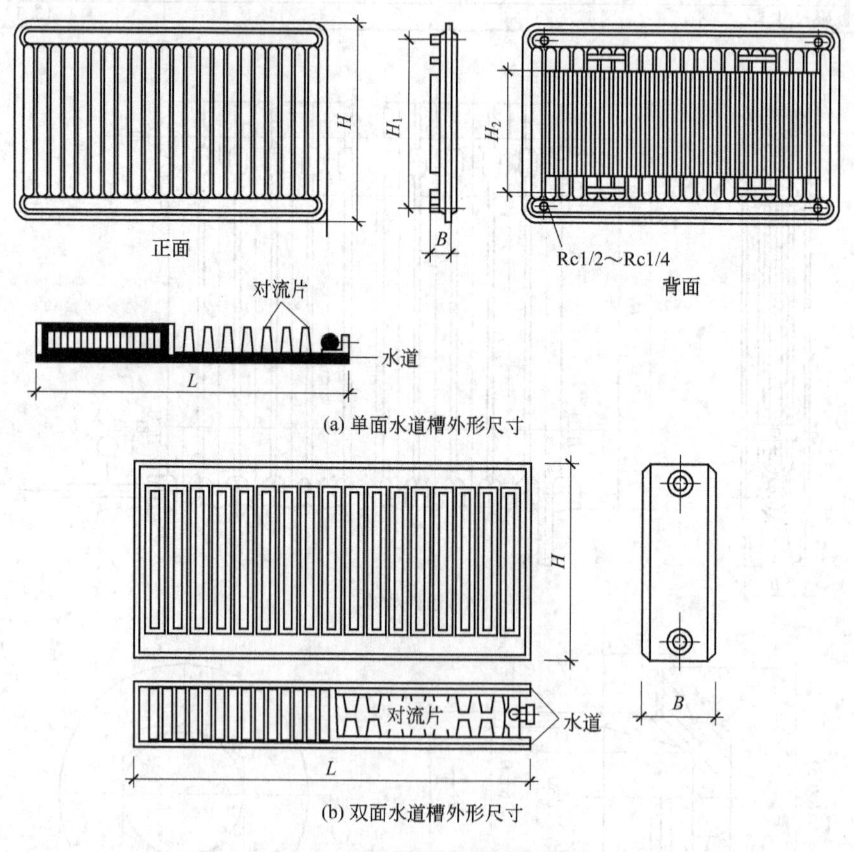

图3-19　钢制板型散热器安装图

(1) 钢制板型散热器的工作压力与制作散热器板材厚度及温度关系见表3-40。

(2) 钢制板型散热器按其结构分为单面水道槽［图3-19(a)］和双面水道槽［图3-19(b)］，其金属热强度高达1.0W/(kg·℃)以上，安装此类散热器应根据《钢制板型散热器》(JG 2—2007)对其进行抽查、验收，其外形尺寸及散热指标应符合表3-41所示标准。

表 3-40 钢制板型散热器的工作压力与制作散热器板材厚度及温度关系

板厚/mm	热水温度/℃	工作压力/MPa	实验压力/MPa
1.2～1.3	≤100	0.6	0.9
	110～150	0.46	
1.4～1.5	≤100	0.8	1.2
	110～150	0.7	

表 3-41 钢制板型散热器尺寸及最小散热量参数表

项目	参数值				
高度 H/mm	380±1.15	480±1.25	580±1.40	680±1.60	980±1.80
同侧进出口中心距 H_1/mm	300±0.65	400±0.70	500±0.8	600	900±1.15
对流片高度 H_2/mm	130	230	330	430	730
宽度 B/mm(单面水道槽)	50	50	50	50	50
长度 L/mm	600、800、1000、1200、1400、1600、1800				
最小散热量 Q/W $L=1000$mm,$\Delta T=64.5$℃	680	825	970	1113	1532

3.1.4.2 柱型、柱翼型散热器安装

如图 3-20 所示为柱型、柱翼型采暖散热器安装图。

散热器距墙安装尺寸及允许偏差见表 3-42。

表 3-42 散热器距墙安装尺寸及允许偏差

散热种类	距墙净尺寸/mm	距窗口中心线/mm	与墙平行净尺寸/mm	散热器中心垂直偏差/mm	散热器全长的水平弯曲度/mm	
柱型、四柱 813、辐射对流型(M-132)	25～40	20	6	3	(3～14 片) 4	(15～25 片) 6
长翼型(60 型)	25～40	20	6	3	(2～4 片) 4	(5～7 片) 6
圆翼型	40～50	20	6	3	(2m 以内) 3	(3～4m) 4
板式及扁管型	30	20	6	3		
闭式串片、折边对流	20～30	20	6	3		

3.1.5 供暖管道及附件安装

3.1.5.1 供暖常用管材

(1) 低压流体输送用焊接钢管

① 钢管尺寸及偏差。外径（D）不大于 219.1mm 的钢管按公称口径（DN）和公称壁厚（t）交货，其公称口径和公称壁厚应符合表 3-43 的规定。其中管端用螺纹或沟槽连接的钢管尺寸参见表 3-44。外径大于 219.1mm 的钢管按公称外径和公称壁厚交货，其公称外径和公称壁厚应符合《焊接钢管尺寸及单位长度重量》（GB/T 21835—2008）的规定。

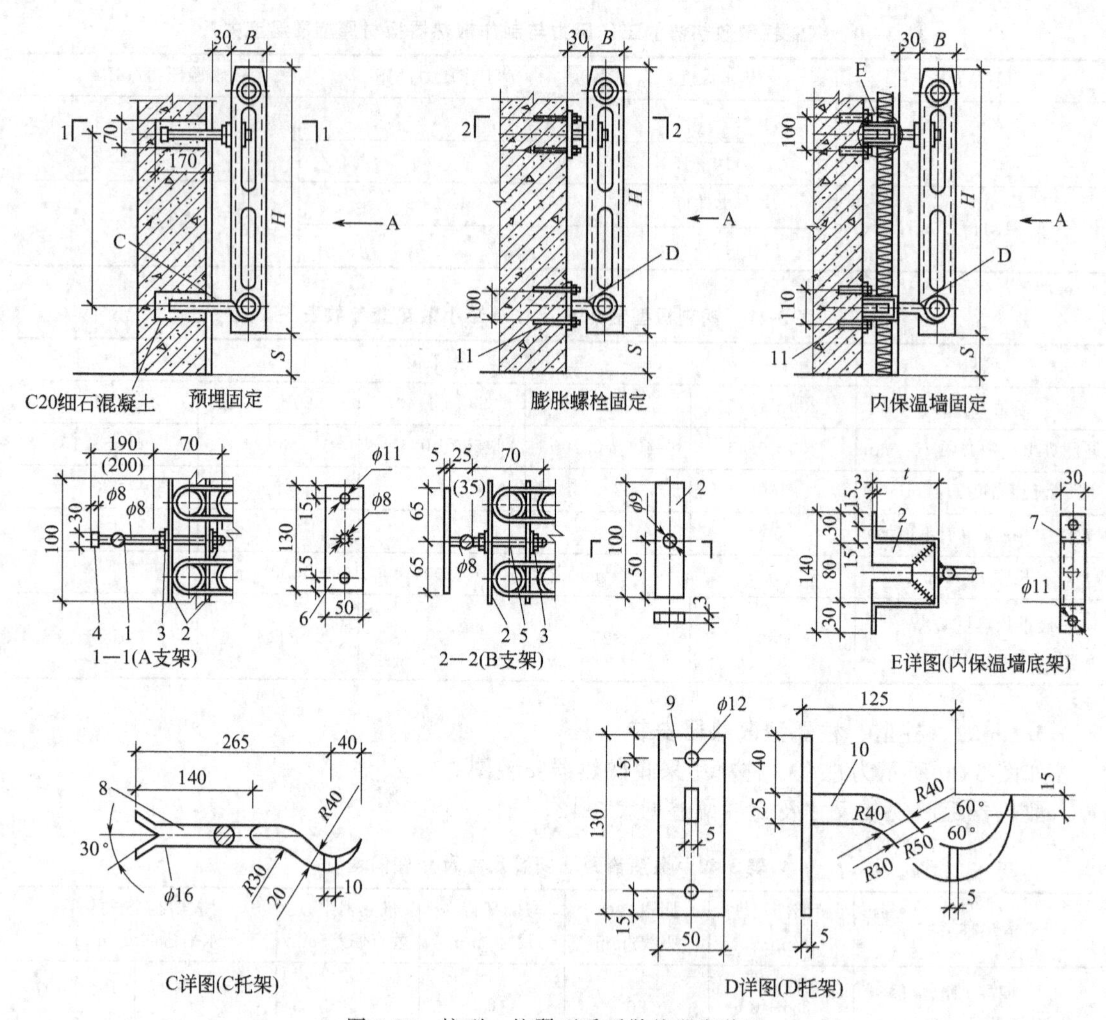

图 3-20 柱型、柱翼型采暖散热器安装图

1—预埋拉杆；2—夹板；3—六角螺帽；4—预埋锚固板；5—焊接拉杆；6—膨胀螺栓固定底板；7—L30×3 底架；8—预埋托架；9—膨胀螺栓固定底板；10—焊接托架；11—YG1-M10 膨胀螺栓

表 3-43 外径不大于 219.1mm 的钢管公称口径、外径、公称壁厚和不圆度 单位：mm

公称口径 DN	外径 D			最小公称壁厚 t	不圆度不大于
	系列 1	系列 2	系列 3		
6	10.2	10.0	—	2.0	0.20
8	13.5	12.7	—	2.0	0.20
10	17.2	16.0	—	2.2	0.20
15	21.3	20.8	—	2.2	0.30
20	26.9	26.0	—	2.2	0.35
25	33.7	33.0	32.5	2.5	0.40
32	42.4	42.0	41.5	2.5	0.40
40	48.3	48.0	47.5	2.75	0.50
50	60.3	59.5	59.0	3.0	0.60
65	76.1	75.5	75.0	3.0	0.60

续表

公称口径 DN	外径 D			最小公称壁厚 t	不圆度不大于
	系列 1	系列 2	系列 3		
80	88.9	88.5	88.0	3.25	0.70
100	114.3	114.0	—	3.25	0.80
125	139.7	141.3	140.0	3.5	1.00
150	165.1	168.3	159.0	3.5	1.20
200	219.1	219.0	—	4.0	1.60

注：1. 表中的公称口径系近似内径的名义尺寸，不表示外径减去两倍壁厚所得的内径。

2. 系列 1 是通用系列，属推荐选用系列；系列 2 是非通用系列；系列 3 是少数特殊、专用系列。

表 3-44 管端用螺纹和沟槽连接的钢管外径、壁厚 单位：mm

公称口径 DN	外径 D	壁厚 t	
		普通钢管	加厚钢管
6	10.2	2.0	2.5
8	13.5	2.5	2.8
10	17.2	2.5	2.8
15	21.3	2.8	3.5
20	26.9	2.8	3.5
25	33.7	3.2	4.0
32	42.4	3.5	4.0
40	48.3	3.5	4.5
50	60.3	3.8	4.5
65	76.1	4.0	4.5
80	88.9	4.0	5.0
100	114.3	4.0	5.0
125	139.7	4.0	5.5
150	165.1	4.5	6.0
200	219.1	6.0	7.0

注：表中的公称口径系近似内径的名义尺寸，不表示外径减去两倍壁厚所得的内径。

低压流体输送用焊接钢管外径和壁厚的允许偏差见表 3-45。

表 3-45 低压流体输送用焊接钢管外径和壁厚的允许偏差 单位：mm

外径 D	外径允许偏差		壁厚 t 允许偏差
	管体	管端(距管端 100mm 范围内)	
$D \leqslant 48.3$	±0.5	—	±10%t
$48.3 < D \leqslant 273.1$	±1%D	—	
$273.1 < D \leqslant 508$	±0.75%D	+2.4 −0.8	
$D > 508$	±1%D 或±10.0，两者取较小值	+3.2 −0.8	

钢管的两端端面应与钢管的轴线垂直切割，管端切斜应不大于 3mm，切口毛刺应予清除，如图 3-21 所示。外径不大于 114.3mm 的钢管应机械平头。

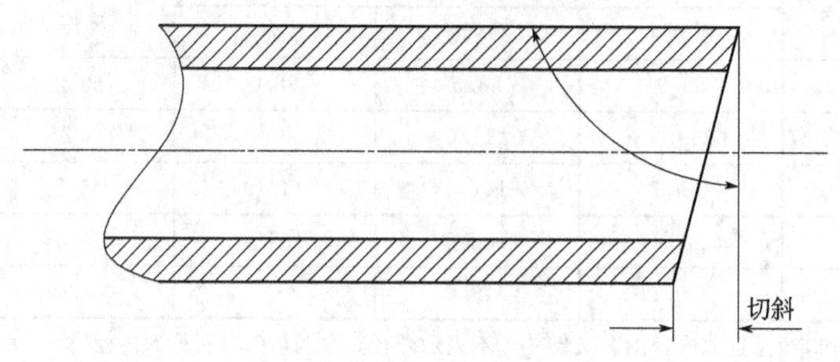

图 3-21　切斜示意图

根据需方要求，经供需双方协商，并在合同中注明，壁厚大于 4.0mm 的钢管可加工坡口，坡口角度应为$30^{\circ}{}^{+5^{\circ}}_{0}$，钝边应为 (1.6±0.8)mm，如图 3-22 所示。

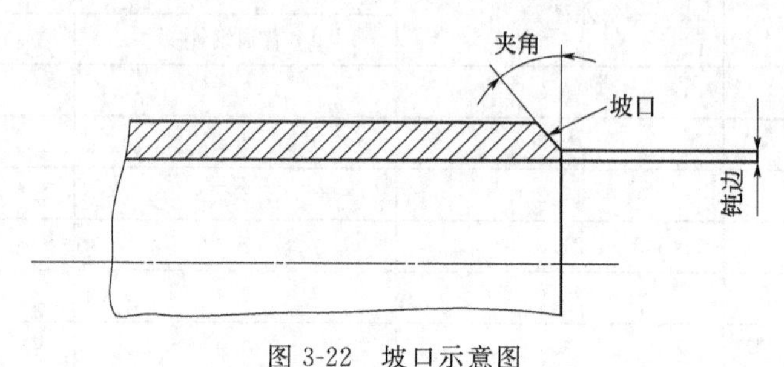

图 3-22　坡口示意图

② 重量

a. 钢管的理论重量按下式计算（钢的密度按 7.85kg/dm³）：

$$W=0.0246615(D-t)t \tag{3-1}$$

式中　W——钢管的单位长度理论重量，kg/m；

D——钢管的外径，mm；

t——钢管的壁厚，mm。

b. 钢管镀锌后单位长度理论重量按下式计算：

$$W'=cW \tag{3-2}$$

式中　W'——钢管镀锌后的单位长度理论重量，kg/m；

W——钢管镀锌前的单位长度理论重量，kg/m；

c——镀锌层的重量系数，见表 3-46。

表 3-46　镀锌层的重量系数

公称壁厚/mm	镀锌层的重量系数	
	镀锌层 300g/m²的重量系数	镀锌层 500g/m²的重量系数
2.0	1.038	1.064
2.2	1.035	1.058
2.3	1.033	1.055
2.5	1.031	1.051
2.8	1.027	1.045
2.9	1.026	1.044

续表

公称壁厚/mm	镀锌层的重量系数	
	镀锌层 300g/m²的重量系数	镀锌层 500g/m²的重量系数
3.0	1.025	1.042
3.2	1.024	1.040
3.5	1.022	1.036
3.6	1.021	1.035
3.8	1.020	1.034
4.0	1.019	1.032
4.5	1.017	1.028
5.0	1.015	1.025
5.4	1.014	1.024
5.5	1.014	1.023
5.6	1.014	1.023
6.0	1.013	1.021
6.3	1.012	1.020
7.0	1.011	1.018
7.1	1.011	1.018
8.0	1.010	1.016
8.8	1.009	1.014
10	1.008	1.013
11	1.007	1.012
12.5	1.006	1.010
14.2	1.005	1.009
16	1.005	1.008
17.5	1.004	1.007
20	1.004	1.006

③ 力学性能。低压流体输送用焊接钢管的力学性能要求应符合表 3-47 的规定。

表 3-47 低压流体输送用焊接钢管的力学性能

牌号	下屈服强度 R_{eL}/MPa 不小于		抗拉强度 R_m/MPa 不小于	断后伸长率 A/%不小于	
	$t \leqslant 16$mm	$t > 16$mm		$D \leqslant 168.3$mm	$D > 168.3$mm
Q195①	195	185	315	15	20
Q215A、Q215B	215	205	335		
Q235A、Q235B	235	225	370		
Q275A、Q275B	275	265	410	13	18
Q345A、Q345B	345	325	470		

① Q195 的屈服强度值仅供参考，不作交货条件。

（2）锅炉和热交换器用奥氏体不锈钢焊接钢管　锅炉和热交换器用奥氏体不锈钢焊接钢

管外径和壁厚的允许偏差见表 3-48。

表 3-48　钢管的外径和壁厚的允许偏差　　单位：mm

钢管外径 D	外径允许偏差①		壁厚允许偏差
	正偏差	负偏差	
≤25	+0.10	−0.10	±10%S
>25～40	+0.15	−0.15	
>40～50	+0.20	−0.20	
>50～65	+0.25	−0.25	
>65～75	+0.30	−0.30	
>75～100	+0.38	−0.38	
>100～200	+0.38	−0.64	
>200～225	+0.38	−1.14	
>225～305	+0.75%D	−0.75%D	

① 对于壁厚（S）与外径（D）之比不大于 3%的薄壁钢管，钢管实测的平均外径应符合本表所列的外径允许偏差。

（3）高压给水加热器用无缝钢管　高压给水加热器用无缝钢管的 U 形管图如图 3-23 所示。

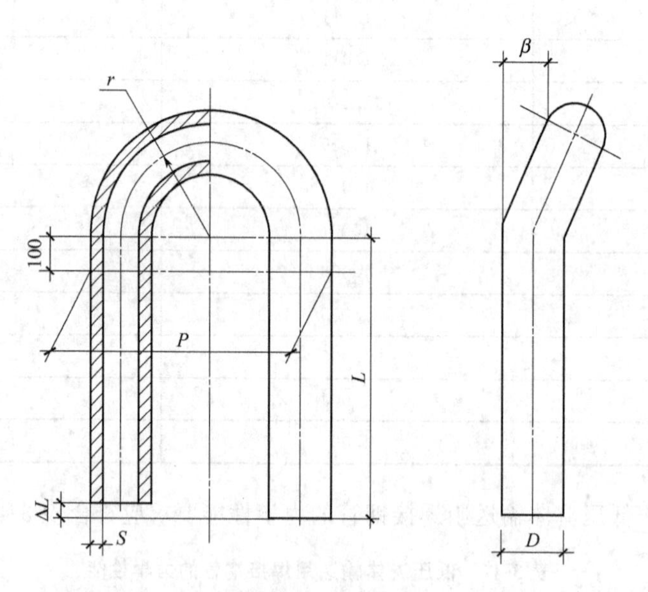

图 3-23　U 形管图

D—钢管的公称外径，mm；S—钢管公称壁厚，mm；
L—从弯曲切点到管端的直管部分长度，mm；ΔL—两直管部分长度差，mm；
P—直管部分间距，P 的理论值为 $2r+D$，mm；r—弯曲半径，mm；β—弯头平面度，mm

① 钢管外径的允许偏差应符合表 3-49 的规定。

表 3-49　钢管外径的允许偏差　　单位：mm

钢管公称外径 D	允许偏差
D<25	±0.10
D≥25	±0.15

② 直管以定尺长度交货，长度允许偏差为$^{+10}_{0}$mm。

③ U形管直管部分的长度允许偏差应符合表3-50的规定。两直管部分长度差应符合表3-51的规定。

表3-50 U形管直管部分长度的允许偏差 单位：mm

直管部分长度 L	允许偏差
$L \leqslant 6000$	$^{+3.2}_{0}$
$6000 < L \leqslant 9000$	$^{+4.0}_{0}$
$9000 < L \leqslant 15000$	$^{+4.8}_{0}$

表3-51 U形管两直管部分长度的允许偏差 单位：mm

弯曲半径 r	两直管部分长度差 ΔL
$r < 250$	≤0.8
$250 \leqslant r \leqslant 500$	≤1.5
$r > 500$	≤2.5

④ 钢的牌号和化学成分（熔炼分析）应符合表3-52的规定。

表3-52 钢的牌号和化学成分

序号	牌号	化学成分(质量分数)/%									
		C	Si	Mn	Cr	Mo	V	Ni	Cu	P	S
										不大于	
1	20GJ	0.17～0.23	0.17～0.37	0.35～0.65	≤0.25	≤0.15	≤0.08	≤0.25	≤0.20	0.025	0.020
2	20MnGJ	0.17～0.25	0.17～0.37	0.70～1.06	≤0.25	≤0.15	≤0.08	≤0.25	≤0.20	0.025	0.020
3	15MoGJ	0.12～0.20	0.17～0.37	0.40～0.80	≤0.30	0.25～0.35	—	≤0.30	≤0.20	0.025	0.020

⑤ 交货状态钢管的拉伸性能和硬度（HRB或HV）应符合表3-53的规定。

表3-53 钢管的力学性能

序号	牌号	拉伸性能			硬度	
		抗拉强度 R_m/MPa	下屈服强度 R_{eL}/MPa	断后伸长率 A_{50}/%	HRB	HV
		不小于			不大于	
1	20GJ	410	245	30	85	163
2	20MnGJ	480	280	30	89	178
3	15MoGJ	450	270	30	89	178

（4）连续铸铁管 常用的连续铸铁直管的形状和尺寸应符合表3-54的规定。其壁厚和重量应符合表3-55的规定。

表 3-54　承口尺寸

单位：mm

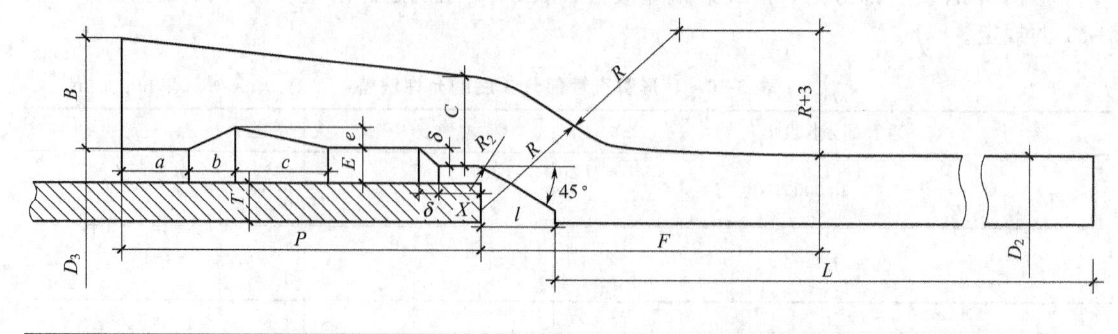

公称直径 DN	承口内径 D_3	a	b	c	e	B	C	E	P	l	F	δ	X	R
75	113.0					26	12	10	90	9	75	5	13	32
100	138.0					26	12	10	95	10	75	5	13	32
150	189.0					26	12	10	100	10	75	5	13	32
200	240.0					28	13	10	100	11	77	5	13	33
250	293.0	15	10	20	6	32	15	11	105	12	83	5	18	37
300	344.8					33	16	11	105	13	85	5	18	38
350	396.0					34	17	11	110	13	87	5	18	39
400	447.6					36	18	11	110	14	89	5	24	40
450	498.8					37	19	11	115	14	91	5	24	41
500	552.0					40	21	12	115	15	97	6	24	45
600	654.8	18	12	25	7	44	23	12	120	16	101	6	24	47
700	757.0					48	26	12	125	17	105	6	24	50
800	860.0					51	28	12	130	18	111	6	24	52
900	963.0					8	31	12	135	19	115	6	24	55
1000	1067.0	20		14	30	60	33	13	140	21	121	6	24	59
1100	1170.0					64	36	13	145	22	126	6	24	62
1200	1272.0					68	38	13	150	23	130	6	24	64

注：$R=C+2E$；$R_2=E$。

表 3-55　连续铸铁管的壁厚及质量

公称直径 DN /mm	外径 D_2 /mm	壁厚 T/mm			承口凸部质量 /kg	直部 1m 质量/kg			有效长度 L/mm 4000 总质量/kg			有效长度 L/mm 5000 总质量/kg			有效长度 L/mm 6000 总质量/kg		
		LA 级	A 级	B 级		LA 级	A 级	B 级	LA 级	A 级	B 级	LA 级	A 级	B 级	LA 级	A 级	B 级
75	93.0	9.0	9.0	9.0	4.8	17.1	17.0	17.1	73.2	73.2	73.2	90.3	90.3	90.3	—	—	—
100	118.0	9.0	9.0	9.0	6.23	22.2	22.2	22.2	95.1	95.1	95.1	117	117	117	—	—	—
150	169.0	9.0	9.2	10.0	9.09	32.6	33.3	36.0	139.5	142.3	153.1	172.1	175.6	189	205	209	225
200	220.0	9.2	10.1	11.0	12.56	43.9	48.0	52.0	188.2	204.6	220.6	232.1	252.6	273	276	301	325
250	271.6	10.0	11.0	12.0	16.54	59.2	64.8	70.5	253.3	275.7	298.5	312.5	340.5	369	372	405	440

续表

公称直径DN/mm	外径D_2/mm	壁厚T/mm			承口凸部质量/kg	直部1m质量/kg			有效长度L/mm								
									4000			5000			6000		
									总质量/kg								
		LA级	A级	B级		LA级	A级	B级	LA级	A级	B级	LA级	A级	B级	LA级	A级	B级
300	322.8	10.8	11.9	13.0	21.86	76.2	83.7	91.1	326.7	356.7	386.3	402.9	440.4	477	479	524	568
350	374.0	11.7	12.8	14.0	26.96	95.9	104.6	114.0	410.6	445.4	483	506.5	550	597	602	655	711
400	425.6	12.5	13.8	15.0	32.78	116.8	128.5	139.3	500	546.8	590	616.8	675.3	729	734	804	869
450	476.8	13.3	14.7	16.0	40.14	139.4	153.7	166.8	597.7	654.9	707.3	737.1	808.6	874	877	962	1041
500	528.0	14.2	15.6	17.0	46.88	165.0	180.8	196.5	706.9	770	832.9	871.9	951	1029	1037	1132	1226
600	630.8	15.8	17.4	19.0	62.71	219.8	241.4	262.9	941.9	1028	1114	1162	1270	1377	1382	1511	1640
700	733.0	17.5	19.3	21.0	81.19	283.2	311.6	338.2	1214	1328	1434	1497	1639	1772	1780	1951	2110
800	836.0	19.2	21.2	23.0	102.63	354.7	388.9	423.0	1521	1658	1795	1876	2047	2218	2231	2436	2641
900	939.0	20.8	22.9	25.0	127.05	432.0	474.5	516.9	1855	2025	2195	2287	2499	2712	2719	2974	3228
1000	1041.0	22.5	24.8	27.0	156.45	518.4	570.0	619.3	2230	2436	2634	2748	3006	3253	3266	3576	3872
1100	1144.0	24.2	26.6	29.0	194.04	613.0	672.3	731.4	2646	2883	3120	3259	3556	3851	3872	4228	4582
1200	1246.0	25.8	28.4	31.0	223.46	712.0	782.2	852.0	3070	3352	3631	3783	4134	4483	4495	4916	5335

注：1. 计算质量时，铸铁相对密度采用7.20，承口质量为近似值。

2. 总质量＝直部1米质量×有效长度＋承口凸部质量（计算结果，四舍五入，保留三位有效数字）。

（5）流体输送用不锈钢焊接钢管　钢管外径和壁厚的允许偏差应符合表3-56、表3-57的规定。

表3-56　钢管的外径允许偏差　　单位：mm

类别	外径D	允许偏差	
		较高级(A)	普通级(B)
焊接状态	全部尺寸	±0.5%D或±0.20，两者取较大值	±0.75%D或±0.30，两者取较大值
热处理状态	＜40	±0.20	±0.30
	≥40～＜65	±0.30	±0.40
	≥65～＜90	±0.40	±0.50
	≥90～＜168.3	±0.80	±1.00
	≥168.3～＜325	±0.75%D	±1.0%D
	≥325～＜610	±0.6%D	±1.0%D
	≥610	±0.6%D	±0.7%D或±10，两者取较小值
冷拔(轧)状态、磨(抛)光状态	＜40	±0.15	±0.20
	≥40～＜60	±0.20	±0.30
	≥60～＜100	±0.30	±0.40
	≥100～＜200	±0.4%D	±0.5%D
	≥200	±0.5%D	±0.75%D

表 3-57　钢管壁厚的允许偏差　　单位：mm

壁厚 S	壁厚允许偏差
≤0.5	±0.10
>0.5～1.0	±0.15
>1.0～2.0	±0.20
>2.0～4.0	±0.30
>4.0	±10%S

钢管的弯曲度应符合表 3-58 的规定。

表 3-58　钢管的弯曲度

钢管外径/mm	弯曲度/(mm/m)
≤108	≤1.5
>108～325	≤2.0
>325	≤2.5

钢管应以热处理并酸洗状态交货，热处理时需采用连续式或周期式炉全长热处理。钢管的推荐热处理制度见表 3-59。

表 3-59　钢管的热处理制度

序号	类型	新牌号	旧牌号	推荐的热处理制度	
1	奥氏体型	12Cr18Ni9	1Cr18Ni9	固熔处理	1010～1150℃快冷
2		06Cr19Ni10	0Cr18Ni9		1010～1150℃快冷
3		022Cr19Ni10	00Cr19Ni10		1010～1150℃快冷
4		06Cr25Ni20	0Cr25Ni20		1030～1180℃快冷
5		06Cr17Ni12Mo2	0Cr17Ni12Mo2		1010～1150℃快冷
6		022Cr17Ni12Mo2	00Cr17Ni14Mo2		1010～1150℃快冷
7		06Cr18Ni11Ti	0Cr18Ni10Ti		920～1150℃快冷
8		06Cr18Ni11Nb	0Cr18Ni11Nb		980～1150℃快冷
9	铁素体型	022Cr18Ti	00Cr17	退火处理	780～950℃快冷或缓冷
10		019Cr19Mo2NbTi	00Cr18Mo2		800～1050℃快冷
11		06Cr13Al	0Cr13Al		780～830℃快冷或缓冷
12		022Cr11Ti	—		830～950℃快冷
13		022Cr12Ti	—		830～950℃快冷
14	马氏体型	06Cr13	0Cr13		750℃快冷或 800～900℃缓冷

注：对 06Cr18Ni11Ti、06Cr18Ni11Nb，需方规定在固熔热处理后需进行稳定化热处理时，稳定化热处理制度为 850～930℃快冷。

（6）采暖用聚丙烯系统管件　热熔承插连接管件的承口应符合表 3-60 的规定。

表 3-60 热熔承插连接管件承口尺寸与相应公称外径 单位：mm

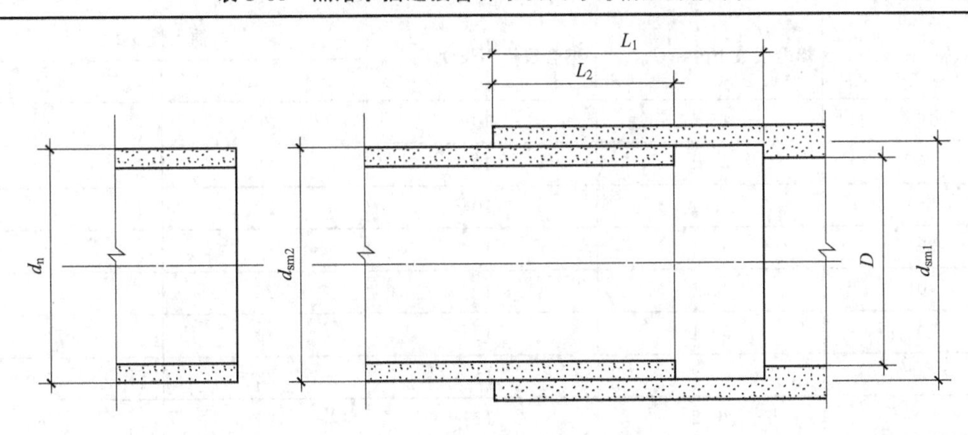

公称外径 d_n	最小承口深度 L_1	最小承插差深度 L_2	承口的平均内径				最大不圆度	最小通径 D
			d_{sm1}		d_{sm2}			
			最小	最大	最小	最大		
16	13.3	9.8	14.8	15.3	15.0	15.5	0.6	9
20	14.5	11.0	18.8	19.3	19.0	19.5	0.6	13
25	16.0	12.5	23.5	24.1	23.8	24.4	0.7	18
32	18.1	14.6	30.4	31.0	30.7	31.3	0.7	25
40	20.5	17.0	38.3	38.9	38.7	39.3	0.7	31
50	23.5	20.0	48.3	48.9	48.7	49.3	0.8	39
63	27.4	32.9	61.1	61.7	61.6	62.2	0.8	49
75	31.0	27.5	71.9	72.7	73.2	74.0	1.0	58.2
90	35.5	32.0	86.4	87.4	87.8	88.8	1.2	69.8
110	41.5	38.0	105.8	106.8	107.3	108.5	1.4	85.4

注：此处的公称外径 d_n 指与管件相连的管材的公称外径。

电熔连接管件的承口应符合表 3-61 的规定。

表 3-61 电熔连接管件承口尺寸与相应公称外径 单位：mm

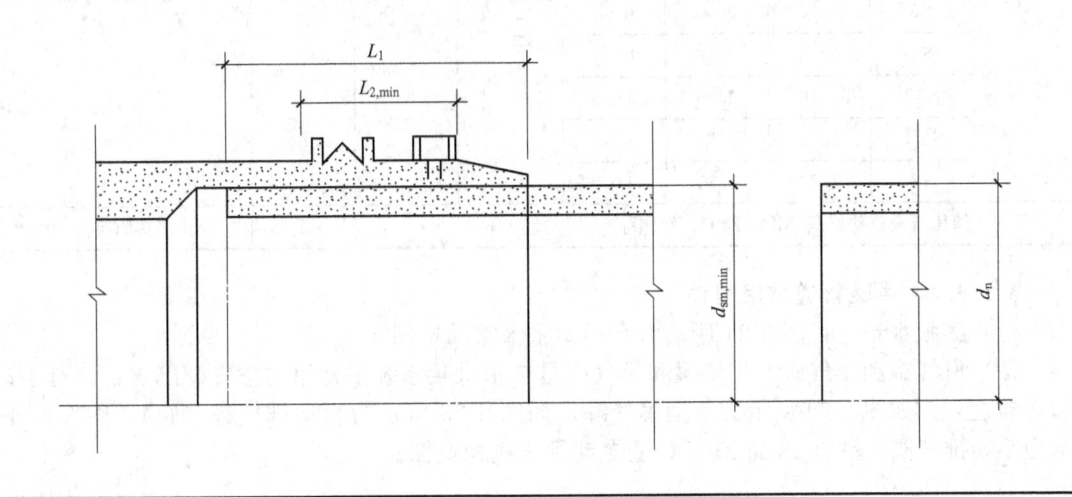

续表

公称外径 d_n	熔合段最小内径 $d_{sm,min}$	熔合段最小长度 $L_{2,min}$	插入长度 L_1	
			min	max
16	16.1	10	20	35
20	20.1	10	20	37
25	25.1	10	20	40
32	32.1	10	20	44
40	40.1	10	20	49
50	50.1	10	20	55
63	63.2	11	23	63
75	75.2	12	25	70
90	90.2	13	28	79
110	110.3	15	32	85
125	125.3	16	35	90
140	140.3	18	38	95
160	160.4	20	42	101

注：此处的公称外径 d_n 指与管件相连的管材的公称外径。

管件的物理学性能应符合表 3-62 的规定。

表 3-62　管件的物理学性能

项目	管系列	试验压力/MPa			试验温度/℃	试验时间/h	试样数量	指标
		材料						
		PP-H	PP-B	PP-R				
静液压试验	S5	4.22	3.28	3.11	20	1	3	无破裂无渗漏
	S4	5.19	3.83	3.88				
	S3.2	6.48	4.92	5.05				
	S2.5	8.44	5.75	6.01				
	S2	10.55	8.21	7.51				
	S5	0.70	0.50	0.68	95	1000	3	
	S4	0.88	0.62	0.80				
	S32	1.10	0.76	1.11				
	S2.5	1.41	0.93	1.31				
	S2	1.76	1.31	1.64				
熔体质量流动速率,MFR(230℃/2.16kg)					g/10min		3	变化率≤原料的 30%

3.1.5.2　供暖管道常用附件

（1）膨胀水箱　如图 3-24 所示为圆形膨胀水箱结构图。

（2）集气罐和排气阀　集气罐和排气阀是热水供暖系统中常用的空气排出装置，有手动和自动之分。如图 3-25 所示为手动集气罐，如图 3-26 所示为自动排气罐（阀），图 3-27 所示为手动排气阀。图 3-28 为 ZPT-C 型自动排气阀构造图。

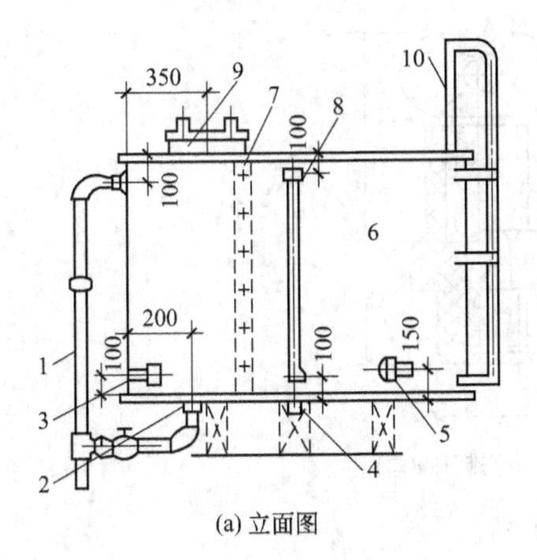

(a) 立面图

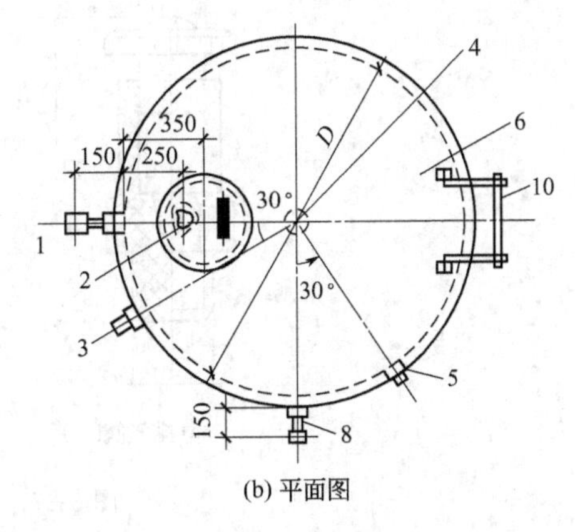

(b) 平面图

图 3-24　圆形膨胀水箱结构图

1—溢流管；2—排水管；3—循环管；4—膨胀管；5—信号管；
6—箱体；7—内人梯；8—玻璃管水位计；9—人孔；10—外人梯

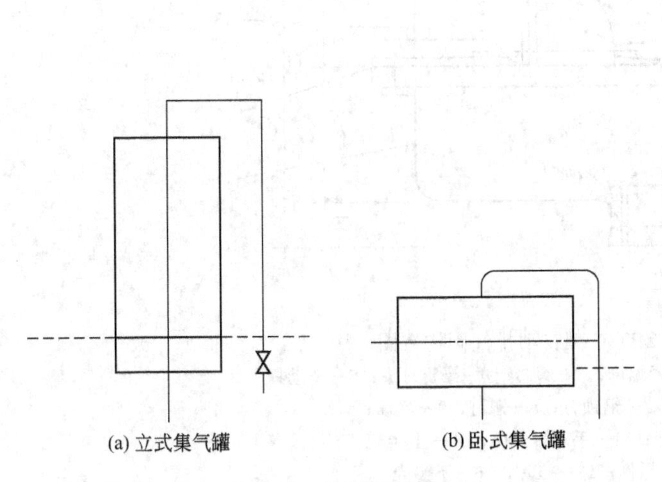
(a) 立式集气罐　　(b) 卧式集气罐

图 3-25　手动集气罐

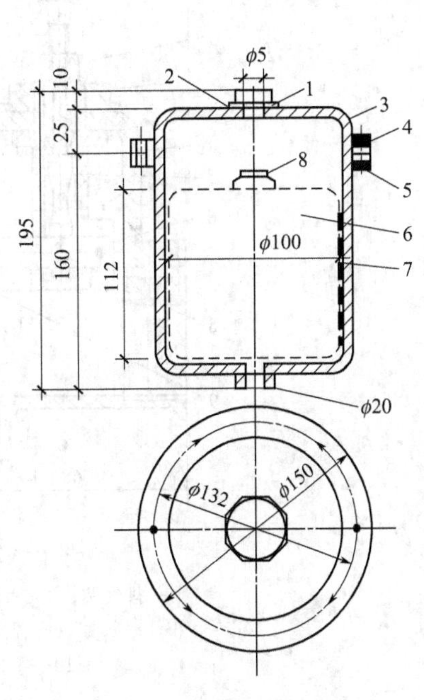

图 3-26　自动排气罐（阀）

1—排气口；2—橡胶石棉垫；3—罐盖；
4—螺栓；5—橡胶石棉垫；
6—浮体；7—罐体；8—耐热橡皮

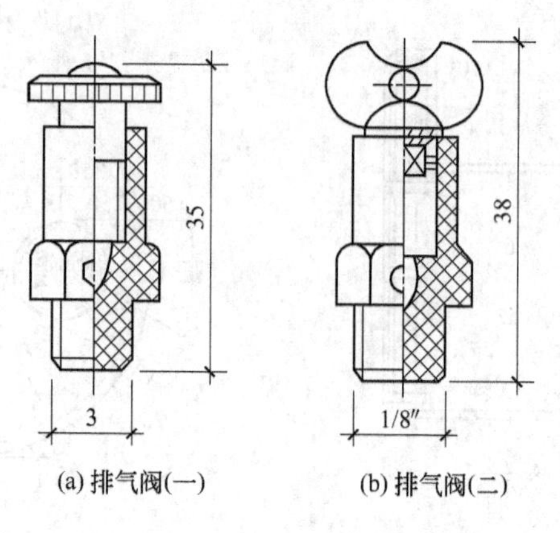

图 3-27　手动排气阀

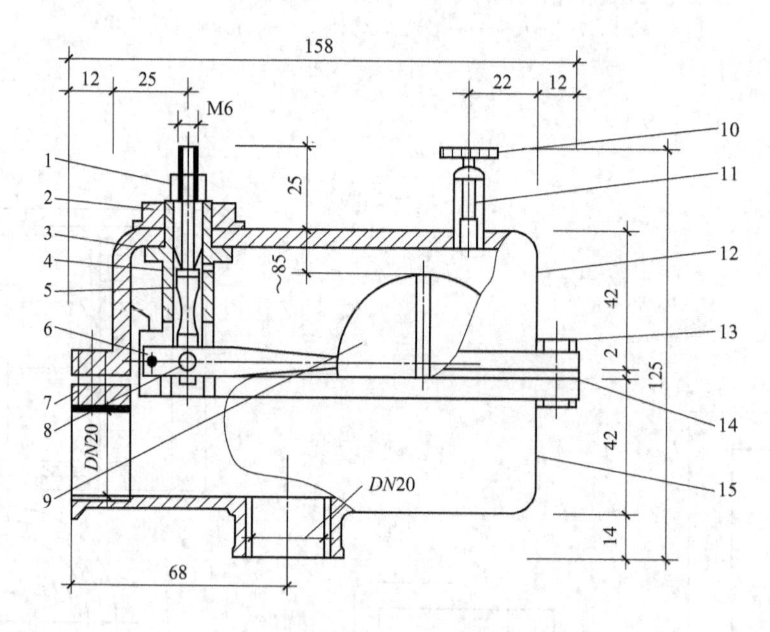

图 3-28　ZPT-C 型自动排气阀构造图

1—排气芯；2—六角锁紧螺母；3—阀芯；4—橡胶封头；5—滑动杆；
6—浮球杆；7—铜锁钉；8—铆钉；9—浮球；
10—手拧顶针；11—手动排气座；12—上半壳；
13—螺栓螺母；14—垫片；15—下半壳

(3) 疏水器　疏水器用于蒸汽供暖系统中，使散热设备及管网中的凝结水和空气能自动而迅速地排出，并阻止蒸汽逸漏。疏水器种类繁多，按其工作原理可分为机械型、热力型、恒温型三种。如图 3-29～图 3-31 所示。

图 3-32 为浮球式疏水器，图 3-33 为钟形浮子式疏水器，图 3-34 为脉冲式疏水器。

3.1.5.3　钢管安装的弯管制作

采暖钢管安装的Ⅱ形弯管平面度允许偏差见表 3-63。

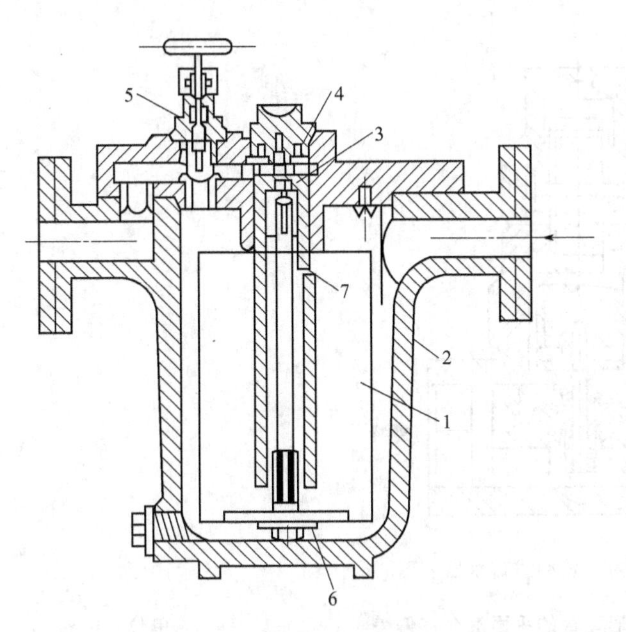

图 3-29　机械浮筒式疏水器

1—浮筒；2—外壳；3—顶针；4—阀孔；5—放气阀；6—可换重块；7—水封套筒上的排气孔

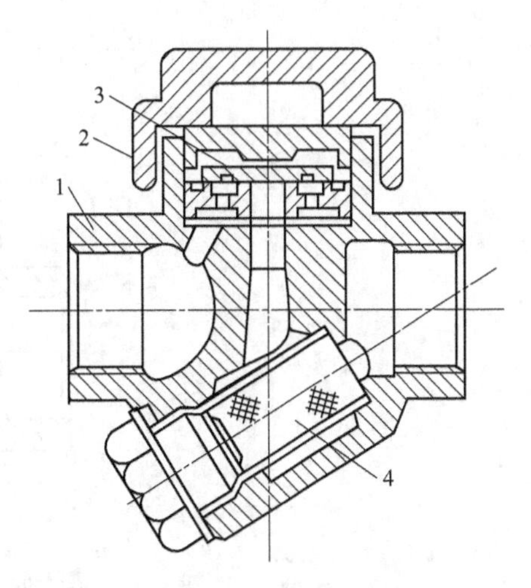

图 3-30　热动力式疏水器

1—阀体；2—阀片；3—阀盖；4—过滤器

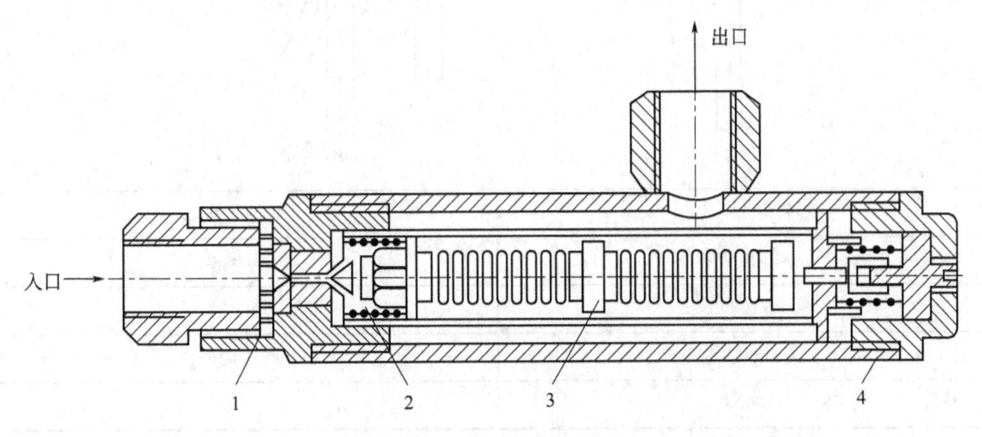

图 3-31　恒温型疏水器

1—过滤网；2—锥形阀；3—波纹管；4—校正螺丝

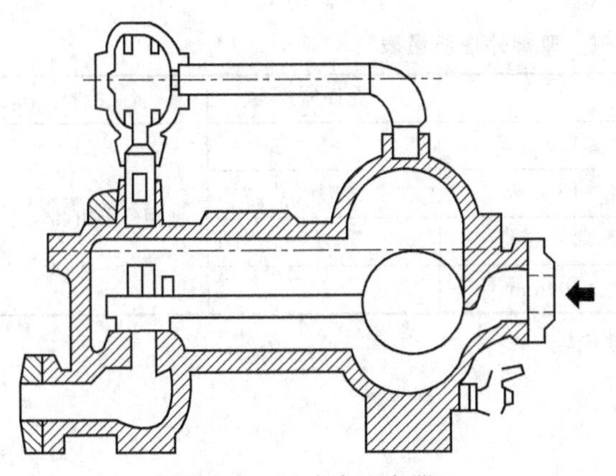

图 3-32　浮球式疏水器

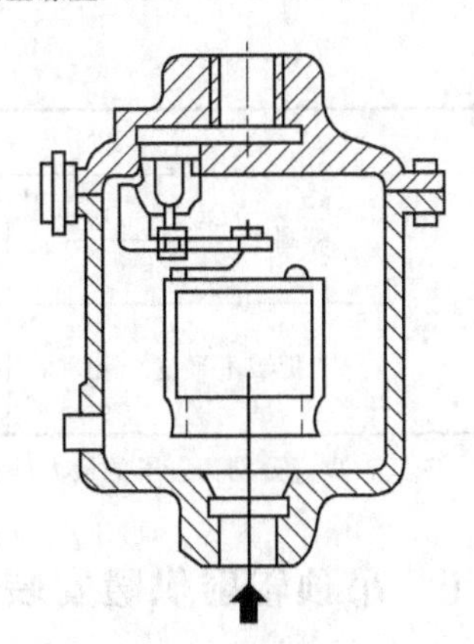

图 3-33　钟形浮子式疏水器

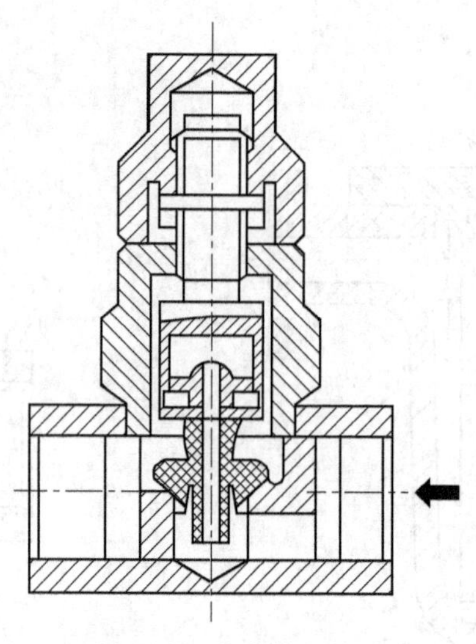

图 3-34 脉冲式疏水器

表 3-63 Π 形弯管的平面度允许偏差 单位：mm

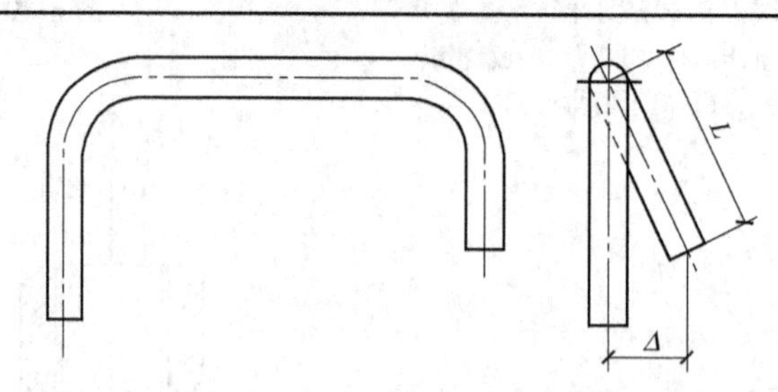

长度 L	平面度 Δ
<500	≤3
500～1000	≤4
>1000～1500	≤6
>1500	≤10

弯管外形质量应符合表 3-64 规定。

表 3-64 弯管外形质量表

项目			允许偏差	检验方法
弯管	椭圆率 $\frac{D_{max}-D_{min}}{D_{max}}$	管径≤100mm	8%	用外卡钳和尺量检查
		管径>100mm	5%	
	折皱不平度/mm	管径≤100mm	4	
		管径>100mm	5	

注：D_{max}，D_{min}分别为管子的最大外径及最小外径。

3.1.6 吊顶辐射供暖安装

当热水吊顶辐射板倾斜安装时，辐射板安装角度的修正系数，应按表 3-65 进行确定。

表 3-65　热水吊顶辐射板安装角度修正系数

辐射板与水平面的夹角/(°)	0	10	20	30	40
修正系数	1	1.022	1.043	1.066	1.088

热水吊顶辐射板的安装高度，应根据人体的舒适度确定。辐射板的最高平均水温应根据辐射板安装高度和其面积占天花板面积的比例按表 3-66 确定。

表 3-66　热水吊顶辐射板最高平均水温　　单位：℃

最低安装高度/m	热水吊顶辐射板占顶棚面积的百分比					
	10%	15%	20%	25%	30%	35%
3	73	71	68	64	58	56
4	—	—	91	78	67	60
5	—	—	—	83	71	64
6	—	—	—	87	75	69
7	—	—	—	91	80	74
8	—	—	—	—	86	80
9	—	—	—	—	92	87
10	—	—	—	—	—	94

注：表中安装高度系指地面到板中心的垂直距离，m。

3.1.7　地面辐射供暖安装

(1) 混凝土填充式供暖地面构造可按图 3-35、图 3-36 设置。

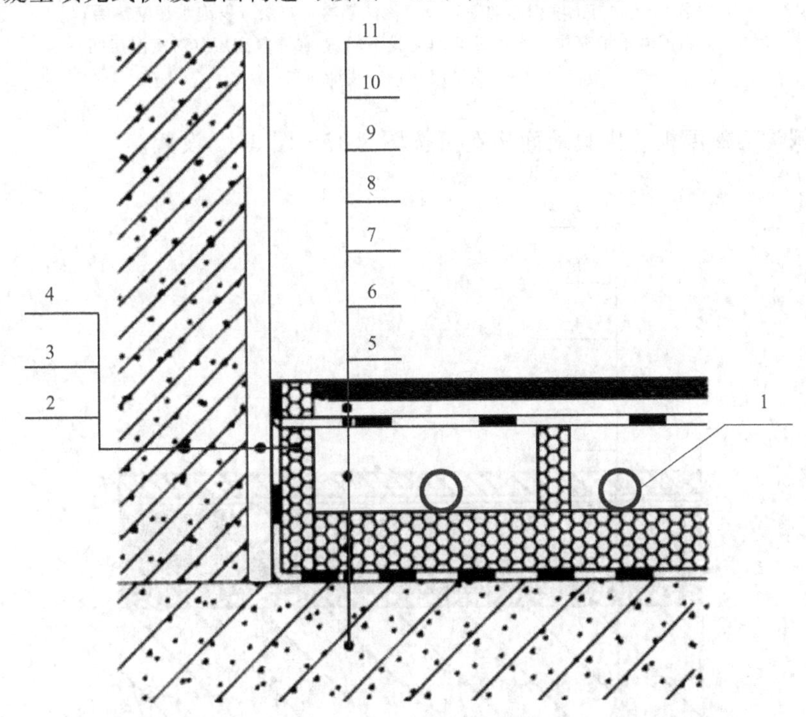

图 3-35　采用塑料绝热层（发泡水泥绝热层）的混凝土填充式热水供暖地面构造

1—加热管；2—侧面绝热层；3—抹灰层；4—外墙；5—楼板或与土壤相邻地面；6—防潮层（对与土壤相邻地面）；7—泡沫塑料绝热层（发泡水泥绝热层）；8—豆石混凝土填充层（水泥砂浆填充找平层）；9—隔离层（对潮湿房间）；10—找平层；11—装饰面层

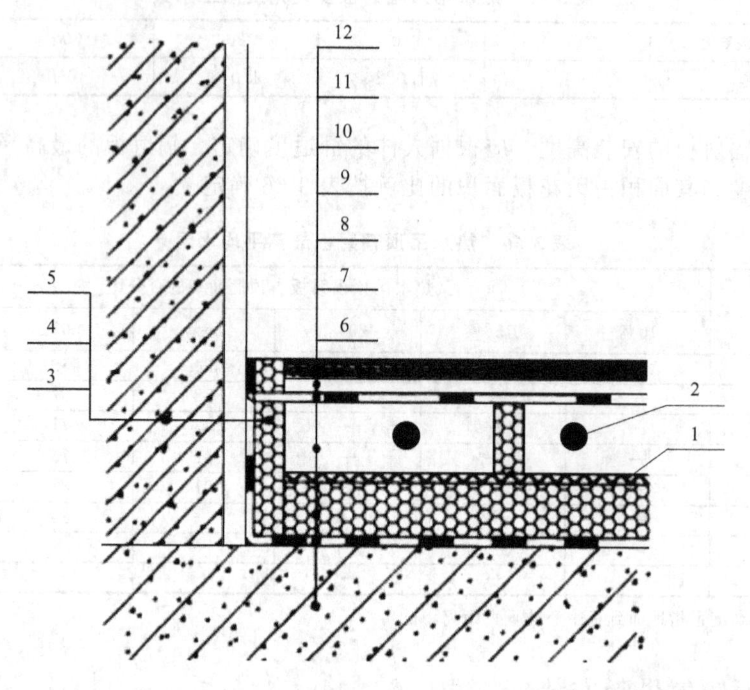

图 3-36 采用泡沫塑料绝热层（发泡水泥绝热层）的混凝土填充式加热电缆供暖地面构造

1—金属网；2—加热电缆；3—侧面绝热层；4—抹灰层；5—外墙；6—楼板或与土壤相邻地面；7—防潮层（对与土壤相邻地面）；8—泡沫塑料绝热层（发泡水泥绝热层）；9—豆石混凝土填充层（水泥砂浆填充找平层）；10—隔离层（对潮湿房间）；11—找平层；12—装饰面层

（2）预制沟槽保温板式供暖地面构造可按图 3-37～图 3-40 设置。

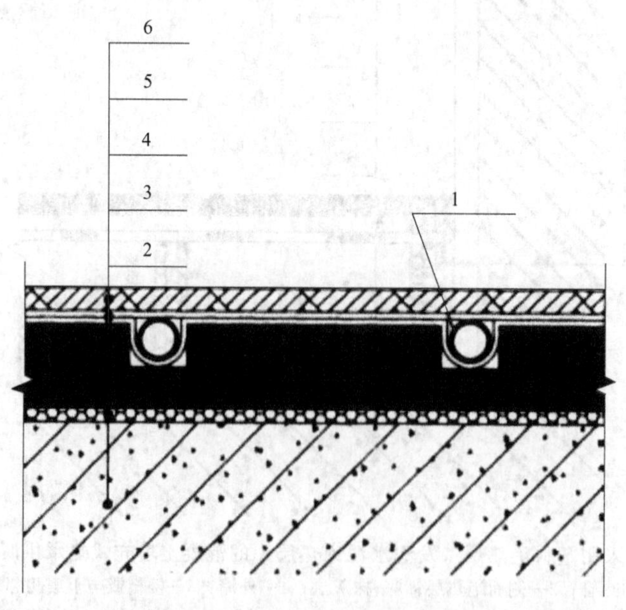

图 3-37 与供暖房间相邻的预制沟槽保温板供暖地面构造

1—加热管或加热电缆；2—楼板；3—可发性聚乙烯（EPE）垫层；4—预制沟槽保温板；5—均热层；6—木地板面层

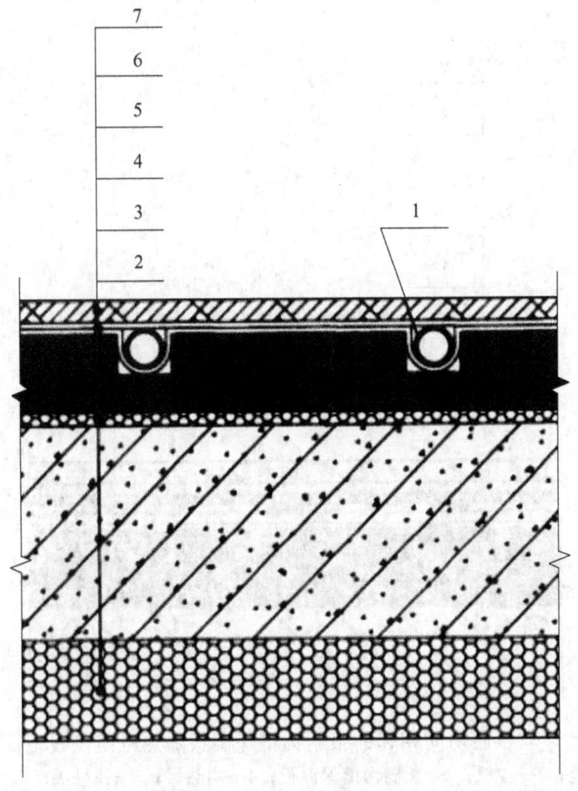

图 3-38　与室外空气或不供暖房间相邻的预制沟槽保温板供暖地面构造
1—加热管或加热电缆；2—泡沫塑料绝热层；3—楼板；4—可发性聚乙烯（EPE）垫层；
5—预制沟槽保温板；6—均热层；7—木地板面层

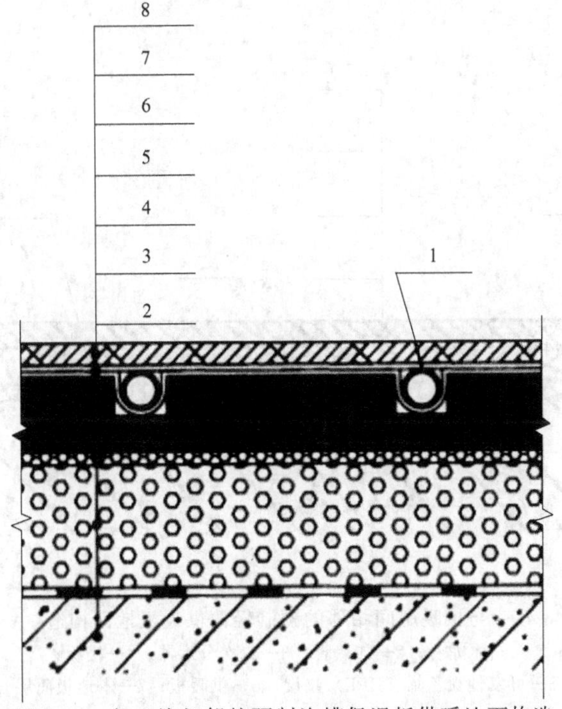

图 3-39　与土壤相邻的预制沟槽保温板供暖地面构造
1—加热管或加热电缆；2—与土壤相邻地面；3—防潮层；4—发泡水泥绝热层；
5—可发性聚乙烯（EPE）垫层；6—预制沟槽保温板；7—均热层；8—木地板面层

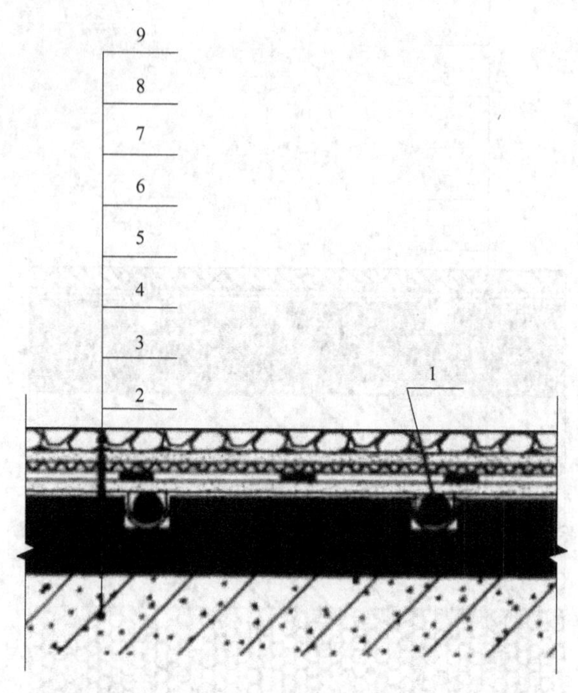

图 3-40 与供暖房间相邻的预制沟槽保温板加热电缆供暖地面构造

1—加热电缆；2—楼板；3—预制沟槽保温板；4—均热层；5—找平层（对潮湿房间）；6—隔离层（对潮湿房间）；7—金属层；8—找平层；9—地砖或石材地面

（3）预制轻薄供暖板供暖地面构造可按图 3-41～图 3-44 设置。

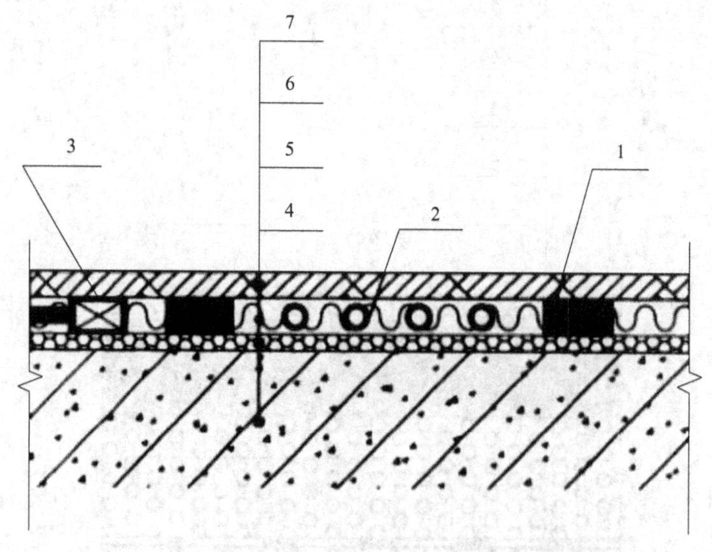

图 3-41 与供暖房间相邻的预制轻薄供暖板地面构造（一）

1—木龙骨；2—加热管；3—二次分水器；4—楼板；5—可发性聚乙烯（EPE）垫层；6—供暖板；7—木地板面层

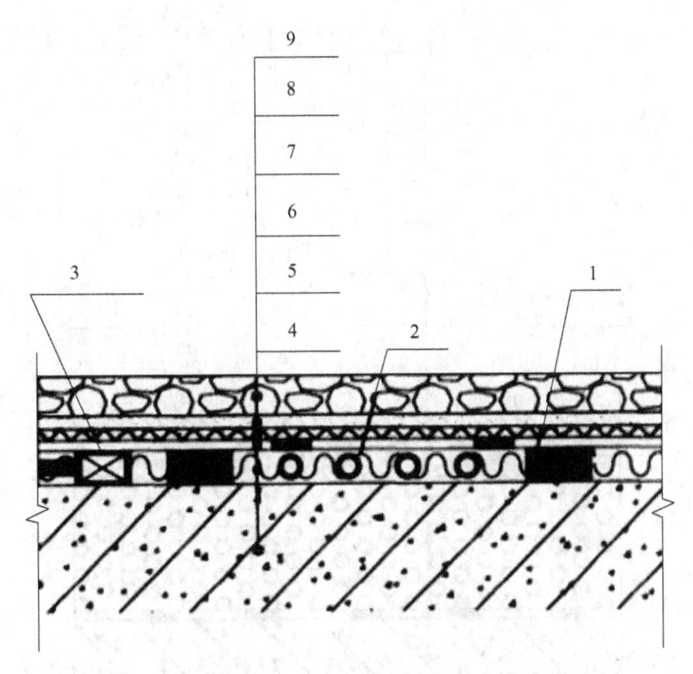

图 3-42　与供暖房间相邻的预制轻薄供暖板地面构造（二）

1—木龙骨；2—加热管；3—二次分水器；4—楼板；5—供暖板；
6—隔离层（对潮湿房间）；7—金属层；8—找平层；9—地砖或石材面层

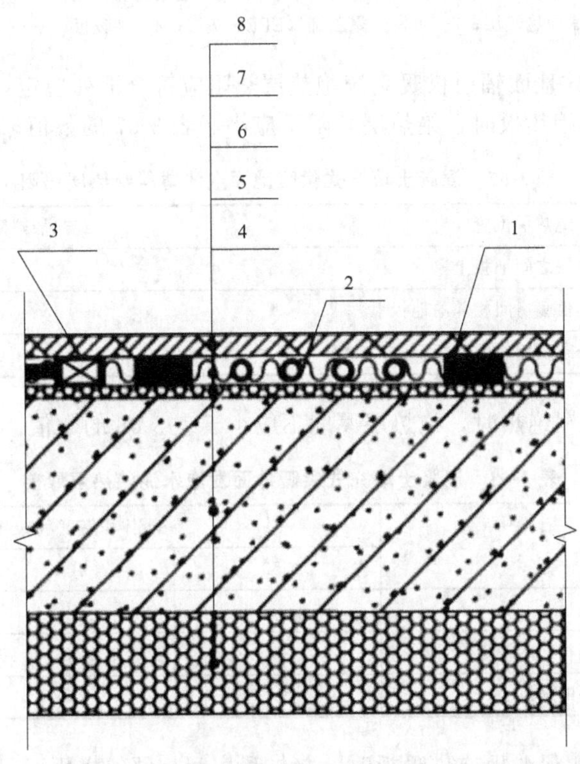

图 3-43　与室外空气或不供暖房间相邻的预制轻薄供暖板供暖地面构造

1—木龙骨；2—加热管；3—二次分水器；4—泡沫绝缘材料；5—楼板；
6—可发性聚乙烯（EPE）垫层；7—供暖板；8—木地板面层

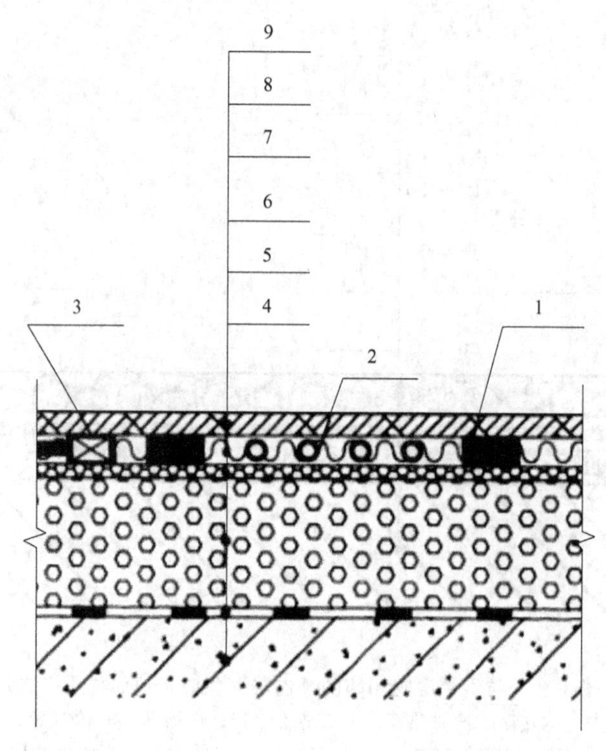

图 3-44 与土壤相邻的预制轻薄供暖板供暖地面构造

1—木龙骨；2—加热管；3—二次分水器；4—与土壤相邻地面；5—防潮层；6—发泡水泥绝热层；7—可发性聚乙烯（EPE）垫层；8—供暖板；9—木地板面层

（4）混凝土填充式地面辐射供暖系统绝热层热阻应符合下列规定：

① 采用泡沫塑料绝热板时，绝热层热阻不应小于表 3-67 的数值。

表 3-67 混凝土填充式供暖地面泡沫塑料绝热层热阻

绝热层位置	绝热层热阻/($m^2 \cdot K/W$)
楼层之间地板上	0.488
与土壤或不供暖房间相邻的地板上	0.732
与室外空气相邻的地板上	0.976

② 当采用发泡水泥绝热时，绝热层厚度不应小于表 3-68 的数值。

表 3-68 混凝土填充式供暖地面发泡水泥绝热层厚度 单位：mm

绝热层位置	干体积密度/(kg/m^3)		
	350	400	450
楼层之间地板上	35	40	45
与土壤或不供暖房间相邻的地板上	40	45	50
与室外空气相邻的地板上	50	55	60

（5）采用预制沟槽保温板或供暖板时，与供暖房间相邻的楼板，可不设置绝热层。其他部位绝热层的设置应符合下列规定：

① 土壤上部的绝热层宜采用发泡水泥。

② 直接与室外空气或不供暖房间相邻的地板，绝热层宜设在楼板下，绝热材料宜采用泡沫塑料绝热板。

③ 绝热层厚度不应小于表 3-69 的数值。

表 3-69　预制沟槽保温板和供暖板供暖地面的绝热层厚度

绝热层位置	绝热材料		厚度/mm
		干体积密度/(kg/m³)	
与土壤接触的底层地板上	发泡水泥	350	35
		400	40
		450	45
与室外空气相邻的地板下	模塑聚苯乙烯泡沫塑料		40
与不供暖房间相邻的地板下	模塑聚苯乙烯泡沫塑料		30

(6) 混凝土填充式辐射供暖地面的加热部件，其填充层和面层构造应符合下列规定：

① 填充层材料及其厚度宜按表 3-70 选择确定。

② 加热电缆应敷设于填充层中间，不应与绝热层直接接触。

③ 豆石混凝土填充层上部应根据面层的需要铺设找平层。

④ 没有防水要求的房间，水泥砂浆填充层可同时作为面层找平层。

表 3-70　混凝土填充式辐射供暖地面填充层材料和厚度

绝热层材料		填充层材料	最小填充层厚度/mm
泡沫塑料板	加热管	豆石混凝土	50
	加热电缆		40
发泡水泥	加热管	水泥砂浆	40
	加热电缆		35

局部辐射供暖系统的热负荷应按全面辐射供暖的热负荷乘以表 3-71 的计算系数的方法确定。

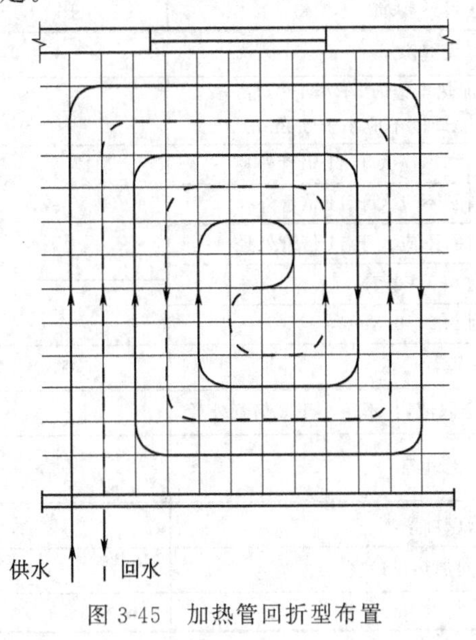

图 3-45　加热管回折型布置

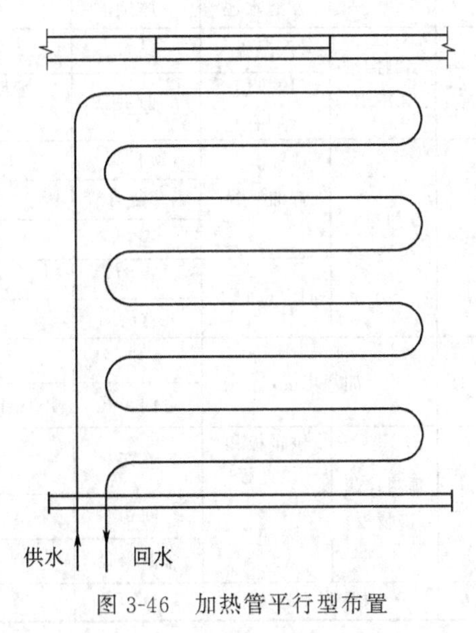

图 3-46　加热管平行型布置

表 3-71　局部辐射供热负荷计算系数

供暖区面积与房间总面积的比值 K	$K \geqslant 0.75$	$K=0.55$	$K=0.40$	$K=0.25$	$K \leqslant 0.20$
计算系数	1	0.72	0.54	0.38	0.30

加热管的布置形式很多，通常有以下几种形式，如图 3-45～图 3-47 所示。

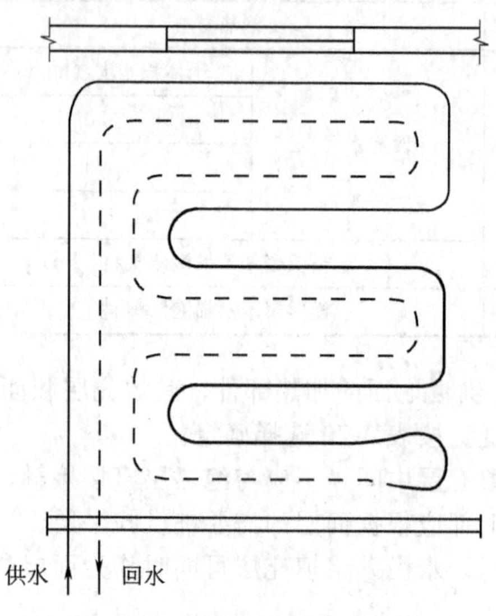

图 3-47　加热管双平行型布置

绝热层、预制沟槽保温板、加热供冷管、加热电缆、供暖板及分水器和集水器施工技术要求及允许偏差应符合表 3-72 的规定；原始工作面、填充层、面层施工技术要求及允许偏差应符合表 3-73 的规定。

表 3-72　绝热层、保温板、填充板、管道部件施工技术要求及允许偏差

序号	项目		条件	技术要求	允许偏差/mm
1	绝热层	泡沫塑料类	结合	无缝隙	—
			厚度	按设计要求	+10
		发泡水泥	厚度	按设计要求	±5
2	预制沟槽保温板	保温板	结合	无缝隙	—
		均热层（如有）	厚度	采用地砖等面层的加热电缆时，不小于 0.1mm； 采用木地板时，总厚度不应小于 0.2mm	—
3	加热供冷管	弯曲半径	塑料管	不小于 8 倍管外径，不应大于 11 倍管外径	−5
			铝塑复合管	不小于 6 倍管外径，不应大于 11 倍管外径	
			铜管	不小于 5 倍管外径，不应大于 11 倍管外径	
		固定点间距	直管	宜为 0.5～0.7m	+10
			弯管	宜为 0.2～0.3m	
4	加热电缆		间距	按设计要求	+10
			弯曲半径	不应小于生产企业规定限值，且不得小于 6 倍管外径	−5
5	预制轻薄供暖板	供暖板和填充板	连接	无缝隙	—
		输配管	间距	按设计要求	−10
			弯曲半径	要求同加热供冷管	−5
6	分水器、集水器安装		垂直距离	宜为 200mm	±10

表 3-73　原始工作面、填充层、面层施工技术要求及允许偏差

<table>
<tr><th>序号</th><th>项目</th><th colspan="3">条件</th><th>技术要求</th><th>允许偏差/mm</th></tr>
<tr><td>1</td><td>原始工作面</td><td colspan="3">铺设绝热层或保温板、供暖板前</td><td>平整</td><td>—</td></tr>
<tr><td rowspan="6">2</td><td rowspan="6">填充层</td><td rowspan="2">豆石混凝土</td><td>加热供冷管</td><td rowspan="2">强度等级，最小厚度</td><td>C15，宜 50mm</td><td rowspan="4">平整度±5</td></tr>
<tr><td>加热电缆</td><td>C15，宜 40mm</td></tr>
<tr><td rowspan="2">水泥砂浆</td><td>加热供冷管</td><td rowspan="2">强度等级，最小厚度</td><td>M10，宜 40mm</td></tr>
<tr><td>加热电缆</td><td>M10，宜 35mm</td></tr>
<tr><td colspan="3">面积大于 30m^2 或长度大于 6m</td><td>留 8mm 伸缩缝</td><td rowspan="4">+2</td></tr>
<tr><td colspan="3">与内外墙、柱等垂直部件</td><td>留 10mm 侧面绝热层</td></tr>
<tr><td rowspan="2">3</td><td rowspan="2">面层</td><td colspan="2" rowspan="2">与内外墙、柱等垂直部件</td><td>瓷砖、石材地面</td><td>留 10mm 伸缩缝</td></tr>
<tr><td>木地板地面</td><td>留大于或等于 14mm 伸缩缝</td></tr>
</table>

注：原始工作面允许偏差应满足相应土建施工标准。

3.1.8　暖风机布置

横吹式小型机组可采用图 3-48 所示的布置方案。

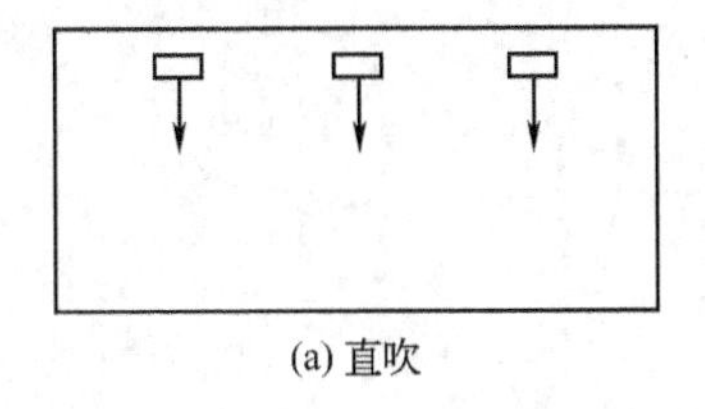

(a) 直吹

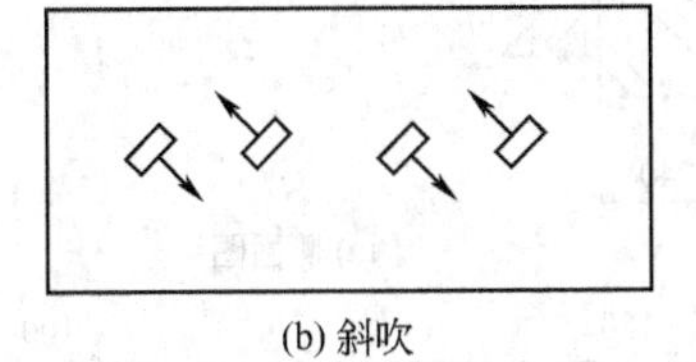

(b) 斜吹

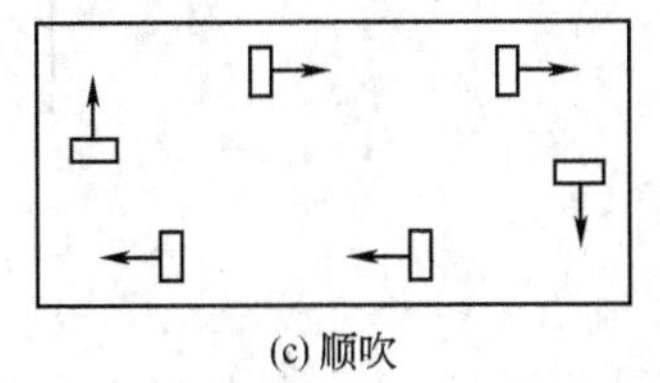

(c) 顺吹

图 3-48　横吹式暖风机平面布置方案

3.1.9　暖风机安装

3.1.9.1　暖风机在砖墙上安装

暖风机在砖墙上安装如图 3-49 所示。

表 3-74　暖风机在砖墙上安装所用材料规格表

暖(冷)风机重量 W/kg				$W \leqslant 80$	$80 < W \leqslant 160$	$160 < W \leqslant 240$	$240 < W \leqslant 320$
件号	名称	材料	件数	规格	规格	规格	规格
1	主梁	Q235B	2	∟50×5	∟50×5	∟63×5	∟63×5
2	横梁	Q235B	1	∟50×5	∟50×5	∟63×5	∟63×5
3	斜撑	Q235B	2	∟50×5	∟50×5	∟63×5	∟63×5
4	加固件	Q235B	4	∟50×5	∟50×5	∟50×5	∟50×5
5	螺栓	Q235B	4	M10×30	M12×30	M12×30	M12×30
6	螺母	Q235B	4	M10	M12	M12	M12
7	弹簧垫圈	65Mn	8	$\phi 10$	$\phi 12$	$\phi 12$	$\phi 12$
8	橡胶垫片	橡胶	4	$\delta = 6$	$\delta = 6$	$\delta = 6$	$\delta = 6$

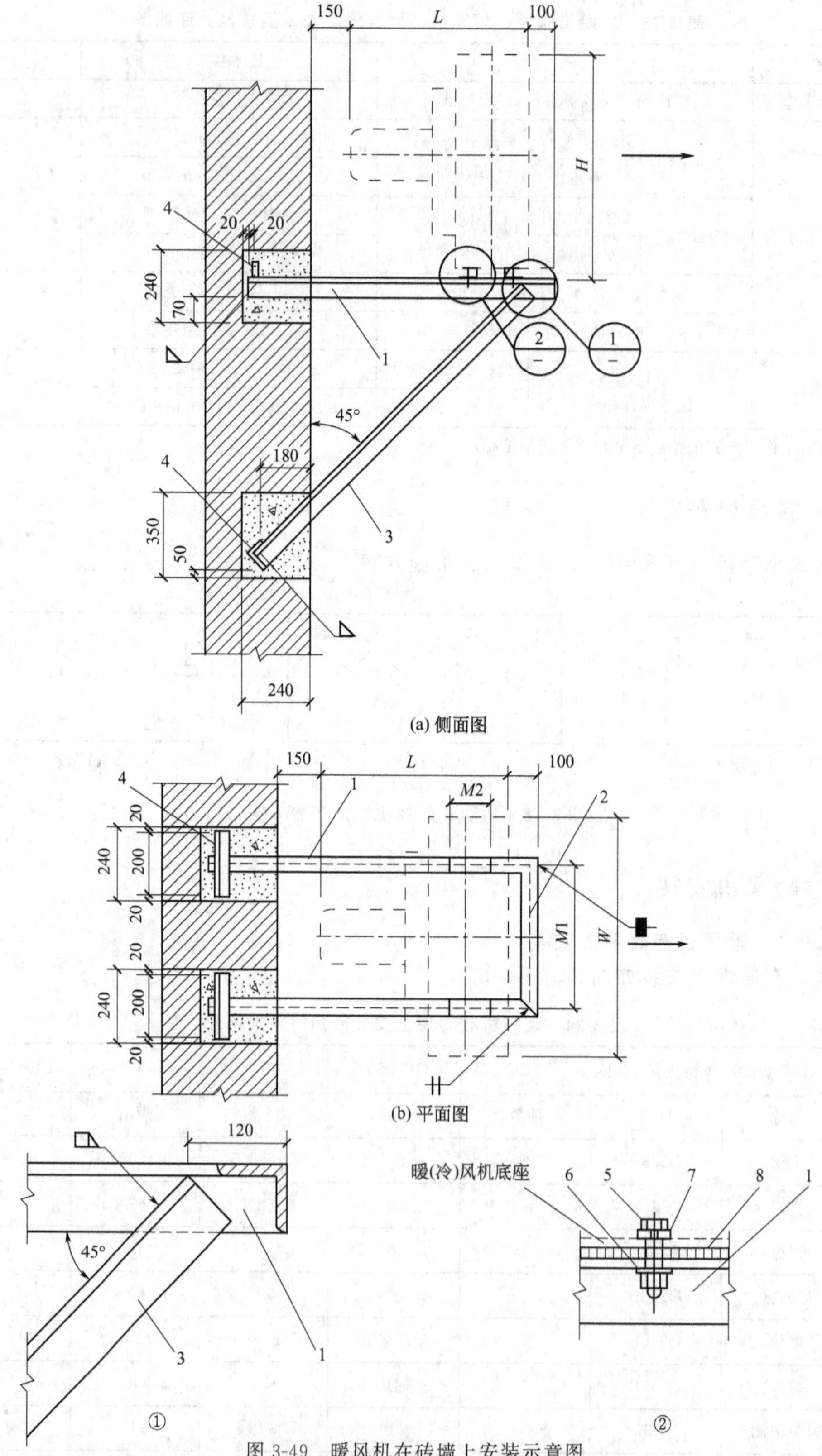

图 3-49　暖风机在砖墙上安装示意图

注：1. 本图适用于厚度大于等于 300mm 的实心砖墙。
2. L、W 和 H 分别为暖（冷）风机的长、宽、高。
$M1$、$M2$ 为暖（冷）风机固定螺栓相对距离，其具体尺寸数据见表 3-74。

3.1.9.2 暖风机在混凝土墙预埋件安装

暖风机在混凝土墙预埋件安装如图 3-50 所示。

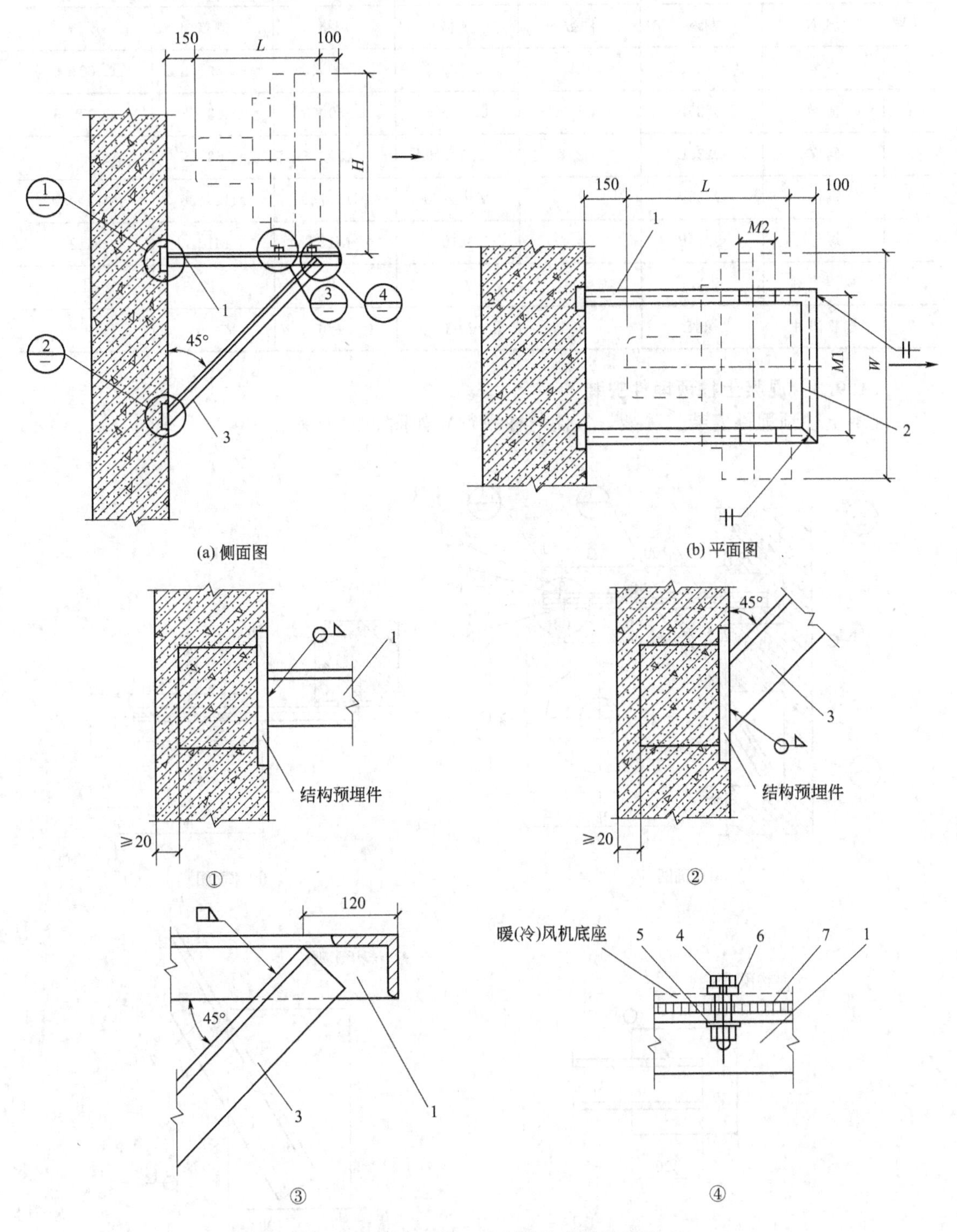

图 3-50　暖风机在混凝土墙预埋件安装示意图（mm）

注：1. 本图适用于厚度大于等于 150mm 钢筋混凝土墙。

2. L、W 和 H 分别为暖（冷）风机的长、宽、高。$M1$、$M2$ 为暖（冷）风机固定螺栓相对距离，其具体尺寸数据见表 3-75。

表 3-75 暖风机在墙上安装所用材料规格表

暖(冷)风机重量 W/kg				$W\leqslant 80$	$80<W\leqslant 160$	$160<W\leqslant 240$	$240<W\leqslant 320$
件号	名称	材料	件数	规格	规格	规格	规格
1	主梁	Q235B	2	∟ 50×5	∟ 50×5	∟ 63×5	∟ 63×5
2	横梁	Q235B	1	∟ 50×5	∟ 50×5	∟ 63×5	∟ 63×5
3	斜撑	Q235B	2	∟ 50×5	∟ 50×5	∟ 63×5	∟ 63×5
4	螺栓	Q235B	4	M10×30	M12×30	M12×30	M12×30
5	螺母	Q235B	4	M10	M12	M12	M12
6	弹簧垫圈	65Mn	4	$\phi 10$	$\phi 12$	$\phi 12$	$\phi 12$
7	橡胶垫片	橡胶	2	$\delta=6$	$\delta=6$	$\delta=6$	$\delta=6$

3.1.9.3 混凝土柱预埋件安装

混凝土柱预埋件安装（吊架，气流与柱平行）如图 3-51 所示。

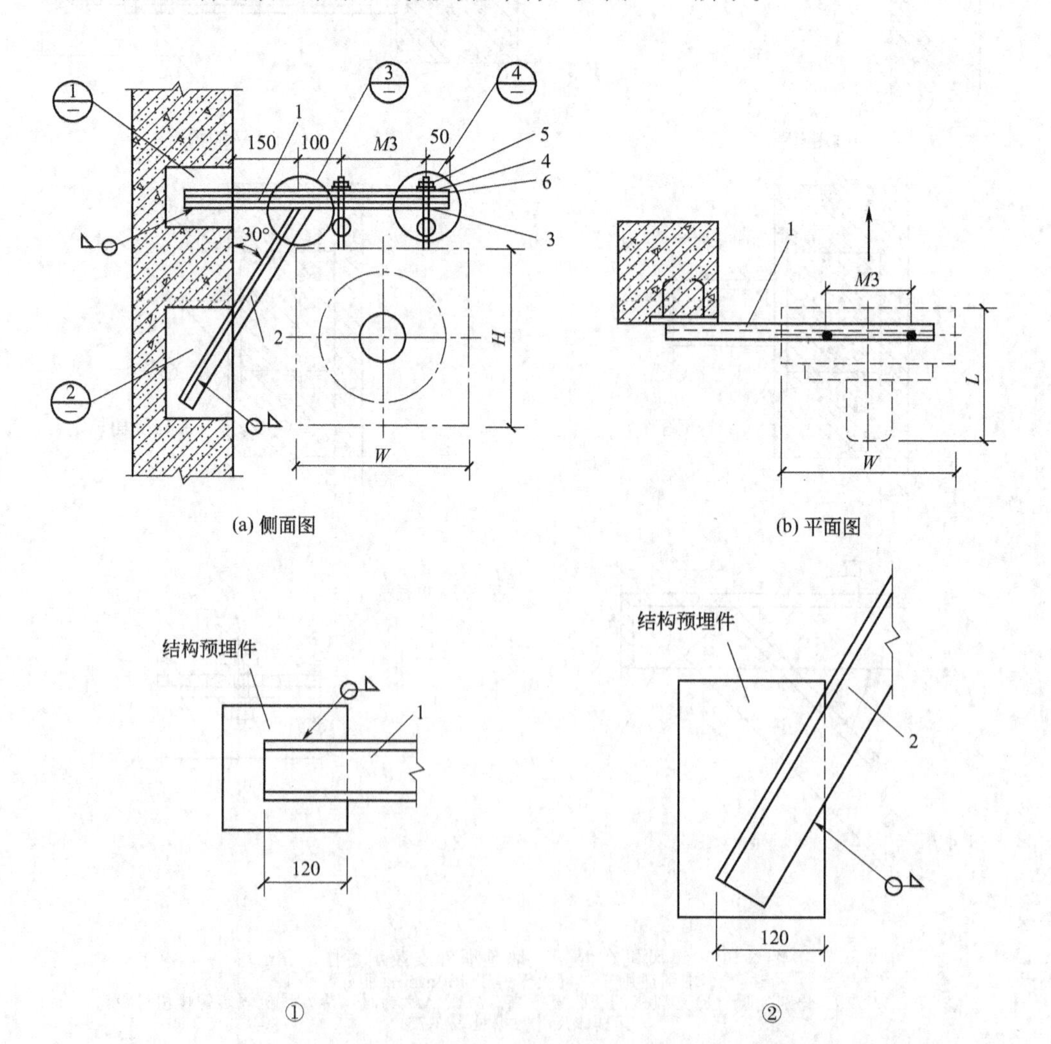

(a) 侧面图

(b) 平面图

①

②

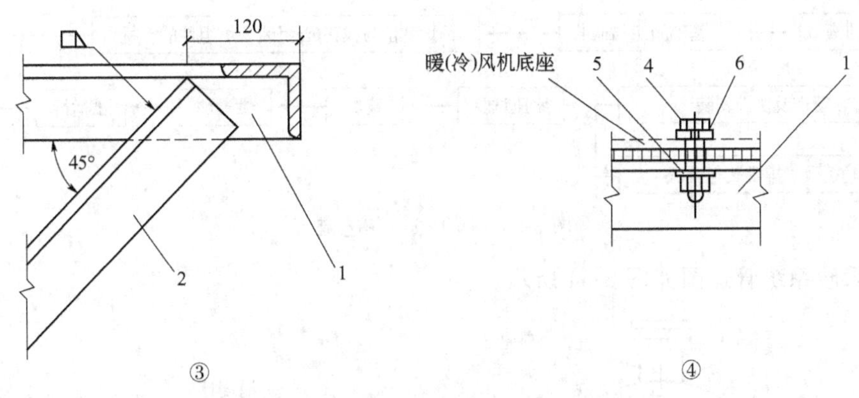

图 3-51 吊架，气流与柱平行示意图

注：1. L、W 和 H 分别为暖（冷）风机的长、宽、高。$M3$ 为暖（冷）风机吊杆相对距离，其具体尺寸数据见表 3-76。

2. 斜撑、吊钩与墙的距离可根据安装情况做适当调整，尽量使设备靠墙安装。

3. 吊钩位于主梁中心线部位。

表 3-76 暖风机在混凝土柱上安装所用材料规格表

暖(冷)风机重量 W/kg				W≤80	80<W≤160
件号	名称	材料	件数	规格	规格
1	主梁	Q235B	1	[5	[6.3
2	斜撑	Q235B	1	∟ 50×5	∟ 50×5
3	吊钩	Q235B	2	ϕ 10	ϕ 12
4	螺母	Q235B	2	M10	M12
5	紧固螺母	Q235B	2	M10	M12
6	弹簧垫圈	65Mn	2	ϕ 10	ϕ 12

3.1.10 锅炉安装

3.1.10.1 整装锅炉安装

（1）锅炉运输和安装流程 锅炉运输如图 3-52 所示。

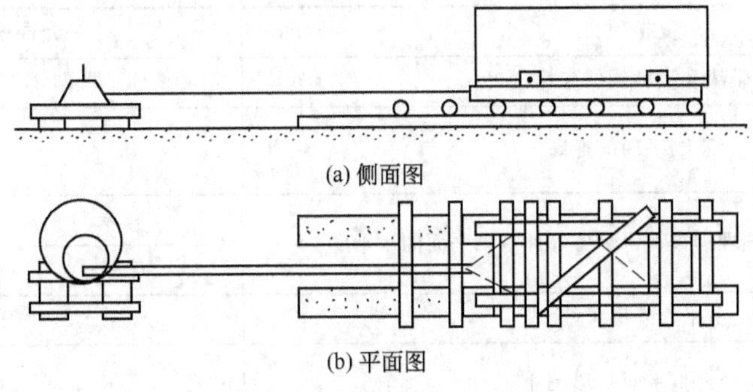

图 3-52 锅炉的水平搬运

锅炉安装工艺流程如图 3-53 所示。

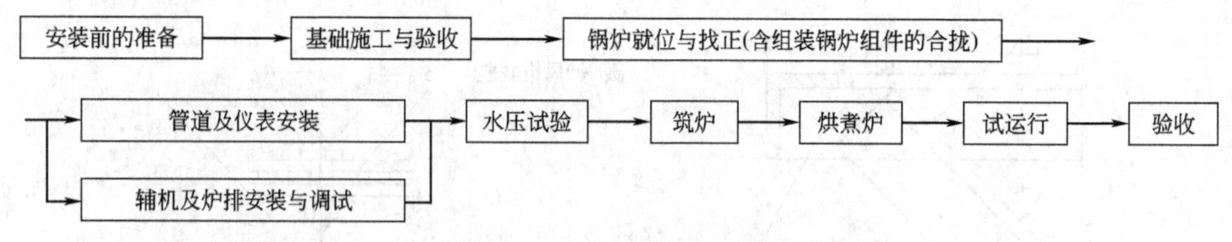

图 3-53　锅炉安装工艺流程

建筑采暖系统管道图如图 3-54 所示。

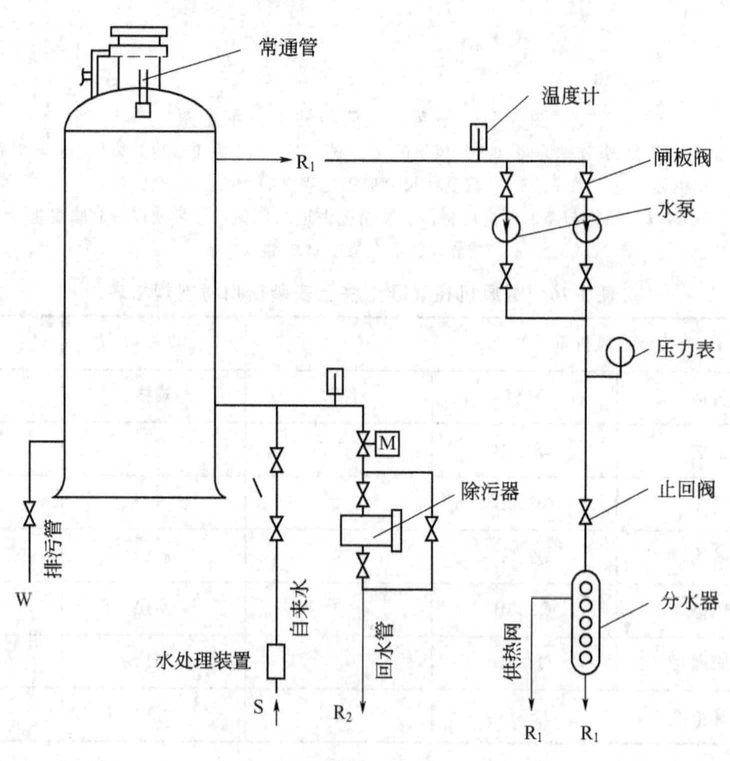

图 3-54　建筑采暖系统管道图

(2) 基础检查和放线　锅炉及其辅助设备就位前，其基础位置和尺寸应按表 3-77 的规定进行复检。

表 3-77　锅炉及其辅助设备基础位置和尺寸的允许偏差

复检项目	允许偏差/mm	
纵轴线和横轴线的坐标位置	±20	
不同平面的标高	0 −20	
柱子基础面上的预埋钢板和锅炉各部件基础平面的水平度	每米	5
	全长	10
平面外形尺寸	±20	
凸台上平面外形尺寸	0 −20	
凹穴尺寸	+20 0	

续表

复检项目		允许偏差/mm
预埋地脚螺栓孔	中心线位置	10
	深度	+20 0
	每米孔壁垂直度	10
预埋地脚螺栓	顶端标高	+20 0
	中心距	±2

基础修整找平后，进行二次灌浆，如图 3-55 所示。

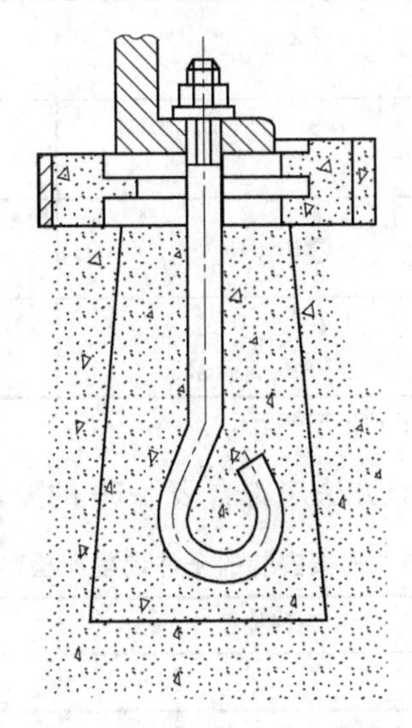

图 3-55　地脚螺栓、垫铁和二次灌浆示意图

3.1.10.2　散装锅炉安装

(1) 钢架安装

① 钢架安装前，应按施工图样清点构件数量，并应对柱子、梁、框架等主要构件的长度和直线度按表 3-78 的规定进行复检。

表 3-78　钢架主要构件长度和直线度的允许偏差

构件的复检项目		允许偏差/mm
柱子的长度/m	≤8	0 −4
	>8	+2 −6
梁的长度/m	≤1	0 −4
	>1～3	0 −6
	>3～5	0 −8
	>5	0 −10

续表

构件的复检项目		允许偏差/mm
柱子、梁的直线度		长度的1‰，且不应大于10
框架长度/m	≤1	0 −6
	>1～3	0 −8
	>3～5	0 −10
	>5	0 −12
拉条、支柱长度/m	≤5	0 −3
	>5～10	0 −4
	>10～15	0 −6
	>15	0 −8

注：框架包括护板框架、顶护板框架或其他矩形框架。

② 钢架安装的允许偏差和检测方法应符合表3-79的要求。

表3-79 钢架安装的允许偏差和检测方法

检测项目		允许偏差/mm	检测位置
各柱子的位置		±5	—
任意两柱子间的距离		间距的1‰，且不大于10	—
柱子上的1m标高线与标高基准点的高度差		±2	以支承锅筒的任一根柱子作为基准，然后测定其他柱子
各柱子相互间标高之差		3	—
柱子的垂直度		高度的1‰，且不大于10	—
各柱子相应两对角线的长度之差		长度的1.5‰，且不大于15	在柱脚1m标高和柱顶处测量
两柱子间在垂直面内两对角线的长度之差		长度的1‰，且不大于10	在柱子的两端测量
支承锅筒的梁的标高		0 −5	—
支承锅筒的梁的水平度		长度的1‰，且不大于3	—
其他梁的标高		±5	—
框架两对角线长度	框架边长≤2500	≤5	在框架的同一标高处或框架两端处测量
	框架边长>2500～5000	≤8	
	框架边长>5000	≤10	

(2) 锅筒、集箱和受热面管

① 锅筒、集箱。锅筒、集箱就位找正时，应根据纵向和横向安装基准线以及标高基准线按图3-56所示对锅筒、集箱中心线进行检测，其安装的允许偏差应符合表3-80的规定。

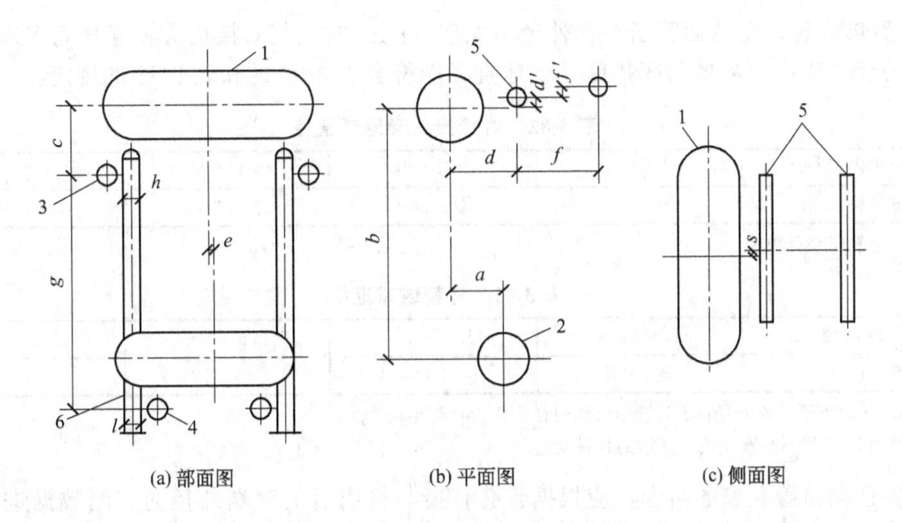

图 3-56 锅筒、集箱间的距离

1—上锅筒（主锅筒）；2—下锅筒；3—上集箱；4—下集箱；5—过热器集箱；6—立柱

a—上、下锅筒之间水平方向距离；b—上、下锅筒之间垂直方向距离；

c—上锅筒与上集箱的轴心线距离；d—上锅筒与过热器集箱水平方向的距离；

d'—上锅筒与过热器集箱垂直方向的距离；f—过热器集箱之间水平方向的距离；

f'—过热器集箱之间垂直方向的距离；g—上、下集箱之间的距离；

h—上集箱与相邻立柱中心距离；l—下集箱之间的距离；e—上、下锅筒横向中心线相对偏移；

s—锅筒横向中心线和过热器集箱横向中心线相对偏移

表 3-80 锅筒、集箱安装的允许偏差 单位：mm

项目	允许偏差
主锅筒的标高	±5
锅筒纵向和横向中心线与安装基准线的水平方向距离	±5
锅筒、集箱全长的纵向水平度	2
锅筒全长的横向水平度	1
上、下锅筒之间水平方向距离和垂直方向距离	±3
上锅筒与上集箱的轴心线距离	±3
上锅筒与过热器集箱的水平和垂直距离；过热器集箱之间的水平和垂直距离	±3
上、下集箱之间的距离，上、下集箱与相邻立柱中心距离	±3
上、下锅筒横向中心线相对偏移	2
锅筒横向中心线和过热器集箱横向中心线相对偏移	3

注：锅筒纵向和横向中心线两端所测距离的长度之差不应大于 2mm。

胀接管孔直径及其允许偏差，应符合表 3-81 的规定。

表 3-81 胀接管孔的直径与允许偏差 单位：mm

管孔直径	32.3	38.3	42.3	51.5	57.5	60.5	64.0	70.5	76.5	83.6	89.6	102.7
允许偏差	直径	$^{+0.34}_{0}$			$^{+0.40}_{0}$					$^{+0.46}_{0}$		
	圆度	0.14			0.15					0.19		
	圆柱度	0.14			0.15					0.19		

② 受热面管。受热面管子公称外径不大于60mm时，其对接接头和弯管应作通球检查；通球后的管子应有可靠的封闭措施，通球直径应符合表3-82的和表3-83的规定。

表 3-82　对接接头管通球直径

管子公称内径/mm	≤25	>25～40	>40～55	>55
通球直径/mm	≥0.75d	≥0.80d	≥0.85d	≥0.90d

注：d 为管子公称内径。

表 3-83　弯管通球直径

R/D 内径	1.4～1.8	1.8～2.5	2.5～3.5	≥3.5
通球直径/mm	≥0.75d	≥0.80d	≥0.85d	≥0.90d

注：1. D 为管子公称外径；d 为管子公称内径；R 为弯管半径。
2. 试验用球宜用不易产生塑性变形的材料制造。

胀接管端与管孔壁的组合，应根据管孔直径与打磨后的管端外径的实测数据进行选配；胀接管端的最小外径不得小于表3-84的规定，胀接管孔与管端的最大间隙不得大于表3-85的规定。

表 3-84　胀接管端的最小外径　　单位：mm

管子公称外径	32	38	42	51	57	60	63.5	70	76	83	89	102
管子最小外径	31.35	37.35	41.35	50.19	56.13	59.10	62.57	69.00	74.84	81.77	87.71	100.58

表 3-85　胀接管孔与管端的最大间隙　　单位：mm

管子公称外径	32～42	51	57	60	63.5	70	76	83	89	102
最大间隙	1.29	1.41	1.47	1.50	1.53	1.60	1.66	1.89	1.95	2.18

胀管管端伸出管孔的长度，应符合表3-86的规定。

表 3-86　管端伸出管孔的长度　　单位：mm

管子公称外径	32～63.5	70～102
伸出长度	7～11	8～12

③ 受压元件焊接。对接焊接管口的端面倾斜的允许偏差，应符合表3-87的规定。

表 3-87　对接焊接管口端面倾斜的允许偏差　　单位：mm

<table>
<tr><td>管子公称外径</td><td colspan="2">≤108</td><td>>108～159</td><td>>159</td></tr>
<tr><td rowspan="2">端面倾斜度</td><td>手工焊</td><td>≤0.8</td><td rowspan="2">≤1.5</td><td rowspan="2">≤2.0</td></tr>
<tr><td>机械焊</td><td>≤0.5</td></tr>
</table>

管子由焊接引起的变形，其直线度应在距焊缝中心50mm用直尺进行测量，其允许偏差应符合表3-88的规定。

表 3-88　焊接管直线度允许偏差　　单位：mm

<table>
<tr><td rowspan="2">管子公称外径</td><td colspan="2">允许偏差</td></tr>
<tr><td>焊缝处1m范围内</td><td>全长</td></tr>
<tr><td>≤108</td><td rowspan="2">≤2.5</td><td>≤5</td></tr>
<tr><td>>108</td><td>≤10</td></tr>
</table>

④ 省煤器、钢管式空气预热器。省煤器支承架安装的允许偏差，应符合表 3-89 的规定。

表 3-89　省煤器支承架安装的允许偏差　　单位：mm

项目	允许偏差
支承架的水平方向位置	±3
支承架的标高	0 −5
支承架的纵向和横向水平度	长度的 1‰

钢管式空气预热器安装的允许偏差，应符合表 3-90 的规定。

表 3-90　钢管式空气预热器安装的允许偏差　　单位：mm

项目	允许偏差
支承框的水平方向位置	±3
支承框的标高	0 −5
预热器垂直度	高度的 1‰

⑤ 炉排安装

a. 链条炉排。链条炉排结构如图 3-57 所示。链条炉排按运动部分的结构可分为链带式、横梁式和鳞片式三种。

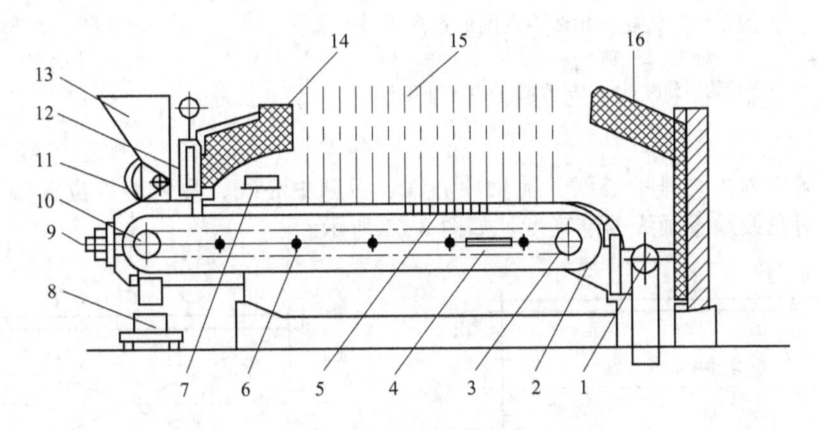

图 3-57　链条炉排结构

1—灰渣斗；2—挡渣板；3—炉排；4—分区送风室；5—防焦箱；6—风室隔板；7—看火检查门；8—动力电机；9—拉紧螺栓；10—主动轮；11—煤斗封板；12—煤闸板；13—煤斗；14—前拱；15—水冷壁；16—后拱

链条炉排组装前，按照表 3-91 的规定及图 3-58、图 3-59，检查炉排构件的几何尺寸，不符合要求的应予以校正。

表 3-91　链条炉排安装前的检查项目和允许偏差

项目		允许偏差/mm
型钢构件的长度/mm	≤5m	±2
	>5m	±4

续表

项目		允许偏差/mm
型钢构件	直线度	长度的1‰，且全长应小于等于5
	旁弯度	
	挠度	
各链轮中分面与轴线中点间的距离		±2
同一轴上相邻两链轮齿尖前后错位		2
同一轴上任意两链轮齿尖前后错位	横梁式	2
	鳞片式	4

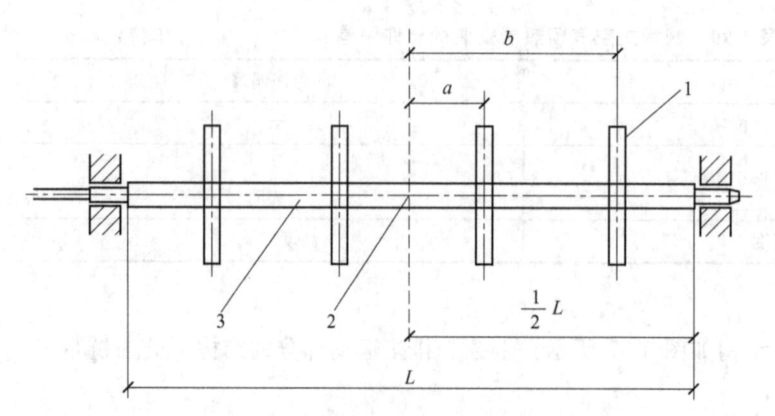

图 3-58 链轮与轴线中点间的距离

1—链轮；2—轴线中点；3—主动轴

a、b—链轮中分面到轴中线的距离；L—轴的长度

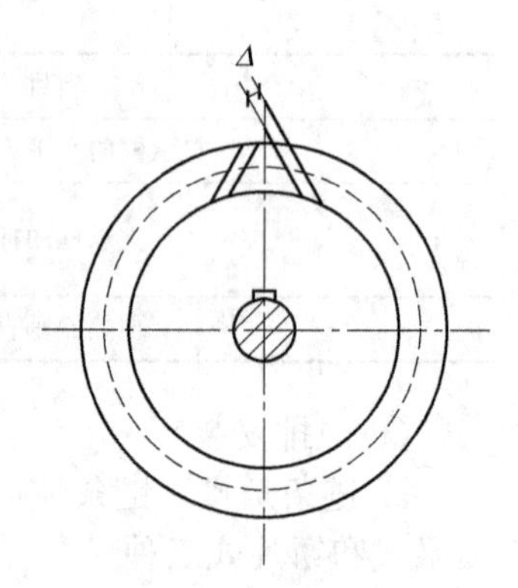

图 3-59 链轮的齿尖错位

Δ—同一轴上任意两轮齿尖前后错位

炉排基础经检查验收合格后，在基础上划出炉排中心线、前轴中心线、后轴中心线、两侧墙板位置线，如图 3-60 所示，并用对角线检查画线的准确度，如图 3-61 所示。

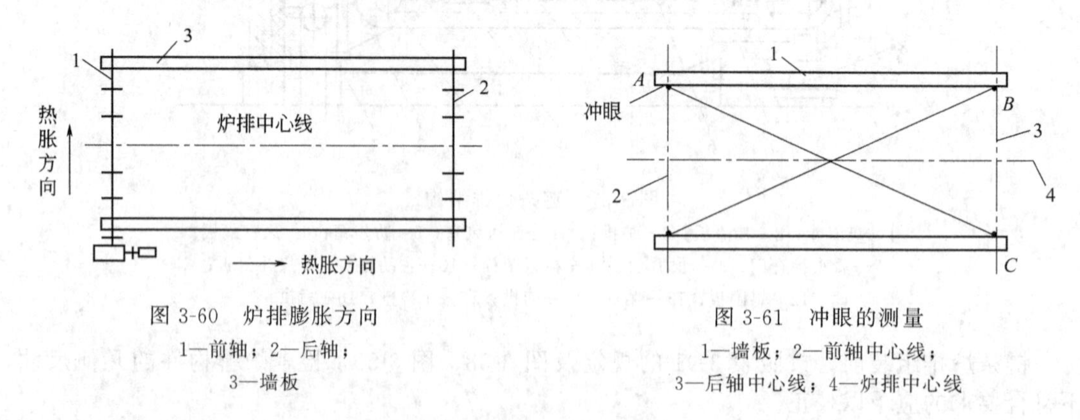

图 3-60 炉排膨胀方向

1—前轴；2—后轴；3—墙板

图 3-61 冲眼的测量

1—墙板；2—前轴中心线；3—后轴中心线；4—炉排中心线

安装墙板安装时，应按设计要求留出轴向及径向热膨胀间隙，如图 3-62 所示。

鳞片式炉排、链带式炉排、横梁式炉排的允许偏差及其测量位置，应符合表 3-92 的规定。

b. 往复式炉排。水冷往复炉排的结构如图 3-63 所示，水平往复炉排的结构如图 3-64 所示。

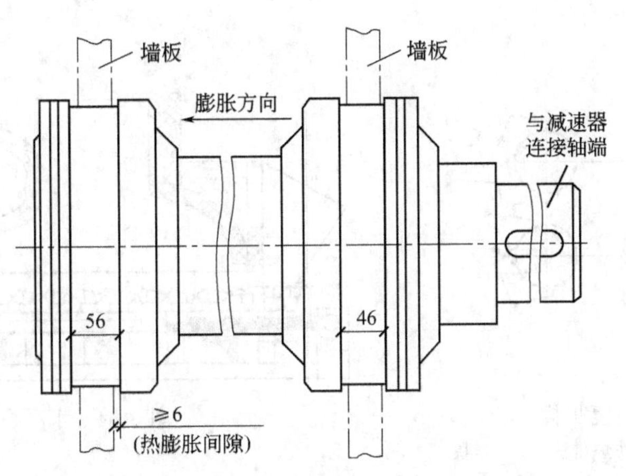

图 3-62　炉排前、后轴承预留热膨胀间隙

表 3-92　鳞片式炉排、链带式炉排、横梁式炉排安装的允许偏差及其测量位置

项目			允许偏差/mm	测量位置
炉排中心位置			2	—
左右支架墙板对应点高度差			3	在前、中、后三点测量
墙板垂直度,全高			3	在前、后易测部位测量
墙板间的距离/m	≤5		3	在前、中、后三点测量
	＞5		5	
墙板间两对角线的长度/m	≤5		4	在上平面拉钢卷尺测量
	＞5		8	
墙板框的纵向位置			5	—
墙板顶面的纵向水平度			长度的 1‰,且不大于 5	在前后测量
两墙板的顶面相对高度差			5	在前、中、后三点测量
各导轨的平面度			5	在前、中、后三点测量
相邻两导轨间的距离			±2	在前、中、后三点测量
前轴、后轴的水平度			长度的 1‰,且不大于 5	—
鳞片式炉排	相邻	两导轨间上表面相对高度	2	—
	任意		3	
	相邻导轨间距		±2	—
链带式炉排支架上摩擦板工作面的平面度			3	—
横梁式炉排	前、后、中间梁之间高度		≤2	可在各梁上平面测量
	上下导轨中心线位置		≤1	—

注：1. 墙板的检测点宜选在靠近前后轴或其他易测部位的相应墙板顶部，打冲眼测量。

2. 各导轨及链带式炉排支架上摩擦板工作面应同一平面上。

往复式炉排安装的允许偏差应符合表 3-93 的规定。

3.1.11　锅炉辅助设备安装

3.1.11.1　阀门安装

图 3-65 所示为活塞式减压阀。图 3-66 所示为波纹管式减压阀。图 3-67 所示为薄膜式减压阀。

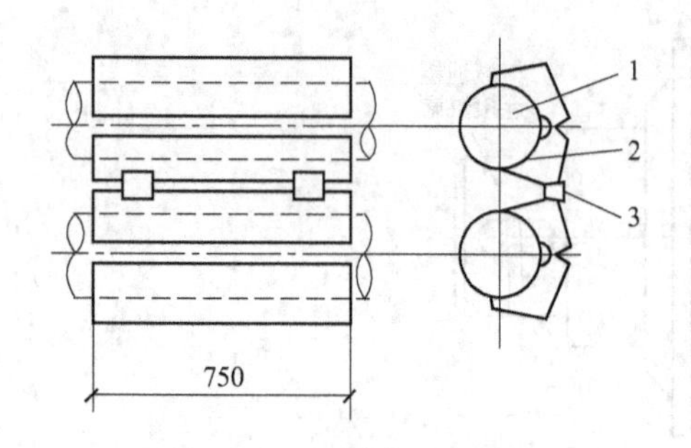

图 3-63　水冷往复炉排

1—水管搁架；2—蝶形铸铁炉排法；3—楔块

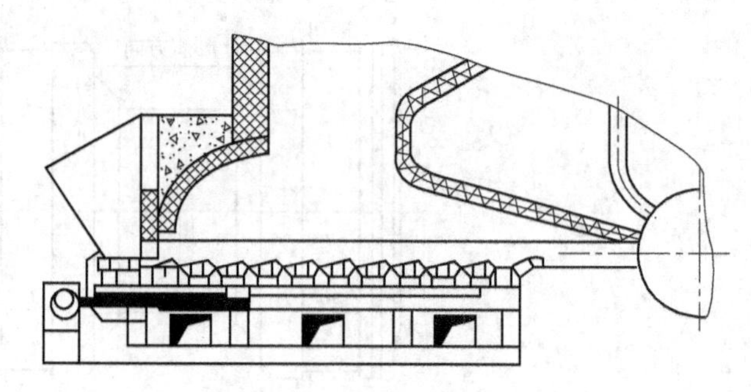

图 3-64　水平往复炉排

表 3-93　往复炉排安装的允许偏差和检验方法

项目		允许偏差/mm
两侧板的相对标高		3
两侧板间的距离/m	≤2	+3 0
	>2	+4 0
两侧板的垂直度，全高		3
两侧板间两对角线的长度之差		5

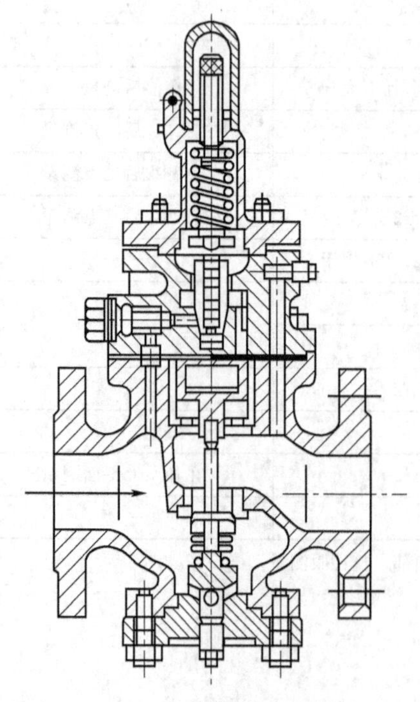

图 3-65　活塞式减压阀

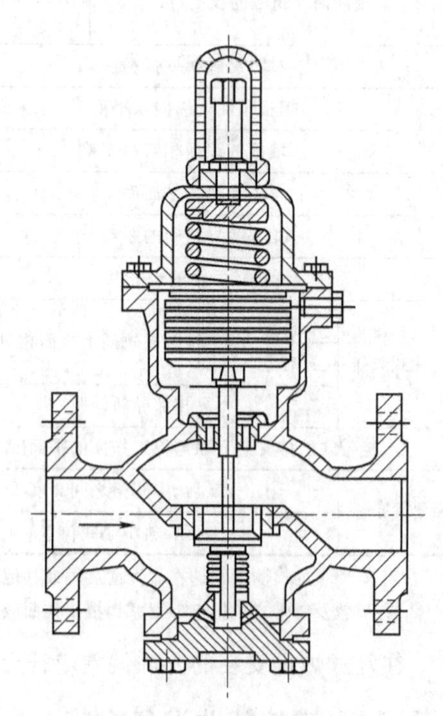

图 3-66　波纹管式减压阀

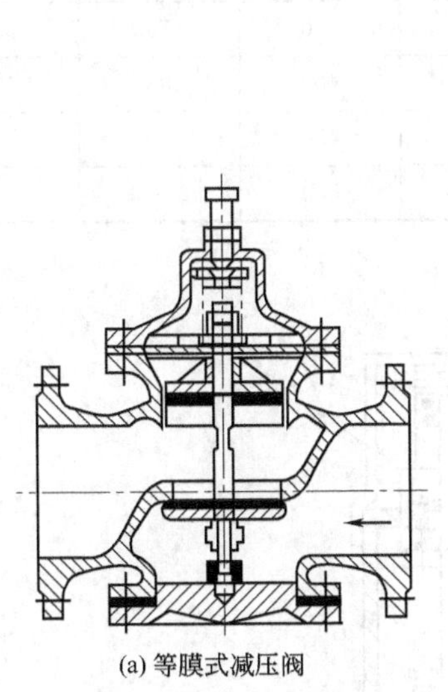
(a) 等膜式减压阀

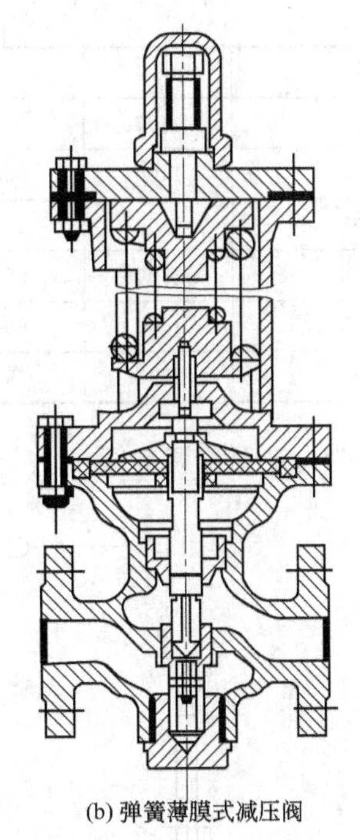
(b) 弹簧薄膜式减压阀

图 3-67　薄膜式减压阀

减压阀的装置安装形式如图 3-68 所示，其各部位的尺寸见表 3-94。

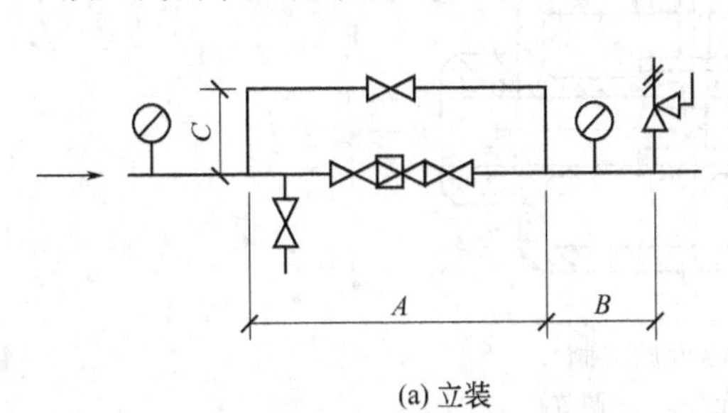

(a) 立装

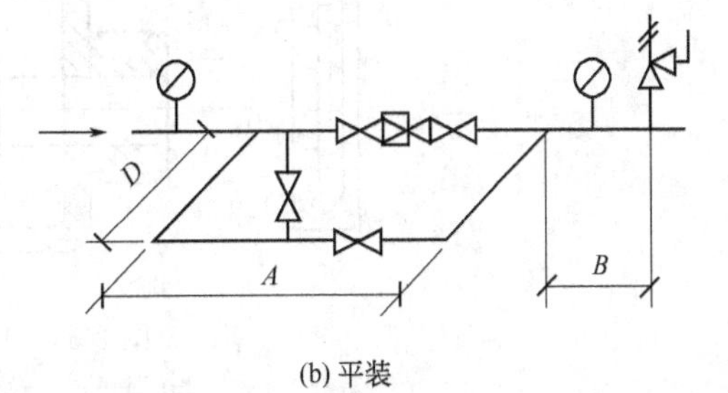

(b) 平装

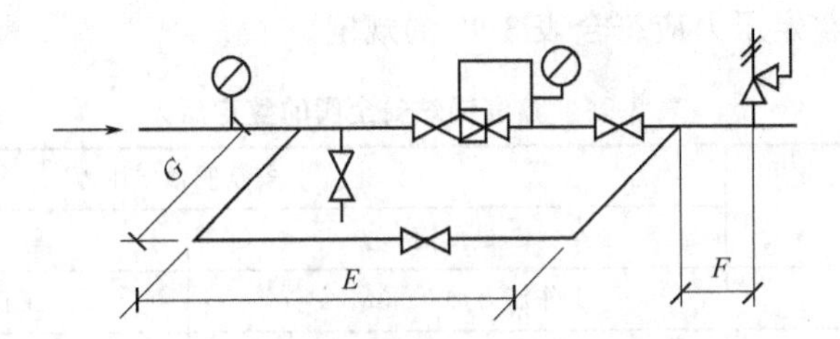

(c) 带均压管的鼓膜式减压阀

图 3-68　减压装置安装形式

表 3-94　减压阀安装尺寸　　单位：mm

型号	A	B	C	D	E	F	G
$DN25$	1100	400	350	200	1350	250	200
$DN32$	1100	400	350	200	1350	250	200
$DN40$	1300	500	400	250	1500	300	250

续表

型号	*A*	*B*	*C*	*D*	*E*	*F*	*G*
*DN*50	1400	500	450	250	1600	300	250
*DN*65	1400	500	500	300	1650	300	350
*DN*80	1500	550	650	350	1750	350	350
*DN*100	1600	550	750	400	1850	400	400
*DN*125	1800	600	800	450	—	—	—
*DN*150	2000	650	850	500	—	—	—

图 3-69 为自动温度调节阀。

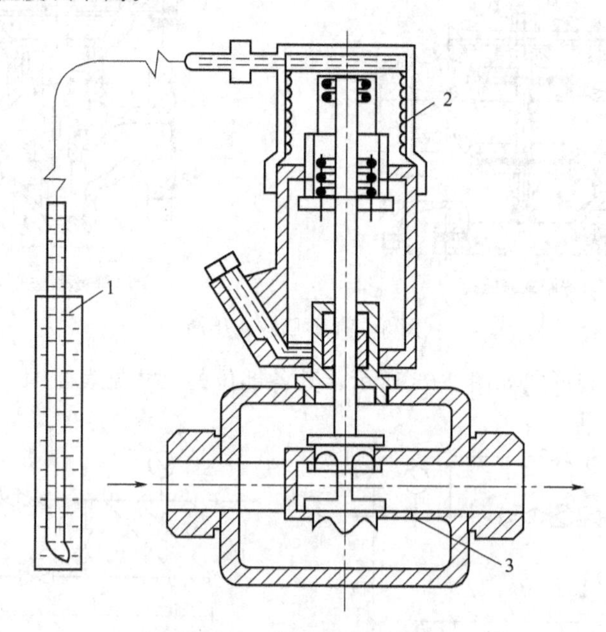

图 3-69　自动温度调节阀

1—温包；2—感温元件；3—调节阀

蒸汽锅炉安全阀整定压力应符合表 3-95 的规定。

表 3-95　蒸汽锅炉安全阀的整定压力

额定工作压力/MPa	安全阀整定压力	
	最低值	最高值
$p \leqslant 0.8$	工作压力加 0.03MPa	工作压力加 0.05MPa
$0.8 < p \leqslant 5.9$	1.04 倍工作压力	1.06 倍工作压力
$p > 5.9$	1.05 倍工作压力	1.08 倍工作压力

注：表中的工作压力，是指安全阀装置地点的工作压力，对于控制式安全阀是指控制源接出地点的工作压力。

热水锅炉安全阀的整定压力应符合表 3-96 的规定。

表 3-96　热水锅炉安全阀的整定压力

最低值	最高值
1.10 倍工作压力但是不小于工作压力加 0.07MPa	1.12 倍工作压力但是不小于工作压力加 0.10MPa

3.1.11.2 补偿器安装

图 3-70～图 3-75 所示为供暖系统中所用的各种补偿器。

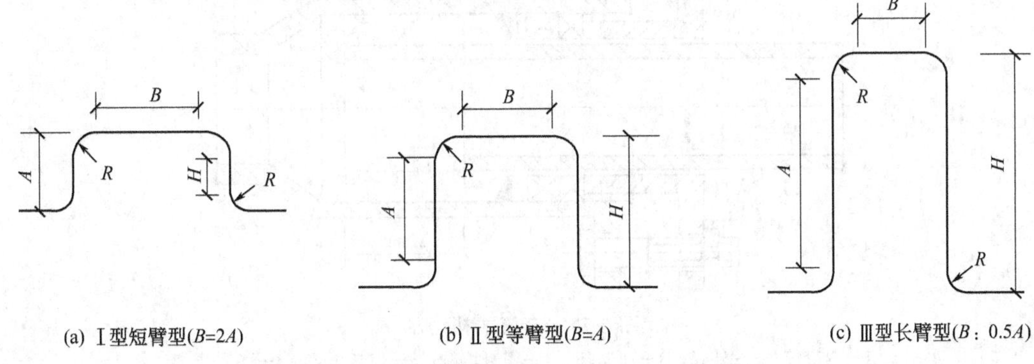

图 3-70 方形补偿器类型（$R=4D$，D 为管径）

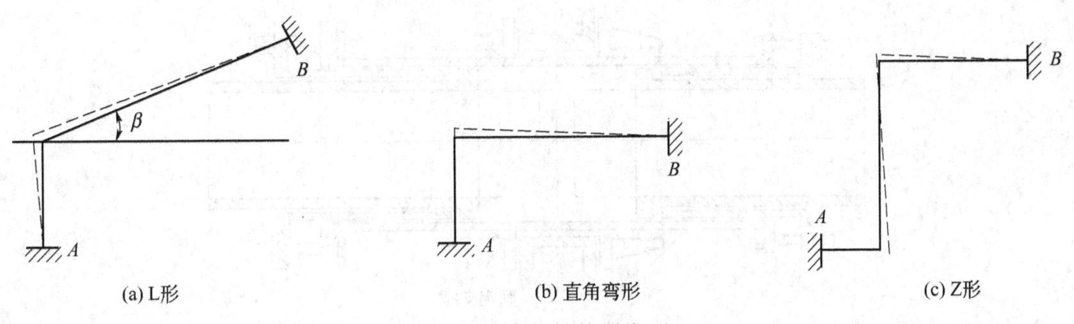

图 3-71 自然补偿器类型

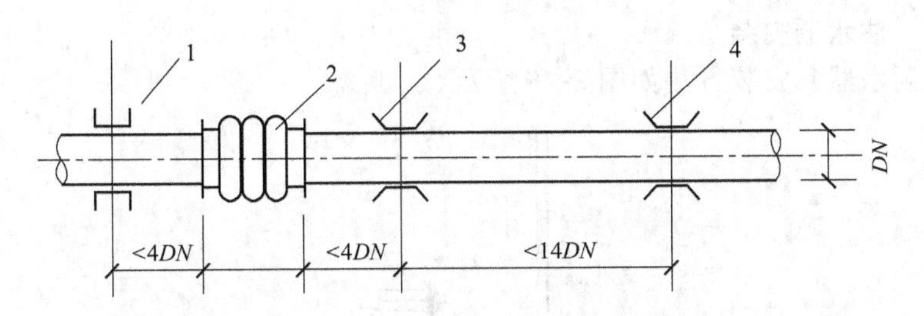

图 3-72 波纹补偿器安装位置

1—固定支架；2—波纹补偿器；3—第一导向支架；4—第二导向支架

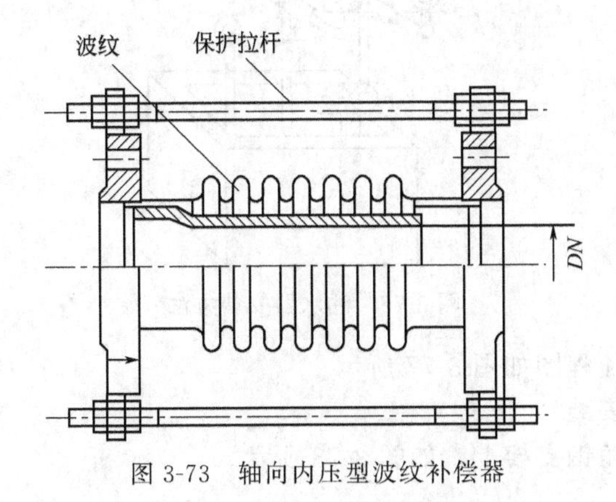

图 3-73 轴向内压型波纹补偿器

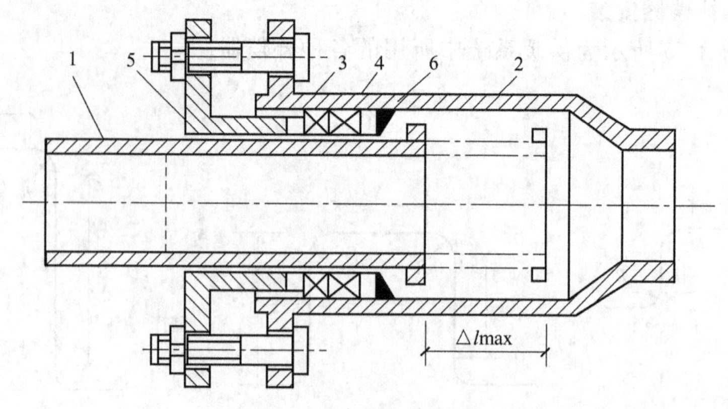

图 3-74　套筒式补偿器

1—内套筒；2—外壳；3—压紧环；4—密封填料；5—填料压盖；6—填料支承

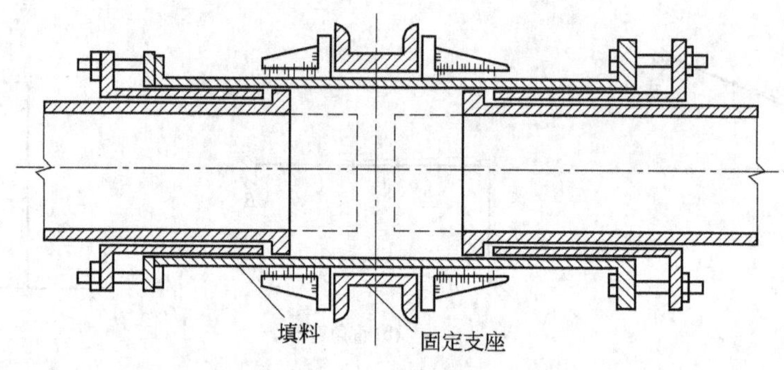

图 3-75　双向套筒补偿器

3.1.11.3　注水器安装

注水器（射水器）安装方法如图 3-76 所示。

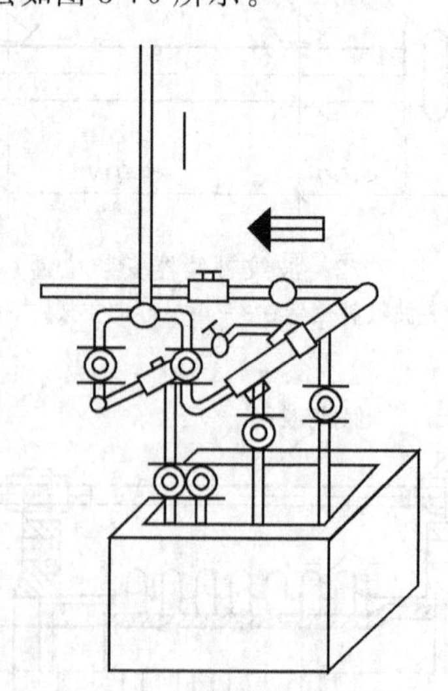

图 3-76　注水器安装方法

注水器安装的管道流程图如图 3-77 所示。

3.1.11.4　分汽缸安装

分汽缸一般安装在角钢支架上，如图 3-78 所示。

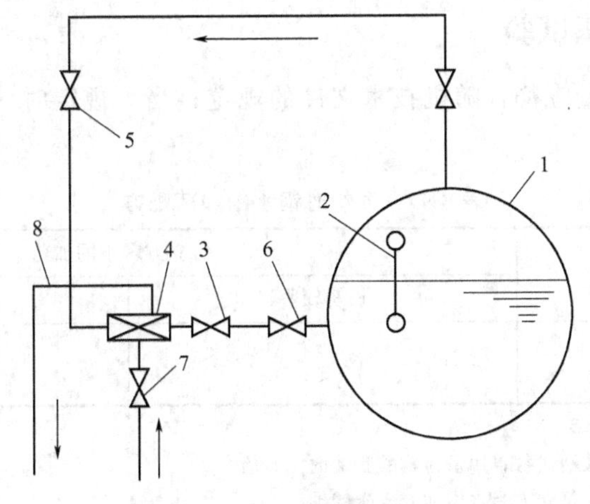

图 3-77 注水器安装管路流程图

1—锅筒；2—水位计；3—逆止阀；4—注水器；
5—蒸汽管截止阀；6—闸阀；7—给水截止阀；8—排水管

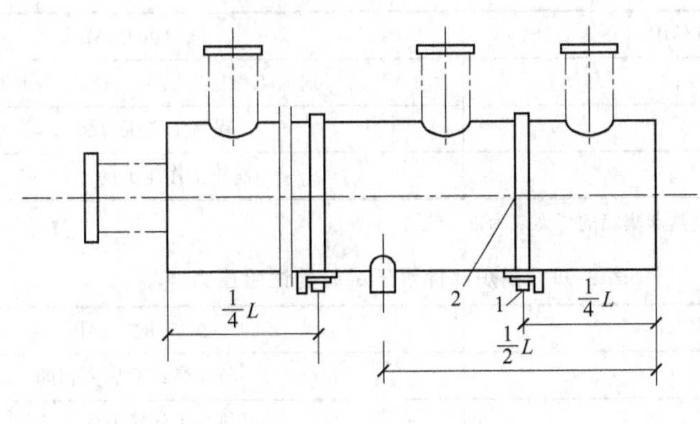

(a) 平面图

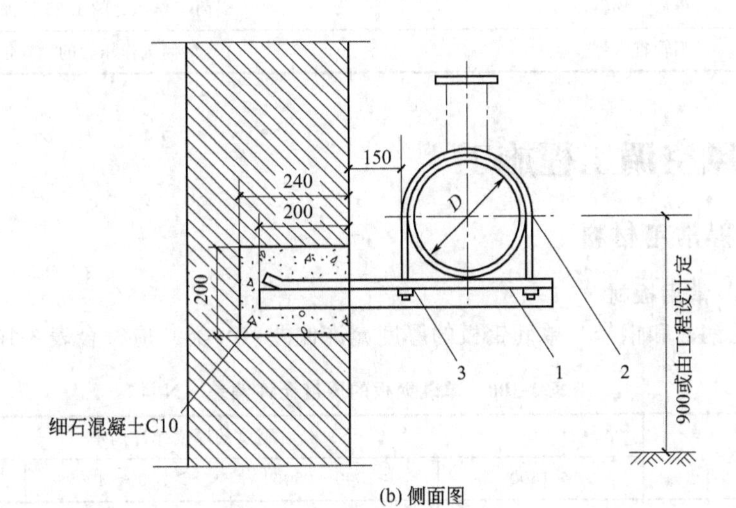

(b) 侧面图

图 3-78 分汽缸支架

1—支架；2—夹环；3—螺母

3.1.12 烘炉和水压试验

煮炉开始时的加药量应符合随机技术文件的规定；当无规定时，应按表 3-97 规定的配方加药。

表 3-97 煮炉时锅水的加药配方　　单位：kg

药品名称	每立方米水的加药量	
	铁锈较薄	铁锈较厚
氢氧化钠	2～3	3～4
磷酸三钠	2～3	2～3

注：1. 药量按 100%纯度计算。
2. 无磷酸三钠时，可用碳酸钠代替，用量为磷酸三钠的 1.5 倍。
3. 单独使用碳酸钠煮炉时，每立方米水中加 6kg 碳酸钠。

锅炉水压试验的试验压力，应符合表 3-98、表 3-99 的规定。

表 3-98 锅炉本体水压试验的试验压力

锅筒工作压力/MPa	试验压力/MPa
<0.8	锅筒工作压力的 1.5 倍，但不小于 0.2
0.8～1.6	锅筒工作压力加 0.4
>1.6	锅筒工作压力的 1.25 倍

注：试验压力应以锅筒或过热器集箱的压力表为准。

表 3-99 锅炉部件水压试验的试验压力

部件名称	试验压力/MPa
过热器	与本体试验压力相同
再热器	再热器工作压力的 1.5 倍
铸铁省煤器	锅筒工作压力的 1.25 倍加 0.5
钢管省煤器	锅筒工作压力的 1.5 倍

3.2 通风空调工程施工

3.2.1 工程常用材料

3.2.1.1 常用板材

(1) 热轧钢板和钢带　单轧钢板的厚度允许偏差（N 类）应符合表 3-100 的规定。

表 3-100 单轧钢板的厚度允许偏差（N 类）　　单位：mm

公称厚度	下列公称宽度的厚度允许偏差			
	≤1500	>1500～2500	>2500～4000	>4000～4800
3.00～5.00	±0.45	±0.55	±0.65	—
>5.00～8.00	±0.50	±0.60	±0.75	—
>8.00～15.0	±0.55	±0.65	±0.80	±0.90
>15.0～25.0	±0.65	±0.75	±0.90	±1.10

续表

公称厚度	下列公称宽度的厚度允许偏差			
	≤1500	>1500～2500	>2500～4000	>4000～4800
>25.0～40.0	±0.70	±0.80	±1.00	±1.20
>40.0～60.0	±0.80	±0.90	±1.10	±1.30
>60.0～100	±0.90	±1.10	±1.30	±1.50
>100～150	±1.20	±1.40	±1.60	±1.80
>150～200	±1.40	±1.60	±1.80	±1.90
>200～250	±1.60	±1.80	±2.00	±2.20
>250～300	±1.80	±2.00	±2.20	±2.40
>300～400	±2.00	±2.20	±2.40	±2.60

单轧钢板的厚度允许偏差（A类）应符合表3-101的规定。单轧钢板的厚度允许偏差（B类）应符合表3-102的规定。单轧钢板的厚度允许偏差（C类）应符合表3-103的规定。

表3-101　单轧钢板的厚度允许偏差（A类）　　单位：mm

公称厚度	下列公称宽度的厚度允许偏差			
	≤1500	>1500～2500	>2500～4000	>4000～4800
3.00～5.00	+0.55 −0.35	+0.70 −0.40	+0.85 −0.45	—
>5.00～8.00	+0.65 −0.35	+0.75 −0.45	+0.95 −0.55	—
>8.00～15.0	+0.70 −0.40	+0.85 −0.45	+1.05 −0.55	+1.20 −0.60
>15.0～25.0	+0.85 −0.45	+1.00 −0.50	+1.15 −0.65	+1.50 −0.70
>25.0～40.0	+0.90 −0.50	+1.05 −0.55	+1.30 −0.70	+1.60 −0.80
>40.0～60.0	+1.05 −0.55	+1.20 −0.60	+1.45 −0.75	+1.70 −0.90
>60.0～100	+1.20 −0.60	+1.50 −0.70	+1.75 −0.85	+2.00 −1.00
>100～150	+1.60 −0.80	+1.90 −0.90	+2.15 −1.05	+2.40 −1.20
>150～200	+1.90 −0.90	+2.20 −1.00	+2.45 −1.15	+2.50 −1.30
>200～250	+2.20 −1.00	+2.40 −1.20	+2.70 −1.30	+3.00 −1.40
>250～300	+2.40 −1.20	+2.70 −1.30	+2.95 −1.45	+3.20 −1.60
>300～400	+2.70 −1.30	+3.00 −1.40	+3.25 −1.55	+3.50 −1.70

表 3-102　单轧钢板的厚度允许偏差（B类）　　单位：mm

<table>
<tr><th rowspan="2">公称厚度</th><th colspan="8">下列公称宽度的厚度允许偏差</th></tr>
<tr><th colspan="2">≤1500</th><th colspan="2">＞1500～2500</th><th colspan="2">＞2500～4000</th><th colspan="2">＞4000～4800</th></tr>
<tr><td>3.00～5.00</td><td rowspan="12">−0.30</td><td>＋0.60</td><td rowspan="12">−0.30</td><td>＋0.80</td><td rowspan="12">−0.30</td><td>＋1.00</td><td colspan="2">—</td></tr>
<tr><td>＞5.00～8.00</td><td>＋0.70</td><td>＋0.90</td><td>＋1.20</td><td colspan="2">—</td></tr>
<tr><td>＞8.00～15.0</td><td>＋0.80</td><td>＋1.00</td><td>＋1.30</td><td rowspan="10">−0.30</td><td>＋1.50</td></tr>
<tr><td>＞15.0～25.0</td><td>＋1.00</td><td>＋1.20</td><td>＋1.50</td><td>＋1.90</td></tr>
<tr><td>＞25.0～40.0</td><td>＋1.10</td><td>＋1.30</td><td>＋1.70</td><td>＋2.10</td></tr>
<tr><td>＞40.0～60.0</td><td>＋1.30</td><td>＋1.50</td><td>＋1.90</td><td>＋2.30</td></tr>
<tr><td>＞60.0～100</td><td>＋1.50</td><td>＋1.80</td><td>＋2.30</td><td>＋2.70</td></tr>
<tr><td>＞100～150</td><td>＋2.10</td><td>＋2.50</td><td>＋2.90</td><td>＋3.30</td></tr>
<tr><td>＞150～200</td><td>＋2.50</td><td>＋2.90</td><td>＋3.30</td><td>＋3.50</td></tr>
<tr><td>＞200～250</td><td>＋2.90</td><td>＋3.30</td><td>＋3.70</td><td>＋4.10</td></tr>
<tr><td>＞250～300</td><td>＋3.30</td><td>＋3.70</td><td>＋4.10</td><td>＋4.50</td></tr>
<tr><td>＞300～400</td><td>＋3.70</td><td>＋4.10</td><td>＋4.50</td><td>＋4.90</td></tr>
</table>

表 3-103　单轧钢板的厚度允许偏差（C类）　　单位：mm

<table>
<tr><th rowspan="2">公称厚度</th><th colspan="8">下列公称宽度的厚度允许偏差</th></tr>
<tr><th colspan="2">≤1500</th><th colspan="2">＞1500～2500</th><th colspan="2">＞2500～4000</th><th colspan="2">＞4000～4800</th></tr>
<tr><td>3.00～5.00</td><td rowspan="12">0</td><td>＋0.90</td><td rowspan="12">0</td><td>＋1.10</td><td rowspan="12">0</td><td>＋1.30</td><td rowspan="12">0</td><td>—</td></tr>
<tr><td>＞5.00～8.00</td><td>＋1.00</td><td>＋1.20</td><td>＋1.50</td><td>—</td></tr>
<tr><td>＞8.00～15.0</td><td>＋1.10</td><td>＋1.30</td><td>＋1.60</td><td>＋1.80</td></tr>
<tr><td>＞15.0～25.0</td><td>＋1.30</td><td>＋1.50</td><td>＋1.80</td><td>＋2.20</td></tr>
<tr><td>＞25.0～40.0</td><td>＋1.40</td><td>＋1.60</td><td>＋2.00</td><td>＋2.40</td></tr>
<tr><td>＞40.0～60.0</td><td>＋1.60</td><td>＋1.80</td><td>＋2.20</td><td>＋2.60</td></tr>
<tr><td>＞60.0～100</td><td>＋1.80</td><td>＋2.20</td><td>＋2.60</td><td>＋3.00</td></tr>
<tr><td>＞100～150</td><td>＋2.40</td><td>＋2.80</td><td>＋3.20</td><td>＋3.60</td></tr>
<tr><td>＞150～200</td><td>＋2.80</td><td>＋3.20</td><td>＋3.60</td><td>＋3.80</td></tr>
<tr><td>＞200～250</td><td>＋3.20</td><td>＋3.60</td><td>＋4.00</td><td>＋4.40</td></tr>
<tr><td>＞250～300</td><td>＋3.60</td><td>＋4.00</td><td>＋4.40</td><td>＋4.80</td></tr>
<tr><td>＞300～400</td><td>＋4.00</td><td>＋4.40</td><td>＋4.80</td><td>＋5.20</td></tr>
</table>

钢带（包括连轧钢板）的厚度允许偏差应符合表 3-104 的规定。

表 3-104　钢带（包括连轧钢板）的厚度允许偏差　　单位：mm

<table>
<tr><th rowspan="3">公称厚度</th><th colspan="4">普通精度　PT. A</th><th colspan="4">较高精度　PT. B</th></tr>
<tr><th colspan="8">公称宽度</th></tr>
<tr><th>600～1200</th><th>＞1200～1500</th><th>＞1500～1800</th><th>＞1800</th><th>600～1200</th><th>＞1200～1500</th><th>＞1500～1800</th><th>＞1800</th></tr>
<tr><td>0.8～1.5</td><td>±0.15</td><td>±0.17</td><td>—</td><td>—</td><td>±0.10</td><td>±0.12</td><td>—</td><td>—</td></tr>
<tr><td>＞1.5～2.0</td><td>±0.17</td><td>±0.19</td><td>±0.21</td><td>—</td><td>±0.13</td><td>±0.14</td><td>±0.14</td><td>—</td></tr>
</table>

续表

公称厚度	普通精度 PT. A				较高精度 PT. B			
	公称宽度							
	600～1200	>1200～1500	>1500～1800	>1800	600～1200	>1200～1500	>1500～1800	>1800
>2.0～2.5	±0.18	±0.21	±0.23	±0.25	±0.14	±0.15	±0.17	±0.20
>2.5～3.0	±0.20	±0.22	±0.24	±0.26	±0.15	±0.17	±0.19	±0.21
>3.0～4.0	±0.22	±0.24	±0.26	±0.27	±0.17	±0.18	±0.21	±0.22
>4.0～5.0	±0.24	±0.26	±0.28	±0.29	±0.19	±0.21	±0.22	±0.23
>5.0～6.0	±0.26	±0.28	±0.29	±0.31	±0.21	±0.22	±0.23	±0.25
>6.0～8.0	±0.29	±0.30	±0.31	±0.35	±0.23	±0.24	±0.25	±0.28
>8.0～10.0	±0.32	±0.33	±0.34	±0.40	±0.26	±0.26	±0.27	±0.32
>10.0～12.5	±0.35	±0.36	±0.37	±0.43	±0.28	±0.29	±0.30	±0.36
>12.5～15.0	±0.37	±0.38	±0.40	±0.46	±0.30	±0.31	±0.33	±0.39
>15.0～25.4	±0.40	±0.42	±0.45	±0.50	±0.32	±0.34	±0.37	±0.42

注：规定最小屈服强度 $R_e \geqslant 345$MPa 的钢带，厚度偏差应增加10%。

切边单轧钢板的宽度允许偏差应符合表 3-105 的规定。

表 3-105 切边单轧钢板的宽度允许偏差 单位：mm

公称厚度	公称宽度	允许偏差
3～16	≤1500	+10 0
	>1500	+15 0
>16	≤2000	+20 0
	>2000～3000	+25 0
	>3000	+30 0

不切边钢带（包括连轧钢板）的宽度允许偏差应符合表 3-106 的规定。

表 3-106 不切边钢带（包括连轧钢板）的宽度允许偏差 单位：mm

公称宽度	≤1500	+20 0
允许偏差	>1500	+25 0

切边钢带（包括连轧钢板）的宽度允许偏差应符合表 3-107 的规定。

表 3-107 切边钢带（包括连轧钢板）的宽度允许偏差 单位：mm

公称宽度	≤1200	>1200～1500	>1500
允许偏差	+3 0	+5 0	+6 0

纵切钢带的宽度允许偏差应符合表 3-108 的规定。

表 3-108 纵切钢带的宽度允许偏差 单位：mm

公称宽度	公称厚度		
	≤4.0	>4.0～8.0	>8.0
120～160	+1 0	+2 0	+2.5 0
>160～250	+1 0	+2 0	+2.5 0
>250～600	+2 0	+2.5 0	+3 0
>600～900	+2 0	+2.5 0	+3 0

单轧钢板的长度允许偏差应符合表 3-109 的规定。

表 3-109 单轧钢板的长度允许偏差 单位：mm

公称长度	2000～4000	>4000～6000	>6000～8000	>8000～10000	>10000～15000	>15000～20000	>20000
允许偏差	+20 0	+30 0	+40 0	+50 0	+75 0	+100 0	由供需双方协商

连轧钢板的长度允许偏差应符合表 3-110 的规定。

表 3-110 连轧钢板的长度允许偏差 单位：mm

公称长度	2000～8000	>8000
允许偏差	+0.5%×公称长度	+40 0

（2）不锈钢复合钢板　复合钢板和钢带厚度允许偏差应符合表 3-111 的规定。

表 3-111 厚底允许偏差

复层厚度允许偏差		复合中厚板总厚度允许偏差		
Ⅰ级、Ⅱ级	Ⅲ级	复合中厚板总公称厚度 mm	允许偏差/%	
			Ⅰ级、Ⅱ级	Ⅲ级
不大于复层公称尺寸的±9%，且不大于 1mm	不大于公称尺寸的±10%，且不大于 1mm	6～7	+10 −8	±9
		>7～15	+9 −7	±8
		>15～25	+8 −6	±7
		>25～30	+7 −5	±6
		>30～60	+6 −4	±5
		>60	协商	协商

复合钢板和钢带宽度的允许偏差，应符合表3-112要求，符合钢板长度允许偏差，按基层钢板标准相应的规定。特殊要求由供需双方协商。

表3-112　宽度允许偏差　　单位：mm

公称厚度	下列宽度的宽度允许偏差			
	<1450	≥1450		
		Ⅰ级	Ⅱ级	Ⅲ级
6～7	按《热轧钢板和钢带的尺寸、外形、重量及允许偏差》(GB/T 709—2006)	+6 0	+10 0	+15 0
>7～25		+20 0	+25 0	+30 0
>25		+25 0	+30 0	+35 0

复合钢板和钢带不平度应符合表3-113要求。

表3-113　复合钢板不平度　　单位：mm/m

复合钢板总公称厚度	下列宽度的允许不平度	
	1000～1450	>1450
6～8	9	10
>8～15	8	9
>15～25	8	9
>25	7	8

(3) 型钢　热轧等边角钢的截面尺寸、截面面积、理论重量见表3-114。

表3-114　热轧等边角钢的截面尺寸、截面面积、理论重量表

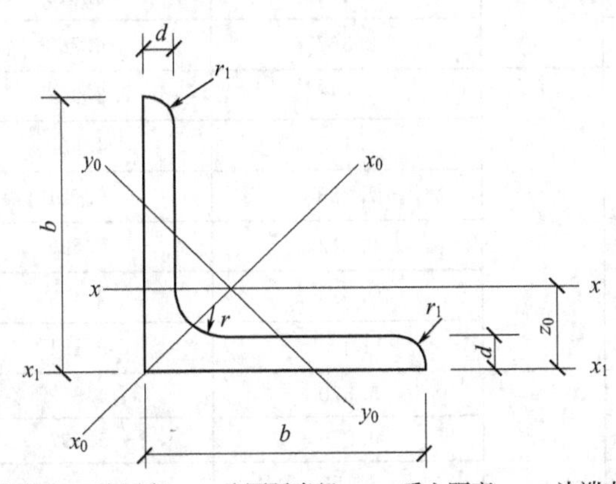

b—边宽度；d—边厚度；r—内圆弧半径；z_0—重心距离；r_1—边端内圆弧半径

续表

型号	截面尺寸/mm			截面面积/cm²	理论重量/(kg/m)	重心距离 z_0/cm
	b	d	r			
2	20	3	3.5	1.132	0.889	0.60
		4		1.459	1.145	0.64
2.5	25	3		1.432	1.124	0.73
		4		1.859	1.459	0.76
3.0	30	3	4.5	1.749	1.373	0.85
		4		2.276	1.786	0.89
3.6	36	3		2.109	1.656	1.00
		4		2.756	2.163	1.04
		5		3.382	0.654	1.07
4	40	3	5	2.359	1.852	1.09
		4		3.086	2.422	1.13
		5		3.791	2.976	1.17
4.5	45	3		2.659	2.088	1.22
		4		3.486	2.736	1.26
		5		4.292	3.369	1.30
		6		5.076	3.985	1.33
5	50	3	5.5	2.971	2.332	1.34
		4		3.897	3.059	1.38
		5		4.803	3.770	1.42
		6		5.688	4.465	1.46
5.6	56	3	6	3.343	2.624	1.48
		4		4.390	3.446	1.53
		5		5.415	4.251	1.57
		6		6.420	5.040	1.61
		7		7.404	5.812	1.64
		8		8.367	6.568	1.68
6.3	63	4	7	4.978	3.907	1.70
		5		6.143	4.822	1.74
		6		7.288	5.721	1.78
		7		8.412	6.603	1.82
		8		9.515	7.469	1.85
		10		11.657	9.151	1.93
7	70	4	8	5.570	4.372	1.86
		5		6.875	5.397	1.91
		6		8.160	6.406	1.95
		7		9.424	7.398	1.99
		8		10.667	8.373	2.03

续表

型号	截面尺寸/mm			截面面积/cm^2	理论重量/(kg/m)	重心距离 z_0/cm
	b	d	r			
7.5	75	5	9	7.412	5.818	2.04
		6		8.797	6.905	2.07
		7		10.160	7.976	2.11
		8		11.503	9.030	2.15
		9		12.825	10.068	2.18
		10		14.126	11.089	2.22
8	80	5		7.912	6.211	2.15
		6		9.397	7.376	2.19
		7		10.860	8.525	2.23
		8		12.303	9.658	2.27
		9		13.725	10.774	2.31
		10		15.126	11.874	2.35
9	90	6	10	10.637	8.350	2.44
		7		12.301	9.656	2.48
		8		13.944	10.946	2.52
		9		15.566	12.219	2.56
		10		17.167	13.476	2.59
		12		20.306	15.940	2.67
10	100	6	12	11.932	9.366	2.67
		7		13.796	10.830	2.71
		8		15.638	12.276	2.76
		9		14.462	13.708	2.80
		10		19.261	15.120	2.84
		12		22.800	17.898	2.91
		14		26.256	20.611	2.99
		16		29.627	23.257	3.06
11	110	7		15.196	11.928	2.96
		8		17.238	13.532	3.01
		10		21.261	16.690	3.09
		12		25.200	19.782	3.16
		14		29.056	22.809	3.24
12.5	125	8	14	19.750	15.504	3.37
		10		24.373	19.133	3.45
		12		28.912	22.696	3.53
		14		33.367	26.193	3.61
		16		37.739	29.625	3.68
14	140	10		27.373	21.488	3.82
		12		32.512	25.522	3.90
		14		37.567	29.490	3.98
		16		42.539	33.393	4.06

续表

型号	截面尺寸/mm			截面面积/cm²	理论重量/(kg/m)	重心距离 z_0/cm
	b	d	r			
15	150	8	14	23.750	18.644	3.99
		10		29.373	23.058	4.08
		12		34.912	27.406	4.15
		14		40.367	31.688	4.23
		15		43.063	33.804	4.27
		16		45.739	35.905	4.31
16	160	10	16	31.502	24.729	4.31
		12		37.441	29.391	4.39
		14		43.296	33.987	4.47
		16		49.067	38.518	4.55
18	180	12	16	42.241	33.159	4.89
		14		48.896	38.383	4.97
		16		55.467	43.542	5.05
		18		61.955	48.634	5.13
20	200	14	18	54.642	42.894	5.46
		16		62.013	48.680	5.54
		18		69.301	54.401	5.62
		20		76.505	60.056	5.69
		24		90.661	71.168	5.87
22	220	16	21	68.664	53.901	6.03
		18		76.752	60.250	6.11
		20		84.756	66.533	6.18
		22		92.676	72.751	6.26
		24		100.512	78.902	6.33
		26		108.264	84.987	6.41
25	250	18	24	87.842	68.987	6.84
		20		97.045	76.180	6.92
		24		115.201	90.433	7.07
		26		124.154	97.461	7.15
		28		133.022	104.422	7.22
		30		141.807	111.318	7.30
		32		150.508	118.149	7.37
		35		163.402	128.271	7.48

注：截面图中的 $r_1=1/3d$ 及表中 r 值的数据用于孔型设计，不做交货条件。

热轧不等边角钢的截面尺寸、截面面积、理论重量见表 3-115。

表 3-115 热轧不等边角钢截面特性表

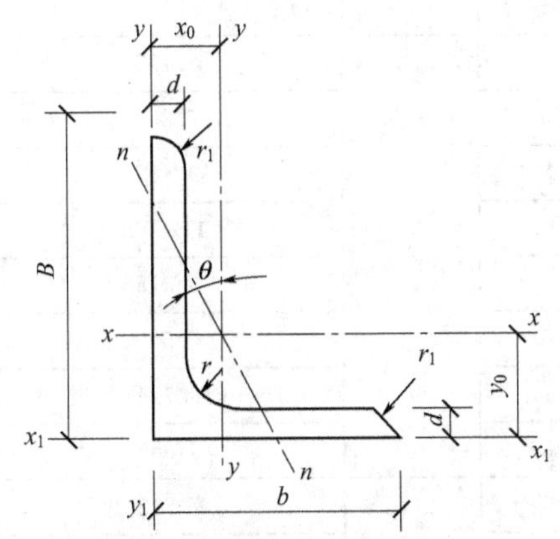

B—长边宽度；b—短边宽度；d—边厚度；x_0、y_0—重心距离；
r_1—边端内圆弧半径；r—内圆弧半径

型号	尺寸/mm				截面面积/cm²	理论重量/(kg/m)
	B	b	d	r		
2.5/1.6	25	16	3	3.5	1.162	0.912
			4		1.499	1.176
3.2/2	32	20	3	3.5	1.492	1.171
			4		1.939	1.522
4/2.5	40	25	3	4	1.890	1.484
			4		2.467	1.936
4.5/2.8	45	28	3	5	2.149	1.687
			4		2.806	2.203
5/3.2	50	32	3	5.5	2.431	1.908
			4		3.177	2.494
5.6/3.6	56	36	3	6	2.743	2.153
			4		3.590	2.818
			5		4.415	3.466
6.3/4	63	40	4	7	4.058	3.185
			5		4.993	3.920
			6		5.908	4.638
			7		6.802	5.339
7/4.5	70	45	4	7.5	4.547	3.570
			5		5.609	4.403
			6		6.647	5.218
			7		7.657	6.011

续表

型号	尺寸/mm				截面面积/cm²	理论重量/(kg/m)
	B	b	d	r		
7.5/5	75	50	5	8	6.125	4.808
			6		7.260	5.699
			8		9.467	7.431
			10		11.590	9.098
8/5	80	50	5		6.375	5.005
			6		7.560	5.935
			7		8.724	6.848
			8		9.867	7.745
9/5.6	90	56	5	9	7.212	5.661
			6		8.557	6.717
			7		9.880	7.756
			8		11.183	8.779
10/6.3	100	63	6	10	9.617	7.550
			7		11.111	8.722
			8		12.584	9.878
			10		15.467	12.142
10/8	100	80	6		10.637	8.350
			7		12.301	9.656
			8		13.944	10.946
			10		17.167	13.476
11/7	110	70	6	10	10.637	8.350
			7		12.301	9.656
			8		13.944	10.946
			10		17.167	13.476
12.5/8	125	80	7	11	14.096	11.066
			8		15.989	12.551
			10		19.712	15.474
			12		23.351	18.330
14/9	140	90	8	12	18.038	14.160
			10		22.261	17.475
			12		26.400	20.724
			14		30.456	23.908
15/9	150	90	8		18.839	14.788
			10		23.261	18.260
			12		27.600	21.666
			14		31.856	25.007
			15		33.952	26.652
			16		36.027	28.281

续表

型号	尺寸/mm				截面面积/cm²	理论重量/(kg/m)
	B	b	d	r		
16/10	160	100	10	13	25.315	19.872
			12		30.054	23.592
			14		34.709	27.247
			16		39.281	30.835
18/11	180	110	10	14	28.373	22.273
			12		33.712	26.464
			14		38.967	30.589
			16		44.139	34.649
20/12.5	200	125	12		37.912	29.761
			14		43.867	34.436
			16		49.739	39.045
			18		55.526	43.588

注：截面图中的 $r_1=1/3d$ 及表中 r 值的数据用于孔型设计，不做交货条件。

3.2.1.2 连接件

(1) 六角头螺栓　六角头螺栓按产品精度等级精度分为C级和A级、B级。C级主要适用于表面比较粗糙、对精度要求不高的结构上；A级和B级主要适用于表面光洁、对精度要求较高的机械、设备上，其中A级适用于螺纹直径 $d\leqslant 24$mm 和螺杆长度 $L\leqslant 10d$ 或 $L\leqslant 150$mm（按较小值）的螺栓；B级适用于螺纹直径 $d>24$mm 和螺杆长度 $L>10d$ 或 $L>150$mm（按较小值）的螺栓。螺栓的螺纹为粗牙普通螺纹。普通六角头螺栓按螺纹的长短分为部分螺纹和全螺纹两种和细杆螺3种，可根据实际需要选用，见表3-116。用于通风管道和配件法兰连接的螺栓通常采用A级全螺纹螺栓。

表 3-116　六角头螺栓

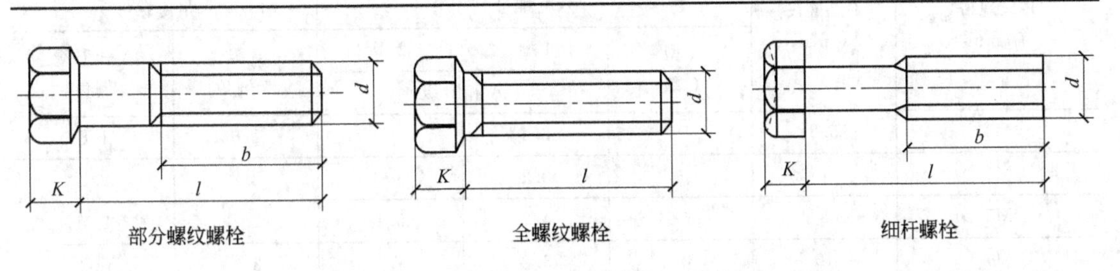

部分螺纹螺栓　　全螺纹螺栓　　细杆螺栓

螺纹规格 d/mm	螺杆长度/mm		
	部分螺纹(GB 5782—2016)	全螺纹(GB 5783—2016)	细杆(GB 5784—1986)
M3	20～30	6～30	20～30
M4	25～40	8～40	20～40
M5	25～50	10～50	25～50
M6	30～60	12～60	25～60
M8	40～80	16～80	30～80
M10	45～100	20～100	40～100

续表

螺纹规格 d/mm	螺杆长度/mm		
	部分螺纹(GB 5782—2016)	全螺纹(GB 5783—2016)	细杆(GB 5784—1986)
M12	50～120	25～120	45～120
(M14)	60～140	30～140	50～140
M16	65～160	30～150	55～150
(M18)	70～180	35～150	—
M20	80～200	40～150	65～150

注：括号中的规格尽可能不采用。

(2) 六角螺母　螺母与螺栓、螺钉配合使用，其中以 1 型六角螺母应用较广，2 型螺母是加厚型螺母，比 1 型螺母厚度小的是薄螺母。C 级螺母（粗制螺母）应用于表面比较粗糙、对精度要求不高的机械设备或结构上，A 级（适用于螺纹直径 $D \leqslant 16$mm）和 B 级（适用于螺纹直径 $D > 16$mm）即精制螺母，应用于表面粗糙度小、对精度要求较高的机械设备或结构上。一般六角螺母均为粗牙普通螺纹。六角螺母规格及主要尺寸见表 3-117。

表 3-117　六角螺母规格及主要尺寸

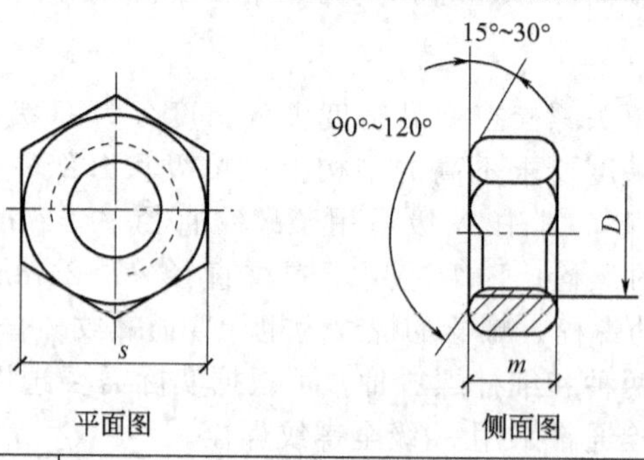

螺纹规格 D/mm	对边宽度 s/mm	螺母最大高度 m/mm				
		六角螺母			六角薄螺母	
		1 型 C 级	1 型	2 型	B 级 无倒角	A 和 B 级 倒角
			A 和 B 级			
M3	5.5	—	2.4	—	1.8	1.8
M4	7	—	3.2	—	2.2	2.2
M5	8	5.6	4.7	5.1	2.7	2.7
M6	10	6.4	5.2	5.7	3.2	3.2
M8	13	7.9	6.8	7.5	4	4
M10	16	9.5	8.4	9.3	5	5
M12	18	12.2	10.8	12	—	6
(M14)	21	13.9	12.8	14.1	—	7
M16	24	15.9	14.8	16.4	—	8
(M18)	27	16.9	15.8	—	—	9
M20	30	19	18	20.3	—	10

注：括号中的规格尽可能不采用。

(3) 垫圈

① 平垫圈。A级垫圈与A级和B级螺栓、螺母配合使用，C级垫圈与C级螺栓、螺母配合使用。通常使用外径和厚度均为标准系列的垫圈，小垫圈主要用于圆柱头螺钉上，特大垫圈主要用于钢木结构的螺母、螺栓上。标准平垫圈的规格见表3-118。

表3-118 平垫圈规格（标准系列）

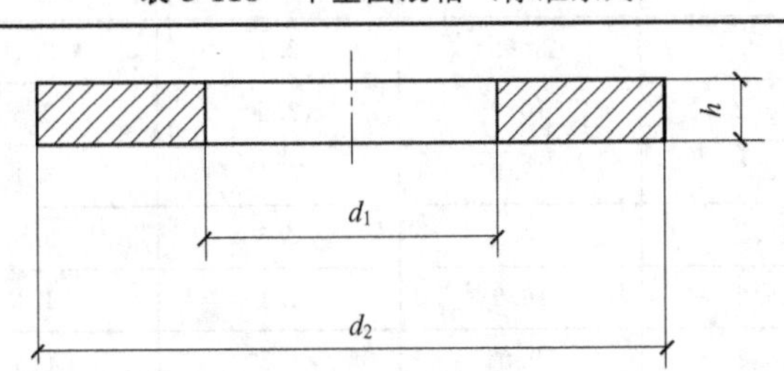

级别	A级			C级		
公称尺寸（螺纹规格）	公称内径 d_1/mm	公称外径 d_2/mm	公称厚度 h/mm	公称内径 d_1/mm	公称外径 d_2/mm	公称厚度 h/mm
M3	3.2	7	0.5	3.4	7	0.5
M4	4.3	9	0.8	4.5	9	0.8
M5	5.3	10	1	5.5	10	1
M6	6.4	12	1.6	6.6	12	1.6
M8	8.4	16	1.6	9	16	1.6
M10	10.5	20	2	11	20	2
M12	13	24	2.5	13.5	24	2.5
M14	15	28	2.5	15.5	28	2.5
M16	17	30	3	17.5	30	3
M20	21	37	3	22	37	3

② 弹簧垫圈。在有机械振动的场合，弹簧垫圈装置在螺母下面，可防止紧固好的螺栓松动。弹簧垫圈有标准型和轻型、重型之分，标准型的规格见表3-119。

表3-119 标准型弹簧垫圈规格 单位：mm

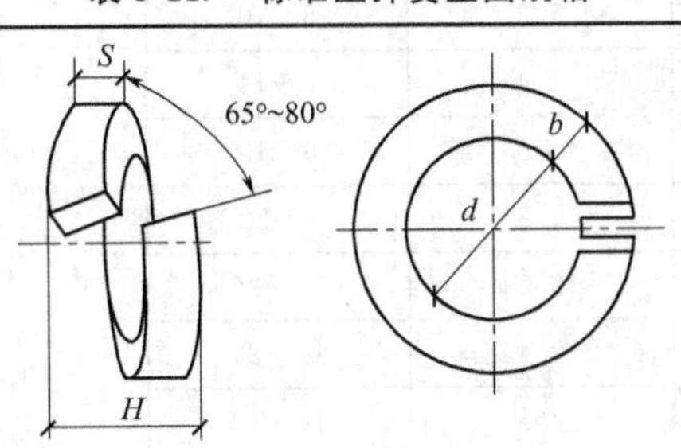

侧面图 平面图

规格（螺纹大径）	内径 d		厚度 S	宽度 b	自由高度 H
	最小	最大			
M3	3.1	3.4	0.8	0.8	1.6
M4	4.1	4.4	1.1	1.1	2.2

续表

规格（螺纹大径）	内径 d		厚度 S	宽度 b	自由高度 H
	最小	最大			
M5	5.1	5.4	1.3	1.3	2.6
M6	6.1	6.68	1.6	1.6	3.2
M8	8.2	8.68	2.1	2.1	4.2
M10	10.2	10.9	2.6	2.6	5.2
M12	12.2	12.9	3.1	3.1	6.2
(M14)	14.2	14.9	3.6	3.6	7.2
M16	16.2	16.9	4.1	4.1	8.2
(M18)	18.2	19.04	4.5	4.5	9
M20	20.2	21.04	5	5	10

注：括号中的规格尽可能不采用。

(4) 铆钉

① 平头铆钉的规格见表 3-120。

表 3-120 平头铆钉规格 单位：mm

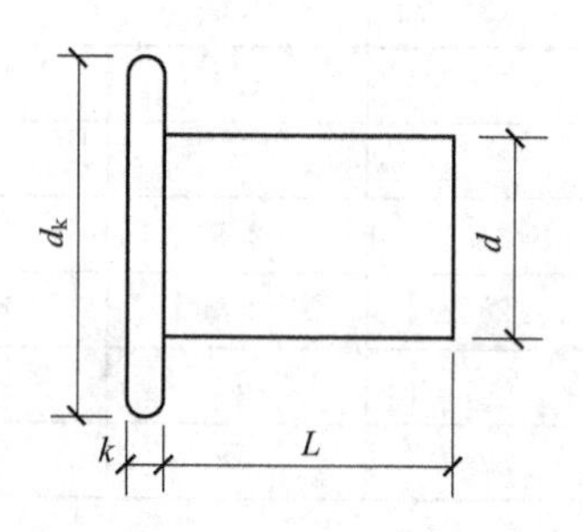

公称直径 d	头部直径 d_k	头部高度 k	钉杆长度 L	长度系列
2	4	1	4～8	4,5,6,7,8,9,10,11,12,13,14,15,16,17,18,19,20,22,24,26,28,30
2.5	5	1.2	5～10	
3	6	1.4	6～14	
3.5	7	1.6	6～18	
4	8	1.8	9～22	
5	10	2.0	10～26	
6	12	2.4	12～28	
8	16	2.8	16～30	
10	20	3.2	20～30	

② 半圆头铆钉见表 3-121。

③ 抽芯铆钉。按材质的不同，大致分为抽芯铝铆钉、抽芯碳钢铆钉和抽芯不锈钢铆钉 3 种。开口型抽芯铆钉的结构如图 3-79 所示，封闭型抽芯铆钉的结构如图 3-80 所示，开口型及封闭型铆接形状如图 3-81 所示。抽芯铆钉主要规格尺寸见表 3-122。

表 3-121 半圆头铆钉规格 单位：mm

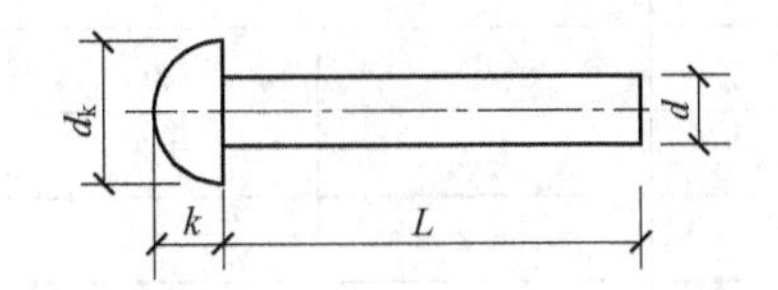

公称直径 d	头部尺寸		钉杆长度
	直径 d_k	高度 k	
3	5.3	1.8	5,6,7,8,9,10,11,12,13,14,15,16,17,18,19,20,22,24,26
4	7.1	2.4	7,8,9,10,11,12,13,14,15,16,17,18,19,20,22,24,26,28,30,32,34,35,36,38,40,42,44,45,46,48,50
5	8.8	3	7,8,9,10,11,12,13,14,15,16,17,18,19,20,22,24,26,28,30,32,34,35,36,38,40,42,44,45,46,48,50,52,55
6	11	3.6	8,9,10,11,12,13,14,15,16,17,18,19,20,22,24,26,28,30,32,34,35,36,38,40,42,44,45,46,48,50,52,55,58,60

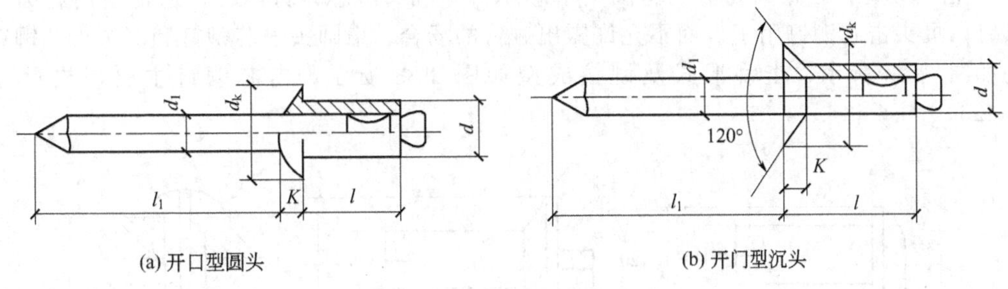

(a) 开口型圆头　　(b) 开门型沉头

图 3-79 开口型抽芯铆钉

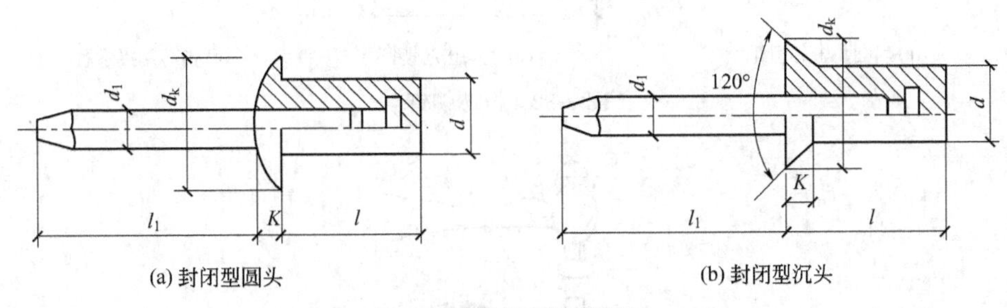

(a) 封闭型圆头　　(b) 封闭型沉头

图 3-80 封闭型抽芯铆钉

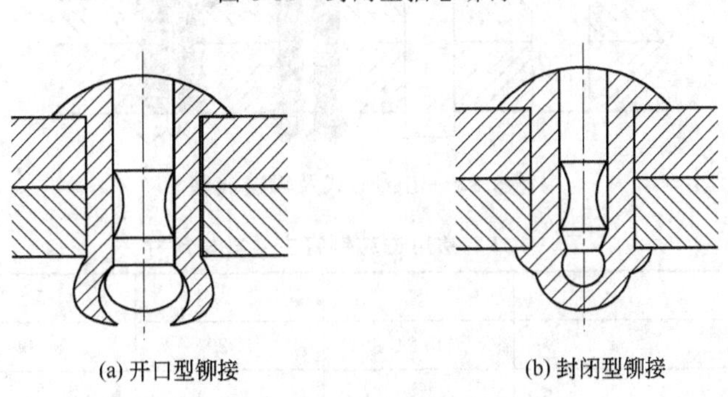

(a) 开口型铆接　　(b) 封闭型铆接

图 3-81 开口型及封闭型铆接形状

表 3-122　常用抽芯铆钉主要规格尺寸　　单位：mm

公称直径 d			3	4	5	6
钉头直径 d_k			6	8	9.6	12
钉头高度 K	扁圆头		1.3	1.5	1.6	2.2
	沉头≤		1.2	1.4	1.6	2.0
钉芯直径 d_1≈			1.8	2.2	2.8	3.6
钉芯长度 l_1≥			26	27	27	31
公称长度 l	开口型		5～19	6～20	8～34	10～40
	封闭型		6～12	6～18	8～28	8～28
铆接件钻孔直径			3.1	4.1	5.1	6.1
推荐铆接件厚度	开口型	最大	l-2.5	l-3.5	l-4	l-5
		最小	l-4.5	l-5.5	l-6	l-8
	封闭型	最大	l-4	l-4.5	l-5	l-6
		最小	l-6	l-6.5	l-7	l-8

④ 击芯铆钉。击芯铆钉分为扁圆头击芯铆钉和沉头击芯铆钉两种，通常使用扁圆头击芯铆钉，沉头击芯铆钉用于表面不允许露出铆钉的场合。扁圆头击芯铆钉和沉头击芯铆钉的结构如图 3-82 所示，击铆形式及铆接成型如图 3-83 所示。击芯铆钉主要规格尺寸见表 3-123。

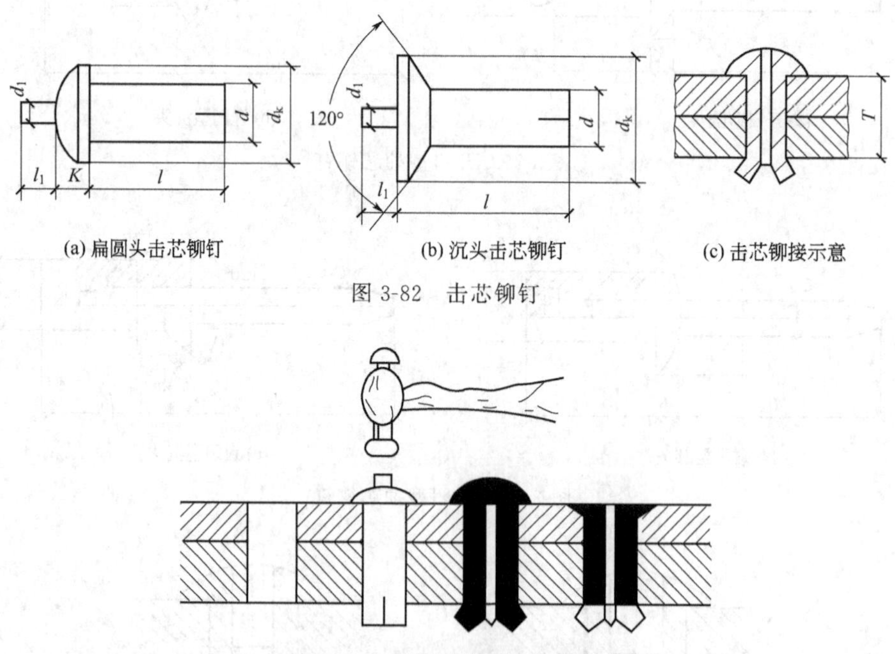

(a) 扁圆头击芯铆钉　(b) 沉头击芯铆钉　(c) 击芯铆接示意

图 3-82　击芯铆钉

图 3-83　击铆形式及铆接成型

表 3-123　常用击芯铆钉主要规格尺寸　　单位：mm

公称直径 d		3	4	5	6
头部直径 d_k	≤	6.24	8.29	9.89	12.35
头部高度 K	≤	1.4	1.7	2	2.4

续表

钉芯直径 d_1	≈	1.8	2.18	2.8	3.6
钻孔直径		3.1	4.1	5.1	6.1
公称长度 l		6～15	6～20	8～25	8～45
推荐铆接件厚度	最大	l-3.5	l-4.5	l-5	l-5
	最小	l-3	l-3.5	l-3.5	l-3.5

3.2.2 风口制作

3.2.2.1 风口制作

风口制作（不包括消防用风口）工艺流程如图 3-84 所示。

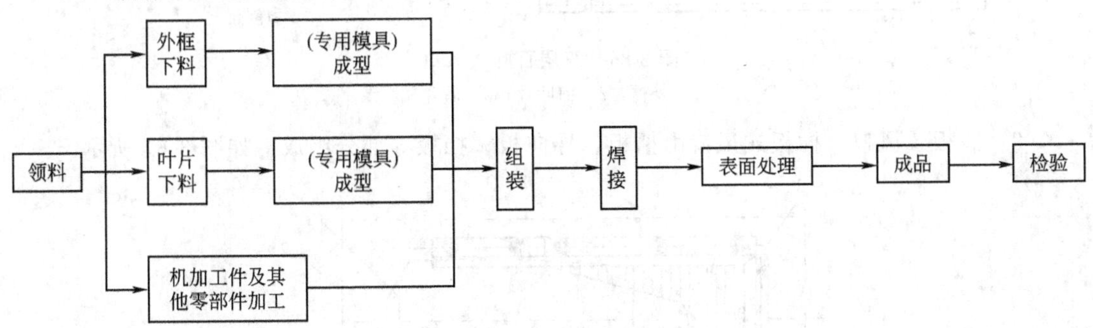

图 3-84　风口制作工艺流程

(1) 百叶式风口的制作　联动百叶式风口进行边框画线要放出扳边留量，下料后扳边，形成上、下框，如图 3-85(a)、(b)。先组对点焊成框，经校正后再焊接。

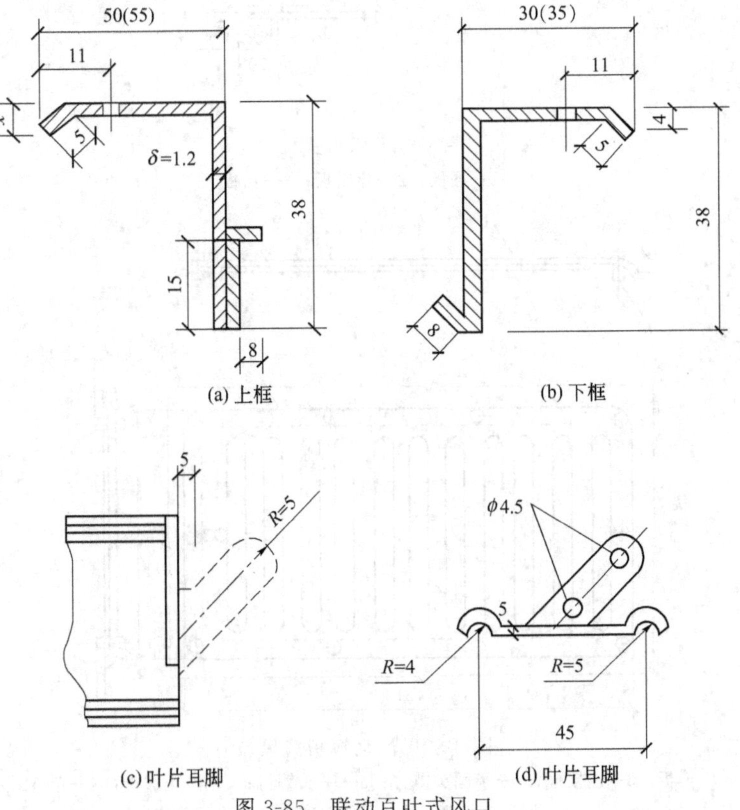

图 3-85　联动百叶式风口

叶片采用机械冲压法制作，冲制成统一规格的条片，并起凸棱加固筋，如图 3-85(c)、(d)。双层百叶式风口由外框和前、后叶片组成，如图 3-86 所示。

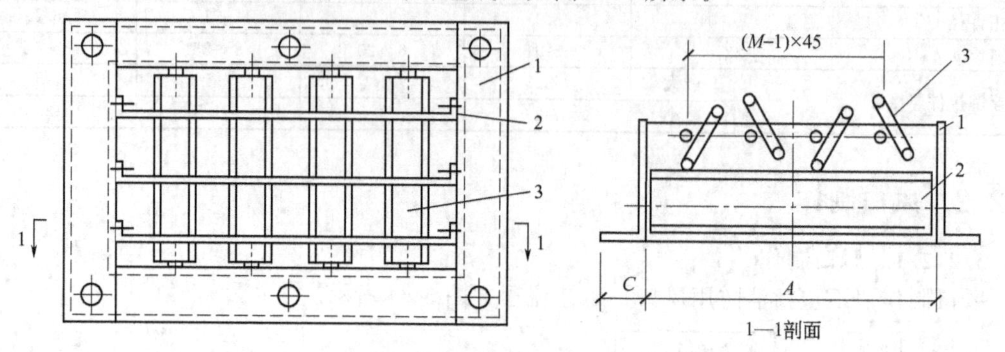

图 3-86　双层百叶式风口

1—外框；2—前叶片；3—后叶片

(2) 插板式风口　插板式风口由插板、导向板、挡板等部分组成，如图 3-87 所示。

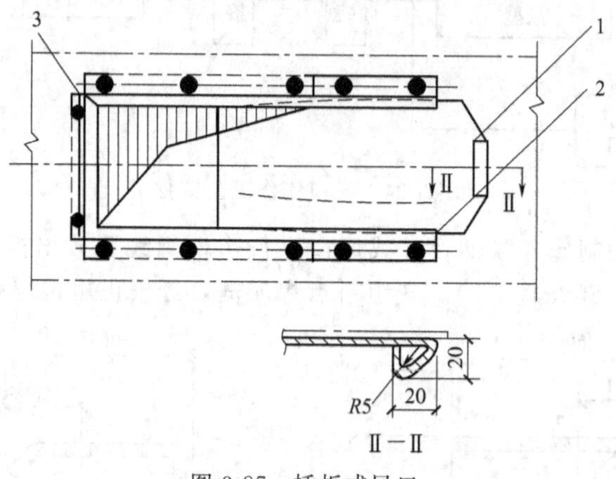

图 3-87　插板式风口

1—插板；2—导向板；3—挡板

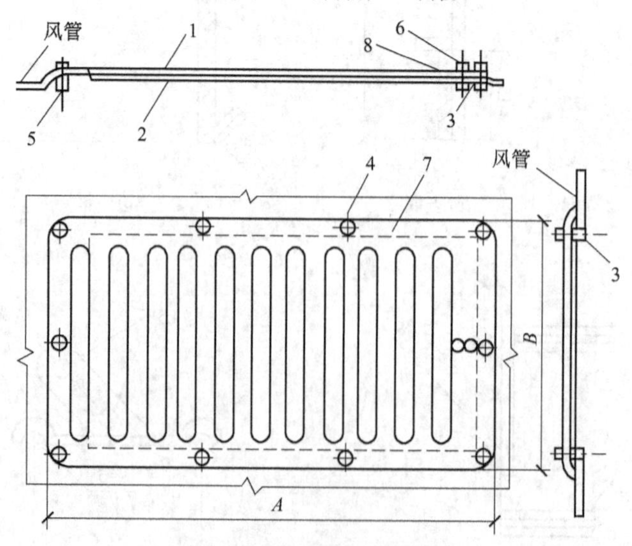

图 3-88　活动箅板式风口

1—外箅板；2—内箅板；3—连接框；4—半圆头螺钉；5—平头铆钉；6—滚花螺母；7—光垫圈；8—调节螺栓；

A—回风口长度；B—回风口宽度，由设计确定活动箅板式风口是由外箅板、内箅板、连接框、调节螺栓等组成，如图 3-88 所示。

3.2.2.2　旋转式风口制作

旋转接头如图 3-89 所示，其上法兰不钻螺孔，中间压板固定滚珠的孔要加工光滑，装配时须涂上润滑油，上压板、中间固定板时与下法兰的螺孔要对正。上、下法兰内径的圆度要加工一致，中间橡胶石棉垫圈要严密，装配好后转动要灵活。

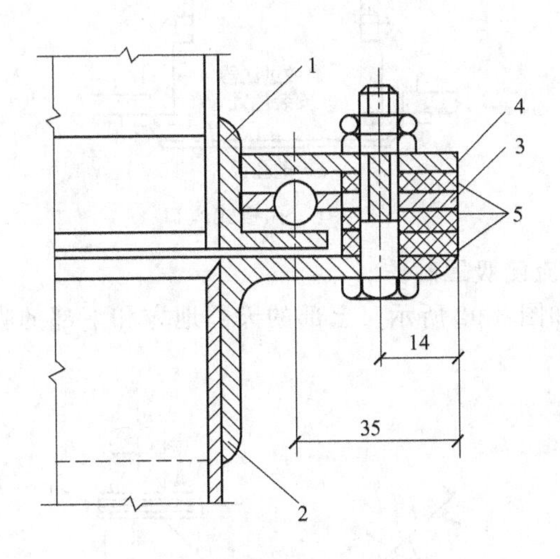

图 3-89　旋转接头

1—上法兰；2—下法兰；3—固定压板；4—上压板；5—橡胶石棉垫圈

3.2.2.3　散流器制作

直片型散流器形状有圆形和方形两种，圆形直片型散流器的各部组成如图 3-90 所示。

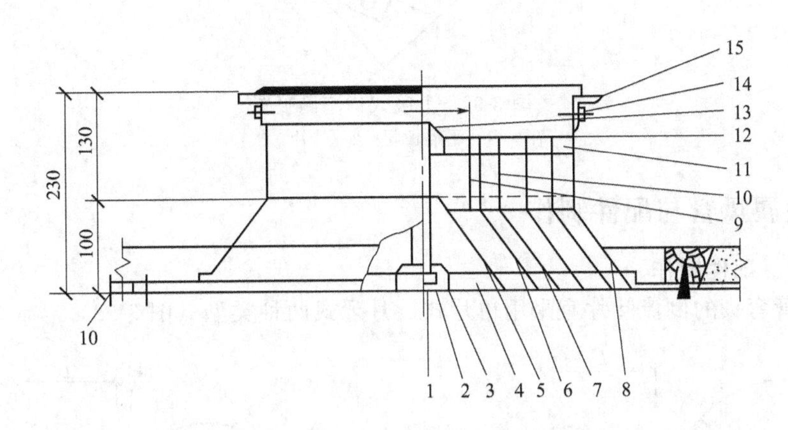

图 3-90　圆形直片型散流器

1—调节螺杆；2—固定螺母；3—调节座；4—扩散圈连杆；5—中心扩散圈；6—有槽扩散圈；7—中间扩散圈；8—最外扩散圈；9—有轨调节环；10—调节环；11—调节环连杆；12—调节螺母；13—开口销；14—半圆头铆钉；15—法兰

3.2.2.4　孔板式风口制作

孔板式风口可分为全面孔板和局部孔板。孔板式风口一般用铝合金板制作，由静压箱、高效过滤器箱壳和孔板组成，如图 3-91 所示。

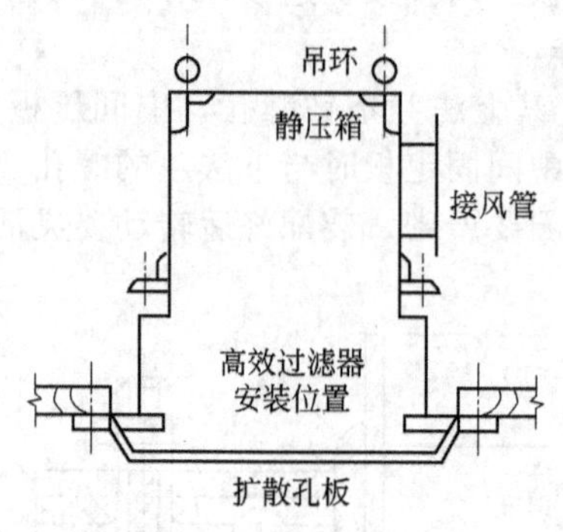

图 3-91　孔板式风口

3.2.2.5　上吸式均流侧吸罩制作

上吸式均流侧吸罩如图 3-92 所示，上部的天圆地方和下部的吸气罩短管按风管要求进行加工。

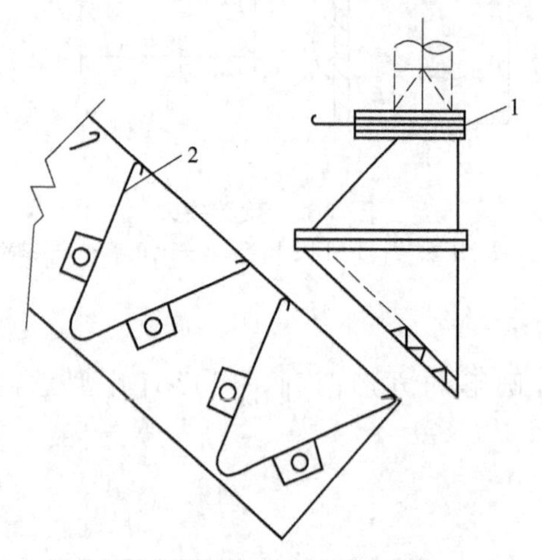

图 3-92　上吸式均流侧吸罩
1—平插板阀；2—叶片

3.2.3　金属风管与配件制作

3.2.3.1　配件制作

矩形风管弯头的倒流叶片宜采用单片式、月牙式两种类型（图 3-93）。

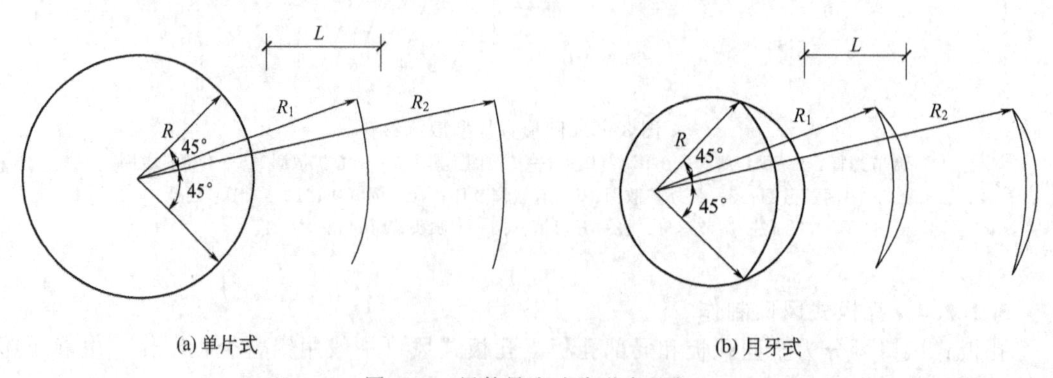

图 3-93　风管导流叶片形式示意

圆形风管弯头的弯曲半径（以中心线计）及最少分段数应符合表 3-124 的规定。

表 3-124 圆形风管弯头的弯曲半径和最少分段数

风管直径 D/mm	弯曲半径 R/mm	弯曲角度和最少节数							
		90°		60°		45°		30°	
		中节	端节	中节	端节	中节	端节	中节	端节
80<D≤220	≥1.5D	2	2	1	2	1	2	—	2
240<D≤450	D～1.5D	3	2	2	2	1	2	—	2
480<D≤800	D～1.5D	4	2	2	2	1	2	1	2
850<D≤1400	D	5	2	3	2	2	2	1	2
1500<D≤2000	D	8	2	5	2	3	2	2	2

3.2.3.2 金属风管制作

金属风管制作应按下列工序（图 3-94）进行。

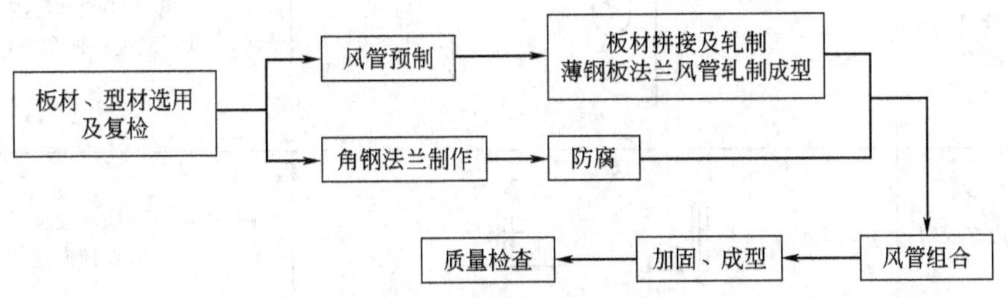

图 3-94 金属风管制作工序

金属风管板材的拼接方法可按表 3-125 确定。

表 3-125 风管板材的拼接方法

<table>
<tr><th>板厚 δ/mm</th><th>镀锌钢板
（有保护层的钢板）</th><th>普通钢板</th><th>不锈钢板</th><th>铝板</th></tr>
<tr><td>δ≤1.0</td><td rowspan="2">咬口连接</td><td rowspan="2">咬口连接</td><td>咬口连接</td><td rowspan="2">咬口连接</td></tr>
<tr><td>1.0<δ≤1.2</td><td rowspan="3">氩弧焊或电焊</td></tr>
<tr><td>1.2<δ≤1.5</td><td>咬口连接或铆接</td><td rowspan="2">电焊</td><td>铆接</td></tr>
<tr><td>δ<1.5</td><td>焊接</td><td>气焊或氩弧焊</td></tr>
</table>

矩形、圆形金属风管板材咬口连接形式及适用范围应符合表 3-126。

表 3-126 金属风管板材连接形式及适用范围

名称	连接形式		适用范围
单咬口		内平咬口	低、中、高压系统
		外平咬口	低、中、高压系统

续表

名称	连接形式	适用范围
联合角咬口	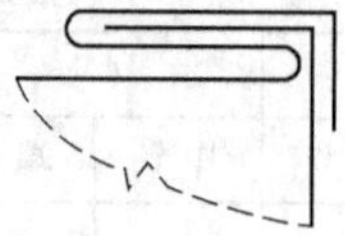	低、中、高压系统 矩形风管或配件四角咬口连接
转角咬口	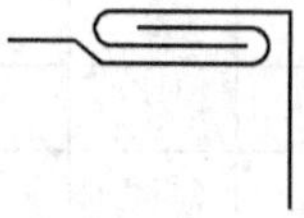	低、中、高压系统 矩形风管或配件四角咬口连接
按扣式咬口	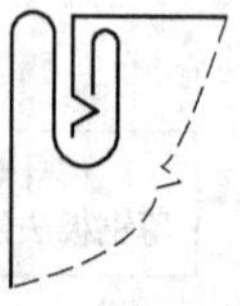	低、中压矩形的矩形 风管或配件四角咬口连接
立咬口、包边立咬口		圆、矩形风管横向连接或纵向接缝， 弯管横向连接

板材咬合缝要紧密，宽度一致，折角应平直，并应符合表 3-127 的规定。

表 3-127 咬口宽度表

单位：mm

板厚 δ	平咬口宽度	角咬口宽度
$\delta \leqslant 0.7$	6～8	6～7
$0.7 < \delta \leqslant 0.85$	8～10	7～8
$0.85 < \delta \leqslant 1.2$	10～12	9～10

矩形风管法兰宜采用风管长边加长两倍角钢立面，短边不变的形式进行下料制作。角钢规格，螺栓、铆钉规格及间距应符合表 3-128 的规定。

表 3-128 金属矩形风管角钢法兰及螺栓、铆钉规格

单位：mm

风管边长尺寸 b	角钢规格	螺栓规格(孔)	铆钉规格(孔)	螺栓及铆钉间距	
				低、中压系统	高压系统
$b \leqslant 630$	∟ 25×3	M6 或 M8	Φ4 或 Φ4.5	≤150	≤100
$630 < b \leqslant 1500$	∟ 30×3	M8 或 M10	Φ5 或 Φ5.5		
$1500 < b \leqslant 2500$	∟ 40×4	M8 或 M10			
$2500 < b \leqslant 4000$	∟ 50×5	M8 或 M10			

圆形风管法兰可选用扁钢或角钢，采用机械卷圆与手工调整的方式制作，法兰型材与螺栓规格及间距应符合表 3-129 的规定。

表 3-129　金属圆形风管法兰型材与螺栓规格及间距　　单位：mm

风管直径 D	法兰型材规格		螺栓规格(孔)	螺栓间距	
	扁钢	角钢		中、低压系统	高压系统
$D\leqslant 140$	—20×4	—	M6 或 8	100～150	80～100
$140<D\leqslant 280$	—25×4	—			
$280<D\leqslant 630$	—	∟ 25×3			
$630<D\leqslant 1250$	—	∟ 30×4	M8 或 10		
$1250<D\leqslant 2000$	—	∟ 40×4			

薄钢板法兰风管端面形式及使用风管长边尺寸见表 3-130。

表 3-130　薄钢板法兰风管端面形式及使用风管长边尺寸　　单位：mm

法兰端面形式		适用风管长边尺寸 b	风管法兰高度	角件板厚
普通型		$b\leqslant 2000$(长边尺寸大于 1500 时，法兰处应补强)	25～40	≥1.0
增强型	整体	$b\leqslant 630$		
		$630<b\leqslant 2000$		
	组合式	$2000<b\leqslant 2500$		

C 形、S 形插条应采用专业机械轧制（图 3-95）。C 形、S 形插条与风管插口的宽度应匹配。

圆形风管连接形式及适用范围应符合表 3-131 的规定。

表 3-131　圆形风管连接形式及适用范围

连接形式		附件规格/mm	接口要求	适用范围
角钢法兰连接		∟ 25×3 ∟ 30×4 ∟ 40×4	法兰与风管连接采用铆接或焊接	低、中、高压风管
承插连接	普通	—	插入深度大于或等于 30mm，有密封措施	低压风管直径小于 700mm
	角钢加固	∟ 25×3 ∟ 30×4	插入深度大于或等于 20mm，有密封措施	低、中压风管
	加强筋	—	插入深度大于或等于 20mm，有密封措施	低、中压风管

续表

连接形式		附件规格/mm	接口要求	适用范围
芯管连接		芯管板厚度大于或等于风管壁厚度	插入深度每侧大于或等于 50mm，有密封措施	低、中压风管
立筋抱箍连接		抱箍板厚度大于或等于风管壁厚度	风管翻边与抱箍应匹配，结合紧固严密	低、中压风管
抱箍连接		抱箍板厚度大于或等于风管壁厚度，抱箍宽度大于或等于 100mm	管口对正，抱箍应居中	低、中压风管

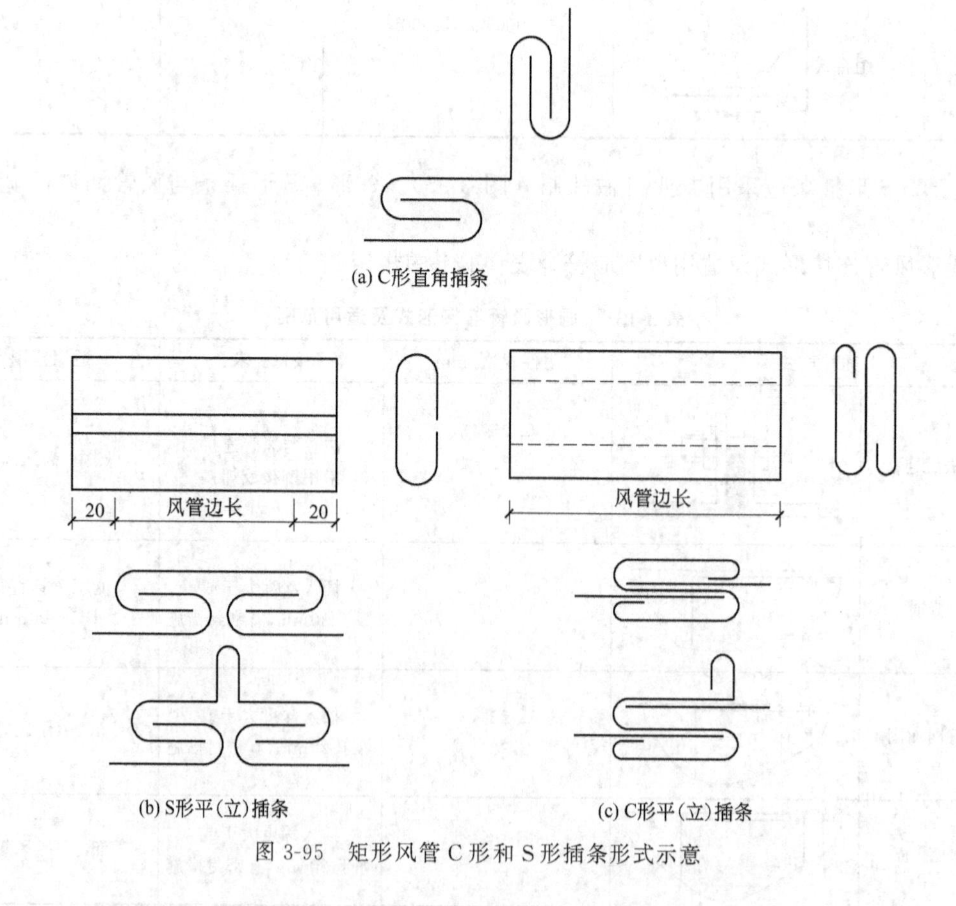

(a) C形直角插条

(b) S形平(立)插条

(c) C形平(立)插条

图 3-95　矩形风管 C 形和 S 形插条形式示意

风管可采用管内或管外加固件、管壁压制加强筋等形式进行加固（图 3-96）。

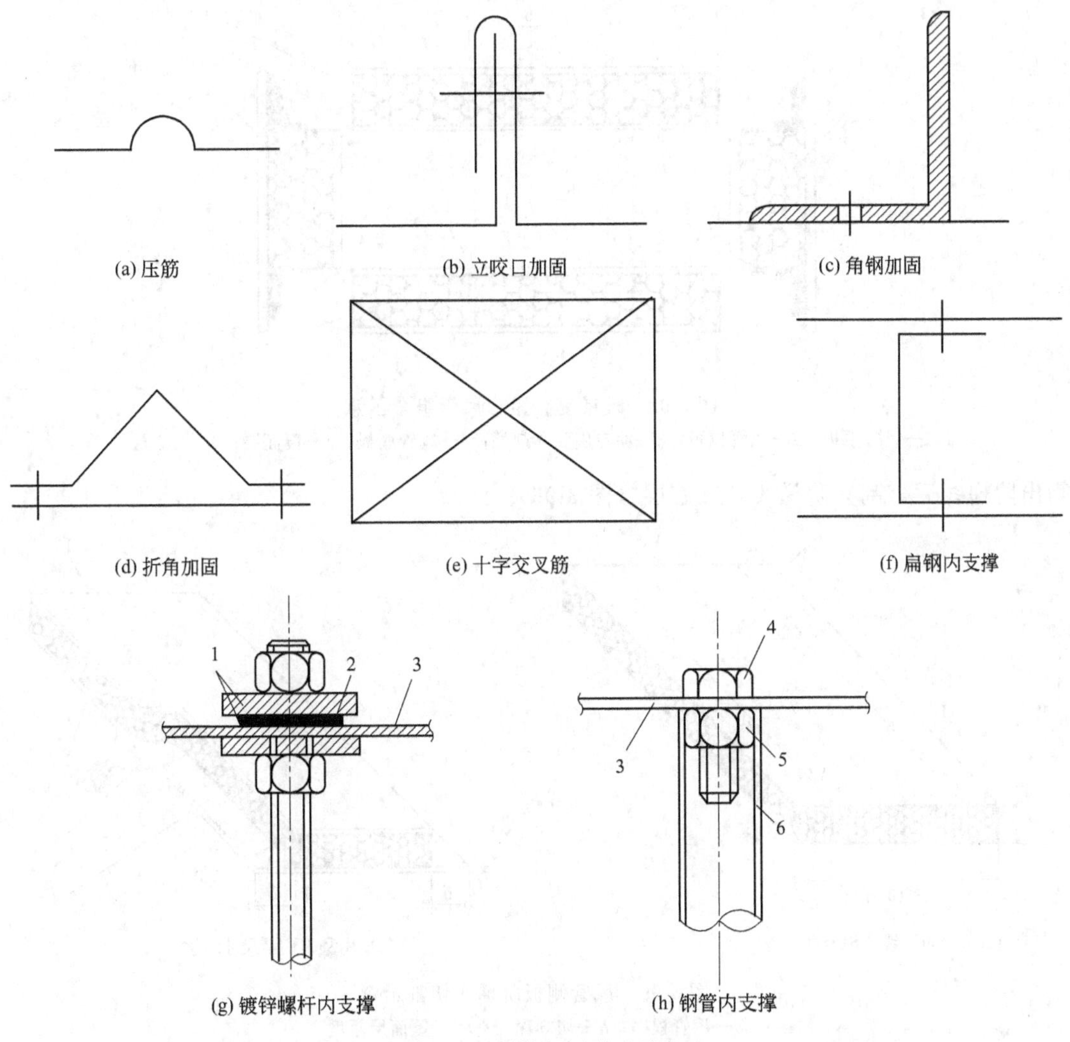

图 3-96　风管加固形式示意

1—镀锌加固垫圈；2—密封圈；3—风管壁面；4—螺栓；
5—螺母；6—焊接或铆接（$\Phi10\times1\sim\Phi16\times3$）

3.2.4　非金属、复合风管及配件制作

3.2.4.1　玻镁复合风管与配件制作

玻镁复合风管与配件制作应按下列工序（图 3-97）进行。

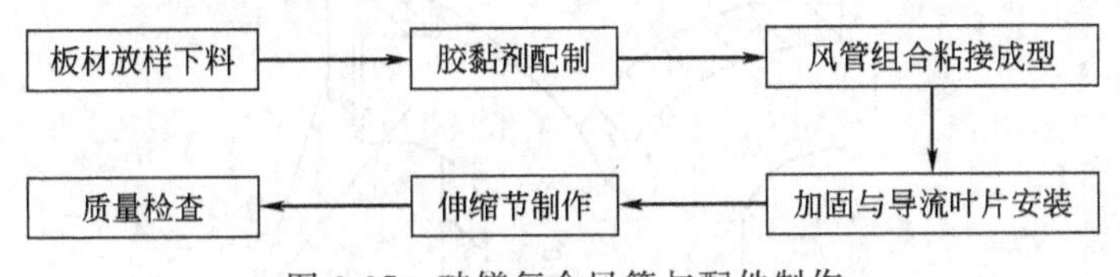

图 3-97　玻镁复合风管与配件制作

板材放样下料时，直风管可由四块板粘接而成（图 3-98）。

切割风管侧板时，应同时切割出组合用的阶梯线，切割深度不应触及板材外覆面层，切

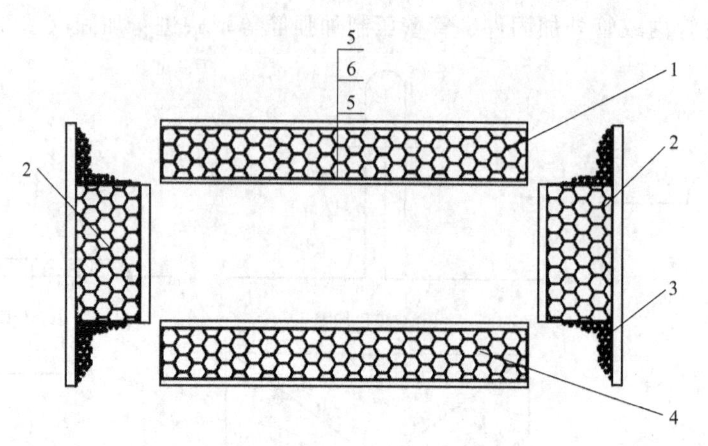

图 3-98　玻镁复合矩形风管组合示意

1—风管顶板；2—风管侧板；3—涂专用胶黏剂处；4—风管底板；5—覆面层；6—夹心层

割出阶梯线后，刮去阶梯线外夹芯层（图 3-99）。

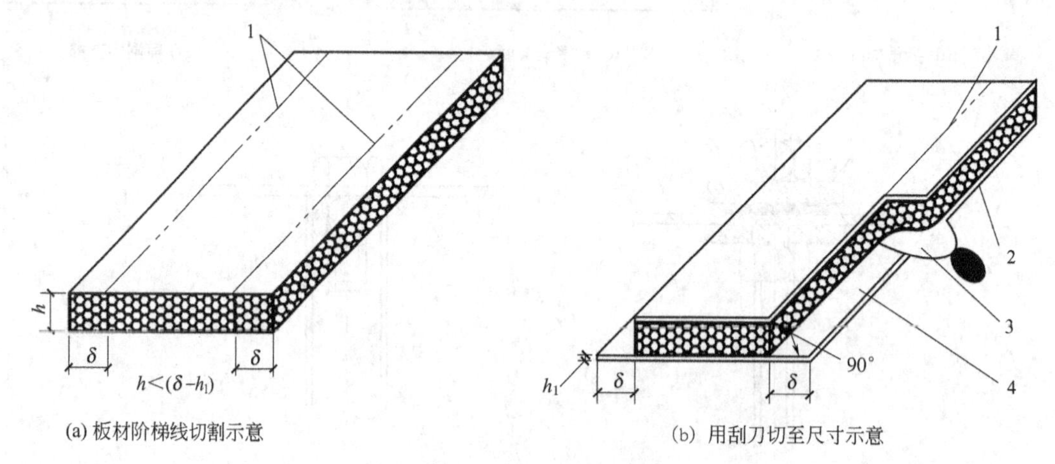

图 3-99　风管侧板阶梯线切割示意

δ—风管板厚；h—切割深度；h_1—覆面层厚度

1—阶梯线；2—待去除夹芯层；3—刮刀；4—风管板外覆面层

矩形弯管可采用由若干块小板拼成折线的方法制成内外同心弧形弯头，与直风管的连接口应制成错位连接形式。矩形弯头曲率半径（以中心线计）和最少分节数应符合表 3-132 的规定。

三通制作下料时，应先画出两平面板尺寸线，再切割下料（图 3-100）。

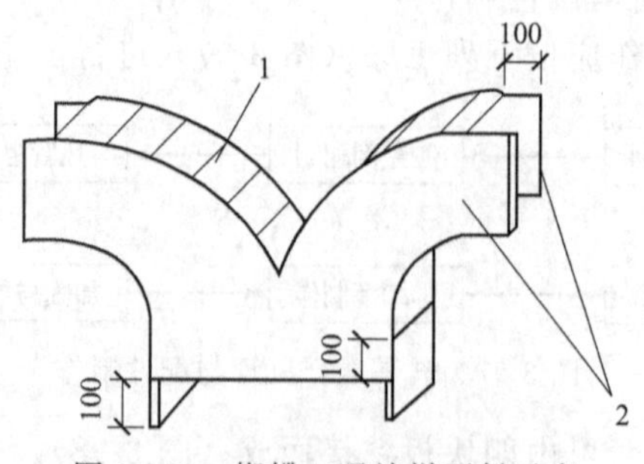

图 3-100　蝴蝶三通放样下料示意

1—外弧拼接板；2—平面板

表 3-132　矩形弯头曲率半径和最少分节数

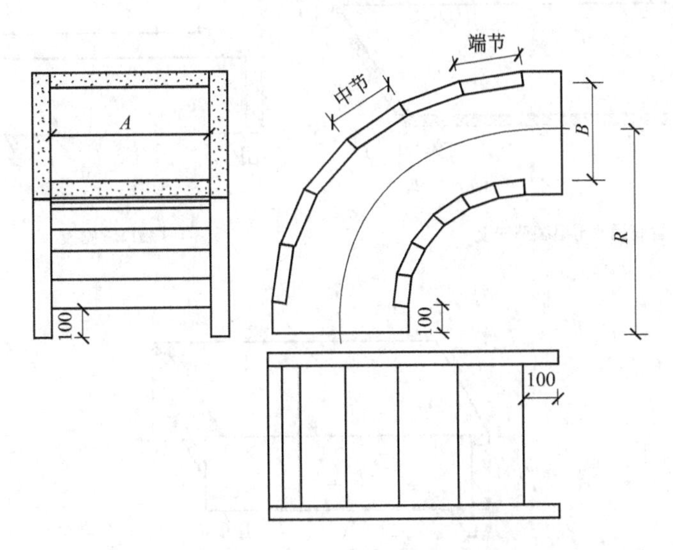

弯头边长 B/mm	曲率半径 R	弯头角度和最少分节数							
		90°		60°		45°		30°	
		中节	端节	中节	端节	中节	端节	中节	端节
B≤600	≥1.5 B	2	2	1	2	1	2	—	2
600<B≤1200	(1.0～1.5)B	2	2	2	2	1	2	—	2
1200<B≤2000	(1.0～1.5)B	3	2	2	2	1	2	1	2

边长大于2260mm的风管板对接粘接后，在对接缝的两面应分别粘贴（3～4）层宽度不小于50mm的玻璃纤维布增强（图3-101）。

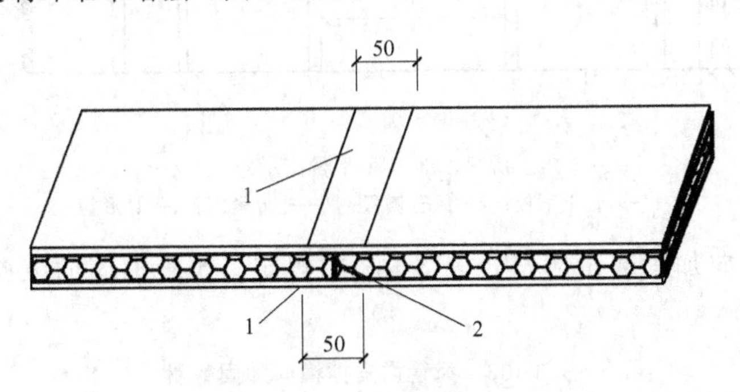

图3-101　复合板拼接方法示意

1—玻璃纤维布；2—风管板对接处

组装风管时，先将风管底板放于组装垫块上，然后在风管左右侧板阶梯处涂胶黏剂，插在底板边沿，对口纵向粘接应与底板错位100mm，最后将顶板盖上，同样应与左右侧板错位100mm，形成风管端口错位接口形式（图3-102）。

风管组装完成后，应在组合好的风管两端扣上角钢制成的“Ⅱ”形箍，然后用捆扎带对风管进行捆扎，如图3-103所示。

矩形风管宜采用直径不小于10mm的镀锌螺杆做内支撑加固，内支撑件穿管壁处应密封处理（图3-104）。

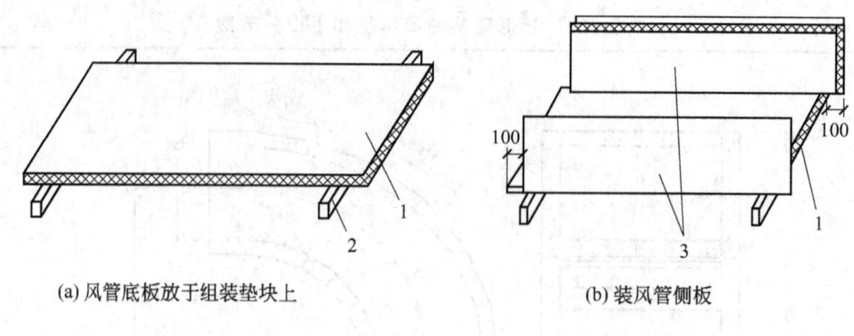

(a) 风管底板放于组装垫块上　　(b) 装风管侧板

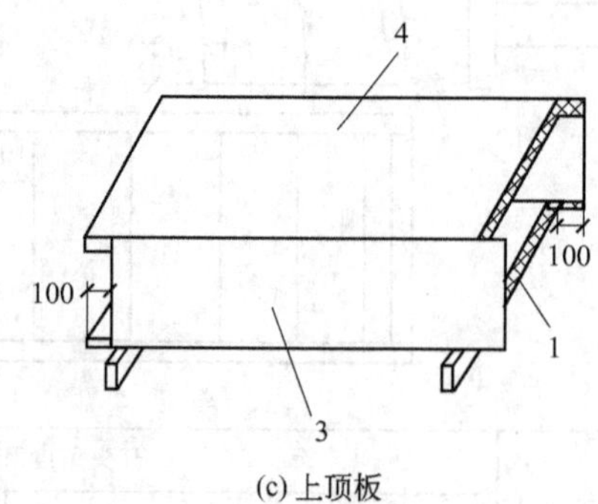

(c) 上顶板

图 3-102　风管组装示意

1—底板；2—垫块；3—侧板；4—顶板

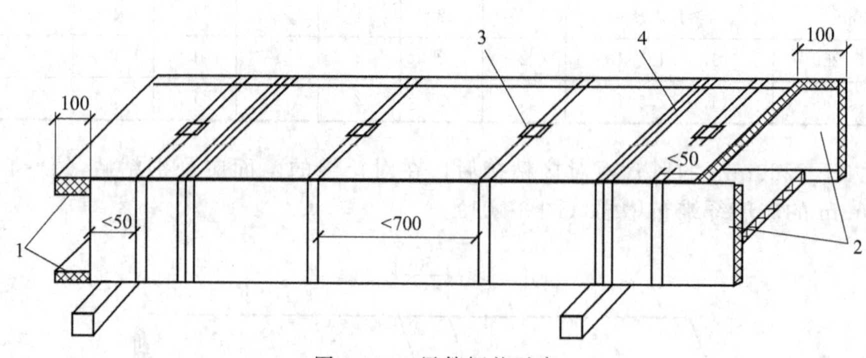

图 3-103　风管捆扎示意

1—风管上下板；2—风管侧板；3—扎带紧固；4—Π形箍

风管内支撑横向加固数量应符合表 3-133 的规定，风管加固的纵向间距应小于或等于 1300mm。

表 3-133　风管内支撑横向加固数量

风管长边尺寸 b/mm	系统设计工作压力/Pa											
	低压系统 $P \leqslant 500$				中压系统 $500 < P \leqslant 1500$				高压系统 $1500 < P \leqslant 3000$			
	复合板厚度/mm				复合板厚度/mm				复合板厚度/mm			
	18	25	31	43	18	25	31	43	18	25	31	43
$1250 \leqslant b < 1600$	1	—	—	—	1	—	—	—	1	1	—	—
$1600 \leqslant b < 2300$	1	1	1	1	2	1	1	1	2	2	1	1
$2300 \leqslant b < 3000$	2	2	1	1	2	2	2	2	3	2	2	2
$3000 \leqslant b < 3800$	3	2	2	2	3	3	3	2	4	3	3	3
$3800 \leqslant b < 4000$	4	3	3	2	4	3	3	3	5	4	4	4

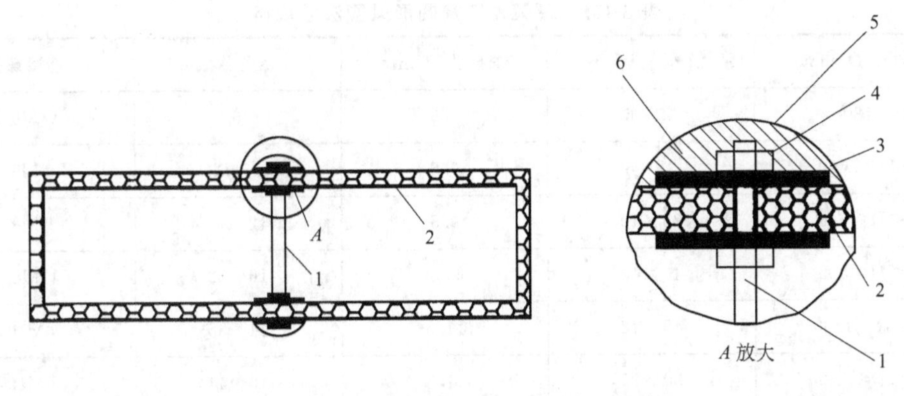

图 3-104　正压保温风管内支撑加固示意

1—镀锌螺杆；2—风管；3—镀锌加固垫圈；4—紧固螺母；5—保温罩；6—填塞保温材料

伸缩节的制作和安装示意如图 3-105 所示。

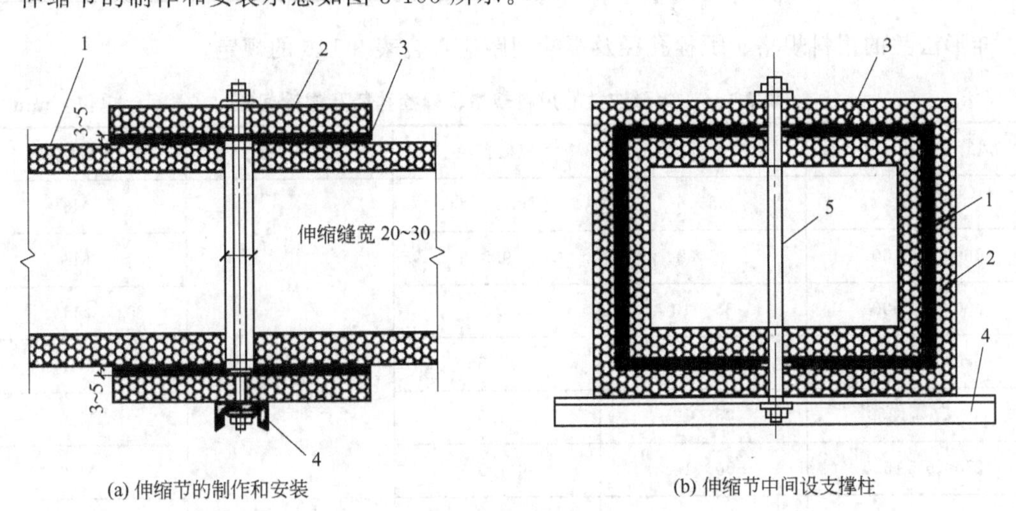

图 3-105　伸缩节的制作和安装示意

1—风管；2—伸缩节；3—填塞软质绝热材料并密封；4—角钢或槽钢防晃支架；5—内支撑杆

3.2.4.2　硬聚氯乙烯风管与配件制作

硬聚氯乙烯风管与配件制作应按下列工序（图 3-106）。

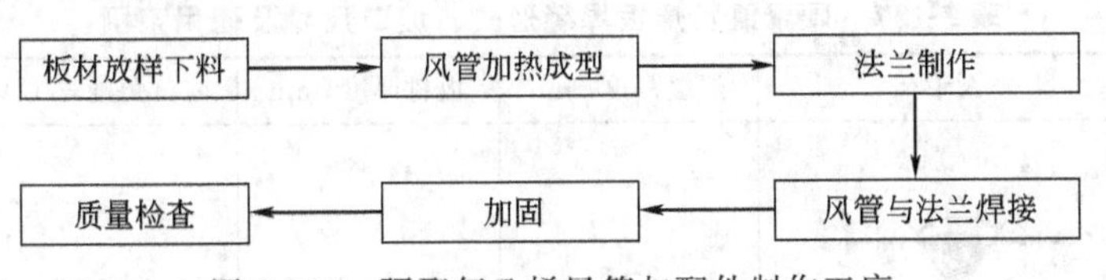

图 3-106　硬聚氯乙烯风管与配件制作工序

硬聚氯乙烯板加热时间应符合表 3-134 的规定。

表 3-134　硬聚氯乙烯板加热时间

板材厚度/mm	2～4	5～6	8～10	11～15
加热时间/min	3～7	7～10	10～14	15～24

法兰制作中圆形法兰的用料规格、螺栓孔数和孔径应符合表 3-135 的规定。

表 3-135 硬聚氯乙烯圆形风管法兰规格

风管直径 D/mm	法兰(宽×厚)/mm	螺栓孔径/mm	螺孔数量	连接螺栓
D≤180	35×6	7.5	6	M6
180<D≤400	35×8	9.5	8~12	M8
400<D≤500	35×10	9.5	12~14	M8
500<D≤800	40×10	9.5	16~22	M8
800<D≤1400	45×12	11.5	24~38	M10
1400<D≤1600	50×15	11.5	40~44	M10
1600<D≤2000	60×15	11.5	46~48	M10
D>2000	按设计			

矩形法兰的用料规格、螺栓孔径及螺栓间距应符合表 3-136 的规定。

表 3-136 矩形法兰的用料规格、螺栓孔径及螺栓间距 单位：mm

风管长边尺寸 b	法兰(宽×厚)	螺栓孔径	螺孔间距	连接螺栓
≤160	35×6	7.5	≤120	M6
160<b≤400	35×8	9.5		M8
400<b≤500	35×10	9.5		M8
500<b≤800	40×10	11.5		M10
800<b≤1250	45×12	11.5		M10
1250<b≤1600	50×15	11.5		M10
1600<b≤2000	60×18	11.5		M10

风管与法兰焊接前，应按表 3-137 的规定进行坡口加工，并应清理焊接部分的油污、灰尘等杂质。

表 3-137 硬聚氯乙烯板焊缝形式、坡口尺寸及使用范围

焊缝形式	图形	焊缝高度/mm	板材厚度/mm	坡口角度 α/(°)	使用范围
V形对接焊缝	α 1~1.5 0.5	2~3	3~5	70~90	单面焊的风管
X形对接焊缝	α 1~1.5 0.5~1	2~3	≥5	70~90	风管法兰及厚板的拼接

续表

焊缝形式	图形	焊缝高度/mm	板材厚度/mm	坡口角度 α/(°)	使用范围
搭接焊缝	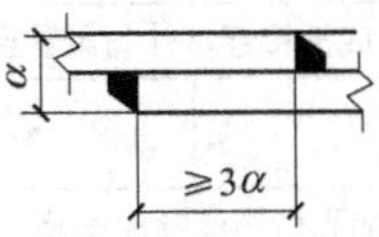	⩾最小板厚	3～10	—	风管和配件的加固
角焊缝（无坡口）	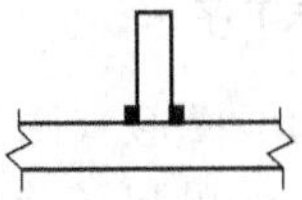	2～3	6～18	—	
	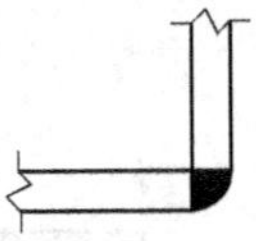	⩾最小板厚	⩾3	—	风管配件的角焊
V形单面角焊缝	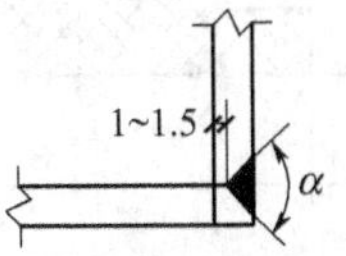	2～3	3～8	70～90	风管角部焊接
V形双面角焊缝	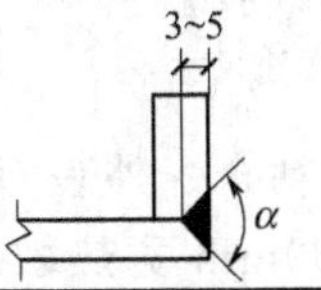	2～3	6～15	70～90	厚壁风管角部焊接

焊接时，焊枪喷嘴的倾角应根据被焊板材的厚度按表3-138的规定选择。

表3-138 焊枪喷嘴倾角的选择

板厚/mm	⩽5	5～10	>10
倾角/(°)	15～20	25～30	30～45

风管加固宜采用外加固框形式，加固框的设置应符合表3-139的规定，并应采用焊接将同材质加固框与风管紧固。

表3-139 硬聚氯乙烯风管加固框规格 单位：mm

圆形				矩形			
风管直径 D	管壁厚度	加固框		风管长边尺寸 b	管壁厚度	加固框	
		规格（宽×厚）	间距			规格（宽×厚）	间距
$D\leqslant320$	3	—	—	$b\leqslant320$	3	—	—
$320<D\leqslant500$	4	—	—	$320<b\leqslant400$	4	—	—
$500<D\leqslant630$	4	40×8	800	$400<b\leqslant500$	4	35×8	800
$630<D\leqslant800$	5	40×8	800	$500<b\leqslant800$	5	40×8	800
$800<D\leqslant1000$	5	45×10	800	$800<b\leqslant1000$	6	45×10	400
$1000<D\leqslant1400$	6	45×10	800	$1000<b\leqslant1250$	6	45×10	400
$1400<D\leqslant1600$	6	50×12	400	$1250<b\leqslant1600$	8	50×12	400
$1600<D\leqslant2000$	6	60×12	400	$1600<b\leqslant2000$	8	60×15	400

3.2.4.3 玻璃纤维复合风管与配件制作

玻璃纤维复合风管与配件制作应按下列工序（图 3-107）进行。

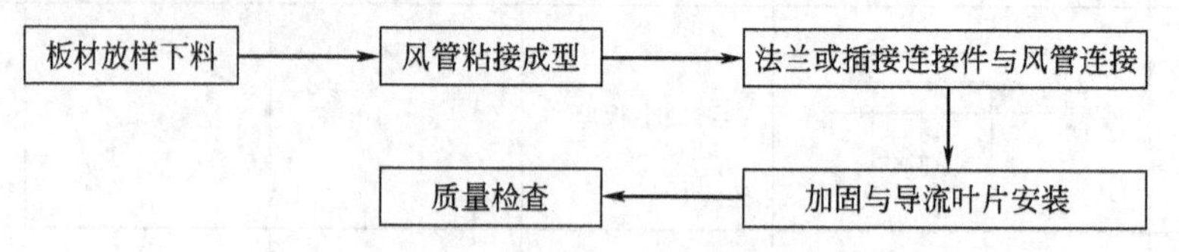

图 3-107 玻璃纤维复合风管与配件制作工序

板材放样下料时风管板材的槽口形式可采用 45°角形或 90°梯形（图 3-108），其封口处宜留有不小于板材厚度的外覆面层搭接边量。展开长度超过 3m 的风管宜用两片法或四片法制作。

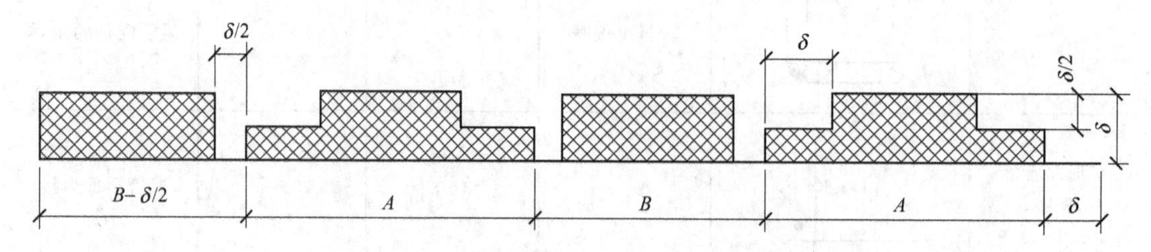

图 3-108 玻璃纤维复合风管 90°梯形槽口示意

δ—风管板厚；A—风管长边尺寸；B—风管短边尺寸

风管板材拼接时，应在结合口处涂满胶黏剂，并应紧密粘合。外表面拼缝处宜预留宽度不小于板材厚度的覆面层，涂胶密封后，再用大于或等于 50mm 宽热敏或压敏铝箔胶带粘贴密封［图 3-109(a)］；当外表面无预留搭接覆面层时，应采用两层铝箔胶带重叠封闭，接缝处两侧外层胶带粘贴宽度不应小于 25mm［图 3-109(b)］，内表面拼缝处应采用密封胶抹缝或用大于或等于 30mm 宽玻璃纤维布粘贴密封。

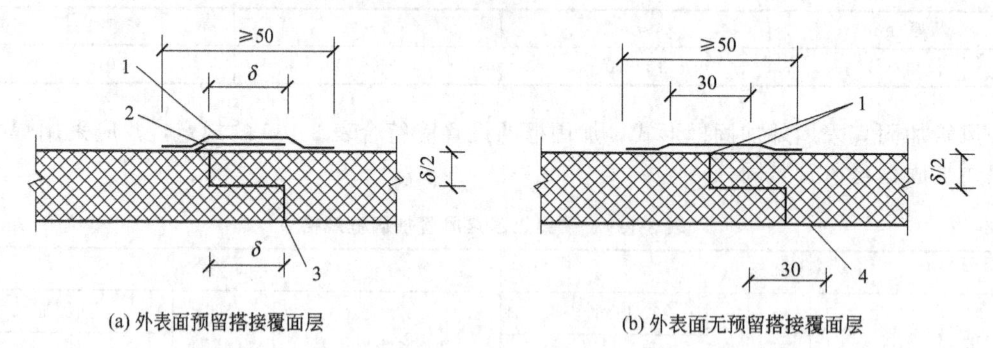

图 3-109 玻璃纤维复合板阶梯拼接示意

1—热敏或压敏铝箔胶带；2—预留附面层；3—密封胶抹缝；4—玻璃纤维布；δ—风管板厚

分管管间连接采用承插阶梯粘接时，应在已下料风管板材的两端，用专用刀具开出承接口和插接口（图 3-110）。

风管粘接成型时，应调整风管端面的平面度，槽口不应有间隙和错口。风管外接缝宜用预留搭接覆面层材料和热敏或压敏铝箔胶带搭叠粘贴密封［图 3-111(a)］。当板材无预留搭接覆面层时，应用两层铝箔交代重叠封闭［图 3-111(b)］。

采用外套角钢法兰连接时，角钢法兰规格可比同尺寸金属风管法兰小一号。角钢法兰与槽形连接件应采用规格为 M6 镀锌螺栓连接（图 3-112）。连接时，法兰与板材间及螺栓孔的

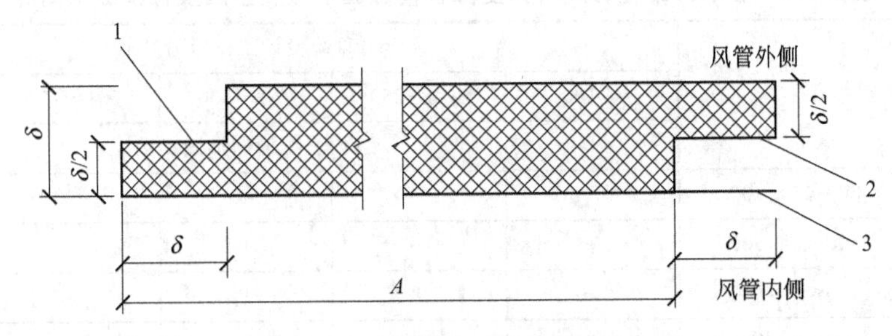

图 3-110　风管承插阶梯粘接示意

1—插接口；2—承接口；3—预留搭接覆面层

A—风管有效长度；δ—风管板厚

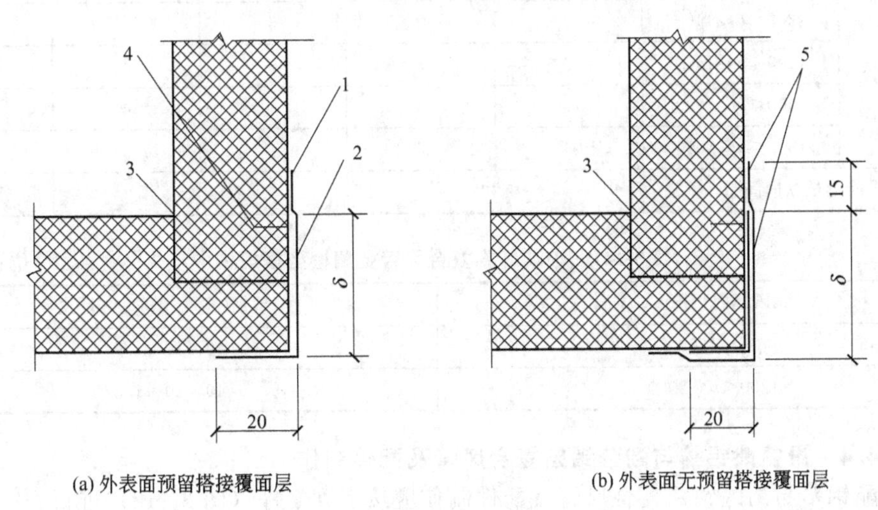

图 3-111　风管直角组合示意

1—热敏或压敏铝箔胶带；2—预留覆面层；3—密封胶勾缝；4—扒钉；5—两层热敏或压敏铝箔胶带

δ—风管板厚

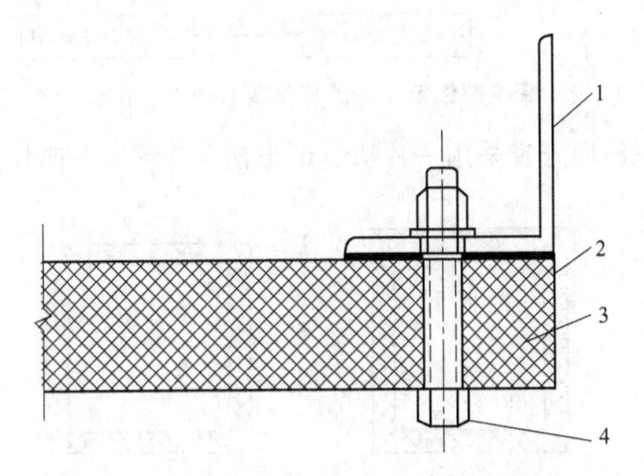

图 3-112　玻璃纤维复合风管角钢法兰连接示意

1—角钢外法兰；2—槽形连接件；3—风管；4—M6 镀锌螺栓

周边应涂胶密封。

风管的内支撑横向加固点数及金属槽型框纵向间距应符合表 3-140 的规定，金属槽形框的规格应符合表 3-141 规定。

表 3-140　玻璃纤维复合风管内支撑横向加固点数及金属操行框纵向间距

类别		系统设计工作压力/Pa				
		≤100	101～250	251～500	501～750	751～1000
		内支撑横向加固点数				
风管内边长 b/mm	300＜b≤400	—	—	—	—	1
	400＜b≤500	—	—	1	1	1
	500＜b≤600	—	1	1	1	1
	600＜b≤800	1	1	1	2	2
	800＜b≤1000	1	1	2	2	3
	1000＜b≤1200	1	2	2	3	3
	1200＜b≤1400	2	2	3	3	4
	1400＜b≤1600	2	3	3	4	5
	1600＜b≤1800	2	3	4	4	5
	1800＜b≤2000	3	3	4	5	6
金属槽形框纵向间距		≤600		≤400		≤350

表 3-141　玻璃纤维复合风管金属槽型框规格　　单位：mm

风管内边长 b	槽型钢(宽度×高度×厚度)
b≤1200	40×10×1.0
1200＜b≤2000	40×10×1.2

3.2.4.4　聚氨酯铝箔与酚醛铝箔复合风管及配件制作

聚氨酯铝箔与酚醛铝箔复合风管及配件制作应按下列工序（图 3-113）进行。

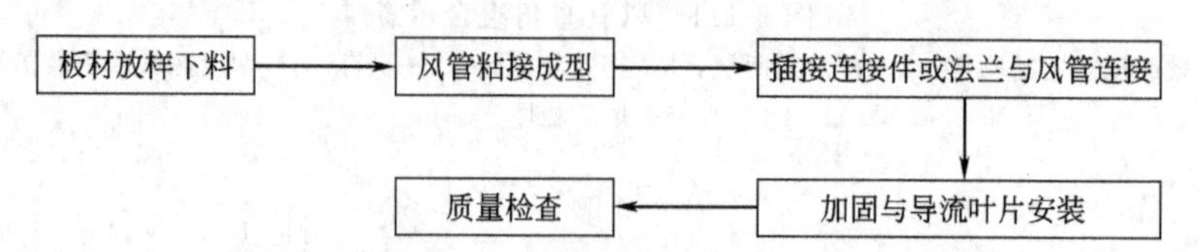

图 3-113　聚氨酯铝箔与酚醛铝箔复合风管及配件制作工序

矩形风管的板材下料展开宜采用一片法、U 形法、L 形法、四片法（图 3-114）。

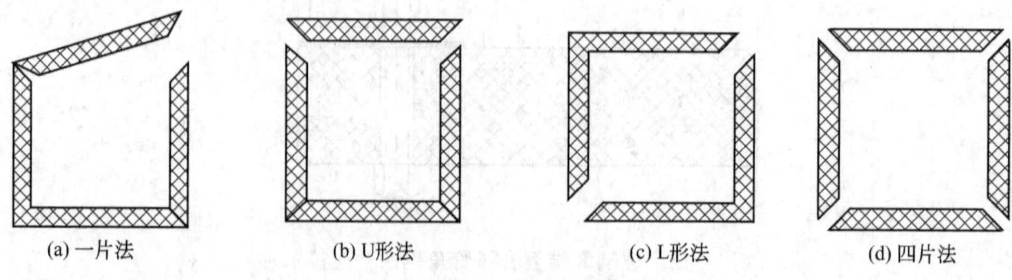

图 3-114　矩形风管 45°角组合方式示意

风管长边尺寸小于或等于 1600mm 时，风管板材拼接可切 45°角直接粘接，粘接后在接缝处两侧粘贴铝箔胶带；风管长边尺寸大于 1600mm 时，板材需采用 H 形 PVC 或铝合金加固条拼接（图 3-115）。

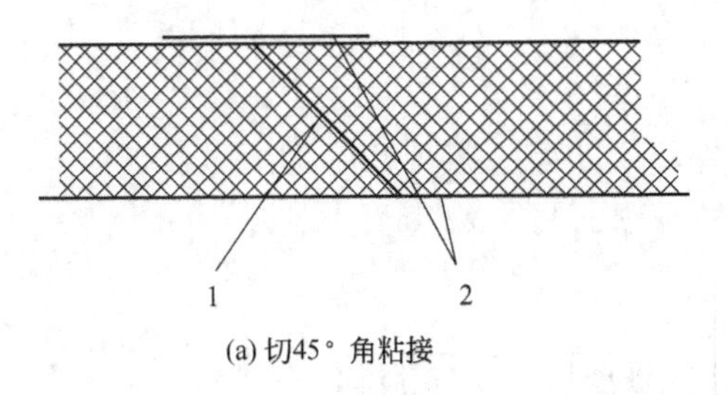

(a) 切45° 角粘接

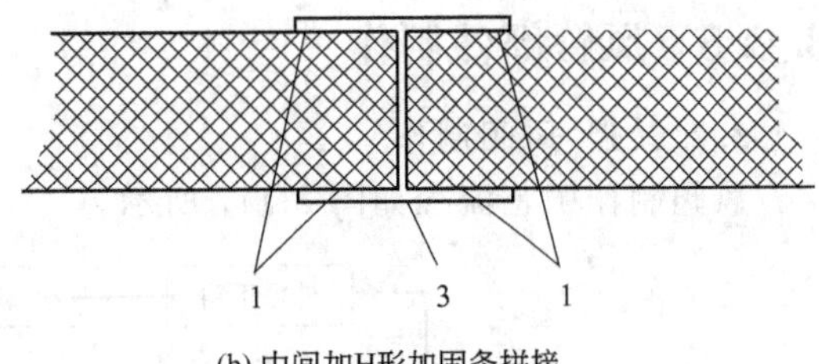

(b) 中间加H形加固条拼接

图 3-115　风管板材拼接方式示意

1—胶粘剂；2—铝箔胶带；3—H 形 PVC 或铝合金加固条

风管宜采用直径不小于 8mm 的镀锌螺杆做内支撑加固，内支撑件穿管壁处应密封处理。内支撑的横向加固点数及纵向加固间距应符合表 3-142 的规定。

表 3-142　聚氨酯铝箔复合风管与酚醛铝箔复合风管内支撑横向加固点数及纵向加固间距

类别		系统设计工作压力/Pa						
		≤300	301～500	501～750	751～1000	1001～1250	1251～1500	1501～2000
		横向加固点数						
风管内边长 b/mm	410＜b≤600	—	—	—	1	1	1	1
	600＜b≤800	—	1	1	1	1	1	2
	800＜b≤1000	1	1	1	1	1	2	2
	1000＜b≤1200	1	1	1	1	1	2	2
	1200＜b≤1500	1	1	1	2	2	2	2
	1500＜b≤1700	2	2	2	2	2	2	2
	1700＜b≤2000	2	2	2	2	2	2	3
纵向加固间距/mm								
聚氨酯铝箔复合风管		≤1000	≤800	≤600				≤400
酚醛铝箔复合风管		≤800						—

三通制作宜采用直接在主风管上开口的方式，矩形风管边长小于或等于 500mm 的之风管与主风管连接时，在主风管上应采用接口处切 45°粘接［图 3-116(a)］。主风管上接口处采用 90°专用连接时［图 3-116(b)］，连接件的四角处应涂密封胶。

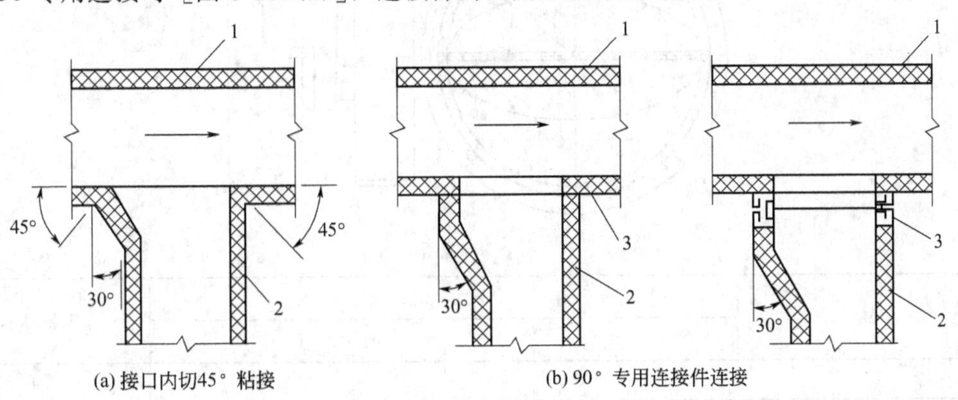

(a) 接口内切45° 粘接　　(b) 90° 专用连接件连接

图 3-116　三通的制作示意

1—主风管；2—支风管；3—90°专用连接件

3.2.5 风管部件制作

3.2.5.1 风阀制作

风阀制作工艺流程如图 3-117 所示。

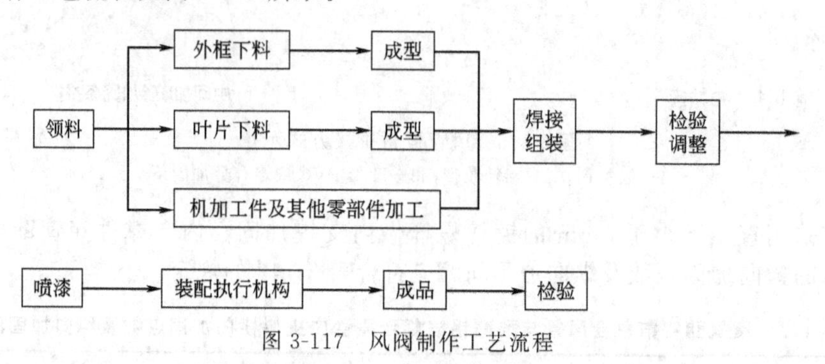

图 3-117 风阀制作工艺流程

(1) 定风量阀 圆形定风量阀规格见表 3-143；矩形定风量阀规格见表 3-144。

表 3-143 圆形定风量阀规格表

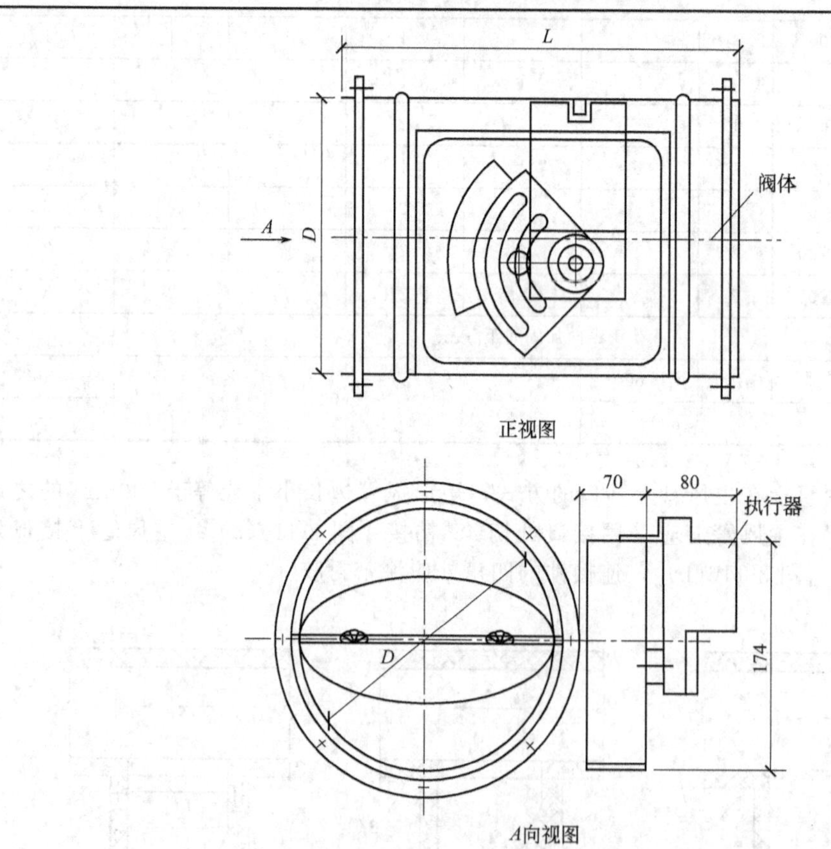

序号	尺寸/mm		重量/kg
	$D(\phi)$	L	
1	79	250	3.4
2	89	290	3.4
3	124	290	3.4

续表

序号	尺寸/mm		重量/kg
	$D(\phi)$	L	
4	159	290	5.1
5	199	290	5.1
6	240	380	7.7
7	314	380	10
8	399	380	11.8

表 3-144 矩形定风量阀规格

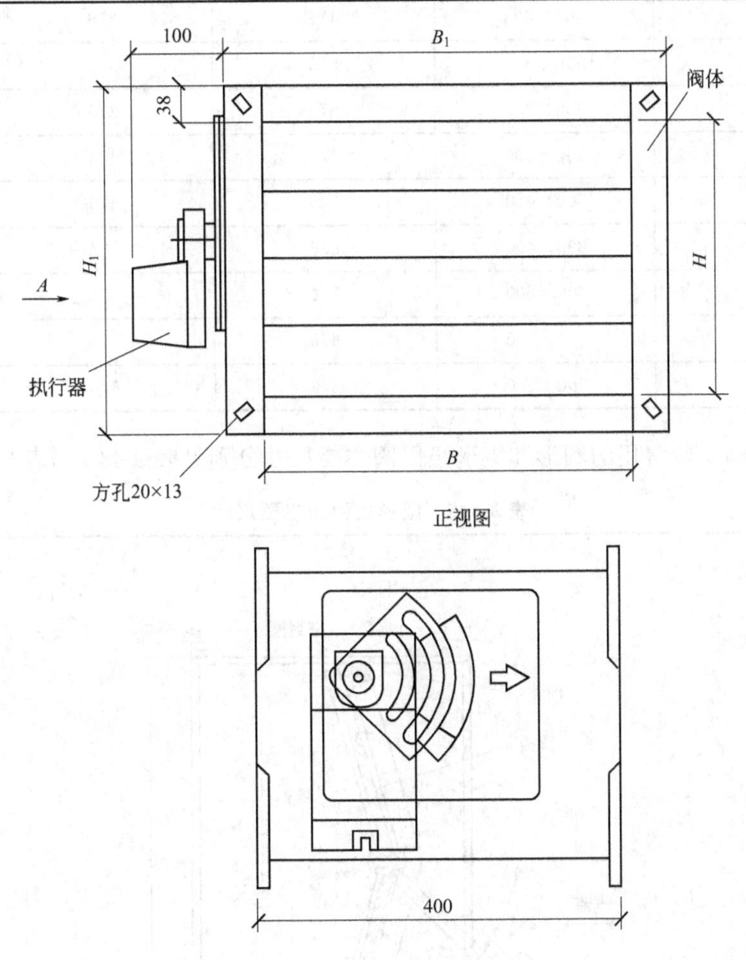

序号	尺寸/mm			重量/kg
	$B \times H$	B_1	H_1	
1	200×100	276	176	5
2	300×100	376	176	6
3	300×150	376	226	6.5
4	300×200	376	276	7

续表

序号	尺寸/mm			重量/kg
	B×H	B_1	H_1	
5	400×200	476	276	9
6	500×200	576	276	11
7	600×200	676	276	13
8	400×250	476	316	10
9	500×250	576	316	12
10	600×250	676	316	14
11	400×300	476	376	12
12	500×300	576	376	13
13	600×300	676	376	15
14	400×400	476	476	18
15	500×400	576	476	17.5
16	600×400	676	476	18
17	500×500	576	576	18.5
18	600×500	676	576	19
19	600×600	676	676	20

(2) 止回阀　较常用的圆形和矩形止回阀主要尺寸分别见表3-145和表3-146。

表3-145　圆形止回阀主要尺寸　单位：mm

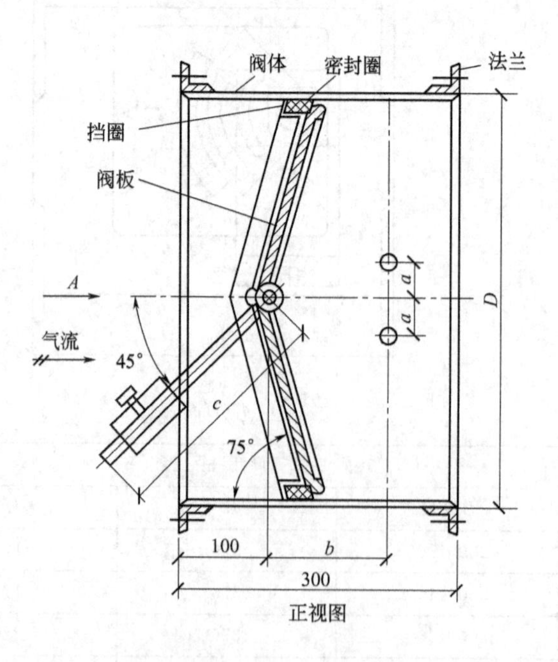

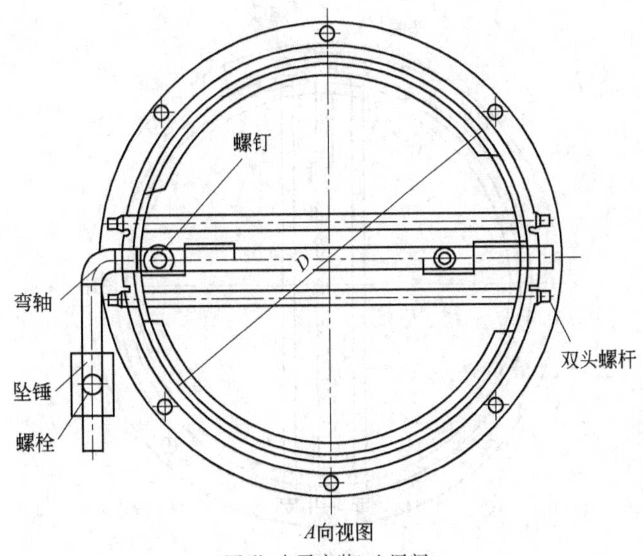

A向视图

圆形(水平安装)止回阀

序号	1	2	3	4	5	6	7	8	9	10	11	12	13
D(ϕ)	220	250	280	320	360	400	450	500	560	630	700	800	900
a	10	10	10	10	10	10	15	15	15	15	15	15	15
b	60	80	100	100	110	130	150	150	150	150	150	150	150
c	110	130	150	160	180	200	220	250	285	315	350	400	455

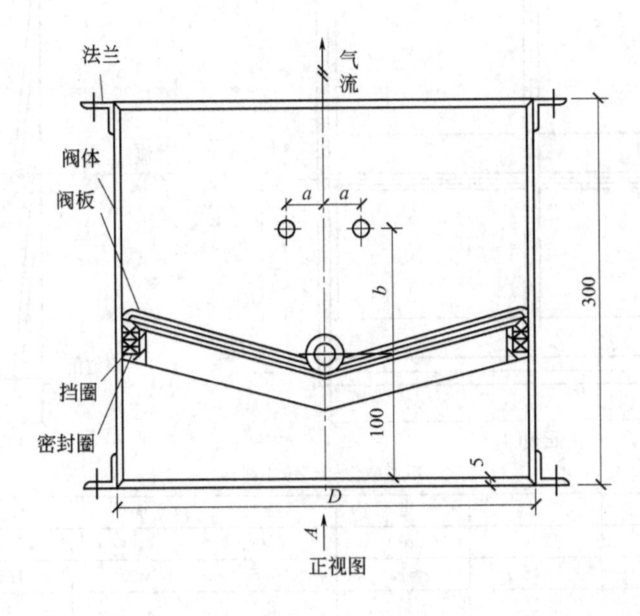

正视图

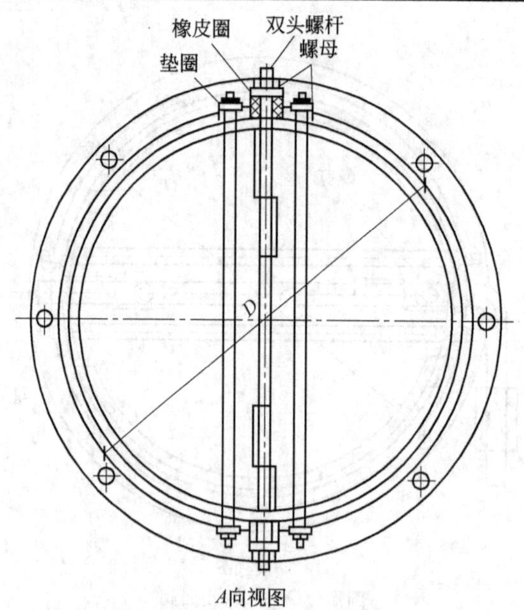

A向视图

圆形(垂直安装)止回阀

序号	1	2	3	4	5	6	7	8	9	10	11	12	13
$D(\phi)$	220	250	280	320	360	400	450	500	560	630	700	800	900
a	10	10	10	10	10	10	15	15	15	15	15	15	15
b	60	80	100	100	110	130	150	150	150	150	150	150	150

表 3-146 矩形止回阀主要尺寸

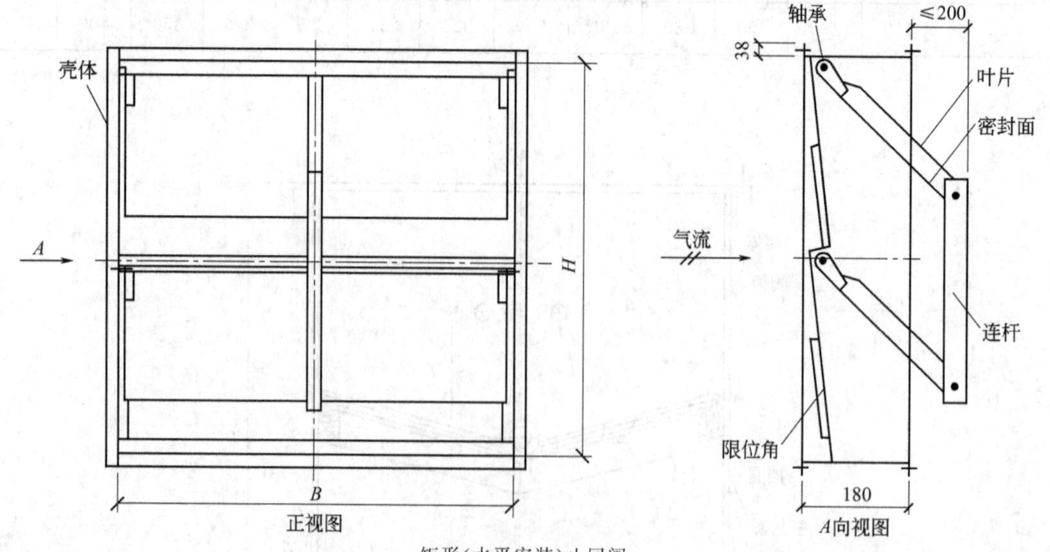

矩形(水平安装)止回阀

序号		1	2	3	4	5	6
尺寸/mm	B	200	400	600	800	1000	1200
	H	345	675	1005	1335	1665	1995
叶片数		1	2	3	4	5	6
连接部位数		—	1	1	2	2	2

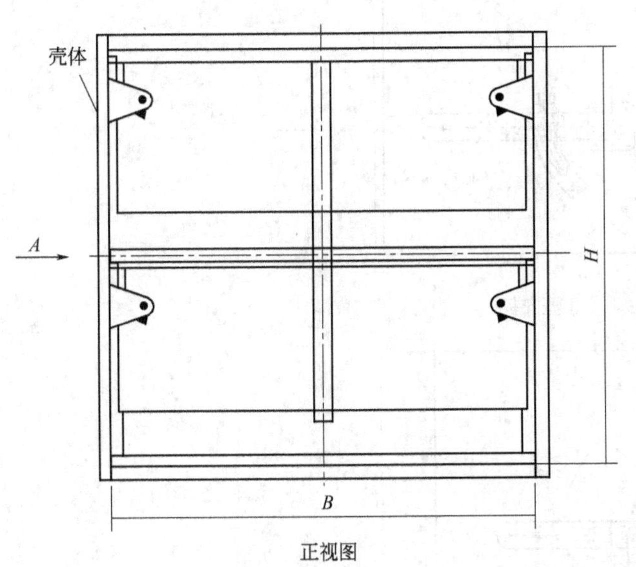

正视图

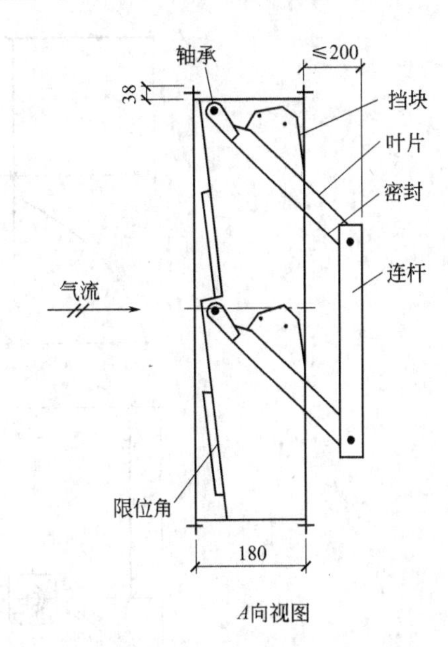

A向视图

矩形(垂直安装)止回阀

序号		1	2	3	4	5	6
尺寸/mm	B	200	400	600	800	1000	1200
	H	345	675	1005	1335	1665	1995
叶片数		1	2	3	4	5	6
连接部位数		—	1	1	2	2	2

(3) 三通调节阀

① 手柄式调节阀。手柄式矩形风管三通调节阀规格尺寸见表3-147。

表 3-147 手柄式矩形风管三通调节阀规格尺寸 单位：mm

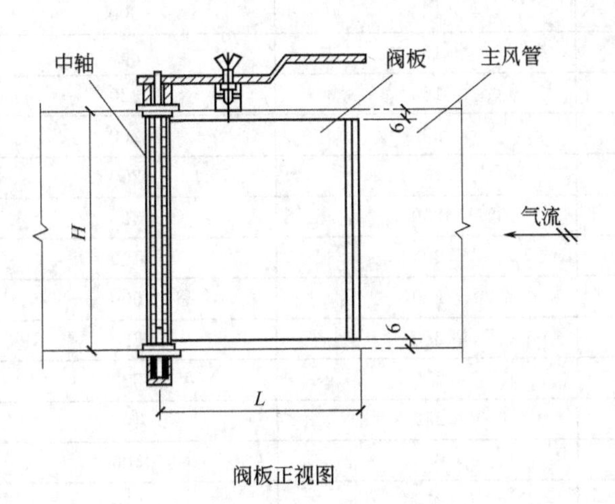

阀板正视图

续表

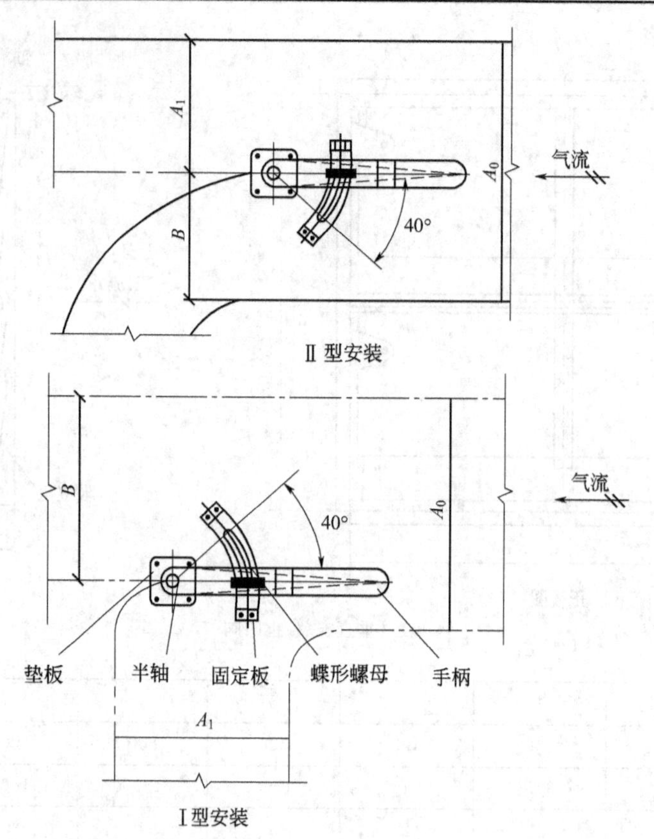

序号	B	H	L
1	120	120	180
2	120	160	180
3	120	200	180
4	120	250	180
5	160	160	240
6	160	200	240
7	160	250	240
8	160	320	240
9	200	200	300
10	200	250	300
11	200	320	300
12	200	400	300
13	200	500	300
14	250	250	375
15	250	320	375
16	250	400	375
17	250	500	375
18	250	630	375
19	320	320	480

续表

序号	B	H	L
20	320	400	480
21	320	500	480
22	320	630	480
23	400	400	600
24	400	500	600
25	400	630	600
26	500	630	750

注：图中尺寸 A_1 和 A_0 均由工程设计确定；风管保温厚度大于 30mm 时，中轴应适当加长。

② 拉杆式调节阀。拉杆式矩形风管三通调节阀规格尺寸见表 3-148。

表 3-148　拉杆式矩形风管三通调节阀规格尺寸　　单位：mm

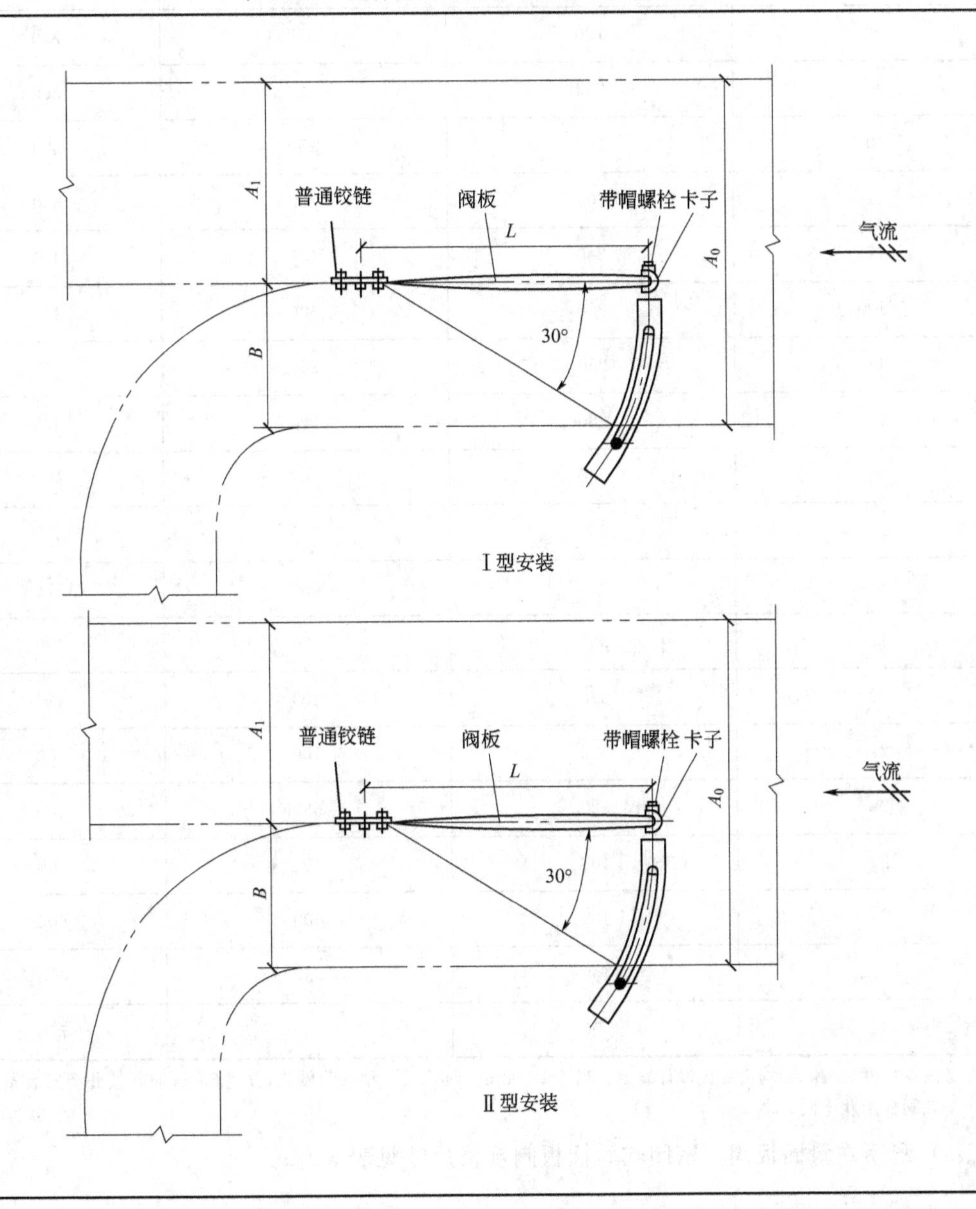

续表

序号	B	H	L
1	120	120	180
2	120	160	180
3	120	200	180
4	120	250	180
5	160	160	240
6	160	200	240
7	160	250	240
8	160	320	240
9	200	200	300
10	200	250	300
11	200	320	300
12	200	400	300
13	200	500	300
14	250	250	375
15	250	320	375
16	250	400	375
17	250	500	375
18	250	630	375
19	320	320	480
20	320	400	480
21	320	500	480
22	320	630	480
23	400	400	600
24	400	500	600
25	400	630	600
26	500	630	750

注：图中尺寸 A_1 和 A_0 均由工程设计确定；当 $B \geqslant 500$mm 时，按Ⅰ型安装做法，$B<500$m 时，按Ⅱ型安装做法，其区别主要在阀板形状不同。

（4）密闭式斜插板阀　密闭式斜插板阀规格尺寸见表 3-149。

表 3-149　密闭式斜插板阀规格尺寸　　单位：mm

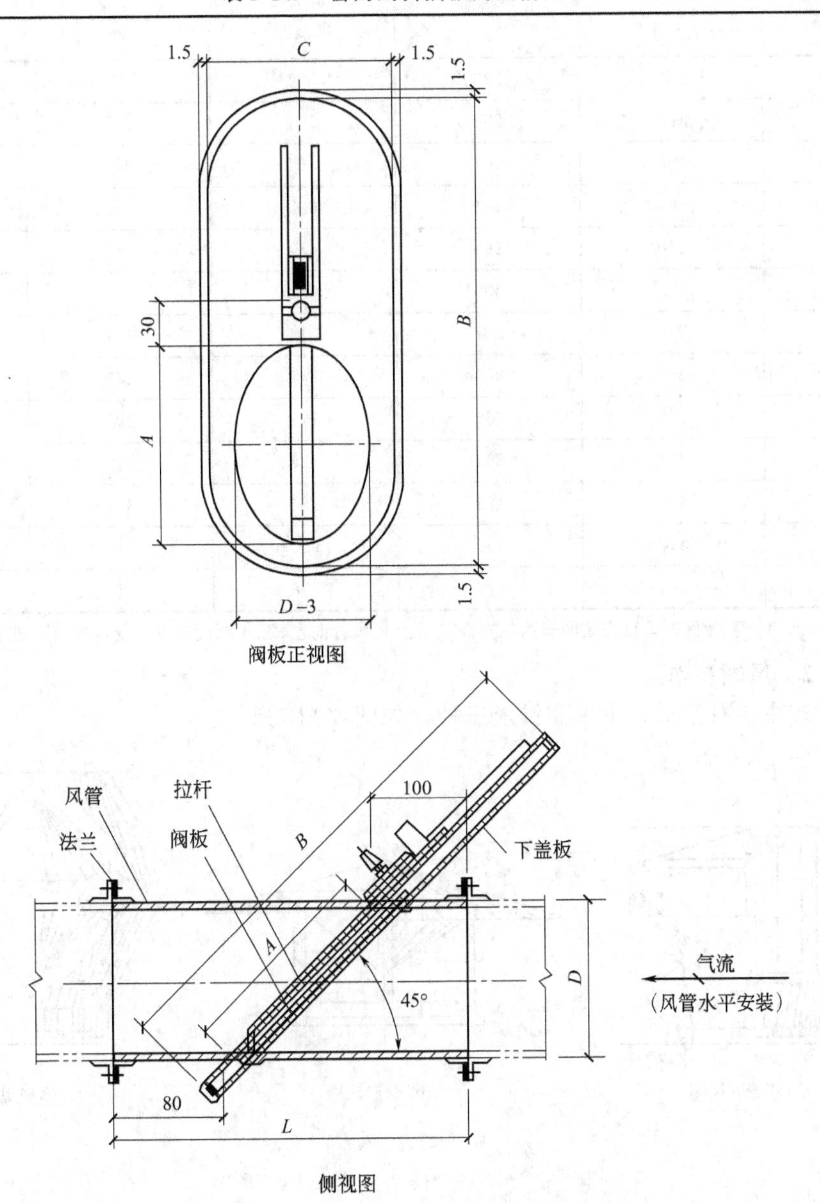

序号	D(ϕ)	A	B	C	L
1	80	111	252	107	260
2	90	125	280	117	270
3	100	139	308	127	280
4	110	153	336	137	290
5	120	168	366	147	300
6	130	182	394	157	310
7	140	196	422	167	320
8	150	210	450	177	330
9	160	224	478	187	340

续表

序号	$D(\phi)$	A	B	C	L
10	170	238	506	197	350
11	180	252	534	207	360
12	190	267	564	217	370
13	200	281	602	237	380
14	210	295	630	247	390
15	220	309	658	257	400
16	240	337	714	277	420
17	250	351	742	287	430
18	260	366	772	297	440
19	280	394	828	317	460
20	300	422	884	337	480
21	320	450	940	357	500
22	340	479	998	377	520

注：本图以水平安装为例，垂直安装状态为往本图基础上将风管向左转90°阀板位置不变，气流下进上出。

3.2.5.2 风帽制作

风帽形式主要有筒形、伞形和锥形三种，如图3-118所示。

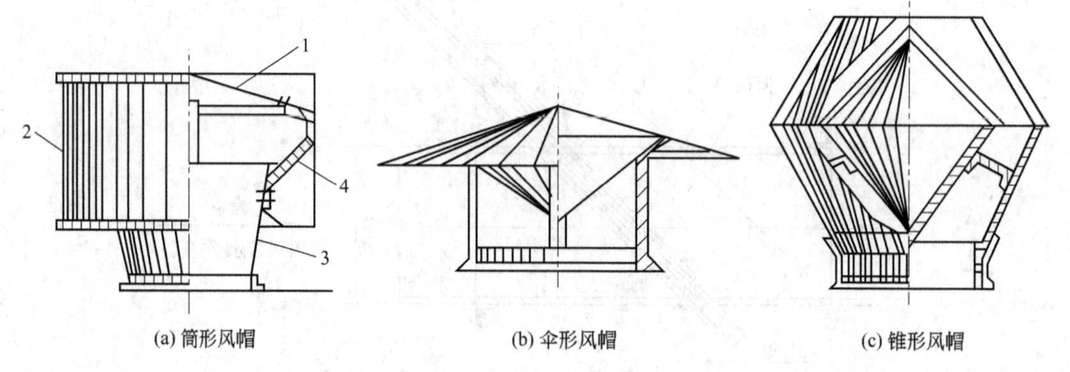

图3-118 风帽

1—伞形罩；2—外筒；3—扩散管；4—支撑

风帽类部件（包含铝板、塑料风帽部件）品种规格见表3-150。

表3-150 风帽类部件品种规格

名称	圆伞形风帽	锥形风帽	筒形风帽	筒形风帽滴水盘
序号	规格尺寸 D/mm			
1	200	200	200	200
2	220	220	280	280
3	250	250	400	400
4	280	280	500	500
5	320	320	630	630
6	360	360	700	700

续表

名称	圆伞形风帽	锥形风帽	筒形风帽	筒形风帽滴水盘
序号	规格尺寸 D/mm			
7	400	400	800	800
8	450	450	900	900
9	500	500	1000	1000
10	560	560	—	—
11	630	630	—	—
12	700	700	—	—
13	700	700	—	—
14	900	900	—	—
15	1000	1000	—	—

3.2.5.3 排烟阀制作

圆形排烟防火阀规格见表 3-151；矩形排烟防火阀规格见表 3-152。

表 3-151 圆形排烟防火阀的规格 单位：mm

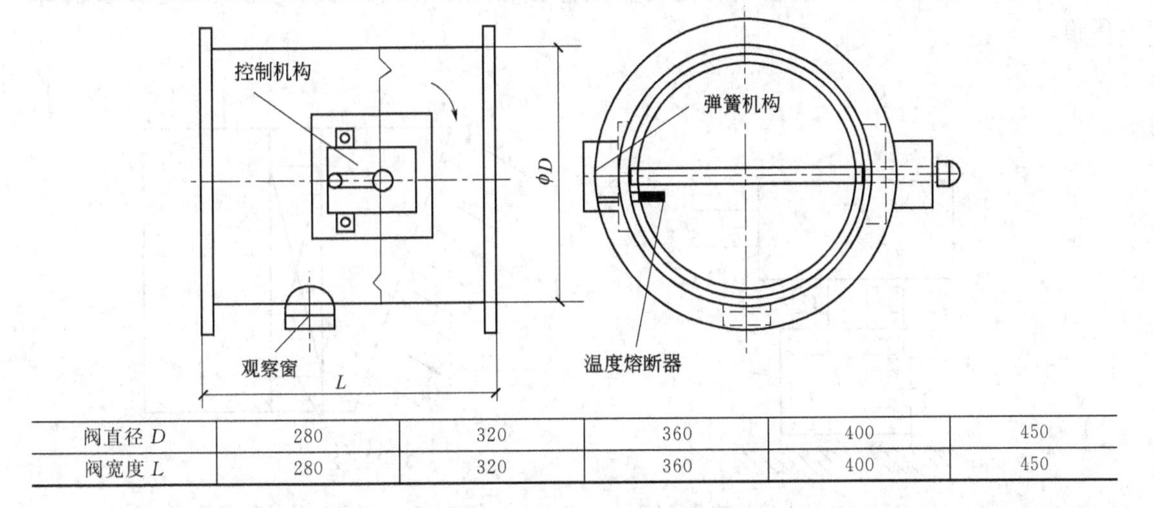

阀直径 D	280	320	360	400	450
阀宽度 L	280	320	360	400	450

表 3-152 矩形排烟防火阀的规格 单位：mm

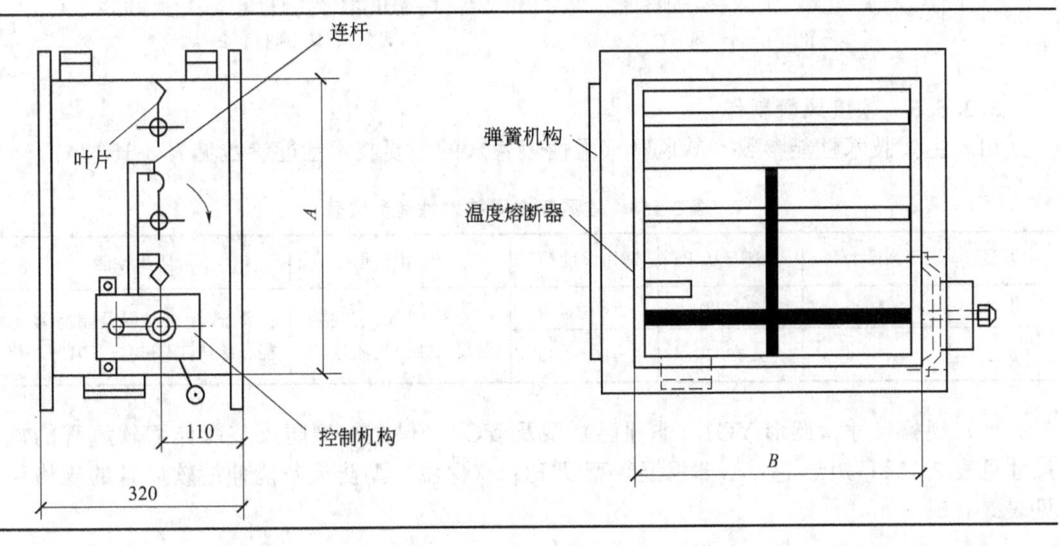

续表

高度尺寸 B	宽度尺寸 A									
	250	320	400	500	630	800	1000	1250	1600	2000
250	△○□	△○□	△○□	△○□	△○□	△○□	△○			
320		△○□	△○□	△○□	△○□	△○□	△○	△○		
400			△○□	△○□	△○□	△○□	△○	△○	△○	
500				△○□	△○□	△○□	△○	△○	△○	△○
630					△○□	△○□	△○	△○	△○	△○
800						△○□	△○	△○	△○	△○
1000							△○	△○	△○	△○
1250								△○		

注：△表示排烟防火阀；○表示带装饰型排烟阀；□表示翻板型排烟阀。

3.2.5.4 静压箱制作

图3-119所示为空调机组出口处设置的静压箱，图3-120所示为出风口处设置的静压箱。

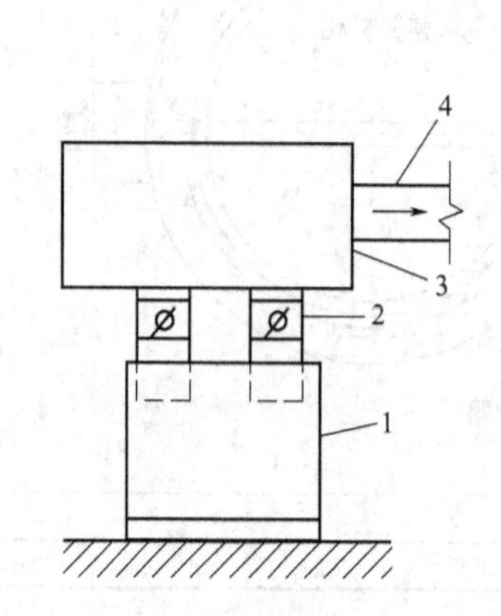

图3-119 空调机组出口处的静压箱
1—空调机组；2—启动阀；
3—静压箱；4—风管

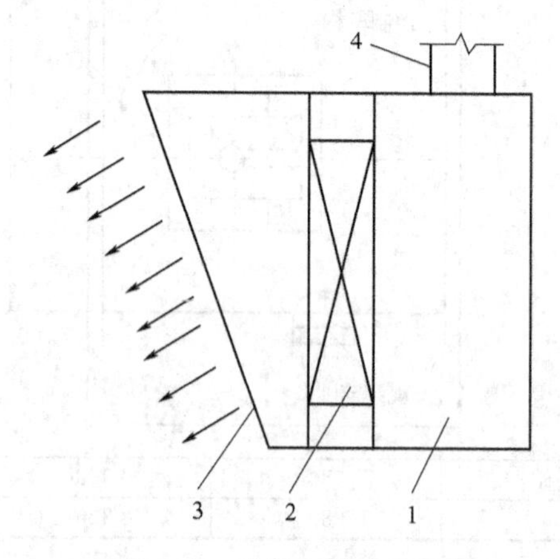

图3-120 出风口处的静压箱
1—静压箱；2—过滤器（设计要求时设置）；3—风口；4—风管

3.2.5.5 软接风管制作

（1）主要技术性能参数 软风管（柔性短管）的主要技术性能参数见表3-153。

表3-153 软风管主要技术性能参数表

类型	工作压力/Pa	爆破压力/Pa	适用温度/℃	适用介质	防火性能
Ⅰ型	≤1000	≤2500	−80～260	冷热空气、有害有毒及腐蚀性气体等	符合《建筑材料及制品燃烧性能分级》(GB 8624—2012)A级
Ⅱ型	≤20000	≤30000	−80～260		

（2）规格尺寸 圆形YG1（非保温）型及YG2（保温）型防火节能伸缩软风管的规格尺寸见表3-154；矩形FG1（非保温）型及FG2（保温）型防火节能伸缩软风管的规格尺寸见表3-155。

表 3-154　圆形 YG1（非保温）型及 YG2（保温）型软管的规格尺寸　　单位：mm

<table>
<tr><th>公称直径 DN</th><th>长度</th><th>公称直径 DN</th><th>长度</th></tr>
<tr><td>100</td><td rowspan="7">220</td><td>560</td><td rowspan="10">300</td></tr>
<tr><td>120</td><td>600</td></tr>
<tr><td>140</td><td>630</td></tr>
<tr><td>160</td><td>700</td></tr>
<tr><td>180</td><td>800</td></tr>
<tr><td>200</td><td>900</td></tr>
<tr><td>220</td><td>1000</td></tr>
<tr><td>250</td><td rowspan="7">250</td><td>1100</td></tr>
<tr><td>280</td><td>1250</td></tr>
<tr><td>320</td><td>1400</td></tr>
<tr><td>360</td><td>1600</td><td rowspan="3">350</td></tr>
<tr><td>400</td><td>1800</td></tr>
<tr><td>450</td><td>2000</td></tr>
<tr><td>500</td><td></td><td></td></tr>
</table>

注：表中软管断面尺寸可根据工程需要加工，厂家可另行配备连接组件，如法兰、中接插头等。

表 3-155　矩形 FG1（非保温）型及 FG2（保温）型软管规格尺寸　　单位：mm

<table>
<tr><th>风管断面</th><th>长度</th><th>风管断面</th><th>长度</th></tr>
<tr><td>120×120</td><td rowspan="11">220</td><td>630×320</td><td rowspan="15">300</td></tr>
<tr><td>160×120</td><td>800×320</td></tr>
<tr><td>200×120</td><td>1000×320</td></tr>
<tr><td>250×120</td><td>400×400</td></tr>
<tr><td>160×160</td><td>630×400</td></tr>
<tr><td>200×160</td><td>800×400</td></tr>
<tr><td>250×160</td><td>1000×400</td></tr>
<tr><td>320×160</td><td>1250×400</td></tr>
<tr><td>200×200</td><td>500×500</td></tr>
<tr><td>250×200</td><td>630×500</td></tr>
<tr><td>320×200</td><td>800×500</td></tr>
<tr><td>200×200</td><td rowspan="9">250</td><td>1000×500</td></tr>
<tr><td>250×250</td><td>1250×500</td></tr>
<tr><td>320×250</td><td>1600×500</td></tr>
<tr><td>400×250</td><td>630×630</td></tr>
<tr><td>500×250</td><td>800×630</td><td rowspan="6">350</td></tr>
<tr><td>630×250</td><td>1000×630</td></tr>
<tr><td>320×320</td><td>1000×800</td></tr>
<tr><td>400×320</td><td>1000×1000</td></tr>
<tr><td>500×320</td><td>1600×800</td></tr>
<tr><td></td><td></td><td>2000×1000</td></tr>
<tr><td></td><td></td><td>2000×1250</td><td></td></tr>
</table>

注：表中软管断面尺寸可根据工程需要加工，厂家可另行配备连接组件如法兰、中接插头等。

（3）帆布柔性短管的加工制作　帆布柔性短管如图 3-121 所示，其加工制作有以下两种方法。

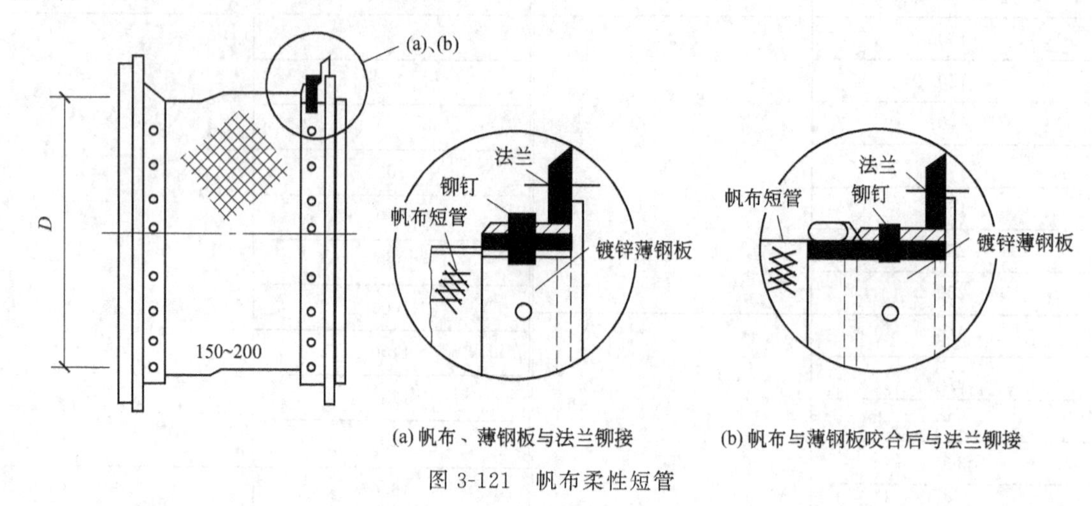

(a) 帆布、薄钢板与法兰铆接　　(b) 帆布与薄钢板咬合后与法兰铆接

图 3-121　帆布柔性短管

① 在加工制作时，应把帆布按管径展开，并留出 20～25mm 的搭接量，用缝纫机或手工缝合。然后用 0.8～1.0mm 的镀锌薄钢板或刷上油漆的薄钢板（宽度根据需要确定）将帆布短管的两端分别压铆在角钢法兰上，如图 3-121(a)。为了连接紧密，铆钉距离一般为 60～80mm，不宜过大。铆接完后，应把伸出管端的铁皮翻边、敲平，与法兰面紧密贴合。最后刷帆布漆，以防潮、保持弹性和隔热性能。

② 把放样展开后的帆布两端分别与 60～70mm 的镀锌薄钢板条咬上，再卷圆或折方，将镀锌薄钢板闭合缝咬上，把帆布闭合缝缝好，将短管与法兰铆接，如图 3-121(b) 所示，最后刷帆布漆。

（4）塑料柔性短管的加工制作　先用塑料布按柔性短管管径放样下料，注意留出 10～15mm 的搭接量和法兰留量。焊接时，先把焊缝按线对好，将电烙铁端部插到上下两块塑料布的叠缝中加热，加热到出现微量的塑料浆时，用压辊把塑料缝压紧，使其粘接在一起，如图 3-122 所示。

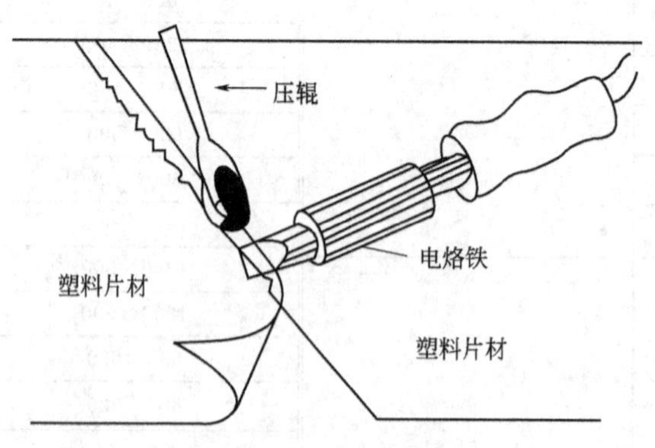

图 3-122　塑料布柔性短管的加热焊接

3.2.6　支吊架与部件

3.2.6.1　支吊架制作

支、吊架制作应按下列工序（图 3-123）进行。

风管支、吊架的型钢材料应按风管、部件、设备的规格和重量选用，并应符合设计要

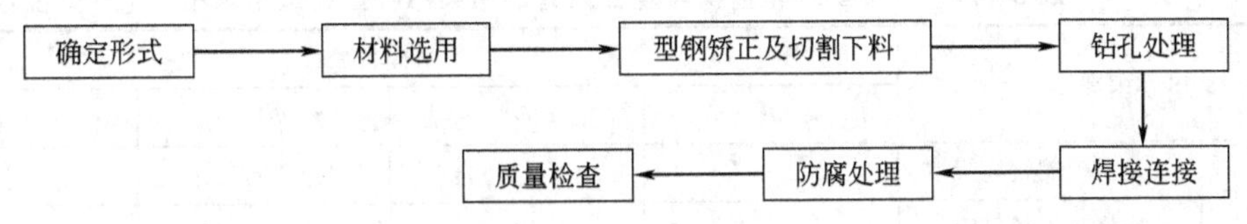

图 3-123　支、吊架制作工序

求。当设计无要求时，在最大允许安装间距下，风管吊架的型钢规格应符合表 3-156～表 3-160的规定。

表 3-156　水平安装金属矩形风管的吊架型钢最小规格　　单位：mm

风管长边尺寸 b	吊杆直径	吊架规格	
		角钢	扁钢
$b \leqslant 400$	$\Phi 8$	∟ 25×3	[50×37×4.5
$400 < b \leqslant 1250$	$\Phi 10$	∟ 30×3	[50×37×4.5
$1250 < b \leqslant 2000$	$\Phi 10$	∟ 40×4	[50×37×4.5 [60×40×4.8
$2000 < b \leqslant 2500$	$\Phi 10$	∟ 50×5	—

表 3-157　水平安装金属圆形风管的吊架型钢最小规格　　单位：mm

风管直径 D	吊杆直径	抱箍规格		角钢横担
		钢丝	扁钢	
$D \leqslant 250$	$\Phi 8$	$\Phi 2.8$	25×0.75	—
$250 < D \leqslant 450$	$\Phi 8$	* $\Phi 2.8$ 或 $\Phi 5$		
$450 < D \leqslant 630$	$\Phi 8$	* $\Phi 3.6$		
$630 < D \leqslant 900$	$\Phi 8$	* $\Phi 3.6$	25×1.0	—
$900 < D \leqslant 1250$	$\Phi 10$	—		
$1250 < D \leqslant 1600$	* $\Phi 10$	—	* 25×1.5	∟ 40×4
$1600 < D \leqslant 2000$	* $\Phi 10$	—	* 25×2.0	

注：1. 吊杆直径中的“*”表示两根圆钢。

2. 钢丝抱箍中的“*”表示两根钢丝合用。

3. 扁钢中的“*”表示上、下两个半圆弧。

表 3-158　水平安装非金属与复合风管的吊架横担型钢最小规格　　单位：mm

风管类别		角钢或槽钢横担				
		∟ 25×3 [50×37×4.5	∟ 30×3 [50×37×4.5	∟ 40×4 [50×37×4.5	∟ 50×5 [60×40×4.8	∟ 63×5 [80×43×5.0
非金属风管	无机玻璃钢风管	$b \leqslant 630$	—	$b \leqslant 1000$	$b \leqslant 1500$	$b < 2000$
	硬聚氯乙烯风管	$b \leqslant 630$	—	$b > 1000$	$b \leqslant 2000$	$b > 2000$
复合风管	酚醛铝箔复合风管	$b \leqslant 630$	$630 < b \leqslant 1250$	$b > 1250$	—	—
	聚氨酯铝箔复合风管	$b \leqslant 630$	$630 < b \leqslant 1250$	$b > 1250$	—	—
	玻璃纤维复合风管	$b \leqslant 450$	$450 < b \leqslant 1000$	$1000 < b \leqslant 2000$	—	—
	玻镁复合风管	$b \leqslant 630$	—	$b \leqslant 1000$	$b \leqslant 1500$	$b < 2000$

表 3-159　水平安装非金属与复合风管的吊架吊杆型钢最小规格　　单位：mm

风管类别		吊杆直径			
		Φ6	Φ8	Φ10	Φ12
非金属风管	无机玻璃钢风管	—	$b \leqslant 1250$	$1250 < b \leqslant 2500$	$b > 2500$
	硬聚氯乙烯风管	—	$b \leqslant 1250$	$1250 < b \leqslant 2500$	$b > 2500$
复合风管	聚氨酯复合风管	$b \leqslant 1250$	1250≤2000	—	—
	酚醛铝箔复合风管	$b \leqslant 800$	$800 < b \leqslant 2000$	—	—
	玻璃纤维复合风管	$b \leqslant 600$	$600 < b \leqslant 2000$	—	—
	玻镁复合风管	—	$b \leqslant 1250$	$1250 < b \leqslant 2500$	$b > 2500$

注：b 为风管边长。

表 3-160　水平管道支吊架的型钢最小规格　　单位：mm

公称直径	横担角钢	横担槽钢	加固角钢或槽钢（斜支撑型）	膨胀螺栓	吊杆直径	吊环、抱箍
25	∟ 20×3	—	—	M8	Φ6	30×2 扁钢或 Φ10 圆钢
32	∟ 20×3	—	—	M8	Φ6	
40	∟ 20×3	—	—	M10	ϕ8	
50	∟ 25×4	—	—	M10	ϕ8	40×3 扁钢或 Φ12 圆钢
65	∟ 36×4	—	—	M14	ϕ8	
80	∟ 36×4	—	—	M14	Φ10	
100	∟ 45×4	[50×37×4.5	—	M16	Φ10	50×3 扁钢或 Φ16 圆钢
125	∟ 50×5	[50×37×4.5	—	M16	Φ12	
150	∟ 63×5	[63×40×4.8	—	M18	Φ12	50×4 扁钢或 Φ18 圆钢
200	—	[63×40×4.8	*∟ 45×4 或 [63×40×4.8	M18	Φ16	
250	—	[100×48×5.3	*∟ 45×4 或 [63×40×4.8	M20	Φ18	60×5 扁钢或 Φ20 圆钢
300	—	[126×53×5.5	*∟ 45×4 或 [63×40×4.8	M20	Φ22	60×5 扁钢或 Φ20 圆钢

注：表中“*”表示两个角钢加固件。

型钢切割下料，横担长度应预留管道及保温宽度（图 3-124 和图 3-125）。

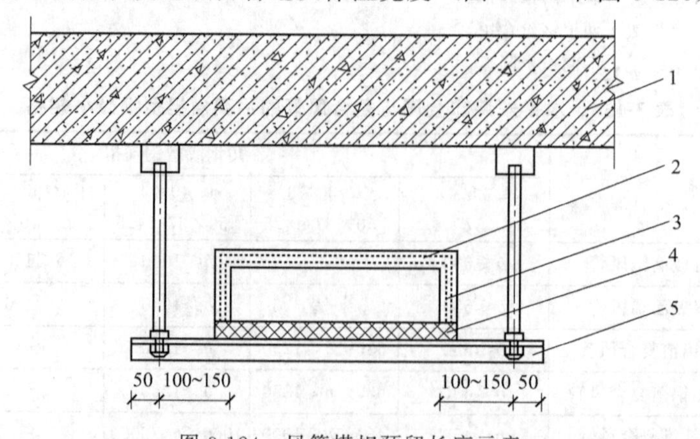

图 3-124　风管横担预留长度示意

1—楼板；2—风管；3—保温层；4—隔热木托；5—横担

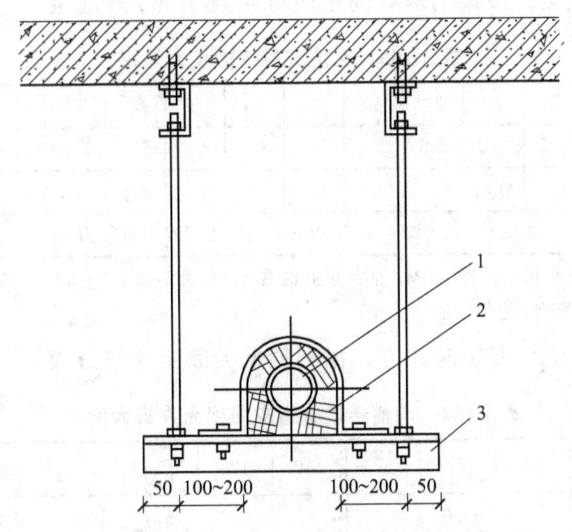

图 3-125　水管横担预留长度示意

1—水管；2—隔热木托；3—横担

3.2.6.2　支吊架安装

支吊架安装工序如图 3-126 进行。

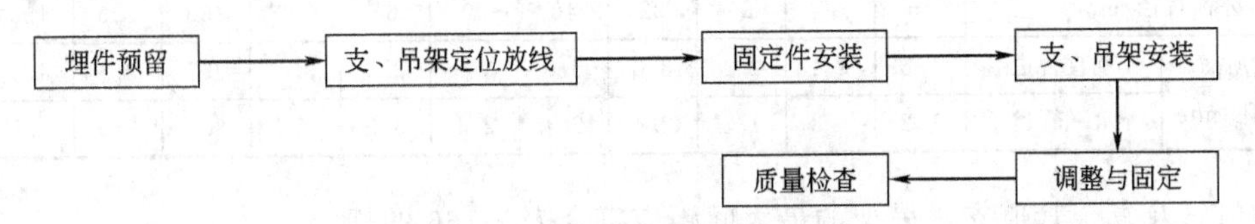

图 3-126　支、吊架安装工序

金属风管（含保温）水平安装时，支吊架的最大间距应符合表 3-161 规定。

表 3-161　水平安装金属风管吊架的最大间距　　单位：mm

<table>
<tr><th rowspan="2">风管边长 b 或直径 D</th><th rowspan="2">矩形风管</th><th colspan="2">圆形风管</th></tr>
<tr><th>纵向咬口风管</th><th>螺旋咬口风管</th></tr>
<tr><td>≤400</td><td>4000</td><td>4000</td><td>5000</td></tr>
<tr><td>>400</td><td>3000</td><td>3000</td><td>3750</td></tr>
</table>

注：薄钢板法兰、C 形、S 形插条法兰风管的支、吊架间距不应大于 3000mm。

非金属与复合风管水平安装时，支、吊架的最大间距应符合表 3-162 规定。

表 3-162　水平安装非金属与复合风管支吊架的最大间距　　单位：mm

<table>
<tr><th colspan="2" rowspan="3">风管类别</th><th colspan="7">风管边长 b</th></tr>
<tr><th>≤400</th><th>≤450</th><th>≤800</th><th>≤1000</th><th>≤1500</th><th>≤1600</th><th>≤2000</th></tr>
<tr><th colspan="7">支、吊架最大间距</th></tr>
<tr><td rowspan="2">非金属风管</td><td>无机玻璃钢风管</td><td>4000</td><td colspan="3">2000</td><td>2500</td><td colspan="2">2000</td></tr>
<tr><td>硬聚氯乙烯风管</td><td>4000</td><td colspan="6">3000</td></tr>
<tr><td rowspan="4">复合风管</td><td>聚氨酯铝箔复合风管</td><td>4000</td><td colspan="6">3000</td></tr>
<tr><td>酚醛铝箔复合风管</td><td colspan="4">2000</td><td colspan="2">1500</td><td>1000</td></tr>
<tr><td>玻璃纤维复合风管</td><td colspan="2">2400</td><td colspan="2">2200</td><td colspan="3">1800</td></tr>
<tr><td>玻镁复合风管</td><td>4000</td><td colspan="3">3000</td><td>2500</td><td colspan="2">2000</td></tr>
</table>

注：边长大于 2000mm 的风管可参考边长为 2000mm 风管。

钢管水平安装时，支、吊架的最大间距应符合表 3-163 的规定。

表 3-163　钢管支吊架的最大间距

公称直径/mm		15	20	25	32	40	50	70	80	100	125	150	200	250	300
支架的最大间距/m	L_1	1.5	2.0	2.5	2.5	3.0	3.5	4.0	5.0	5.0	5.5	6.5	7.5	8.5	9.5
	L_2	2.5	3.0	3.5	4.0	4.5	5.0	6.0	6.5	6.5	7.5	7.5	9.0	9.5	10.5
	管径大于 300mm 的管道可参考管径为 300mm 管道														

注：1. 适用于设计工作压力不大于 2.0MPa，非绝热或绝热材料密度不大于 200kg/m³的管道系统。
2. L_1用于绝热管道，L_2用于非绝热管道。

管道采用沟槽连接水平安装时，支、吊架的最大间距应符合表 3-164 的规定。

表 3-164　沟槽连接管道支吊架允许最大间距

公称直径/mm	50	70	80	100	125	150	200	250	300	350	400
间距/m	3.6			4.2			4.8			5.4	

注：支、吊架不应支承在连接头上，水平管的任意两个连接头之间应有支、吊架。

铜管支、吊架的最大间距应符合表 3-165 的规定。

表 3-165　铜管道支吊架的最大间距

公称直径/mm		15	20	25	32	40	50	65	80	100	125	150	200
支、吊架的最大间距/mm	垂直管道	1.8	2.4	2.4	3.0	3.0	3.0	3.5	3.5	3.5	3.5	4.0	4.0
	水平管道	1.2	1.8	1.8	2.4	2.4	2.4	3.0	3.0	3.0	3.0	3.5	3.5

塑料管及复合管道支、吊架的最大间距应符合表 3-166 的规定。

表 3-166　塑料管及复合管道支吊架的最大间距

管径/mm			12	14	16	18	20	25	32	40	50	63	75	90	110
支、吊架的最大间距/mm	立管		0.5	0.6	0.7	0.8	0.9	1.0	1.1	1.3	1.6	1.8	2.0	2.2	2.4
	水平管	冷水管	0.4	0.4	0.5	0.5	0.6	0.7	0.8	0.9	1.0	1.1	1.2	1.35	1.55
		热水管	0.2	0.2	0.25	0.3	0.3	0.35	0.4	0.5	0.6	0.7	0.8	—	—

垂直安装的风管和水管支架的最大间距应符合表 3-167 的规定。

表 3-167　垂直安装的风管和水管支架的最大间距

管道类别		最大间距/mm	支架最少数量
金属风管	钢板、镀锌钢板、不锈钢板、铝板	4000	单根直管不少于 2 个
复合风管	聚氨酯铝箔复合风管	2400	
	酚醛铝箔复合风管		
	玻璃纤维复合风管	1200	
	玻镁复合风管	3000	
非金属风管	无机玻璃钢风管		
	硬聚氯乙烯风管		
金属水管	钢管、钢塑复合管	楼层高度小于或等于 5m 时，每层应安装 1 个楼层高度大于 5m 时，每层不应少于 2 个	

采用膨胀螺栓固定支、吊架时，应符合膨胀螺栓使用技术条件的规定，螺栓至混凝土构件边缘的距离不应小于 8 倍的螺栓直径；螺栓间距不小于 10 倍的螺栓直径。螺栓孔直径和钻孔深度应符合表 3-168 的规定。

表 3-168　常用胀锚螺栓的型号、钻孔直径和钻孔深度　　　单位：mm

胀锚螺栓种类	图示	规格	螺栓总长	钻孔直径	钻孔深度
内螺纹胀锚螺栓		M6 M8 M10 M12	25 30 40 50	8 10 12 15	32～42 42～52 43～53 54～64
单胀管式胀锚螺栓		M8 M10 M12	95 110 125	10 12 18.5	65～75 75～85 80～90
双胀管式胀锚螺栓		M12 M16	125 155	18.5 23	80～90 110～120

3.2.7　风管与部件安装

3.2.7.1　金属风管安装

金属风管安装应按下列工序（图 3-127）进行。

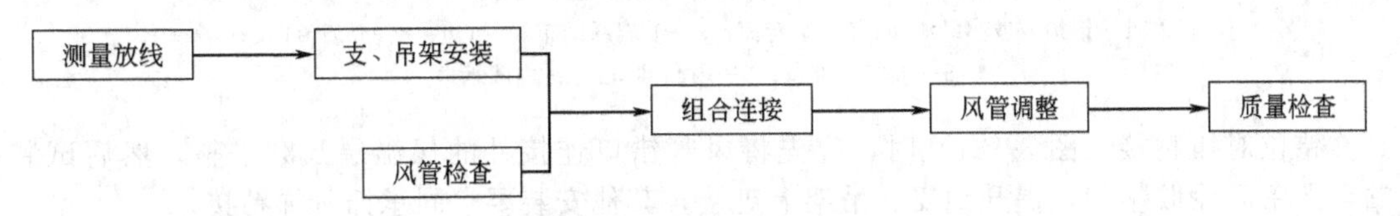

图 3-127　金属风管安装工序

边长小于或等于 630mm 的支风管与主风管连接应符合下列规定：

（1）S 形直角咬接［图 3-128(a)］支风管的分支气流内侧应有 30°斜面或曲率半径为 150mm 的弧面，连接四角处应进行密封处理。

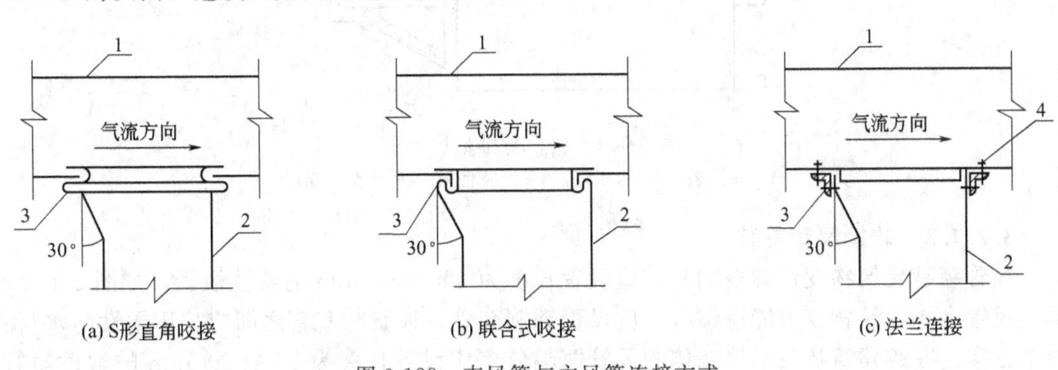

图 3-128　支风管与主风管连接方式

1—主风管；2—支风管；3—接口；4—扁钢垫

（2）联合式咬接［图 3-128(b)］连接四角处应作密封处理。

(3) 法兰连接［图 3-128(c)］主风管内壁处应加扁钢垫，连接处应密封。

3.2.7.2　非金属与复合风管安装

非金属与复合风管安装应按下列工序（图 3-129）进行。

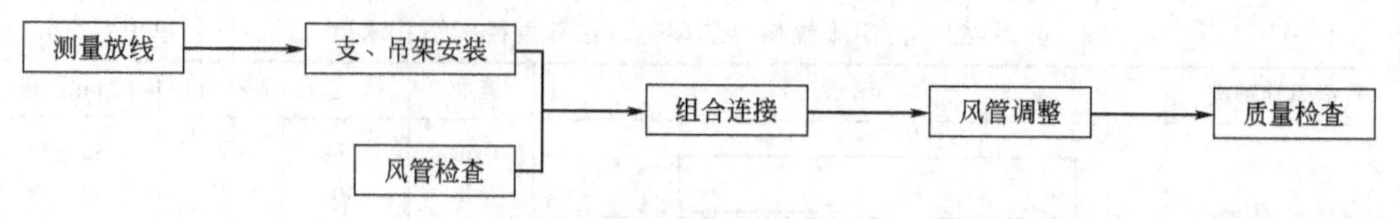

图 3-129　非金属与复合风管安装工序

承插阶梯粘接时（图 3-130），应根据管内介质流向，上游的管段接口应设置为内凸插口，下游管段接口为内凹承口，且承口表层玻璃纤维布翻边折成 90°。

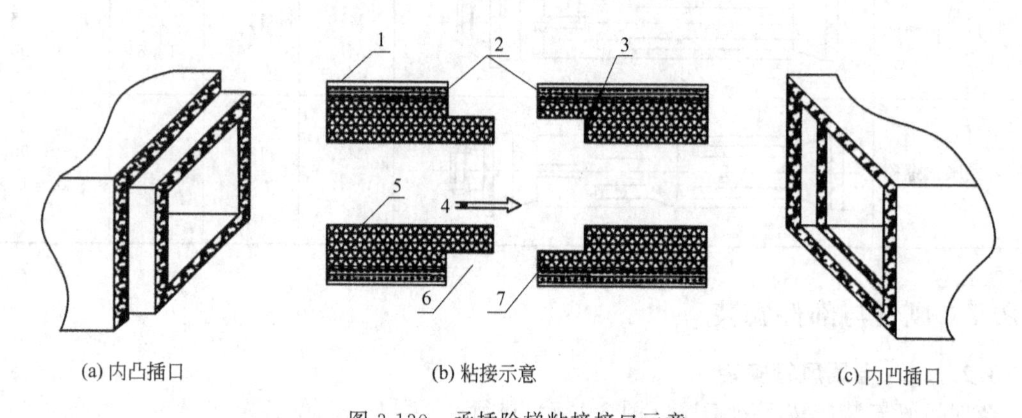

图 3-130　承插阶梯粘接接口示意

1—铝箔或玻璃纤维布；2—结合面；3—玻璃纤维布 90°折边；4—介质流向；5—玻璃纤维布；6—内凸插口；7—内凹承口

错位对接粘接（图 3-131）时，应先将风管错口连接处的保温层刮磨平整，然后试装，贴合严密后涂胶粘剂，提升到支、吊架上对接，其他安装要求同承插阶梯粘接。

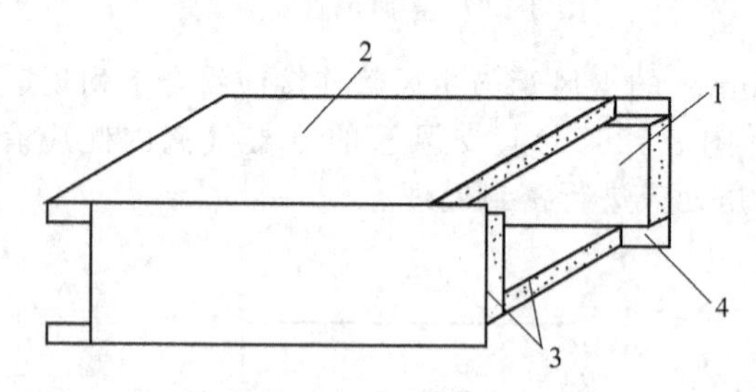

图 3-131　错位对接粘接示意

1—垂直板；2—水平板；3—涂胶粘剂；4—预留表面层

3.2.7.3　软接风管安装

风管穿越建筑物变形缝空间时，应设置长度为 200～300mm 的柔性短管，如图 3-132 所示。风管穿越建筑物变形缝墙体时，应设置钢制套管，风管与套管之间应采用柔性防水材料填塞密实。穿越建筑物变形缝墙体的风管两端外侧应设置长度为 150～300mm 的柔性短管，柔性短管距变形缝墙体的距离宜为 150～200mm，如图 3-133 所示，柔性短管的保温性能应符合风管系统功能要求。

金属圆形柔性风管与风管连接时，宜采用卡箍（抱箍）连接如图 3-134 所示。

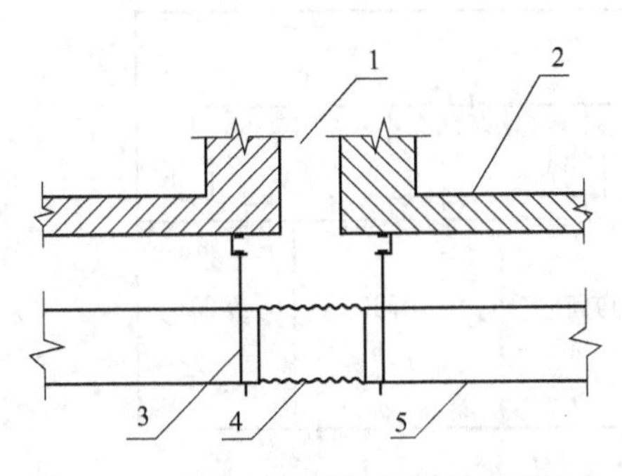

图 3-132 风管过变形缝空间的安装示意

1—变形缝；2—楼板；3—吊架；
4—柔性短管；5—风管

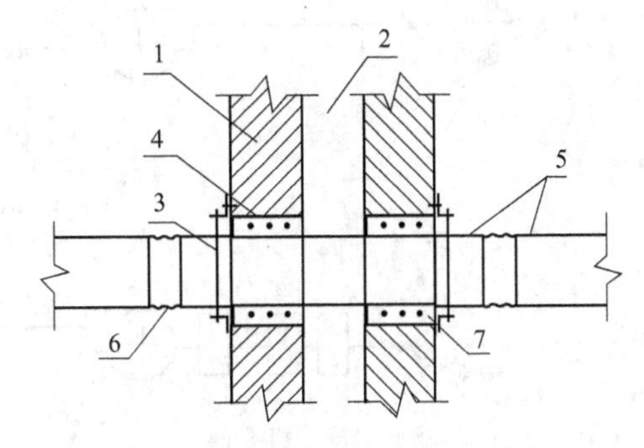

图 3-133 风管穿越变形缝墙体的安装示意

1—墙体；2—变形缝；3—吊架；4—钢制套管；
5—风管；6—柔性短管；7—柔性防水填充材料

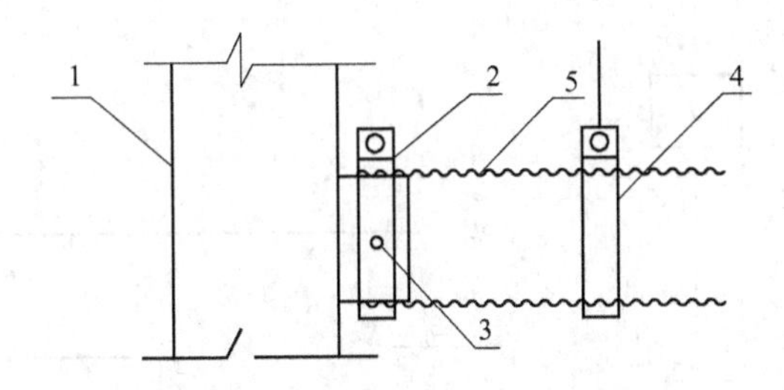

图 3-134 卡箍（抱箍）连接示意

1—主风管；2—卡箍；3—自攻螺钉；4—抱箍吊架；5—柔性风管

3.2.8 通风与空调设备安装

3.2.8.1 空调器安装

(1) 装配式空调器安装 带新风的风机盘管空调系统的组成如图 3-135 所示。

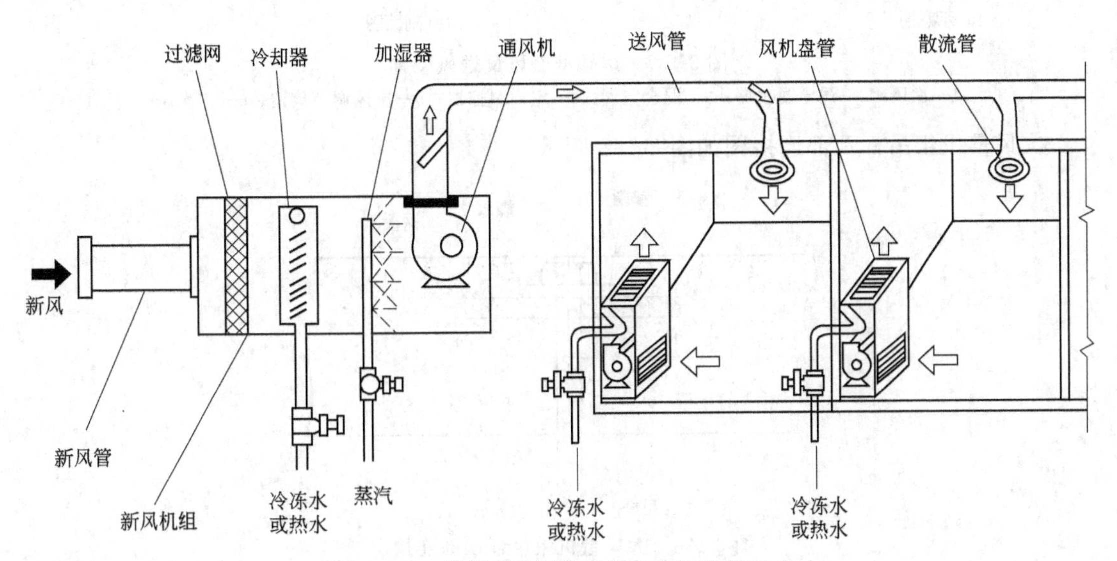

图 3-135 带新风的风机盘管空调系统的组成

单风道节流型变风量空调系统组成如图 3-136 所示。

诱导型变风量送风装置如图 3-137 所示。

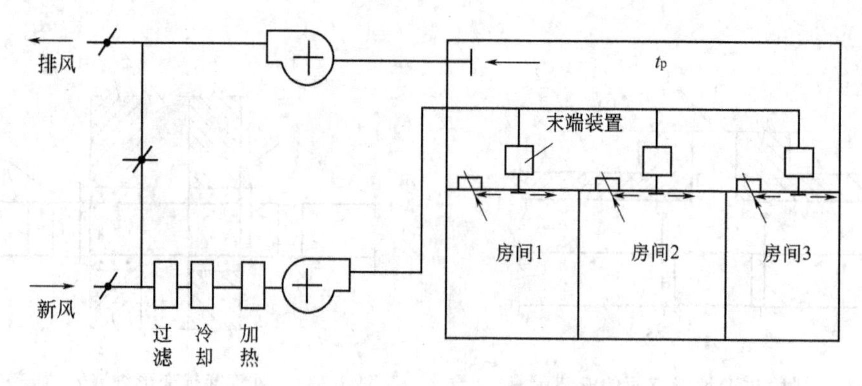

图 3-136　单风道节流型变风量空调系统

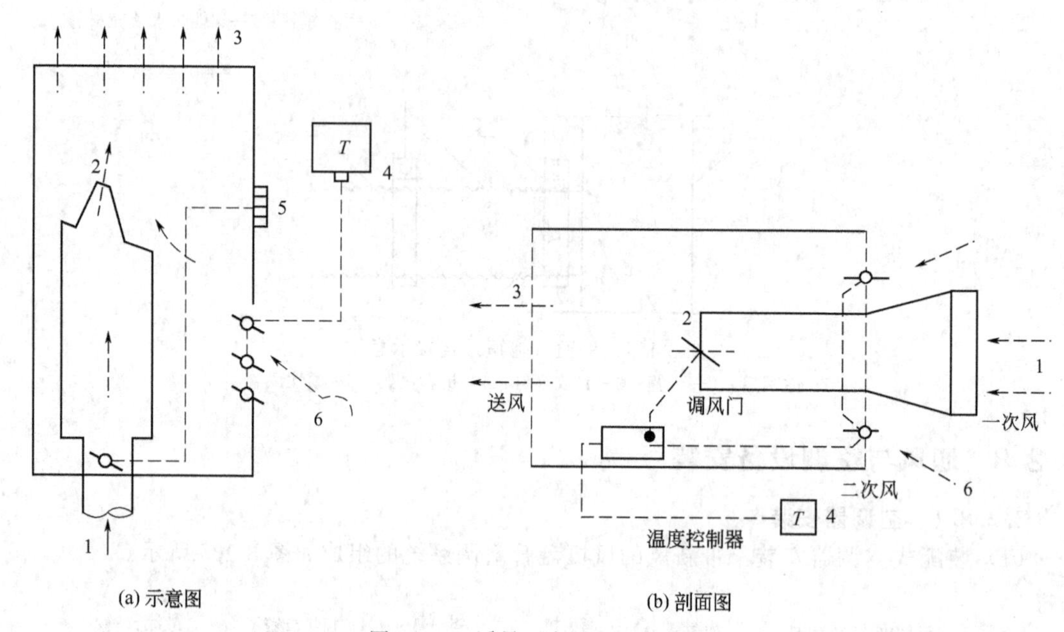

图 3-137　诱导型变风量送风装置

1—一次风；2—诱导器喷嘴；3—混合空气；4—室内温控器；5—一次风调节旋钮；6—二次风

大风量机组吊杆顶部连接图如图 3-138 所示。

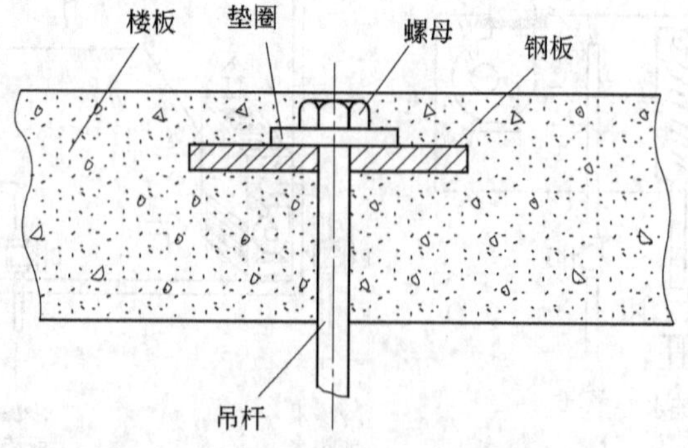

图 3-138　大风量机组吊杆顶部连接图

风机盘管机组构造示意图如图 3-139 所示。

（2）组合式空调机组安装　组合式空调机组如图 3-140 所示。

（3）柜式空调器的安装　室内机组所处位置与四周间距如图 3-141 所示。

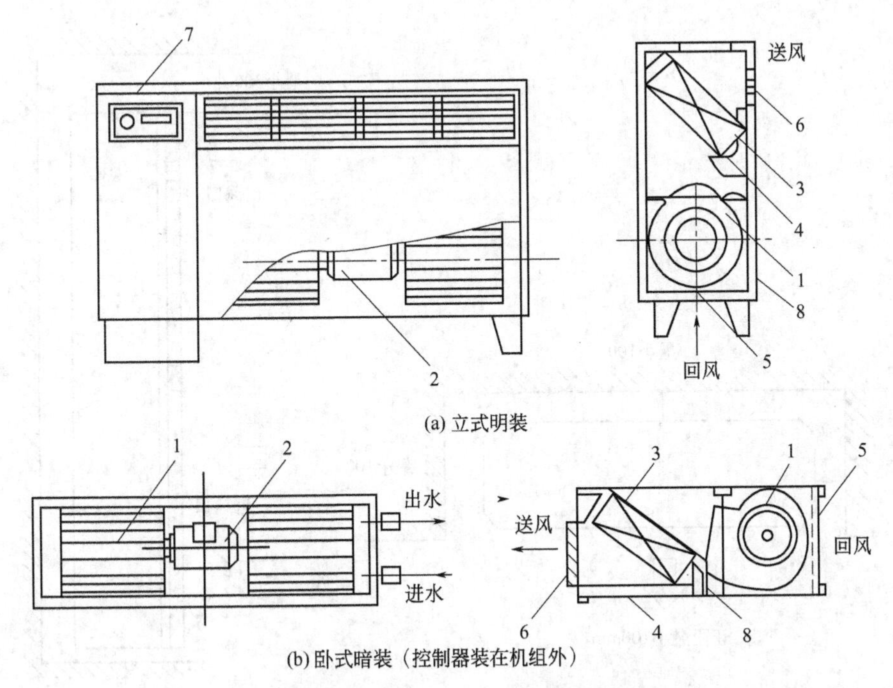

图 3-139 风机盘管机组构造示意图

1—离心式风机；2—电动机；3—盘管；4—凝水盘；
5—空气过滤器；6—出风格栅；7—控制器（电动阀）；8—箱体

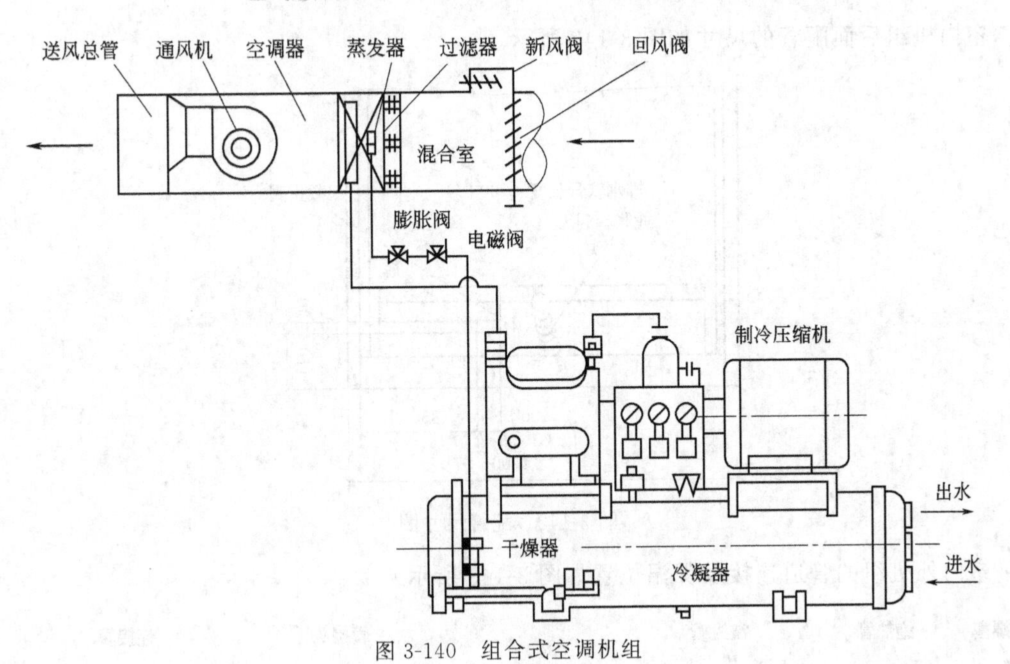

图 3-140 组合式空调机组

制冷管道的规格见表 3-169。

表 3-169 制冷管道规格表

类别	规格/mm	管接头
液管	Φ16	Φ16
汽管	Φ28	Φ28
保温管	Φ28	Φ28
套管	Φ90	Φ90

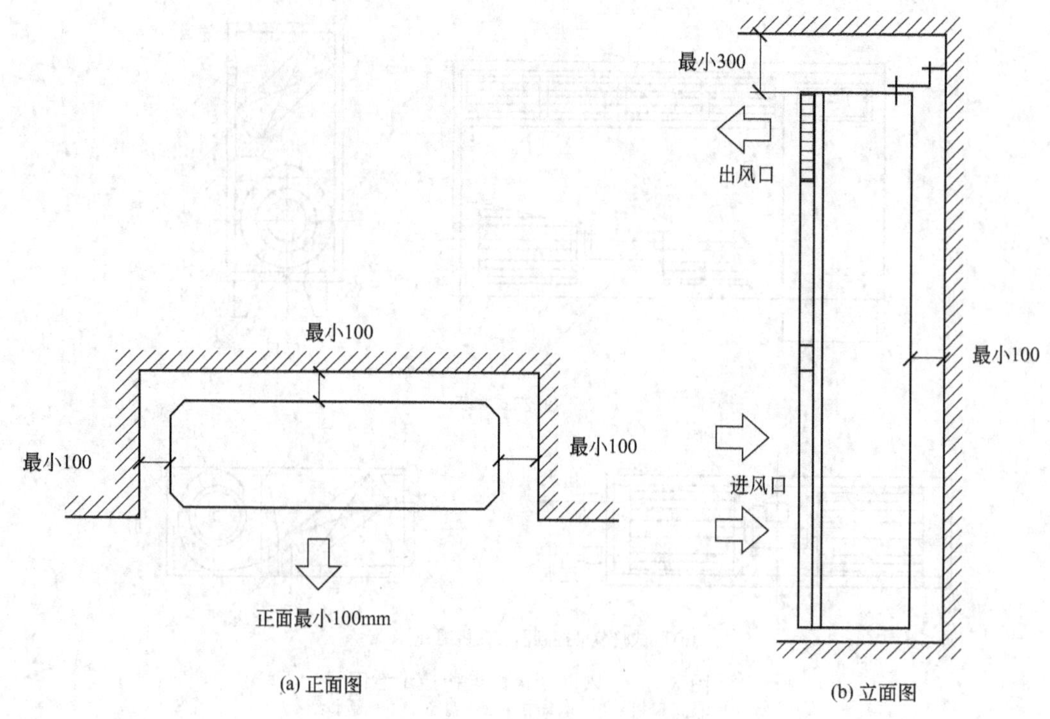

图 3-141　室内机组位置图

室内机组后面配管的尺寸如图 3-142 所示。

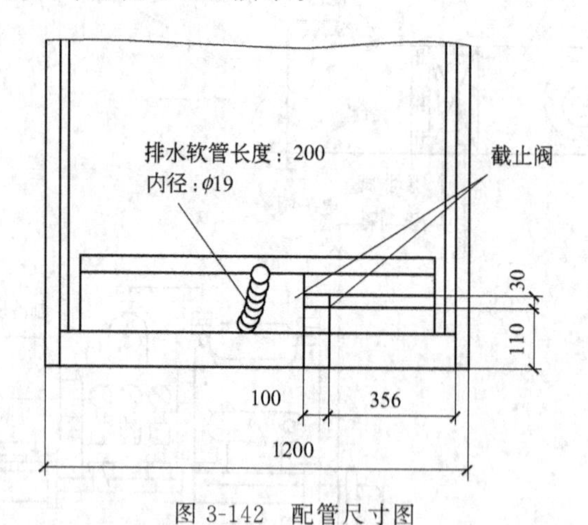

图 3-142　配管尺寸图

室内外机组的管道连接及保温位置如图 3-143 所示。

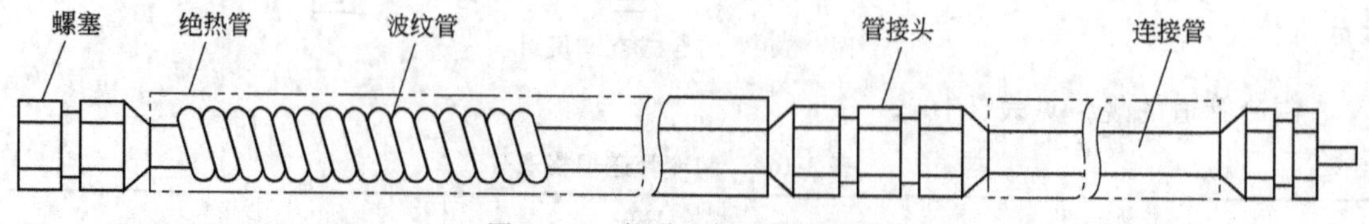

图 3-143　管道及保温管的装配

三通截止阀的操作方法如图 3-144 所示。

电气配线性能参数见表 3-170。

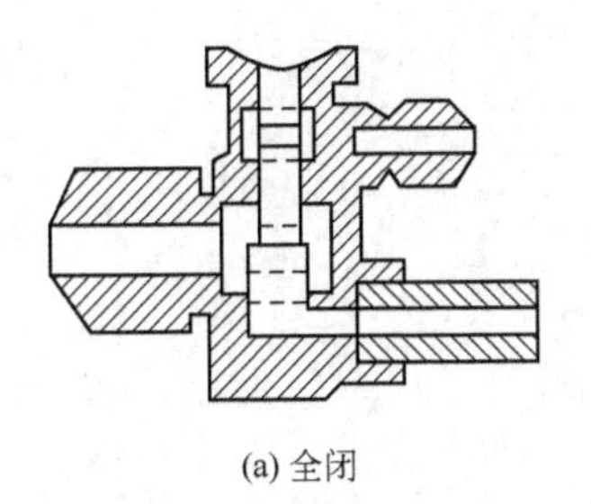

(a) 全闭

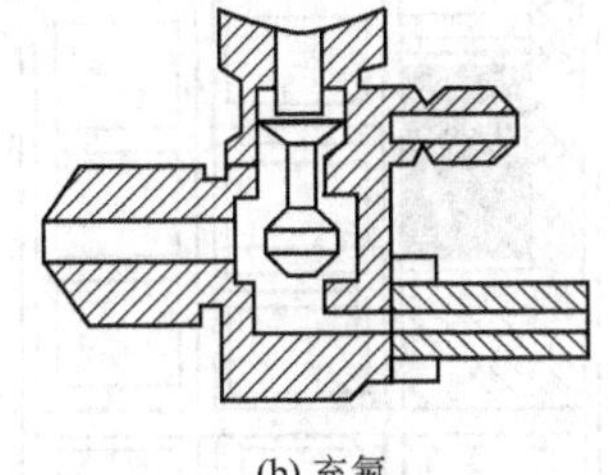

(b) 充氟

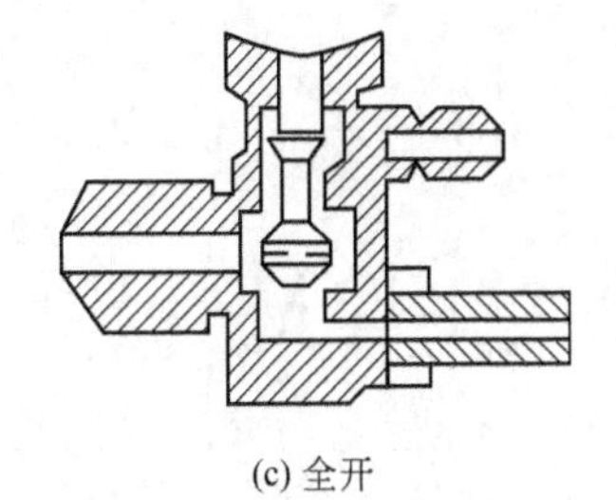

(c) 全开

图 3-144　三通截止阀的操作方法

表 3-170　电气参数表

类别	室内机组	室外机组
电源	单相,220V,50Hz	三相,380V,50Hz
输入功率/kW	0.6	12
主开关/熔断器/A	15/10	60/60
配线(线芯线及标称截面)/mm^2	3×0.5	3×2.5+1×1.5
接地线直径(截面积)/mm^2	2.6(5.5)	2.6(5.5)
室内外机组连接	四芯聚氯乙烯护套连接软线	

室内外机组电气接线原理图如图 3-145 所示。

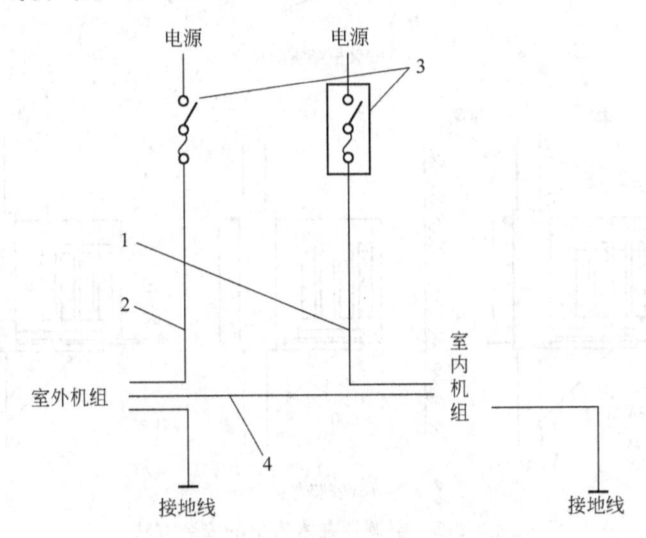

图 3-145　室内外机组电气接线原理图

1—室内机电源；2—室外机电源；3—开关保险；4—控制线

(4) 窗式空调器的安装　小型立式空调器在钢窗上的安装位置如图 3-146 所示。

图 3-147 为标准式（卧式）窗式空调器在木制窗台上的安装位置和室外的支架。图 3-147(a)所示的安装框架可用木条制作，其高、宽尺寸视窗式空调器的实际尺寸而定。图 3-147(b) 中室外侧支架要有一个倾斜角，以利排水（室外低于室内 10mm）。

图 3-148 所示为在墙内设木框架，其尺寸与空调器的外形尺寸匹配。安装时，将空调器的机壳置于架内，机壳底部与木框之间可用螺钉固定。

3.2.8.2　通风机安装

风机安装应按下列工序进行，如图 3-149 所示。

图 3-146　立式空调在钢窗上的安装位置

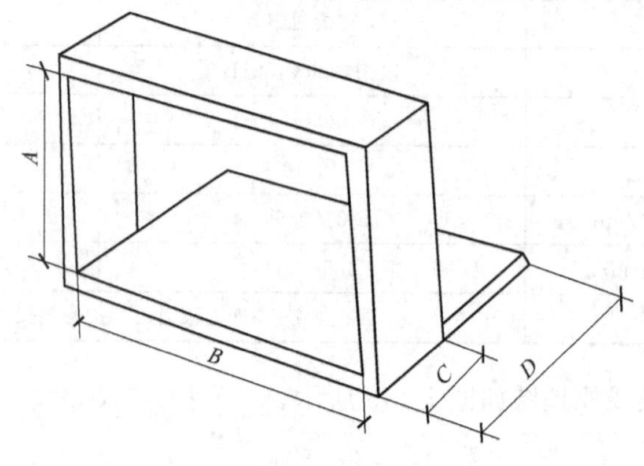

(a) 安装框架实际尺寸

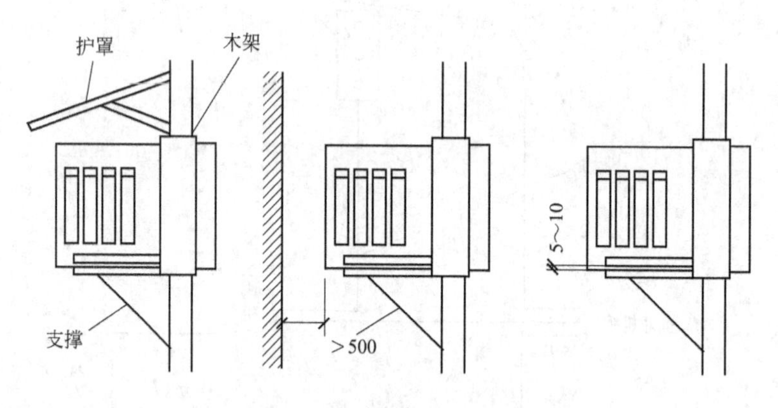

(b) 安装方法

图 3-147　空调器在木窗上的安装方法

通风机安装的允许偏差应符合表 3-171 的规定。

表 3-171　通风机安装的允许偏差

项目		允许偏差	检验方法
中心线的平面位移		10mm	经纬仪或拉线和尺量检查
标高		±10mm	水准仪或水平仪、直尺、拉线和尺量检查
皮带轮轮宽中心平面偏移		1mm	在主、从动皮带轮端面接线和尺量检查
传动轴水平度		纵向 0.2/1000 横向 0.3/1000	在轴或皮带轮 0°和 180°的两个位置上，用水平仪检查
联轴器	两轴芯径向位移	0.05mm	在联轴器互相垂直的四个位置上，用百分表检查
	两轴线倾斜	0.2/1000	

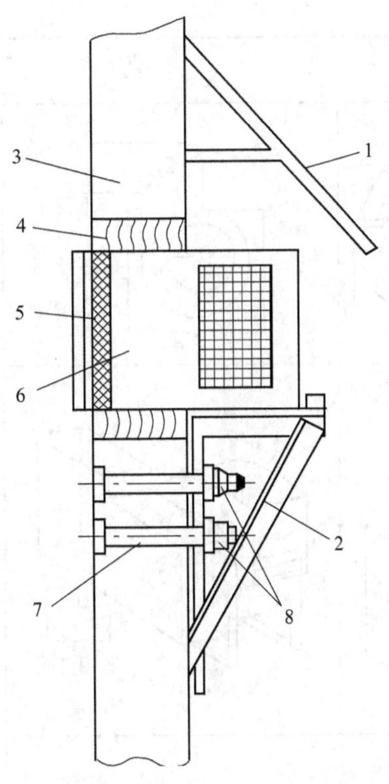

图 3-148　安装支架及遮挡板

1—遮阳板；2—三脚架；3—墙；4—木框；
5—橡胶密封圈；6—空调器；7—铁皮；8—固定螺栓

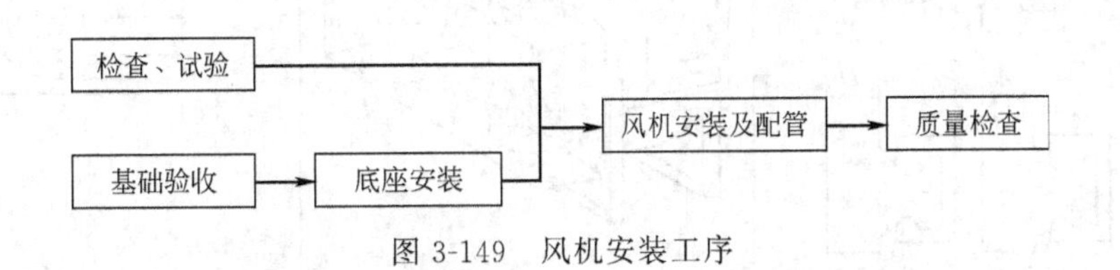

图 3-149　风机安装工序

通风机进出口接管改进方式见表 3-172。

表 3-172　通风机进出口接管改进方式

管道类型		图示
出口管	原方式	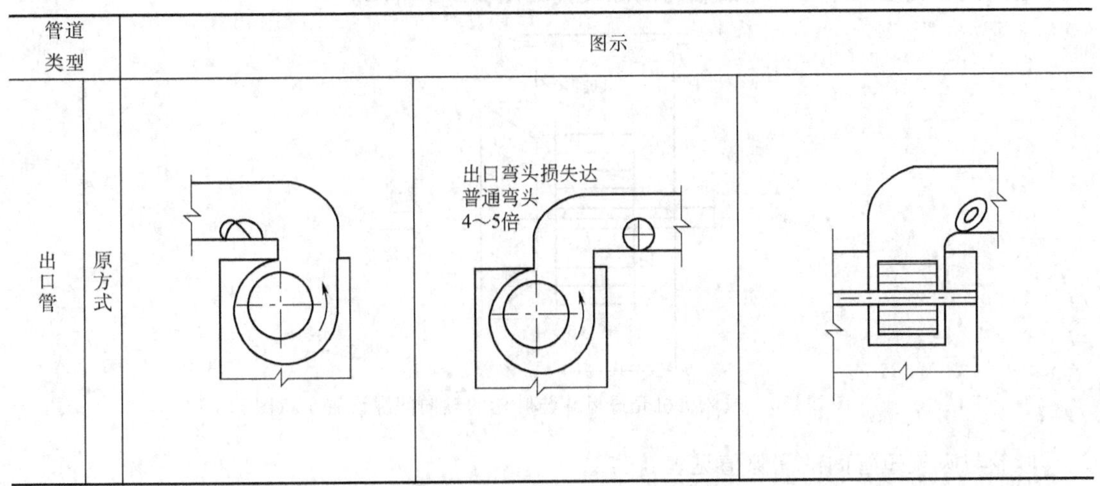

续表

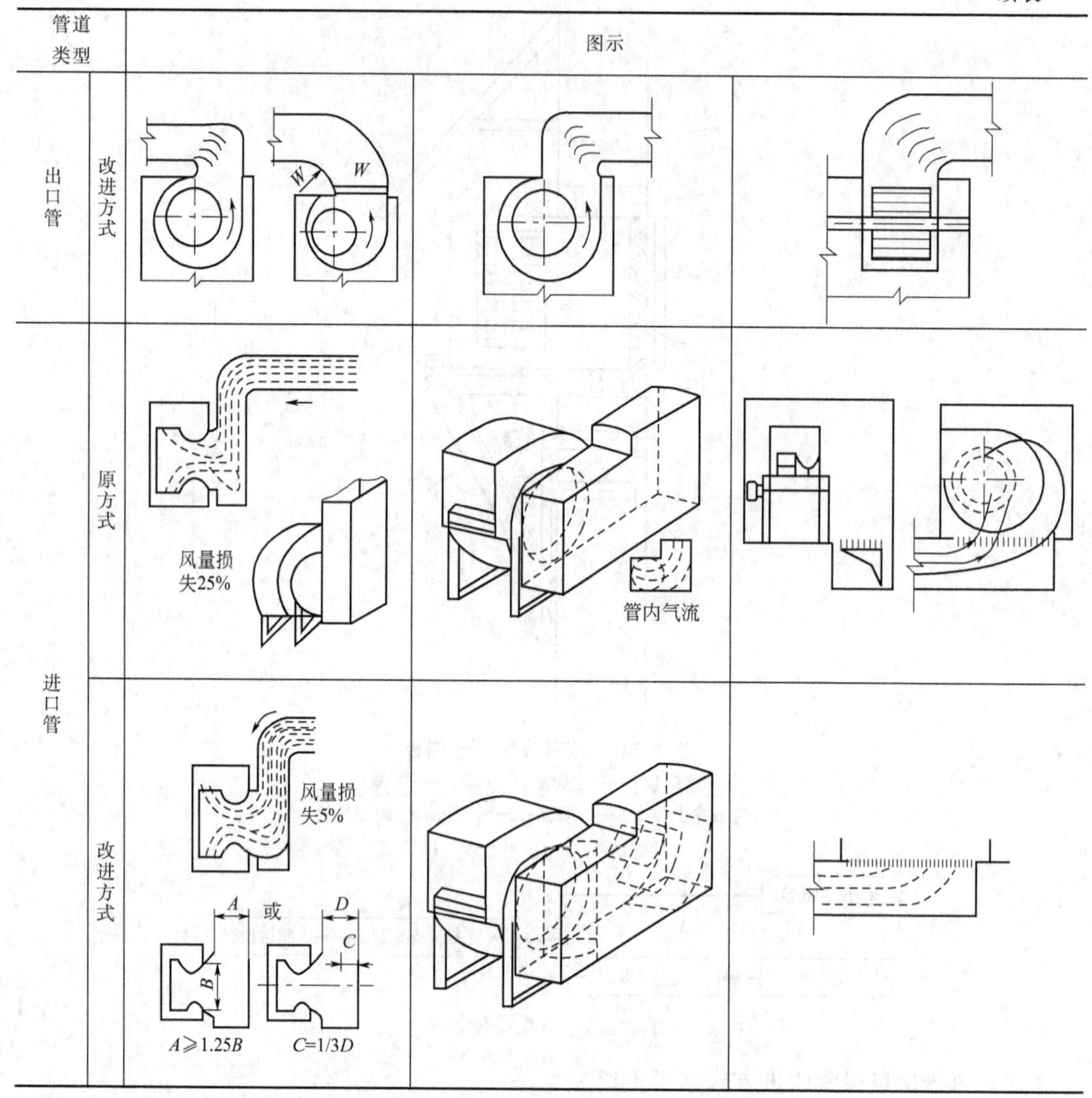

通风机机壳进风斗与叶轮的轴向间隙设置如图 3-150 所示。

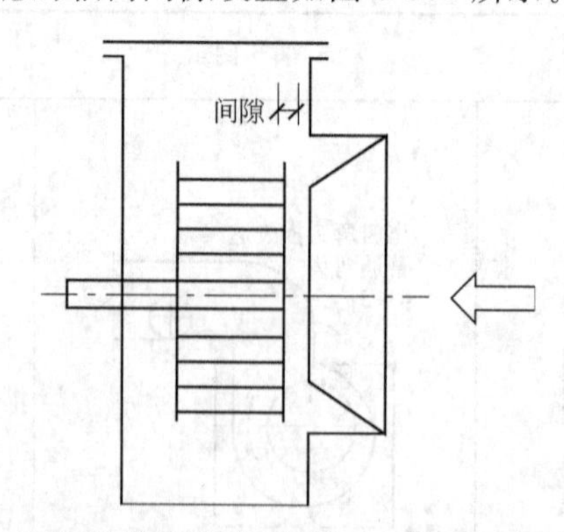

图 3-150　通风机机壳进风斗与叶轮的轴向间隙设置示意图

叶轮与吸气短管间的间隙值见表 3-173。

表 3-173 叶轮与吸气短管间的间隙值

风机机号	间隙不得大于/mm
2～3	3
4～5	4
6～11	6
12 以上	7

为了确保叶轮的正常运转，叶轮的跳动不应超过表 3-174 的规定值。

表 3-174 叶轮径向和轴向跳动允许值　　单位：mm

叶轮直径	后盘、前盘径向跳动	后盘轴向跳动	前盘轴向跳动
200～600	1.5	1.5	2.0
600～1000	2.0	2.5	3.0
1000～1400	3.0	3.5	4.0
1400～2000	3.5	4.0	5.0
2000～2600	4.0	5.0	6.0
2600～3200	5.0	6.0	7.0

轴承允许最大振幅见表 3-175。

表 3-175 轴承允许最大振幅

主轴转速/(r/min)	允许最大轴向振幅/mm	主轴转速/(r/min)	允许最大轴向振幅/mm
≤75	0.18	1000	0.10
500	0.16	1450	0.08
600	0.14	3000	0.06
750	0.12	>3000	0.04

轴流式通风机在墙上安装如图 3-151 所示。

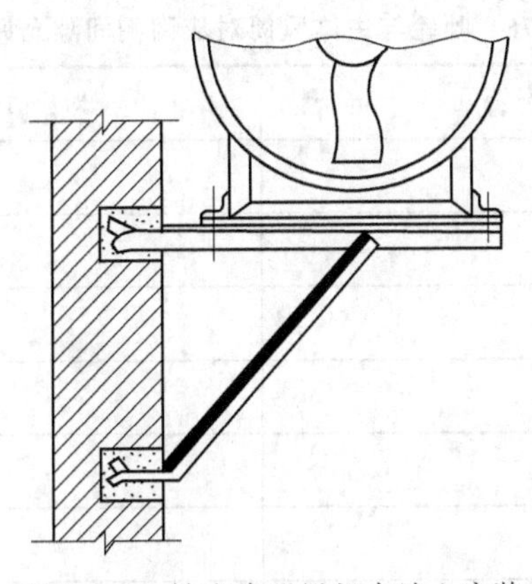

图 3-151 轴流式通风机在墙上安装

轴流式通风机在墙洞内安装如图 3-152 所示。

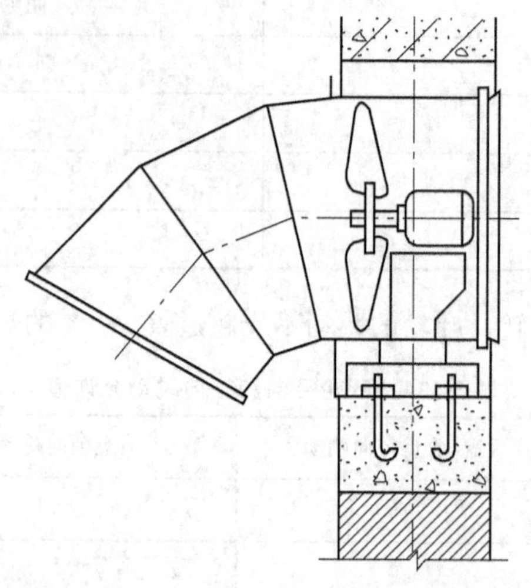

图 3-152　轴流式通风机在墙洞内安装

轴流式通风机在钢窗上安装如图 3-153 所示。

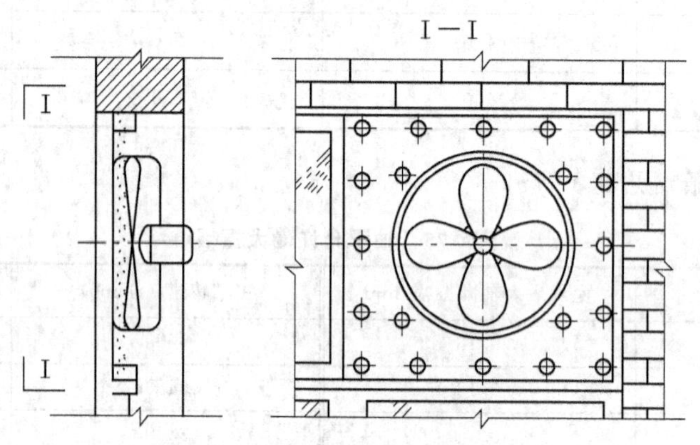

图 3-153　轴流式通风机在钢窗上安装

叶轮与主体风筒对应两侧间隙允许偏差见表 3-176。

表 3-176　叶轮与主体风筒对应两侧间隙允许偏差　　单位：mm

叶轮直径	对应两侧半径间隙之差不应超过
≤600	0.5
600～1200	1
1200～2000	1.5
2000～3000	2
3000～5000	3.5
5000～8000	5
>8000	6.5

3.2.8.3 除尘器安装

（1）除尘器支架（座）安装　在砖墙上安装支架如图 3-154 所示。

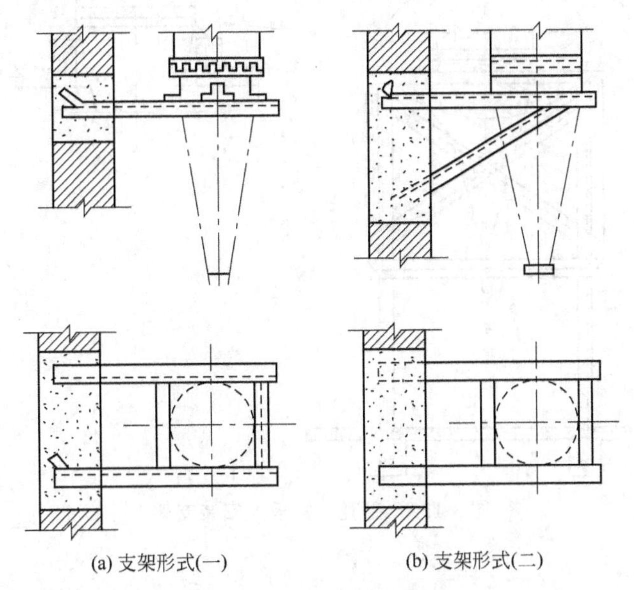

(a) 支架形式(一)　　(b) 支架形式(二)

图 3-154　墙上安装支架

在混凝土及钢柱上安装支架如图 3-155 所示。

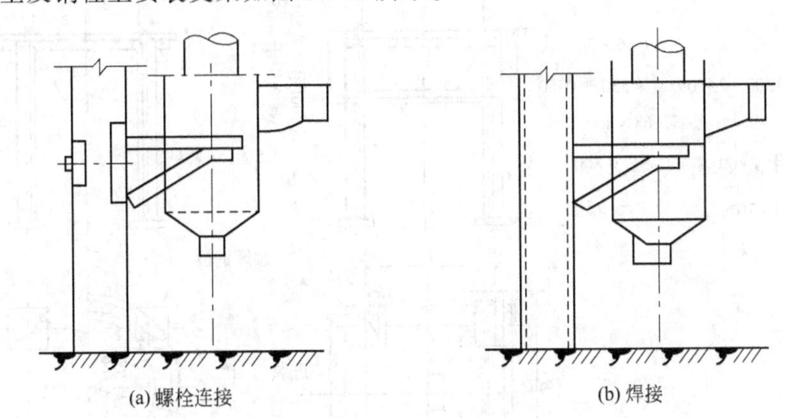

(a) 螺栓连接　　(b) 焊接

图 3-155　柱上安装支架

混凝土楼板上安装支架如图 3-156 所示。

地面上安装钢支架如图 3-157 所示。

（2）除尘器安装施工　除尘器安装允许偏差和检验方法见表 3-177。

表 3-177　除尘器安装允许偏差和检验方法

项目		允许偏差/mm	检验方法
平面位移		≤10	用经纬仪或拉线、尺量检查
标高		±10	用水准仪、直尺、拉线和尺量检查
垂直度	每米	≤2	吊线和尺量检查
	总偏差	≤10	

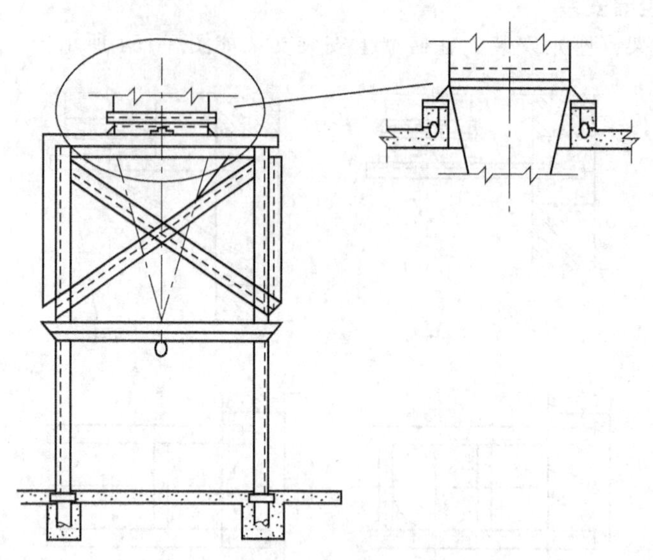

图 3-156　混凝土楼板上安装支架

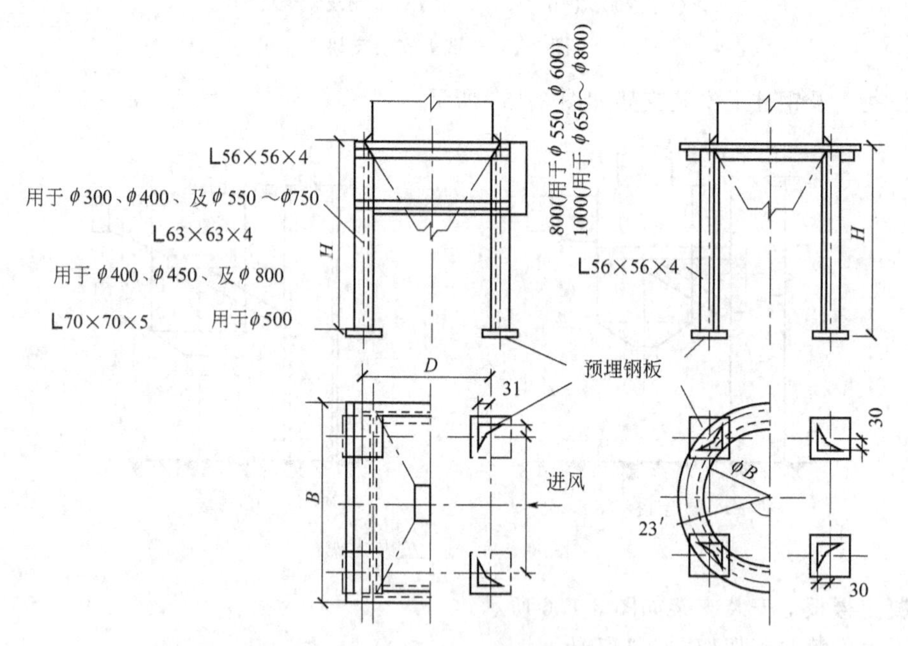

图 3-157　地面上安装钢支架

H—钢支架高度；*B*—钢支架宽度；*D*—钢支架间距

3.2.8.4　空气处理室安装

钢板挡水板的安装如图 3-158 所示。

分层组装挡水板排水装置如图 3-159 所示。

为了调节经过空气加热器送入室内的空气温度，一般设有旁通阀，如图 3-160 所示。

3.2.8.5　空气过滤器安装

顶紧法能在洁净室内安装和更换高效过滤器，其安装方法如图 3-161 所示。

压紧法只能在吊顶内或技术夹层内安装和更换高效过滤器，其安装方法如图 3-162 所示。

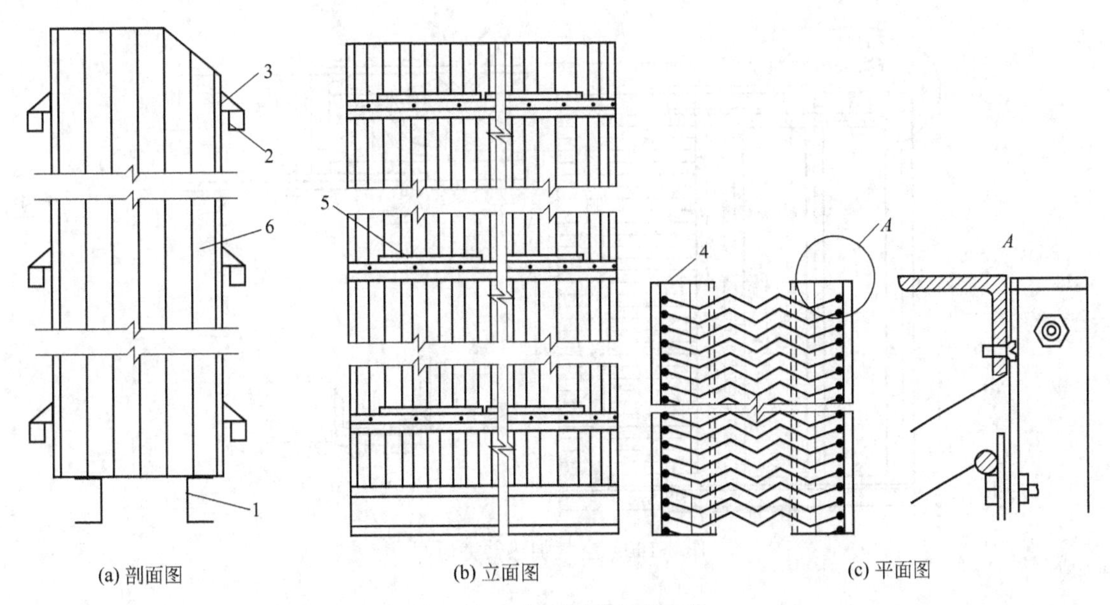

图 3-158 钢板挡水板的安装

1—槽钢支座；2—短角钢；3—支撑角钢；4—边框角钢；5—连接板；6—挡水板

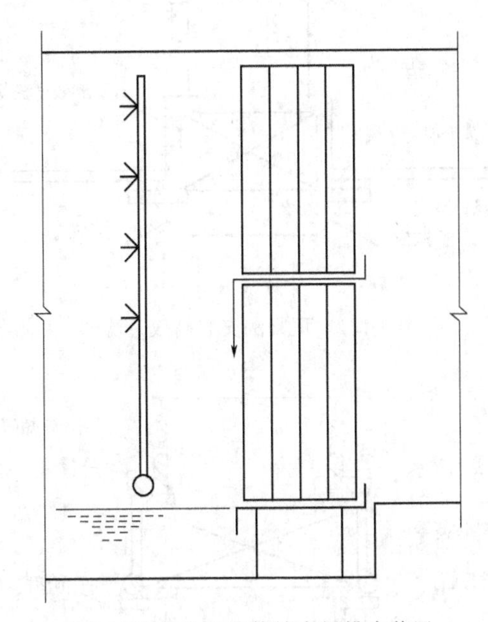

图 3-159 分层组装挡水板排水装置

过滤器与框架采用双环密封时，不要把环腔上的孔眼堵住。双环密封和负压密封都必须保持负压管道畅通，双环密封条如图 3-163 所示。

液槽密封的装置是用铝合金板压制成二通、三通、四通沟槽连接件，用螺钉连接装配组成一体，如图 3-164 所示。

刀架式高效过滤器安装时，可将其浸插在密封槽内，其安装形式如图 3-165 所示。

3.2.8.6 空气净化设备安装

(1) 空气吹淋室安装 空气吹淋室是由顶箱、内外门、侧箱、底座、风机、电加热器、高效过滤器、喷嘴、回风口、预滤器及电器控制元件等组成，如图 3-166 所示。

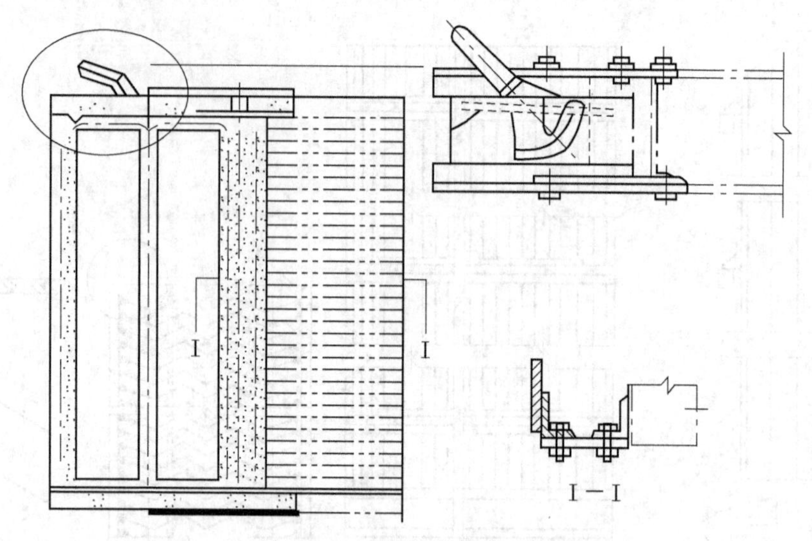

图 3-160　空气加热器旁通阀

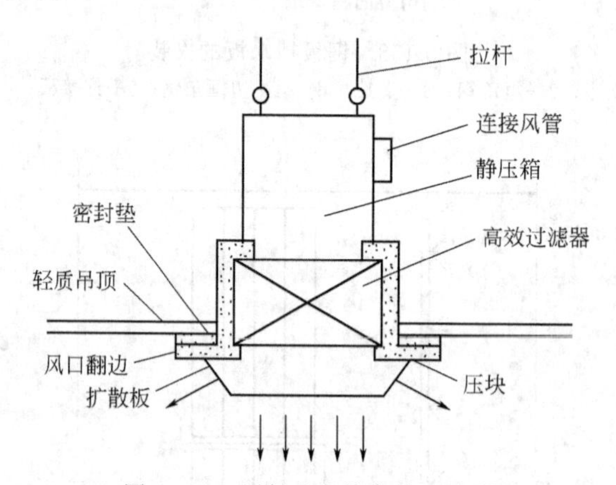

图 3-161　顶紧法安装高效过滤器

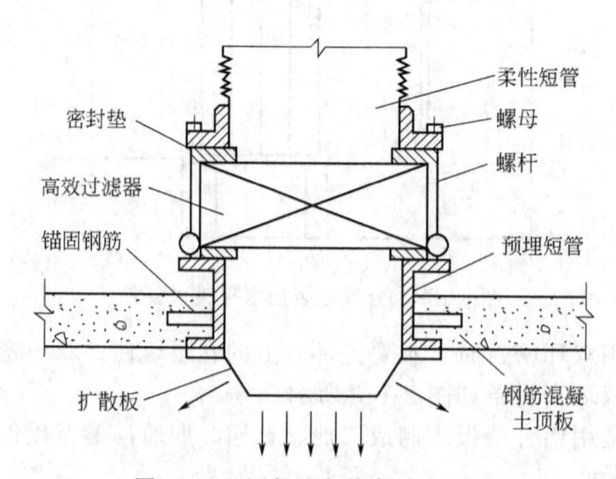

图 3-162　压紧法安装高效过滤器

(2) 洁净工作台的安装　洁净工作台构造示意图如图 3-167 所示。

(3) 生物安全柜的安装　Ⅰ级安全柜供给操作区的空气来自室内，适用于医院做一般的生化和血清检验等洁净场合，如图 3-168 所示。

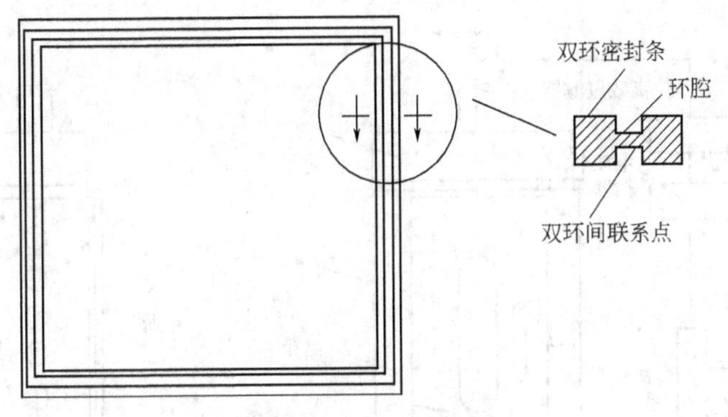

图 3-163　双环密封条

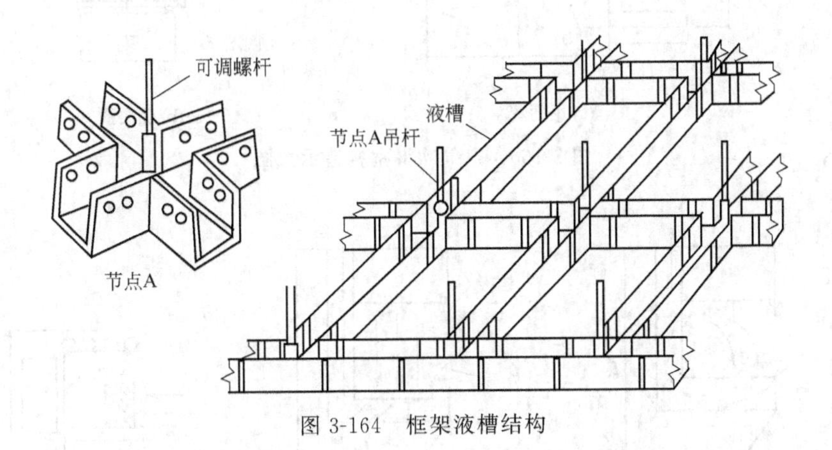

图 3-164　框架液槽结构

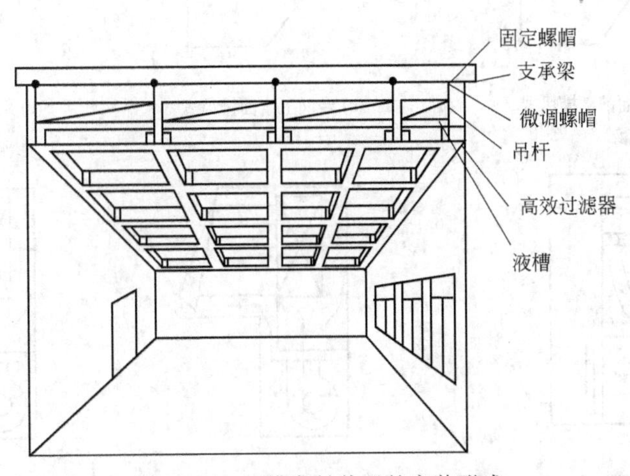

图 3-165　液槽密封装置的安装形式

Ⅱ-A 级安全柜和Ⅰ级安全柜相似，所不同的是在操作区内侧通过高效过滤器送出垂直向下的洁净空气，由于安全柜内有部分循环空气，不适用于操作危险程度高的场合，如图 3-169 所示。

Ⅱ-B 级安全柜与Ⅱ-A 级相比，有更高的安全度，适用处理更危险的病原体和化学物质，排风必须排至室外，排风管道采用密封式连接，如图 3-170 所示。

Ⅲ级安全柜适用于病原病毒、病原细菌、病原寄生虫及重组遗传基因等实验具有最高危

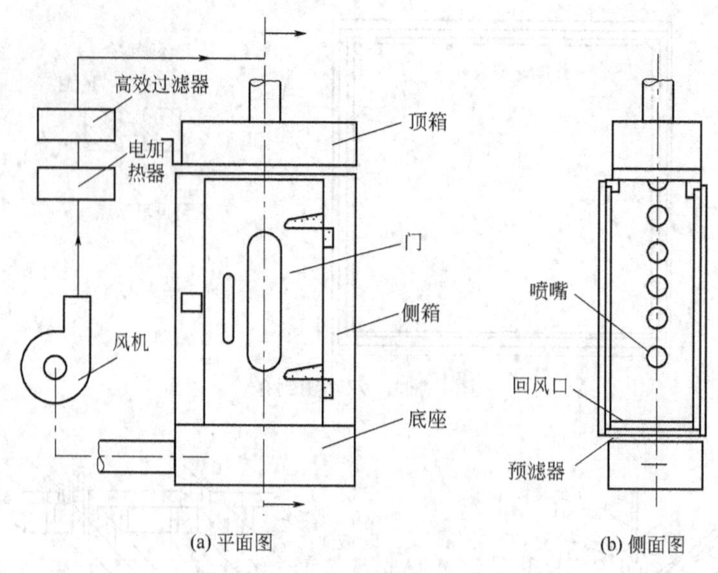

图 3-166　空气吹淋室构造示意图

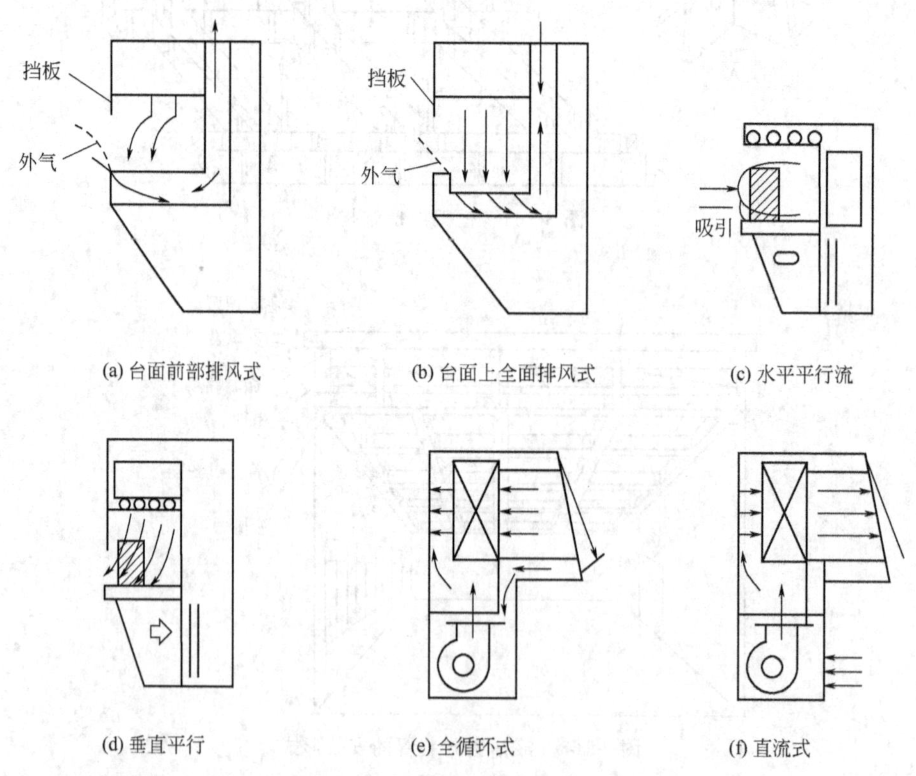

图 3-167　洁净工作台构造示意图

险度的操作。操作人员是通过完全密闭的负压柜体内的长手套（橡胶）进行操作，安全柜有单体和系列形式之分，图 3-171 为单体型的Ⅲ级安全柜的示意图。

（4）风口机组安装　风口机组有管道型和循环型两种，如图 3-172 和图 3-173 所示。其连接方式如图 3-174、图 3-175 所示。

（5）高效过滤器送风口安装　高效过滤器送风口的安装尺寸见表 3-178。

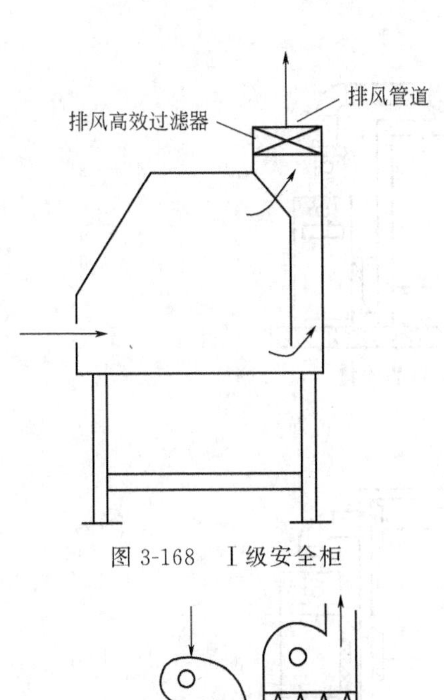

图 3-168　Ⅰ级安全柜

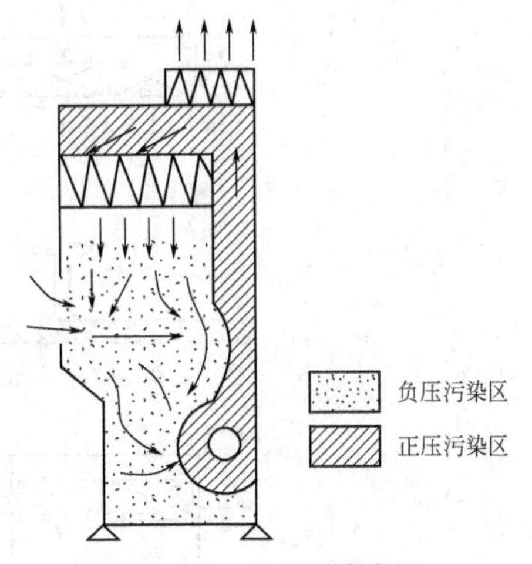

图 3-169　Ⅱ-A 级安全柜

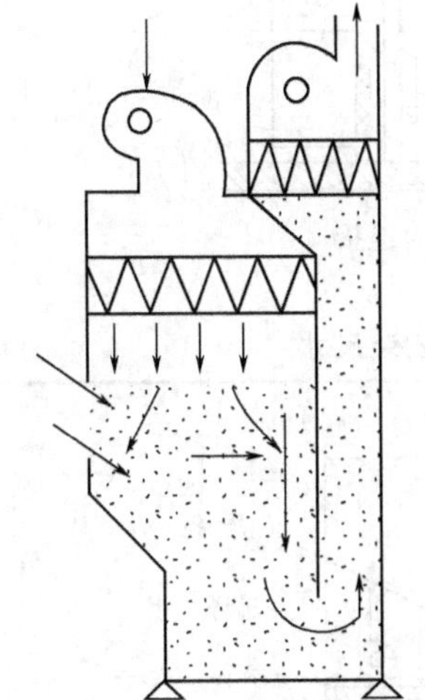

图 3-170　Ⅱ-B 级安全柜

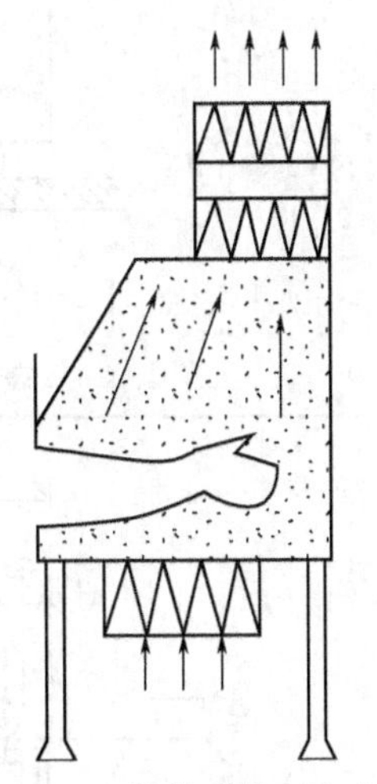

图 3-171　单体型Ⅲ级安全柜

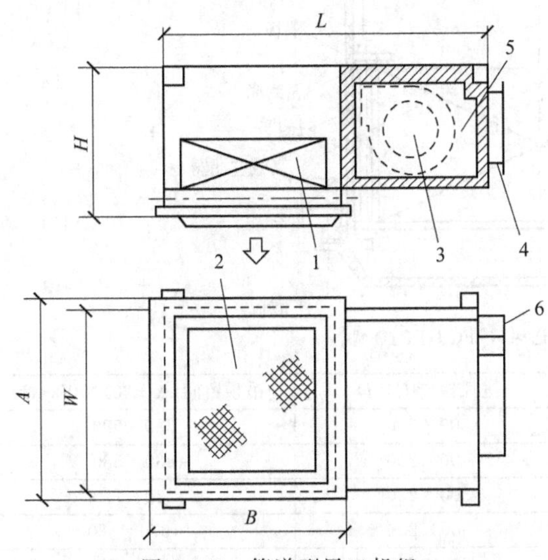

图 3-172　管道型风口机组

1—末级过滤器；2—扩散板送风口；3—风机；4—连接管；5—风机检查孔；6—电源盒

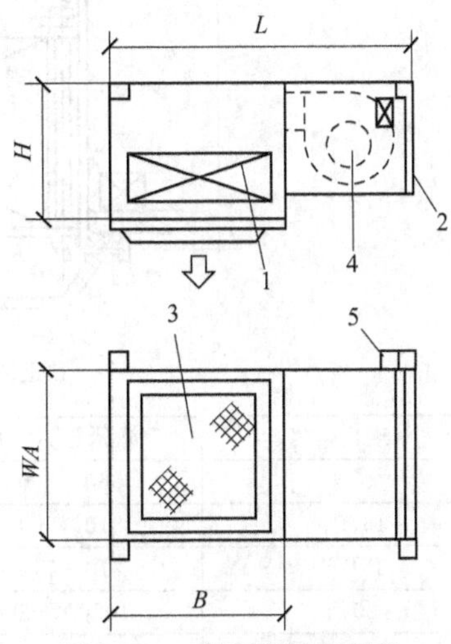

图 3-173　循环型风口机组

1—末级过滤器；2—预过滤器；3—扩散板送风口；4—风机；5—电源盒

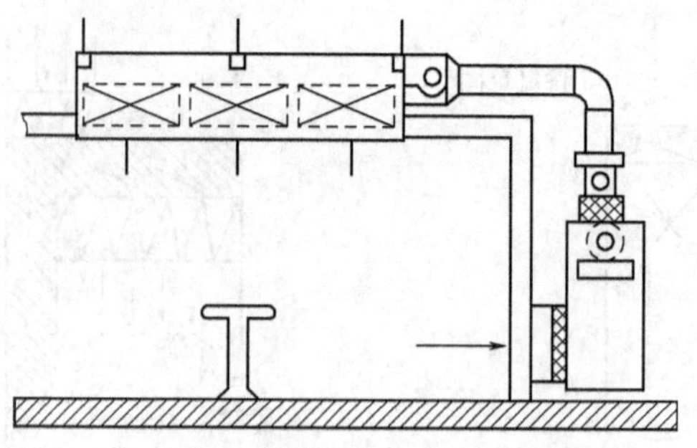

图 3-174　管道型风口机组的连接

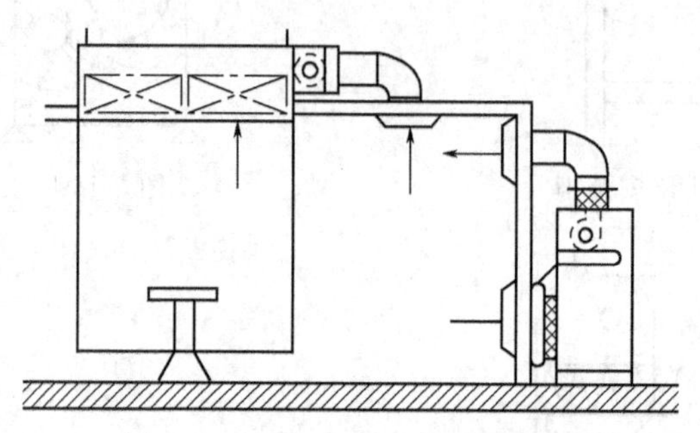

图 3-175　循环型风口机组的连接

表 3-178　高效过滤器送风口安装尺寸　　单位：mm

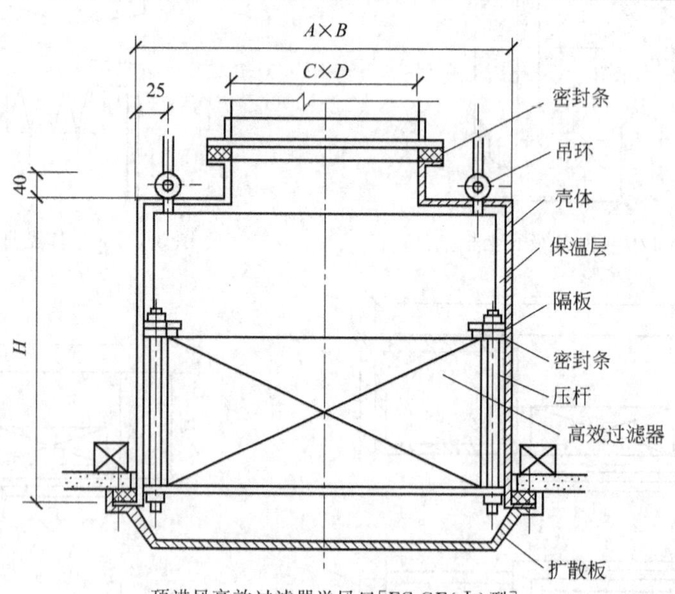

顶进风高效过滤器送风口[FC-GF(Ⅰ)型]

规格	静压箱 $A\times B\times H$	进风短管 $C\times D$	吊顶留洞$(A+20)\times(B+20)$
10	560×560×450	300×200	580×580
15A	810×560×450	400×200	830×580
15B	710×710×450	300×250	730×730
20	1050×560×450	500×200	1070×580
22	1050×710×450	500×250	1070×730
30	1340×710×450	630×250	1360×730

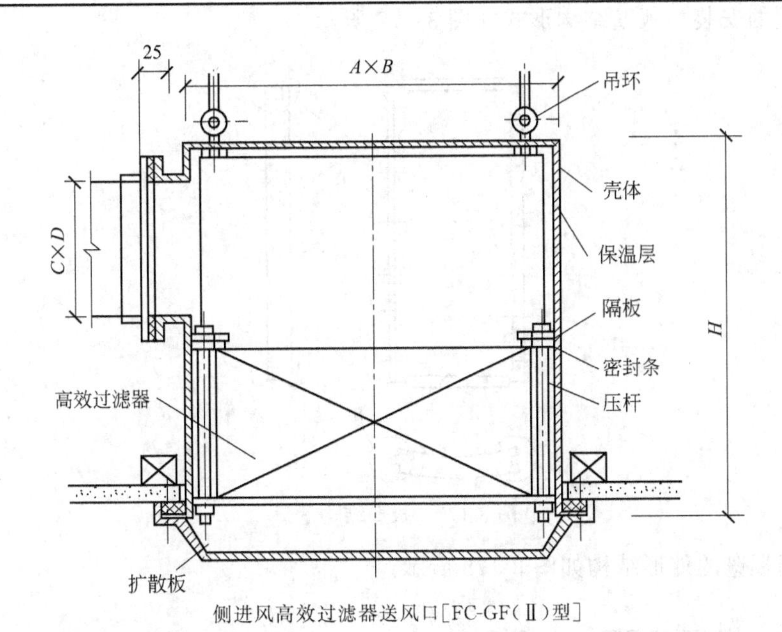

侧进风高效过滤器送风口[FC-GF(Ⅱ)型]

规格	静压箱 $A\times B\times H$	进风短管 $C\times D$	吊顶留洞$(A+20)\times(B+20)$
8	560×560×550	300×200	580×580
10A	660×660×550	300×200	680×680
10B	560×560×550	300×200	580×580
12	710×710×550	300×200	730×730
15A	810×560×550	400×250	830×580
15B	710×710×550	300×250	730×730
20	1050×560×550	500×250	1070×580

注：此种风口为下装式，可在洁净室内安装和更换过滤器。

回风口封边后的效果如图 3-176 所示，其中，图 3-176(a) 适合于安装自带粗效过滤层的回风百叶风口，安装后的效果如图 3-176(c)。图 3-176(b) 适合于安装不带粗效过滤层的回风口，过滤层可在现场制作安装，如图 3-176(d) 所示。在回风口正面不宜拧固定螺栓，最好在其内侧面钻孔拧自攻螺栓，这样能保证回风口正面的美观，如图 3-176(c)、(d) 所示。

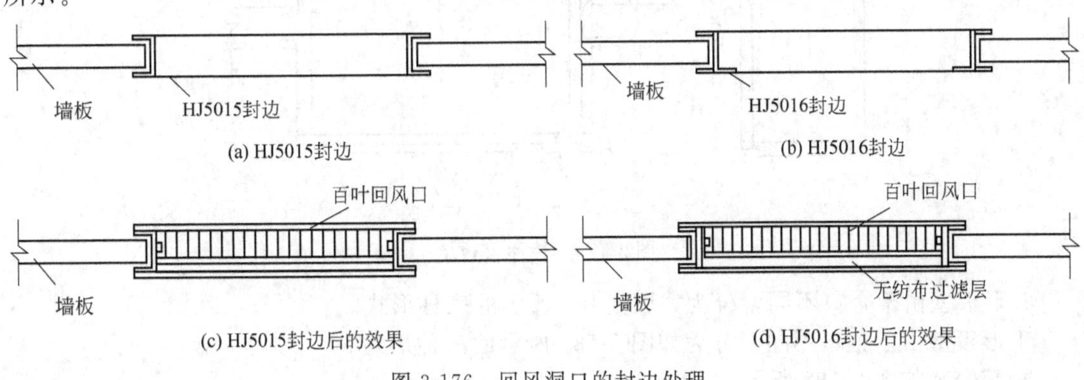

图 3-176 回风洞口的封边处理

3.2.8.7 装配式洁净室安装

(1) 板壁的安装　板壁结构形式如图 3-177 所示。

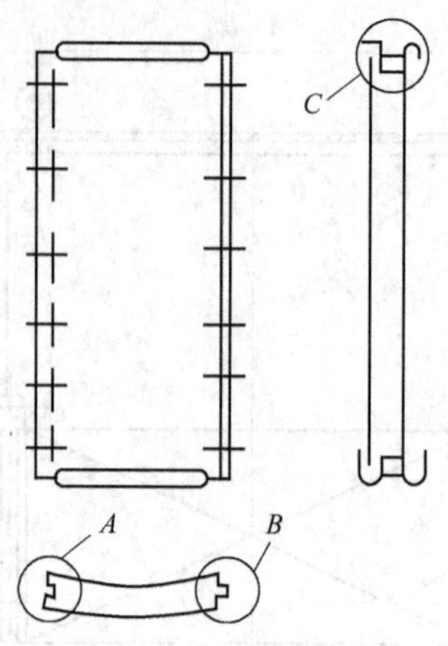

图 3-177　板壁结构示意

双层玻璃板壁的外形结构如图 3-178 所示。

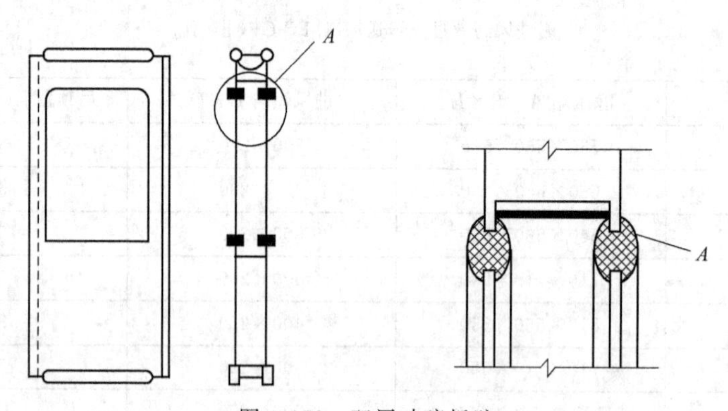

图 3-178　双层玻璃板壁

传递窗板壁的外形结构如图 3-179 所示。

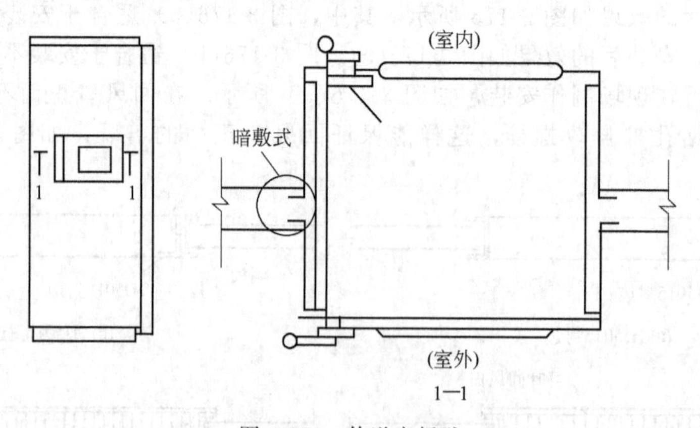

图 3-179　传递窗板壁

L 形板壁由于企口不同，分为如图 3-180 所示的三种形式。

T 形板壁由于企口不同，分为如图 3-181 所示的三种形式。

板壁安装如图 3-182 所示。

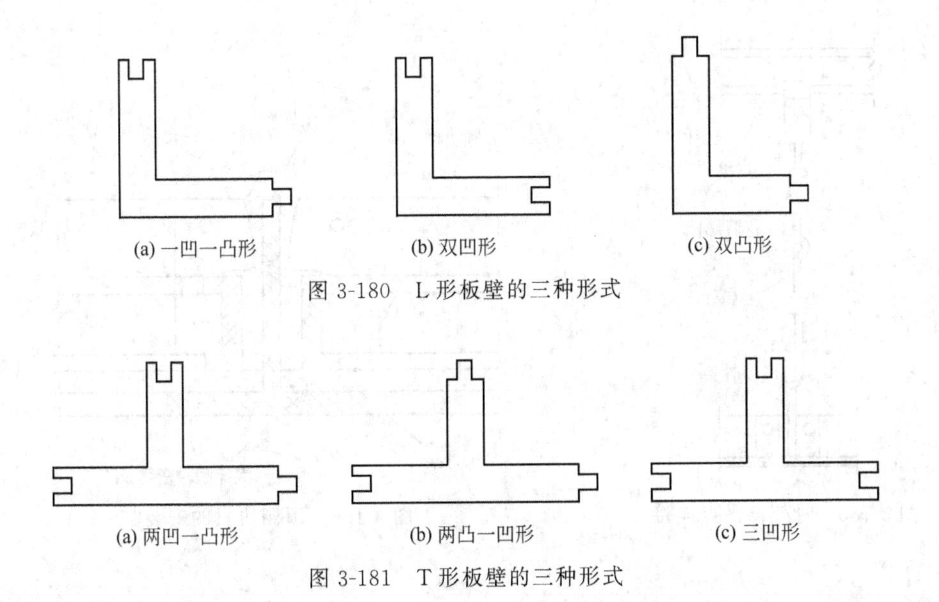

图 3-180　L 形板壁的三种形式

图 3-181　T 形板壁的三种形式

图 3-182　板壁安装示意图

(2) 顶棚的安装　骨架与周边板壁连接和十字形板与骨架连接方法如图 3-183 和图 3-184所示。

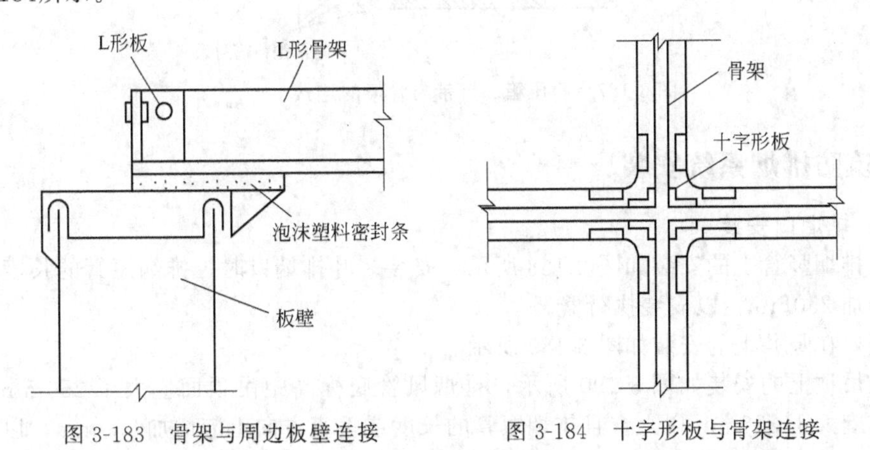

图 3-183　骨架与周边板壁连接　　图 3-184　十字形板与骨架连接

骨架与吊点连接如图 3-185 所示。顶棚块材的安装如图 3-186 所示。

静压箱、灯带与骨架的连接如图 3-187 所示。

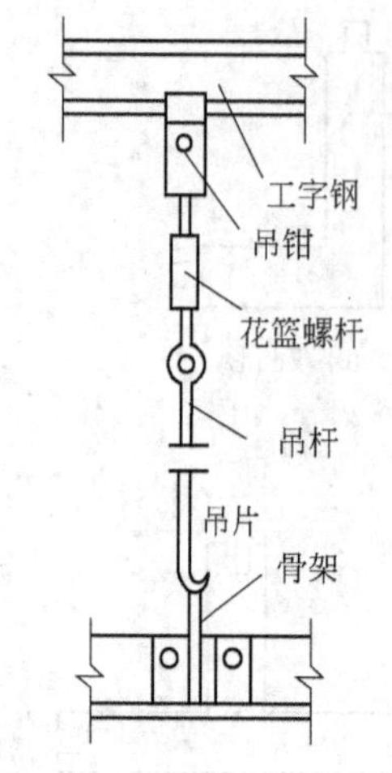

图 3-185 骨架与吊点连接

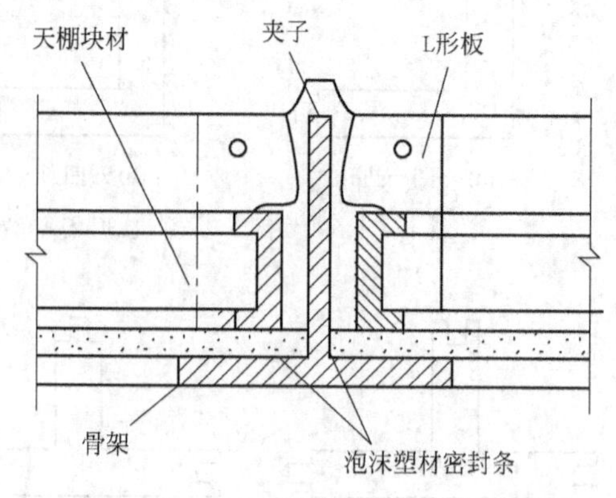

图 3-186 顶棚块材的安装

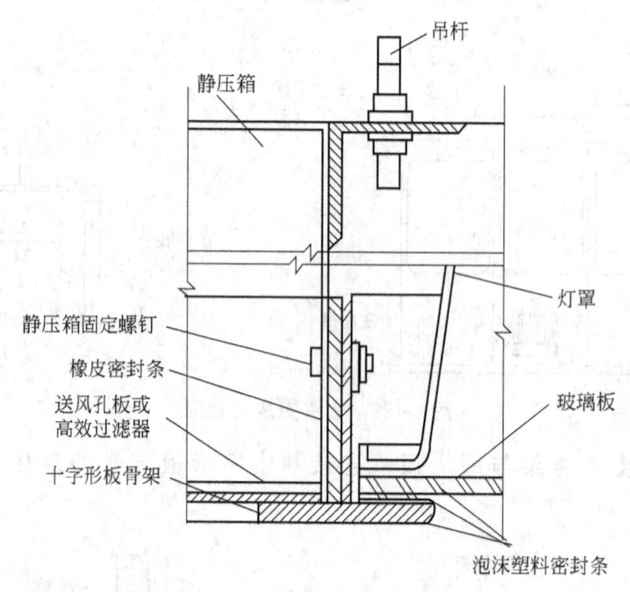

图 3-187 静压箱、灯带与骨架的连接

3.2.9 建筑防排烟系统安装

3.2.9.1 排烟口安装

排烟口在排烟竖管上的安装如图 3-188 所示，安装多叶排烟口时，排烟短管的长度或垂直方向上应增加 250mm，以安装执行器。

板式排烟口在竖井上的安装如图 3-189 所示。

排烟口在吊顶上的安装如图 3-190 所示，排烟风管底标高距吊顶面应大于 250mm，如为多叶排烟口应大于 320mm 以上。且排烟短管的长度或垂直方向上应增加 250mm，以安装执行器。

3.2.9.2 防火、排烟阀安装

防火、排烟阀的吊架安装如图 3-191 所示；防火、排烟阀的吊耳安装如图 3-192 所示。

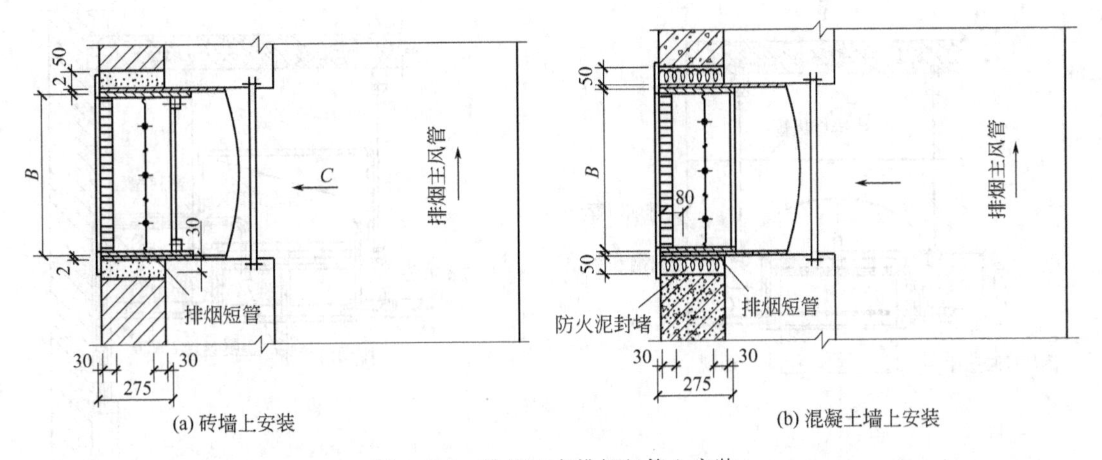

图 3-188　排烟口在排烟竖管上安装

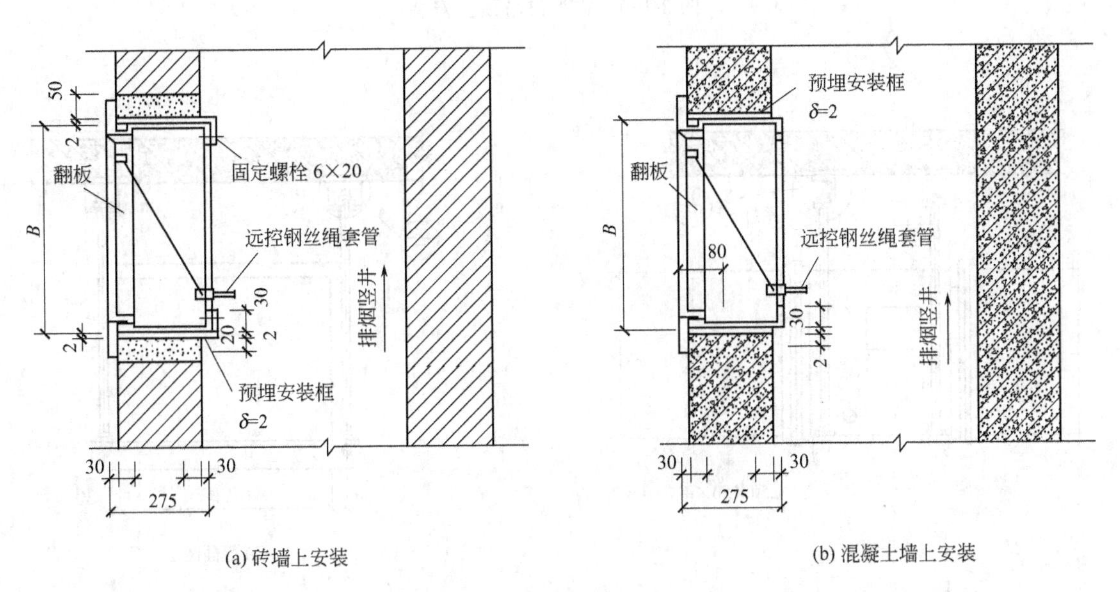

图 3-189　板式排烟口竖井上安装

3.2.9.3　防火、排烟风口安装

防火、排烟风口安装如图 3-193 所示。防火、排烟风口的铝合金百叶可以拆卸，安装时，取下百叶风口，用拉铆钉或自攻螺钉将阀体固定在连接法兰上，然后将百叶风口安装就位。

3.2.9.4　防火、排烟阀风管安装

装有防火、排烟阀的水平风管穿越变形缝和防火墙的做法如图 3-194、图 3-195 所示。

装有防火、排烟阀的风管穿越楼板的做法如图 3-196、图 3-197 所示。

3.2.9.5　防火、排烟阀与风管的连接

防火、排烟阀与金属风管、无机玻璃钢风管均采用法兰连接，如图 3-198 所示，其中，与金属风管连接的法兰、螺栓及铆钉规格见表 3-179，与无机玻璃钢组合型风管的法兰、螺栓规格见表 3-180，与无机玻璃钢组整体型风管的法兰、螺栓规格见表 3-181。

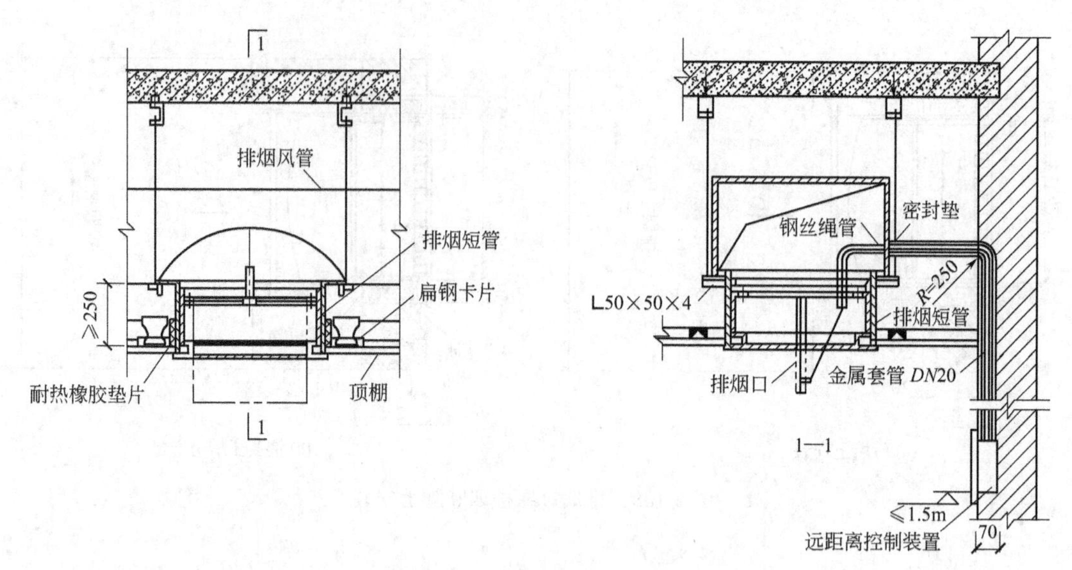

图 3-190　排烟口吊顶上安装

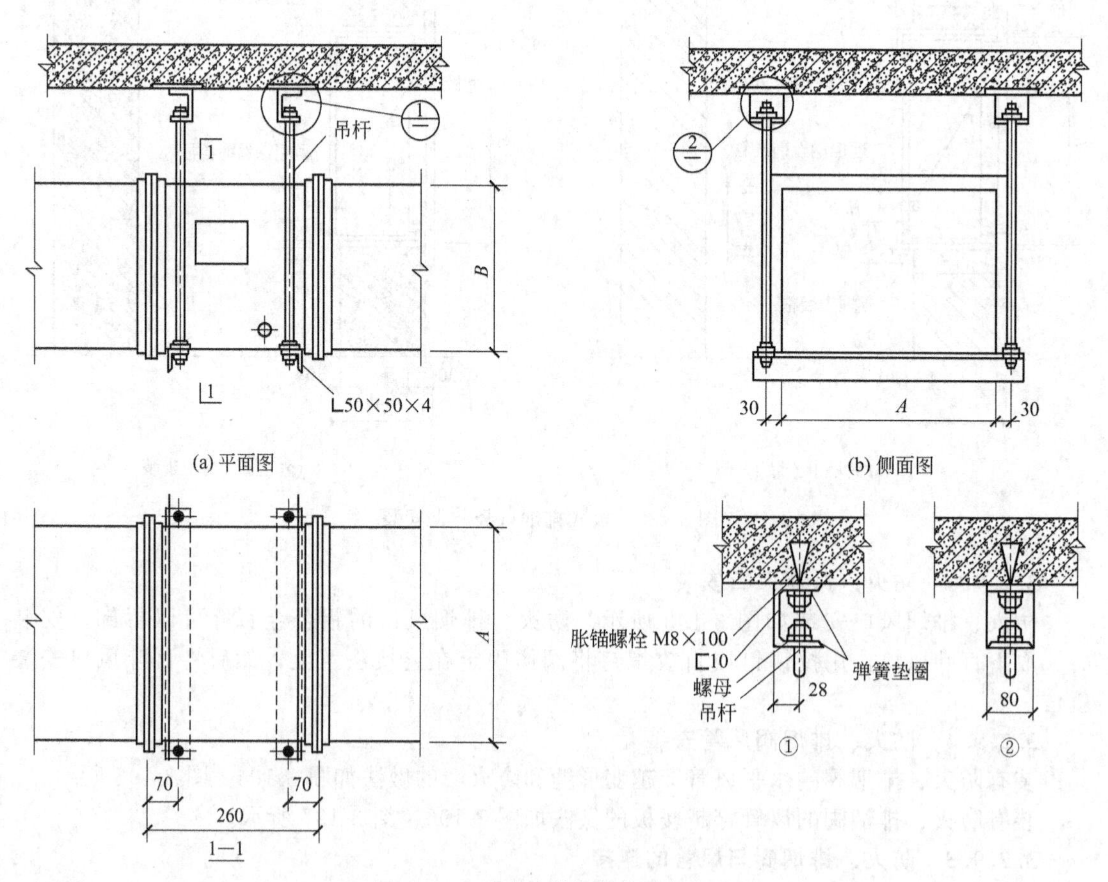

图 3-191　防火、排烟阀的吊架安装

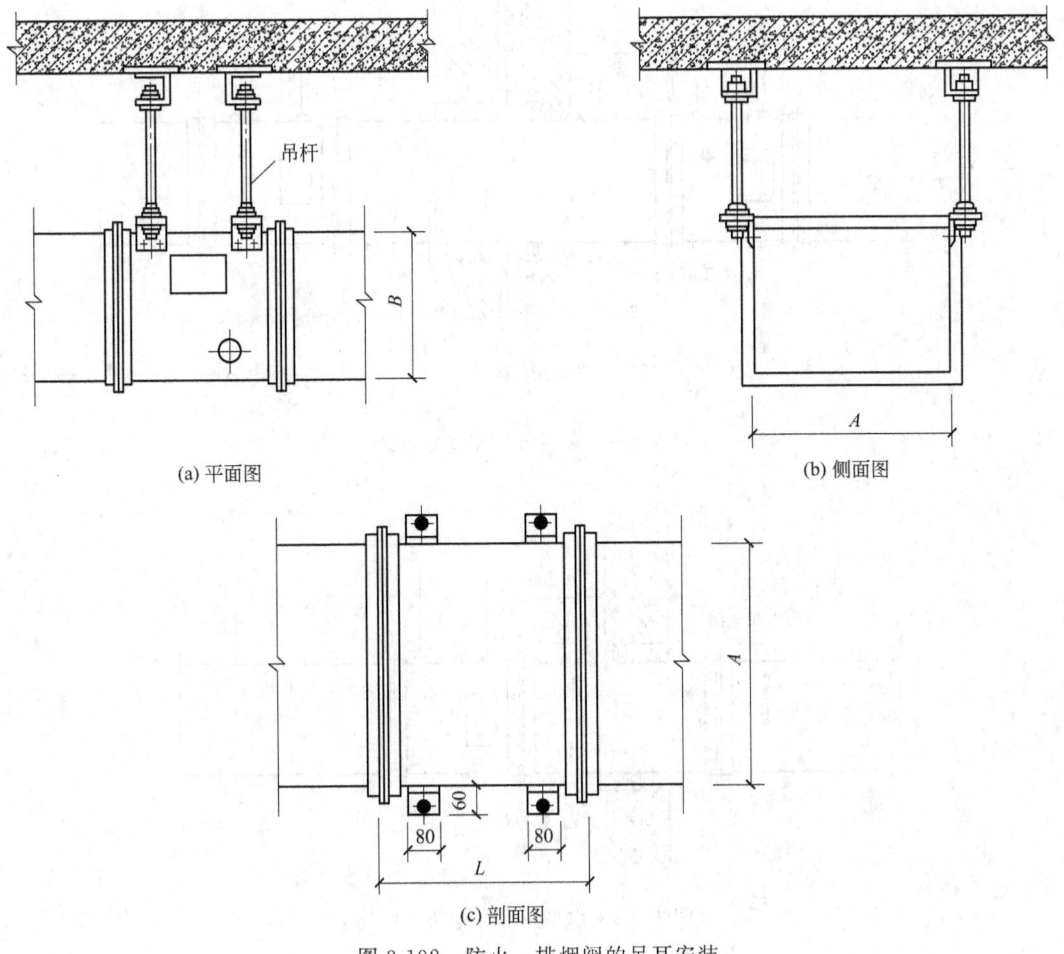

图 3-192　防火、排烟阀的吊耳安装

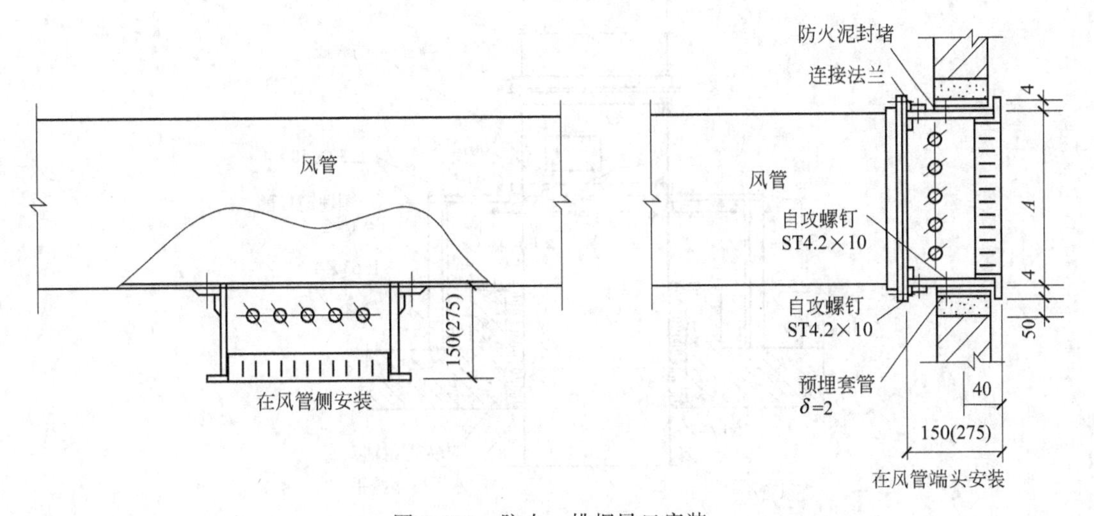

图 3-193　防火、排烟风口安装

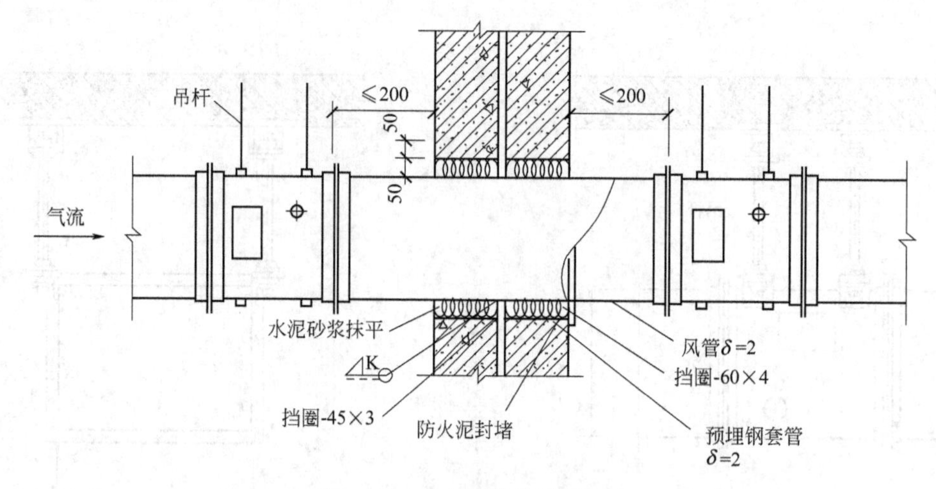

图 3-194 水平风管穿越变形缝

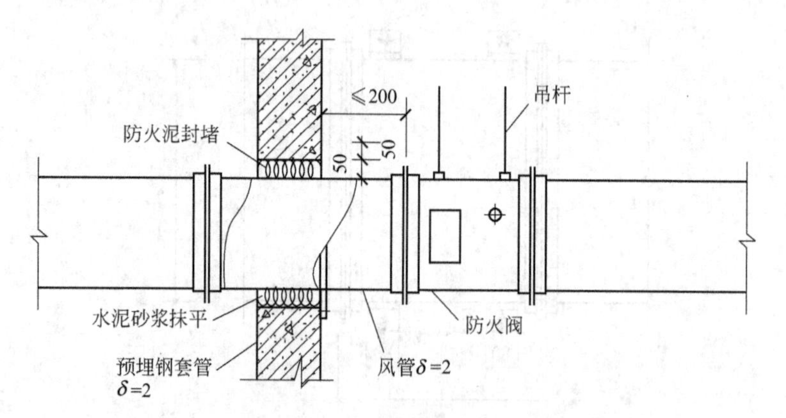

图 3-195 水平风管穿越防火墙

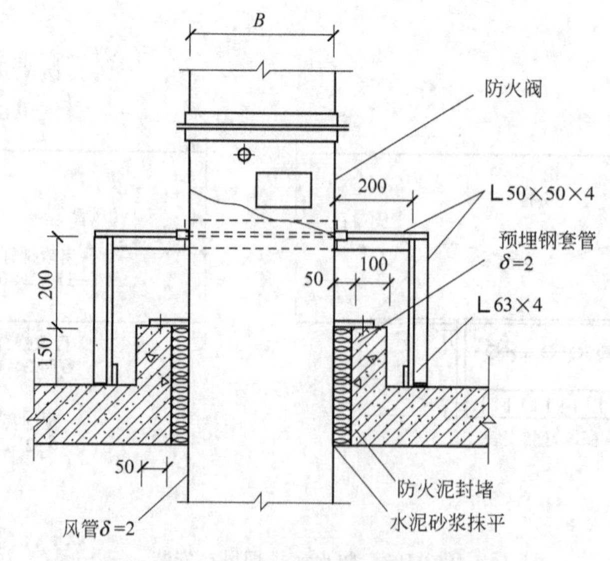

图 3-196 防火、排烟阀楼板上安装

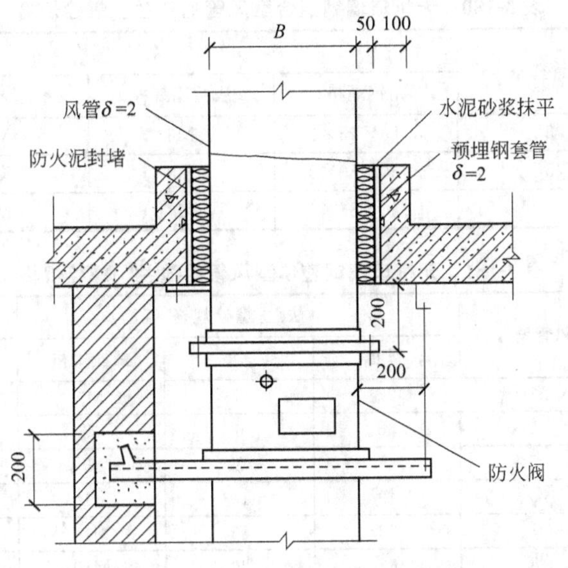

图 3-197 防火、排烟阀楼板下安装

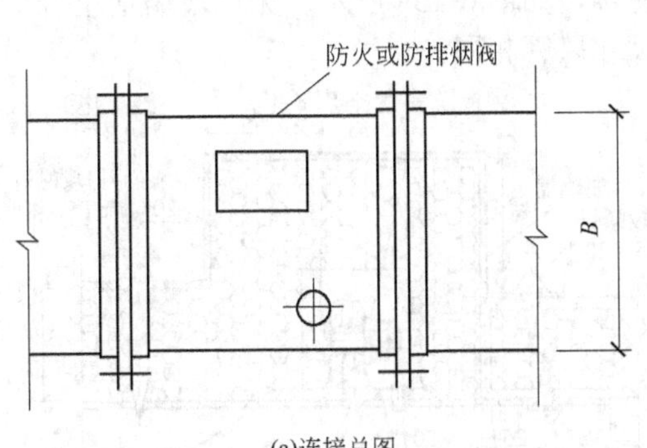

(a)连接总图

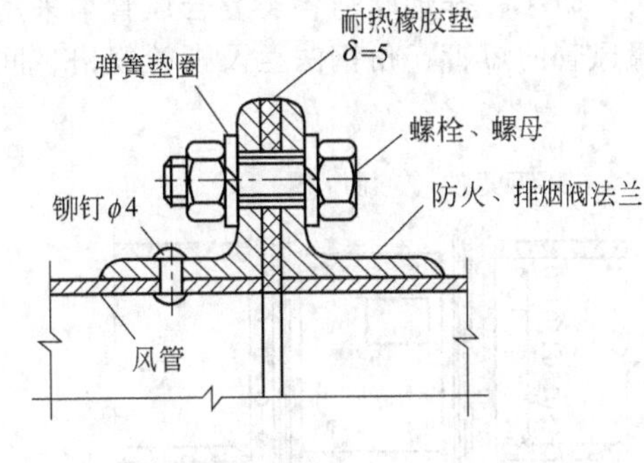

(b)与金属风管连接大样

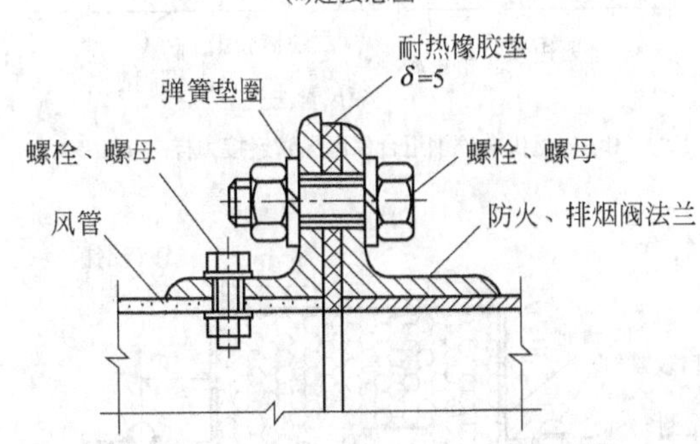

(c)与无机玻璃钢组合型风管连接大样

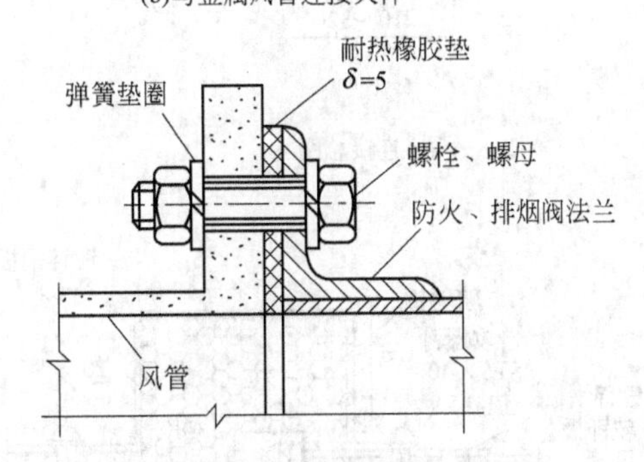

(d)与无机玻璃钢整体型风管连接大样

图 3-198 防火、排烟阀与金属风管、无机玻璃钢风管的连接

表 3-179 金属风管连接的法兰、螺栓及铆钉规格 单位：mm

风管边长 b 或直径 D	角钢规格	螺栓规格	铆钉规格	螺栓及铆钉间距	
				低、中压风管	排烟风管
$b(D)\leqslant630$	∟ 25×25×3	M6	ϕ 4	≤150	≤100
$630<b(D)\leqslant1250$	∟ 30×30×3	M8	ϕ 4	≤150	≤100
$1250<b(D)\leqslant2000$	∟ 40×40×4	M8	ϕ 4	≤150	≤100

表 3-180　无机玻璃钢组合型风管的法兰、螺栓规格　　单位：mm

风管边长 b	风管壁厚	法兰、螺栓规格			
		角钢规格	法兰用螺栓	风管壁螺栓	螺栓间距
$b\leqslant 630$	5	∟25×25×3	M6	M4	≤150
$b\leqslant 1250$	5	∟30×30×3	M8	M4	≤150
$b>1250$		∟36×36×4	M8	M4	≤150

表 3-181　无机玻璃钢整体型风管的法兰、螺栓规格　　单位：mm

风管边长 b 或直径 D	风管壁厚	法兰、螺栓规格			螺栓间距	
		高度	厚度	螺栓规格	排烟风管	低、中压风管
$b(D)\leqslant 300$	3	27	5	M6	≤100	≤120
$300<b(D)\leqslant 500$	4	36	6	M8	≤100	≤120
$500<b(D)\leqslant 1000$	5	45	8	M8	≤100	≤120
$1000<b(D)\leqslant 1500$	6	49	10	M10	≤100	≤120
$1500<b(D)\leqslant 2000$	7	53	15	M10	≤100	≤120
$b(D)>2000$	8	62	20	M10	≤100	≤120

防火、排烟阀与各类复合风管均采用法兰式连接，如图 3-199 所示。无机玻璃钢组合保温风管的短管、角钢法兰及螺栓规格、间距与同尺寸风管相同。

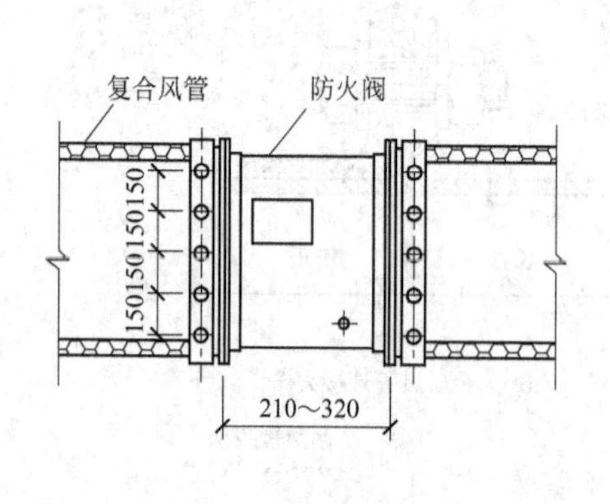

(a) 连接总图

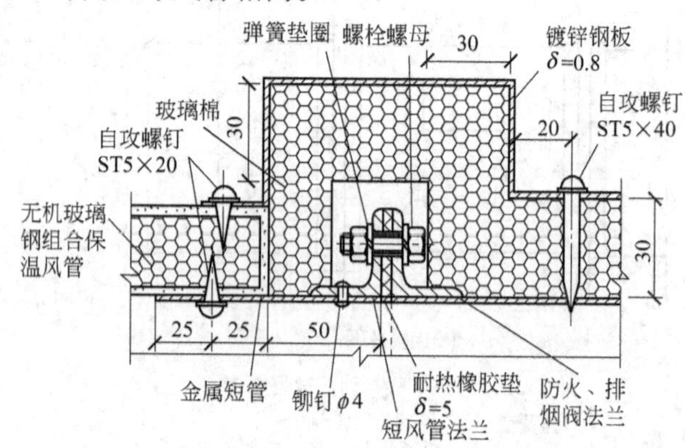

(b) 与无机玻璃钢组合保温风管连接大样

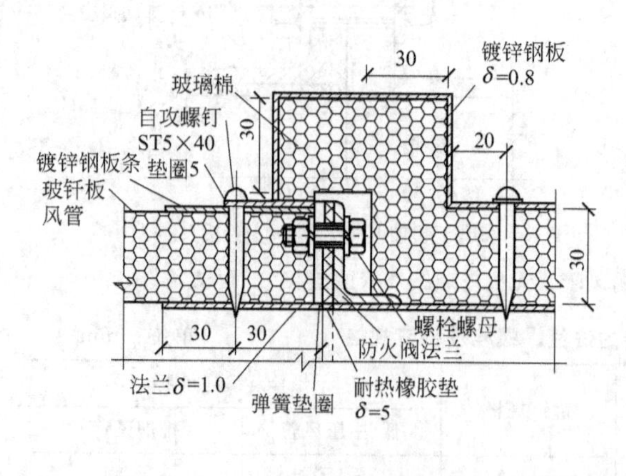

(c) 与玻纤板风管连接大样

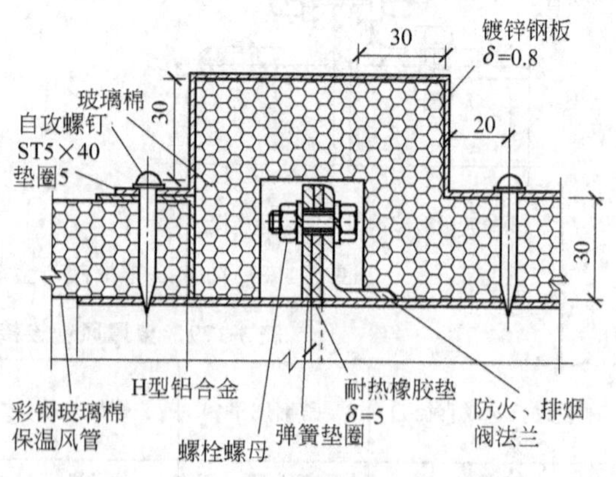

(d) 与彩钢保温风管连接大样

图 3-199　防火、排烟阀与各类复合风管的连接

3.2.10 空调水系统安装

3.2.10.1 管道连接

管道穿越结构变形缝处应设置金属柔性短管，如图 3-200、图 3-201 所示。

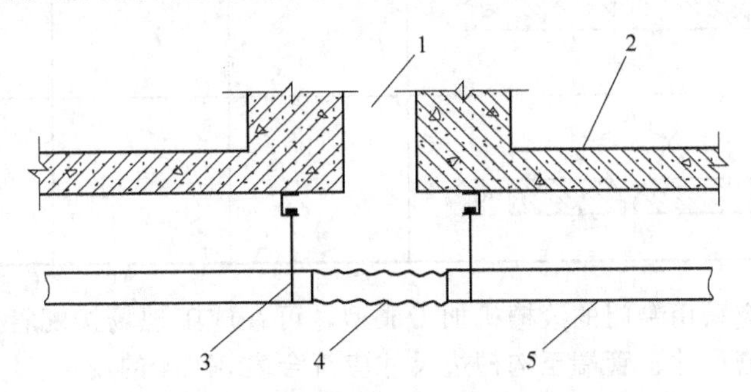

图 3-200 水管过结构变形缝空间安装示意

1—结构变形缝；2—楼板；3—吊架；4—金属柔性短管；5—水管

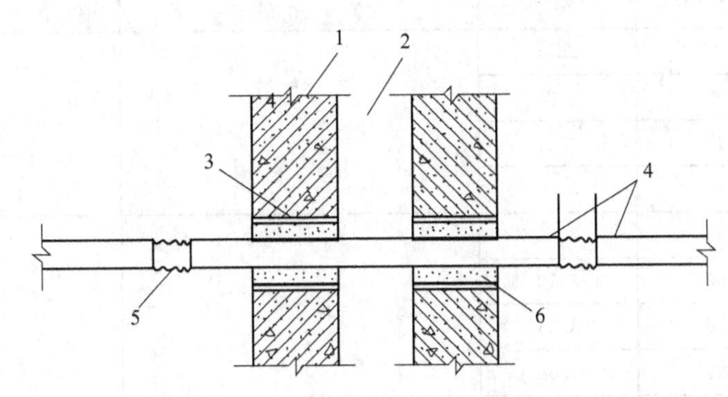

图 3-201 水管过结构变形缝墙体安装示意

1—墙体；2—变形缝；3—套管；4—水管；5—金属柔性短管；6—填充柔性材料

管道坡口应表面整齐、光洁，不合格的管口不应进行对口焊接；管道对口形式和组对要求应符合表 3-182 和表 3-183 的规定。

表 3-182 手工电弧焊对口形式及组对要求

接头名称	对口形式	接头尺寸/mm			
		壁厚 δ	间隙 C	钝边 p	坡口角度 α/(°)
对接不开坡口		1～3	0～1.5	—	—
		3～6 双面焊	1～2.5		
对接 V 形坡口		6～9	0～2	0～2	65～75
		9～26	0～3	0～3	55～65
T 形坡口		2～30	0～2	—	—

表 3-183　氧-乙炔焊对口形式及组对要求

接头名称	对口形式	接头尺寸/mm			
		壁厚 δ	间隙 C	钝边 p	坡口角度 α/°
对接不开坡口	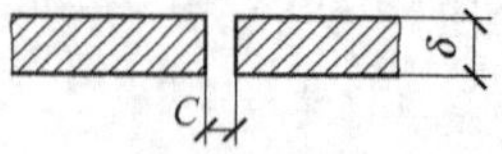	<3	1～2	—	—
对接 V 形坡口	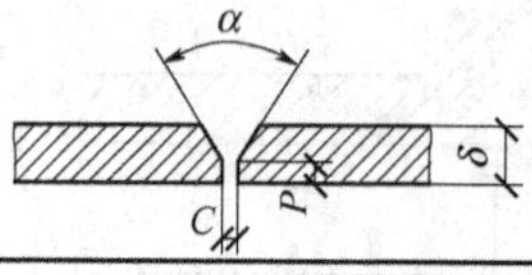	3～6	2～3	0.5～1.5	70～90

沟槽式管街头应采用专门的滚槽机加工成型，可在施工现场按配管长度进行沟槽加工。钢管最小壁厚、沟槽尺寸、管端至沟槽边尺寸应符合表 3-184 的规定。

表 3-184　钢管最小壁厚和沟槽尺寸

单位：mm

<table>
<tr><th>公称直径</th><th>钢管外径</th><th>最小壁厚</th><th>管端至沟槽边尺寸
（偏差−0.5～0）</th><th>沟槽宽度
（偏差 0～0.5）</th><th>沟槽深度
（偏差 0～0.5）</th></tr>
<tr><td>20</td><td>27</td><td>2.75</td><td rowspan="4">14</td><td rowspan="4">8</td><td>1.5</td></tr>
<tr><td>25</td><td>33</td><td>3.25</td><td rowspan="3">1.8</td></tr>
<tr><td>32</td><td>43</td><td>3.25</td></tr>
<tr><td>40</td><td>48</td><td>3.50</td></tr>
<tr><td>50</td><td>57</td><td>3.50</td><td rowspan="4">14.5</td><td rowspan="19">13</td><td rowspan="11">2.2</td></tr>
<tr><td>50</td><td>60</td><td>3.50</td></tr>
<tr><td>65</td><td>76</td><td>3.75</td></tr>
<tr><td>80</td><td>89</td><td>4.00</td></tr>
<tr><td>100</td><td>108</td><td>4.00</td><td rowspan="7">16</td></tr>
<tr><td>100</td><td>114</td><td>4.00</td></tr>
<tr><td>125</td><td>133</td><td>4.50</td></tr>
<tr><td>125</td><td>140</td><td>4.50</td></tr>
<tr><td>150</td><td>159</td><td>4.50</td></tr>
<tr><td>150</td><td>165</td><td>4.50</td></tr>
<tr><td>150</td><td>168</td><td>4.50</td></tr>
<tr><td>200</td><td>219</td><td>6.00</td><td rowspan="3">19</td><td rowspan="3">2.5</td></tr>
<tr><td>250</td><td>273</td><td>6.50</td></tr>
<tr><td>300</td><td>325</td><td>7.50</td></tr>
<tr><td>350</td><td>377</td><td>9.00</td><td rowspan="5">25</td><td rowspan="5">5.5</td></tr>
<tr><td>400</td><td>426</td><td>9.00</td></tr>
<tr><td>450</td><td>480</td><td>9.00</td></tr>
<tr><td>500</td><td>530</td><td>9.00</td></tr>
<tr><td>600</td><td>630</td><td>9.00</td></tr>
</table>

现场滚槽加工时，管道应处在水平位置上，严禁管道出现纵向位移和角位移，不应损坏管道的镀锌层及内壁各种涂层或内衬层，沟槽加工时间不宜小于表 3-185 的规定。

表 3-185　加工 1 个沟槽的时间

公称直径 DN/mm	50	65	80	100	125	150	200	250	300	350	400	450	500	600
时间/min	2	2	2.5	2.5	3	3	4	5	6	7	8	10	12	16

3.2.10.2　管道安装

（1）工艺流程　空调水系统管道与附件安装应按下列工序进行，如图 3-202 所示。

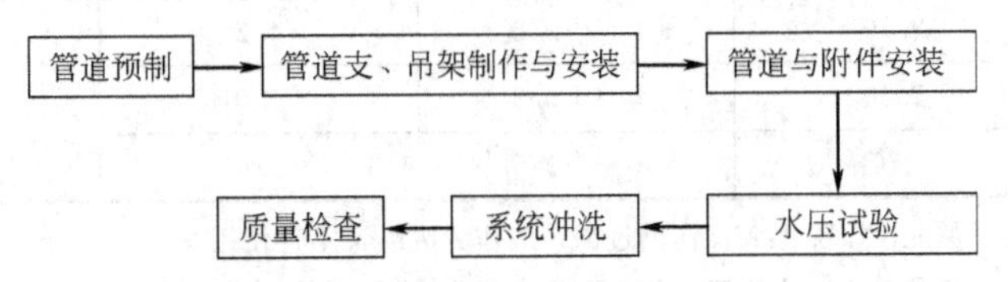

图 3-202　空调水系统管道与附件安装工序

（2）管道安装规定　管道安装的允许偏差和检验方法见表 3-186。

表 3-186　管道安装的允许偏差和检验方法

项目			允许偏差/mm	检验方法
坐标	架空及地沟	室外	25	按系统检查管道的起点、终点、分支点和变向点及各点之间的直管 用经纬仪、水准仪、液体连通器、水平仪、拉线和尺量检查
		室内	15	
	埋地		60	
标高	架空及地沟	室外	±20	
		室内	±15	
	埋地		±25	
水平管道平直度	DN≤100mm		$2L$‰，最大 40	用直尺、拉线和尺量检查
	DN>100mm		$3L$‰，最大 60	
立管垂直度			$5L$‰，最大 25	用直尺、线锤、拉线和尺量检查
成排管段间距			15	用直尺尺量检查
成排管段或成排阀门在同一平面上			3	用直尺、拉线和尺量检查

注：L——管道的有效长度，mm。

钢塑复合管螺纹连接深度及紧固扭矩见表 3-187。

表 3-187　钢塑复合管螺纹连接深度及紧固扭矩

公称直径/mm	螺纹连接		扭矩/(N·m)
	深度/mm	牙数	
15	11	6.0	40
20	13	6.5	60
25	15	7.0	100
32	17	7.5	120
40	18	8.0	150
50	20	9.0	200
65	23	10.0	250
80	27	11.5	300
100	33	13.5	400

沟槽式连接管道的沟槽及支、吊架的间距见表3-188。

表3-188 沟槽式连接管道的沟槽及支、吊架的间距

公称直径/mm	沟槽深度/mm	允许偏差/mm	支、吊架的间距/m	端面垂直度允许偏差/mm
65～100	2.20	0～+0.3	3.5	1.0
125～150	2.20	0～+0.3	4.2	1.5
200	2.50	0～+0.3	4.2	
225～250	2.50	0～+0.3	5.0	
300	3.0	0～+0.5	5.0	

注：1. 连接管端面应平整光滑、无毛刺；沟槽过深，应作为废品，不得使用。

2. 支、吊架不得支承在连接头上，水平管的任意两个连接头之间必须有支、吊架。

3.2.10.3 支吊架安装

钢管道支、吊架的最大间距见表3-189。

表3-189 钢管道支、吊架的最大间距

公称直径/mm	支架的最大间距/m		
	L_1	L_2	
15	1.5	2.5	对大于300mm的管道可参考300mm管道
20	2.0	3.0	
25	2.5	3.5	
32	2.5	4.0	
40	3.0	4.5	
50	3.5	5.0	
70	4.0	6.0	
80	5.0	6.5	
100	5.0	6.5	
125	5.5	7.5	
150	6.5	7.5	
200	7.5	9.0	
250	8.5	9.5	
300	9.5	10.5	

注：1. 适用于工作压力不大于2.0MPa，不保温或保温材料密度不大于200kg/m^{3}的管道系统。

2. L_1用于保温管道，L_2用于不保温管道。

墙上有预留孔洞的，可将支架横梁埋入墙内，如图3-203所示。

钢筋混凝土构件上的支架，浇注时要在各支架的位置预埋钢板，然后将支架横梁焊接在预埋钢板上，如图3-204所示。

用射钉安装的支架如图3-205所示。用膨胀螺栓安装的支架如图3-206所示。

3.2.11 空调冷热源与辅助设备安装

3.2.11.1 基础安装

冷热源与辅助设备的基础安装允许偏差见表3-190。

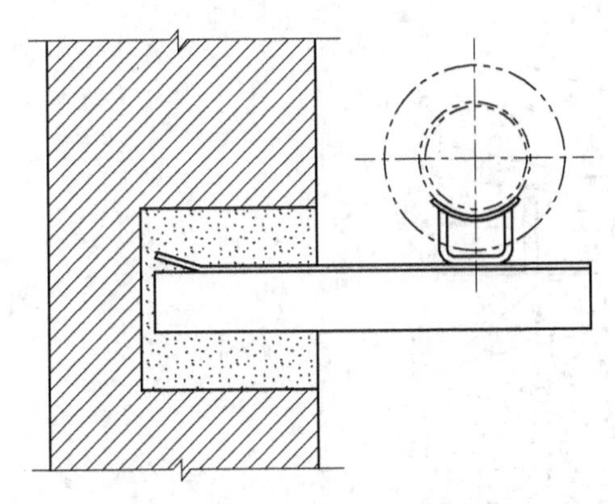

图 3-203　埋入墙内的支架

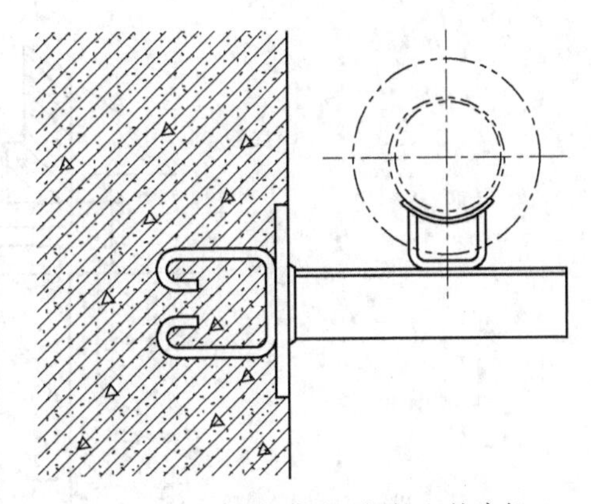

图 3-204　焊接到预埋钢板上的支架

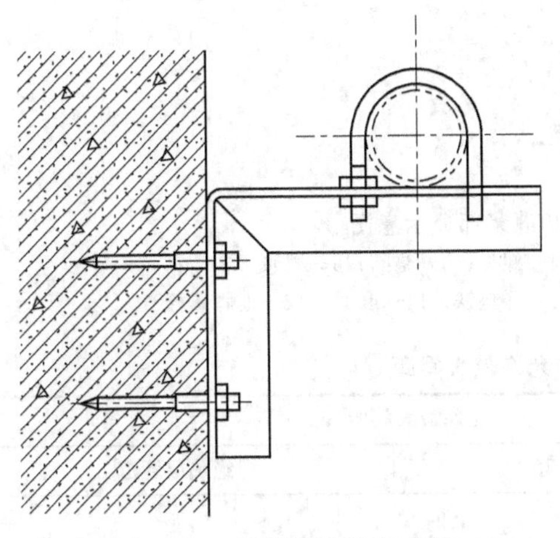

图 3-205　用射钉安装的支架

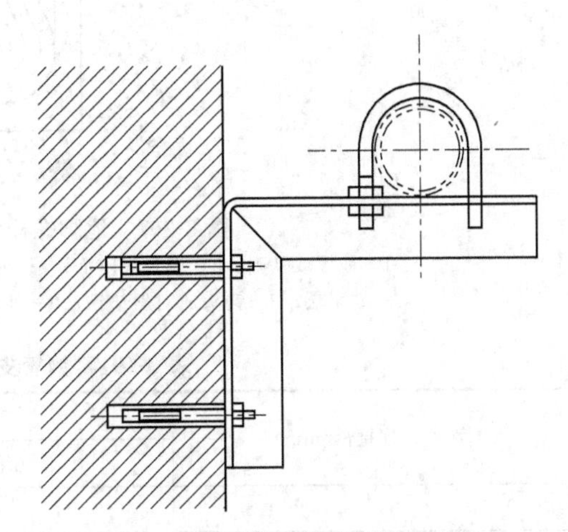

图 3-206　用膨胀螺栓安装的支架

表 3-190　冷热源与辅助设备基础的允许偏差和检验方法　　单位：mm

项目		允许偏差	检验方法
基础坐标位置		20	经纬仪、拉线、尺量
基础不同平面的标高		0，－20	水准仪、拉线、尺量
基础平面外形尺寸		20	尺量检查
凸台上平面尺寸		0，－20	
凹穴尺寸		＋20，0	
基础上平面水平度	每米	5	水平仪(水平尺)和楔形塞尺检查
	全长	10	
竖向偏差	每米	5	经纬仪、拉线、尺量
	全高	10	
预埋地脚螺栓	标高(顶部)	＋20，0	水准仪、拉线、尺量
	中心距(根部)	2	

地脚螺栓、垫铁和灌浆部分示意图如图 3-207 所示。

3.2.11.2　管道布置

钢管支吊架的允许最大间距见表 3-191。

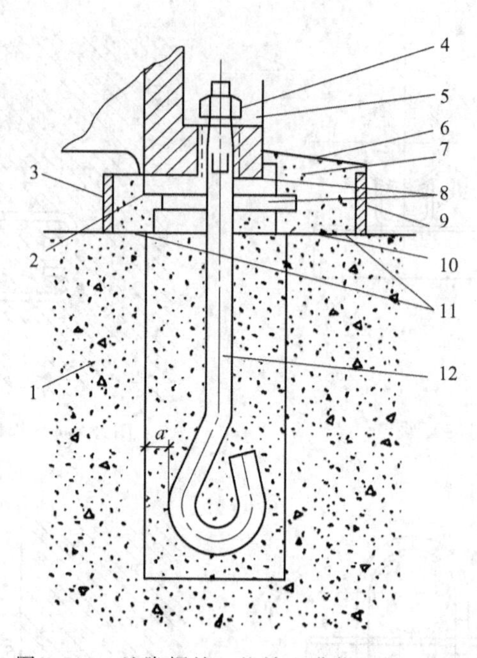

图 3-207　地脚螺栓、垫铁和灌浆部分示意图

1—地坪或基础；2—设备底座面；3—内模板；4—螺母；5—垫圈；6—灌浆层斜面；7—灌浆层；8—钩头成对斜垫铁；9—外模板；10—平垫铁；11—麻面；12—地脚螺栓

表 3-191　钢管支吊架的允许最大间距

管子公称直径/mm	允许最大间距/m	
	无绝热层管道	有绝热层管道
15	2.5	1.3
20	3	1.6
25	3.2	1.7
32	3.5	1.9
40	4	2.1
50	4.5	2.5
65	5	3
80	6	3.5
100	7	4
125	8	4.5
150	9	5.5
200	9.5	7
250	11	8.5
300	12	9.5
350	13	10
400	14	11
450	14.5	12
500	15	13
600	16	14

氟利昂制冷压缩机吸排气管坡向、坡度如图 3-208 所示。

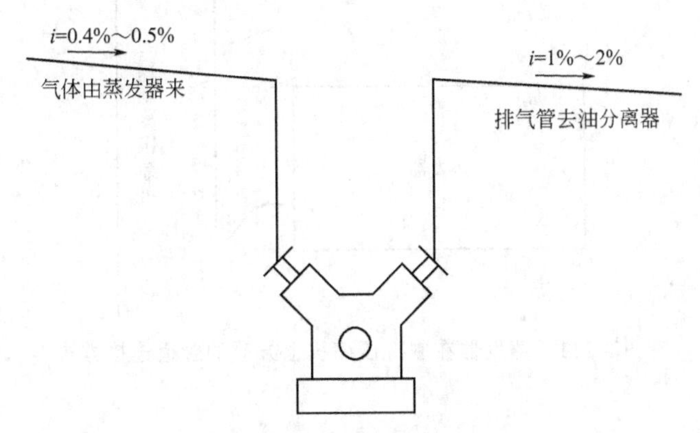

图 3-208 氟利昂制冷压缩机吸排气管坡向、坡度

氨制冷压缩机吸、排气管的坡向、坡度如图 3-209 所示。

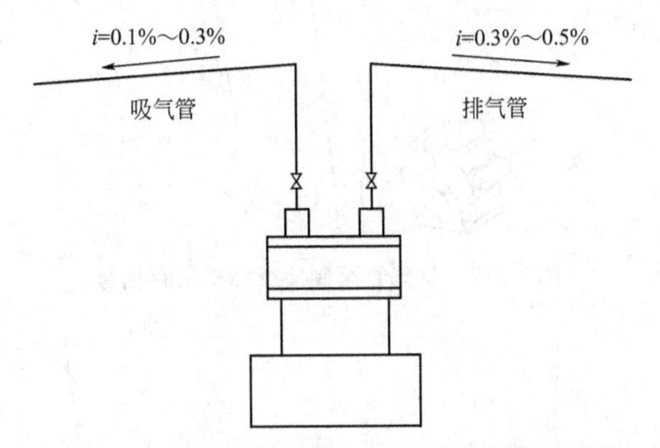

图 3-209 氨制冷压缩机吸、排气管的坡向、坡度

蒸发器与制冷压缩机在相同标高的管道连接如图 3-210 所示。

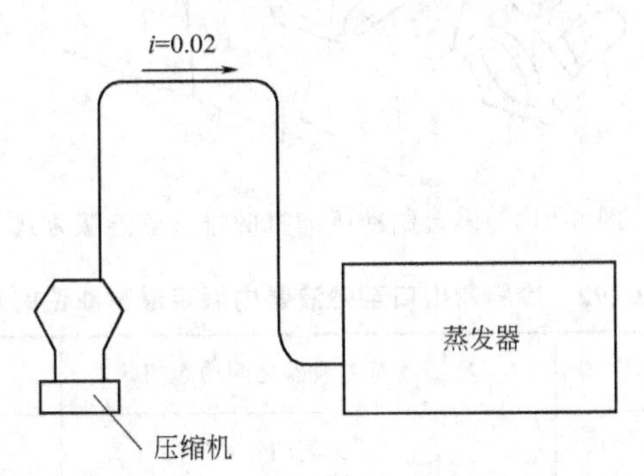

图 3-210 蒸发器与制冷压缩机在相同标高的管道连接示意图（i 为坡度）

蒸发器在制冷压缩机上方时的管道连接方式如图 3-211 所示。

排气管至制冷压缩机的存油弯如图 3-212 所示。

多台制冷压缩机的排气管连接方式如图 3-213 所示。

卧式冷凝器至贮液器的连接方式如图 3-214、图 3-215 所示。

冷凝器出口至贮液器内假定最高液位的距离 H，应满足表 3-192 所列的数值。

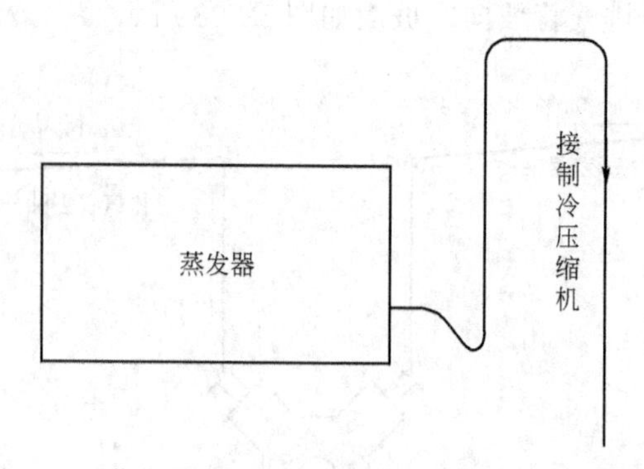

图 3-211 蒸发器在制冷压缩机上方时的管道连接方式

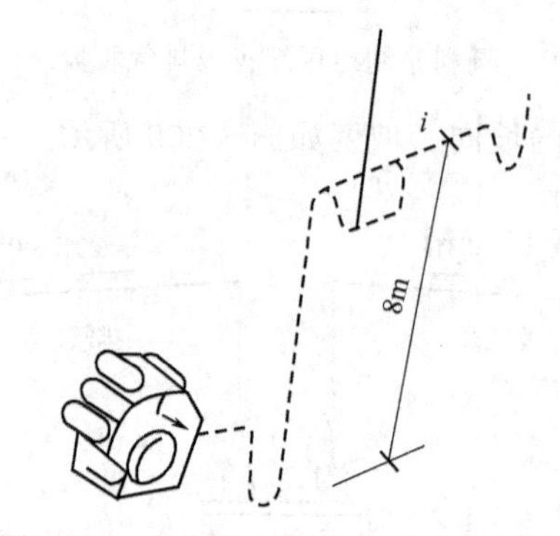

图 3-212 排气管至制冷压缩机的存油弯

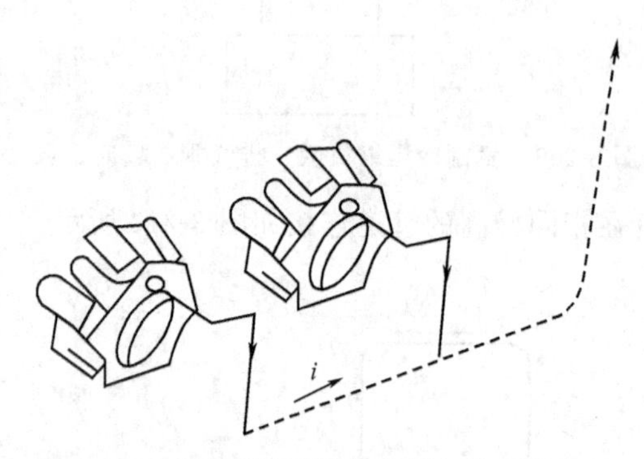

图 3-213 多台制冷压缩机的排气管连接方式

表 3-192 冷凝器出口至贮液器内假定最高液位的距离

液体制冷剂最高流速/(m/s)	冷凝器至贮液器之间的阀门	H(最小)/mm
0.75	无阀门	350
0.75	角形阀	400
0.75	直通阀	700
0.5	无阀门、角形阀、直通阀	350

均压管的尺寸与制冷剂的种类及制冷量有关，其管径见表 3-193。

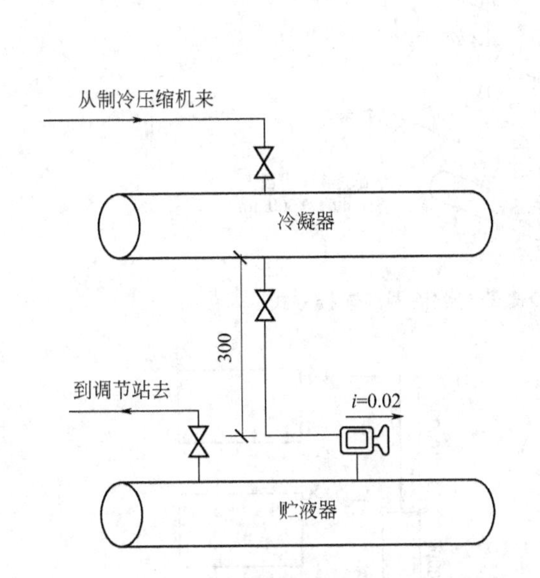

图 3-214　卧式冷凝器至贮液器的连接方式之一

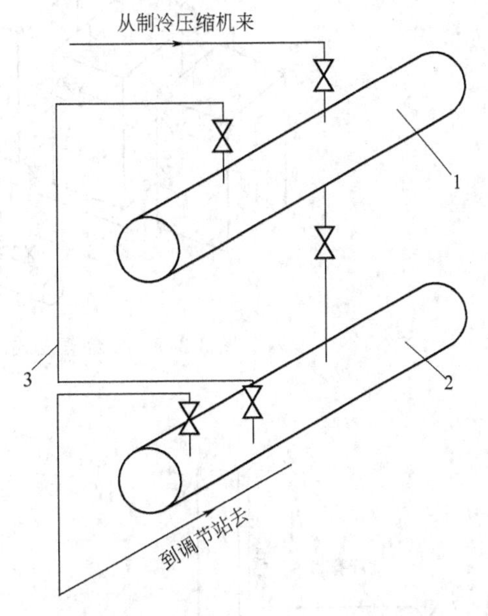

图 3-215　卧式冷凝器至贮液器的连接方式之二
1—卧式冷凝器；2—贮液器；3—均压管

表 3-193　氨系统均压管尺寸

均压管道直径 DN/mm	最大制冷量/(kW/h)
20	1740
25	1040
32	770

单台蒸发式冷凝器与贮液器的连接方式如图 3-216 所示。

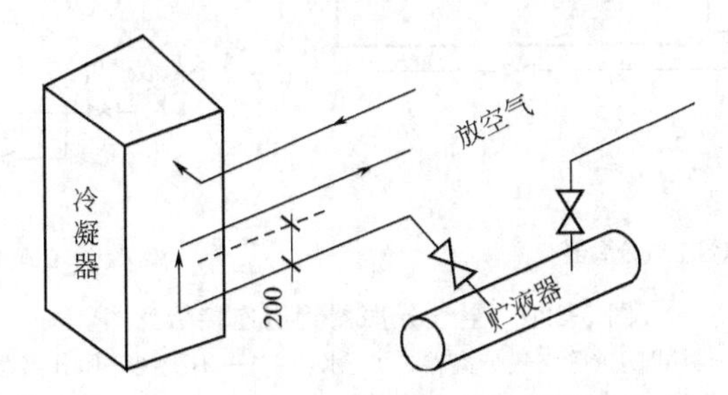

图 3-216　单台蒸发式冷凝器与贮液器的连接方式

多台蒸发式冷凝器与贮液器的连接方式如图 3-217 所示。

蒸发器在冷凝器或贮液器下面时的管道连接如图 3-218 所示。

蒸发器在冷凝器或贮液器上端时的管道连接如图 3-219 所示。

空气分离器管道连接如图 3-220 所示。

(1) 支吊架安装　制冷管道支吊架最大间距见表 3-194。

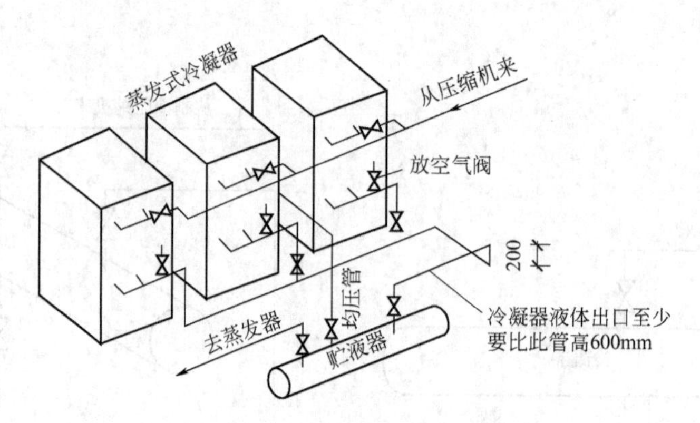

图 3-217 多台蒸发式冷凝器与贮液器的连接方式

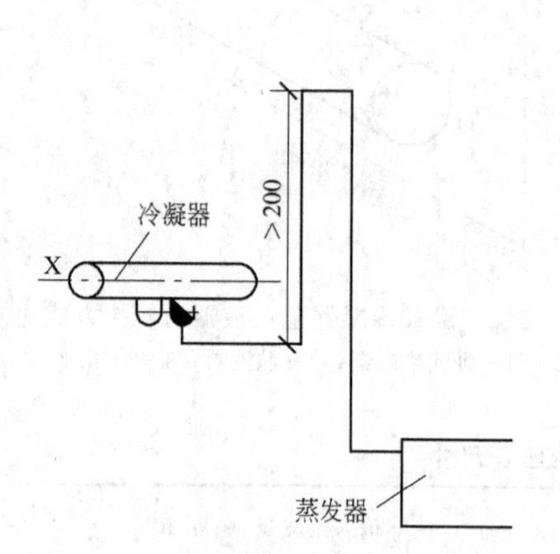

图 3-218 蒸发器在冷凝器或贮液器下面时的管道连接

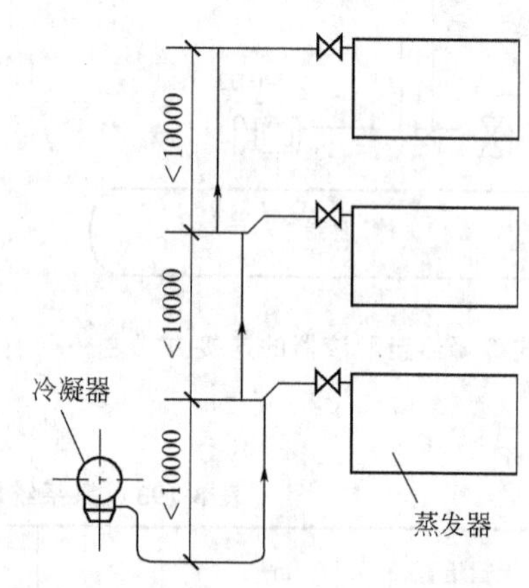

图 3-219 蒸发器在冷凝器或贮液器上端时的管道连接

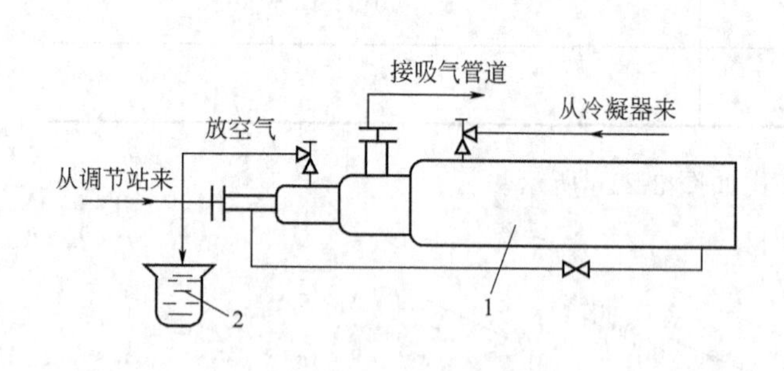

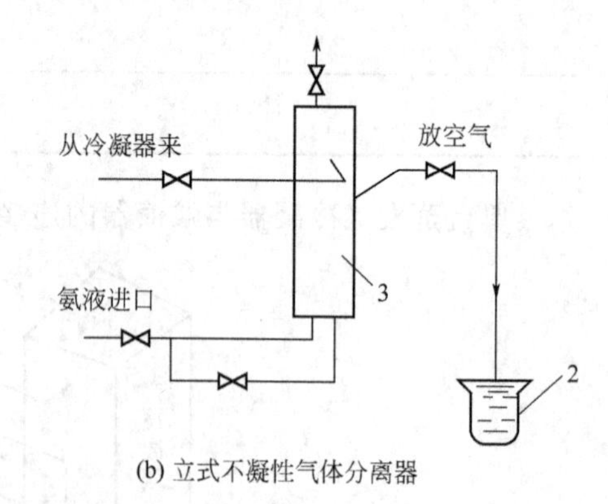

图 3-220 空气分离器管道连接示意图

1—卧式四重管空气分离器；2—水箱；3—不凝性气体分离器

表 3-194 制冷管道支吊架最大间距

管径/mm	管道支、吊架最大间距/m
<Φ38×2.5	1.0
Φ45×2.5	1.5
Φ57×3.5	2.0
Φ76×3.5	2.5
Φ89×3.5	

续表

管径/mm	管道支、吊架最大间距/m
Φ108×4	3
Φ133×4	3
Φ159×4.5	4
Φ219×6	5
>Φ377×7	6.5

(2) 管道连接　管道焊接连接形式如图 3-221 所示。

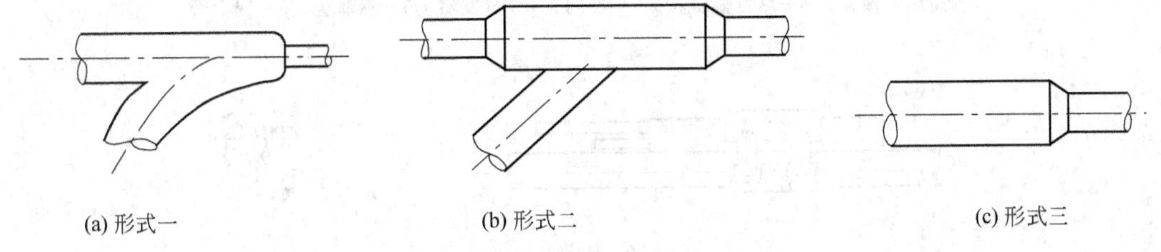

图 3-221　管道焊接连接形式

紫铜管之间的连接采用承插式焊接，如图 3-222 所示。

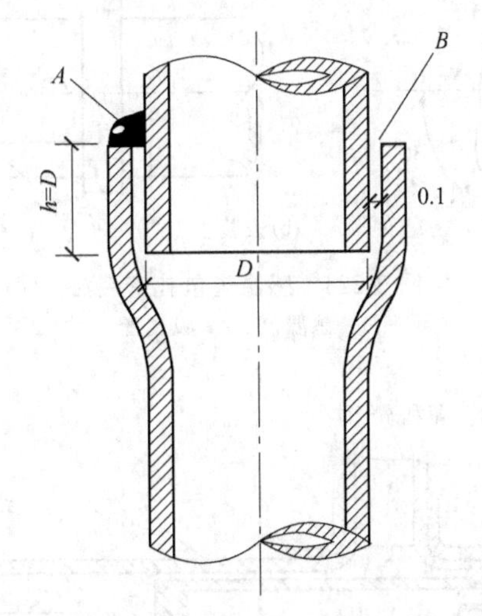

图 3-222　紫铜管承插焊接
A—焊后；B—焊前

(3) 阀门安装　热力膨胀阀的装设部位如图 3-223 所示。

感温包包扎安装法如图 3-224 所示。

感温包套管安装法如图 3-225 所示。

感温包在任何情况下都不应安装在吸气管道的积液处。因为当有积液存在时，吸气管所反映的温度并不是真正的过热度，结果就会引起膨胀阀误动作。在遇有蒸发器后的管道向上弯曲时，弯管的最低处就可能存有液体制冷剂。此时，可按图 3-226 所示，将管道水平段稍作延长，图中虚线为正确接管。

若因条件限制不能按图 3-226 的方式处理时，可按图 3-227 所示方式安装，图中虚线为正确接管方法。

(4) 制冷管道涂色　制冷剂管道油漆见表 3-195。

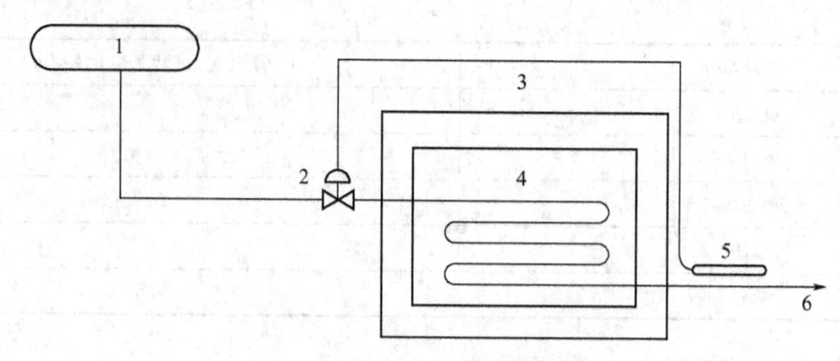

图 3-223　热力膨胀阀的装设部位

1—高压贮液器；2—热力膨胀阀；3—冷间；4—蒸发器；5—感温包；6—回汽管

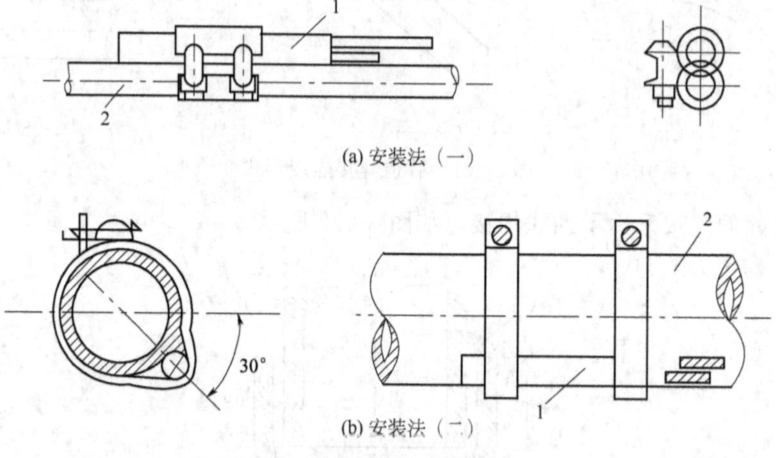

图 3-224　感温包包扎安装法

1—感温包；2—吸气管

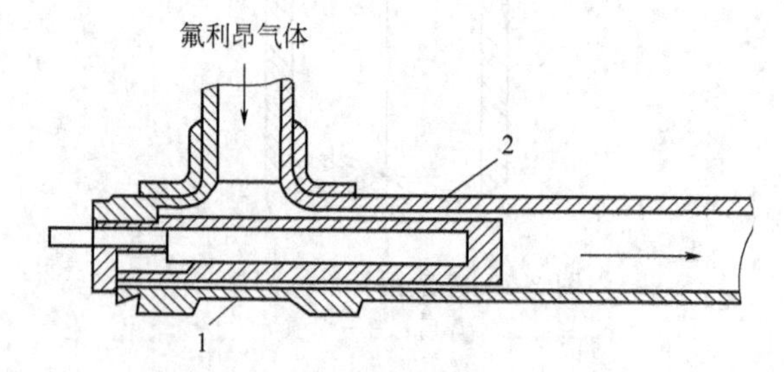

图 3-225　感温包套管安装法

1—感温包；2—套管

表 3-195　制冷剂管道油漆

管道类别		油漆类别	油漆遍数	颜色标记
低压系统	保温层以沥青为胶粘剂	沥青漆	2	蓝色
	保温层不以沥青为胶粘剂	防锈底漆	2	
高压系统		防锈底漆	2	红色
		色漆	2	

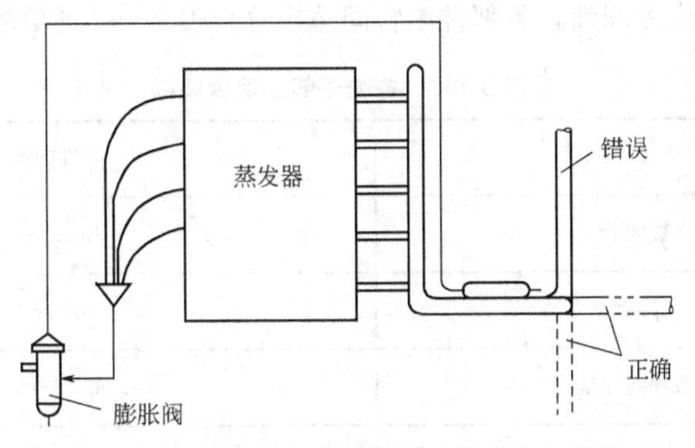

图 3-226　感温包安装在蒸发器后接管向上弯曲时

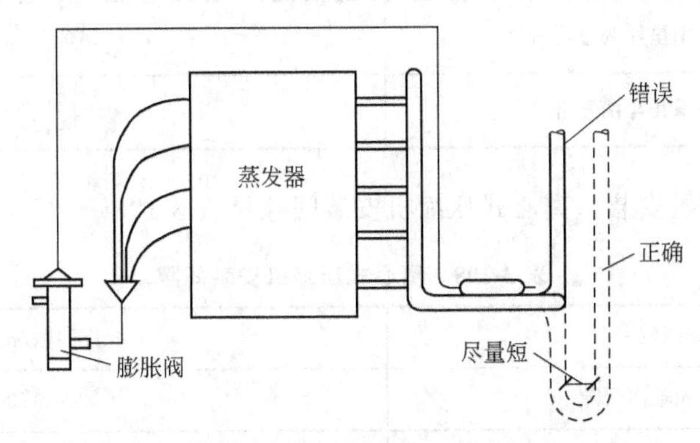

图 3-227　感温包安装在蒸发器后接管受场地限制时

3.2.11.3　制冷设备安装

制冷设备及制冷附属设备安装位置、标高的允许偏差应符合表 3-196 的规定。

表 3-196　制冷设备与制冷附属设备安装允许偏差和检验方法

项目	允许偏差/mm	检验方法
平面位移	10	经纬仪或拉线和尺量检查
标高	±10	水准仪或经纬仪、拉线和尺量检查

（1）活塞式压缩机安装　无直立汽缸压缩机的找平如图 3-228 所示。

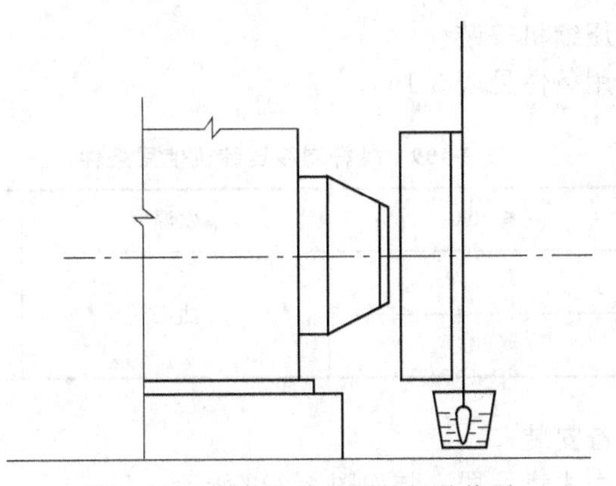

图 3-228　无直立汽缸压缩机的找平

装配的零部件应涂冷冻油，各部件配合间隙应符合表 3-197 的要求。

表 3-197 各主要部位配合间隙

部位	允许间隙/mm
活塞与汽缸配合	0.30～0.45
活塞环、油杯、锁口	0.40～0.60
活塞环与环槽轴间隙配合	0.05～0.095
连杆大头瓦与曲轴径配合	0.10～0.18 根据轴径
活塞上死点(用垫片调整后)	0.70～1.60
连杆小头轴承孔与销配合	0.04～0.066

(2) 离心式压缩机安装 离心式压缩机安装间隙见表 3-198。

表 3-198 离心式压缩机安装间隙

间隙部位	允许间隙/mm
叶轮与蜗壳轴向间隙	1.20～1.30
叶轮外径与蜗壳径向间隙	2
叶轮轴向位移	0.20～0.40
齿轮轴与轴承的径向间隙	Φ80～Φ100 为 0.10～0.18 Φ55～Φ70 为 0.08～0.14 Φ40 以下为 0.08～0.12
油封与轴的径向间隙	0.25～0.35
浮环密封径向间隙	0.07～0.09
联轴器同心度(FLZ-1000 型)	0.02

3.2.11.4 螺杆式压缩机安装

螺杆制冷压缩机使用条件见表 3-199。

表 3-199 螺杆制冷压缩机使用条件

冷凝温度	≤40℃	蒸发温度	－40～＋5℃
排气温度	≤100℃	油压	高于排气压力 0.15～0.3MPa
油温	≤60℃		

3.2.11.5 附属设备安装

(1) 蒸发器安装 立式蒸发器安装如图 3-229 所示。

立式蒸发器浮球阀安装高度见表 3-200。

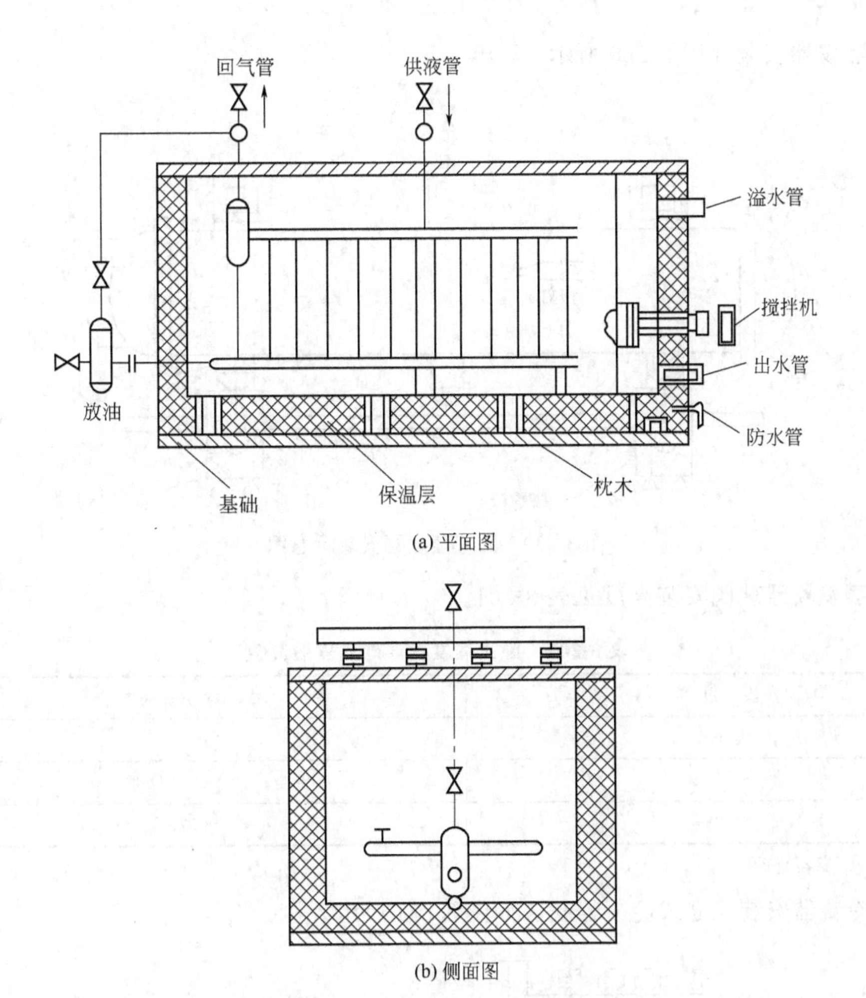

(a) 平面图

(b) 侧面图

图 3-229　立式蒸发器安装示意图

表 3-200　立式蒸发器浮球阀安装高度

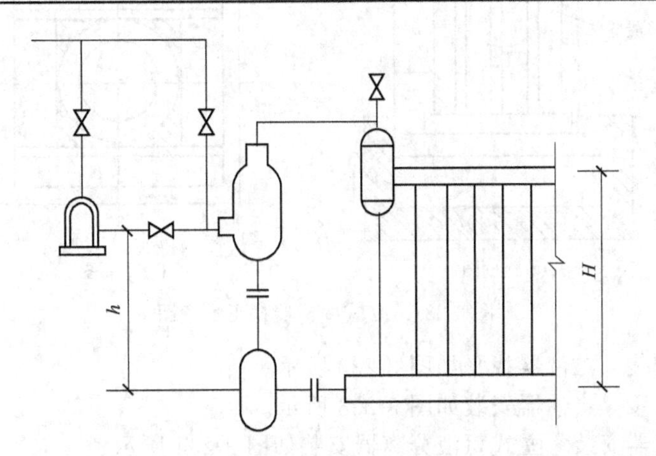

蒸发温度/℃	浮球阀中心高度 h
0	$0.6H$
−15	$0.7H$
−28	$0.8H$

卧式蒸发器安装如图 3-230 所示。

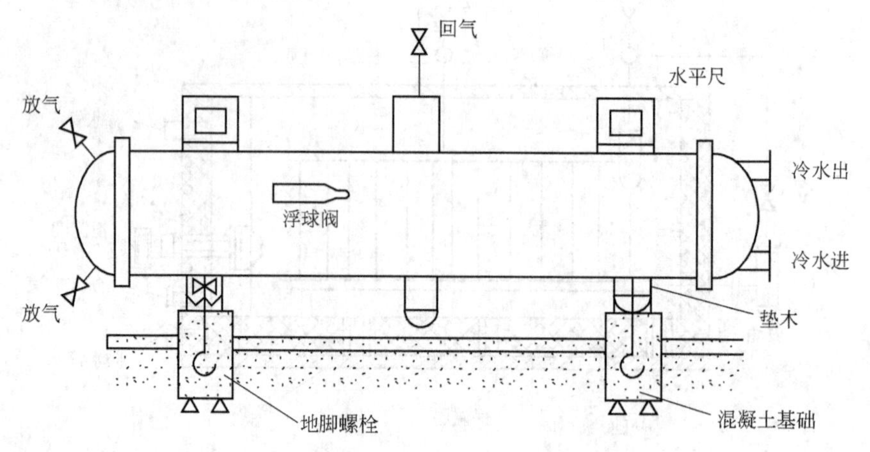

图 3-230 卧式蒸发器安装示意图

卧式蒸发器浮球阀安装高度见表 3-201。

表 3-201 卧式蒸发器浮球阀安装高度

蒸发温度/℃	浮球阀中心高度/h
0	0.50D
−15	0.62D
−28	0.75D

注：D 为蒸发器直径。

（2）冷凝器安装　立式冷凝器找正如图 3-231 所示。

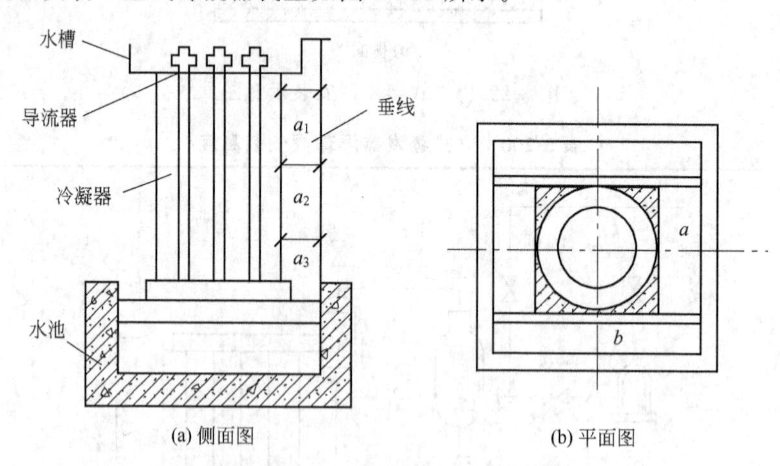

图 3-231 立式冷凝器找正示意图

（3）贮液器安装　贮液器找平如图 3-232 所示。

（4）集油器安装　集油器安装如图 3-233 所示。

（5）氨液分离器安装　立式氨液分离器安装如图 3-234 所示。

（6）空气分离器安装　卧式空气分离器安装如图 3-235 所示。

（7）氨油分离器安装　氨油分离器安装如图 3-236 所示。

3.2.11.6　制冷管道及附属设备安装

制冷机与附属设备之间制冷剂管道的连接，其坡度与坡向应符合设计及设备技术文件要

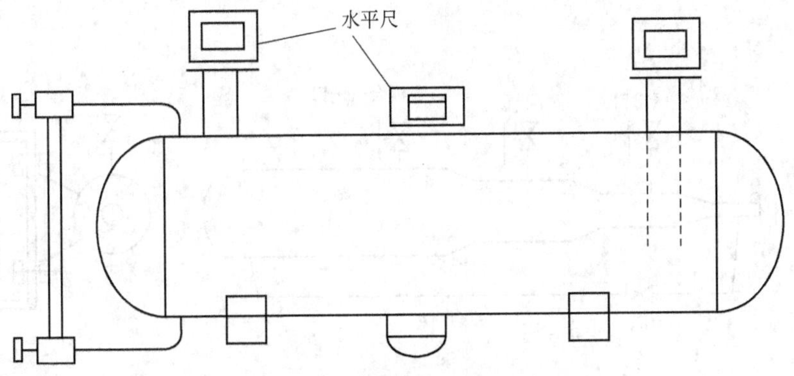

图 3-232 贮液器找平示意图

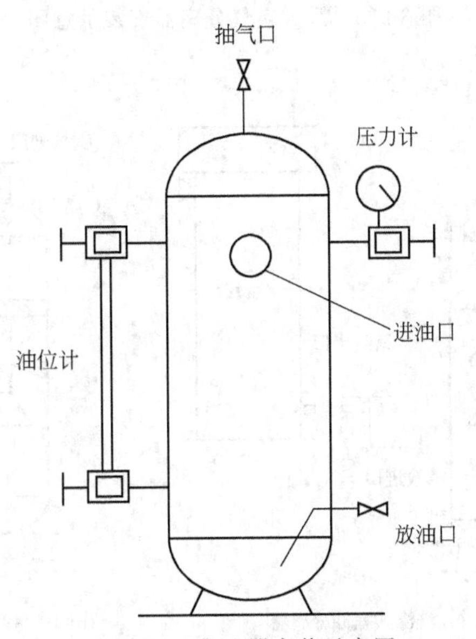

图 3-233 集油器安装示意图

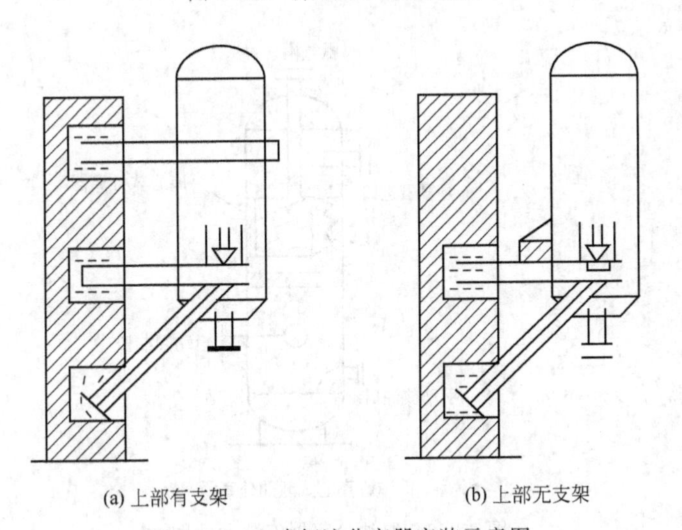

图 3-234 立式氨液分离器安装示意图

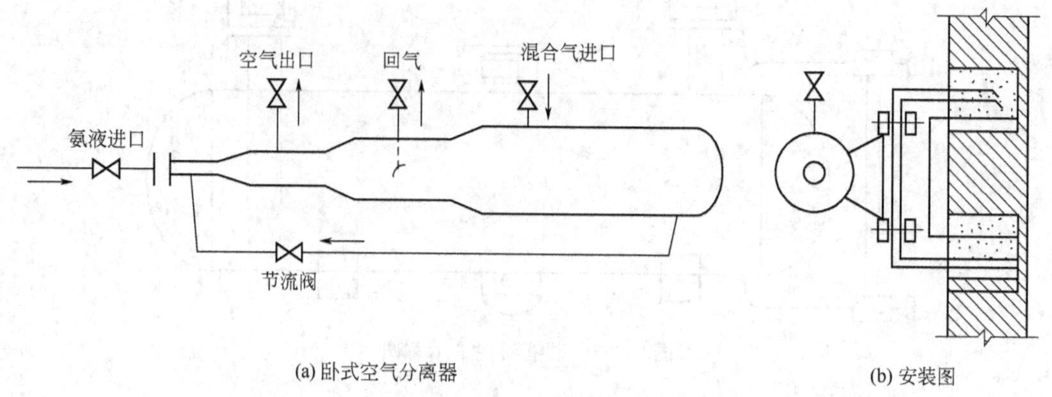

(a) 卧式空气分离器　　　　(b) 安装图

图 3-235　卧式空气分离器安装示意图

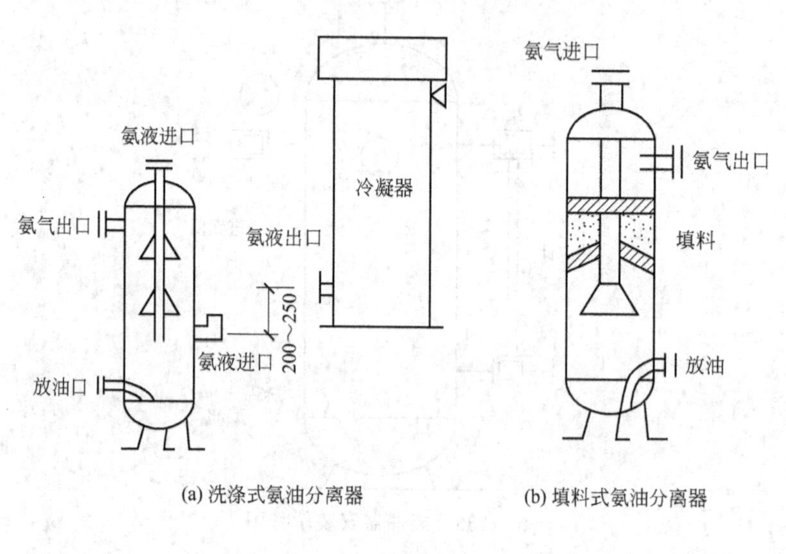

(a) 洗涤式氨油分离器　　　　(b) 填料式氨油分离器

氨气罐
氨气进口
离心式分离器
自动回油口
手动放油口

(c) 离心式氨油分离器

图 3-236　氨油分离器安装示意图

求。当设计无规定时，应符合表 3-202 的规定。

表 3-202　制冷剂管道坡度、坡向

管道名称	坡向	坡度
压缩机吸气水平管(氟)	压缩机	≥10/1000
压缩机吸气水平管(氨)	蒸发器	≥3/1000
压缩机排气水平管	油分离器	≥10/1000
冷凝器水平供液管	贮液器	(1～3)/1000
油分离器至冷凝器水平管	油分离器	(3～5)/1000

采用承插钎焊焊接连接的铜管，其插接深度应符合表 3-203 的规定。

表 3-203　承插式焊接的铜管承口的扩口深度表　　单位：mm

铜管规格	承插口的扩口深度
≤*DN*15	9～12
*DN*20	12～15
*DN*25	15～18
*DN*32	17～20
*DN*40	21～24
*DN*50	24～26
*DN*65	26～30

3.2.12　通风空调设备及管道绝热

3.2.12.1　绝热材料

(1) 玻璃棉制品

① 分类。玻璃棉按纤维平均直径分为三个种类，见表 3-204。产品按其形态分为玻璃棉、玻璃棉板、玻璃棉带、玻璃棉毯、玻璃棉毡和玻璃棉管壳。

表 3-204　玻璃棉种类

玻璃棉种类	纤维平均直径/μm
1号	≤5.0
2号	≤8.0

② 要求。棉及制品的渣球含量，应符合表 3-205 的规定。

表 3-205　棉的渣球含量

玻璃棉种类		渣球含量(粒径>0.25mm)
火焰法	1a	≤1.0
	2a	≤4.0
离心法	1b、2b	≤0.3

玻璃棉的物理性能，应符合表 3-206 的规定。

表 3-206　玻璃棉的物理性能指标

玻璃棉种类	热导率(平均温度 70^{+5}_{-2} ℃)/[W/(m·K)]	热荷重收缩温度/℃
1号	≤0.041	≥400
2号	≤0.042	

玻璃棉板的尺寸及允许偏差，应符合表 3-207 规定。玻璃棉板的物理性能，应符合表 3-208的规定。

表 3-207　玻璃棉板的尺寸及允许偏差

种类	密度/(kg/m³)	厚度/mm	允许偏差/mm	宽度/mm	允许偏差/mm	长度/mm	允许偏差/mm
2号	24	25,30,40	+5 0	600	+10 −3	1200	+10 −3
		50,75	+8 0				
		100	+10 0				
	32,24	25,30,40,50,75,100	+3 −2				
	48,64	15,20,25,30,40,50					
	80,96,120	12,15,20,25,30,40	±2				

表 3-208　玻璃棉板的物理性能指标

种类	密度/(kg/m³)	密度允许偏差/(kg/m³)	热导率(平均温度 70^{+5}_{-2} ℃)/[W/(m·K)]	燃烧性能	热荷重收缩温度/℃
2号	24	±2	≤0.049	不燃	≥250
	32	±4	≤0.046		≥300
	40	+4 −3	≤0.044		≥350
	48		≤0.043		
	64	±6	≤0.042		≥400
	80	±7			
	96	+9 −8			
	120	±12			

玻璃棉带的尺寸及允许偏差，应符合表 3-209 的规定。玻璃棉带的物理性能，应符合表 3-210 的规定。

表 3-209　玻璃棉带的尺寸及允许偏差

种类	长度/mm	长度允许偏差/mm	宽度/mm	宽度允许偏差/mm	厚度/mm	厚度允许偏差/mm
2号	1820	±20	605	±15	25	+4 −2

表 3-210　玻璃棉带的物理性能

种类	密度/(kg/m³)	密度单值允许偏差/%	热导率(平均温度 70^{+5}_{-2} ℃)/[W/(m·K)]	燃烧性能	热荷重收缩温度/℃
2号	32	±15	≤0.052	不燃	≥300
	40				≥350
	48				≥350
	64				≥400
	80				
	96				≥400
	120				

玻璃棉毡的尺寸及允许偏差，应符合表 3-211 的规定。玻璃棉毡的物理性能，应符合表 3-212 的规定。

表 3-211　玻璃棉毡的尺寸及允许偏差

种类	长度/mm	长度允许偏差/mm	宽度/mm	宽度允许偏差/mm	厚度/mm	厚度允许偏差/mm
1号	2500	不允许负偏差	600	不允许负偏差	25 30 40 50 75	不允许负偏差
2号	1000 1200	+10 −3	600	+10 −3	25 40 50 75 100	不允许负偏差
	5000	不允许负偏差				

表 3-212　玻璃棉毡的物理性能指标

种类	密度/(kg/m³)	密度单值允许偏差/%	热导率(平均温度 70^{+5}_{-2} ℃)/[W/(m·K)]	热荷重收缩温度/℃
1号	≥25	+15 −10	≤0.047	≥350
2号	24～40		≤0.048	≥350
	41～120		≤0.043	≥400

玻璃棉毡的尺寸及允许偏差应符合表 3-213 的规定。玻璃棉毡的物理性能应按表 3-214 的规定。

表 3-213　玻璃棉毡的尺寸及允许偏差

种类	长度/mm	长度允许偏差/mm	宽度/mm	宽度允许偏差/mm	厚度/mm	厚度允许偏差/mm
2号	1000 1200 2800	+10 −3	600 1200 1800	+10 −3	25 30 40 50 75 100	不允许负偏差
	5500 11000 20000	不允许负偏差				

表 3-214　玻璃棉毡的物理性能指标

种类	密度/(kg/m³)	密度单值允许偏差/%	热导率(平均温度 70^{+5}_{-2} ℃)/[W/(m·K)]	燃烧性能	热荷重收缩温度/℃
2号	10	+20 −10	≤0.062	不燃	≥250
	12 16		≤0.058		
	20		≤0.053		
	24		≤0.048		≥300
	32				≥350
	40		≤0.043		
	48				≥400

玻璃棉管壳的尺寸及允许偏差，应符合表 3-215 的规定。玻璃棉管壳的物理性能，应符合表 3-216 的规定，管壳的偏心度应不大于 10%。

表 3-215　玻璃棉管壳尺寸及允许偏差

长度/mm	长度允许偏差/mm	厚度/mm	厚度允许偏差/mm	内径/mm	内径允许偏差/mm
1000	+5 −3	20 25 30	+3 −2	22,38 45,57,89	+3 −1
		40 50	+5 −2	108,133 159,194	+4 −1
				219,245 273,325	+5 −1

表 3-216　玻璃棉管壳物理性能指标

密度/(kg/m³)	密度单值允许偏差/%	热导率(平均温度 70^{+5}_{-2} ℃)/[W/(m·K)]	燃烧性能	热荷重收缩温度/℃
45～90	+15 0	≤0.043	不燃	≥350

(2) 绝热用模塑聚苯乙烯泡沫塑料　绝热用模塑聚苯乙烯泡沫塑料按密度分为Ⅰ、Ⅱ、Ⅲ、Ⅳ、Ⅴ、Ⅵ类，其密度范围见表 3-217。

表 3-217　绝热用模塑聚苯乙烯泡沫塑料密度范围　　单位：kg/m³

类别	密度范围	类别	密度范围
Ⅰ	≥15～<20	Ⅳ	≥40～<50
Ⅱ	≥20～<30	Ⅴ	≥50～<60
Ⅲ	≥30～<40	Ⅵ	≥60

绝热用模塑聚苯乙烯泡沫塑料规格尺寸由供需双方商定，允许偏差应符合表 3-218 的规定。物理机械性能应符合表 3-219 要求。

表 3-218　绝热用模塑聚苯乙烯泡沫塑料规格尺寸和允许偏差

长度、宽度尺寸/mm	允许偏差/mm	厚度尺寸/mm	允许偏差/mm	对角线尺寸/mm	对角线差/mm
＜1000	±5	＜50	±2	＜1000	5
1000～2000	±8	50～75	±3	1000～2000	7
＞2000～4000	±10	＞75～100	±4	＞2000～4000	13
＞4000	正偏差不限，－10	＞100	供需双方决定	＞4000	15

表 3-219　绝热用模塑聚苯乙烯泡沫塑料物理机械性能

项目			单位	性能指标					
				Ⅰ	Ⅱ	Ⅲ	Ⅳ	Ⅴ	Ⅵ
表观密度		不小于	kg/m^3	15.0	20.0	30.0	40.0	50.0	60.0
压缩强度		不小于	kPa	60	100	150	200	300	400
热导率		不大于	W/(m·K)	0.041		0.039			
尺寸稳定性		不大于	%	4	3	2	2	2	1
水蒸气透过系数		不大于	ng/(pa·m·s)	6	4.5	4.5	4	3	2
吸水率(体积分数)		不大于	%	6	4	2			
熔结性[1]	断裂弯曲负荷	不小于	N	15	25	35	60	90	120
	弯曲变形	不小于	mm	20			—		
燃烧性能[2]	氧指数	不小于	%	30					
	燃烧分级		达到 B_2 级						

① 断裂弯曲负荷或弯曲变形有一项能符合指标要求即为合格。

② 普通型聚苯乙烯泡沫塑料板材不要求。

(3) 绝热用挤塑聚苯乙烯泡沫塑料（XPS）　按制品压缩强度 p 和表皮分为十类，分别为：X150—$p\geqslant$150kPa，带表皮；X200—$p\geqslant$200kPa，带表皮；X250—$p\geqslant$250kPa，带表皮；X300—$p\geqslant$300kPa，带表皮；X350—$p\geqslant$350kPa，带表皮；X400—$p\geqslant$400kPa，带表皮；X450—$p\geqslant$450kPa，带表皮；X500—$p\geqslant$500kPa，带表皮；W200—$p\geqslant$200kPa，不带表皮；W300—$p\geqslant$300kPa，不带表皮。

按制品边缘结构分为四种，如图 3-237 所示。

绝热用挤塑聚苯乙烯泡沫塑料（XPS）主要规格尺寸见表 3-220，允许偏差应符合表 3-221的规定。

表 3-220　绝热用挤塑聚苯乙烯泡沫塑料（XPS）规格尺寸

长度/mm	宽度/mm	厚度/mm
L		h
1200,1250,2450,2500	600,900,1200	20,25,30,40,50,75,100

表 3-221　绝热用挤塑聚苯乙烯泡沫塑料（XPS）允许偏差

长度和宽度 L/mm		厚度 h/mm		对角线差/mm	
尺寸 L	允许偏差	尺寸 h	允许偏差	尺寸 T	对角线差
$L<1000$ $1000\leqslant L<2000$ $L\geqslant 2000$	±5 ±7.5 ±10	$h<50$ $h\geqslant 50$	±2 ±3	$T<1000$ $1000\leqslant T<2000$ $T\geqslant 2000$	5 7 13

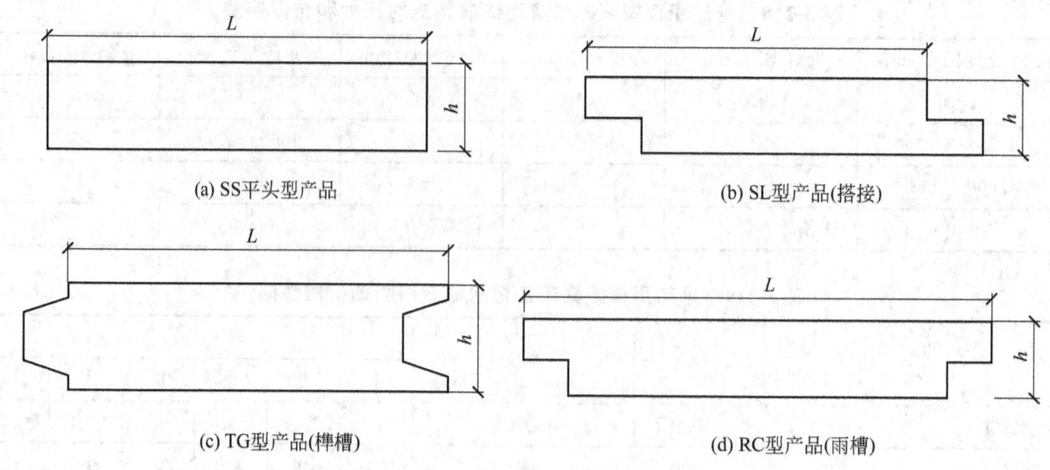

图 3-237　绝热用挤塑聚苯乙烯泡沫塑料（XPS）

绝热用挤塑聚苯乙烯泡沫塑料（XPS）物理机械性能应符合表 3-222 的规定。

表 3-222　绝热用挤塑聚苯乙烯泡沫塑料物理机械性能

<table>
<tr><th colspan="2" rowspan="3">项目</th><th rowspan="3">单位</th><th colspan="10">性能指标</th></tr>
<tr><th colspan="8">带表皮</th><th colspan="2">不带表皮</th></tr>
<tr><th>X150</th><th>X200</th><th>X250</th><th>X300</th><th>X350</th><th>X400</th><th>X450</th><th>X500</th><th>W200</th><th>W300</th></tr>
<tr><td colspan="2">压缩强度</td><td>kPa</td><td>≥150</td><td>≥200</td><td>≥250</td><td>≥300</td><td>≥350</td><td>≥400</td><td>≥450</td><td>≥500</td><td>≥200</td><td>≥300</td></tr>
<tr><td colspan="2">吸水率,浸水 96h</td><td>(体积分数)/%</td><td colspan="2">≤1.5</td><td colspan="6">≤1.0</td><td>≤2.0</td><td>≤1.5</td></tr>
<tr><td colspan="2">透湿系数,23℃±1℃,RH50%±5%</td><td>ng/(m·s·Pa)</td><td colspan="2">≤3.5</td><td colspan="3">≤3.0</td><td colspan="3">≤2.0</td><td>≤3.5</td><td>≤3.0</td></tr>
<tr><td rowspan="2">绝热性能</td><td>热阻厚度 25mm 时平均温度
10℃
25℃</td><td>(m²·K)/W</td><td colspan="5">≥0.89
≥0.83</td><td colspan="3">≥0.93
≥0.86</td><td>≥0.76
≥0.71</td><td>≥0.83
≥0.78</td></tr>
<tr><td>热导率平均温度
10℃
25℃</td><td>W/(m·K)</td><td colspan="5">≤0.028
≤0.030</td><td colspan="3">≤0.027
≤0.029</td><td>≥0.033
≥0.035</td><td>≥0.030
≥0.032</td></tr>
<tr><td colspan="2">尺寸稳定性,70℃±2℃下,48h</td><td>%</td><td colspan="2">≤2.0</td><td colspan="3">≤1.5</td><td colspan="3">≤1.0</td><td>≤2.0</td><td>≤1.5</td></tr>
</table>

3.2.12.2　支架绝热

（1）直径小于 150mm 的冷冻水管道支架和吊架的绝热方法，如图 3-238 所示。

（2）直径大于 150mm 的冷冻水管道支架绝热，水平管道支架绝热结构与直径小于 150mm 的冷冻水管道处吊架的结构相同，立管支架绝热结构，如图 3-239 所示。

3.2.12.3　阀门绝热

管道绝热时，为方便螺栓拆卸，在阀门两边应预先留出一倍螺栓长度加 25mm 左右的空隙。阀门可拆式绝热结构，如图 3-240 所示。

3.2.12.4　风管绝热

（1）矩形风管绝热

① 板材绑扎绝热结构。对不适用于胶粘但又有一定抗压强度的板材，如聚苯乙烯泡沫塑料板、水玻璃膨胀珍珠岩板等，一般采用绑扎式绝热结构。板材绑扎式绝热的

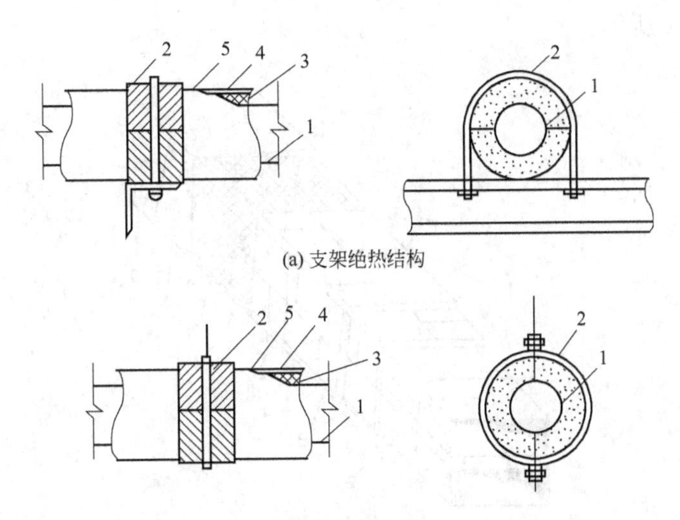

图 3-238 支架、吊架绝热结构

1—管道；2—软木；3—保温层；4—防潮层；5—保护层

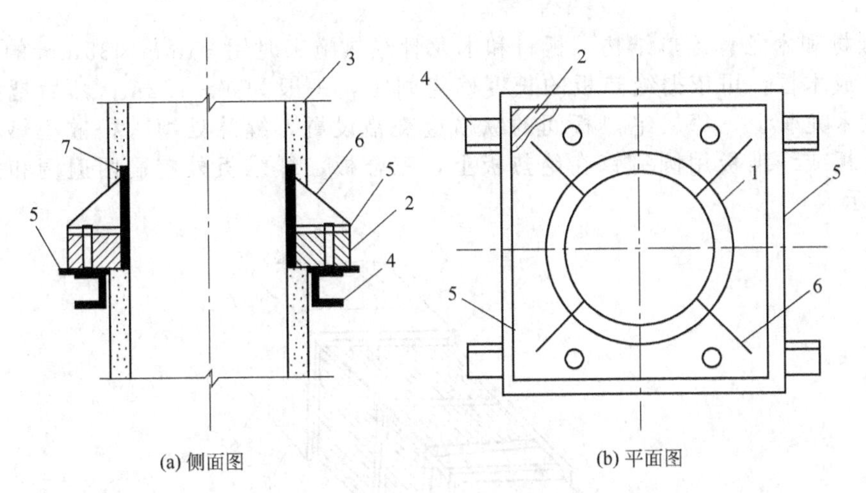

图 3-239 立管、支架绝热结构

1—管道；2—软木；3—保温层；4—槽钢；5—钢板；6—筋板；7—护瓦

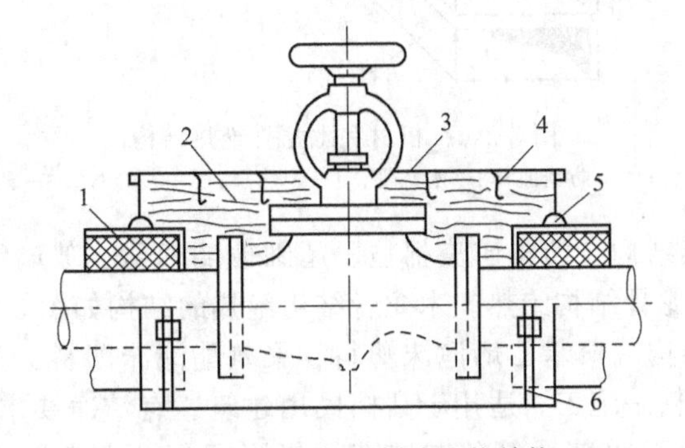

图 3-240 阀门可拆式绝热结构

1—绝热层；2—填充保温层；3—金属外壳；4—薄钢板钩钉；5—沥青玛瑞脂封口；6—薄钢板扎带

结构，如图 3-241 所示。

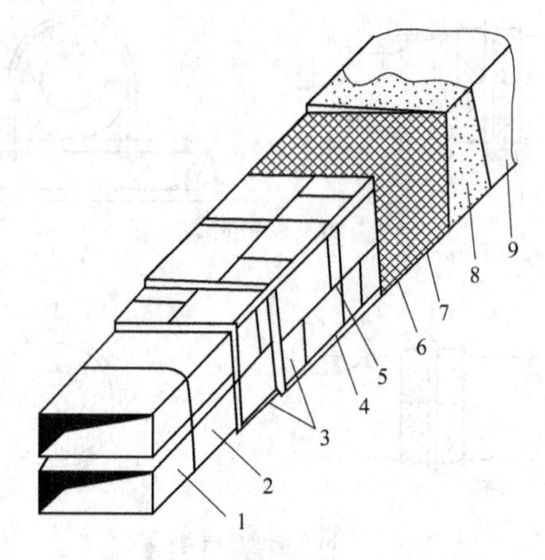

图 3-241　板材绑扎式风管绝热结构

1—风管；2—防锈漆；3—绝热板；4—角形铁垫片；
5—绑件；6—细钢丝；7—镀锌钢丝网；8—保护壳；9—调和漆

② 板材和木龙骨绝热结构。板材和木龙骨绝热施工时用 35mm×35mm 的方木沿风管四周钉成木框，可依据绝热板的长度确定间距，一般为 1～1.2m；然后把绝热板用圆钉钉在木龙骨上，每层绝热板间的纵横应交错设置，缝隙处填入松散绝热材料，然后将三合板或纤维板用圆钉钉在绝热板上，三合板、纤维板外应刷两遍调和漆，如图 3-242 所示。

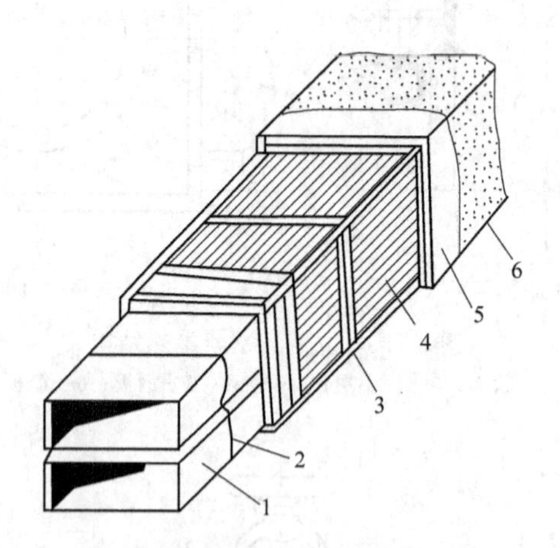

图 3-242　板材和木龙骨绝热结构

1—风管；2—防锈漆；3—木龙骨；4—绝热层；5—三合板；6—调和漆

③ 毡材木龙骨绝热结构。沥青矿渣棉毡、超细玻璃棉毡、玻璃纤维棉毡等比较软的材料和散材，可以采用木龙骨结构绝热。木龙骨结构绝热的结构如图 3-243 所示。

④ 板材黏结绝热结构。聚苯乙烯泡沫塑料、聚氨酯泡沫塑料、三元乙丙橡胶、黑色泡沫橡塑等材料均可采用粘贴施工。适用于高档民用建筑、有洁净要求的厂房和公共场所等，因整洁美观，尤其适用于明装风管绝热施工。矩形风管板材粘贴绝热结构，如图 3-244 所示。

为了使保温材料固定牢固，保温钉粘接的数量和分布应满足表 3-223 的要求。

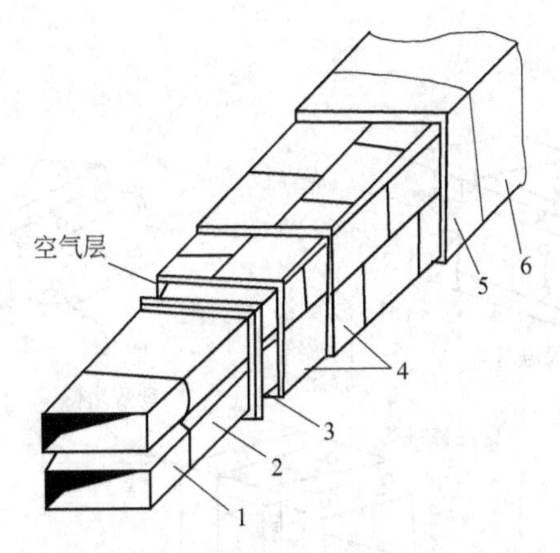

图 3-243　毡材和木龙骨绝热结构

1—风管；2—防锈漆；3—木龙骨；4—绝热材料；5—三合板；6—调和漆

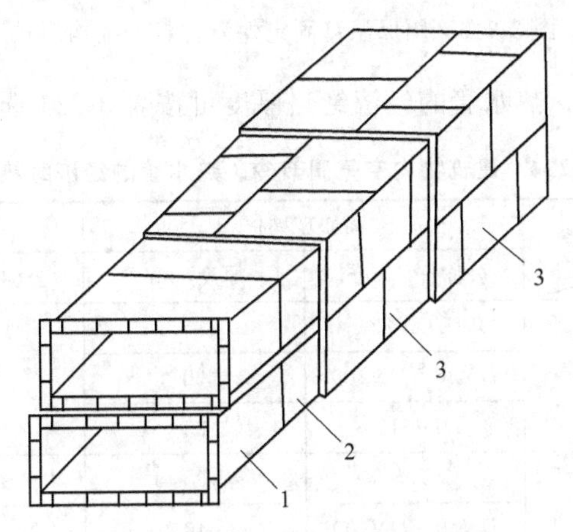

图 3-244　管板材粘贴绝热结构

1—风管；2—防锈漆；3—保温板

表 3-223　保温钉的数量

保温材料种类	风管侧面、下面	风管上面
岩棉保温板	20 只/m^2	10 只/m^2
玻璃棉保温板	10 只/m^2	5 只/m^2

保温钉的外形和保温的结构如图 3-245 和图 3-246 所示。

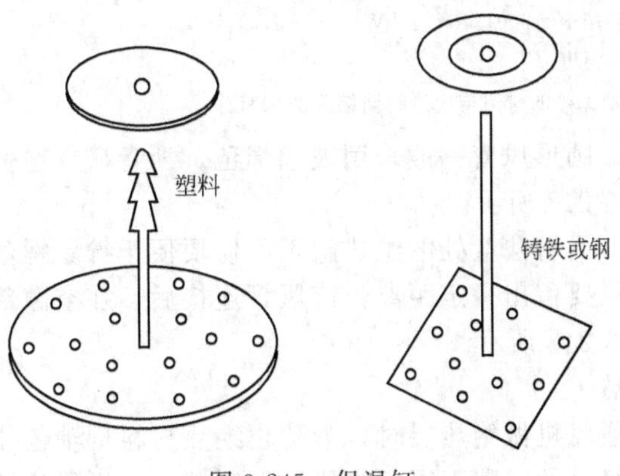

图 3-245　保温钉

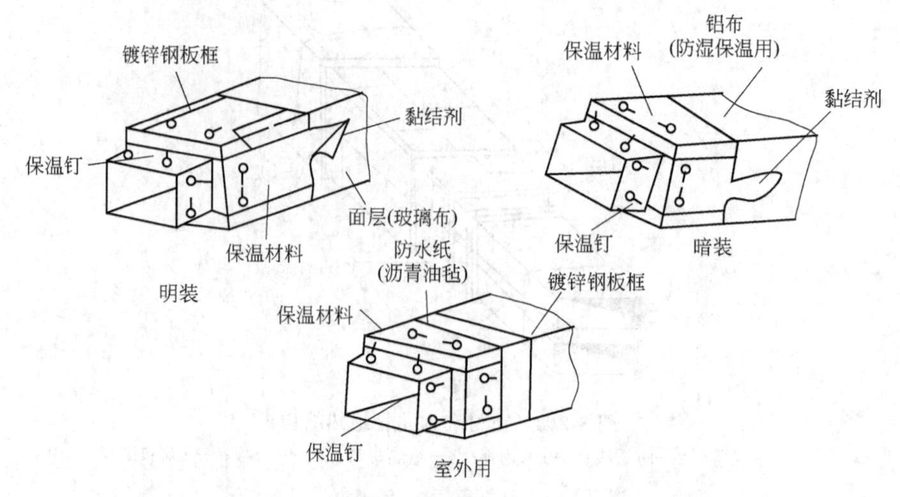

图 3-246　用保温钉固定保温材料的结构形式

建筑物内空气调节冷、热水管的经济绝热厚度可按表 3-224 选用。

表 3-224　建筑物内空气调节冷、热水管的经济绝热厚度

绝热材料 管道类型	离心玻璃棉		柔性泡沫橡塑	
	公称管径/mm	厚度/mm	公称管径/mm	厚度/mm
单冷管道 (管内介质温度 7℃～常温)	≤*DN*32	25	按防结露要求计算	
	*DN*40～*DN*100	30		
	≥*DN*125	35		
热或冷热合用管道 (管内介质温度 5～60℃)	≤*DN*40	35	≤*DN*50	25
	*DN*50～*DN*100	40	*DN*70～*DN*150	28
	*DN*125～*DN*250	45	≥*DN*200	32
	≥*DN*300	50		
热或冷热合用管道 (管内介质温度 0～95℃)	≤*DN*50	50	不适宜使用	
	*DN*70～*DN*150	60		
	≥*DN*200	70		

注：1. 绝热材料的热导率 λ：

离心玻璃棉：$\lambda=(0.033+0.00023t_{m})$ [W/(m·K)]

柔性泡沫橡塑：$\lambda=(0.03375+0.0001375t_{m})$ [W/(m·K)]

式中：t_{m}——绝热层的平均温度(℃)。

2. 单冷管道和柔性泡沫橡塑保冷的管道均应进行防结露要求验算。

(2) 圆形风管绝热　圆形风管一般采用玻璃棉毡、沥青矿棉毡、岩棉毡等毡材绝热。圆形风管绝热结构，如图 3-247 所示。

(3) 风管法兰绝热　风管法兰处的绝热施工不仅要便于拧紧螺丝，而且要保证法兰处有足够厚度，因此，绝热层要留出一定距离，待风管连接后，在空隙部分填上绝热碎料，外面再贴一层绝热层，如图 3-248 所示。

3.2.12.5　设备绝热

(1) 通风机绝热　通风机做绝热层时，为防止绝热材料把轴包住而影响转动，要留出轴承孔，不要绝热。通风机上的铭牌不得用绝热材料覆盖。风机绝热结构，如图 3-249 所示。

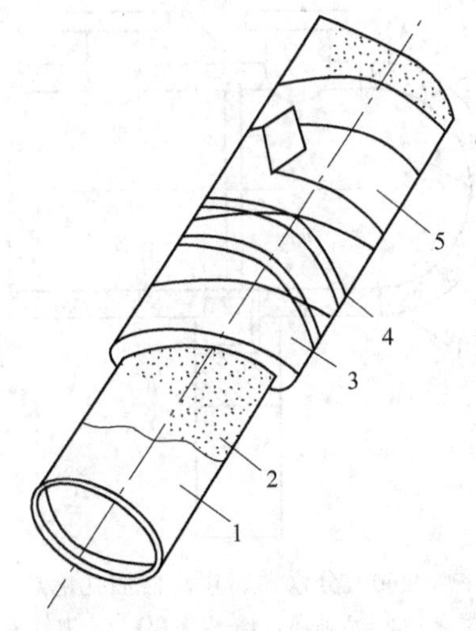

图 3-247 圆形风管的绝热结构

1—风管；2—防锈漆；3—绝热层；4—镀锌铁丝；5—玻璃布

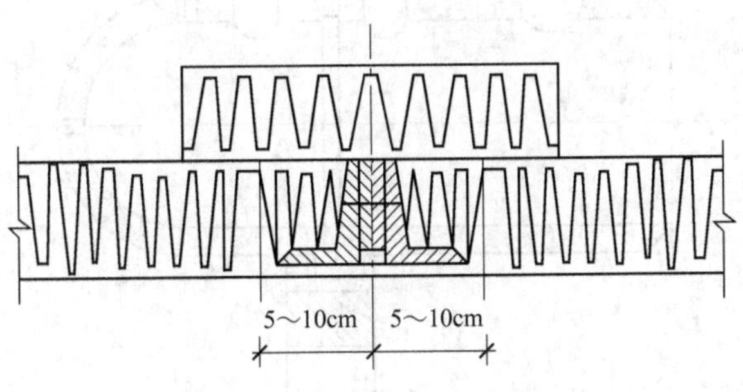

图 3-248 风管法兰绝热结构

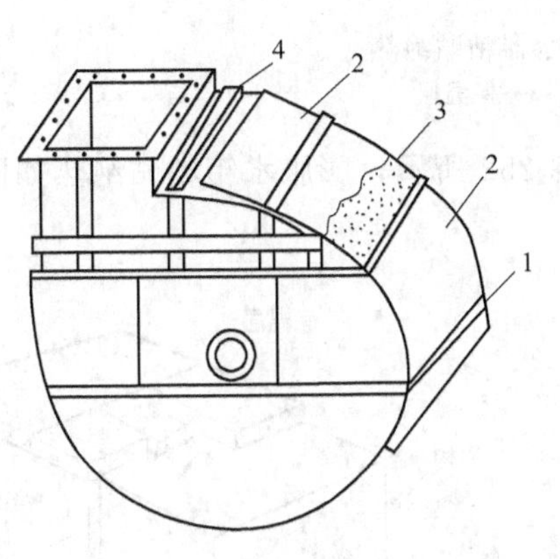

(a) 板材木龙骨绝热结构

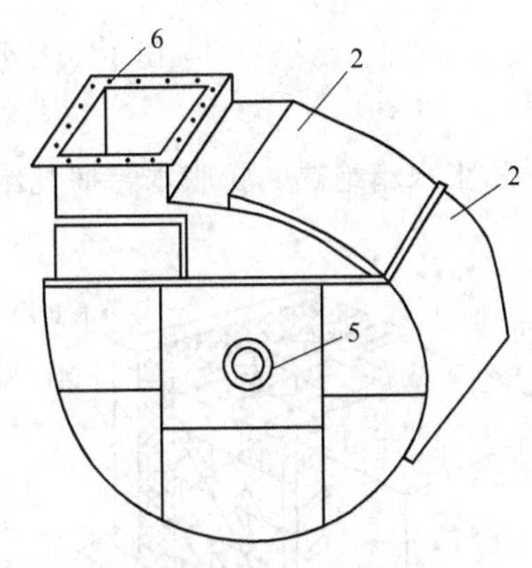

(b) 板材粘贴绝热结构

图 3-249 风机绝热结构

1—胶合板；2—保温层；3—沥青胶泥；4—木龙骨；5—轴承部位不保温；6—风机

(2) 分水器、集水器绝热 分水器、集水器捆扎绝热，如图 3-250 所示。

分水器、集水器用于冷冻水和供水温度不大于 105℃的采暖水系统的绝热时，可用聚苯乙烯泡沫塑料、聚氨酯泡沫塑料、黑色泡沫橡塑等材料粘贴绝热，如图 3-251 所示。

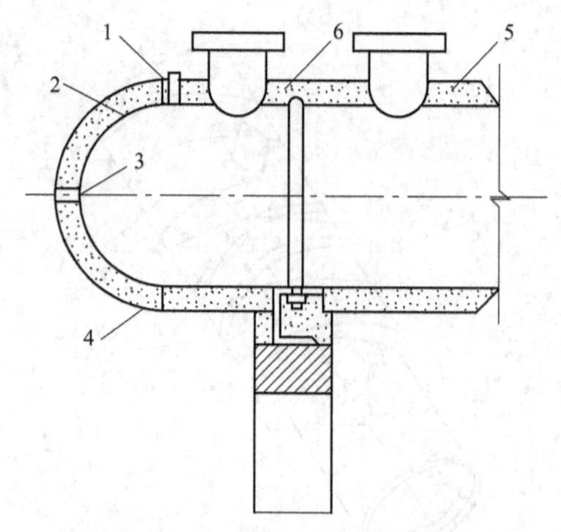

图 3-250　分水器、集水器捆扎绝热

1—固定环；2—扎紧条；3—活动环；4—保温层；5—镀锌钢丝网；6—保护层

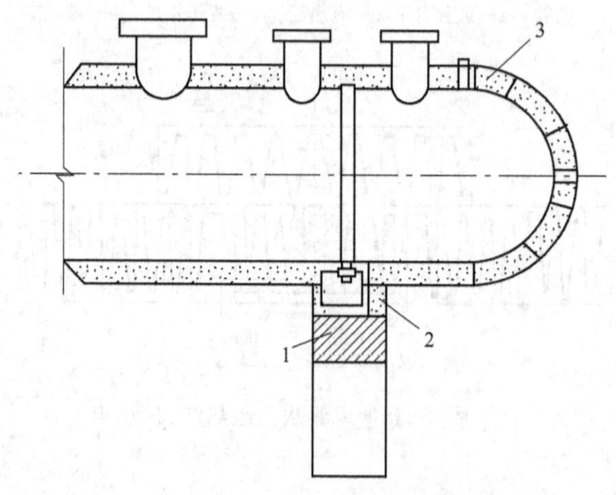

图 3-251　分水器、集水器粘贴绝热

1—木垫；2—填充料；3—保温层

（3）膨胀水箱绝热　膨胀水箱捆扎绝热如图 3-252 所示，膨胀水箱粘贴绝热如图 3-253 所示。

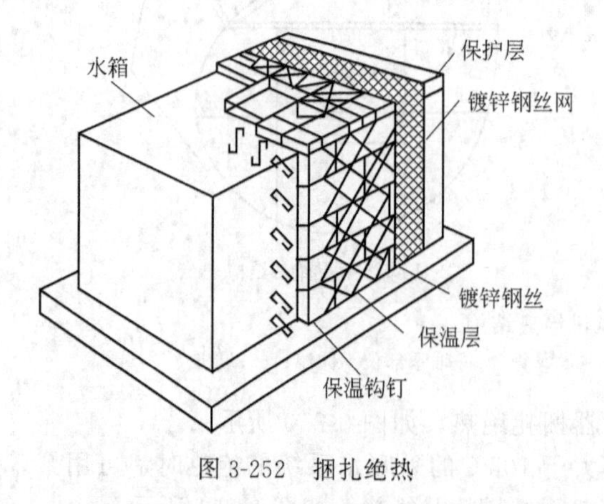

图 3-252　捆扎绝热

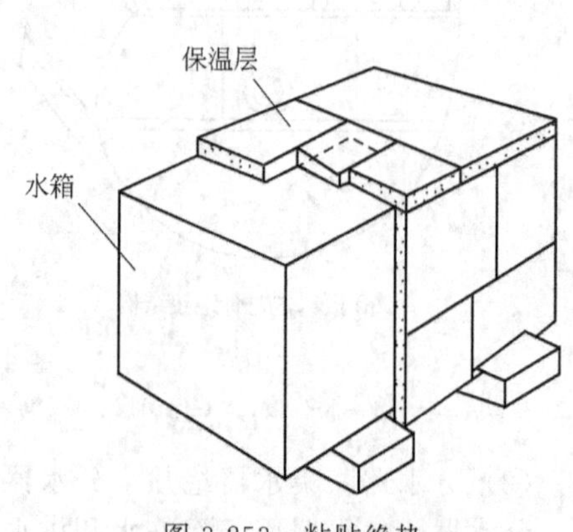

图 3-253　粘贴绝热

3.2.13 通风空调设备及管道防腐

3.2.13.1 常用防腐涂料

（1）通风空调系统风管常用油漆品种，见表3-225。

表 3-225 薄钢板涂刷油漆

序号	风管所输送的气体介质	油漆类别	油漆遍数
1	不含有灰尘且温度不高于70℃的空气	内表面涂防锈底漆	2
		外表面涂防锈底漆	1
		外表面涂面漆(调和漆等)	2
2	不含有灰尘且温度高于70℃的空气	内、外表面各涂耐热漆	2
3	含有粉尘或粉屑的空气	内表面涂防锈底漆	1
		外表面涂防锈底漆	1
		外表面涂面漆	2
4	含有腐蚀性介质的空气	内外表面涂耐酸底漆	≥2
		内外表面涂耐酸面漆	≥2

（2）空气洁净系统中常用油漆，见表3-226。

表 3-226 空气洁净系统中常用油漆

序号	系统部位	油漆类别		油漆遍数
1	中效过滤器前的送风、回风管(薄钢板)	内表面	醇酸类底漆	2
			醇酸类磁漆	2
		外表面	保温管 铁红底漆	1
			非保温管 调合漆	1
2	中效过滤器后和高效空气过滤器前的送风管	镀锌钢板一般不涂漆		
		薄钢板内表面	醇酸类底漆	2
			醇酸类磁漆	2
		薄钢板外表面(保温)	铁红底漆	1
		薄钢板外表面(非保温)	调合漆	2
3	高效空气过滤器后的送风管	镀锌钢板内表面	磷化底漆	1
			锌黄醇酸类底漆	2
			面漆	2
		镀锌钢板外表面一般不涂漆		

注：空气洁净系统的油漆宜采用喷涂法。

（3）制冷系统管道用漆，见表3-227。

表 3-227 制冷系统管道涂刷油漆

管道类别		油漆分类	油漆遍数
低压系统	绝热层以沥青为黏结剂	沥青漆	2
	绝热层不以沥青为黏结剂	防锈底漆	2
高压系统		防锈底漆	2
		色漆	2

(4) 制冷管道色漆见表 3-228。

表 3-228 制冷管道色漆

管道名称	颜色	管道名称	颜色
高压排气管	红色	制冷剂液体管	黄色，氟管为银灰色
低压吸气管	蓝色	冷冻水送水管	绿色
放空管	黑色	冷冻水回水管	棕色
放油管	紫色	冷却水上水管	天蓝色

3.2.13.2 管道表面处理

(1) 化学除锈 酸洗操作条件，见表 3-229。

表 3-229 钢材酸洗操作条件

酸洗种类	浓度/%	温度/℃	时间/min
硫酸	10～20	50～70	10～40
盐酸	10～15	30～40	10～50
磷酸	10～20	60～65	10～50

酸洗施工时，酸洗液的配比及工艺条件应符合表 3-230 的规定。

表 3-230 酸洗液的配比及工艺条件

名称	配合比	处理温度/℃	处理时间/min	备注
工业盐酸/% 乌洛托平/% 水	15～20 0.5～0.8 余量	30～40	5～30	除铁锈快，效果好，适用于钢铁表面严重积锈的工件
工业盐酸(比重 1.18)/% 工业硫酸(比重 1.18)/% 乌洛托平/(L/g) 水	110～180 75～100 5～8 余量	20～60	5～50	适用于钢铁及铸铁工件除锈
工业盐酸(1.18)/(L/g) 食盐/(L/g) 水 缓蚀剂	180～200 40～50 余量 适量	65～0	16～50	适用于铸铁及清理大块锈皮，若铸铁表面有型砂，可加 2%～5%氢氟酸
工业磷酸/% 水	2～15 余量	80	表面铁锈除尽为止	适用于锈蚀不严重的钢铁工件，常用作涂料的基本金属表面处理

(2) 机械除锈 施工现场最简单的干喷砂除锈工艺流程如图 3-254 所示。

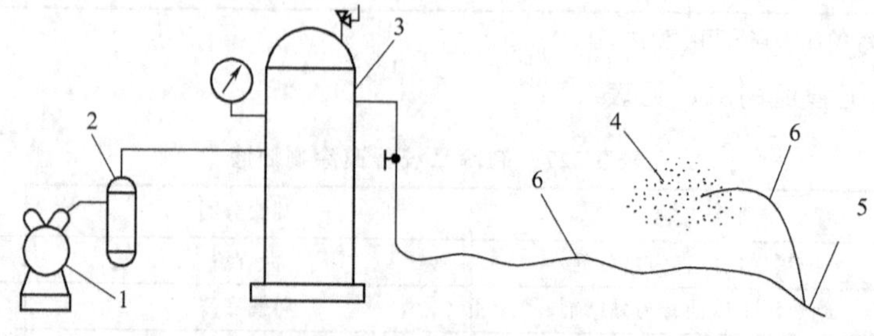

图 3-254 简易喷砂工艺流程

1—空压机；2—油水分离器；3—贮气罐；4—砂堆；5—喷枪；6—胶管

在固定的喷砂场所，也可采用结构比较简单的单室喷砂工艺，如图 3-255 所示。

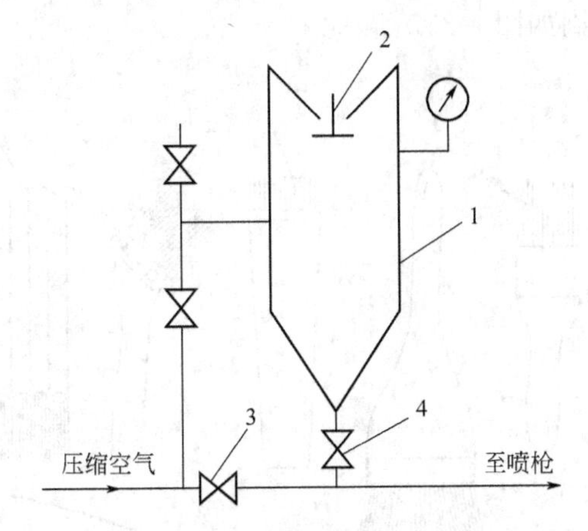

图 3-255 单室喷砂工艺流程

1—砂罐；2—进砂阀；3—阀门；4—出砂阀塞

干喷砂作业的工艺指标见表 3-231。

表 3-231 干喷砂工艺指标

喷砂材料	砂子粒径标准筛孔/mm	压缩空气压力不低于/MPa	喷嘴最小直径/mm	喷射角/(°)	喷距/mm
石英砂	全部通过 3.2 筛孔,不通过 0.63 筛孔,0.8 筛孔筛余量不少于 40%	0.5	6～8	30～75	80～200
硅质河砂或海砂	全部通过 3.2 筛孔,不通过 0.63 筛孔,0.8 筛孔筛余量不少于 40%	0.5	6～8	30～75	80～200
金刚砂	全部通过 3.2 筛孔,不通过 0.63 筛孔,0.8 筛孔筛余量不少于 40%	0.35	5	30～75	80～200

湿喷砂的工艺流程如图 3-256 所示。

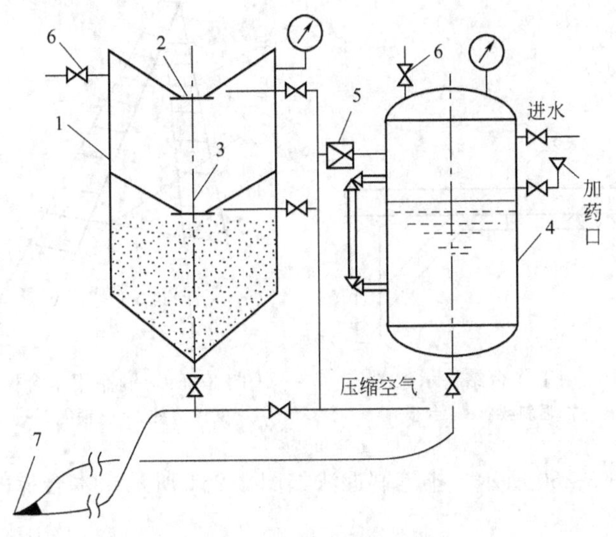

图 3-256 湿喷砂工艺流程

1—双室砂罐；2—进砂阀；3—自动进砂阀；4—水罐；5—减压阀；6—放空阀；7—喷枪

3.2.13.3 管道防腐施工

（1）刷涂　常用的漆刷如图 3-257 所示。

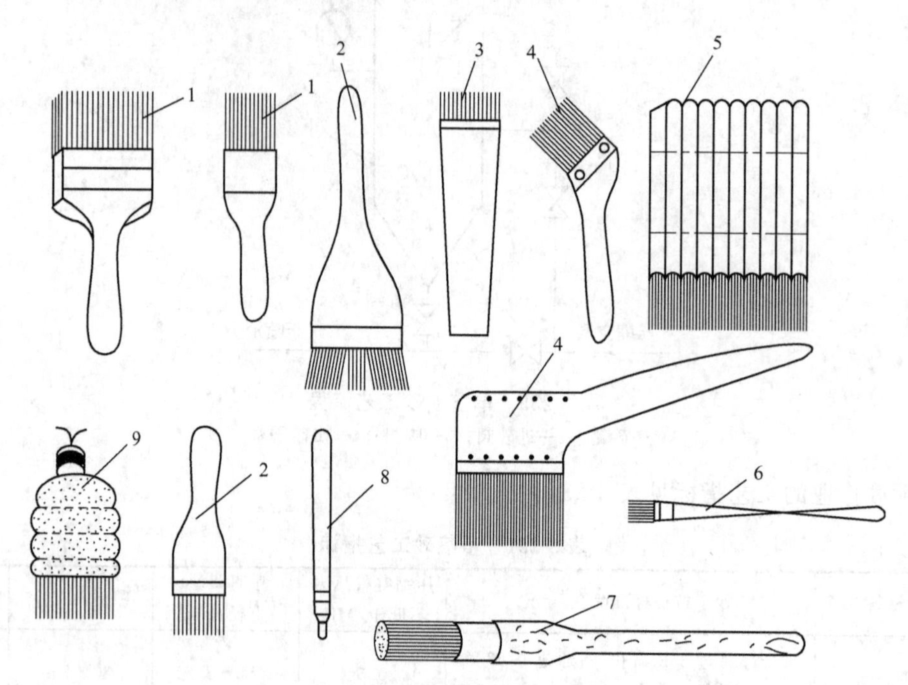

图 3-257　常用的漆刷

1—扁形刷；2—板刷；3—大漆刷；4—长柄扁形刷（歪脖刷）；5—竹管排笔刷；6—长圆杆扁头笔刷；7—圆形刷；8—毛笔刷；9—棕丝刷

刷涂设备有刷涂用工作台、木合梯等。刷涂用工作台的结构如图 3-258 所示。木合梯（又称合梯或高梯）结构如图 3-259 所示。

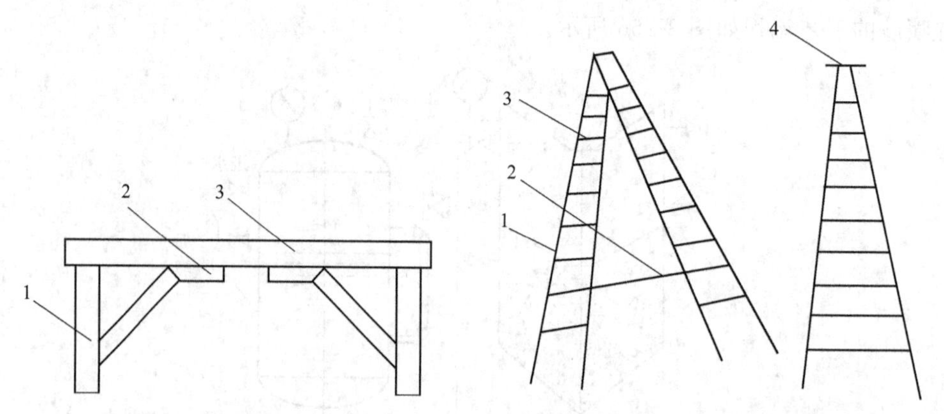

图 3-258　刷涂用工作台结构示意图

1—台脚；2—加强斜梁；3—台板

图 3-259　刷涂用木合梯结构示意图

1—支撑边柱；2—锁绳；3—横档；4—顶板

刷子的握法如图 3-260 所示。排笔刷握法如图 3-261 所示。木合梯的结构及安全操作如图 3-262 所示。

（2）喷涂　喷枪是空气喷涂最关键的部件，它的种类很多，按雾化方式分，有内部混合和外部混合两种，如图 3-263 所示。

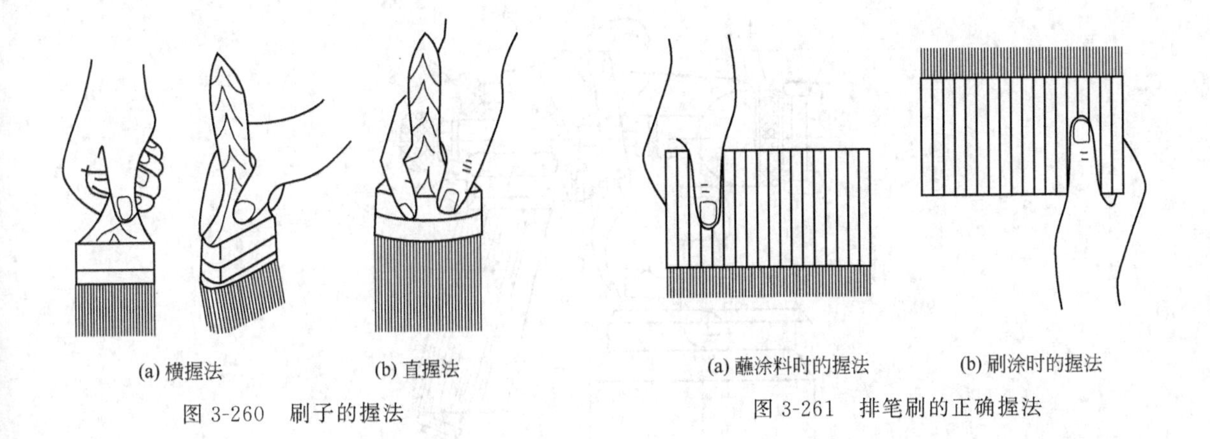

(a) 横握法　　(b) 直握法

图 3-260　刷子的握法

(a) 蘸涂料时的握法　　(b) 刷涂时的握法

图 3-261　排笔刷的正确握法

(a)　　(b)　　(c)

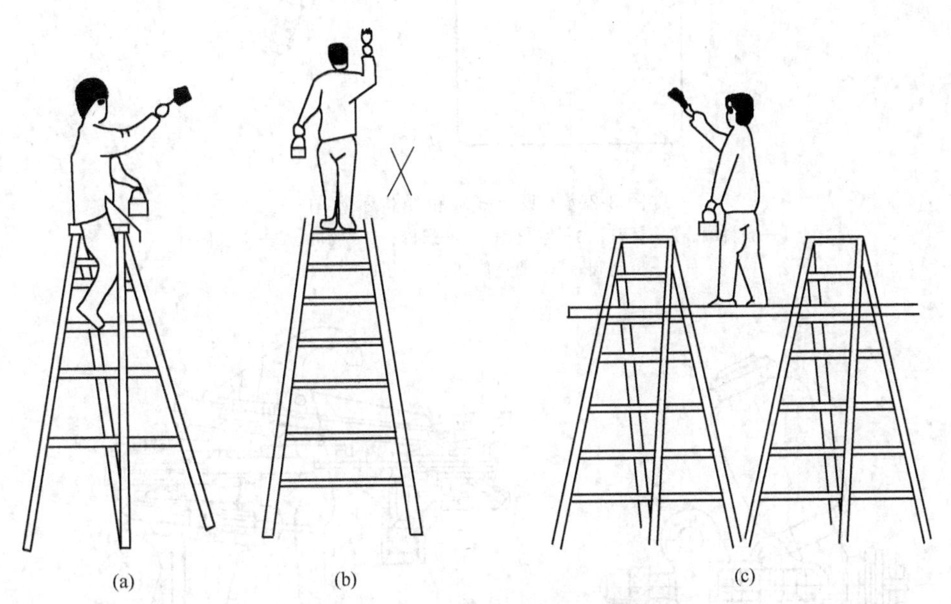

图 3-262　木合梯的结构及安全操作

(a)、(c) 正确的使用方法；(b) 不正确的使用方法

(a) 内部混合　　(b) 外部混合

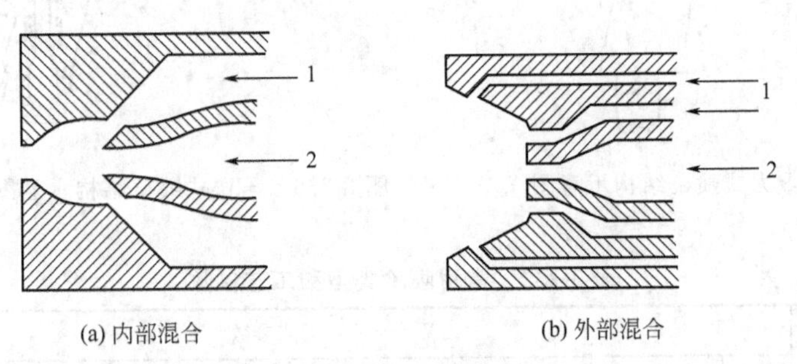

图 3-263　压缩空气与涂料混合方式

1—压缩空气；2—涂料

吸上式喷枪结构示意图如图 3-264 所示。重力式喷枪结构示意图如图 3-265 所示。压送式喷枪结构如图 3-266 所示。常用喷枪的类型和工艺参数见表 3-232。

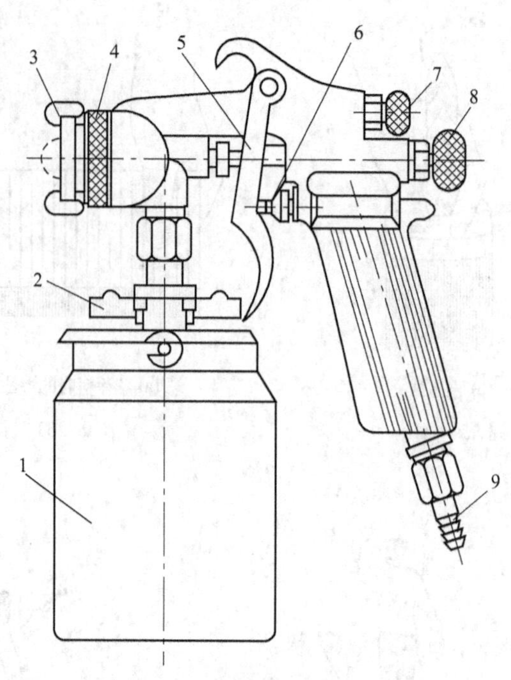

图 3-264　吸上式喷枪结构示意图

1—涂料罐；2—螺钉；3—空气帽；4—螺母；5—扳机；6—空气阀杆；7—控制阀；8—调整旋钮；9—压缩空气接头

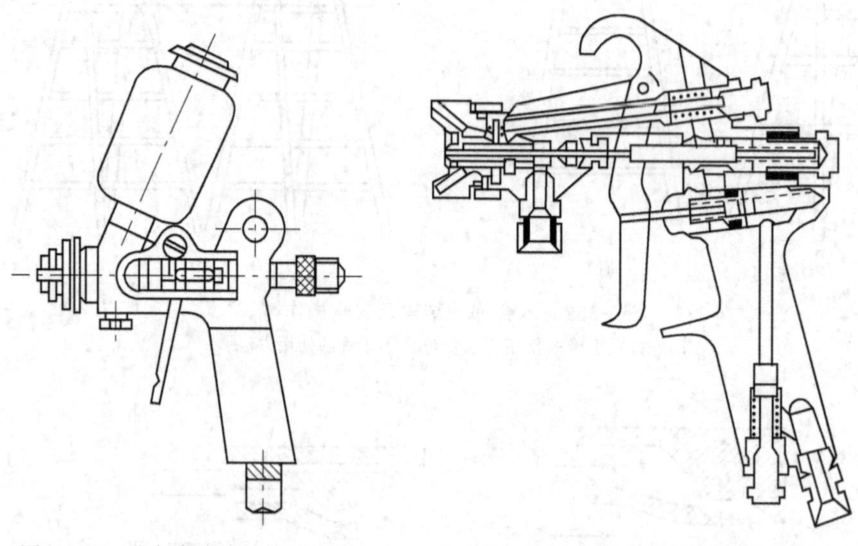

图 3-265　重力式喷枪结构示意图　　　图 3-266　压送式喷枪结构示意图

表 3-232　常用喷枪类型和工艺参数

喷枪类型	工艺参数			
	喷枪口径/mm	空气用量/(L/min)	涂料喷出量/(L/min)	喷幅/mm
重力式	0.8 1.0 1.5 1.8	60 70 300 320	30 50 140 180	25 30 160 180

续表

喷枪类型	工艺参数			
	喷枪口径/mm	空气用量/(L/min)	涂料喷出量/(L/min)	喷幅/mm
吸上式	0.8 1.0 1.2 1.5 1.6	160 170 175 190 200	45 50 80 100 120	60 80 100 130 140
压送式	0.8 1.0 1.2 1.5 1.6	200 290 450 500 520	150 200 350 520 600	150 170 240 300 320

喷枪运行速度与涂膜厚度的关系如图3-267所示。喷枪的运行方式如图3-268所示。

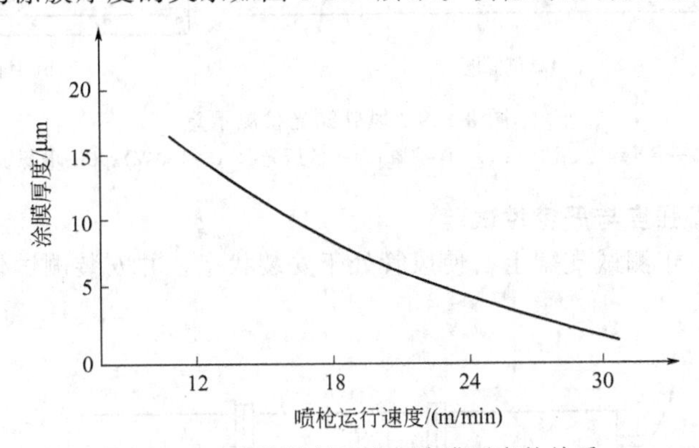

图3-267 喷枪运行速度与涂膜厚度的关系

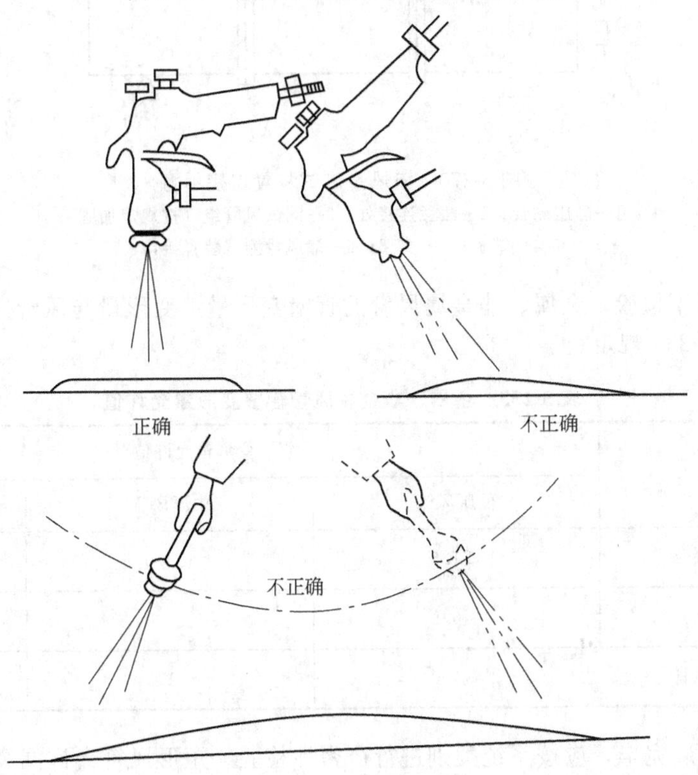

图3-268 喷枪运行方式

3.2.14 通风系统试验

3.2.14.1 风管系统严密性试验

风管系统漏光检测时，移动光源可置于风管内侧或外侧，其相对侧应为暗黑环境，如图 3-269 所示。

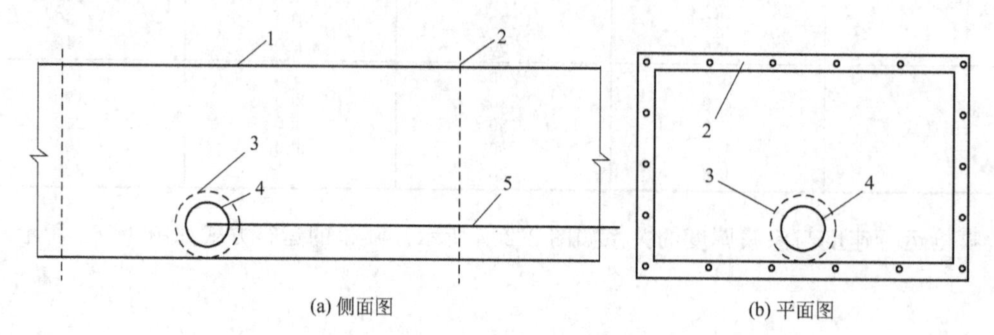

图 3-269 风管漏光检测示意

1—风管；2—法兰；3—保护罩；4—低压光源（>100W）；5—电源线

3.2.14.2 风管强度与严密性试验

将测试风管组置于测试支架上，使风管处于安装状态，并安装测试仪表和漏风量测试装置，如图 3-270 所示。

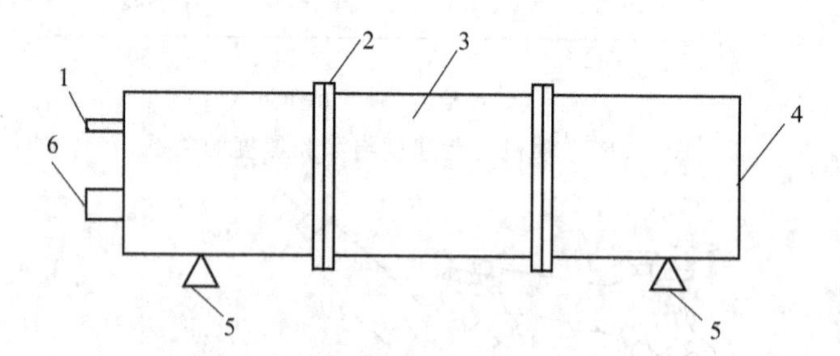

图 3-270 漏风量测试装置连接示意

1—静压测管；2—法兰连接处；3—测试风管组（按规定加固）；

4—端板；5—支架；6—漏风量测试装置接口

风管耐压强度检验，金属、非金属风管的管壁变形量（变形量与风管边长之百分比）允许值应符合表 3-233 规定。

表 3-233 金属、非金属风管管壁变形量允许值

风管类型	管壁变形量允许值/%		
	低压风管	中压风管	高压风管
金属矩形风管	≤1.5	≤2.0	≤2.5
金属圆形风管	≤0.5	≤1.0	≤1.5
非金属矩形风管	≤1.0	≤1.5	≤2.0

风管系统安装完毕，应按系统类别进行严密性检验。矩形风管允许漏风量、圆形风管允许漏风量应分别符合表 3-234、表 3-235 规定。

表 3-234 金属矩形风管允许漏风量

压力/Pa	允许漏风量/[$m^3/(h \cdot m^2)$]
低压系统风管($P \leqslant 500$Pa)	$\leqslant 0.1056P^{0.65}$
中压系统风管(500Pa$<P \leqslant$1500Pa)	$\leqslant 0.0352P^{0.65}$
高压系统风管(1500Pa$<P \leqslant$3000Pa)	$\leqslant 0.0117P^{0.65}$

注：1. 试验室试验加载负荷（保温材料载荷、80kg外力载荷）时的空气泄漏量应符合上表规定值。

2. 非金属风管采用角钢法兰连接时，其漏风量应符合本表规定值；采用非法兰连接时，其漏风量应为规定值的50%。

3. 排烟、除尘、低温送风系统的空气泄漏量应符合表中中压系统规定值。

表 3-235 圆形风管允许漏风量

压力/Pa	允许漏风量/[$m^3/(h \cdot m^2)$]
低压系统风管($P \leqslant 500$Pa)	$\leqslant 0.0528P^{0.65}$
中压系统风管($500<P \leqslant 1500$Pa)	$\leqslant 0.0176P^{0.65}$
高压系统风管($1500<P \leqslant 3000$Pa)	$\leqslant 0.0117P^{0.65}$

每组测试用风管宜由4段长度为1.2m的风管连接组成（图3-271）。

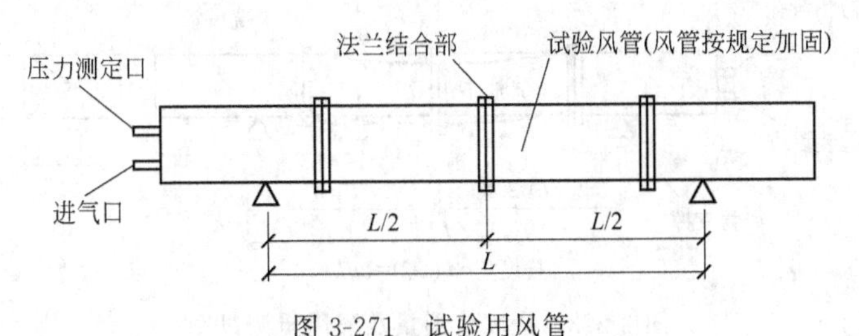

图 3-271 试验用风管

L—试验风管支架间距（按规格确定）

测试装置由送风装置、流量测定装置、压力及温度测量装置及风管支撑架组成（图3-272）管壁变形量和挠度变形量采用百分表测量、加载负荷用砝码计量。漏风量测试装置应符合现行国家标准《通风与空调工程施工质量验收规范》（GB 50243—2016）的规定。

风管漏风量测试应在试验风管内的试验压力与规定的工作压力保持一致时进行测量。同时，测量测试环境温度及压力，换算出标准状态（20℃，标准大气压）下的漏风量。挠度变形量及漏风量测试，如图3-273所示。

风管管壁变形量及漏风量测试，如图3-274所示。

金属矩形风管和金属圆形螺旋风管管壁变形量及挠度允许值应符合表3-236和表3-237的规定。非金属矩形风管管壁变形量允许值应符合表3-238的规定。

表 3-236 金属矩形风管管壁变形量及挠度允许值

类别	风管系统工作压力 P/Pa		
	低压系统 ($P \leqslant 500$)	中压系统 ($500<P \leqslant 1500$)	高压系统 ($P=1500 \sim 3000$)
管壁变形量/% (无载、W_1+W_2)	$\leqslant$1.5	$\leqslant$2.0	$\leqslant$2.5
挠度角(β) (无载、W_1+W_2)	1/150	1.5/150	2/150(或 $d \leqslant$20mm)

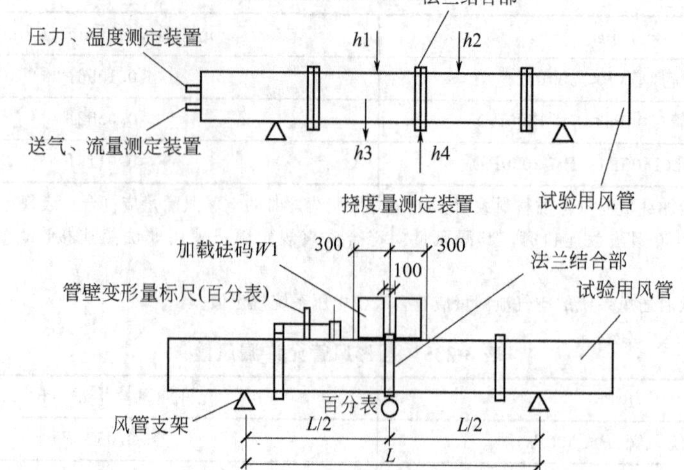

图 3-272　风管测试装置图

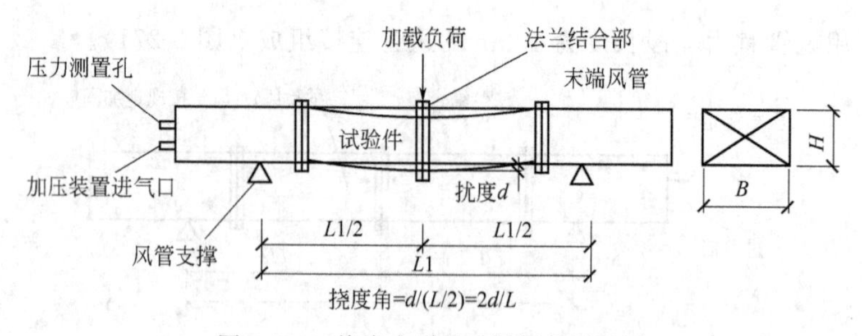

图 3-273　挠度变形量及漏风量测试图

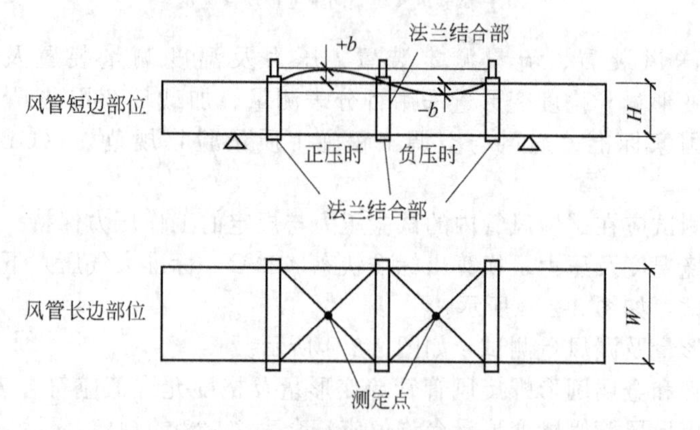

图 3-274　管壁变形量试验图

表 3-237　金属圆形螺旋风管管壁变形量及挠度允许值

类别		风管系统工作压力/Pa		
		低压系统 ($P\leqslant500$)	中压系统 ($500<P\leqslant1500$)	高压系统 ($P=1500\sim2000$)
管壁变形量/mm (无载、W_1+W_2)		0.5	1.0	1.5
挠度角(β)	无载	0.05/150	0.10/150	0.15/150
	W_1+W_2	0.8/150	1.0/150	1.2/150(或 $d\leqslant12$mm)

表 3-238　非金属矩形风管管壁变形量允许值

风管系统工作压力/Pa	低压系统 ($P \leqslant 500$)	中压系统 ($500 < P \leqslant 1500$)	高压系统 ($P = 1500 \sim 2000$)
管壁变形量/%	≤1.0	≤1.5	≤2.0

3.2.15　空调水系统试验

水系统阀门水压试验持续时间应符合表 3-239 的规定。

表 3-239　阀门严密性试验持续时间

公称直径 DN/mm	最短试验持续时间/s	
	金属密封	非金属密封
≤50	15	15
65～200	30	15
250～450	60	30
≥500	120	60

水系统管道液压试验的压力应按表 3-240 的规定进行。

表 3-240　液压试验压力　　单位：MPa

<table>
<tr><th colspan="3">管道级别</th><th>设计压力 P</th><th colspan="2">强度试验压力</th><th>严密性试验压力</th></tr>
<tr><td colspan="3">真空</td><td>—</td><td colspan="2">0.2</td><td>0.1</td></tr>
<tr><td rowspan="4">中、低压</td><td colspan="2">地上管道</td><td>—</td><td colspan="2">$1.25P$</td><td>P</td></tr>
<tr><td rowspan="3">埋地管道</td><td>钢</td><td>—</td><td>$1.25P$ 且不小于 0.4</td><td rowspan="3">不大于系统内阀门的单体试验压力</td><td rowspan="3">P</td></tr>
<tr><td rowspan="2">铸铁</td><td>≤5</td><td>$2P$</td></tr>
<tr><td>>5</td><td>$P+0.5$</td></tr>
<tr><td colspan="3">高压</td><td>—</td><td colspan="2">$1.5P$</td><td>P</td></tr>
</table>

气压代替液压试验的压力一般不得超过表 3-241 的规定。

表 3-241　气压代替液压试验的压力规定

公称直径/mm	试验压力/MPa
≤300	1.6
>300	0.6

泄漏量试验压力等于设计压力，时间为 24h，全系统每小时平均泄漏率应符合设计要求。如设计无要求时，不得超过表 3-242 的规定。试验压力不应低于 0.02MPa（表压）。

表 3-242　允许泄漏率

管道环境	每小时平均泄漏率/%	
	剧毒介质	甲、乙类火灾危险性介质
室内及地沟	0.15	0.25
室外及无围护结构车间	0.30	0.5

3.2.16 制冷系统试验

制冷系统气密性试验压力应符合表 3-243 的规定，以 R12 为制冷剂的制冷系统充气试验，如图 3-275 所示。

表 3-243 制冷系统气密性试验压力　　单位：MPa

制冷剂	R717/R502	R22	R12/R134a	R11/R123
低压系统	1.8	1.8	1.2	0.3
高压系统	2.0	2.5	1.6	0.3

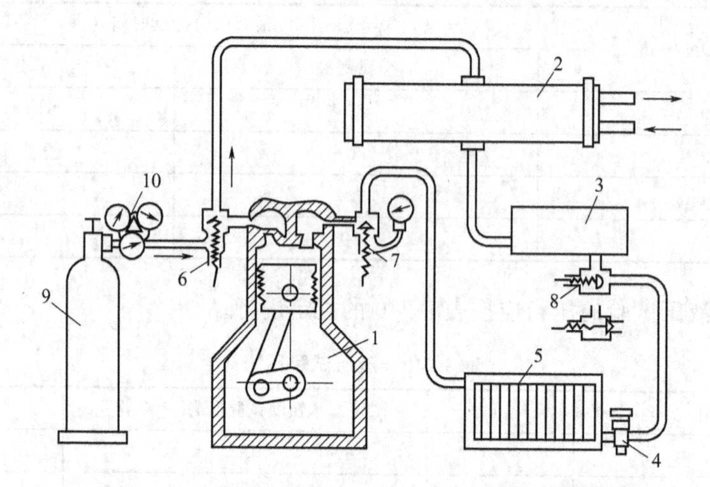

图 3-275 氟利昂制冷系统充气试验操作示意图

1—压缩机；2—冷凝器；3—贮液器；4—热力膨胀阀；5—蒸发器；6—排气截止阀；7—吸气截止阀；8—出液阀；9—氮气瓶；10—减压阀

充氨示意装置如图 3-276 所示。

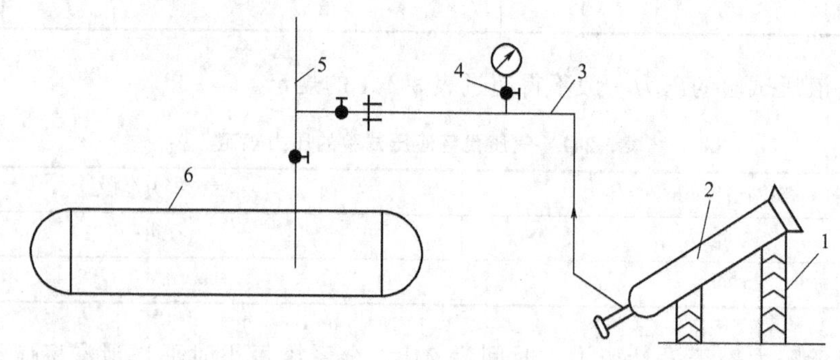

图 3-276 充氨示意图

1—瓶架；2—氨瓶；3—连接管；4—压力表；5—出液管；6—贮液器

附录1

暖通空调设计数据方案模板

一、设计依据

1.《工业建筑供暖通风与空气调节设计规范》(GB 50019—2015)

2.《全国民用建筑工程设计技术措施》(暖通空调·动力) 2003 版

3.《公共建筑节能设计标准》(GB 50189—2015)

4.《建筑设计防火规范》(GB 50016—2014)

5.《车库建筑设计规范》(JGJ 100—2015)

6.《汽车库、修车库、停车场设计防火规范》(GB 50067—2014)

7.《人民防空地下室设计规范》(GB 50038—2005)

8.《人民防空工程设计防火规范》(GB 50098—2009)

二、工程简介及设计内容

本工程暖通专业的设计内容主要包括××商场的中央空调系统设计；地下车库、设备房、公用卫生间等的通风设计；消防防排烟系统设计，以及战时人防通风设计。

三、室内外设计计算参数

1. 室外计算参数(××地区)：

夏季空气调节室外计算干球温度	33.5℃
夏季空气调节室外计算湿球温度	27.5℃
夏季通风室外计算温度	31℃
夏季通风室外计算相对湿度	82%
夏季室外大气压力	1004.8kPa
冬季通风室外计算温度	3℃
冬季空气调节室外计算温度	−4℃
冬季空气调节室外计算相对湿度	77.0%
冬季室外大气压力	1023.5kPa

2. 室内设计参数

房间名称	夏季		冬季		新风标准	排风	噪声标准
	温度/℃	相对湿度/%	温度/℃	相对湿度/%	/[m³/(h·人)]	/(次/h)	/dB(A)
××商场	26～28	50～65	16～18	>30	25		50～60
地下车库						6	
制冷机房						6	
变配电						10	

续表

房间名称	夏季		冬季		新风标准	排风	噪声标准
	温度/℃	相对湿度/%	温度/℃	相对湿度/%	/[m³/(h·人)]	/(次/h)	/dB(A)
水泵房						6	
厨房						30～50	
卫生间						10	

四、空调系统设计

1. 主要设计指标

房间名称	建筑面积/万 m^2	夏季		冬季	
		冷指标/(W/m^2)	总冷负荷/kW	冷指标/(W/m^2)	总冷负荷/kW
××商场	4.7	125	5880	50	2350

2. 空调总负荷及冷热源

根据建筑特点，本工程商业部分设一个集中冷、热源。中央空调系统夏季总冷负荷约7830kW，冬季总热负荷约3400kW。空调冷源采用2台900Tons离心式水冷制冷机组和1台450Tons离心式水冷制冷机组。热源采用城市蒸汽热网，采用二台换热量为1.75MW的汽—水换热机组供热。冬季空调供/回水温度为60℃/50℃，夏季空调供/回水温度为7℃/12℃。冷水机组、换热机组及循环泵集中设置在冷冻机房内，冷却塔设置在裙楼屋面。补水定压：冷水补水泵采用软化水，冷却水采用电子除垢仪。冷水采用开式膨胀水箱定压方式，冷热合用系统，膨胀水箱设在裙楼屋面。

3. 空调形式

根据建筑内各房间的功能及大小不同和方案比较，本工程中央空调的形式主要有：

(1) 商场、超市等大空间采用一次回风的全空气系统，根据各场所分布情况，设空调机房，采用立柜式或吊装式空气处理机组。空调风系统设计以竖向分层、横向按防火分区设置空调系统为原则，同时根据建筑使用功能设计。

(2) 商业配套办公管理用房等小空间区域采用风机盘管加新风系统，以满足各房间的个性化需求。

五、空调系统节能设计

1. 依据《全国民用建筑工程设计技术措施——节能专篇》(暖通空调)中的采暖空调基本参数和要求计算房间热负荷和逐项逐时冷负荷，并编写负荷计算书。

2. 空调设备选用在设计满负荷工况下和部分负荷的效率最高的设备；风机的设计工况效率，不低于风机最高效率的90%。

3. 末端装置和水循环热泵机组采用温控系统，负荷变化时水泵台数作相应增减，与之对应的主机也作相应增减，以达到节能的目的。

4. 选用高性能的制冷主机，离心式冷水机组性能系数大于5.1。

5. 水系统采用一次泵变流量系统，以减少空调水输配能耗。

6. 空调水系统的设计输送能效比小于0.0241。

六、消防及通风设计

1. 本工程所有不满足自然排烟条件的防烟楼梯间，消防电梯间前室或合用前室或设置自然排烟设施的防烟楼梯间，其不具备自然排烟条件的前室均设置机械加压送风系统。防烟楼梯间内机械加压送风防烟系统的余压值为40～50Pa；前室、合用前室为25～30Pa。防烟楼梯间内设计压力间每隔1～2层设置一个自垂式百叶风口，发生火灾时，所有自垂式百叶风口均送风。前室及合用前室每层设置一个常闭的多叶送风口，发生火灾时，开启着火层及上层多叶送风口送风。所有消防送风口均与风机联动，就地或消防中心均可控制，并在加压风机两端设计有150～200mm的防火预氧防火布软接。机械加压送风井内表面必须光滑，不得漏风。

2. 本工程所有需设置排烟设施的场所当不具备自然排烟条件时，均横向按防火分区、竖向按楼层设置机械排烟设施。需设置机械排烟设施且室内净高小于等于6m的场所划分防烟分区；每个防烟分区的建筑面积不超过500m^2，防烟分区不应跨越防火分区。防烟分区采用隔墙、顶棚下凸出不小于500mm的结构梁以及顶棚或吊顶下凸出不小于500mm的不燃烧体等进行分隔。排烟口或排烟阀按防烟分区设置。排烟口或排烟阀与排烟风机连锁，当任一排烟口或排烟阀开启时，排烟风机能自行启动；排烟口的设置与附近安全出口沿走道方向相邻边缘之间的最小水平距离不小于1.5m，防烟分区内的排烟口距最远点的水平距离不超过30m。

3. 面积超过2000m^2的地下车库设置机械排烟系统，并且每个防烟分区的建筑面积不超过2000m^2，且防烟分区不跨越防火分区。地下室汽车库应设置换气次数为6次/时的机械排风系统和火灾时排烟系统。如有直通室外的汽车坡道，采用坡道自然补风系统，否则设置机械补风系统，系统补风量大于排烟量的50%。烟气经竖井排至屋面最高处，并在排烟风机的入口处设有280℃关闭的防火阀，且要与风机联动，排烟风机置于排烟机房内。

4. 地下设备用房，设置机械通风系统，设置竖向的排风井道，排出地面和裙房屋面。

5. 无直接自然通风，且长度超过20m的内走道或虽有直接自然通风，但长度超过60m的内走道，均设置机械排烟系统。

6. 不具备自然排烟条件或净空高度超过12m的中庭，需设置机械排烟系统，中庭体积小于或等于17000m^3时，其排烟量按其体积的6次/h换气计算；中庭体积大于17000m^3时，其排烟量按其体积的4次/h换气计算，但最小排烟量不应小于102000m^3/h。排烟风机的入口处设有280℃关闭的防火阀，且要与风机联动。

7. 通风和空气调节系统的管道布置，横向按防火分区设置，当空调风管穿越防火分区时，在穿越处设置防火阀。

七、人防设计

1. 人员掩蔽所，设清洁通风，滤毒通风及隔绝通风。其进风系统分别由消波装置、油网滤尘器、密闭阀门、过滤吸收器、通风机等防护通风设备线成。采用全工事超压排风方式。滤毒通风时，防空地下室室内应保持30～50Pa的超压，工事内外压差小于30Pa时，不允许人员出入。隔绝通风时，采用送风机进行室内空气循环。

2. 人防汽车库，允许轻度染毒，通风只设清洁通风和隔绝通风的，清洁通风合用平时排风排烟设备通风，进风采用车道自然补风，排风系统由风机、排风小室、防护密闭门排往人防汽车库外。

3. 人防物资库，战时设清洁式通风和隔绝防护。进风系统由消波装置、油网滤尘器、密闭阀门、回风插板阀和通风机等线成。排风系统由防护密闭门、密闭门超压排风。

八、环境保护和卫生防疫工程设计

1. 经常有人停留的房间，冬夏季设空调，并保证足够的新风和良好的通风，满足室内空气品质的要求。

2. 厨房、卫生间旁设专门的排风竖井，通向高层屋面。

3. 所有通风空调设备均采用低噪声设备，且做好消声隔震措施。

4. 汽车库废气由土建竖井高空排放。

附录2 暖通空调安装数据方案模板

一、编制依据

《通风与空调工程施工质量验收规范》(GB 50243—2016)

《建筑工程施工质量验收统一标准》(GB 50300—2013)

《风机、压缩机、泵安装工程施工及验收规范》(GB 50275—2010)

《现场设备、工业管理焊接工程施工规范》(GB 50236—2011)

《制冷设备、空气分离设备安装工程施工及验收规范》(GB 50274—2010)

《民用建筑工程节能质量监督管理办法》(建质［2006］192 号)

《建设部关于贯彻执行工程勘察设计及施工质量验收规范若干问题的通知》(建标［2002］212 号)

二、工程概况

某办公楼建筑装修项目通风工程，地上 17 层，地下 P4 层，建筑高度 91.2m，总建筑面积约为 31580m^2。

三、工期要求

合同签订后 150 日历天。

四、施工范围

1. 一层至顶层空调及通风、防排烟的系统末端施工。

2. 空调水系统的平层供回水管在每层管道井外已安装阀门后的支管接口，再到接口后的终端各设备。

3. 空调新风系统的平层电梯前室管井外接至每层走道新风接口；办公区域内新风送风机阀门后接口；设计为每层送风外接口后的管道及阀门、风口，终端设备等。

4. 每层回风机井道外已安装阀门后的接口，接口后的所有管道、阀门、风口等。

5. 每层卫生间排气井外已安装阀门后的接口，接口后的管道、阀门、风口等。

6. 本工程属于空调、通风及防排烟改造工程，根据设计的施工平面图及发包方招标文件中的工程量清单中内容，对风机盘管、风管、风口、空调水系统等拆除后的调整。

7. 负责对本工程空调系统、空调冷媒水系统、通风系统及相关的防腐、保温工程等的安装、调试、现场测试/试运行、检查/验收、质量保证及售后服务。

五、施工准备

1. 组织机构

本工程选派经验丰富、具有复合知识结构的管理人员组成项目经理部。严格履行专业职责，密切配合土建，实现统一计划、统一现场管理、统一施工管理。

本专业通风及空调系统由施工班组加工、制作、安装、保温，根据专业进程由项目负责人统一调配劳动力，劳动力的安排详见下表。

劳动力计划表

工种名称	计划人数	工种名称	计划人数
通风空调工	25	保温	8
电气焊	2	钳工	4
空调水工	15	普工	6
油漆工	5	安全员	2
临工	3	材料、机械	2

2. 技术准备

组织技术人员熟悉施工图纸和有关的设计资料，对相关的技术、经济和自然条件进行调查分析、研究可行的施工方案。针对图纸中存在的问题及时记录，为施工做出准确的、科学的技术指导。

3. 施工现场准备

施工道路、施工用水、施工用电和加工场地由总包方统一规划，生产、办公、库房等临时用房由发包方提供。

4. 施工机具准备

具体施工用机具见下表。

序号	机械或设备名称	单位	数量
1	车床	台	1
2	钻床	台	1
3	共板法兰机	台	1
4	数控全自动风管生产线	套	1
5	数控等离子切割机	套	1
6	电动合缝机	台	2
7	剪板机	台	1
8	多功能咬口机	台	1
9	气动折边机	台	1
10	液压拉铆枪	把	6
11	手动拉铆枪	把	10
12	手动冲孔机	把	5
13	弯头咬口机	台	2
14	角钢法兰煨弯机	台	2
15	逆变式直流电焊机	台	6
16	管子套丝机	台	5
17	砂轮切管机	台	4
18	电动试压泵	台	2
19	手动试压泵	台	2
20	角向砂轮机	台	15
21	管道试漏胶囊	套	2

续表

序号	机械或设备名称	单位	数量
22	管道坡口机	台	2
23	冲击电钻	台	20
24	冲击电锤	台	4
25	空压机	台	3
26	手枪电钻	把	20
27	手拉葫芦	个	20
28	铝合金单梯	个	20
29	安全线架	个	15
30	安全带	付	33
31	榔头	把	35
32	扳手	把	55
33	管子钳	把	5
34	链条钳	把	6
35	铁角尺	套	1
36	手动葫芦	个	1
37	磁性线锤	个	5

六、空调及通风拆除要求

1. 拆除范围

按设计图纸确认的拆除范围，保护性拆除每楼层的所有通风空调系统，包括室内机、室外机、冷媒管、冷凝水管、风机、风管、保温设施、有线温控器以及调节阀，送、回风口和支吊架等所有附件。

2. 施工步骤

(1) 本工程属于空调、通风及防排烟改造工程，原通风空调系统，包括室内机、室外机、冷媒管、冷凝水管、风机、风管、保温设施、有线温控器以及调节阀，送、回风口和支吊架等所有附件，在拆除前必须先由甲方代表通知物管向施工各专业办理移交，在移交中需对每台设备、调节阀，送、回风口等进行调试、检测是否完好，是否能进行二次利用，是否能达到本工程招标文件的质保等要求。

(2) 先由相关施工专业切断空调系统电源、控制电源、空调水系统排水、拆除管线，方可进行对通风、空调及水系统的拆除。

(3) 拆除下来的风机、空调机、调节阀、风口、管线等设备材料统一转运到堆放点进行分类保存，废弃物由甲方指定地点进行处理。

七、施工材料报验制度

为了加强工程质量的事前控制，防止伪劣材料用于工程上，对进入工地的工程所需材料实行报验制度。规定如下。

1. 工程需要的主要原材料、构配件及设备进场时必须具有出厂合格证或质量保证书、材质化验单和允许进入当地建设市场的使用认证书及厂家批号，同时应按有关规定进行检验复试，自检合格后填写《工程材料/构配件/设备报验单》向项目监理部报告批量和用于工程上的部位。经监理工程师及业主代表审查确认后方可使用。监理人员如果对其出厂合格证或检验单有异议，有权提出复试、检验要求，否则一律不准用在工程上。

2. 工程用各种构件，由于运输等原因，出现质量问题时，应进行分析研究并采取措施处理后，经监理工程师同意，方可用在工程上。

3. 凡采用新材料、新型制品，应检查技术鉴定文件。

4. 对建筑构配件及主要设备在订货前有必要时应到生产厂家进行实地考察（生产工艺、质量控制、检测手段），提交的样品、资料、单价向监理工程师申报，经监理工程师会同设计、业主研究同意后方可确定订货单位。

5. 所有设备及配件，在安装前应按相应技术说明书的要求进行质量检查。必要时，还应由法定检测部门进行检测。

八、主要施工方法及工艺要求

1. 设备安装

（1）材料要求及主要机具

① 所采用的风机盘管、空调室外机及室内机、新风机组、轴流排气扇等设备均应具有出厂合格证明书或质量鉴定文件。

② 风机盘管、空调室外机及室内机、新风机组、轴流排气扇等设备的结构型式、安装型式、出口方向、进水位置应符合设计安装要求。

③ 设备安装所使用的主料和辅助材料规格、型号应符合设计规定，并具有出厂合格证。

④ 电锤、手电钻、活扳手、套筒扳手、钢锯、管钳子、手锤、台虎钳、丝锥、套丝板、水平尺、线坠、手压泵、压力案子、气焊工具等。

（2）作业条件

① 风机盘管、空调室外机及室内机、新风机组、轴流排气扇等设备和主、副材料已运抵现场，安装所需工具已准备齐全，且有安装前检测用的场地、水源、电源。

② 安装位置尺寸符合设计要求，接往风机盘管、空调室外机及室内机的支管预留管口位置标高符合要求。

（3）操作工艺

① 工艺流程：预检→施工准备→电机检查试转→冷器水压检验→吊架制作安装→风机盘管、空调室外机及室内机、空调机组安装→连接配管→检验。

② 风机盘管、空调室外机及室内机、空调机组在安装前应检查每台电机壳体及表面交换器有无损伤、锈蚀等缺陷。

③ 所有设备电机应每台进行通电试验检查，机械部分不得摩擦，电气部分不得漏电。

④ 风机盘管、空调室外机及室内机、空调机组应逐台进行水压试验，试验强度应为工作压力的1.5倍，定压后观察2～3min不渗不漏。

⑤ 空调机组与一次风管连接处应严密，防止漏风。

⑥ 风机盘管、空调机组水管接头方向和回风面朝向应符合设计要求。

⑦ 冷热媒水管与风机盘管、空调室外机及室内机、空调机组连接宜采用钢管或紫铜管，接管应平直。紧固时应用扳手卡住六方接头，以防损坏铜管。凝结水管宜软性连接，软管长度不大于300mm材质宜用透明胶管，并用喉箍紧固严禁渗涌，坡度应正确、凝结水应畅通地流到指定位置，水盘应无积水现象。

（4）质量标准

① 设备安装前宜进行单机三速试运转及水压检漏试验。试验压力为系统工作压力的1.5倍，试验观察时间为2min，不渗漏为合格；

② 机组应设独立支、吊架，安装的位置、高度及坡度应正确、固定牢固；

③ 设备与风管、回风箱或风口的连接，应严密、可靠。

检查数量：按总数抽查10%，且不得少于1台。

检查方法：观察检查、查阅检查试验记录。

(5) 成品保护

① 风机盘管、空调室外机及室内机、空调机组运至现场后要采取措施，妥善保管，码放整齐。应有防雨、防雪措施。

② 风机盘管诱导器安装施工要随运随装，与其他工种交叉作业时要注意成品保护，防止碰坏。

2. 通风及空调风管做法及工艺要求

(1) 通风空调做法

① 施工技术人员要认真审图，分清不同用途管径采用不同壁厚的镀锌钢板制作风管，用料规格应符合施工规范及设计要求，板材厚度如下表：

通风空调板材厚度表

单位：mm

<table>
<tr><th rowspan="2">类别
风管直径 D 或长边尺寸 b</th><th rowspan="2">圆形风管</th><th colspan="2">矩形风管</th><th rowspan="2">除尘系统风管</th></tr>
<tr><th>中、低压系统</th><th>高压系统</th></tr>
<tr><td>$D(b)\leqslant 320$</td><td>0.5</td><td>0.5</td><td>0.75</td><td>1.5</td></tr>
<tr><td>$320<D(b)\leqslant 450$</td><td>0.6</td><td>0.6</td><td>0.75</td><td>1.5</td></tr>
<tr><td>$450<D(b)\leqslant 630$</td><td>0.75</td><td>0.6</td><td>0.75</td><td>2.0</td></tr>
<tr><td>$630<D(b)\leqslant 1000$</td><td>0.75</td><td>0.75</td><td>1.0</td><td>2.0</td></tr>
<tr><td>$1000<D(b)\leqslant 1250$</td><td>1.0</td><td>1.0</td><td>1.0</td><td>2.0</td></tr>
<tr><td>$1250<D(b)\leqslant 2000$</td><td>1.2</td><td>1.0</td><td>1.2</td><td rowspan="2">按设计</td></tr>
<tr><td>$2000<D(b)\leqslant 4000$</td><td>按设计</td><td>1.2</td><td>按设计</td></tr>
</table>

注：1. 螺旋风管的钢板厚度可适当减小10%～15%。

2. 排烟系统风管钢板厚度可按高压系统。

3. 特殊除尘系统风管钢板厚度应符合设计要求。

4. 不适用于地下人防与防火隔墙的预埋管。

② 通风空调工程制作工艺流程：领料→下料→剪切→咬口制作→风管折方→成型→检验→安装。

(2) 空调通风管及部件加工和连接

① 风管加工板材剪切必须进行下料的复核，以免有误，而后按划线形状用机械剪和手工剪进行剪切，下料时应注意留出翻边量，本工程板材采取咬口方式有：联合咬口、立式咬口、咬口后要求平整，直咬口后的板按画好的线在折方机上进行折方、合缝。

② 矩形风管的弯头采用内外弧形制作，当主风管转弯半径 R 小于 $1.5B$（B 为风管长边），应在管内设置导流片，导流片的迎风侧边缘应圆滑，其两端与管壁的固定应牢固，同一弯管内导流片的弧长应一致。

③ 管道在安装前，管内必须清扫，敞口应临时封闭。

(3) 风管及部件安装

① 工艺流程：确定标高位置→制作吊架→设置吊点→风管排列→法兰连接→安装吊架→安装就位找平→检验。

② 风管及部件系统逐层安装，支架采用吊杆支架，标高必须根据图纸要求和土建基准线而确定，吊架安装时，先按风管的中心线找出吊敷设位置，做上记号，再将加工好的吊杆固定上去，吊杆与横担用螺母拧上，以便于日后调整。当风管较长时，需要安装一排支架时，可先将两端吊杆固定好，然后接线法找出中间支架的位置，最后依次安装。吊杆间距按

下表确定。

风管吊杆间距表

圆形风管直径或矩形风管大边长的尺寸/mm	水平风管间距/m	垂直风管间距/m
≤400	≤4	≤4
≤1000	≤3	≤3.5
>1000	≤2	≤2

③ 为了保证法兰处的严密性，通风管道共板法兰之间垫料采用8501密封胶做密封料，空调管道共板法兰之间垫料采用橡塑自粘板做密封料，螺栓穿行方向要求一致，拧紧时应注意松紧不均造成风管的扭曲。根据现场情况可以在地面连成一定长度，再整体吊装，或将风管放在支架台上逐节连接，安装时一般按先安干管，后安支管的顺序。需要防火阀或消声器安装时，各大边如超过500mm时，应单设吊杆。

(4) 安装质量要求

① 支吊托架、规格、间距必须符合设计要求，风口阀门等处不得设置吊杆，风管吊杆必须牢固、位置标高及走向符合设计要求，部件安装要求方向正确，操作方便，防火阀检修口必须便于操作。

② 本工程小于630mm新风管采用无法兰风管连接方式，无法兰加工，无法兰连接风管的接口采用机械加工尺寸正确，形状规则，接口严密，插条式法兰连接，插条用0.8mm镀锌钢板下料咬形。插条两端压接两平面各20mm，风管安装时把插条与风管连接；风管吊装好时，打高分子密封胶密封严密。

③ 风口安装位置正确，外露部分工整美观排列整齐一致。

(5) 漏光及漏风量测试

① 漏光法检测应采用光线对小孔的强穿透力，对系统风管严密程度进行了检测方法，采用具有一定强度的安全光源。如低压灯100W带保护罩的低压照明灯，或者其他低压光源。低压风管每100m不应大于2处且100m接缝平均不应大于16处，中压系统每10m不应超1处，且100m接缝平均不应大于8处，都为合格漏光，检测中如发现条缝形漏光的应及时进行密封处理。

② 漏风量测试应采用检验合格的专用测量仪表或采用符合现行国家标准（流量测量节流装置）规定的计量元件搭设的测量装置。漏风管测试装置可采用风管式或风室式。风管式测试装置采用孔板作计量元件，风室式测试装置采用喷嘴作计量元件，最后测出的实测值与设计给定的数值不应小于10%为合格。

3. 空调水系统施工方法及工艺要求

(1) 空调水系统设计为双管制，需从竖井外至各层的风机盘管，夏天供冷水，冬天供热水，空调水系统包括供水、回水、冷凝水、供回水管，材质焊接钢管$DN>50$mm的管采用无缝钢管焊接方式，对$DN\leqslant50$mm的焊接管采用螺纹连接方式，冷凝水管采用塑料管承插粘接连接方式，其常规工艺为：预制加工→卡架安装→干管安装→立管安装→支管安装→试压→冲洗→防腐→调试→保温。

(2) 全部水系统有压管道均为0.003坡度，无压管道（冷凝水管）的坡度均为0.008，施工过程中严格控制焊口或丝扣的质量及坡度。

(3) 空调管道系统安装完毕后，必须进行严密性试验。试验压力为工作压力的1.15倍，在10分钟内降压不大于0.02MPa为合格。冷冻水管道在系统最高处便于操作部位设置排气阀，最低处应设置排露水阀，通过严密性试验合格后方可保温，冷凝水管做冲水试验。

4. 保温施工方法及工艺要求

（1）保温施工方法

领料→粘贴保温钉→铺敷保温材料→保温、工整美观→板材下料。

粘贴保温钉前应将风管壁上尘土、油污清除，将粘贴剂分别涂抹在风管和保温钉上，稍干后再将其粘上，保温钉粘贴密度12只/m^2。

保温板下料及铺设：下料要准确，切割要平齐，搭接要严密、平整，散材不可外露，板材纵横缝错开。

（2）制冷管道、管件阀门等保温材料必须具有产品合格证明及质量签订文件等有关资料，报监理方验收合格后，方可用于本工程。

（3）空调供、回水管，冷凝水管保温材料均采用闭孔橡塑不燃材料。

九、暖通施工质量检查及成品保护

1. 通风及空调风管质量检查及要求

（1）风管加工即用板材必须符合规范及设计要求，接口的规格尺寸必须符合设计要求，风管咬缝必须紧密，宽度均匀，无孔洞、半咬口和胀裂等缺陷。

（2）风管外观平直，表面凹凸不大于5mm。

（3）成品保护：风管加工好后应摆放整齐，露天放置应采取防雨雪措施，保护好风管的镀锌层。

2. 空调水系统质量检查及要求

管材和管件的内壁应光滑平整，无气泡、裂口、裂纹和明显的痕纹，管件应完整，无缺损，管道支吊架的焊接应有合格持证焊工焊接，不得有漏焊，焊接裂纹等缺陷。

3. 设备安装质量检查及要求

空调水系统设备、附属设备、管道、配体、阀门的型号、规格、材质及连接形式应符合设计规定，检查产品质量证明文件，材料进场验收记录，观察检查外观质量。

4. 成品保护

（1）教育施工人员认真遵守现场成品保护制度，注意爱护建筑物内的装修成品、设备以及设施等东西。加强保护好土建或其他专业的成品，相互之间要密切配合，相互关照，做到保护好自身成品的同时，也要确保他人的成品不受破坏，共同做好成品保护工作。

（2）暖通部分设备在安装前，应会同业主等有关人员进行开箱点件工作，并做好记录，发现缺损及丢失情况，及时反映有关部门；人员不齐时，不得随意拆箱，对易丢、易损部件应指定专人负责入库和保管。

（3）设备在搬运时应做好保护措施，应防止明露在外的表面碰撞受损。

（4）保温材料进场后，应堆放整齐，并做好防雨、防潮措施。

（5）已安装完成的通风管道上，严禁作业人员站在风管上进行施工，防止风管表面受压破损。

（6）焊接钢管或无缝钢管进场后应堆放整齐，并做好防潮处理，防止管道生锈。

（7）对施工中风管的临时甩口，要封堵，以防垃圾等污物进入风管内，影响日后空调送风效果。

（8）空调管道进行刷油漆时应做好防污染措施，严禁油漆污染建筑墙面、天棚等。

（9）由于暖通安装工程与其专业施工交叉较多，故在暖通设备安装好以后，对设备采取搭设架子或用帆布或塑料布遮盖，以免设备受损坏。

（10）风机盘管内铜盘管，严禁受碰撞，防止受压变形，影响水流量，从而影响空调效果。

（11）管道保温完毕后，在装饰工程墙面或顶面刷漆时，应通知油漆做好防污染措施，防止保温层表面受污染。

(12) 设备用房如风机房、制冷机房等，在设备安装完毕后应派人值班看护，并做好上锁工作，防止设备上零配件丢失。

(13) 由于暖通部分管道较大，在安装过程中如遇标高打架时，不得随意拆除其他专业的已完成品，一定要与相关专业进行协商后方可进行。

(14) 对易损、易盗的设备仪表及末端器具等，从工序上尽量安排在交工前或系统调试前安装，以减少意外损失和成品保护负担。

十、安全文明施工要求

(1) 施工人员进入现场前必须经安全教育后方可参加施工，进入现场必须佩戴安全帽，高空作业要系紧安全带，不允许穿拖鞋入现场。

(2) 电器设备的电源线要悬挂固定，不得拖拉在地，下班后要拉闸断电可靠，风管吊装时严禁管下站人。

(3) 所有人员在作业前和作业中不得酗酒。

(4) 动用电气焊时必须持证上岗，要有良好的防火措施。

(5) 服从管理，协调好与监理、设计、业主代表等各方的关系，保证工程的顺利完成。

(6) 推广应用新技术、新工艺、新设备和现代管理方法，提高劳动效率。

(7) 加强环境保护，减少粉尘、噪声污染，废料、渣土等杂物要及时清理，做到工完场清。

索引表

续表

续表

续表

续表

续表

续表

续表

续表

续表

续表

续表

续表

续表

续表

续表

续表

续表

续表

续表

续表

续表

参 考 文 献

[1] 全国建筑幕墙门窗标准化技术委员会（SAC/TC448）. GB/T 11976—2015 建筑外窗采光性能分级及检测方法[S]. 北京：中国标准出版社，2015.

[2] 全国家用电器标准化技术委员会（SAC/TC 46）. GB/T 18801—2015 空气净化器［S］. 北京：中国标准出版社，2016.

[3] 中华人民共和国国家质量监督检验检疫总局 中国国家标准化管理委员会 . GB/T 18837—2015 多联式空调（热泵）机组［S］. 北京：中国标准出版社，2016.

[4] 中华人民共和国工业和信息化部，信息产业部第十一设计研究院科技工程股份有限公司等 . GB 50073—2013 洁净厂房设计规范［S］. 北京：中国计划出版社，2013.

[5] 中华人民共和国住房和城乡建设部 . GB 50118—2010 民用建筑隔声设计规范［S］. 北京：中国建筑工业出版社，2011.

[6] 中华人民共和国住房和城乡建设部 . GB 50176—2016 民用建筑热工设计规范［S］. 北京：中国建筑工业出版社，2017.

[7] 中华人民共和国住房和城乡建设部 . GB 50189—2015 公共建筑节能设计标准［S］. 北京：中国建筑工业出版社，2015.

[8] 中华人民共和国住房和城乡建设部 . GB 50243—2016 通风与空调工程施工质量验收规范［S］. 北京：中国计划出版社，2017.

[9] 中华人民共和国住房和城乡建设部 . GB 50736—2012 民用建筑供暖通风与空气调节设计规范［S］. 北京：中国建筑工业出版社，2012.

[10] 中国建筑科学研究院北京驻总集团有限责任公司 . GB 50738—2011 通风与空调工程施工规范［S］. 北京：中国建筑工业出版社，2011.

[11] 中华人民共和国住房和城乡建设部 . JGJ 26—2010 严寒和寒冷地区居住建筑节能设计标准［S］. 北京：中国建筑工业出版社，2010.

[12] 中华人民共和国住房和城乡建设部 . JGJ 142—2012 辐射供暖供冷技术规程［S］. 北京：中国建筑工业出版社，2013.

[13] 中华人民共和国住房和城乡建设部 . JGJ/T 151—2008 建筑门窗玻璃幕墙热工计算规程［S］. 北京：中国建筑工业出版社，2009.

[14] 住房和城乡建设部建筑环境与节能标准化技术委员会 . JG/T 221—2016 铜管对流散热器［S］. 北京：中国标准出版社，2016.

[15] 曹美云 . 暖通空调工程常用数据速查手册［M］. 北京：中国建筑工业出版社 2013.